Thieme

Taschenatlas der Anästhesie

Norbert Roewer
Holger Thiel

164 Farbtafeln von Jürgen Wirth

Georg Thieme Verlag
Stuttgart · New York

Die Deutsche Bibliothek –
CIP-Einheitsaufnahme

Roewer, Norbert:
Taschenatlas der Anästhesie / Norbert Roewer ; Holger Thiel. – Stuttgart ; New York : Thieme, 2001

Wichtiger Hinweis: Wie jede Wissenschaft ist die Medizin ständigen Entwicklungen unterworfen. Forschung und klinische Erfahrung erweitern unsere Erkenntnisse, insbesondere was Behandlung und medikamentöse Therapie anbelangt. Soweit in diesem Werk eine Dosierung oder eine Applikation erwähnt wird, darf der Leser zwar darauf vertrauen, daß Autoren, Herausgeber und Verlag große Sorgfalt darauf verwandt haben, daß diese Angabe **dem Wissensstand bei Fertigstellung des Werkes** entspricht.

Für Angaben über Dosierungsanweisungen und Applikationsformen kann vom Verlag jedoch keine Gewähr übernommen werden. **Jeder Benutzer ist angehalten**, durch sorgfältige Prüfung der Beipackzettel der verwendeten Präparate und gegebenenfalls nach Konsultation eines Spezialisten festzustellen, ob die dort gegebene Empfehlung für Dosierungen oder die Beachtung von Kontraindikationen gegenüber der Angabe in diesem Buch abweicht. Eine solche Prüfung ist besonders wichtig bei selten verwendeten Präparaten oder solchen, die neu auf den Markt gebracht worden sind. **Jede Dosierung oder Applikation erfolgt auf eigene Gefahr des Benutzers.** Autoren und Verlag appellieren an jeden Benutzer, ihm etwa auffallende Ungenauigkeiten dem Verlag mitzuteilen.

Rüdigerstraße 14
D-70469 Stuttgart
Unsere Homepage: http://www.thieme.de

Printed in Germany

Zeichnungen: Prof. Jürgen Wirth, Dreieich-Offenthal
Umschlaggestaltung: Thieme Marketing
Satz: primustype Hurler GmbH, Notzingen
Druck: Druckerei J. P. Himmer, Augsburg

ISBN 3-13-128781-0 1 2 3 4 5 6

Je weniger man weiß,
um so mehr muß man glauben;
je mehr man weiß,
um so eher darf man glauben.

Anschriften

Prof. Dr. med. Norbert Roewer
Direktor der Klinik für Anaesthesiologie
der Universität Würzburg
Josef-Schneider-Str. 2
97080 Würzburg

Dr. med. Holger Thiel
Oberarzt der Klinik für Anaesthesiologie
der Universität Würzburg
Josef-Schneider-Str. 2
97080 Würzburg
hoti@anaesthesie.uni-wuerzburg.de
http://www.anaesthesie.uni-wuerzburg.de

Prof. Jürgen Wirth
Rückertsweg 13
63303 Dreieich-Offenthal

Po~~o~~[u]r Jimi

Vorwort

Das wirklich Spannende an der Anästhesie ist die enge Verzahnung von Theorie und Praxis mit Bezug zu vielen klinischen und vorklinischen Fächern. Die theoretischen Grundlagen umfassen dabei neben der Kunde von der Anästhesie die Physiologie und Pathophysiologie, die Pharmakologie und die Nosologie sowie die anästhesiespezifischen Besonderheiten der einzelnen operativen Fachgebiete.

Die Anästhesie hat sich von ihren Anfängen, der „bloßen Narkose", mittlerweile zu einem herausragenden Faktor in der „perioperativen Medizin" entwickelt und nimmt so wesentlichen Anteil an der Durchführbarkeit und dem Erfolg invasiver medizinischer Eingriffe. Dieses bedingt für den klinisch tätigen Anästhesisten während seiner Ausbildung neben dem Erwerb diverser praktisch-manueller Fähigkeiten die Aneignung profunder Detailkenntnisse in den oben erwähnten Teilgebieten. An dieser Stelle setzt nun die Funktion des vorliegenden Taschenatlas an, der die inzwischen überbordende stoffliche Fülle des Fachgebietes Anästhesie ordnet, selektiert und so aufbereitet, daß der theoretische Einstieg für den Anfänger erleichtert, ja erst ermöglicht wird.

In diesem Buch werden nicht nur die komplexen **Grundlagen der Anästhesie** Schritt für Schritt herausgearbeitet und anschaulich dargestellt, sondern mehr noch haben wir größten Wert auf eine eingehende, differenzierte Beleuchtung der für rationales Handeln wesentlichen Hintergründe gelegt – mit dem Ziel, so eine möglichst verständliche Präsentation der entsprechenden Wissensinhalte zu erreichen. Gleichermaßen findet sich auch hier das bewährte Thieme-Prinzip der „dualen Didaktik" wieder, das sich wie ein roter Faden durch die gesamte Reihe der Taschenatlanten zieht. Gemeint ist die enge Verknüpfung von „Wort und Bild" auf jeweils einer Doppelseite. An dieser Stelle gebührt unser ganz besonderer Dank Jürgen Wirth für die graphische Gestaltung und mehr noch für die kreativ-konstruktive Illustration zuweilen doch recht abstrakter Inhalte. Nicht weniger danken wir Susanne Schimmer als der Programmplanerin vom Georg Thieme Verlag für die produktiven, fast schon „mäeutischen" Diskussionsstunden, die uns auch der Antwort auf die klassische philosophische Streitfrage näherbrachten, ob denn nun am Anfang das Wort oder das Bild war … Mag hier die Antwort strittig sein – unstrittig war die Beibehaltung der alten Rechtschreibregelung.

Der Taschenatlas der Anästhesie richtet sich in erster Linie an **Studenten und AIPs bzw. Berufsanfänger**, daneben aber auch an das anästhesiologische Fachpflegepersonal sowie interessierte Ärzte anderer Fachrichtungen: Es soll für diese Leserkreise die grundlegenden Zusammenhänge erschließen, die das Fundament eines ganzheitlichen Verständnisses der Anästhesie bilden.

Wir bedanken uns ferner

- für die Mitarbeit an einzelnen Kapiteln bei: Dr. Franz Kehl* (Kap. „Künstlicher Atemweg"), Dr. Gerhard Schwarzmann* (Kap. „Narkosebeatmung"), Dr. Ulrich Schwemmer* (Kap. „Regionalanästhesien");
- für die kritische Durchsicht bei: Dr. Gerold Drüge*, PD Dr. Clemens Greim*, Dr. Ulrich Sagmeister*, Dr. Gerhard Schwarzmann*;
- für die Photographien bei: Herrn Bergauer, Chirurgische Klinik und Poliklinik der Universität Würzburg.

(* Klinik für Anaesthesiologie der Universität Würzburg)

Würzburg, im Dezember 2000

N. Roewer
H. Thiel

1 Grundlagen von Anästhesie und Narkose

2 Präoperative Visite

3 Prämedikation

4 Pharmakologie der Allgemeinanästhesie

5 Praxis der Allgemeinanästhesie

6 Künstlicher Atemweg

7 Narkosebeatmung

8 Gefäßzugänge

9 Monitoring und perioperative Homöostase

10 Regionalanästhesien

11 Operationslagerung

12 Bedeutung häufiger Begleiterkrankungen

13 Komplikationen in der Anästhesie

A. Anästhesie

Der Begriff „Anästhesie" leitet sich vom griechischen „αναισθησια" ab, was so viel bedeutet wie Unempfindlichkeit eines Organismus oder auch Empfindungslähmung. Man versteht hierunter die Aufhebung *sämtlicher* peripherer Sinnesqualitäten wie Berührungs-, Tast-, Schmerz- und Temperaturempfindung. Der Teil- bzw. Unterbegriff „Analgesie" bezeichnet lediglich die Herbeiführung von Schmerzlosigkeit.

Im Zentrum des anästhesiologischen Bemühens steht allgemein die Ermöglichung schmerzfreier Eingriffe in die Körperintegrität. Hierbei handelt es sich sowohl um die klassischen offenen Operationen als auch um sog. minimal-invasive Eingriffe sowie um invasive diagnostische Verfahren und in zunehmendem Maße um sog. interventionelle Eingriffe, bei denen unter Anwendung bildgebender Techniken kontrolliert therapeutische Maßnahmen vorgenommen werden können.

Die anästhesiologische Hauptzielsetzung, die Schmerzfreiheit, kann grundsätzlich auf zwei unterschiedliche Arten erreicht werden, zum einen mit der klassischen *Narkose*, zum anderen mit der *Regionalanästhesie*. Synonym für „Narkose" steht semantisch die Allgemeinanästhesie, die sich von den regionalanästhesiologischen Methoden unter anderem durch die Ausschaltung des Bewußtseins unterscheidet.

Die **Allgemeinanästhesie** beinhaltet die Anästhesie des *gesamten* Körpers. Sie geht immer mit der Ausschaltung, zumindest aber einer deutlichen Einschränkung des Bewußtseins einher. Der hierzu auch gerne benutzte Begriff „Vollnarkose" ist ein umgangssprachlicher Pleonasmus und sollte deshalb zumindest in der Fachsprache nicht angewendet werden.

Zur Durchführung einer Allgemeinanästhesie stehen inhalative, über die Lungen zugeführte und intravenöse Pharmaka zur Verfügung, die alle ihre Hauptwirkorte im zentralen Nervensystem (ZNS = Gehirn und Rückenmark) haben. Begrifflich werden die *Inhalations-*, die *intravenöse* und die *balancierte* Anästhesie voneinander unterschieden, wobei unter der balancierten Anästhesie der kombinierte Einsatz von Inhalations- und intravenösen Anästhetika verstanden wird. Da eine Allgemeinanästhesie regelhaft zur Beeinträchtigung bzw. Ausschaltung der Atemtätigkeit führt, sind hierbei künstliche Atemwegshilfen und atmungsunterstützende bzw. -ersetzende maschinelle Systeme erforderlich.

Bei der **Regionalanästhesie** kann die Anästhesie auf bestimmte Körperareale begrenzt werden („topische Anästhesie"). Man unterscheidet *rückenmarknahe* Regionalanästhesien (= *zentrale* Nervenblockaden: Spinal-, Epidural- und Kaudal- bzw. Sakralanästhesie) von *peripheren* Nervenblockaden (z. B. Plexus-brachialis-Anästhesie, Einzelnervenblockaden). Bei diesen Verfahren werden spezielle Pharmaka, sog. Lokalanästhetika, nicht systemisch, sondern in die unmittelbare Nähe von nervalen Strukturen appliziert, um dort die Erregungsentstehung und -fortleitung selektiv auszuschalten. Bewußtsein und Spontanatmung bleiben dabei erhalten.

B. Kombinationsanästhesie

Unter gewissen Umständen bzw. bei bestimmten Eingriffen können Allgemein- und Regionalanästhesieverfahren auch vorteilhaft miteinander kombiniert werden *(„Kombinationsanästhesie")*. Diese Vorgehensweise empfiehlt sich besonders, wenn die Regionalanästhesiekatheter als Bestandteil eines gesamtheitlichen „perioperativen Anästhesiekonzeptes" postoperativ zur „selektiven" Analgesie benutzt werden sollen. Die Kombinationsanästhesie muß noch von der *Kombinationsnarkose* abgegrenzt werden. Letztere bezeichnet die gemeinsame Verwendung zentral wirksamer Substanzen, z. B.:

- i. v. Anästhetikum zur Narkoseeinleitung und Inhalationsanästhetikum zur Aufrechterhaltung oder
- i. v. Hypnotikum zum Schlafen, Opioid zur Analgesie und Relaxans zur Muskelerschlaffung.

Begriffsbestimmungen

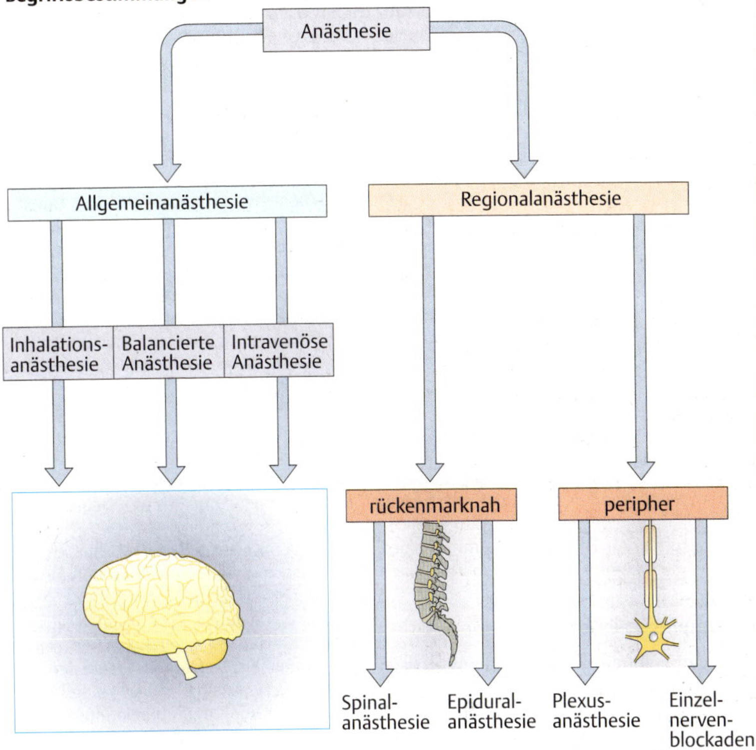

A. Anästhesieverfahren

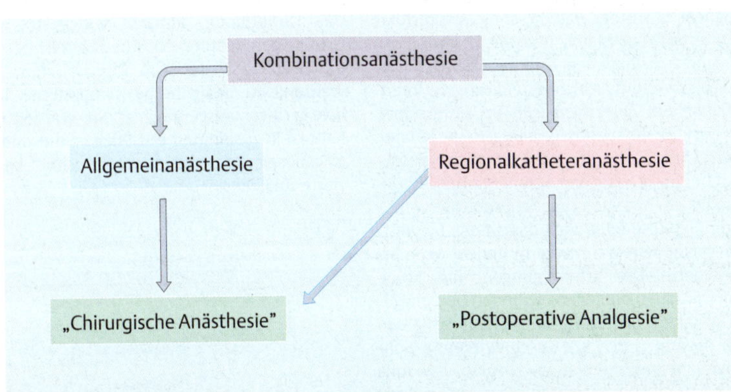

B. Kombinationsanästhesie

Unter **„Narkose“** (Syn.: Allgemeinanästhesie) versteht man eine zur Durchführung operativer oder diagnostischer bzw. interventioneller Eingriffe pharmakologisch induzierte, reversible Funktionsminderung des zentralen Nervensystems mit *kompletter* Aufhebung der Sinneswahrnehmung.

A. Komponenten der Narkose

Der Zustand der Narkose geht einher mit dem Verlust des Bewußtseins (*Hypnose*) sowie fehlender Schmerzwahrnehmung (*Analgesie*). Für den Zeitraum der Hypnose besteht i.d.R. eine komplette Erinnerungslosigkeit (anterograde *Amnesie*). Mit der Aufhebung der Schmerzwahrnehmung gehen die willkürlichen und unwillkürlichen Schmerzreaktionen verloren. Dieses führt zur Verminderung bzw. Ausschaltung der Reflexaktivität mit Verhinderung von Abwehrbewegungen und zur vegetativen Dämpfung (Sympathikushemmung). In tieferen Narkosestadien kommt es darüber hinaus zur Erschlaffung (*Relaxation*) der quergestreiften Muskulatur als Folge einer Hemmung der motorischen Aktivität auf Rückenmarksebene.

B. Dämpfung zerebraler Funktionen

Die Narkose gilt als der abgestufte, reversible Endzustand zunehmender Dämpfung des ZNS. Sie kann durch pharmakologische Substanzen unterschiedlichster chemischer Herkunft erzeugt werden (*B1*). Die diskreten Vorstufen zur Narkose sind die **Sedierung**, ein Zustand psychomotorischer Indifferenz, in dem Schlaf ermöglicht wird, der Patient aber ansprechbar bzw. erweckbar bleibt, und die **Hypnose**, ein Zustand erzwungenen Schlafes, bei dem die Erweckbarkeit durch äußere Reize verlorengeht. Beiden Zuständen *fehlt* im Unterschied zur Narkose *die spezifische analgetische Komponente*. Unter Sedierung wird lediglich der psychische, angstbezogene Schmerzanteil ausgeschaltet („Schmerzen tun nicht mehr so weh“); unter Hypnose fehlt auch das an das Bewußtsein gekoppelte Schmerzempfinden. Schmerzinduzierte Abwehrbewegungen und Kreislaufreaktionen hingegen bleiben in beiden Fällen erhalten. Sedierung oder Hypnose lassen sich sowohl durch spezifisch wirkende Substanzen herbeiführen als auch durch Narkotika im engeren Sinne. Narkotika wirken hierbei *dosisabhängig* und erzeugen zunächst Sedierung, dann Hypnose und schließlich Narkose. Umgekehrt gilt dies allerdings nicht, d. h. *reine* Sedativa oder Hypnotika haben keine narkotische Wirkung!

C. Klinische Bedeutung

Die erforderliche Intensität einer Narkose ist abhängig vom Ausmaß der (chirurgischen) Stimulation des „Schmerzapparates“ (nozizeptives System) und wird deshalb vom Anästhesisten *dynamisch* gesteuert. Im vergangenen Jahrhundert konnten Narkosen zunächst nur mit *einer* Substanz, am häufigsten mit dem klassischen „Äther“ (Diethylether) durchgeführt werden. Neben dem Nachteil, daß Äther explosible Gasgemische bildet, waren in Abhängigkeit vom jeweiligen Eingriff zum Unterdrücken störender Abwehrreflexe bzw. zum Erreichen einer kompletten Muskelrelaxation z. T. sehr hohe Dosierungen erforderlich, die Nebenwirkungen im Bereich der Vitalfunktionen (Atmungs- und Kreislaufregulation) unvermeidlich machten.

Zur Verminderung bzw. Verhinderung solcher Nebenwirkungen werden bei der *modernen Narkose* verschiedenartig wirksame Pharmaka wie Sedativa oder Hypnotika, Opioidanalgetika und Muskelrelaxanzien miteinander kombiniert, die die Teilaspekte der Narkose selektiv verwirklichen sollen („Kombinationsnarkose“). Von den Inhalationsanästhetika werden heutzutage noch das Stickoxydul (Lachgas, N_2O) wegen seiner guten analgetischen Wirkung sowie dampfförmige (= volatile) Substanzen, wie z. B. Halothan, Isofluran und Sevofluran, klinisch eingesetzt. Die Gruppe der volatilen Anästhetika zeichnet sich durch gute hypnotische Eigenschaften aus, während die analgetische Komponente deutlich geringer ausgeprägt ist. Sie werden deshalb i.d.R. zusammen mit Stickoxydul und intravenösen Substanzen verabreicht („balancierte Anästhesie“).

Eigenschaften der Narkose I

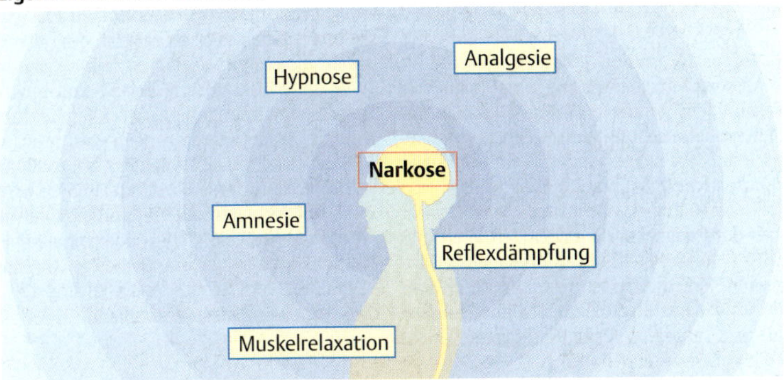

A. Komponenten der Narkose

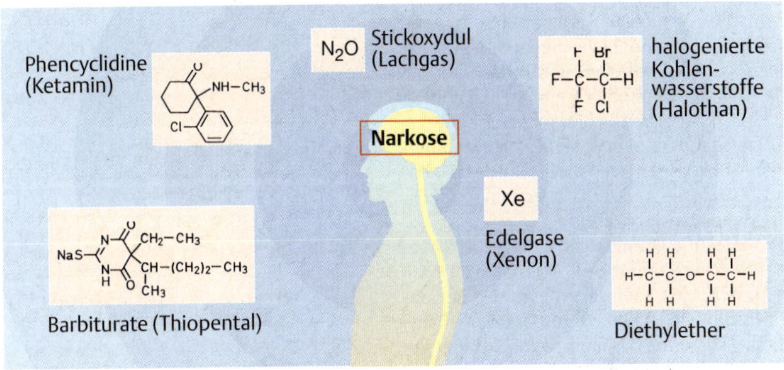

1. Narkotika

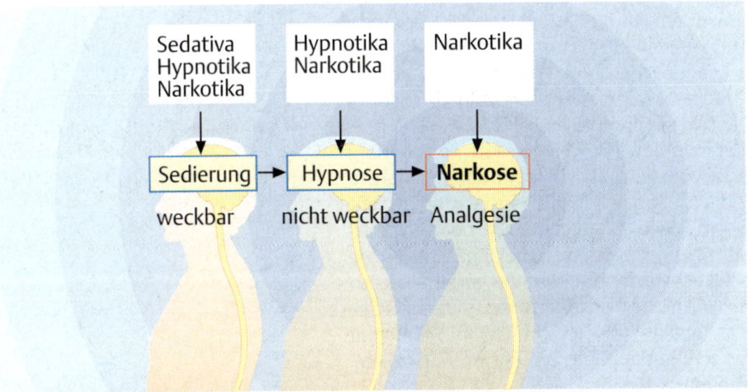

2. Dämpfung des Bewußtseins

B. Dämpfung zerebraler Funktionen

D. Wirkungen von Anästhetika auf das ZNS

Im Gegensatz zu den volatilen Anästhetika kann die narkotische Wirkung von **Stickoxydul** klinisch nicht genutzt werden. Die maximal mögliche Beimischung zum Atemgas ist theoretisch auf 79% begrenzt, damit ein minimaler inspiratorischer Sauerstoffanteil (FIO_2) von 21% (bzw. 0,21) gewährleistet bleibt. In der Praxis wird aus Sicherheitsgründen allerdings eine FIO_2 von 0,3 nicht unter- bzw. ein N_2O-Anteil von 0,7 nicht überschritten. In dieser Konzentration wirkt Stickoxydul lediglich analgetisch und sedierend, es führt hingegen nicht zur Bewußtseinsausschaltung.

Das Edelgas **Xenon** ist in einer Konzentration von ca. 70% anästhetisch wirksam, es erzeugt also Hypnose und Analgesie. Dem Vorteil der chemischen Inertheit stehen allerdings als Nachteile die geringe Verfügbarkeit und die hohen Kosten gegenüber. **Barbiturate** werden i.d.R. nur als Hypnotika genutzt, da höhere, narkotisch wirksame Dosierungen mit zu starken kreislaufdepressorischen Effekten einhergehen. Subanästhetische Barbituratdosen können sogar zu verstärkter Schmerzempfindlichkeit (Hyperalgesie) führen.

Propofol und **Etomidat** sind keine Narkotika! Sie wirken sedierend und in höheren Dosen hypnotisch, eine Analgesie im Sinne einer Unterdrückung der willkürlichen und unwillkürlichen Schmerzreaktionen gelingt hingegen mit diesen Substanzen nicht.

Während die meisten peroral angewendeten **Benzodiazepine** nur anxiolytisch und sedierend wirken, ist durch Midazolam oder Flunitrazepam bei intravenöser Applikation auch ein hypnotischer Effekt erreichbar. Diese beiden Substanzen eignen sich deshalb auch als Einleitungshypnotika.

Ketamin bewirkt weniger eine Reduzierung des Bewußtseins als vielmehr eine qualitative Veränderung der Bewußtseinsinhalte und gilt deshalb nicht als Hypnotikum oder Narkotikum im engeren Sinne. In der Anästhesiologie macht man sich vor allem die guten analgetischen Wirkeigenschaften von Ketamin zunutze, indem man es mit einem Sedativum bzw. Hypnotikum, am häufigsten Midazolam, kombiniert.

Die hypnotische Wirkung der **Opioide** kommt nur in sehr hoher Dosierung zum Tragen und ist deshalb klinisch kaum nutzbar. Früher wurde deshalb Fentanyl in Kombination mit hochdosiertem **Droperidol** zur klassischen Neuroleptanalgesie eingesetzt. Da allerdings auch mit diesem Verfahren keine sichere Bewußtseinsausschaltung gelang und nicht selten Nebenwirkungen wie vor allem extrapyramidale Bewegungsstörungen auftraten, wird dieses Verfahren schon lange nicht mehr angewendet. Statt dessen werden Opioide heutzutage mit intravenösen Hypnotika (total intravenöse Anästhesie – TIVA) oder Inhalationsanästhetika (balancierte Anästhesie) kombiniert, wodurch eine sichere Ausschaltung des Bewußtseins erreicht werden kann.

Eigenschaften der Narkose II

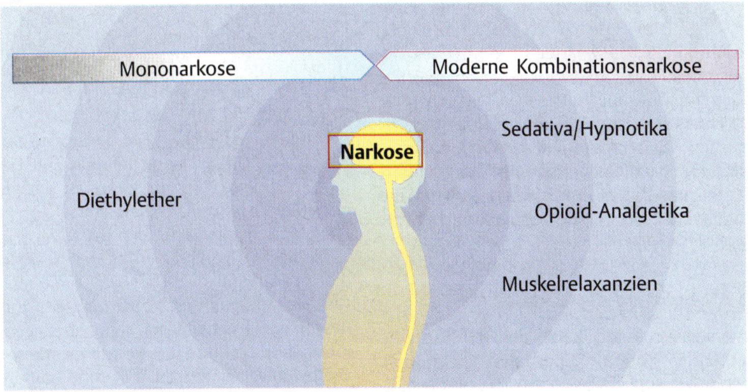

C. Klinische Bedeutung

	narkotisch	hypnotisch	sedierend	amnestisch	analgetisch
Volatile (dampfförmige) Anästhetika					
Diethylether, Halothan, Isofluran, Sevofluran	+	+	+	+	+
Gasförmige Anästhetika					
Stickoxydul	(+)	+	+	+	+
Xenon	+	+	+	+	+
Barbiturate					
Thiopental, Methohexital	(+)	+	+	+	(+)
Propofol		+	+	+	
Etomitat		+	+	+	
Benzodiazepine					
Diazepam			+	(+)	
Midazolam, Flunitrazepam		(+)	+	+	
Droperidol			+	(+)	
Ketamin	(+)	(+)	(+)	(+)	+
Opioide					
Fentanyl, Sufentanil, Alfentanil, Remifentanil		(+)	(+)		+

D. Wirkungen von Anästhetika auf das ZNS

Narkotika wirken nicht nur isoliert auf das ZNS, sondern beeinflussen grundsätzlich *alle* Zellen des Organismus. Hirnzellen reagieren jedoch am empfindlichsten, so daß narkotische Wirkungen i.d.R. vor relevanten Funktionsstörungen anderer Organe eintreten. Aber auch unter den Hirnzellen bzw. Zellverbänden gibt es Unterschiede in der Empfindlichkeit auf Narkosemittel, die nachfolgend im einzelnen erläutert werden und die es ermöglichen, stadienhafte Einteilungen der Entwicklung von Narkose vorzunehmen.

A. Ausbreitung der Narkose

Als erstes werden die Zellen der Großhirnrinde (zerebraler Kortex) supprimiert (Stadium I), dann die in subkortikalen Arealen (Stadium II), danach die des Rückenmarks (Stadium III) und mit Abstand zuletzt die der vegetativen Steuerungsszentren im Hirnstamm (Stadium IV). Hierdurch ist gewährleistet, daß die lebenswichtigen Mechanismen der Atmungs- und Kreislaufregulation auch in tiefer Narkose erhalten bleiben. Es gilt also die Regel, daß die entwicklungsgeschichtlich jüngsten, endständigen neuronalen Strukturen (Großhirn mit Kortex) am empfindlichsten auf Narkotika reagieren, während sich die älteren und ältesten, tiefer gelegenen Zellformationen (z. B. Zwischenhirn, Mittelhirn, Hinterhirn, verlängertes Rückenmark) deutlich resistenter verhalten.

Die unterschiedliche Narkotikaempfindlichkeit der einzelnen Hirnanteile korrespondiert übrigens auch mit der ebenfalls unterschiedlichen Stoffwechselrate. So ist der als Gradmesser der metabolischen Aktivität fungierende Sauerstoffverbrauch in den kortikalen Zellen am höchsten und in den pontino-medullären Zellen des Hirnstammes am geringsten. Dies läßt den Rückschluß zu, daß Narkotika ihre zellulären Wirkungen am besten in Geweben mit dem höchsten Energiebedarf auszuüben vermögen. Aus der Reihenfolge der Ausschaltung zentralnervöser Strukturen, die also von *kortikal nach basal* fortschreitet, läßt sich eine Einteilung in Narkosestadien mit entsprechender grober topographischer Zuordnung der Narkosewirkungen vornehmen.

B. Monoinhalationsanästhesie

Die einzelnen Stadien der Narkose sind deutlich nur bei Durchführung einer Monoinhalationsanästhesie voneinander zu unterscheiden, und zwar sowohl beim Anfluten als auch beim Abfluten des Anästhetikums (Narkoseein- und -ausleitung). Die Übergänge verlaufen im eigentlichen Sinne fließend. Eine Einteilung in *diskrete* Stufen erfolgt ausschließlich aus klinisch-pragmatischen sowie an dieser Stelle auch aus didaktischen Gründen.

Die exakte Differenzierung der Narkosestadien nur anhand klinischer Symptome geht auf *Guedel* zu Beginn des 20. Jahrhunderts zurück, dessen entsprechendes Schema strenggenommen allerdings nur für die Mononarkose mit Diethylether Gültigkeit hat und außerdem nicht die Auswirkungen der Narkose auf die Herz-Kreislauf-Funktion berücksichtigt. Zum damaligen Zeitpunkt waren die technischen Voraussetzungen der EKG- und Blutdrucküberwachung noch nicht klinisch etabliert bzw. wurden in ihrer Bedeutung noch nicht richtig eingeschätzt. Deshalb standen die narkoseinduzierten klinisch zu beobachtenden Auswirkungen auf die Spontanatmung im Vordergrund, die bis in tiefe Narkosestadien in abgeschwächter Form als zuletzt reine Zwerchfellatmung aufrechterhalten bleibt (s. u.), daneben die Veränderungen der Augen- und Pupillenmotorik sowie der allmähliche Ausfall bestimmter Hirnnervenreflexe. Heutzutage unvorstellbar, aber noch bis Mitte des 20. Jahrhunderts alltägliche klinische Praxis waren große Oberbaucheingriffe, wie z. B. die Billroth-Operationen, die in tiefer Äthermononarkose am nichtintubierten, spontanatmenden Patienten vorgenommen wurden.

Im Rahmen der modernen, balancierten Anästhesien mit Einleitung durch intravenöse Substanzen werden die einzelnen Phasen der Narkose zwar prinzipiell genauso durchlaufen, doch geht dies i.d.R. zu rasch, als daß es klinisch gleichermaßen beobachtet werden könnte.

Narkosestadien I

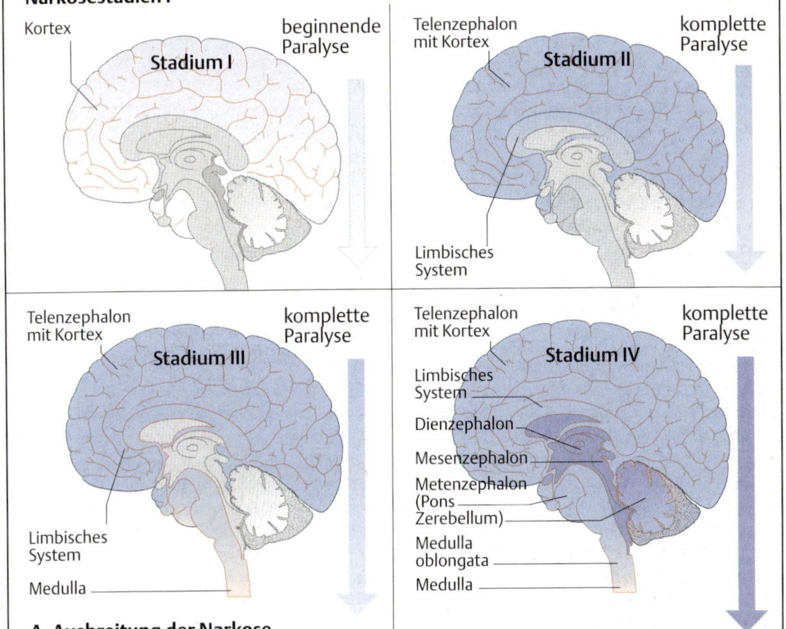

A. Ausbreitung der Narkose

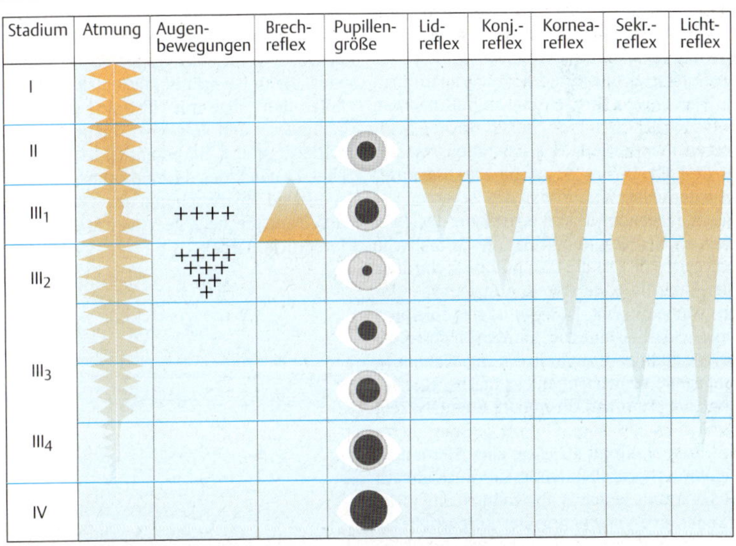

B. Zeichen der Narkosetiefe für Monoinhalationsanästhesien nach Guedel

C. Klinische Narkosestadien und korrespondierende Hirnfunktion

Im **Stadium I** wird nur die kortikale Schmerzempfindung herabgesetzt, genauer gesagt, der angstbesetzte Schmerzcharakter geht verloren (*„Anxiolyse“*), und die Schmerzidentifikation (das Erkennen als Schmerz) vermindert sich. Die irreführende Bezeichnung als „Stadium der Analgesie“ hat historische Gründe und geht auf die ersten Zahnextraktionen unter Lachgasinhalation im 19. Jahrhundert zurück. Der eigentliche somatische Schmerz bleibt erhalten, und dementsprechend laufen auch die subkortikal verschalteten Schmerzantworten, die Schmerzreaktionen des Organismus, unbewußt weiter ab. Mit dem Eintritt der Bewußtlosigkeit erfolgt der Übergang in das zweite Stadium, was sich klinisch durch fehlende Ansprechbarkeit des Patienten und den Ausfall des Lidreflexes beim Berühren der Augenwimpern dokumentiert.

Kortikale und subkortikale neuronale Netze sind reziprok miteinander verschaltet. Dies bedeutet, daß wechselseitige *aktivierende* und *hemmende* Impulse gleichzeitig verarbeitet und integriert werden müssen. Im Wachzustand dominiert der kortikal-hemmende Einfluß auf tiefer gelegene Hirnschichten. Dieser Einfluß entfällt im **Exzitationsstadium** (Stadium II) mit der Ausschaltung der kortikalen Aktivität, so daß die aktivierenden Impulse aus dem Subkortex ungefiltert auf die somatischen und vegetativen Hirnzentren Einfluß nehmen können, was sich in typischen klinischen Symptomen manifestiert. Das Exzitationsstadium gilt deshalb als die „kritische Narkosephase“ mit potentieller Gefährdung des Patienten.

Herausragendes Charakteristikum des **Toleranzstadiums** (Stadium III) ist die „somatische Analgesie“, die erst die Durchführung chirurgischer Eingriffe ohne störende Abwehrreaktionen möglich macht. Deshalb ist das Toleranzstadium das eigentliche klinisch angestrebte Narkosestadium. Es wird in ein sog. *Planum 1–4* unterteilt. Kennzeichnend ist hierbei eine zunehmende Automatisierung der Atemtätigkeit, die unabhängig vom Einfluß äußerer Reize wird. Zudem nimmt als Folge einer Hemmung der Vorderhornzellaktivität im Rückenmark der Skelettmuskeltonus ab, wodurch einerseits das operative Vorgehen in der Körpertiefe erleichtert wird (z. B. Verlust der Bauchdeckenspannung für abdominelle Eingriffe), andererseits aber auch eine fortschreitende Lähmung der Atemmuskulatur eintritt. So besteht im Planum 3 nur noch reine Zwerchfellatmung, die Atemhilfsmuskulatur aber ist bereits vollständig erschlafft.

Das **Intoxikationsstadium** (Stadium IV) beginnt mit dem Stillstand der Atmung (*periphere* Atemlähmung aufgrund des Ausfalles der Zwerchfellfunktion). Zusammen mit der zentral induzierten Aufhebung des Gefäßtonus (Vasoplegie) resultiert dann ein hypoxisch-ischämisch bedingter Zusammenbruch auch der Herztätigkeit.

D. Unterschiede zwischen „physiologischem Schlaf“ und „Narkose“

Die genauen Unterschiede des physiologischen Schlafs zum Zustand der Narkose sind *Tab. D* zu entnehmen. Entscheidend ist, daß in Narkose die elektrische Aktivität des gesamten Gehirns nahezu vollständig zum Erliegen kommt, während im Schlaf nur die kortikale Komponente gedrosselt wird. Der Funktionsstoffwechsel der Hirnzellen ist in tiefer Narkose aufgehoben, und es verbleibt nur noch der zum Überleben prinzipiell notwendige Strukturstoffwechsel. Dieses führt bei der Narkose – ähnlich wie beim tiefen Koma – dazu, daß keine äußeren Sinneseindrücke mehr wahrgenommen werden; Weckreize verlieren also ihre Wirksamkeit. Der Verlust des Tonus der Mundbodenmuskulatur bewirkt in Rückenlage ein Zurückfallen der Zunge mit Obstruktion der oberen Atemwege und folglicher Erstickungsgefahr. Narkose ist also ein potentiell lebensbedrohlicher Zustand, der deshalb immer eine Sicherung und Überwachung der Vitalfunktionen durch entsprechend geeignete Maßnahmen erforderlich macht.

Narkosestadien II

Stadium	Bezeichnung	Hirnfunktion	Klinik	
I	„Analgesie"	beginnende kortikale Lähmung	Bewußtsein erhalten, aber gedämpft (= Somnolenz); Amnesie; Ausschaltung nur der psychovegetativen Schmerzkomponente, keine „somatische Analgesie"	
II	Exzitation	kortikale Lähmung, subkortikale Enthemmung	Bewußtlosigkeit Reflexsteigerung, Erregung	
III	Toleranz	kortikale und subkortikale Lähmung	„somatische" Analgesie Reflexdämpfung	→ Ermöglichung chirurgischer Eingriffe
III_1				→ oberflächliche Eingriffe
III_2		beginnende Lähmung des Rückenmarks	beginnende Muskelrelaxation	→ oberflächliche und tiefere Eingriffe
III_3		Lähmung des Rückenmarks	komplette Muskelrelaxation	→ fast alle Eingriffe im Bauchraum
			ausgeschalteter Hustenreflex	→ endotracheale Intubation
III_4		beginnende Lähmung des Hirnstammes		→ alle Eingriffe im Bauchraum
IV	Intoxikation	Lähmung des Hirnstammes	Ausfall der Atem- und Kreislaufregulation	

- Tachykardie, Arrhythmie
- Blutdruckanstieg
- unregelmäßige Atmung, Tachypnoe
- Schwitzen
- Übelkeit/Erbrechen
- evtl. Harn- und Stuhlentleerung
- Hypersalivation
- Pupillenerweiterung
- Nystagmus
- Bulbidivergenz
- Zunahme des Skelettmuskeltonus, Hypermotilität, Kloni, Kieferklemme

Symptome des Exzitationsstadiums

C. Klinische Narkosestadien und korrespondierende Hirnfunktion

	Schlaf	Narkose
Hirnelektrische Aktivität (EEG)	α-Rhythmus	„burst-suppression"/Null-Linie
Hirnstoffwechsel und O_2-Verbrauch		
kortikal	deutlich vermindert	maximal supprimiert
global	unverändert	aufgehoben
	bis leicht vermindert	aufgehoben
Schutzreflexe	unverändert	
Muskeltonus	unverändert oder leicht abgeschwächt	nein
		nein
Verarbeitung von Sinneseindrücken	ja	ja
Aufwachen durch äußere Reize	ja	ja
Aspirationsgefahr	nein	
Erstickungsgefahr in Rückenlage	nein	

D. Unterschiede zwischen „physiologischem Schlaf" und „Narkose"

Die einzelnen Hauptwirkqualitäten der Narkose
- Hypnose,
- Analgesie und
- Muskelrelaxation

werden in unterschiedlichen Regionen des zentralen Nervensystems vermittelt.

A. Hypnose

Neurobiologisch und neurophysiologisch ist nach wie vor nicht geklärt, auf welche Weise in neuronalen Netzen Bewußtheit bzw. *Bewußtsein* entsteht. Gesicherte Erkenntnis ist allerdings, daß das Phänomen Bewußtsein kein Zustand per se ist, der sich einem einzelnen, klar abgegrenzten Hirnzentrum zuordnen ließe, sondern in überaus komplexer Weise von der kontinuierlichen Aktivierung des assoziativen zerebralen Kortex durch subkortikale Strukturen abhängt. Darüber hinaus sind kortikale Neuronenfelder über rückgekoppelte Verschaltungen mit subkortikalen Zellverbänden selbst in der Lage, ihren eigenen Aktivitätszustand zu beeinflussen bzw. mitzusteuern. Bewußtsein entwickelt sich also aus spezifischen Interaktionen verschiedener Zentren im Gehirn und könnte als das Resultat eines dynamischen Gleichgewichtes zwischen subkortikalem Input und kortikalem Output aufgefaßt werden.

Schlaf entsteht rein mechanistisch durch *direkte* und/oder *indirekte* Ausschaltung des Kortex. Unterschieden werden müssen hierbei zwei Arten des Schlafes:
- der physiologische Schlaf (z.B. „Nachtschlaf") und
- der artifiziell induzierte Schlaf („Hypnose").

Die indirekte schlaferzeugende Wirkung kommt durch eine Hemmung afferenter Bahnen in den medialen Kerngebieten der Formatio reticularis zustande, die sich als neuronales Netz durch das gesamte Stammhirn zieht und u.a. den kortikalen Aktivitätszustand und damit den Wachheits- bzw. Vigilanzgrad steuert („aufsteigendes aktivierendes retikuläres System"; AARS). Durch die Formatio reticularis wird der physiologische „Schlaf-Wach-Rhythmus" generiert. Eine Zerstörung der retikulären Formation, z.B. durch Trauma, führt zum Bewußtseinsverlust, d.h. zum Koma. In dieses System greifen nun auch die Sedativa, Hypnotika und Narkotika ein, indem sie die Fortleitung der aufsteigenden „Weckimpulse" in unterschiedlicher Ausprägung unterbinden können („Deafferenzierung"). Im Unterschied zum physiologischen Schlaf können Hypnotika und Narkotika das Bewußtsein aber auch durch eine direkte Wirkung im Kortex ausschalten. Für den Zeitraum des artifiziellen Schlafes besteht i.d.R. eine **Amnesie**, d.h. äußere Reize gelangen nicht mehr bis in das Bewußtsein und können deshalb auch nicht erinnert werden. Die Amnesie ist somit integraler Bestandteil der Narkose.

B. Analgesie

Schmerzen entstehen als Ausdruck eines für den Organismus potentiell bedrohlichen Eingriffes in die körperliche Integrität. Phylogenetisch hat sich deshalb ein fein abgestimmtes System herausgebildet, das der Schmerzleitung, der Schmerzverarbeitung und der Schmerzantwort dient („nozizeptives System").

Der **Schmerz** durchläuft auf seinem *afferenten* Weg von spezifischen peripheren Schmerzrezeptoren zum Kortex, d.h. bis zur Bewußtwerdung, mehrere neuronale Umschaltstationen. Die wichtigste davon ist der Thalamus, in den die Schmerzimpulse über den Tractus spinothalamicus einlaufen. An dieser Stelle wird der Schmerz als solcher erkannt („Schmerzidentifikation"). Vom Thalamus aus existieren Verbindungen zum Kortex und im Nebenschluß zum limbischen System. Das limbische System als Randgebiet zwischen Groß- und Stammhirn verleiht dem Schmerz seinen emotionalen Charakter („Schmerzaffektion"). Kortikale Areale im Gyrus postcentralis dienen neben der Schmerzlokalisation vor allem der (bewußten) Schmerzwahrnehmung und dem Schmerzerleben. Unterhalb der Thalamusebene werden die Schmerzimpulse durch die Formatio reticularis des Mittelhirns geleitet und erreichen querverschaltet über Kollateralen auch die motorischen Kerne im Hirnstamm sowie den Hypothalamus. In der Formatio reticularis wird durch die eintreffenden Schmerzreize die Vigilanz erhöht (unter Narkose bedeutet das: „Die Narkose wird flacher"). Die motorischen Hirnstammkerne vermitteln über *efferente* Bahnen die schmerzinduzierten physiologischen Fluchtreflexe und Abwehrbewegungen. Vom Hypothalamus ausgehend werden, ebenfalls über efferente Verschaltungen, die autonomen Schmerzreaktionen in Gang ge-

Topographie der Narkosewirkungen I

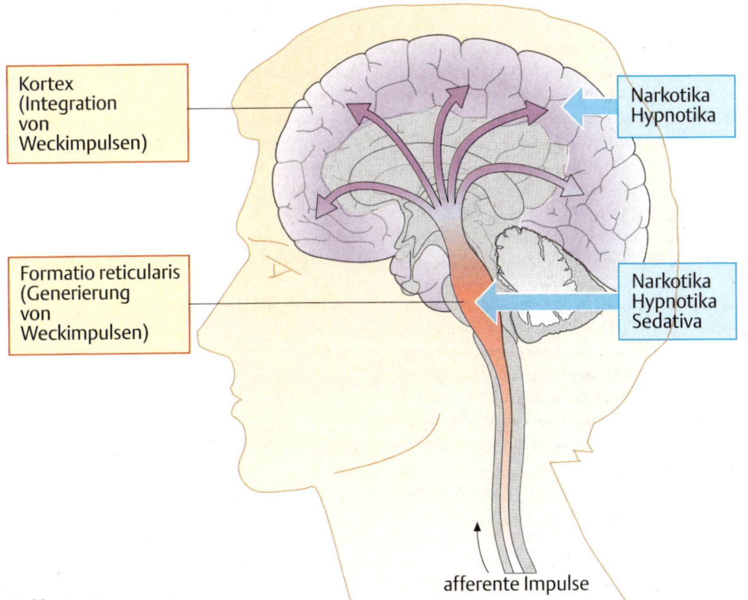

A. Hypnose

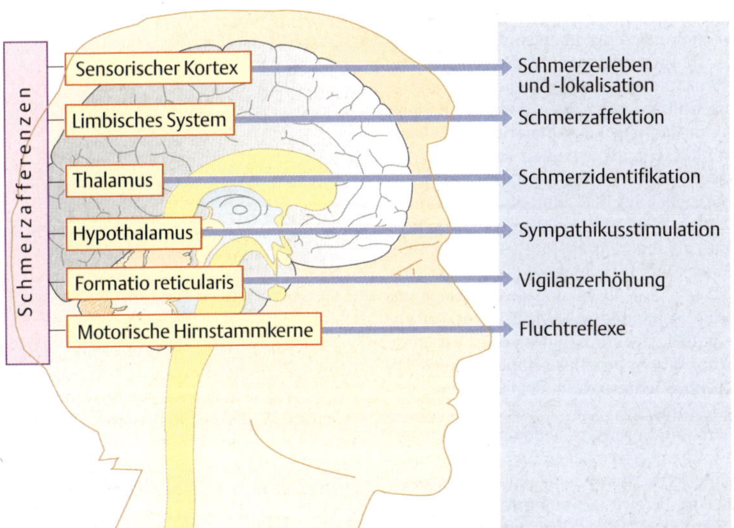

1. Topographische Zuordnung der Schmerzverarbeitung

B. Analgesie

setzt. Es kommt so zur Aktivierung des sympatho-adrenergen Systems mit Blutdruck- und Herzfrequenzanstieg, Steigerung der Atemtätigkeit (unter Spontanatmung), Schwitzen, Pupillenerweiterung etc. Hierdurch nehmen der Energiebedarf und Sauerstoffverbrauch des Organismus erheblich zu („Streßreaktion").

Das überaus komplexe System von Schmerzerzeugung und -verarbeitung macht deutlich, daß die alleinige Ausschaltung des Bewußtseins nicht genügt, um eine klinisch suffiziente, d. h. eine auch die Schmerzreaktionen ausschaltende **Analgesie** zu erzeugen. Erst Pharmaka, die die zentralnervöse Schmerzintegration beeinflussen, können zu adäquater Analgesie führen, was durch den Begriff der „somatischen Analgesie" gekennzeichnet werden soll. Der Wirkansatz kann hierbei *komplett* sein (Narkotika) oder *selektiv* durch Angriff an den Schlüsselpositionen der Schmerzverschaltung (z. B. Opioide). Überdies können Lokalanästhetika die Impulsfortleitung im Bereich peripherer Nerven bzw. Nervengeflechte oder auch auf Rückenmarksebene (z. B. Hinterhornzellen) *regional* unterbrechen.

C. Muskelrelaxation

Die durch *Narkotika* induzierte Relaxation der Skelettmuskulatur entsteht zunächst durch eine Suppression der übergeordneten motorischen Zentren wie den Stammganglien des Endhirns, die im wesentlichen den Muskeltonus vermitteln, aber auch durch eine Hemmung der absteigenden motorischen Bahnen, die im Rückenmark verlaufen. In tiefen Narkosestadien wird überdies die Aktivität der Vorderhornzellen im Rückenmark direkt vermindert. Diese Mechanismen werden zusammenfassend als sog. *zentrale* Muskelrelaxation bezeichnet. Die zentrale Muskelrelaxation beinhaltet also die Absenkung des Muskeltonus und die Hemmung polysynaptischer Reflexe. Neben den eigentlichen Narkotika ist diese Wirkung als Nebeneffekt übrigens auch bei den primär sedierend wirkenden Benzodiazepinen zu finden.

Hierzu im Gegensatz stehen die Wirkungen spezifischer *Muskelrelaxanzien*, die nicht zentral angreifen, sondern selektiv, rezeptorvermittelt im Bereich der motorischen Endplatte die neuromuskuläre Übertragung hemmen (*periphere* Muskelrelaxation). Der Vorteil der spezifischen Muskelrelaxanzien besteht also darin, daß keine tiefen Narkosestadien mehr benötigt werden, um komplette Relaxationszustände zu erreichen. Durch den verringerten Narkosemittelbedarf wiederum lassen sich die Aus- bzw. Nebenwirkungen einer tiefen Narkose, vor allem im Bereich des Herz-Kreislauf-Systems, entsprechend reduzieren. Die Wirkung peripherer Muskelrelaxanzien kann außerdem bei Bedarf durch spezifische Rezeptorantagonisten aufgehoben werden. Aufgrund der unterschiedlichen Ansatzpunkte ist eine (günstige) Wirkungsverstärkung bei Kombination „zentral relaxierender" Narkotika und peripher wirkender Muskelrelaxanzien zu verzeichnen („Wirkungssynergismus").

Topographie der Narkosewirkungen II

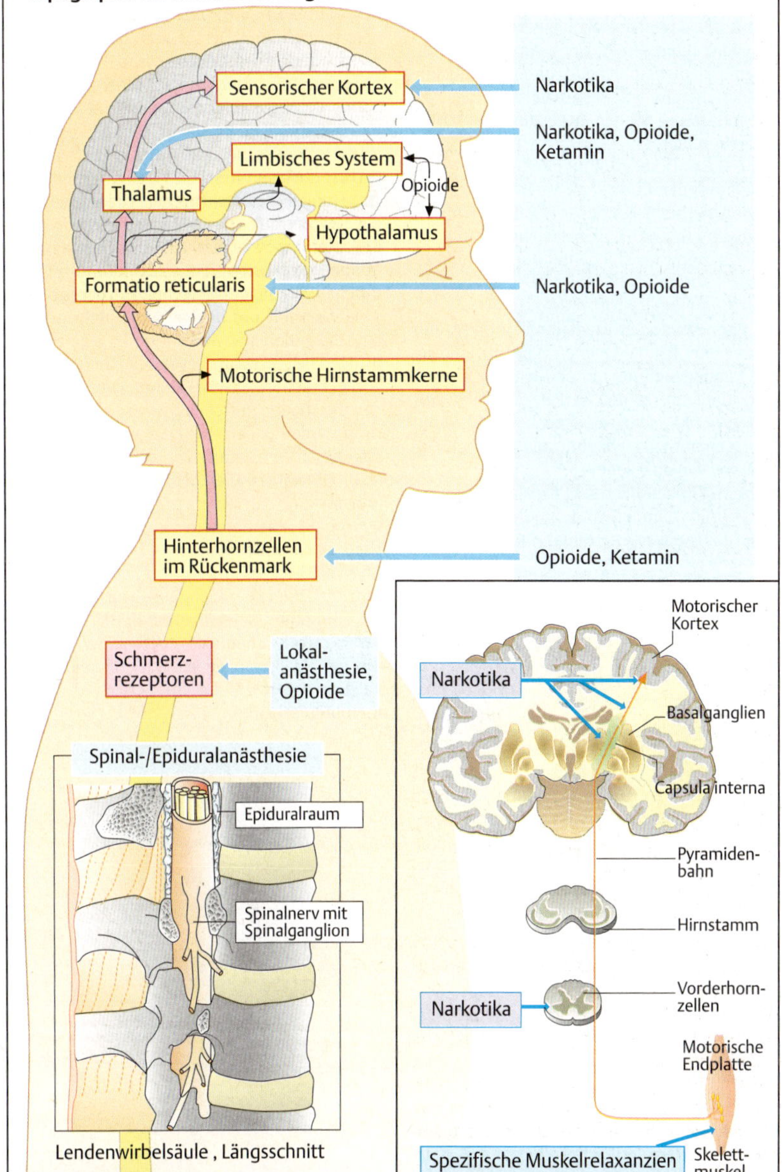

2. Nozizeptives System und Anästhetika

B. Analgesie

C. Muskelrelaxation

A. Anästhetika

Es fällt auf, daß pharmakologische Substanzen mit völlig unterschiedlicher chemischer Struktur und dementsprechend unterschiedlichen physiko-chemischen Eigenschaften eine Narkose induzieren können. Als eigentliche **Narkotika** gelten hierbei:
- die Gase Stickoxydul und Xenon (Edelgas),
- volatile (dampfförmige) Verbindungen wie Diethylether, Halothan, Enfluran, Isofluran, Sevofluran und Desfluran sowie
- die Barbiturate Thiopental und Methohexital.

Das Phencyclidinderivat Ketamin nimmt aufgrund seiner halluzinogenen Wirkung eine gewisse Sonderstellung ein und wird nur im erweiterten Sinne zu den Narkotika gezählt. Nur als **Hypnotika** (ohne analgetische und damit strenggenommen auch ohne anästhetische Potenz) werden angesehen:
- das Alkylphenolderivat Propofol,
- das Imidazolinderivat Etomidat sowie
- die Benzodiazepine Midazolam und Flunitrazepam.

Im Zusammenhang mit der Frage nach der Erklärung narkotischer Wirkungen ist auch interessant, daß prinzipiell jedes entsprechend hochdosierte, kleine organische Molekül über narkotische Potenz verfügt. Ab einer kritischen Molekülgröße läßt sich jedoch kein anästhetischer Effekt mehr ausmachen (sog. „Cut-off-Effekt"). Aufgrund der Tatsache, daß Narkotika also einem heterogenen Pharmakagemisch entstammen, erscheint es eher unwahrscheinlich, jemals eine einheitliche, konsistente Theorie zum Wirkungsmechanismus der Narkose entwickeln zu können. Aus experimentellen Beobachtungen haben sich so bislang im wesentlichen zwei unterschiedliche Erklärungsansätze herauskristallisiert, die *biophysikalische* und die *biochemische* Theorie.

B. Biophysikalische Theorie („Lipidtheorie")

Im Mittelpunkt dieser Theorie steht die **unspezifische Beeinflussung physiologischer Membranen** durch Narkotika. Es ist bekannt, daß organische Moleküle sich abhängig vom Grad ihrer Lipophilie in die (hydrophoben) Phospholipid-Doppelschichten von Zellmembranen einlagern. Hierdurch kommt es zur Veränderung des Membranordnungszustandes. Die geordnete Gelfraktion der Lipoproteine wird aufgeweicht und geht in einen mehr flüssig-ungeordneten Zustand über. Die Flüssigkeits- und damit Volumenzunahme beeinflußt die Zellpermeabilität, indem sie die Öffnung neuronaler Ionenkanäle beeinträchtigt und damit Ionenströme beeinflußt. Dies wiederum führt zu Änderungen des elektrischen Ladungszustandes der betroffenen Zellen und folglich auch der Membranerregbarkeit. Die membranäre Volumenexpansion bzw. „Unordnung" ist durch Erhöhung des Umgebungsdruckes reversibel, was mit der Beobachtung abflachender bzw. aufgehobener Anästhesie in Einklang zu bringen ist („pressure reversal of anesthesia").

Die biophysikalische Theorie versucht aus der thermodynamischen Sichtweise ein Erklärungsmodell zu liefern für *holenzephal*, also auf das gesamte Gehirn wirkende Anästhetika (z. B. Inhalationsanästhetika, mit Einschränkungen auch Barbiturate), die sich ubiquitär in neuronale Membranen einlagern können. Hierbei wird deutlich, daß bei gasförmigen und volatilen Anästhetika die narkotische Potenz mit steigender Lipophilie bzw. Lipidaffinität zunimmt (*Meyer-Overton 1901*). Auch die Wirksamkeit chemisch inerter Substanzen, wie den Edelgasen, ließe sich durch rein physikalische Interaktionen im Bereich der Zellmembran erklären.

Wirkmechanismen der Narkose I

Volatile (dampfförmige) Anästhetika

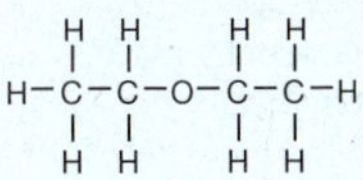

Diethylether

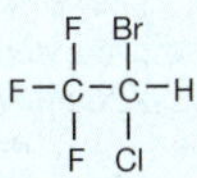

Halothan

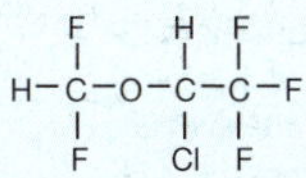

Isofluran

Gasförmige Anästhetika

N_2O

Stickoxydul (Lachgas)

Xe

Xenon

Barbiturate

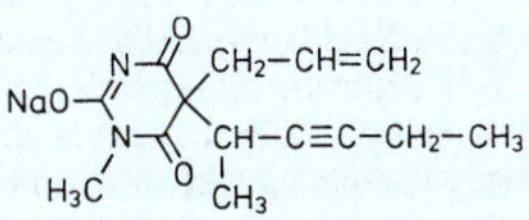

Methohexital-Natrium

Etomidat

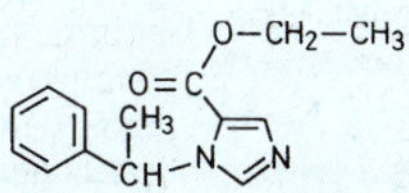

Propofol

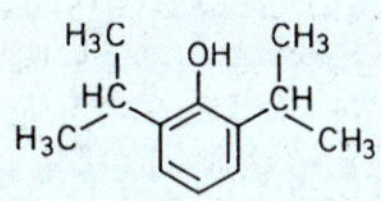

Benzodiazepine

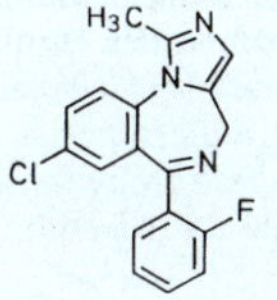

Midazolam

Opioide

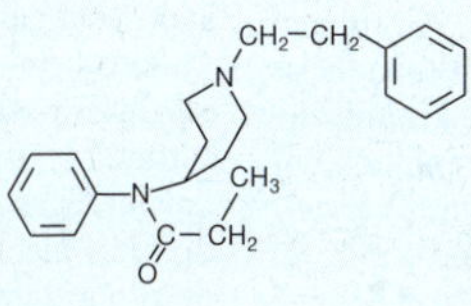

Fentanyl

Ketamin

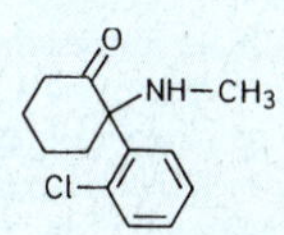

A. Strukturformeln verschiedener „Anästhetika“

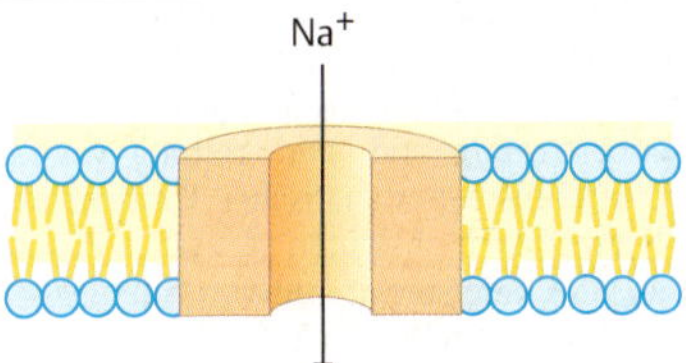

1. Membran im Normalzustand bei Ablauf eines Aktionspotentials

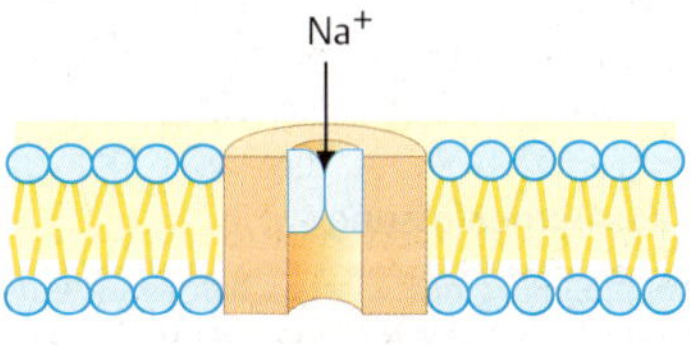

2. Membranexpansion unter Einwirkung von Narkotika (Ionenkanäle blockiert, keine Aktionspotentiale möglich)

B. Biophysikalische Theorie

C. Biochemische Theorie („Protein- bzw. Rezeptortheorie“)

Die anästhesiologische Grundlagenforschung fokussiert in heutiger Zeit zunehmend auf die Untersuchung der Interaktionen von Anästhetika mit spezifischen neuronalen Bindungsstellen. Der biochemischen Hypothese liegt zugrunde, daß bestimmte, vor allem intravenöse Anästhetika sich an **Proteinrezeptoren** der Zellmembran oder Zellorganellen anlagern und dadurch den transzellulären Ionentransport, den intrazellulären Enzymstoffwechsel oder die Funktion von Neurotransmittern direkt beeinflussen können. Potentielle Angriffspunkte im Bereich der Zellmembran sind hierbei:

- das Kanalprotein selbst,
- Modulatoren des Kanalproteins,
- die umgebende Lipidmembran oder
- ein kombinierter Ansatz an mehreren Stellen.

Über Rezeptoren werden **spezifische Wirkungen** in Abhängigkeit vom Rezeptortyp sowie der Rezeptordichte und -verteilung im ZNS vermittelt. Durch Interaktionen mit Rezeptoren ließen sich z. B. die anxiolytisch-sedierenden Eigenschaften der Benzodiazepine, die hypnotische Wirksamkeit von Propofol und Etomidat, aber auch die Vermittlung von Analgesie durch Opioide sowie einige Wirkungen des Ketamin erklären. Diesen Substanzen ist gemein, daß sie allesamt *nicht holenzephal* wirken. Ihre Effekte sind auf die Hirnregionen beschränkt, in denen die typischen Bindungsstellen bzw. Zielstrukturen vorhanden sind. So verwundert es nicht, daß diese Stoffe keine Narkose mit allen erforderlichen Wirkqualitäten auslösen können. Ihre Wirksamkeit beschränkt sich auf Teilqualitäten, erst die kombinierte Anwendung führt zur Narkose. Dies bildet die rationale Grundlage für die später im einzelnen zu erläuternden modernen Kombinationsanästhesien mit möglichst hochspezifisch selektiv wirksamen Einzelsubstanzen.

D. Zusammenfassung

Im Mittelpunkt des wissenschaftlichen Interesses bezüglich der **Narkosewirkungen** stehen heutzutage:

- der Natriumkanal (Auslösen des Aktionspotentials, Membrandepolarisation),
- der Kalium- und Chloridkanal (Membranhyper- bzw. -repolarisation),
- die Rezeptoren für inhibitorische (Glyzin-, GABA-Rezeptorkanäle) und exzitatorische Neurotransmitter (NMDA-, non-NMDA-Rezeptorkanäle),
- Opioid-, cholinerge und adrenerge Rezeptoren
- „Second-messenger-Systeme“ sowie
- die Zell-Lipidmembran selbst.

Trotz zunehmender Forschungsaktivität ist das Wissen über die Wirkungsmechanismen der Narkose nach wie vor noch recht lückenhaft. Wahrscheinlich ist, daß dem Zustand der Narkose ein multimechanistisches Wirkprinzip zugrunde liegt, d. h. es existieren auf molekularer Ebene verschiedene *primäre* Angriffspunkte für narkotisch wirksame Substanzen. Die anästhetische Wirksamkeit ist im zweiten Schritt offenbar gekoppelt an reversible Veränderungen der Zellmembranstruktur und -funktion. Gemeinsame Endstrecke ist die Beeinträchtigung der synaptischen Signaltransmission, der Impulsweiterleitung und der neuronalen Signalintegration in bestimmten höheren Hirnzentren, die zur Verminderung der zerebralen Aktivität führt. Die Tatsache, daß es sich bei der Narkose um eine Form der zerebralen Dämpfung handelt, zeigt sich in der Unterdrückung der hirnelektrischen Aktivität im spontanen und evozierten Elektroenzephalogramm sowie einer Abnahme des Hirnstoffwechsels unter dem Einfluß verschiedener Anästhetika. Nach heutiger Auffassung ist aber davon auszugehen, daß diese Stoffwechselreduktion nicht die Ursache der Narkose, sondern nur deren Folge ist.

Fazit der Narkosetheorien

Da chemisch völlig verschiedenartige Pharmaka eine Narkose hervorrufen können, wird Narkose heutzutage aus neurophysiologischer Sicht als uniforme, unspezifische Reaktion auf die reversible Hemmung der neuronalen Signalübertragung und -verarbeitung verstanden. In klinisch-pragmatischer Hinsicht aber ist Narkose kein absoluter, statischer Zustand einer „Alles-oder-nichts-Antwort“ auf die Wirkung zentral dämpfender Substanzen, sondern muß immer im relativen Bezug zur aktuellen operativen bzw. manipulativen Reizkonstellation gesehen werden. Eine „flache“ Narkose kann bei fehlender operativer Stimulation zu tief, eine „tiefe“ Narkose bei starker Stimulation jedoch zu flach sein.

Wirkmechanismen der Narkose II

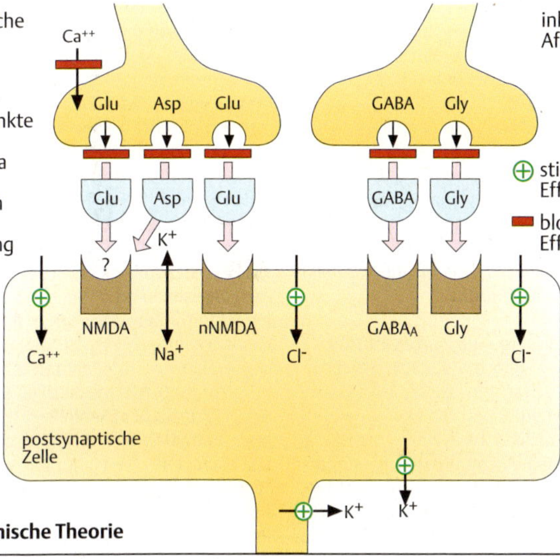

C. Biochemische Theorie

	biophysikalisch	biochemisch
Wirkungen auf Proteinfunktionen	indirekt	direkt
Wirkungsweise	unspezifisch 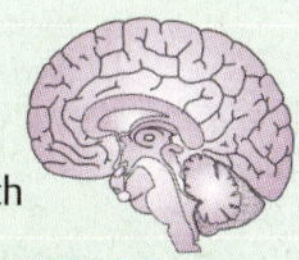	spezifisch 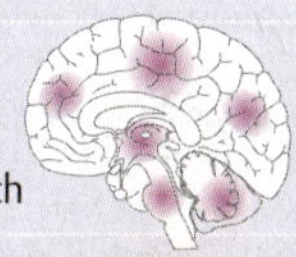
Primärer Angriffsort	Zellmembran 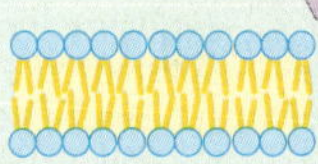	Rezeptoren 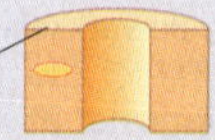
Benötigte Substanzmenge	groß 	gering 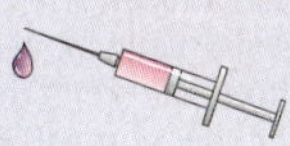

1. Unterschiede der biophysikalischen und biochemischen Narkosetherorie

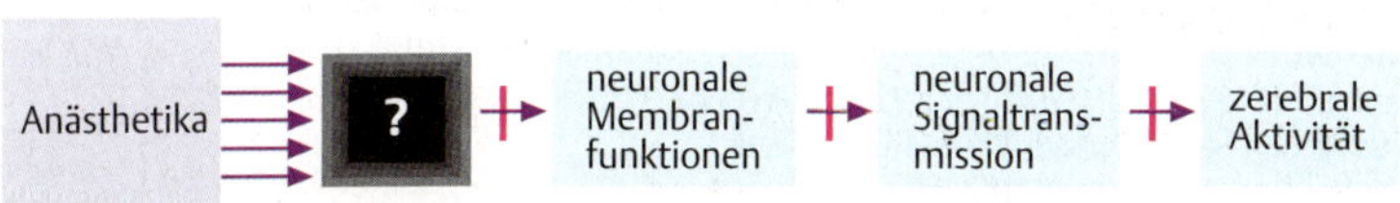

2. Entstehung von Narkose

D. Zusammenfassung

Holenzephale Wirkung. Anästhetika mit holenzephaler Wirkung hemmen, wie bereits ausgeführt, dosisabhängig nacheinander die Funktion des Endhirns (Telenzephalon), Zwischenhirns (Dienzephalon), Mittelhirns (Mesenzephalon), Hinterhirns (Metenzephalon) und des Rückenmarks (Medulla). Sie bewirken eine „assoziierte Anästhesie", in der *alle* Teilqualitäten der Narkose enthalten sind, und werden deshalb als *Narkotika* bezeichnet. Hohe Dosen führen zur Beeinträchtigung der vegetativen Steuerungsfunktionen des Hirnstamms. Zu dieser Gruppe gehören alle *Inhalationsanästhetika* sowie die *Barbiturate*.

Telenzephale Wirkung. Substanzen mit telenzephaler Wirkung supprimieren hauptsächlich die kortikale Aktivität, ohne tiefere Hirnanteile wesentlich zu beeinflussen. Sie werden wegen der fehlenden analgetischen Komponente als *Hypnotika* bezeichnet und müssen für chirurgische Eingriffe mit Analgetika, d. h. Opioiden, kombiniert werden. Die vegetativen Hirnstammfunktionen bleiben intakt. Die kortikale Hemmung führt zur subkortikalen Enthemmung, was sich klinisch in unwillkürlichen Bewegungen bis hin zu Myokloni manifestieren kann („Exzitationsäquivalent"). Zu den wichtigsten Vertretern dieser Gruppe zählen das *Etomidat* und das *Propofol*.

Teledienzephale Wirkung. Pharmaka wie das *Ketamin* reduzieren vor allem die Schmerzwahrnehmung in tieferen, thalamischen Hirnschichten. Die kortikalen Funktionen und damit das Bewußtsein werden nur mäßig gedämpft. Dieser Zustand wird auch als *„dissoziierte Anästhesie"*, aber nicht als Narkose im eigentlichen Sinne verstanden. Hirnstammabhängige Funktionen wie die Kreislauftätigkeit werden sogar aktiviert (zentrale Sympathikusstimulation). Der zentrale Atemantrieb wird i.d.R. nicht oder nur mäßig gedämpft. Die pharyngo-laryngealen Schutzreflexe bleiben zumeist erhalten und können sogar gesteigert sein. Die Enthemmung weiterer subkortikaler Areale wird mit dem Auftreten abnormer traumhafter Erlebnisse (Halluzinationen), eines zuweilen gesteigerten Muskeltonus und ungesteuerter motorischer Aktivität assoziiert. Neuerdings werden einige Wirkungen des Ketamins zunehmend mit Interaktionen an sog. NMDA- (N-Methyl-D-Aspartat-)Rezeptorkanälen in Verbindung gebracht. NMDA-Rezeptoren steuern –neben anderen – zentral erregende Impulse (exzitatorisches neuronales System). In dieses System greift Ketamin hemmend als nichtkompetitiver Antagonist ein.

Mesenzephale Wirkung. Zu den Substanzen mit vornehmlich mesenzephaler Wirkung gehören die *Benzodiazepine*. Ihre Angriffspunkte liegen in der Formatio reticularis und im limbischen System. Sie setzen an spezifischen Benzodiazepinrezeptoren des sog. GABA-Rezeptorkomplexes an *(B)*, der als wichtigstes Regulationssystem physiologischer Hemmechanismen angesehen wird (inhibitorisches neuronales System). Benzodiazepine aktivieren dieses Hemmsystem, indem sie die Wirkungen des körpereigenen Transmitterstoffes γ-Aminobuttersäure (GABA) verstärken bzw. beschleunigen (Prinzip der „Servobremse"). Hiermit erklärt man sich ihre anxiolytisch-sedierenden Eigenschaften. Der Wirkunterschied zu Barbituraten ist folgender *(C)*: Benzodiazepine unterliegen einem Sättigungseffekt („Ceiling-Phänomen"), da physiologische Hemmechanismen naturgemäß nicht mehr als maximal verstärkt werden können. Das bedeutet, daß eine darüber hinausgehende Dosis nicht zu einer weiteren Zunahme der Wirkung führt. Barbiturate hingegen unterdrücken dosisabhängig auch exzitatorische Mechanismen. Die Dosis-Wirkungs-Beziehung ist deshalb nahezu linear, und die totale Hemmung mit höchsten Barbituratdosen ist mit dem Leben nicht vereinbar.

Periphere und dienmesenzephale Wirkung. Substanzen wie die *Opioide* reduzieren über spezifische Rezeptoren sowohl die Erregungsentstehung im Bereich der peripheren Schmerzrezeptoren als auch die Erregungsübertragung und -verarbeitung im ZNS *(D)*. Die „spinale" Analgesie soll hierbei über μ- und κ-Rezeptoren, die „supraspinale" vornehmlich über μ-Rezeptoren vermittelt werden. In höheren Dosen entwickeln sie über κ-Rezeptoren auch direkte kortikal dämpfende Wirkungen und führen zur Bewußtseinseinschränkung (Somnolenz).

Anästhetikagruppen und ihre spezifische Wirkungsweisen

	telenzephal	dienzephal	mesenzephal	pontino-medulär	peripher
Inhalations-anästhetika	⊖	⊖	⊖	⊖	
Barbiturate	⊖	⊖	⊖	⊖	
Propofol	⊖				
Etomitat	⊖				
Benzodiazepine	⊖	⊖		⊕	⊖
Ketamin			⊖		
Opioide	⊖	⊖	⊖		⊖

⊖ gedämpft ⊕ stimuliert

A. Einteilung der Anästhetika nach wirktopographischen Gesichtspunkten

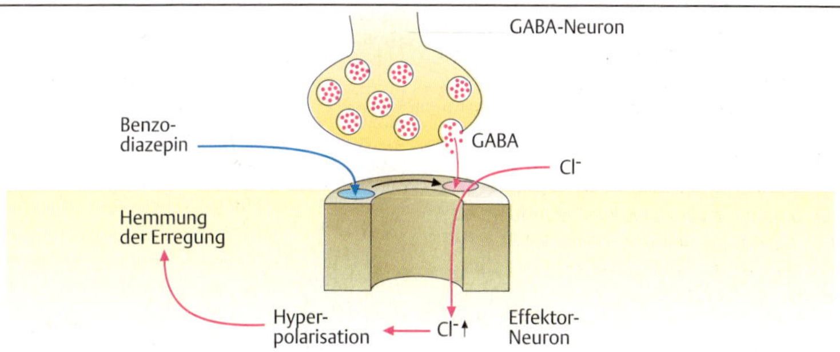

B. Angriff der Benzodiazepine am GABA-Rezeptorkomplex

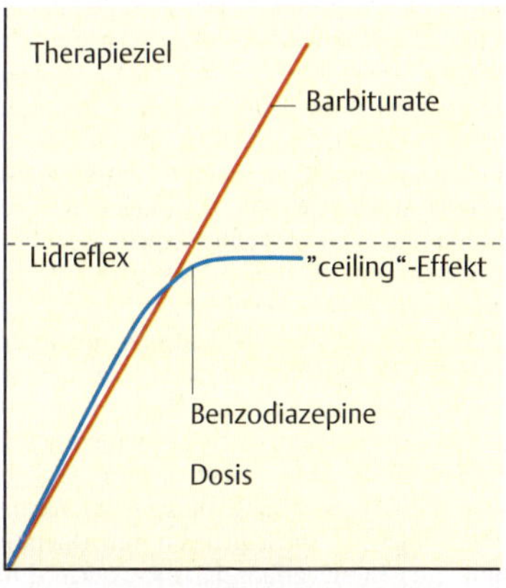

C. Dosis-Wirkungs-Beziehung von Benzodiazepinen und Barbituraten

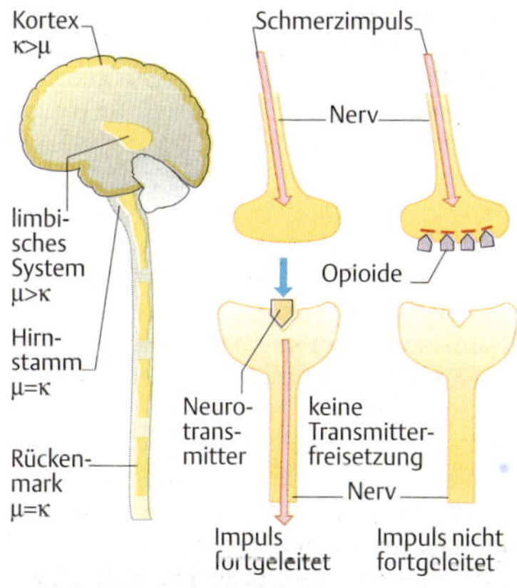

D. Angriff der Opioide an Opioid-Rezeptoren

Der präoperativen anästhesiologischen Visite, auch Prämedikationsvisite genannt, kommt entscheidende Bedeutung zu, da hier der Grundstein für den erfolgreichen Ablauf der Anästhesie gelegt wird. Sie verfolgt aus Sicht des Patienten und Anästhesisten zwei wesentliche Ziele: Dem Patienten muß das Gefühl von Sicherheit und bestmöglicher medizinischer Versorgung vermittelt werden, dem Anästhesisten ein möglichst objektives Bild vom physischen und psychischen Gesundheitszustand des Patienten, wofür er zunächst einmal alle relevanten anamnestischen Informationen benötigt. Diese von sich aus nicht immer kongruenten Zielrichtungen müssen im präoperativen Gespräch möglichst gut miteinander in Einklang gebracht werden.

A. Inhalte und Ablauf

Die Prämedikationsvisite sollte vor elektiven und planbaren Eingriffen spätestens am Vortag der Operation in angenehmer, entspannter Atmosphäre stattfinden, um dem Patienten genügend Zeit und Freiheit für seine Entscheidungsfindung und Einwilligungserklärung zu lassen, und nach Möglichkeit auch durch den Anästhesisten erfolgen, der später die Anästhesie durchführt. Eine Aufklärung am Operationstag ist, abgesehen von dringlichen oder notfallmäßigen Eingriffen, nur in Ausnahmefällen, z. B. im Rahmen ambulanter Anästhesien, statthaft, wenn Sicherheit und Effizienz gewährleistet bleiben. Während des Gespräches ist es wichtig, daß ein Vertrauensverhältnis zwischen Anästhesist und Patient zustande kommt, um dessen Ängste und Aufregung zu vermindern und damit den Ablauf für beide Seiten erheblich zu erleichtern. Demselben Ziel dient die zusätzliche Verordnung einer geeigneten Prämedikation, die i.d.R. am Vorabend sowie am Tag der Operation verabreicht wird.

Vor *elektiven* Eingriffen gelten ethisch und forensisch die höchsten Anforderungen an die Sorgfalt und Qualität der medizinischen Vorbereitung, d. h. anästhesierelevante krankhafte Befunde dürfen nicht übersehen und reversible Funktionsstörungen lebenswichtiger Organe müssen präoperativ korrigiert werden, so daß sich der Patient für den Eingriff und die Anästhesie im bestmöglichen Zustand befindet. Die Auswahl des geeigneten Anästhesieverfahrens muß diesen Faktoren entsprechend Rechnung tragen.

B. Prämedikationsambulanz

Zur optimalen Vorbereitung des Patienten auf die Anästhesie sind vor jedem anästhesiologischen Verfahren Untersuchungen erforderlich, deren Umfang im einzelnen vom Gesundheitszustand und Alter des Patienten sowie von eingriffsspezifischen Faktoren wie Lokalisation und Ausmaß operativer Maßnahmen abhängig ist. Zur Erleichterung des Ablaufes werden bestimmte Voruntersuchungen wie Laboranalysen, EKG und Thoraxröntgen zumeist nach klinikühlichen Schemata durchgeführt. Die Ergebnisse sollten dann zur anästhesiologischen Visite vorliegen. Zuweilen ergeben sich in deren Rahmen aber Aspekte, die eine weiterführende Diagnostik notwendig machen, mit der möglichen Konsequenz, daß der Operationstermin verschoben und neu geplant werden muß. Zur Verbesserung der Organisation, aber auch des Patientenkomforts werden deshalb vielerorts in zunehmender Zahl anästhesiologische Ambulanzen („Prämedikationsambulanzen") eingerichtet, in denen sich der Patient deutlich vor dem Operationstermin dem Anästhesisten vorstellt. Gerade bei langfristig planbaren stationären sowie bei ambulant durchführbaren Eingriffen bewährt sich diese Vorgehensweise, da sie den Ablauf durch Entwicklung individueller, patientenorientierter Strategien verbessern hilft.

C. Anamnese

Nach der Kontaktaufnahme steht die Anamneseerhebung im Vordergrund. Hier ist es sinnvoll, anhand eines schematisierten Erfassungsbogens, der dem Patienten am besten schon zuvor ausgehändigt wurde, die wichtigsten anästhesierelevanten Punkte durchzugehen. Schwerpunkte sind hierbei Fragen nach Erkrankungen der Atmungsorgane, des Herz-Kreislauf-Systems und des zentralen Nervensystems, da während jeder Anästhesie die Aufrechterhaltung der Vitalfunktionen im Vordergrund steht. Ergeben sich bereits aus der Anamnese Auffälligkeiten oder Hinweise auf präexistente Störungen, versucht man diese während der körperlichen Untersuchung zu objektivieren. Gegebenenfalls müssen ihr Ausmaß und mögliche Konsequenzen für Operation und Anästhesieverfahren, aber auch durch weiterführende apparative und/oder laborchemische Untersuchungen abgeklärt werden.

Grundsätzliches und Anamnese

- Erhebung der anästhesierelevanten Anamnese
- Einschätzung des Zustandes des Patienten
- klinische Untersuchung
- Befundung bereits vorliegender Untersuchungen
- ggf. Festlegung zusätzlicher diagnostischer und therapeutischer Maßnahmen

- Beurteilung des Anästhesierisikos
- Auswahl des Anästhesieverfahrens
- Aufklärung des Patienten und dessen Einwilligung
- Verminderung von Angst und Aufregung
- Verordnung der Prämedikation

A. Inhalte und Ablauf

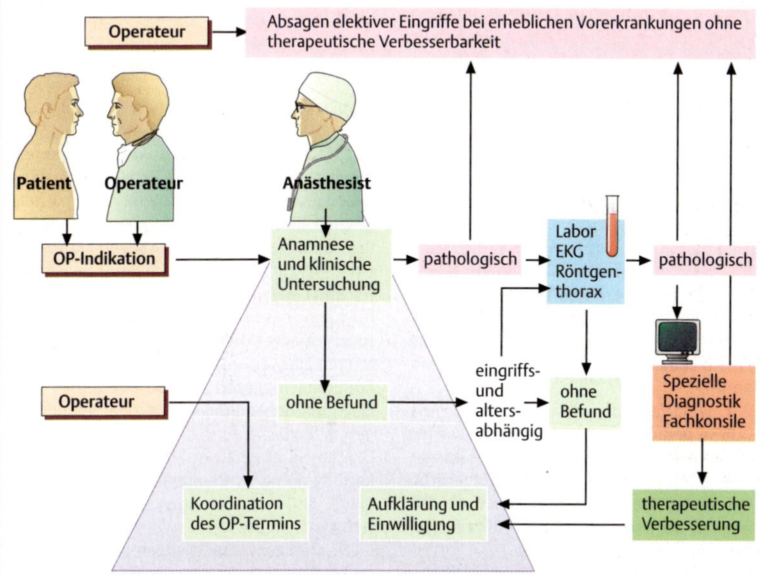

B. Prämedikationsambulanz

Atmung	Herz und Kreislauf	Zentrales Nervensystem	Sonstiges
rezidivierende Infekte	Hypertonie/Hypotonie	zerebrale Gefäßerkrankungen	Adipositas (permagna)
chron.-obstruktive Bronchitis	koronare Herzkrankheit	Apoplex	chronische Niereninsuffizienz
Asthma bronchiale	Herzinfarkt	Schädel-Hirn-Trauma	Lebererkrankungen
Lungenemphysem	Herzinsuffizienz	Hirntumoren	Diabetes mellitus
Lungenfibrose	Herzrhythmusstörungen	Epilepsie	Schilddrüsen-erkrankungen
Bronchialtumoren	Herzklappenfehler	Rückenmarks-erkrankungen	Erkrankungen der Nebenniere
Tuberkulose	Cor pulmonale		Myasthenia gravis
	Myokarditis		Myopathien
			Refluxkrankheit

Anästhesierelevante Erkrankungen (Auswahl)

C. Anamnese

Das Hauptziel präoperativer Diagnostik ist es, die das perioperative Risiko erhöhenden Faktoren zu erkennen, um sie im Folgeschritt durch gezielte therapeutische Maßnahmen soweit als möglich zu minimieren. Nach neueren Erkenntnissen ist die Bedeutung hierzu routinemäßig, altersunabhängig durchgeführter präoperativer Untersuchungen im Sinne einer „screening"-Diagnostik präexistenter, bislang unerkannter Erkrankungen als minimal zu veranschlagen. Der Umfang des präoperativen Untersuchungsprogrammes kann deshalb nach dem anamnestisch-klinischen Gesundheitszustand und dem Alter des Patienten sowie nach Art, Ausmaß, Dauer und Dringlichkeit des Eingriffes ausgerichtet werden.

Allgemeine Prinzipien. In den meisten anästhesiologischen Einrichtungen wird vor *elektiven* Eingriffen folgendes Vorgehen mit evtl. geringfügigen Modifikationen praktiziert:

1. Bei gesunden *Kindern* werden für kleine Eingriffe Anamnese und körperliche Untersuchung als ausreichend erachtet (Ausnahme: Hb oder Hkt bei Säuglingen in den ersten Lebensmonaten wegen Trimenonanämie).
2. Bei *Erwachsenen* mit unauffälliger Anamnese und ohne pathologischen klinischen Untersuchungsbefund genügen Hämoglobin- oder Hämatokrit- und Blutzuckerbestimmung, die ab 40 Jahren durch ein EKG und ab 60 Jahren durch eine Röntgenthoraxaufnahme ergänzt werden.
3. Vor rückenmarknahen *Regionalanästhesien* sowie infraklavikulären und interskalenären Plexusblockaden wird – auch bei unauffälliger Anamnese und Klinik – eine Kontrolle der globalen Gerinnungsparameter inkl. Thrombozytenzahl vorgenommen.
4. Bei anamnestischen und/oder klinischen Hinweisen auf *Vor- bzw. Begleiterkrankungen* sowie vor *umfangreichen Operationen* werden erweiterte Laboruntersuchungen und weiterführende spezielle Untersuchungen zur differenzierten Abklärung und ggf. als Grundlage für eine therapeutische Verbesserung durchgeführt.
5. Bei Erfordernis von Voruntersuchungen sollten die Befunde zum Operationstermin hin möglichst *aktuell* sein, d. h. bei zwischenzeitlich unverändertem Gesundheitszustand sollten Laborwerte nicht älter als 14 Tage, das EKG nicht älter als 1 Monat und die Röntgenthoraxaufnahme nicht älter als 3 Monate sein.

A. Klinische Untersuchung

Die klinische Untersuchung setzt sich aus *Inspektion, Palpation, Perkussion* und *Auskultation* zusammen. Der Untersuchungsgang ist am effektivsten, wenn er *systematisch* nach Organen bzw. Organsystemen gegliedert durchgeführt wird.

B. EKG

Es herrscht keine einheitliche Meinung darüber, ab welchem Alter ein Ruhe-EKG als Suchtest nach nicht bekannten Erkrankungen eingesetzt werden sollte. Retrospektive Analysen haben gezeigt, daß die Häufigkeit von pathologischen EKG-Befunden, die eine Veränderung des anästhesiologisch-operativen Konzeptes nach sich ziehen, bei klinisch gesunden Patienten *unter 40 Jahren* so gering ist, daß die Durchführung eines EKG in dieser Altersgruppe nicht routinemäßig notwendig erscheint. Bei Patienten mit Hinweisen auf eine kardiovaskuläre Erkrankung hingegen ist ein EKG immer indiziert, um behandlungsbedürftige Veränderungen aufzudecken und die Erfordernis weiterer Diagnostik abschätzen zu können (z. B. Echokardiographie, Koronarangiographie). Folgende **EKG-Veränderungen** sind von anästhesiologischem Interesse:

- ST-Streckenveränderungen,
- Zeichen eines durchgemachten Herzinfarktes,
- absolute Arrhythmie bei Vorhofflimmern,
- Vorhofflattern,
- AV-Blockierungen,
- Schenkelblockbilder,
- Extrasystolen (supraventrikulär/ventrikulär),
- Präexzitationssyndrome,
- Rechtsherz- oder Linksherzhypertrophie,
- Aktionen eines künstlichen Herzschrittmachers.

Die Sensitivität des Ruhe-EKG ist allerdings gering, d. h. daß ein unauffälliger Befund keineswegs schwere myokardiale oder koronare Veränderungen ausschließen läßt. Auf die einzelnen EKG-Bilder kann an dieser Stelle nicht näher eingegangen werden. Es wird deshalb auf einschlägige Lehrbücher verwiesen.

Voruntersuchungen I

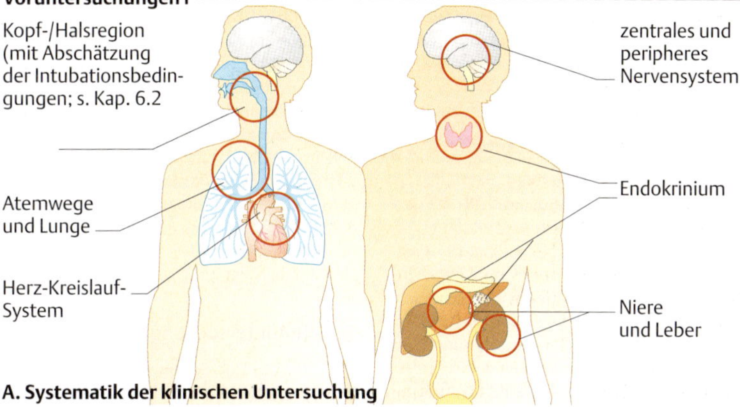

A. Systematik der klinischen Untersuchung

- Herzrhythmus u. -frequenz
- Lagetyp
- Erregungsausbreitung (Depolarisation)
- Erregungsrückbildung (Repolarisation)
- Niedervoltage oder Hypertrophiezeichen (?)

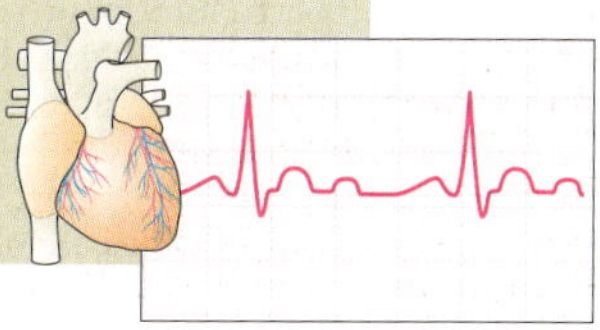

1. Systematische EKG-Analyse

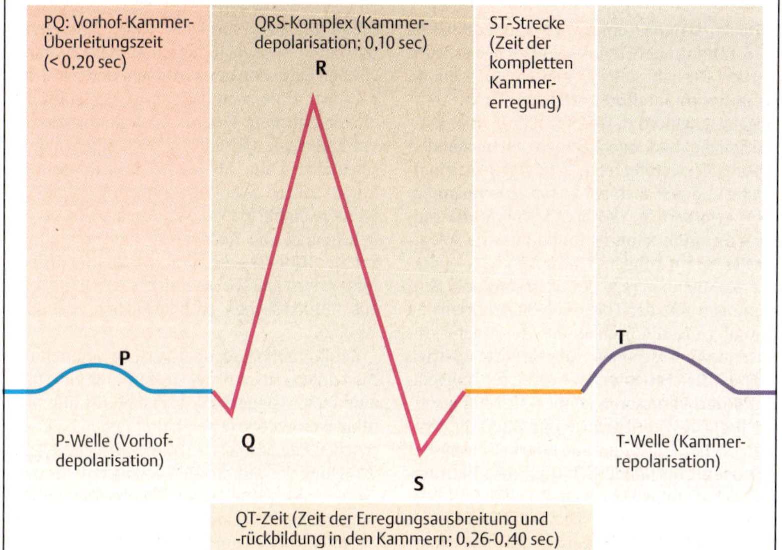

2. Schema einer elektrischen Herzaktion

B. EKG

Standardtechnik ist ein *im Ruhezustand* durchgeführtes 12-Kanal-Oberflächen-EKG mit den bi- und unipolaren Extremitätenableitungen (I, II, III; aVR, aVL, aVF) sowie den unipolaren Brustwandableitungen V1–6.

C. Radiologische Untersuchung

Hierbei handelt es sich am häufigsten um eine präoperative **Röntgenaufnahme des Thorax**. Auch sie zielt darauf ab, bisher unerkannte kardiopulmonale Erkrankungen aufzudecken oder Auffälligkeiten aus Anamnese und klinischer Untersuchung zu verifizieren. Verschiedene Studien haben jedoch gezeigt, daß Patienten *unter 60 Jahren* ohne anamnestische und klinische Hinweise auf Erkrankungen der Thoraxorgane selten im Röntgenthoraxbild für Anästhesie und Operation relevante pathologische Befunde aufweisen. In bestimmten Fällen ist eine präoperative radiologische Diagnostik allerdings unverzichtbar, so z. B.

- vor geplanter Strumektomie,
- vor thoraxchirurgischen Eingriffen,
- bei Patienten mit bekannten Bronchialtumoren,
- bei Patienten mit Herzinsuffizienz.

Vor einer **Strumektomie** muß präoperativ eine Verdrängung oder Stenose der Trachea erkannt werden. Deshalb sollte primär ein Röntgenbild im posterior-anterioren und seitlichen Strahlengang angefertigt werden. Ergibt das konventionelle Bild noch keinen ausreichenden Aufschluß, werden eine sog. *Tracheazielaufnahme* und ggf. auch ein *Computertomogramm* (CT) erforderlich. Während **thoraxchirurgischer Eingriffe** kann es durch anästhesiologische (z. B. Ein-Lungen-Beatmung) oder operative Maßnahmen (z. B. Kompression oder Einblutungen mit der Folge von Atelektasen) zu Veränderungen kommen, die von einem präexistenten Geschehen abgegrenzt werden müssen. Bei Patienten mit größeren hilusnahen **Bronchialtumoren** können sich infolge einer Bronchusventilstenose intraoperativ Beatmungsschwierigkeiten mit Überbelüftung der gesunden und Minderbelüftung der betroffenen Lunge entwickeln, so daß Größe und Lage des Tumors präoperativ bekannt sein müssen. Bei Patienten mit Hinweisen auf eine **Linksherzinsuffizienz** müssen Herzgröße und das Ausmaß einer pulmonalen Stauung (Lungenödem) abgeschätzt werden.

Standardtechnik zur röntgenologischen Darstellung der Thoraxorgane ist die Übersichtsaufnahme *im Stehen in maximaler Inspiration* (Sagittalbild, posterior-anteriorer Strahlengang). Hierdurch wird die beste Beurteilbarkeit der bronchopulmonalen und kardiovaskulären Strukturen erzielt. Bei bettlägerigen Patienten erfolgt die Aufnahme im Liegen im anterior-posterioren Strahlengang, wobei die Beurteilung infolge von Zwerchfellhochstand, intrathorakaler Blutumverteilung und Abbildungsartefakten mehr oder weniger deutlich erschwert sein kann.

D. Laboruntersuchungen

Der klinische Nutzen routinemäßiger Laboruntersuchungen zur Aufdeckung unbekannter Erkrankungen oder Störungen ist ebenfalls gering. Aus diesem Grund kann wie oben beschrieben verfahren werden. Ein erweitertes Untersuchungsprogramm wird in Abhängigkeit vom anamnestischen und klinischen Befund sowie von Art und Umfang des geplanten Eingriffs notwendig.

E. Spezielle Untersuchungen

Die Erfordernis spezieller Diagnostik ergibt sich bei Hinweisen aus der Anamnese, pathologischen Befunden der klinischen und basal-apparativen Untersuchung oder vor Operationen mit erheblichem Eingriff in Organfunktionen. Vor Einleitung spezieller, aufwendiger Diagnoseverfahren zur Abklärung krankhafter Befunde sollen zwei Voraussetzungen geprüft werden, nämlich ob diese Untersuchungen zur Beurteilung von Anästhesierisiko und -fähigkeit des Patienten essentielle Bedeutung haben und ob sich ggf. therapeutische Konsequenzen aus mutmaßlichen pathologischen Befunden ergeben.

Bei Erkrankungen oder vor Operationen mit Auswirkungen auf die Lungenfunktion sollte eine sog. **Lungenfunktionsanalyse** durchgeführt werden. Diese beinhaltet neben einer *arteriellen Blutgasanalyse* (BGA: PaO_2, $PaCO_2$) zur Erfassung des pulmonalen Gasaustausches zumindest auch eine *„kleine" Spirometrie* zur Abschätzung der wichtigsten atemmechanischen Parameter Vitalkapazität (VC) und forciertes Exspirationsvolumen (FEV1). Die Aussagekraft einer präoperativen arteriellen BGA in Ruhe bezüglich der postoperativen respiratorischen

Voruntersuchungen II

- Weichteile
- knöcherne Strukturen
- Zwerchfell (Kuppel re 9.-11. Rippe hinten, 4.-6. vorne; li 1 ICR tiefer)
- Mediastinum
- Lunge/Pleura
- Lungenhilus
- Herz (Größe: ≤ halber Thorax-innendurchmesser!)
- Lage von Tuben, Kathetern und Drainagen

1. Systematische Bildanalyse

- Symmetrie: seitengleicher Abstand zwischen medialen Klavikelenden und den Dornfortsätzen der oberen BWS
- Schärfe
- optimale Belichtung, wenn:
  - Zwischenwirbelräume der oberen BWS sichtbar
  - Trachea und Bifurkation erkennbar
  - Retrokardialraum einsehbar
  - Gefäßzeichnung bis 2 cm vor der Lungenoberfläche zu verfolgen ist

2. Beurteilung der Bildqualität

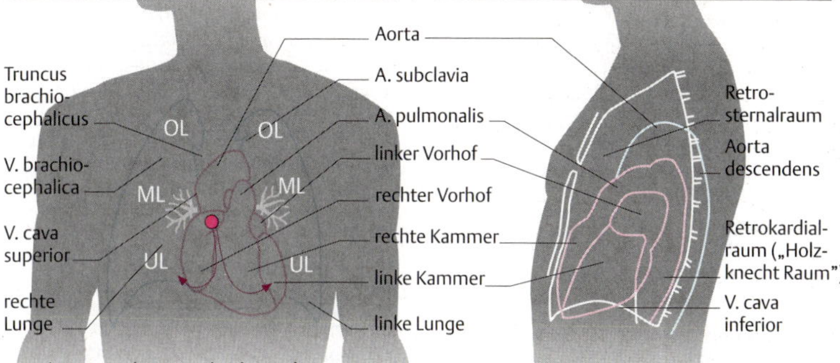

3. Schematische Standardprojektionen

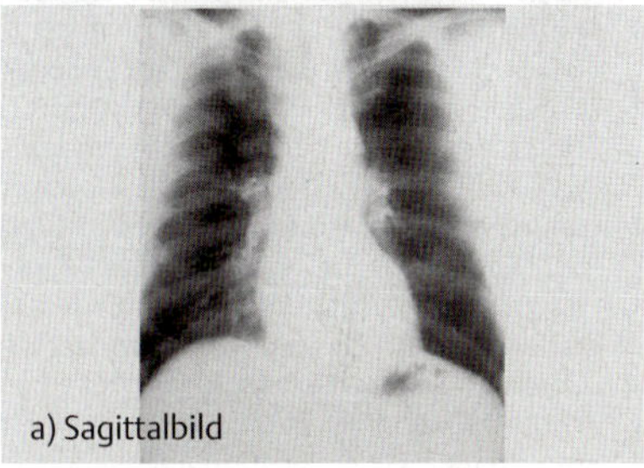

a) Sagittalbild

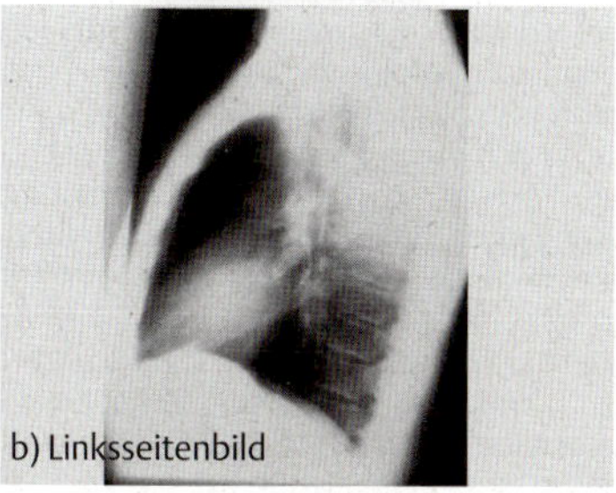

b) Linksseitenbild

4. Normalbefund

C. Radiologische Untersuchung (Röntgenthorax)

- Natrium/Kalium
- Kreatinin/Harnstoff
- Gesamteiweiß
- GPT und γ-GT
- Gerinnungsstatus, Thrombozyten
- Blutgruppe, "Kreuzblut"

D. Erweiterte Laboruntersuchungen

Morbidität ist relativ gering. Hingegen läßt eine BGA unter Belastungsbedingungen (Ergometrie) oder die Ermittlung der FEV1 bei eingeschränkter pulmonaler Reserve Rückschlüsse auf zu erwartende respiratorische Komplikationen zu (Einzelheiten s. Kap. 12.1). Bei Feststellung einer bronchialen Obstruktion kann im Rahmen des Untersuchungsganges durch einen sog. *Bronchospasmolysetest* mittels Inhalation eines β_2-Sympathikomimetikums die Reversibilität beurteilt werden. Neben der Identifizierung von Patienten mit pathologisch eingeschränkter Lungenfunktion dient die Lungenfunktionsanalyse auch als Grundlage für die Durchführung bzw. Überprüfung gezielter therapeutisch-prophylaktischer Maßnahmen.

Zur präoperativen Abklärung kardiovaskulärer Erkrankungen und Einschätzung der **Herzfunktion** dienen Verfahren wie:
- die transthorakale Echokardiographie,
- das Belastungs-EKG und
- die Herzkatheteruntersuchung.

Die Domäne der transthorakalen **Echokardiographie** ist die Untersuchung des myokardialen Kontraktions- und linksventrikulären Auswurfverhaltens, wodurch sich mit hoher Empfindlichkeit eine Herzinsuffizienz nachweisen oder ausschließen läßt. Darüber hinaus kann die Funktion der Herzklappen beurteilt werden. Während das **Ruhe-EKG** eine hohe Treffsicherheit beim Nachweis eines Herzinfarktes zeigt, ist die Sensitivität zur Diagnose einer koronaren Herzkrankheit (KHK) nur gering und auf das Erkennen myokardialer Ischämien im Anfall beschränkt. Mit dem unter **Belastungsbedingungen** aufgezeichneten EKG lassen sich anamnestische Angaben im Sinne von Belastungsstenokardien objektivieren. Zusätzlich kann das Blutdruckverhalten abgeschätzt werden (z. B. labiler Hypertonus) und die pathognomonische Bedeutung von in Ruhe auftretenden Herzrhythmusstörungen geklärt werden. Deren Sistieren unter Belastung spricht im allgemeinen für eine „vegetative Genese“ und nicht für eine KHK. Umgekehrt sind durch Belastung provozierte Arrhythmien i.d.R. Ausdruck organischer Herzerkrankungen, wie z. B. einer KHK oder einer Herzinsuffizienz. Die **Herzkatheteruntersuchung** besteht aus einer Koronar- und Ventrikulographie und führt Möglichkeiten des Belastungs-EKG und der Echokardiographie zusammen. Sie ist allerdings als invasive Methode deutlich aufwendiger und auch mit Risiken behaftet. Koronarstenosen lassen sich aber auch schon bei geringerer Ausdehnung nachweisen, exakt lokalisieren und zudem nicht selten umgehend therapieren (Ballondilatation, Stenteinlage). Weitere Einzelheiten zur Wertigkeit der unterschiedlichen Untersuchungsmethoden werden in Kap. 12.2 erläutert.

Konsiliaruntersuchungen. Die Durchführung von Fachkonsilen (am häufigsten internistisch-kardiologisch und neurologisch) erfolgt nicht routinemäßig, sondern nur zur Beantwortung gezielter Fragestellungen. Hierbei geht es auch nicht um die Beurteilung der Anästhesiefähigkeit des Patienten durch den Konsiliar. Dies ist *alleinige* Aufgabe des Anästhesisten. Vielmehr soll z. B. bei risikoerhöhenden Begleiterkrankungen geklärt werden, ob durch eine Behandlung der Zustand des Patienten präoperativ gebessert und damit das perioperative Risiko vermindert werden kann. In anderen Fällen soll eine bereits laufende Therapie auf ihre Effizienz hin überprüft werden.

Voruntersuchungen bei Notfallpatienten

Der Umfang von Voruntersuchungen wird hier wesentlich von der Eingriffsdringlichkeit mitbestimmt. Da im Rahmen notfallmäßiger Eingriffe nur wenig Zeit bleibt, wird in erster Linie – soweit möglich – die Anamnese (Allergien!) erhoben, gefolgt von einer kurzen körperlichen Untersuchung und daran anschließender Blutentnahme zur Bestimmung von Laborwerten und der Blutgruppe sowie zur Durchführung der Kreuzprobe für die Fremdblutbereitstellung. In Extremsituationen kann mit dem Operationsbeginn nicht abgewartet werden, bis die Ergebnisse vorliegen (z. B. perforiertes Bauchaortenaneurysma). Apparative Untersuchungen werden nur vorgenommen, wenn sie für die Strategie des operativen Vorgehens maßgeblich oder für die Beurteilung vitalbedrohlicher Funktionsstörungen erforderlich sind.

Voruntersuchungen III

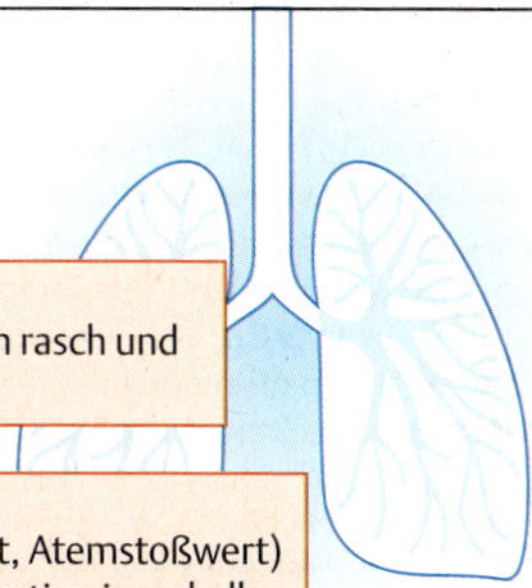

Vitalkapazität (VC)
das Volumen, das nach langsamer vollständiger Exspiration maximal eingeatmet werden kann

Forcierte Vitalkapazität (FVC)
das Volumen, das nach vollständiger Inspiration rasch und maximal ausgeatmet werden kann

Forciertes exspiratorisches Volumen
(FEV_1, Sekundenkapazität, Tiffeneau-Wert, Atemstoßwert)
das Volumen, das nach vollständiger Inspiration innerhalb einer Sekunde maximal ausgeatmet werden kann

Ergebnis: Angabe entweder absolut in "l" oder relativ in Bezug zur Vitalkapazität (FEV_1/VC) in "%"
Normalwert (Erwachsene): FEV_1 > 2 l oder > 75 % der VC

1. Definitionen

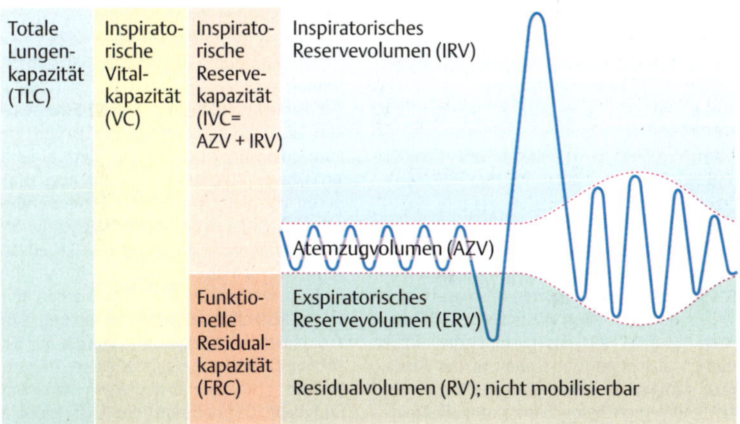

2. Statische Lungenvolumina und -kapazitäten

- Patienten mit den Zeichen chronischer Lungenerkrankungen
- "starke" Raucher mit persistierendem Husten
- Patienten mit stenosierenden Prozessen im Bereich der oberen Atemwege
- Patienten mit ausgeprägten Thorax- oder Wirbelsäulendeformitäten
- Patienten mit neuromuskulären Erkrankungen
- Adipositas permagna
- Alter > 70 Jahre (?)
- thoraxchirurgische Patienten (vor allem lungenresezierende Eingriffe)
- abdominalchirurgische Patienten (vor allem große Oberbaucheingriffe)

3. Indikationen zur präoperativen Lungenfunktionsanalyse

E. Spezielle Untersuchungen (z.B. Lungenfunktionsanalyse)

Zur bestmöglichen Vorbereitung des Patienten auf Anästhesie und Operation sollte die anästhesiologische Visite, wie zuvor gesagt, möglichst frühzeitig erfolgen. Erst die umfassende Beurteilung aller wesentlichen Begleiterkrankungen und -umstände gewährleistet die Abschätzbarkeit des *perioperativen Gesamtrisikos*, das sich aus Anästhesie- und Operationsrisiko zusammensetzt. Das eigentliche Anästhesierisiko läßt sich hiervon nur unscharf abtrennen, da sich anästhesie- und operationsbezogene Faktoren in erheblichem Maße wechselseitig beeinflussen und entsprechend eng miteinander verwoben sind.

A. Einflußfaktoren

Das Anästhesierisiko wird maßgeblich nicht nur durch Begleiterkrankungen, sondern auch durch eingriffsspezifische Faktoren beeinflußt. Die wichtigsten Einflußfaktoren auf die perioperative Morbidität und Mortalität sind:

- Herz-Kreislauf-Erkrankungen (bes. Hypertonie, KHK, Herzinsuffizienz),
- präexistente Lungenerkrankungen (bes. COPD),
- Art, Umfang und Dringlichkeit des Eingriffs,
- Dauer der Operation,
- Lebensalter des Patienten.

Bedeutung und Auswirkungen kardiopulmonaler Vorerkrankungen werden im einzelnen im Kap. 12 erläutert. Das Ausmaß des chirurgischen Traumas läßt das perioperative Risiko deutlich ansteigen. Ganz oben in der Risikoskala rangieren Zweihöhlen-, Thorax- und Oberbaucheingriffe sowie intrakranielle Operationen. Vor Notfall- und dringlichen Eingriffen verbleibt nur wenig Zeit zur Vorbereitung des Patienten, so daß ggf. auch relevante Befunde nicht erhoben werden können. Mit zunehmender Operationsdauer wächst die Schwierigkeit, alle Faktoren zu kontrollieren, die die Homöostase beeinträchtigen. So sind eine Hypothermie infolge gestörter Thermoregulation und extrazelluläre Flüssigkeitsdefizite bei langdauernden Eingriffen nicht immer vermeidbar. Auch mit steigendem Lebensalter erhöht sich das perioperative Risiko, aber nicht durch das Alter per se, sondern durch mit fortschreitendem Alter vermehrt auftretende Begleiterkrankungen. Ebenfalls erhöht ist das Risiko bei Neugeborenen und Säuglingen, da bei ihnen die kardiopulmonale Toleranzbreite noch eingeschränkt ist.

B. Risikoklassifizierung

Als Hilfestellung zur Risikoeinstufung sind diverse *Klassifizierungssysteme* entwickelt worden. Es handelt sich z. T. um modifizierte Checklisten, z. T. um Scoresysteme, die über eine Punkteskala eine *Risikoquantifizierung* anstreben. Schwerpunkte sind dabei immer Funktionsstörungen einzelner Organe bzw. Organssysteme. Am häufigsten wird das Schema der **American Society of Anesthesiologists** (ASA) verwendet *(B1)*, das nur den körperlichen Zustand der Patienten berücksichtigt und lediglich eine grobe *Risikoqualifizierung* zuläßt. Es hat sich trotzdem in der Praxis als Orientierungshilfe bewährt, da in verschiedenen Untersuchungen gezeigt werden konnte, daß die ASA-Einstufung statistisch gut mit der perioperativen Mortalität korreliert *(B2)*.

Die Beurteilung des Anästhesierisikos führt immer auch zur grundsätzlichen Frage nach der Anästhesiefähigkeit. Die **Anästhesiefähigkeit** ist allerdings eine relative Größe. Sie ist zum einen natürlich eng mit dem objektiven Anästhesierisiko verknüpft, muß aber zum anderen vor allem in Bezug zur Notwendigkeit und Dringlichkeit des Eingriffs gesetzt werden. Eingriffe, die zur unmittelbaren Lebenserhaltung erforderlich sind, müssen immer durchgeführt werden, auch bei erheblichen chronischen Risikofaktoren, die im anderen Extrem z. B. plastisch-chirurgische Eingriffe aus ästhetischen Gründen niemals zuließen. So gesehen existiert also keine absolute „Nichtanästhesiefähigkeit". In praxi wird der Anästhesist nach Einschätzung des Anästhesierisikos den Operateur in Kenntnis setzen, wenn aus seiner Sicht Zweifel hinsichtlich der Anästhesiefähigkeit bestehen. Dem Operateur obliegt es dann, falls sich zwischen beiden keine Einigung herbeiführen läßt, unter Abwägung der indizierenden und kontraindizierenden Faktoren die letztliche Entscheidung zu treffen, ob der Eingriff durchgeführt wird. Damit übernimmt er dann auch die volle ärztliche und rechtliche Verantwortung.

Anästhesierisiko

Wichtige präoperative Informationen

1. Eingriffsart und Indikation bzw. Dringlichkeit
2. anästhesiebezogene Anamnese
3. klinische Untersuchung
4. Befunde apparativer und konsiliarischer Untersuchungen
5. kardiopulmonale Leistungsfähigkeit
6. Hypovolämie
7. Stoffwechsel- und andere Organstörungen
8. Dauermedikation

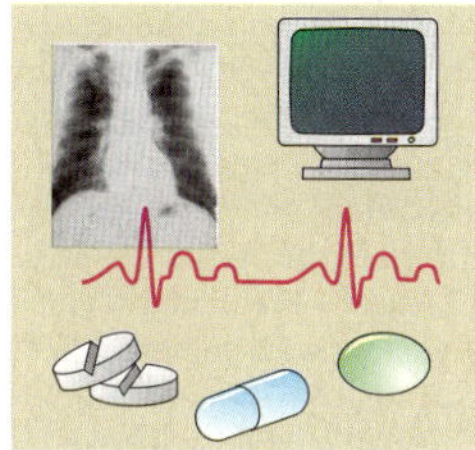

A. Einflußfaktoren

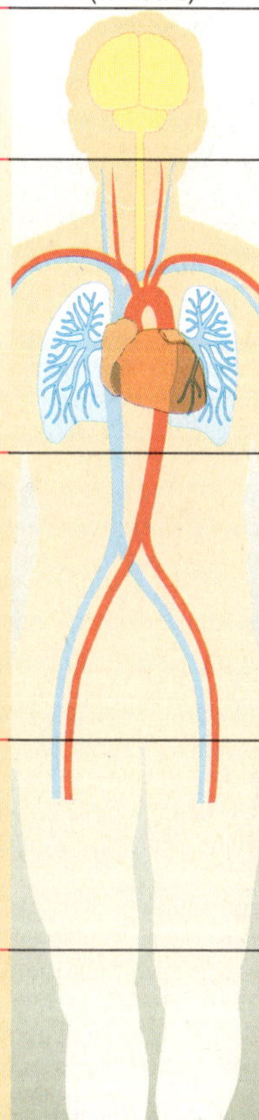

ASA-Risikogruppe	Perioperative Mortalität (1. Woche)
I keine organische Erkrankung oder Störung des Allgemeinbefindens – außer der chirurgischen Erkrankung gesunder Patient	0,1 %
II leichte Allgemeinerkrankung *ohne* Leistungseinschränkung – z.B. mäßige Anämie, geringe Störungen des Wasser- u. Elektrolythaushaltes, gut eingestellter Diabetes mellitus, latente Hyperthyreose, mäßiger Hypertonus, beginnendes Lungenemphysem, leichte Bronchitis, Asthma bronchiale ohne Komplikationen, kompensierte Niereninsuffizienz, Adipositas, Varikosis; Neugeborene, Greise, Schwangere im 3. Trimenon	0,5 %
III schwere Allgemeinerkrankung *mit* Leistungsminderung – z.B. erhebliche Anämie, schwere Störungen des Wasser-/Elektrolyt- u. Säure-/Basenhaushaltes, schwerer Diabetes mellitus (mit Komplikationen), manifeste Hyperthyreose, schwerer Hypertonus, kompensierte Herzinsuffizienz, KHK, Z.n. Myokardinfarkt, ausgeprägtes Lungenemphysem, schwere eitrige Bronchitis, COPD, dialysepflichtige Niereninsuffizienz, Adipositas permagna, Kachexie	4,4 %
IV lebensbedrohliche Allgemeinerkrankung – z.B. hochgradige Anämie; manifeste, d.h. dekompensierte Insuffizienz von seiten des Herzens, der Lunge, der Nieren oder des endokrinen Systems; diffuse Peritonitis; Schock jedweder Genese; Koma; Polytrauma	23,5 %
V moribunder Patient, der mit oder ohne Operation 24 Stunden vorraussichtlich nicht überleben wird – z.B. perforiertes Aortenaneurysma, fulminante Lungenembolie	50,8 %

Bei Notoperationen wird der ASA-Klasse ein „N“ (Notfall) hinzugefügt.

B. Risikoklassifizierung

A. Operative Dringlichkeit

Die Zeit, die zur präoperativen Vorbereitung des Patienten verbleibt, wird von unterschiedlicher operativer Dringlichkeit bestimmt. Im allgemeinen werden hierbei vier **Dringlichkeitsstufen** unterschieden, wobei z. T. eine unterschiedliche Terminologie benutzt wird:

1. elektiv = Wahleingriff (nicht dringlich)
2. geplant = Planeingriff (bedingt dringlich)
3. dringlich = organerhaltender Eingriff
4. Notfall = lebenswichtiger Soforteingriff.

Wenn von *aufschiebbaren* oder manchmal auch *planbaren* Eingriffen gesprochen wird, handelt es sich um Eingriffe der Stufe 1 oder 2, *nicht aufschiebbare* Eingriffe gehören zur Stufe 3 oder 4.

Festlegung des Operationstermins. Vor *aufschiebbaren* Eingriffen gilt die Regel, den Patienten zur Minimierung des perioperativen Risikos in den bestmöglichen Zustand zu bringen. Hier müssen strengste Kriterien bezüglich präoperativer Vorbereitung, Diagnostik von Begleiterkrankungen und deren möglicher Therapie angesetzt werden. Bei wesentlichen Störungen der Funktion wichtiger Organe dürfen deshalb keine elektiven oder geplanten Eingriffe vorgenommen werden.

Für Notfall- oder dringliche Eingriffe gelten andere Kriterien. Ein *Notfalleingriff* ist indiziert zur akuten Lebensrettung bei bestehender oder unmittelbar bevorstehender Dekompensation vitaler Organfunktionen (z. B. perforiertes Bauchaortenaneurysma mit hämorrhagischem Schock, schwere intrathorakale Blutung mit respiratorischer Insuffizienz). Als Indikation für einen *dringlichen* Eingriff wird ein drohender irreversibler Funktionsverlust von Organen oder Körperteilen mit oder ohne verzögerter Lebensbedrohung angesehen (z. B. Ileus mit der Gefahr einer Darmgangrän).

Herzinfarktanamnese. Bei Vorliegen eines *transmuralen* Myokardinfarktes sollten aufschiebbare operative Eingriffe möglichst erst 3 Monate nach dem Infarktereignis vorgenommen werden, da die Reinfarktrate innerhalb dieser Frist bis zu 40% betragen kann. Die Reinfarktletalität ist dabei ausgesprochen hoch und wird z. T. mit über 50% angegeben!

Nahrungs- und Nikotinkarenz. Außer bei Notfall- und z. T. auch dringlichen Eingriffen sollte eine präoperative Nahrungskarenz von mindestens *sechs* Stunden für feste Bestandteile und *zwei* Stunden für klare Flüssigkeiten eingehalten werden, um mögliche pulmonale Komplikationen durch Regurgitation und Aspiration bei der Narkoseeinleitung zu verhindern (Einzelheiten s. Kap. 5.2). Das Rauchen sollte spätestens am Tage der Operation eingestellt werden. Diese *kurzfristige* Nikotinabstinenz dient vor allem der Reduktion perioperativer hypoxischer Komplikationen, die durch Kohlenmonoxid (CO) ausgelöst werden. Durch die hohe Affinität von CO zum Hämoglobin entsteht COHb (bei starken Rauchern bis zu 20%!), das dann nicht mehr für den Sauerstofftransport zur Verfügung steht. Die CO-Bindung ist allerdings mit einer Halbwertszeit von ca. 8 Stunden reversibel, so daß eine Nikotinabstinenz schnell zur Normalisierung des Sauerstofftransportes führt. Die durch das Rauchen induzierte bronchiale Hyperreagibilität wird hierdurch hingegen nicht beeinflußt. Sie wird erst durch eine längerfristige Abstinenz von mehr als vier Wochen gebessert.

B. Auswahl des Anästhesieverfahrens

Nach Einschätzung des Anästhesierisikos wird in Abhängigkeit vom Zustand des Patienten und von eingriffsspezifischen Faktoren wie Art, Lokalisation, Dauer und Dringlichkeit der Operation das Anästhesieverfahren ausgewählt. Prinzipiell wird das Verfahren mit der **größtmöglichen Sicherheit für den Patienten** angewandt. Wünsche des Patienten sollen hierbei soweit als möglich Berücksichtigung finden. Im Zweifelsfall geht aber die *objektive* Sicherheit des Patienten vor dessen *subjektivem* Komfort. Betrachtet man Untersuchungen zur perioperativen Morbidität und Mortalität nach Allgemein- und rückenmarknahen Anästhesien in Abhängigkeit von Begleiterkrankungen, ist kein statistisch signifikanter Unterschied zwischen beiden Verfahrensarten festzustellen. Das macht es im Einzelfall schwierig, ein Verfahren unter dem Aspekt seiner möglichen Vorteile zu bevorzugen.

Operative Dringlichkeit und Auswahl des Anästhesieverfahrens

Notfalleingriffe - Soforteingriffe
Vorbereitungszeit: Minuten

z.B. perforiertes Bauchaortenaneurysma, schwere intrathorakale Blutung, schwere gastro-intestinale Blutung, Leber-/Milzruptur, epidurales Hämatom

dringliche Eingriffe
Vorbereitungszeit: Stunden

z.B. Ileus, Mesenterialinfarkt, inkarzerierte Hernie, Hodentorsion, akuter arterieller Extremitätenverschluß, offene Frakturen, Schenkelhalsfrakturen, penetrierende Verletzungen ohne akute Blutung, Abszesse, Luxationen

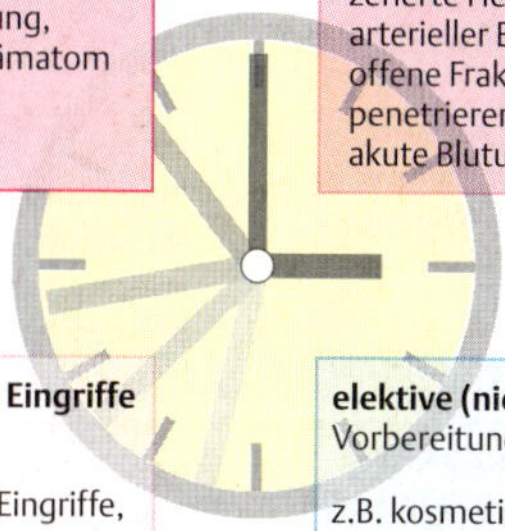

geplante (bedingt dringliche) Eingriffe
Vorbereitungszeit: Tage

z.B. Malignome, diagnostische Eingriffe, Probeexzisionen

elektive (nicht dringliche) Eingriffe
Vorbereitungszeit: Wochen/Monate

z.B. kosmetische Operationen, Cholecystolithiasis ohne Verschlußsymptomatik, Hernien ohne Inkarzeration usw.

A. Operative Dringlichkeitsstufen und Vorbereitungszeiten

	Indikationen	Kontraindikationen
Allgemeinanästhesie		
• endotracheale Intubation	Thorax-, Oberbauch-, 2-Höhlen-Eingriffe, Eingriffe in Bauchlage, bei Nichtnüchernheit, lange Operationen	
• Gesichtsmaske	Kurzeingriffe (< 30 min)	Nichtnüchternheit, Bauchlage, Adipositas permagna, Laparotomie, Thorakotomie
• Kehlkopfmaske	Eingriffe > 30 min	wie bei Gesichtsmaske
Regionalanästhesie	Notfall- oder dringliche Operationen	unkooperative, verwirrte oder bewußtseinsgetrübte Patienten, Kinder (Einzelfallentscheidung), ambulante Patienten (axilläre Plexusanästhesie möglich)
• Plexus brachialis	Eingriffe an der oberen Extremität, der Skapula und Klavikula	Blutgerinnungsstörungen (wie unten) bei infraklavikulärer oder interskalenärer Technik (weitere Einzelheiten s. Kap. 10.3)
• rückenmarknah	Eingriffe an der unteren Extremität, im Beckenbereich und Unterbauch	Blutgerinnungsstörungen oder Antikoagulanzientherapie (außer „low-dose"-Heparinisierung), Hypovolämie, Schock, dekompensierte Herzinsuffizienz

B. Auswahl des Anästhesieverfahrens

A. Selbstbestimmungsrecht des Patienten

Da unerlaubte invasive medizinische Maßnahmen den strafrechtlichen Tatbestand der Körperverletzung erfüllen, ist vor deren Durchführung die **Einwilligung** des Patienten zwingend erforderlich. Der Patient entscheidet in *freier* Selbstbestimmung. Um sein Selbstbestimmungsrecht adäquat ausüben zu können und damit eine etwaige Anästhesieeinwilligung rechtswirksamen Charakter erlangt, muß er zuvor hinreichend und in angemessener Form über

- Art und Inhalt der geplanten Maßnahmen informiert worden sein und deren
- Wesen, Bedeutung und Tragweite

in ihren Grundzügen erkennen können. Dies setzt eine Aufklärung über

- methodentypische Risiken sowie
- Vor- und Nachteile alternativ in Betracht kommender Verfahren

voraus. Art und Umfang der Aufklärung sind dabei abhängig

- von Dringlichkeit und Risiko des Eingriffes sowie
- vom Bildungs- und Wissensstand des Patienten.

Es gilt also: Je weniger dringlich und risikoreich ärztliche Maßnahmen sind, um so umfangreicher und nachhaltiger ist der Patient aufzuklären!

B. Einwilligungsfähigkeit und Aufklärungsart

Die Einwilligung in ärztliche Maßnahmen erfordert aus juristischer Sicht nicht die volle Geschäftsfähigkeit des Patienten, sondern nur seine *natürliche* Einsichts- und Willensfähigkeit, die vor Durchführung der Anästhesieaufklärung zu überprüfen ist. Ist sie gegeben, gilt das Selbstbestimmungsprinzip. Fehlt sie hingegen, muß entweder die Einwilligung eines legitimierten Vertreters eingeholt oder eine richterliche Verfügung beim Vormundschaftsgericht erwirkt werden. In einer Notfallsituation allerdings kann und muß der Arzt nach dem Prinzip der „Geschäftsführung ohne Auftrag" verfahren, d. h. er wird seine Hilfeleistung nach dem mutmaßlichen Willen des Patienten zu dessen Besten ausführen.

Ein *Aufklärungsverzicht* seitens des Patienten ist möglich, im anderen Extremfall kann er auch eine *Totalaufklärung* sämtlicher Risiken einfordern. Normalerweise findet die sog. Stufenaufklärung nach *Weißauer* Anwendung, d. h. nach Ansprechen der üblichen Risiken entscheidet der Patient, welche Bereiche vertieft werden sollen. In der Rechtsprechung findet man auch den Begriff des „wissenden Patienten". Hiermit sind solche Patienten gemeint, die über medizinische Vorkenntnisse verfügen oder sich einer ähnlichen Behandlung schon einmal unterzogen haben. Bei diesen kann die Aufklärung deutlich abgekürzt werden, wenn sich der aufklärende Arzt vom Kenntnisstand des Patienten überzeugt hat. Ein sog. therapeutisches Privileg zur Nichtaufklärung, z. B. aus psychologischen Gründen, wird allerdings von der deutschen Rechtsprechung generell *nicht* anerkannt und kann schon gar nicht für die anästhesiologische Aufklärung in Anspruch genommen werden.

C. Anästhesieaufklärung

Das anästhesiologische Aufklärungsgespräch umfaßt im einzelnen:

- Darstellung des perioperativen Ablaufes des für den Eingriff vorgesehenen Anästhesieverfahrens,
- Erläuterung alternativer Verfahren, falls solche in Betracht kommen, und deren Vor- und Nachteile,
- Auswahl des geeigneten Verfahrens unter Beachtung von etwaigen Kontraindikationen und größtmöglicher Berücksichtigung der Patientenwünsche,
- Erklärung der *typischen* Risiken des ausgewählten Verfahrens unabhängig von deren Komplikationsrate,
- Aufklärung über *generelle* Risiken nur, wenn sie im Einzelfall nicht als bekannt vorausgesetzt werden können.

Herausragende zivilrechtliche Bedeutung hat die ärztliche **Dokumentation**. Bei mangelhafter oder fehlender Dokumentation kommt es im Zivilverfahren zur sog. *Beweislastumkehr*. Aus diesem Grund ist die Verwendung der vom „Berufsverband Deutscher Anästhesisten" (BDA) empfohlenen Anamnese- und Aufklärungsbögen (z. Zt. im DIOmed-Verlag) zweckmäßig. Im Rahmen der Aufklärung sind einige **Besonderheiten** bei *nicht einwilligungsfähigen* Patienten und *Minderjährigen* zu berücksichtigen *(C)*.

Aufklärung und Einwilligung

„VOLUNTAS AEGROTI SUPREMA LEX!"

A. Selbstbestimmungsrecht des Patienten

Aufklärungsverzicht → Stufenaufklärung → Totalaufklärung

B. Einwilligungsfähigkeit und Aufklärungsart

Leitsätze zur Aufklärung in besonderen Fällen

1. Wenn der Patient nicht einwilligungsfähig ist:

– bei Erfordernis einer *notfallmedizinischen* Versorgung

Bei *Bewußtlosigkeit oder Bewußtseinsstörung* gilt der Grundsatz „Geschäftsführung ohne Auftrag".

– bei *aufschiebbaren* Eingriffen

Besteht eine *Geisteskrankheit* oder *Unmündigkeit*, so muß die Einwilligung des gesetzlichen Vertreters (gerichtlich bestellter Betreuer) eingeholt werden. Handelt es sich aber um einen das Leben des Patienten gefährdenden Eingriff, ist auch die Zustimmung des Vormundschaftsgerichtes nötig.

Bei neu aufgetretener, akut zur Einwilligungsunfähigkeit führender *geistiger Verwirrung* muß eine richterliche Verfügung erwirkt werden.

Steht der Patient unter dem Einfluß die Geschäftsfähigkeit beeinträchtigender *Pharmaka* (Sedativa, Alkohol etc.) muß bis zum Abklingen derer Wirkung abgewartet werden.

Erhebliche Schmerzen müssen vor dem Einwilligungsgespräch durch nicht die Einwilligungsfähigkeit vermindernde Analgetika beseitigt werden.

Bei Patienten, die der *deutschen Sprache nicht mächtig* sind, muß das Einwilligungsgespräch unter Hinzuziehen eines Dolmetschers erfolgen, der durch Unterschrift die richtige Übersetzung bestätigt.

Bei *Blinden* muß zur korrekten Dokumentation der Einwilligungserklärung eine Person ihres Vertrauens anwesend sein.

2. Wenn es sich um Minderjährige handelt:

– Bei Kindern unter 14 Jahren sollten *beide* Eltern einem geplanten Eingriff zustimmen; für dringliche Eingriffe genügt die Einwilligung eines Elternteiles.

– Bei Verweigerung der elterlichen Zustimmung in einen *lebensrettenden Eingriff* liegt ein „Sorgerechtsmißbrauch" vor. Zur Umgehung der elterlichen Verfügungsgewalt kann dann umgehend eine richterliche Genehmigung eingeholt werden. Wenn dazu keine Zeit verbleibt, handelt der Arzt unter dem Gesichtspunkt der „Geschäftsführung ohne Auftrag".

– Jugendliche ab dem vollendeten 14. Lebensjahr können *selbst* rechtswirksam in einen Eingriff einwilligen, wenn sie dessen Bedeutung und Tragweite voll erfassen können.

C. Anästhesiologisches Aufklärungsgespräch

A. Prämedikationsziele

Der Begriff „Prämedikation" steht im engeren Sinne für die spezifische medikamentöse Vorbereitung des Patienten auf die Anästhesie und Operation. Infolge der Nebenwirkungen früher im Rahmen von Narkosen eingesetzter Substanzen wurden weit gesteckte, umfangreiche Prämedikationsziele formuliert. Davon übriggebliebenen ist als heutzutage vorrangiges und obligates Ziel die Streßreduktion bzw. -vermeidung durch **Anxiolyse**, d. h. Angst und Aufregung sollen dem Patienten genommen werden. Die präoperative psychische Verfassung des Patienten hat einschlägigen Untersuchungen zufolge erheblichen Einfluß auf das intraoperative Kreislaufverhalten und sogar auf den postoperativen Schmerzmittelbedarf. Durch eine erfolgreiche anxiolytisch wirksame Prämedikation lassen sich ansonsten während der Anästhesieeinleitung häufiger zu beobachtende Kreislaufdysregulationen (tachykarde Rhythmusstörungen, hyper-/hypotensive Episoden, vasovagale Synkopen) deutlich reduzieren wie auch der postoperative Analgetikaverbrauch vermindern. Eine über die Anxiolyse hinausgehende Sedierung ist nicht in jedem Fall erforderlich, aber nicht immer zu vermeiden. Die Kooperationsfähigkeit des Patienten, die vor allem zur Durchführung von Regionalanästhesien erforderlich ist, sollte dabei aber ebenso wie die Schutzreflexe erhalten bleiben. Als weitere, *akzessorische* oder nur in Einzelfällen erforderliche Prämedikationsziele können genannt werden:

- Amnesie,
- Antikonvulsion (Prophylaxe zerebraler Krampfanfälle),
- Antipsychose,
- Prophylaxe anaphylaktoider Reaktionen,
- Antiemese (Prophylaxe von postoperativer Übelkeit und Erbrechen = PONV),
- Aspirationsprophylaxe,
- Antisalivation (Hemmung der Speichel- und Bronchialsekretion),
- Verminderung autonomer Reflexreaktionen,
- Analgesie.

B. Substanzübersicht

Für die Prämedikation steht eine Reihe von Pharmaka aus unterschiedlichen Gruppen mit entsprechend unterschiedlichen Wirkungseigenschaften zur Verfügung:

- Benzodiazepine,
- Barbiturate,
- Neuroleptika,
- Antihistaminika,
- Antazida,
- Parasympathikolytika,
- α_2-Rezeptoragonisten,
- Opioide.

Diese Substanzen dienen dem Erreichen differenter Ziele *(B1)*. Zur vornehmlichen Anxiolyse werden am häufigsten Benzodiazepine eingesetzt. Sollen mehrere Ziele gleichzeitig erreicht werden, ist oftmals eine Kombination mehrerer Pharmaka notwendig, da das gesamte Spektrum nicht allein von einer Substanz abgedeckt wird. Bei bestimmten Patienten oder in speziellen Situationen kann es wegen möglicher Nebenwirkungen oder fehlender Notwendigkeit sinnvoll sein, auch einmal gänzlich auf eine Prämedikation zu verzichten *(B2)*.

Tabelle **B1**: Prämedikationsziele und verwendete Pharmaka

Anxiolyse	Benzodiazepine, α_2-Agonisten
Sedierung	Benzodiazepine, Barbiturate, Neuroleptika, α_2-Agonisten
Amnesie	Benzodiazepine
Antikonvulsion	Benzodiazepine, Barbiturate
Antipsychose	Neuroleptika
Antiemese	Neuroleptika, H_1-Antagonisten
Histaminhemmung	H_1- und H_2-Antagonisten, Phenothiazine
Antisalivation	Parasympathikolytika
Reflexdämpfung	Parasympathikolytika, α_2-Agonisten
Analgesie	Opioide

Prämedikation

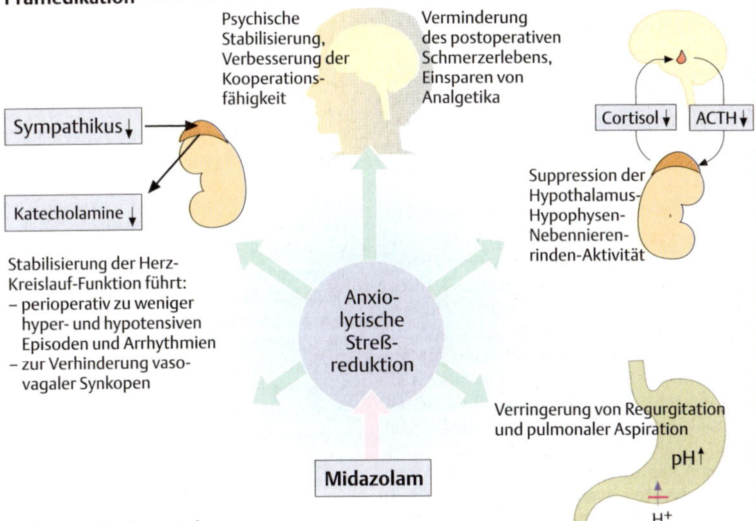

A. Prämedikationsziele

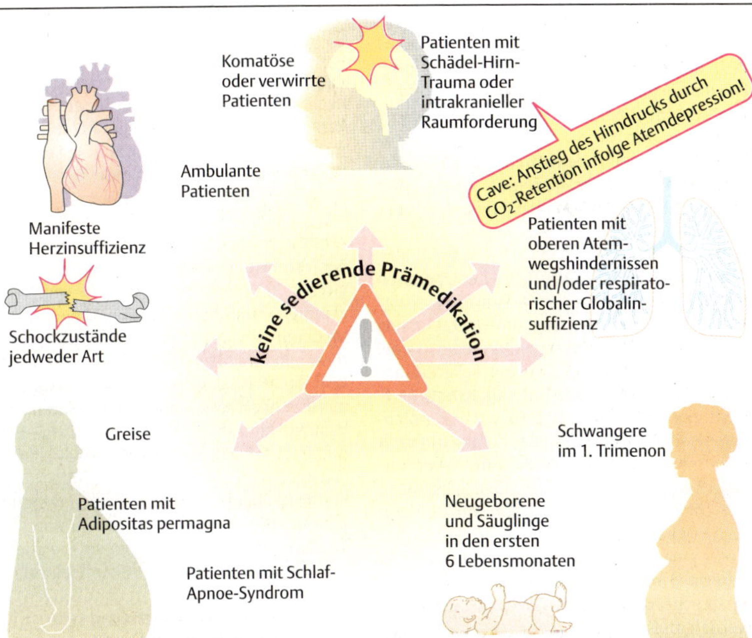

2. Verzicht auf anxiolytisch-sedierende Prämedikation

B. Substanzübersicht

A. Pharmaka

Benzodiazepine. Benzodiazepine eignen sich wegen guter Wirksamkeit bei nur geringen Nebenwirkungen am besten für eine **anxiolytische** Prämedikation. Nahezu alle Benzodiazepine wirken *qualitativ* gleich *(A1)*. Deutliche Unterschiede bestehen aber z. T. im hepatischen Metabolismus und in der Wirkungsdauer *(A2)*. Benzodiazepine vermitteln ihre Effekte über spezifische Bindung am GABA-Rezeptorkomplex (s. Kap. 1.6), indem sie die Wirkungen von GABA als inhibitorischem endogenem Neurotransmitter verstärken. Während Barbiturate eine „schlaferzwingende" Wirkung haben, wirken die meisten Benzodiazepine als Folge des anxiolytisch-sedierenden Effektes nur *„schlafanstoßend"*. Benzodiazepine zeichnen sich durch gute Kreislaufstabilität aus. Die Atmung wird nach den zur Prämedikation üblichen Dosen i.d.R. nicht beeinträchtigt (Einzelheiten s. Kap. 4.3). Bei älteren Patienten kann es jedoch nach schneller intravenöser Gabe zu Störungen des *zentralen* Atemmusters kommen. Bei gleichzeitiger Opioidapplikation sollte bedacht werden, daß Benzodiazepine die opioidinduzierte Atemdepression verstärken. Wie unter Barbituraten können auch unter Benzodiazepinen als unerwünschte Wirkungen besonders bei älteren Patienten *paradoxe* Reaktionen wie Unruhe, Agitiertheit, Desorientierung und Logorrhoe auftreten. Bei *Myasthenia gravis* sind Benzodiazepine wegen ihres zentral muskelrelaxierenden Effektes absolut kontraindiziert.

Substanzauswahl. Am Vorabend der Operation werden Substanzen mit mittellanger Wirkung, z. B. *Temazepam*, bevorzugt, am Operationstag zumeist das kurz wirksame *Midazolam*. Da bei älteren Patienten wie auch bei Lebererkrankungen der sog. Phase-I-Metabolismus (z. B. Oxydation, Reduktion, Hydrolyse) beeinträchtigt, die Phase-II-Reaktion der Konjugation mit Glucuronsäure (Glukuronidierung) aber zumeist noch intakt ist, sollten hier Substanzen wie *Lorazepam* oder *Oxazepam* zur abendlichen Prämedikation verwendet werden, da sie direkt glukuronidiert werden und deshalb am wenigsten mit einem verzögerten Abbau und entsprechend verlängerter Wirkung gerechnet werden muß.

Barbiturate. Wegen nicht unerheblicher Risiken *(A3)* wird auf Barbiturate zur Prämedikation nur noch in den seltensten Fällen zurückgegriffen, z. B. bei Kontraindikationen für Benzodiazepine oder zur **Konvulsionsprophylaxe** bei Epileptikern (z. B. Phenobarbital – Luminal®). In niedriger Dosierung können Barbiturate das Schmerzempfinden verstärken, was bei ihrer Anwendung zur Prämedikation beachtet werden sollte. Bei *akuter intermittierender Porphyrie* sind sie absolut kontraindiziert.

Neuroleptika. Der Einsatz von Neuroleptika als „Sedativa" für die Prämedikation gilt heutzutage als überholt, denn sie führen häufig zu einer „psychomotorischen Entkopplung", d. h. die Patienten wirken äußerlich ruhig und teilnahmslos, verspüren aber tatsächlich eine hochgradige innere Unruhe. Sie werden daher nur noch in niedriger Dosierung zur **Emesisprophylaxe** – und dann am besten in Kombination mit Benzodiazepinen zur Unterdrückung ihrer negativen psychotropen Effekte – verwendet. Neuroleptika allerdings, die zur Dauertherapie von *Psychosen* eingenommen werden, sollten am Operationstag weiter verordnet werden. Eine Kontraindikation für Neuroleptika besteht bei *Morbus Parkinson*, da selbst nach einmaliger, niedrigdosierter Gabe ein Parkinsonismus mit Akinesie, Rigor und Tremor auftreten kann. Phenothiazine senken die Krampfschwelle und sollten deshalb nicht bei *Epileptikern* verabreicht werden.

Antihistaminika. Histamin ist entscheidend an der Vermittlung *anaphylaktoider*, pseudoallergischer Reaktionen beteiligt (H_1- und H_2-Rezeptoren), darüber hinaus ein wesentlicher Mediator der *Magensäuresekretion* (H_2-Rezeptoren) und trägt auch zur Entstehung von *Übelkeit und Erbrechen* bei (H_1-Rezeptoren). Die meisten anästhesiologisch eingesetzten Medikamente sind in der Lage, unspezifisch Histamin freizusetzen, das u. a. zu kardiovaskulären (Tachykardie, Arrhythmie, AV-Blockierung, Blutdruckabfall) und bronchialen Nebenwirkungen (Bronchokonstriktion) führen kann (s. auch Kap. 13.4). Prädisponierte Patienten (z. B. Atopiker, Patienten mit kardiozirkulatorischen und pulmonalen Vorerkrankungen) mögen hiervon besonders betroffen sein.

Durch kombinierte Gabe von *H_1- und H_2-Rezeptorantagonisten*, z. B. kurz vor der Narkoseeinleitung, lassen sich sämtliche histaminver-

Pharmaka und Applikationsprinzipien I

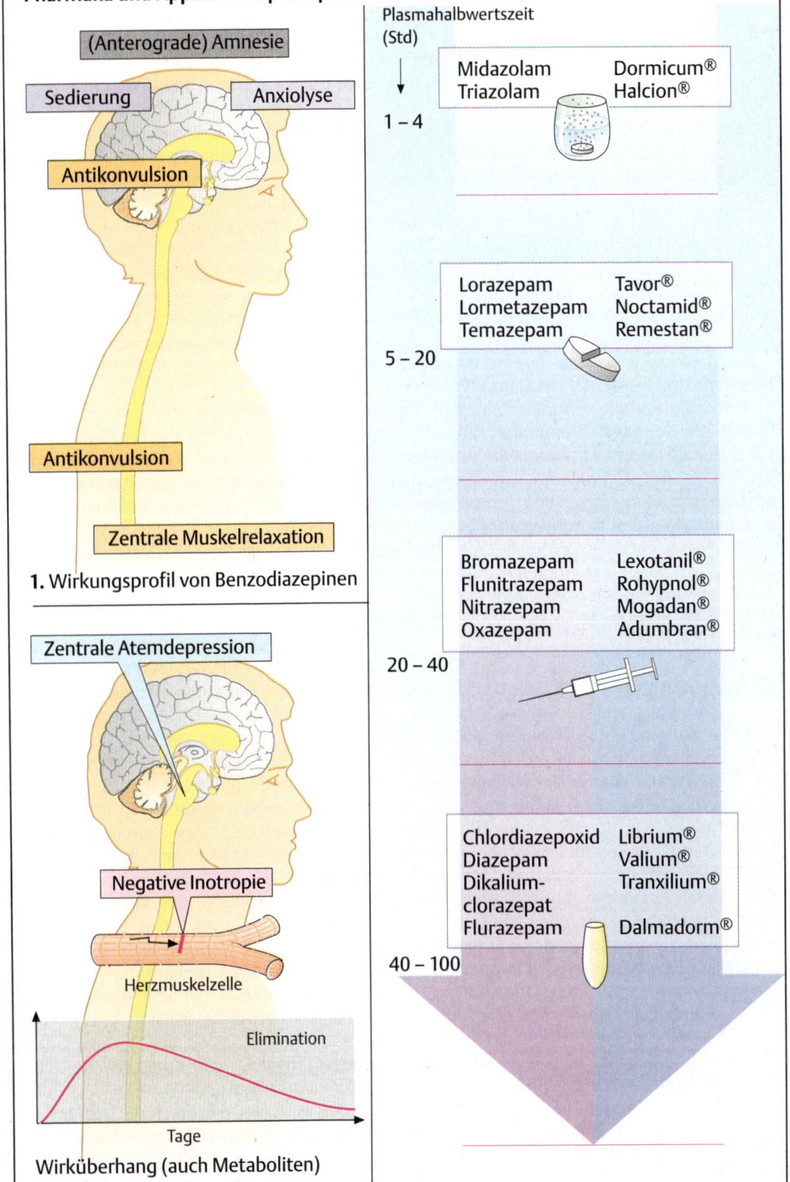

1. Wirkungsprofil von Benzodiazepinen

2. Einteilung der Benzodiazepine nach Wirkdauer

3. Nebenwirkungen von Barbituraten

A. Pharmaka

mittelte Wirkungen verhindern, zumindest aber deutlich in ihrer Ausprägung abschwächen. Dieses Vorgehen scheint bei Atopikern gerechtfertigt, um **anaphylaktoiden** Reaktionen entgegenzuwirken. Ebenfalls erfolgreich läßt sich diese Kombination bei Patienten, die besonders gefährdet sind, postoperativ Übelkeit und Erbrechen (PONV = postoperative Nausea und Vomitus) zu entwickeln, zur **Emesisprophylaxe** einsetzen (s. auch Kap. 14.3). Hierdurch kann nach neuerer Erkenntnis die PONV-Rate erheblich stärker reduziert werden als z. B. durch alleinige Gabe von Droperidol. Gute Erfahrungen bestehen auch mit der präventiven Applikation des H_1-Antagonisten *Dimenhydrinat (Vomex A®)*.

Durch Blockade von H_2-Rezeptoren in der Magenmukosa werden das Magensaftvolumen und der Säuregehalt vermindert, so daß die Gefahr der pulmonalen Aspiration abnimmt, vor allem aber deren Auswirkungen gemildert werden. In diesem Sinne zur **Aspirationsprophylaxe** am wirksamsten sind *H_2-Antagonisten* wie Ranitidin, wenn sie am Vorabend und zusätzlich ca. 2 Stunden vor der Narkoseeinleitung peroral verabfolgt werden. Domäne dieses Vorgehens sind geplante geburtshilfliche Eingriffe in Intubationsnarkose. Zu weiteren Einzelheiten und *Antazida* s. Kap. 5.2.

Parasympathikolytika (Anticholinergika). Parasympathikolytika, wie das am häufigsten eingesetzte Atropin, Glycopyrronium (Robinul®) oder Scopolamin, hemmen durch Konkurrenz mit dem Neurotransmitter Acetylcholin die parasympathische Erregungsübertragung an muskarinartigen Rezeptoren. Hierdurch kommt es u. a. zur Verminderung der Speichel- und Schleimsekretion im Bereich der oberen und unteren Atemwege (Antisalivation) sowie zur Erhöhung der Herzfrequenz *(A6)*.

Vor allem der **antisalivatorische** Effekt ist aus prophylaktischen Gründen von anästhesiologischem Interesse, z. B. bei Operationen im Mund-/Rachenbereich, fiberoptischen Intubationen, Bronchoskopien, Larynxmaskennarkosen, vor Ketamingaben und bei Kindern, bei denen durch eine vermehrte Speichelsekretion die Gefahr eines Laryngospasmus erhöht wird. Eine bereits auf der Krankenstation durchgeführte Gabe von Anticholinergika ist allerdings nicht zu empfehlen, da die maximale Wirkung nach oraler oder subkutaner Applikation nicht immer zeitgerecht zur Narkoseeinleitung erreicht wird. Darüber hinaus wird die einsetzende Mundtrockenheit von den Patienten zumeist als unangenehm empfunden. Besser ist deshalb die *gezielte intravenöse Verabreichung* unmittelbar vor Einleitungsbeginn.

Die üblicherweise gewählte Atropindosis von *maximal 0,01 mg/kg KG* schützt nicht ausreichend vor **reflektorischen Bradykardien**. Hierzu, d. h. zur kompletten Vagusblockade, sind deutlich höhere Dosen von mindestens 0,03 mg/kg KG erforderlich, die aber wegen erheblicher Herzfrequenzsteigerung i.d.R. nicht toleriert werden! Bei Patienten mit *Glaukom* ist die übliche Atropindosis nicht kontraindiziert, da nach systemischer Gabe keine lokal wirksamen Konzentrationen am Auge erreicht werden.

α_2-Rezeptoragonisten. Hauptvertreter der α_2-Rezeptoragonisten ist das Imidazolinderivat Clonidin (Catapresan®, Paracefan®). Ursprünglich wurde Clonidin nur zur Blutdrucksenkung eingesetzt. In jüngerer Zeit konnten aber weitere, für die Anästhesiologie bedeutsame Clonidineffekte wie *Anxiolyse, Sedierung* und auch *Analgesie* (supraspinal und spinal) ausgemacht werden, die überwiegend einer Stimulierung zentraler prä- und postsynaptischer α_2-Rezeptoren zugeschrieben werden und damit auch Folge einer Hemmung adrenerg-neuronaler Aktivität sind. Hierdurch wird der Narkosemittelverbrauch abgesenkt. Mittlerweile hat man experimentell festgestellt, daß im Gegensatz zu früheren Auffassungen die den Sympathikotonus vermindernden, blutdrucksenkenden Effekte von Clonidin nicht durch Erregung von α_2-Rezeptoren zustande kommen, sondern durch einen agonistischen Ansatz an einer neuen Klasse clonidinbindender Rezeptoren, den Imidazolin-Rezeptoren, vermittelt werden sollen. Neben der zentralen Sympathikolyse kommt es durch Clonidin auch zu einer Erregung peripherer postsynaptischer α_1-Rezeptoren. Da die Affinität von Clonidin zu α_1-Rezeptoren aber erheblich geringer ist als zu α_2-Rezeptoren (1:200), spielt diese Wirkung nur bei zügiger intravenöser Injektion eine Rolle. Hierunter kann es zum *passageren Anstieg des Blutdruckes* kommen, der durch die zentrale Wirkung überspielt wird, sobald Clonidin in ausreichender Menge die Blut-Hirn-Schranke passiert hat und zu den zentralen Wirkorten gelangt ist. Die zentrale Verminderung des Sympathikotonus führt dann zur *Abnahme der*

Pharmaka und Applikationsprinzipien II

	H_1-Rezeptoren	H_2-Rezeptoren
Tachykardie	ø	100 %
Vasodilatation	60 %	40 %
Bronchokonstriktion	60 %	40 %
Übelkeit/Erbrechen	70 %	30 %*
Magensäuresekretion	ø	100 %
Antagonisten	Dimetinden (Fenistil®)	Ranitidin (Sostril®, Zantic®)

* indirekt durch Erhöhung des Magensaftvolumens

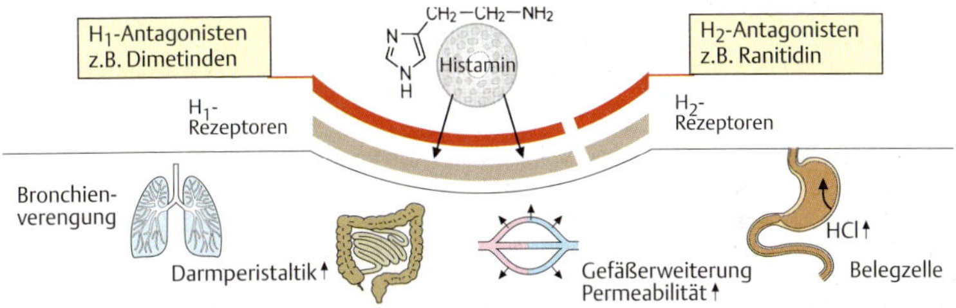

4. Anteil der Rezeptorsubtypen an den Histaminwirkungen

- Polytrauma/septisch-toxischer Schock
- gastro-intestinale Blutungen
- Ileus
- chronische Niereninsuffizienz
- maligne Tumoren
- Verbrennungen
- größere abdominelle Eingriffe (Darmmanipulation)
- Verwendung von Palacos®-Knochenzement

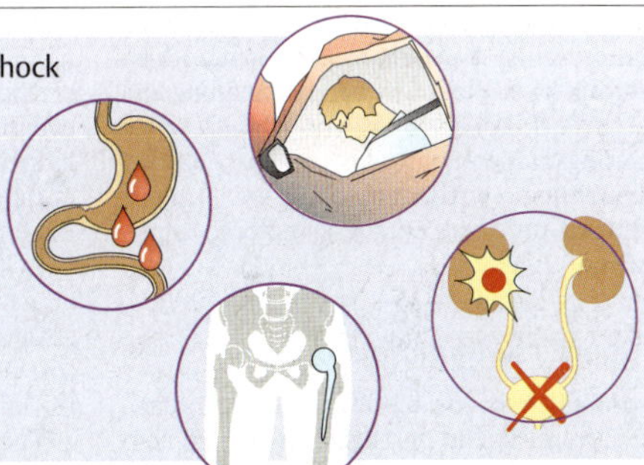

5. Erhöhte Histaminplasmaspiegel

	Atropin	Glycopyrronium	Scopolamin
Herzfrequenz	+++	++	+
Salivationshemmung	+	+++	++
ZNS-Wirksamkeit	geringe Stimulation	keine*	Sedierung, Amnesie
Antiemesis	ø	ø	+++
Dosis i.v.	0,005–0,01 mg/kg	0,002–0,004 mg/kg	ø**
Wirkeintritt i.v.	30–60 sec	2–3 min	
Wirkdauer i.v.	30–60 min	2–3 h	ø**

*als quartäres Amin nicht liquorgängig; **kein i.v.-Präparat verfügbar

6. Wirkungsvergleich verschiedener Parasympathikolytika

A. Pharmaka

Herzfrequenz und zur peripheren Vasodilatation mit *Absinken des Blutdruckes*.

Im Rahmen der Prämedikation spielt Clonidin vor allem eine Rolle bei **Alkoholabhängigen**, bei denen es zur Prophylaxe von Entzugssymptomen, wie überschießende sympathoadrenerge Reaktionen, und gleichzeitigen Sedierung eingesetzt wird. Hierdurch läßt sich die Narkoseführung erheblich erleichtern. Die präoperative Gabe kann *adjuvant* zu Benzodiazepinen peroral erfolgen, und zwar jeweils am Vorabend und Morgen der Operation. Als Kontraindikationen gelten bradykarde Rhythmusstörungen, arterielle Hypotonie und eine Hypovolämie.

Opioide. Die Wirkungsweise von Opioiden wird ausführlich im Kap. 4.4 abgehandelt. Zur **analgetischen** Prämedikation sollten nur rein agonistische Substanzen mit längerer Wirkungsdauer, wie z. B. Piritramid (Dipidolor®) oder Pethidin (Dolantin®), verwendet werden. Wegen ihrer atemdepressorischen Effekte spielen Opioide für die routinemäßige Prämedikation keine Rolle mehr. Sie werden vielmehr nur gezielt zur Schmerzbehandlung eingesetzt (z. B. bei Trauma), vor schmerzhaften Lagerungsmaßnahmen, die vor der Anästhesieeinleitung stattfinden, oder bei **Drogensüchtigen**, um akute Entzugssymptome zu verhindern.

B. Applikationsprinzipien

Ursprünglich wurde die Prämedikation regelhaft intramuskulär durchgeführt. Dieses Verfahren ist einerseits für den Patienten schmerzhaft und andererseits auch mit seltenen Risiken wie Infektion, Hämatombildung (z. B. Gerinnungsstörungen, Antikoagulanzientherapie!) und Nervenläsionen behaftet. Aus diesem Grund wird mittlerweile die **perorale Applikation** bevorzugt. Die Einnahme von bis zu 100 ml Wasser erhöht dabei nachgewiesenermaßen nicht das Aspirationsrisiko und widerspricht somit auch nicht dem Nüchternheitsgebot. Neben der Zufuhr der spezifischen Prämedikation kann, soweit erforderlich, auf diese Weise auch die weitere Einnahme der Dauermedikation gewährleistet werden. In einigen Fällen, z. B. mit gestörter gastro-intestinaler Resorption oder eingeschränkten Schluck- und Hustenreflexen, ist allerdings eine *orale* Prämedikation nicht sinnvoll bzw. *kontraindiziert (B1)*. Dann können die Medikamente *subkutan* oder *intravenös* appliziert werden. Alternativ können bei Patienten mit Schluck- oder Resorptionsstörungen auch Präparate zum Einsatz kommen, die bereits *sublingual* resorbiert werden (z. B. Lorazepam als Tavor® Expidet). Bei ungestörter Resorption und liegender Magensonde lassen sich einige Substanzen auch hierüber verabfolgen. Notfall- oder Intensivpatienten sollten Pharmaka generell intravenös erhalten. Dies garantiert den schnellsten und sichersten Wirkungseintritt.

Verordnung. Die Prämedikationsverordnung erfolgt *schriftlich* und setzt immer eine *persönliche* Visite durch den Anästhesisten voraus. Es werden genaue Angaben über Zeitpunkt, Dosis und Applikationsart des oder der ausgewählten Medikamente gemacht *(B2)*. Am **Vorabend der Operation** benötigen die Patienten zur Minderung bzw. Beseitigung von Angst, Aufregung und Schlaflosigkeit ein Anxiolytikum bzw. Sedativum. Hierzu wird i.d.R. ein mittellang wirksames Benzodiazepin per os verordnet (z. B. Temazepam). Bei Schmerzen wird zusätzlich ein Analgetikum verabreicht. Eine eventuelle Dauermedikation bei Begleiterkrankungen sollte bis auf Ausnahmen (s. Kap. 3.3) unverändert fortgeführt werden. Die Prämedikation am **Operationstag** erfolgt in aller Regel ebenfalls peroral. Hierbei sollte die Einnahme 45–60 Minuten vor Anästhesiebeginn erfolgen, um zu diesem Zeitpunkt maximal wirksame Plasmaspiegel zu gewährleisten. Üblicherweise werden kurz wirksame Benzodiazepine, z. B. Midazolam, bevorzugt, wodurch erreicht werden soll, daß der Patient entspannt, angstfrei und kooperativ zur Anästhesieeinleitung kommt.

Pharmaka und Applikationsprinzipien III

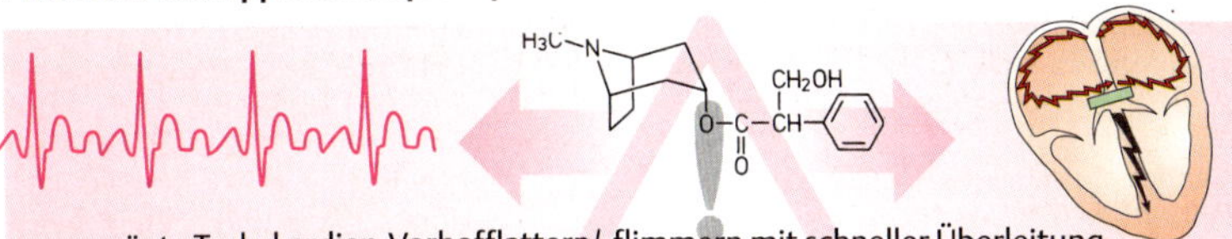

7. Kontraindikationen für Atropin

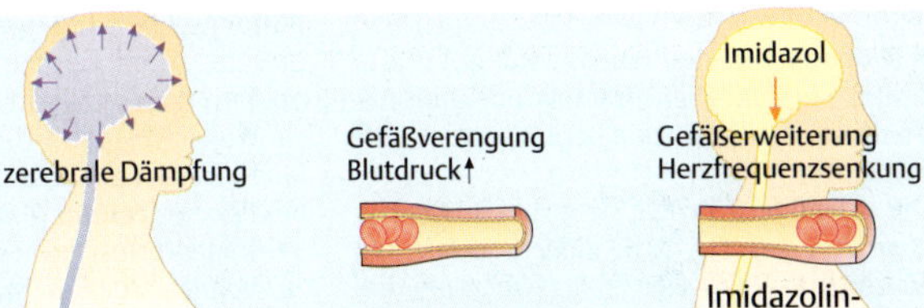

	α_2-Rezeptoren	α_1-Rezeptoren	Imidazolin-Rezeptoren
Anxiolyse	+		
Sedierung	+		
Analgesie	+		
Sympathikus-aktivität	(↓)	(↑)	↓↓

8. Rezeptoragonistische Wirkungen von Clonidin

A. Pharmaka

- Dysphagie
- Verletzungen, Infektionen und Stenosen im oberen Gastro-Intestinal-Trakt
- mangelnde Kooperation des Patienten

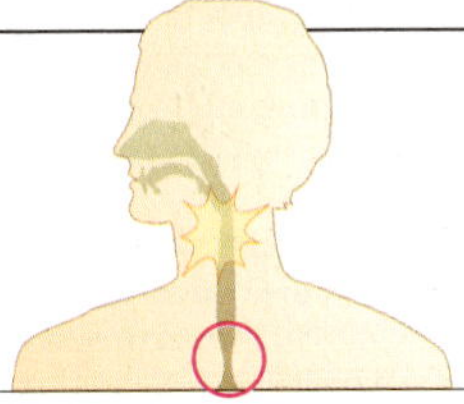

1. Kontraindikationen für eine orale Prämedikation

Temazepam
- Remestan®-Gelatinekapseln, 1 Kapsel enthält 20 mg, 1 Mite-Kapsel 10 mg
- Standarddosierung bei Erwachsenen: 20 mg p.o. abends
- Metabolisierung: direkte Glukuronidierung oder zunächst Demethylierung zu Oxazepam

Plasma-HWZ 8–16 h

Midazolam
- Dormicum®-Tabletten, 1 Tbl. enthält 7,5 mg
- Standarddosierung bei Erwachsenen: 7,5 mg p.o. 45–60 min präoperativ
- Metabolisierung: Hydroxylierung und anschließende Glukuronidierung

Plasma-HWZ 2–3 h

2. Prämedikation – Substanzauswahl

B. Applikationsprinzipien

Eine eventuelle Dauermedikation bei Begleiterkrankungen sollte i.d.R. bis *einschließlich* des Operationstages unverändert **fortgesetzt** werden. Dies gilt insbesondere für:
- Antihypertensiva,
- Kardiotropika (außer Herzglykosiden),
- Antiasthmatika,
- Antikonvulsiva,
- Antiparkinsonmittel,
- Glukokortikoide oberhalb der „Cushing-Schwelle".

Das bedeutet, daß die Nebenwirkungen dieser Pharmaka und mögliche Interaktionen mit Anästhetika und Adjuvanzien berücksichtigt werden müssen.

Die „Cushing-Schwelle" liegt bei 30 mg Hydrocortison pro Tag bzw. einer äquivalenten Predniso(lo)n-Dosis von 7,5 mg. Oberhalb dieser Schwelle beginnt die ACTH-Suppression, die bei Erreichen der doppelten Dosis komplett ist. Bei Langzeittherapie mit *Glukokortikoiden* oberhalb der Schwellendosis ist eine gezielte perioperative Substitution mit erhöhten Dosen erforderlich, da sonst die Gefahr einer akuten Nebennierenrindeninsuffizienz („Addison-Krise"; s. Kap. 12.5) besteht. Als Langzeittherapie gilt die tägliche Einnahme von Glukokortikoiden über mehr als 4 Wochen innerhalb der vergangenen 12 Monate vor einer Operation, da während dieser Zeitspanne die Cortisolproduktion nicht immer adäquat stimulierbar ist.

Kontrazeptiva können bei entsprechender Thromboseprophylaxe mit „low-dose"-Heparin weiter verabreicht werden. Zu beachten ist allerdings, daß die ovulationshemmende Wirkung z. B. durch Interaktionen mit Medikamenten, die eine Enzyminduktion in der Leber auslösen, vermindert bzw. aufgehoben werden kann, worauf die Patientinnen entsprechend hingewiesen werden müssen.

Folgende Medikamente werden i.d.R. präoperativ **abgesetzt**:
- Herzglykoside,
- Diuretika,
- orale Antikoagulanzien,
- Antidiabetika sowie
- nichtsteroidale Säureantiphlogistika (NSAID).

Herzglykoside und *Diuretika* interferieren mit dem Elektrolyt- und Flüssigkeitsgehalt und sollen deshalb am Operationstag nicht zugeführt werden. Sie können eine Hypokaliämie auslösen, die wiederum zu Herzrhythmusstörungen führen kann. Umgekehrt wird durch eine Hypokaliämie die Glykosidempfindlichkeit mit der Folge möglicher Überdosierungserscheinungen erhöht. Diuretika können zudem eine Hypovolämie hervorrufen, die die kreislaufdepressorische Wirkung von Anästhetika verstärkt.

Die „therapeutische" Antikoagulation mit *Kumarinderivaten* (z. B. Phenprocoumon – Marcumar®) birgt eine deutlich gesteigerte Blutungsgefahr bei operativen Eingriffen. Aus diesem Grund werden diese Substanzen präoperativ abgesetzt und die Antikoagulation mit „low-dose"-Heparin durchgeführt. Infolge der langen Plasmahalbwertszeiten (z. B. 6–8 Tage bei Phenprocoumon) ist mit einem spontanen Wirkungsverlust frühestens nach einer Woche zu rechnen. Zur Beschleunigung kann Vitamin K_1 (Konakion®) gegeben werden. Nur Notfalleingriffe rechtfertigen den Einsatz von PPSB (Prothrombinkomplexkonzentrat) zur umgehenden Gerinnungsnormalisierung.

Orale Antidiabetika wie Glibenclamid (Euglucon®) haben eine extrem hohe Eiweißbindung (> 99 %), aus der sie durch im Rahmen der Anästhesie verwendete ebenfalls stark eiweißgebundene Substanzen „verdrängt" werden können, so daß noch bis zu 50 Stunden nach der letzten Einnahme mit Hypoglykämien gerechnet werden muß.

Acetylsalicylsäurehaltige Präparate sollten infolge *irreversibler* Hemmung der Thrombozytenaggregation mindestens 3 Tage vor der Operation abgesetzt werden. Alle anderen NSAID bewirken nur eine reversible Hemmung, so daß es genügt, die morgendliche Gabe am Operationstag wegzulassen.

Bei trizyklischen *Antidepressiva*, Monoaminoxydase-(MAO-)Hemmstoffen und Lithium muß nach einer individuellen Nutzen-Risiko-Abwägung (psychiatrisches Konsil) entschieden werden, ob die Substanzen vor einem Eingriff abgesetzt oder weiter zugeführt werden. Die heutzutage nur noch selten verwendeten nichtselektiven, irreversiblen MAO-Inhibitoren hingegen müssen aufgrund schwerster Nebenwirkungen (krisenhafte Blutdruckanstiege, Exzitations- oder Komazustände) zwei Wochen vor elektiven Eingriffen abgesetzt werden.

Begleitmedikation

	Interaktion mit	Mechanismus	Risiken
Acetylsalicylsäure		irrevers. Thrombozytenaggregationshemmung	Gerinnungsstörungen
Antiarrhythmika	Muskelrelaxanzien		neuromuskul. Blockierung
Antibiotika Aminoglykoside	Muskelrelaxanzien (depol./nicht-depol.)	Hemmung der ACh-Freisetzung	neuromuskul. Blockierung
Antikoagulanzien Kumarine	Barbituraten Benzodiazepinen	Verdrängung aus der EW-Bindung	Gerinnungsstörungen
$ß_1$-Antagonisten	Anästhetika	negative Inotropie	Herzinsuffizienz
Calciumantagonisten Verapamil Nifedipin	Muskelrelaxanzien (depol./nicht-depol.)	Blockierung von Calciumkanälen	neuromuskul. Blockierung
Digitalis Digitoxin, Digoxin	Hypokaliämie Hypoxie, Azidose	Hypokaliämie Hypomagnesiämie	Herzrhythmusstörungen (Bradykardie, AV-Block)
Diuretika Furosemid, Thiazide	Muskelrelaxanzien	u.a. Hypokaliämie Hypokaliämie	neuromuskul. Blockierung Herzrhythmusstörungen
H_2-Antagonisten Cimetidin, Ranitidin		Hemmung mikrosomaler Leberenzyme	Wirkungsverlängerung von Anästhetika/Opioiden
Magnesium	Muskelrelaxanzien (depol./nicht-depol.) Anästhetika	Hemmung der ACh-Freisetzung ZNS-Depression	neuromuskul. Blockierung Narkoseüberhang
Psychopharmaka			
Neuroleptika	Adrenalin	α-Rezeptorenblockade	vermind. Anästhetikabedarf „Adrenalinumkehr"
Trizyklische Antidepressiva		Hemmung mikrosomaler Leberenzyme	Wirkungsverlängerung von Anästhetika/Opioiden
Amitryptilin Imipramin	Sympathomimetika (direkte)	Hemmung des neuronalen "reuptake" von NA	Tachykardie, hypertens. Krise
Monoaminoxydase-inhibitoren			
Tranylcypromin	Pethidin	irreversible Hemmung der MAO-A + MAO-B	Agitiertheit, Hypertension, Hyperpyrexie, Krampfanfälle
	Sympathomimetika (indirekte)	massive Freisetzung von NA	Tachykardie, hypertens. Krise
Moclobemid		reversible Hemmung der MAO-A	Nebenwirk. deutl. geringer als unter Tranylcypromin
L-Deprenyl		selektive Hemmung der MAO-B	keine Interaktionen mit Sympathomimetika, Pethidin
Lithium	Natriuretika	tubuläre Rückresorption von Lithium erhöht	Tremor, Muskelschwäche, Erbrechen, Krampfanfälle, Koma, vermind. Anästhetikabedarf, Polyurie, Hypothyreose
	Muskelrelaxanzien (depol./nicht-depol.)		neuromuskul. Blockierung

ZNS = zentrales Nervensystem; Ach = Acetylcholin; NA = Noradrenalin; EW = Eiweiß

Medikamenteninteraktionen in der Anästhesie (Auswahl)

Eine Allgemeinanästhesie kann mit Inhalations- und/oder intravenösen Anästhetika durchgeführt werden. Hierbei gilt in der modernen Anästhesie der Grundsatz, möglichst selektiv wirkende Substanzen wie

- Hypnotika,
- (Opioid-)Analgetika und
- spezifische Muskelrelaxanzien

kombiniert einzusetzen, um damit die einzelnen Teilqualitäten der Narkose gezielt erreichen zu können und Nebenwirkungen so gering wie möglich zu halten. Grundsätzlich können drei allgemeinanästhesiologische Verfahren voneinander unterschieden werden:

- die Inhalations-,
- die intravenöse und
- die balancierte Anästhesie.

A. Inhalationsanästhesie

Die Substanzen werden über die Lungen aufgenommen und zum größten Teil auch wieder eliminiert. Alleinige Inhalationsanästhesien sind heutzutage allerdings eher die Ausnahme und kommen nur noch für *Kurzeingriffe bei Säuglingen und Kleinkindern* in Betracht. In dieser Altersgruppe werden Inhalationsanästhetika aber bevorzugt zur Einleitung der Narkose benutzt, um anschließend am ruhigen und schlafenden Kind einen intravenösen Zugang ohne psychische Alterationen plazieren zu können. Dieser Zugang dient der Zufuhr von

- Infusionen,
- i. v.-Anästhetika,
- Relaxanzien und
- ggf. Notfallmedikamenten.

B. Intravenöse Anästhesie

Hierbei werden, wie der Name schon sagt, Anästhetika ausschließlich intravenös eingesetzt. Die Anlage einer Venenverweilkanüle erfolgt also bereits *vor* der Narkoseeinleitung. Die intravenöse *Narkoseeinleitung* ist bis auf obige Ausnahme der angestrebte Standard in der Allgemeinanästhesie, um bei etwaigen Komplikationen über einen sicheren intravasalen Zugang für die umgehende Applikation von Medikamenten zu verfügen. Ansonsten wird eine rein intravenöse Anästhesie, bei der die Substanzen in *Bolusform* (einmalige oder diskontinuierliche, wiederholte Gabe) dosiert werden, nur bei *kurzen* Eingriffen durchgeführt.

Als Weiterentwicklung der intravenösen Bolusanästhesie gilt die **total intravenöse Anästhesie** (TIVA). Auch hierbei wird vollständig auf die Verwendung von Inhalationsanästhetika verzichtet (dies schließt auch den Verzicht auf Stickoxydul ein!). Hypnotika, Opioide und Muskelrelaxanzien werden nach einem mathematischen, pharmakokinetikorientierten Modell und Dosierungsregime verabreicht. Ziel ist es dabei, die Substanzen so zu dosieren, daß möglichst schnell ein sog. pharmakokinetischer *Gleichgewichtszustand* mit konstanten Substanzplasmaspiegeln erreicht wird. Darüber hinaus sollte die Höhe der Plasmaspiegel zügig variierbar und damit gut steuerbar sein, um die Narkosetiefe der jeweiligen Operationsphase unmittelbar anpassen zu können. Hierzu werden Substanzen mit möglichst kurzer Elimination benötigt, z. B.

- das Hypnotikum Propofol (z. B. Disoprivan®),
- das Opioid Remifentanil (Ultiva®) und
- das Muskelrelaxans Mivacurium (Mivacron®).

Das Konzept der TIVA erfordert initial eine *Bolusaufsättigung*, gefolgt von einer *kontinuierlichen* Substanzzufuhr über Infusionspumpen. Das Verfahren ist besonders für *längere* Operationen mit gleichförmiger chirurgischer Stimulation und dementsprechend gleichbleibendem Anästhetikabedarf geeignet (z. B. minimal-invasive Chirurgie). Neueste Technologien auf dem Gebiet der *mikroprozessorgesteuerten* Infusionspumpen erlauben sogar die Vorgabe von Plasmazielkonzentrationen der zuzuführenden Substanz (**„target controlled infusion“**, TCI). Hierzu werden spezielle Infusionsspritzen verwendet, in die ein Mikrochip integriert ist, auf dem wesentliche Informationen wie enthaltenes Pharmakon, Menge und Konzentration abgespeichert sind. Ein Sensor tastet die Daten ab, und nach Eingabe der individuellen Patientendaten steuert ein Mikroprozessor automatisch die Zufuhr zum Erreichen und zur Aufrechterhaltung der angestrebten Plasmaspiegel auf der Grundlage dem System einprogrammierter pharmakokinetischer Modelle. Bisher ist das TCI-System allerdings ausschließlich für die Applikation des Hypnotikums *Propofol* verfügbar.

Eine weitere Form der intravenösen Anästhesie ist die heutzutage obsolete „klassische“ **Neuroleptanalgesie** (NLA). Hierzu wurde frü-

Substanzgruppen und Verfahrensarten I

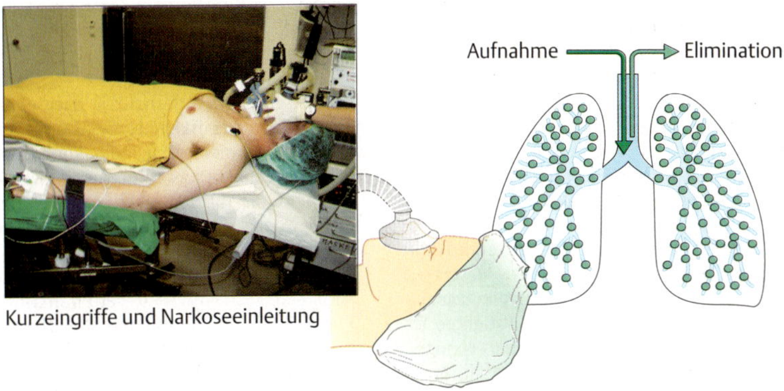

A. Inhalationsanästhesie

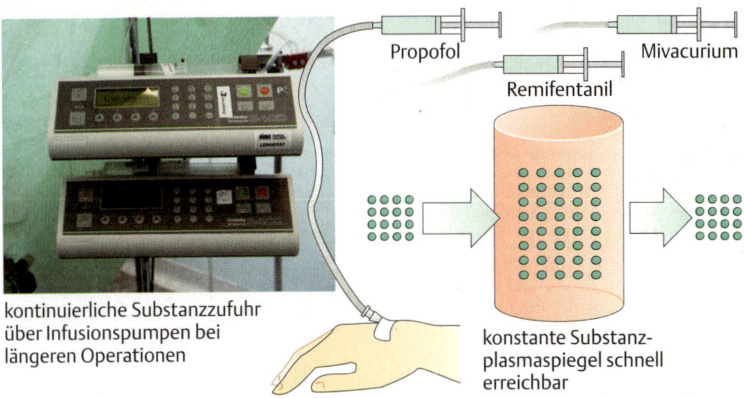

1. Total intravenöse Anästhesie

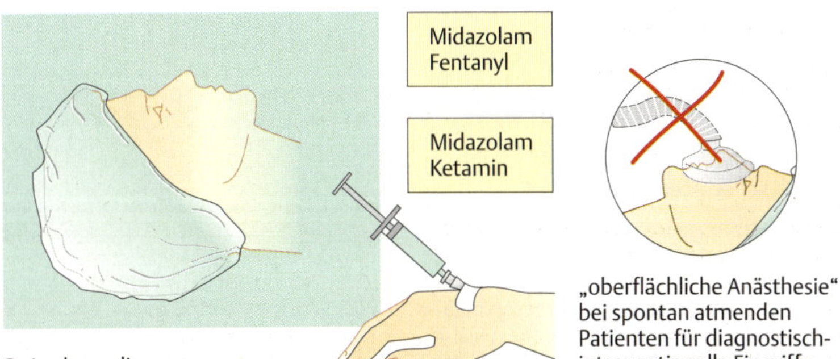

2. Analgosedierung

B. Intravenöse Anästhesie

her das stark wirksame Neuroleptikum Droperidol (Dehydrobenzperidol® = DHBP) hochdosiert mit Fentanyl kombiniert. Bei diesem Vorgehen haben sich jedoch schnell die unzuverlässige Bewußtseinsausschaltung (→ „intraoperative Wachphänomene", s. Kap. 5.3) und die vor allem extrapyramidal-motorischen Nebenwirkungen als Nachteile herausgestellt. Auch die zusätzliche Gabe von Stickoxydul zur **Neuroleptanästhesie** konnte die Bewußtseinsausschaltung nur unwesentlich verbessern, so daß das Verfahren schon seit längerem nicht mehr praktiziert wird.

Im weiteren Sinne zählt auch die **Analgosedierung** des *spontan atmenden* Patienten zu den intravenösen Anästhesien. Bei weniger schmerzhaften, vor allem diagnostisch-interventionellen Eingriffen ist eine „oberflächliche Anästhesie" i.d.R. ausreichend. Dieser Zustand kann mit gering dosierten Benzodiazepinen (z. B. Midazolam – Dormicum®) in Kombination mit Opioiden (z. B. Fentanyl) oder auch Ketamin (Ketanest®) erreicht werden.

C. Balancierte Anästhesie

Als balancierte Anästhesie wird jede Form des kombinierten Einsatzes von Inhalations- und intravenösen Anästhetika verstanden. Sie soll die jeweiligen Vorteile der unterschiedlichen Applikationsarten, wie im wesentlichen

- gute Steuerbarkeit der Inhalationsanästhetika,
- keine Exzitation bei i. v. Hypnotika und
- bis in die postoperative Phase hineinreichende Analgesie von Opioiden,

optimal nutzbar machen. Die balancierte Anästhesie dürfte deshalb nach wie vor noch die häufigste Form der Allgemeinanästhesie sein, auch wenn seit einigen Jahren die neueren intravenösen Anästhesietechniken zunehmende Verbreitung und Akzeptanz finden.

D. Künstlicher Atemweg

Außer bei der Analgosedierung werden bei allen bisher vorgestellten, heutzutage angewendeten allgemeinanästhesiologischen Verfahren infolge der anästhetikainduzierten Atemdepression und Beeinträchtigung der Atemwegsschutzreflexe mehr oder weniger invasive Atmungs- und Atemwegsunterstützungen benötigt. Diese sind:

- die konventionelle Gesichtsbeatmungsmaske,
- die Kehlkopf- bzw. Larynxmaske oder
- der Endotrachealtubus.

Die Narkosen werden deshalb, je nach eingesetztem Hilfsmittel, in der Nomenklatur auch als *Masken-*, *Larynxmasken-* oder *Intubationsnarkose* bezeichnet.

Substanzgruppen und Verfahrensarten II

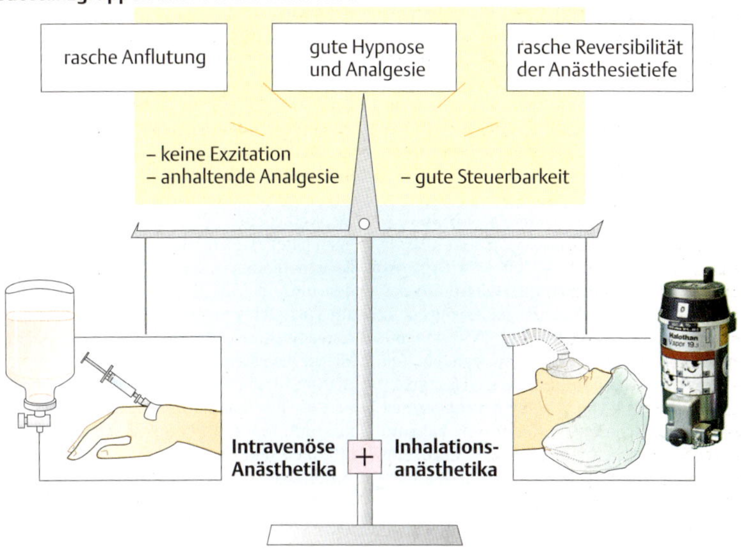

C. Balancierte Anästhesie

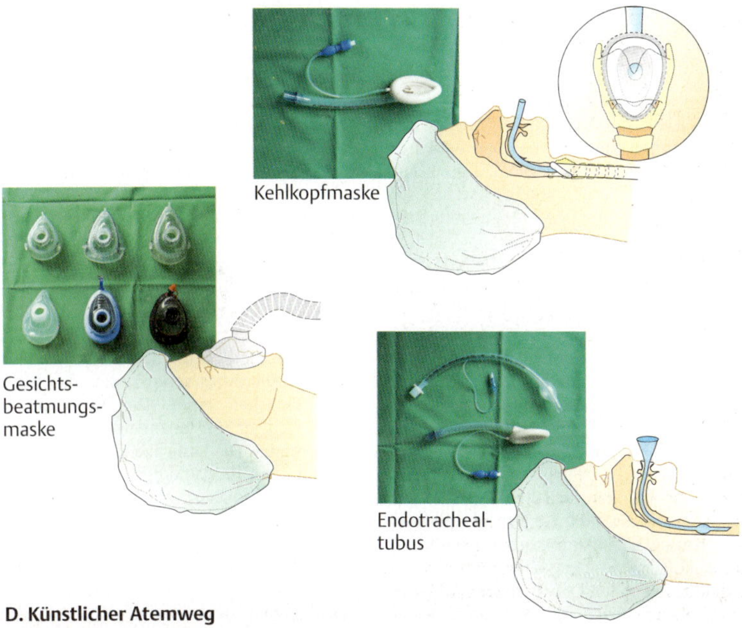

D. Künstlicher Atemweg

Inhalationsanästhetika sind entweder leicht flüchtige Flüssigkeiten mit Siedepunkt knapp oberhalb der Raumtemperatur (dampfförmige bzw. volatile Anästhetika) oder Gase wie Stickoxydul (Lachgas, N_2O). Die Gruppe der volatilen Anästhetika umfaßt chemisch weiterentwickelte ätherartige Substanzen (z. B. Isofluran, Sevofluran) oder halogenierte Kohlenwasserstoffe (Halothan).

A. Pharmakokinetik

Inhalationsanästhetika werden dem Organismus pulmonal zugeführt, diffundieren in das Blut, gelangen physikalisch gelöst mit dem Blutstrom zu den Wirkorten im ZNS und werden anschließend zum überwiegenden Teil wieder pulmonal eliminiert. Ihre Wirksamkeit ist somit abhängig von den *physiko-chemischen* Substanzeigenschaften (s. Tab. 1 im Anhang) sowie dem Funktionszustand von Lunge und Kreislauf. Folgende Größen beeinflussen deshalb grundlegend die Aufnahme, Verteilung und Elimination der Inhalationsanästhetika:

- die alveoläre Konzentration,
- die Wasser- bzw. Blutlöslichkeit und
- die Gewebe- bzw. Gehirnlöslichkeit der Substanzen sowie
- die alveoläre Ventilation,
- das Herzzeitvolumen und
- die Hirndurchblutung.

Aufnahme. Um der Atemluft beigemengt werden zu können, müssen die Anästhetika im gasförmigen Zustand vorliegen. Für die volatilen Anästhetika werden hierzu spezielle Narkosemittelverdampfer (Vaporen) benötigt. Der sog. *Dampfdruck* gibt Auskunft, in welchem Ausmaß ein Inhalationsanästhetikum bei Raumtemperatur in den gasförmigen Zustand übergeht, und ist dementsprechend für dessen Anreicherung im Inspirationsgas von entscheidender Bedeutung. Je höher der Dampfdruck ist, desto größer sind die inspiratorisch zu erreichenden Konzentrationen. Das Narkosegasgemisch („Frischgas"), bestehend aus

- Sauerstoff (O_2),
- N_2O (evtl. Stickstoff [N_2] bei N_2O-Verzicht)
- und dem volatilen Anästhetikum,

gelangt durch die Atemzüge in die Alveolen und vermischt sich hier mit der Alveolarluft. Es dauert jedoch eine gewisse Zeit, bis sich die Konzentrationen des Anästhetikums in der Inspirations- und Alveolarluft einander angeglichen haben, da zunächst die sog. funktionelle Residualkapazität (FRC: das Volumen, das nach normaler Exspiration in der Lunge verbleibt; beim Erwachsenen ca. 2,5 l) ausgewaschen werden muß. Die Geschwindigkeit des Konzentrationsausgleichs ist abhängig von der *alveolären Ventilation*, also von dem Teil der Atemluft, der in die Alveole gelangt und am Gasaustausch teilnimmt. Eine konstante alveoläre Konzentration wird – bei unveränderter inspiratorischer Konzentration – allerdings erst später erreicht, da auch die Aufnahme des Anästhetikums in das Blut berücksichtigt werden muß, die die Konzentration zunächst bis zur Einstellung eines Gleichgewichtszustandes („steady state", Äquilibrium) vermindert. Je *kleiner* die FRC und je *größer* die alveoläre Ventilation ist, um so rascher kommt es zur Annäherung der inspiratorischen und alveolären Konzentrationen, d. h. um so schneller verläuft also die Anflutung.

Der Übertritt des Inhalationsanästhetikums aus der Alveole in die Lungenkapillare, d. h. die *alveolo-kapilläre Diffusion*, wird entscheidend durch den sog. *Partialdruck* (Anteil am Gesamtdruck in einem Gasgemisch) des verwandten Gases in der Inspirations- bzw. Alveolarluft bestimmt. Ein hohes Partialdruckgefälle zwischen Alveole und Kapillare führt zu einem raschen Übertritt. Das Anästhetikum diffundiert so lange in das Blut, bis die Partialdrücke in der Alveole und dem Blut gleich sind. Die in diesem Zustand erzielte Blutkonzentration des Anästhetikums hängt neben dem Partialdruck von seiner spezifischen physikalischen Blutlöslichkeit ab. Der sog. *Blut-Gas-Verteilungskoeffizient* beschreibt hierbei das Verhältnis der Anästhetikumkonzentrationen zwischen Blut und Narkosegasgemisch nach Erreichen des Verteilungsgleichgewichtes. Je geringer die Blutlöslichkeit eines Inhalationsanästhetikums ist, um so höher müssen die Partialdrücke sein, um die erforderlichen Wirkkonzentrationen zu erzielen. Allerdings verkürzt sich die Zeit bis zum Einstellen eines Gleichgewichtes, da hierzu weniger Substanzmenge aufgenommen werden muß. Die Löslichkeit eines Anästhetikums im Blut ist also umgekehrt proportional zur Geschwindigkeit, mit der ein anästhetischer Zustand erreicht wird.

Eine weitere wichtige Größe für die pulmonale Aufnahme des Anästhetikums ist die *Lungendurchblutung*, die unter physiologischen Verhältnissen dem Herzzeitvolumen (HZV)

Inahaltionsanästhetika I

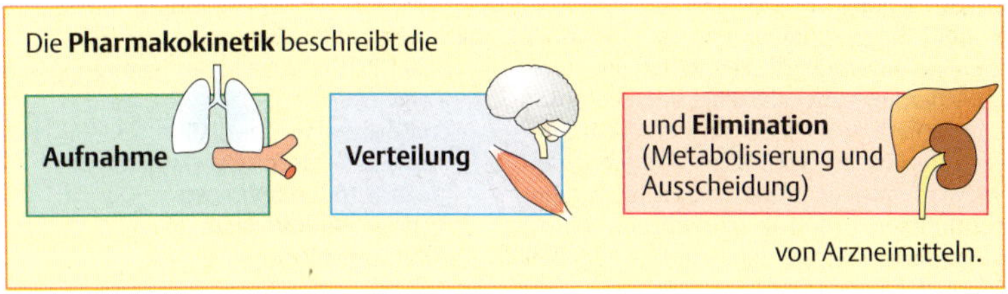

1. Definition

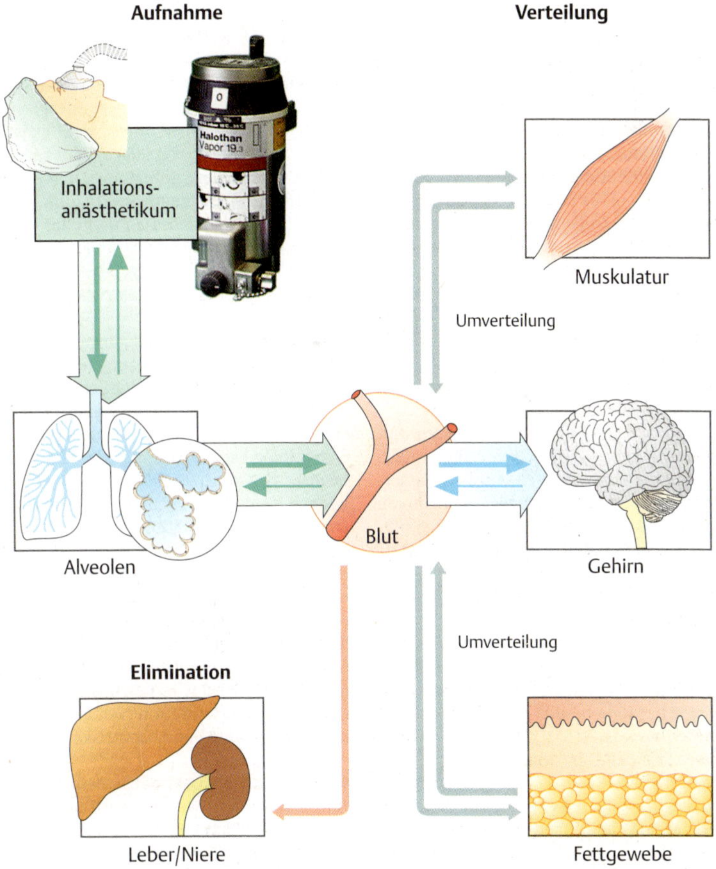

2. Weg des Inhalationsanästhetikums im Organismus

A. Pharmakokinetik

entspricht. Je größer sie ist, um so mehr Anästhetikum kann prinzipiell pro Zeiteinheit in das Blut aufgenommen werden. Hierdurch sinkt, eine unveränderte Ventilation vorausgesetzt, allerdings die alveoläre Konzentration des Anästhetikums ab, der Konzentrationsgradient zum Blut hin wird kleiner, und nachfolgend wird *weniger* Anästhetikum in das Blut aufgenommen, so daß die Blutkonzentrationen nur langsam ansteigen können. Das bedeutet klinisch, daß die Narkoseeinleitung bei hohem HZV *verlangsamt*, bei niedrigem (z. B. im Kreislaufschock!) hingegen *beschleunigt* wird!

Verteilung. Der Transport des Anästhetikums von den Lungenkapillaren zu den Hirnzellen ist abhängig vom *Herzzeitvolumen* und der *Hirndurchblutung*. Eine hohe Hirndurchblutung und ein geringes Herzzeitvolumen beschleunigen die Anflutung im Gehirn und umgekehrt. Die Hirndurchblutung wird über den Widerstand der Hirngefäße reguliert, der im wesentlichen durch die Kohlensäurespannung im arteriellen Blut (CO_2-Partialdruck: $PaCO_2$) beeinflußt wird. Eine Hyperventilation führt über eine Verminderung des $PaCO_2$ (Hypokapnie) zu einer Verengung (Konstriktion) der Hirngefäße und folglich zur Reduktion der Hirndurchblutung. Hierdurch wird die Aufnahme des Anästhetikums in das Hirngewebe verzögert, die Anflutung also verlangsamt.

Der Übertritt des Anästhetikums vom Blut in die Hirnzellen ist nicht nur von seiner Blutlöslichkeit, die hauptsächlich von der Wasserlöslichkeit beeinflußt wird, sondern auch von seiner Löslichkeit in der lipidhaltigen (lipophilen) Hirnsubstanz abhängig. Das Verteilungsverhältnis zwischen Gehirn und Blut wird durch den sog. *Gehirn-Wasser-Verteilungskoeffizienten* wiedergegeben. Er gilt mit gewisser Einschränkung auch als Maß für die Fettlöslichkeit. Narkotika mit hoher Fettlöslichkeit reichern sich jedoch nicht nur im Hirngewebe an, sondern strömen auch in das Fettgewebe ab, dessen Kapazität so groß ist, daß es hier mehrere Stunden bis zum Erreichen eines Gleichgewichtes dauern kann. Dieser Effekt macht sich vor allem bei adipösen Patienten bemerkbar, da bei ihnen Narkoseein- und -ausleitung verlangsamt ablaufen. Zusammenfassend läßt sich festhalten, daß *hohe* Fettlöslichkeit und *niedrige* Blutlöslichkeit eines Anästhetikums die Aufnahme in das Gehirn begünstigen.

In der Summe sind es also die folgenden Faktoren, durch die die **Anflutung** eines Inhalationsanästhetikums **beschleunigt** wird:
- hoher Partialdruck in der Inspirationsluft,
- kleine FRC,
- große alveoläre Ventilation,
- niedriges (!) Herzzeitvolumen,
- große Hirndurchblutung,
- niedrige Blutlöslichkeit,
- hohe Löslichkeit im Gehirn.

Daneben existieren noch zwei weitere, in der Wertigkeit aber untergeordnete Effekte:
- der „second-gas“-Effekt und
- der Konzentrationseffekt.

Der *„second-gas“-Effekt* beschreibt die schnellere alveoläre Konzentrationsanreicherung eines volatilen Anästhetikums, wenn gleichzeitig ein hoher Anteil von Stickoxydul zugeführt wird. Die schnellere Aufnahme von N_2O in das Blut führt zu einem deutlichen Volumenverlust in der Lunge, infolgedessen dann die Konzentration des volatilen Anästhetikums im verbleibenden kleineren Volumen zunimmt und der aveolo-kapilläre Partialdruckgradient ansteigt.

Dadurch daß mit jeder Inspiration große Mengen N_2O in das Blut aufgenommen werden, erhöht sich auch die N_2O-Konzentration in dem verminderten Restgasvolumen der Lunge. Hierdurch entsteht nun gewissermaßen eine Sogwirkung bei der folgenden Inspiration. Das bewirkt, daß zusätzliches N_2O-haltiges Frischgas in die Alveolen einströmt, so daß die alveoläre N_2O-Konzentration überproportional während der Anflutungsphase der Narkose ansteigt. Dieser als *Konzentrationseffekt* bezeichnete Vorgang ist um so ausgeprägter, je höher der inspiratorische N_2O-Anteil ist. Wegen des Konzentrationseffektes wird mit N_2O schneller ein Äquilibrium erreicht. Der Konzentrationseffekt spielt dagegen bei den in niedriger inspiratorischer Konzentration verabreichten gut blutlöslichen volatilen Anästhetika keine Rolle.

Elimination. Inhalationsanästhetika werden zum größten Teil wieder unverändert abgeatmet, d. h. ihre Elimination ist in erster Linie von der Größe der Ventilation abhängig. Hierbei gilt in Analogie zur „Aufnahme“, daß gut blutlösliche Substanzen infolge des geringeren Partialdruckgefälles langsamer pulmonal ausgeschieden werden als schlecht lösliche. Wich-

Inahaltionsanästhetika II

	Volatile Anästhetika	Stickoxydul
Siedepunkt	knapp oberhalb Raumtemperatur → flüchtige Flüssigkeit	deutlich unter Raumtemperatur → Gas
Dampfdruck	niedrig	hoch
Blutlöslichkeit	hoch	niedrig
Fettlöslichkeit	hoch → Kumulation im Fettgewebe	niedrig → keine Kumulation
Partialdruckgefälle	klein	groß
Erreichen eines Gleichgewichtes	langsam	schnell
An-/Abflutung	langsam	schnell
Hyperventilation/niedriges HZV	beschleunigt An-/Abflutung	kaum von Einfluß
Hyperventilation/hohes HZV	verzögert An-/Abflutung	kaum von Einfluß
Intoxikationsgefahr	groß	klein (wenn *hypoxische* Gasgemische vermieden werden)

3. Kinetische Unterschiede zwischen vol. Anästhetika und Stickoxydul (Daten im Anhang)

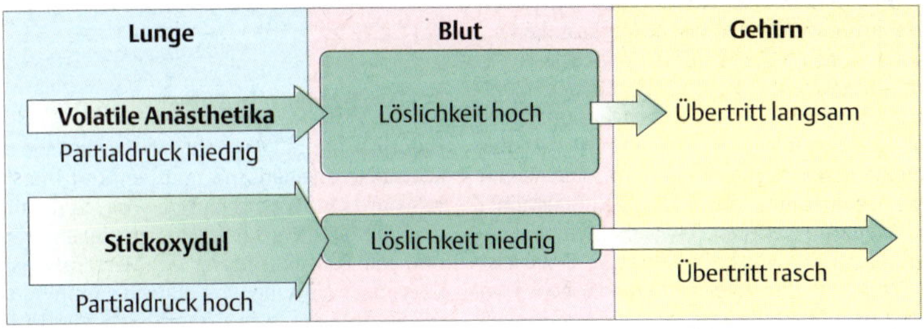

4. Aufnahme von Inhalationsanästhetika

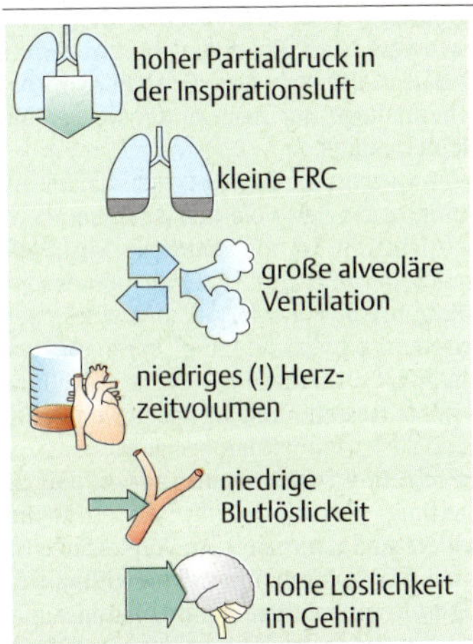

5. Anflutungsbeschleunigung

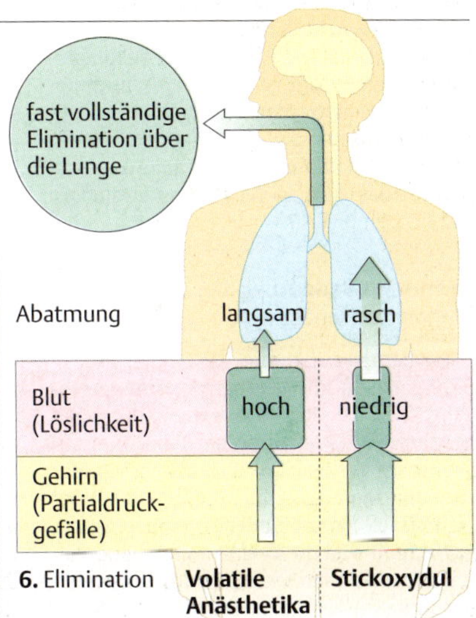

6. Elimination

A. Pharmakokinetik

tig ist auch, daß sich mit zunehmender Narkosedauer die Elimination und damit das Aufwachen verzögert, da größere Anästhetikamengen erst aus den Gewebedepots mobilisiert werden müssen. Die Verstoffwechselung in der Leber (Metabolismus bzw. Biotransformation) spielt, abgesehen von Halothan, für die Elimination der Inhalationsanästhetika quantitativ nur eine untergeordnete Rolle.

B. Minimale alveoläre Konzentration (MAC)

Sie gilt als Maß für die *dosisabhängige* Wirkungsstärke der Inhalationsanästhetika. Die MAC_{50} beschreibt diejenige alveoläre Konzentration (im „steady state"!), bei der 50 % der Patienten auf eine Hautinzision keine Abwehrbewegung mehr zeigen. Sie ermöglicht also grobe interindividuelle Vergleiche der einzelnen Substanzen (*relative* klinische Wirksamkeit).

Narkosedauer, Größe und Gewicht des Patienten haben keinen Einfluß auf den MAC-Wert. Der MAC-Wert wird hingegen maßgeblich von der *Temperatur* beeinflußt, d. h. mit abnehmender Körpertemperatur wird weniger, bei Fieber entsprechend mehr Inhalationsanästhetikum benötigt. Ebenso spielt das *Lebensalter* eine wichtige Rolle. Der MAC-Wert ist bei Säuglingen im Alter von ein bis sechs Monaten am höchsten und fällt dann kontinuierlich bis in das Greisenalter ab. Chronischer *Alkoholabusus* erhöht den Bedarf an Inhalationsanästhetika, während er bei akuter Alkoholintoxikation erniedrigt ist. Bei fortgeschrittener *Schwangerschaft* werden zunehmend weniger Inhalationsanästhetika benötigt. ZNS-wirksame Medikamente wie Hypnotika und Opioide, aber auch α_2-Agonisten vermindern ebenfalls den Bedarf.

C. Klinische Bedeutung der Inhalationsanästhesie

Die Inhalationsanästhesie hat einige Vorteile im Vergleich zu intravenösen Anästhesietechniken. So ist die Anästhesietiefe i.d.R. rascher reversibel. Die Elimination der Inhalationsanästhetika ist weitgehend unabhängig von der Leber- und Nierenfunktion. Außerdem kommt es seltener zu postoperativer Atemdepression. Von Nachteil sind die längeren Einleitungszeiten mit Durchlaufen eines potentiell bedrohlichen Exzitationsstadiums und die mangelhafte postoperative Analgesie infolge schneller Abflutung. Außerdem tritt nach alleinigen oder überwiegenden Inhalationsanästhesien relativ häufig Muskelzittern („shivering") auf, dessen Genese bislang nicht eindeutig geklärt ist (s. Kap. 14.3). Aus diesen Gründen werden *reine* Inhalationsanästhesien nicht mehr bzw. nur sehr eingeschränkt durchgeführt (z. B. bei Kindern in den ersten Lebensjahren). Darüber hinaus müssen die Inhalationsanästhetika noch unter dem Aspekt ihrer ökologischen Auswirkungen betrachtet werden. Für Stickoxydul ist eine ozonzerstörende Wirkung bekannt, ebenso wie für die Halogene Brom, Chlor und Fluor, die aus den volatilen Anästhetika in die Umwelt freigesetzt werden. Verglichen mit den industriell oder aus den Haushalten freigesetzten FCKW-Stoffen, ist der quantitative Anteil der Inhalationsanästhetika aber deutlich geringer und fällt nach wie vor kaum ins Gewicht.

D. Wertigkeit von Einzelsubstanzen

Halothan hat gute hypnotische, allerdings nur schwache analgetische und (zentral) muskelrelaxierende Eigenschaften. Von Bedeutung sind die relativ ausgeprägte negative Inotropie und die Sensibilisierung des Herzens gegenüber der Wirkung von Katecholaminen mit stärkerer Neigung zu Arrhythmien. In sehr seltenen Fällen (ca. 1:30.000) kann Halothan bei Erwachsenen mit individueller Disposition eine schwere Leberschädigung bis hin zum Leberzerfall auslösen (s. Kap. 12.4). Es wird deshalb heutzutage nur noch in der Kinderanästhesie verwendet.

Isofluran zeigt die beste muskelrelaxierende Wirkung unter den volatilen Anästhetika. Zu berücksichtigen ist die deutliche Verminderung des peripheren Gefäßwiderstandes mit den Folgen von Blutdruckabfall und kompensatorischer Tachykardie (zum „coronary steal" s. Kap. 12.2). Außerdem wirkt Isofluran schleimhautreizend und ist daher weniger für eine Inhalationseinleitung geeignet.

Die fehlende Schleimhautirritation und der angenehme Geruch sowie das erheblich schnellere Anflutverhalten im Vergleich zu Halothan und Isofluran machen **Sevofluran** für den Einsatz im Rahmen von Inhalationseinleitungen besonders bei Kindern, aber sogar auch bei Erwachsenen (z. B. geistig Behinderte, Patienten mit Obstruktionen im Bereich der obe-

Inahaltionsanästhetika III

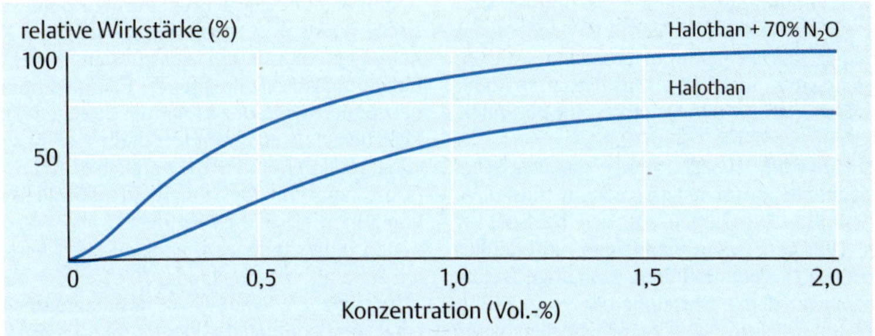

B. Minimale alveoläre Konzentration (MAC_{50} mit und ohne N_2O)

	Inhalationsanästhesie 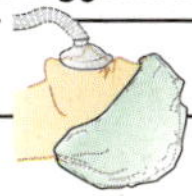	Intravenöse Anästhesie 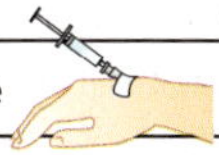
Narkoseeinleitung	mäßig geeignet	gut geeignet
– Exzitation	ja	nein
– Aspirationsgefahr	grundsätzlich ja	gering
– Indikation	Säuglinge/Kleinkinder ohne i.v. Zugang 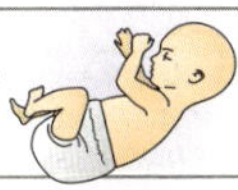	alle anderen; immer bei Nicht-nüchternheit! 
– Kontraindikation	Nichtnüchternheit	
Steuerbarkeit	gut	auch bei neuen Substanzen mit schnellerer Elimination noch nicht genauso gut
Metabolisierung	gering 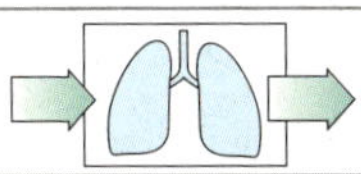	hoch 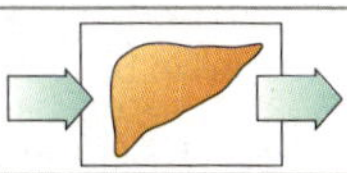
Kumulationsgefahr	gering	höher, bes. bei Leber-/Niereninsuffizienz
Postop. Analgesie	schlecht, da schnelle Abflutung 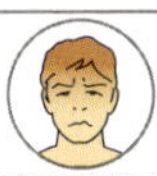	gut bei länger wirkenden Opioiden (Fentanyl, Sufentanil) 
Postoperative Atemdepression	selten 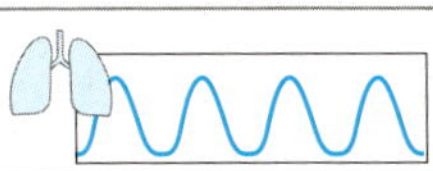	eher bei länger wirkenden Opioiden 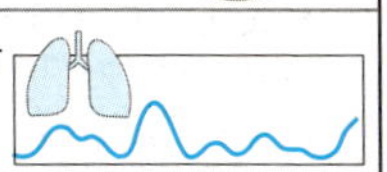
Postop. „shivering"	häufig	selten
Kosten	niedrig bei "low/minimal flow"	höher
Umweltbelastung	Ozonzerstörung, Treibhauseffekt 	Abwasserbelastung durch Abbauprodukte, wie z.B. Phenolderivate 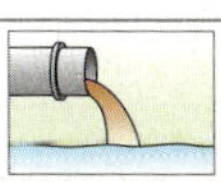

C. Vor- und Nachteile inhalativer und intravenöser Anästhesien

ren Atemwege) interessant. Die hämodynamischen Veränderungen unter Sevofluran sind nur gering. So sinkt der periphere Widerstand im Vergleich zu Isofluran erheblich weniger, die negativ inotropen Eigenschaften sind schwächer als die von Halothan. Zur potentiellen Nephrotoxizität s. Kap. 12.3.

Stickoxydul weist gute analgetische, schlechte hypnotische und gar keine muskelrelaxierenden Wirkungen auf. Von Nachteil ist die *Diffusion* in geschlossene luftgefüllte Räume, z. B. Pneumothorax, gashaltige Darmabschnitte (Ileus), Mittelohr oder luftgefüllte Tubusmanschette, was zu erheblicher Volumen- bzw. Druckerhöhung führt. Dem liegt eine physikalische Interferenz mit dem ca. 30mal schlechter blutlöslichen Stickstoff zugrunde, der infolgedessen nicht so schnell in das Blut abdiffundieren kann, wie N_2O in den N_2-gefüllten Raum hineindiffundiert. Zudem kann bei der Narkoseausleitung eine sog. *Diffusionshypoxie* auftreten. Wegen der schlechten Blutlöslichkeit gelangt das im Organismus gespeicherte N_2O bei Narkoseende rasch in die Alveolen und reichert sich hier überproportional an. Wird dann nur Raumluft inspiratorisch angeboten, sinken der alveoläre und arterielle PO_2 in hypoxische Bereiche ab. Dies kann sicher vermieden werden, wenn nach Beendigung der Zufuhr von N_2O für einige Minuten 100% O_2 zugeführt wird.

In der klinischen Praxis wird Stickoxydul gerne zusammen mit einem volatilen Anästhetikum eingesetzt. Hierdurch ergänzen sich die gute analgetische Wirkung von N_2O und die hypnotischen Effekte des volatilen Narkotikums (→ deutliche MAC-Reduktion der Einzelsubstanzen). Die inspiratorische Beimischung sollte dabei aber 70% nicht überschreiten, um einen ausreichenden Sauerstoffanteil zu gewährleisten (z. B. „Konzentrationseffekt", s. o.).

Xenon ist als Edelgas in vielerlei Hinsicht ein nahezu *ideales* Anästhetikum. Es ist chemisch inert und wird demzufolge nicht metabolisiert, es ist nicht toxisch und außerdem ökologisch unbedenklich. Mit einem MAC_{50}-Wert von 71% ist Xenon ca. *1,5mal* stärker anästhetisch wirksam als Stickoxydul, so daß volatile Anästhetika in nicht unerheblichem Maße eingespart und somit deren Nebenwirkungen reduziert werden können. Die ausgesprochen *geringe Blutlöslichkeit* (ca. 1/4 von N_2O) sorgt für ein sehr schnelles An- und Abfluten und dementsprechend rasches Einschlafen und Aufwachen. Herz-Kreislauf-Parameter werden durch Xenon nicht beeinträchtigt, die atemdepressorische Wirkung ist nur gering, so daß unter Xenon-supplementierten Anästhesien die Häufigkeit anästhetikabedingter Komplikationen vermindert wird. Die infolge der geringen Blutlöslichkeit zu erwartende Gefahr der Ausgasung in Hohlräumen ist, verglichen mit N_2O (s. o.), aufgrund der höheren Lipidlöslichkeit von Xenon wesentlich geringer.

Den unbestreitbaren medizinischen Vorteilen steht als entscheidender Nachteil der *hohe Preis* entgegen. Xenon ist ca. 500mal teurer als N_2O! Das bedeutet, daß der Einsatz aus ökonomischen Gründen, wenn überhaupt, nur bei Niedrigflußnarkosen („low/minimal flow") oder bei Anwendung im geschlossenen Kreislauf vertretbar ist (s. Kap. 5.3 u. Kap. 7.2). Hierdurch läßt sich Xenon dann zu mehr als 90% „rückgewinnen". Kostspielig ist auch die Technik der Gasmessung in der Atemluft, da nicht auf die bei den gebräuchlichen Inhalationsanästhetika gängigen Verfahren zurückgegriffen werden kann. Zur Zeit ist deshalb der zukünftige Stellenwert von Xenon in der klinischen Anästhesie noch nicht endgültig abschätzbar.

Inahaltionsanästhetika IV

	Halothan	Isofluran	Sevofluran	Stickoxydul
Hypnose, Amnesie	+++	++	++	(+)
Analgesie	(++)	+	+	++
Muskelrelaxation	(+)	+	+	ø

1. Hauptwirkungen

Halothan

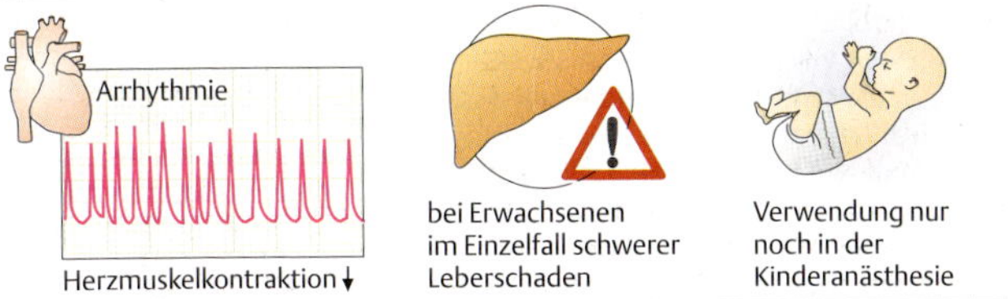

Isofluran

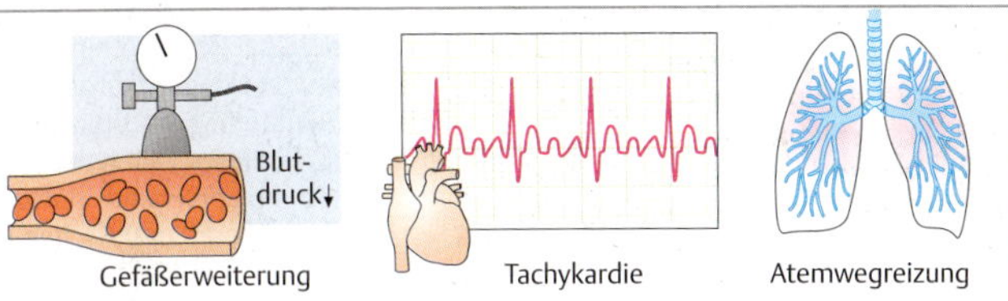

Sevofluran

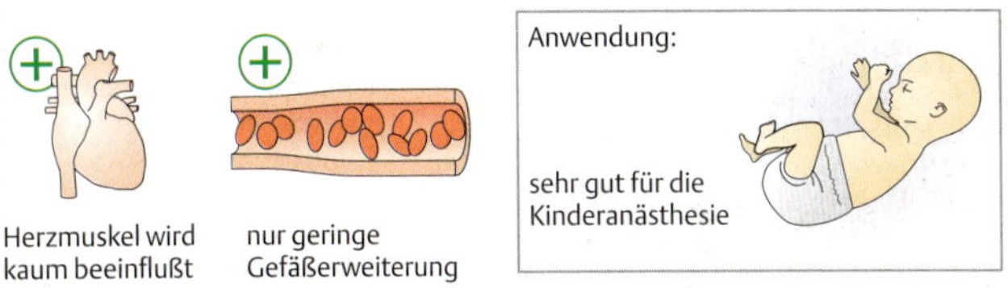

Stickoxydul

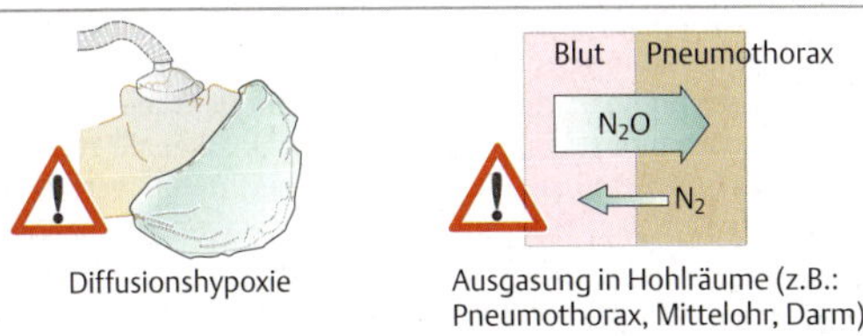

Xenon

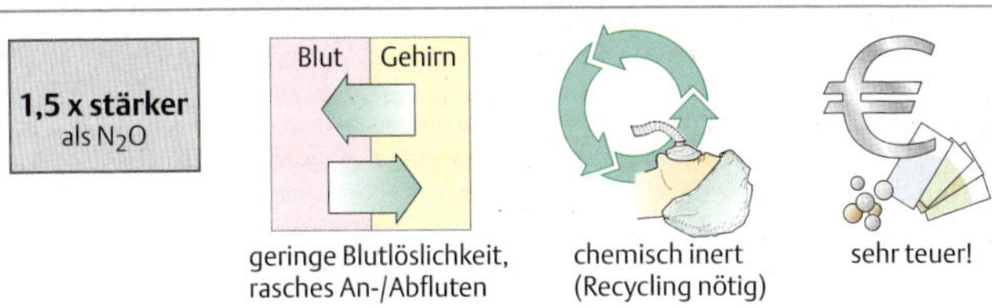

2. Nebenwirkungen (komplette Übersicht im Anhang)

D. Gebräuchliche Inhalationsanästhetika

A. Pharmakokinetik

Zu pharmakologischen Daten, Eigenschaften sowie Nebenwirkungen gebräuchlicher Injektionshypnotika s. auch Tab. 3 und 4 im Anhang.

Intravenös zugeführte Pharmaka sind von Resorptionsprozessen unabhängig, da sie *direkt* in die Blutbahn gelangen. Aus diesem Grund ist ihre Anflutungsgeschwindigkeit prinzipiell größer als die inhalativer Substanzen. Im Blutplasma liegen sie z. T. als freie, gelöste Substanz vor oder werden an Eiweiße gebunden transportiert. Nur der freie Anteil ist in der Lage, Zellmembranen zu durchdringen („Permeabilität") und so zu den zellulären oder subzellulären Wirkorten zu gelangen. Für die Wirkung eines Pharmakons entscheidend ist seine Konzentration in dieser sog. **Biophase**, also dem Raum, von dem aus es direkt mit seinen Bindungsstellen reagieren kann.

Verteilung. Nach Aufnahme in die Blutbahn werden Arzneimittel in Abhängigkeit vom Herzzeitvolumen und dem jeweiligen Durchblutungsanteil auf die einzelnen Organe verteilt. Sie erreichen schnell und in größerer Menge die gut durchbluteten Organe *Gehirn*, *Herz*, *Nieren* und *Leber* („initiale Verteilung"). Anschließend findet eine langsamere Umverteilung in die *Skelettmuskulatur* und erst zuletzt in das nur gering durchblutete *Fettgewebe* („terminale Verteilung") statt. Die **Umverteilung**, nicht die Elimination, terminiert hierbei die Hauptwirkung der intravenösen Anästhetika. Im Gehirn müssen die Anästhetika den Plasmaraum (*zentrales* Kompartiment) verlassen und in die *tieferen* Kompartimente Interstitium und Intrazellulärraum gelangen, um wirken zu können. Dazu müssen sie die Barriere der Kapillarendothelien passieren. Im Gehirn bestehen allerdings anders als bei den meisten anderen Organen feste Verbindungen zwischen den Endothelzellen („tight junctions"), die den Durchtritt erschweren („Blut-Hirn-Schranke").

Für die Überwindung der Blut-Hirn-Schranke ebenso wie für den Eintritt nach intrazellulär muß ein Anästhetikum die *lipidhaltigen* Zellmembranen permeieren können. Diese Passage ist abhängig vom physiko-chemischen **Löslichkeitsverhalten** der Substanz: Hydrophilie – Lipophilie; Dissoziations- bzw. Ionisierungsgrad in Abhängigkeit vom pK-Wert der Substanz und dem Gewebe-pH. Nur *nichtdissoziierte* (= ungeladene), *lipophile* Pharmaka sind in der Lage, physiologische Membranen zu durchdringen.

Des weiteren spielt die hohe **Proteinbindung** der Anästhetika im Plasma eine wichtige Rolle für deren Verteilung, wobei Albumin quantitativ am bedeutendsten ist. Der proteingebundene Anteil der Substanz bildet funktionell ein Depot und steht mit der freien Plasmafraktion im Gleichgewicht, aber nur der *ungebundene* Anteil steht für die Verteilung im Gewebe zur Verfügung und führt zur pharmakologischen Wirkung. Verschiedene gleichzeitig gegebene Arzneimittel können um die Plasmaproteinbindung konkurrieren. Dadurch kann die freie Plasmakonzentration des einzelnen Arzneimittels erhöht werden, und es können *Überdosierungseffekte* auftreten, mit denen auch bei herabgesetzter Proteinbindungskapazität infolge von Leber- und Nierenerkrankungen oder alimentärem Eiweißmangel gerechnet werden muß. In diesen Fällen müssen die Anästhetikadosen entsprechend reduziert werden. Von noch größerer praktischer Bedeutung ist die Tatsache, daß die Proteinbindung von der *Injektionsgeschwindigkeit* abhängig ist. Bei hoher Injektionsgeschwindigkeit vergrößert sich der freie, also der „wirkende" Substanzanteil. Um akute Überdosierungen zu vermeiden, werden intravenöse Anästhetika zur Narkoseeinleitung grundsätzlich langsam und nach Wirkung appliziert.

Elimination. Intravenöse Anästhetika unterliegen der *Biotransformation*. Sie werden z. T. in der Leber metabolisiert bzw. inaktiviert und mit der Galle oder über die Nieren ausgeschieden („hepato-renale Clearance"). Nur ein kleiner Anteil verläßt den Körper unverändert. Metabolisch-enzymatische Vorgänge benötigen mehr Zeit als eine rein pulmonale Elimination. Deshalb sind die Eliminationszeiten auch der modernen, kurzwirksamen intravenösen Anästhetika immer noch deutlich länger als die der Inhalationsanästhetika.

Halbwertszeiten (HWZ). Man unterscheidet für systemisch applizierte Pharmaka drei *Verteilungsräume* (Kompartimente):

1. den Blutplasmaraum mit ca. 4 % des Körpergewichtes (zentrales Kompartiment),
2. das Interstitium mit ca. 15 % und
3. den Intrazellullärraum (IZR) mit ca. 40 %.

Hypnotika und Sedativa I

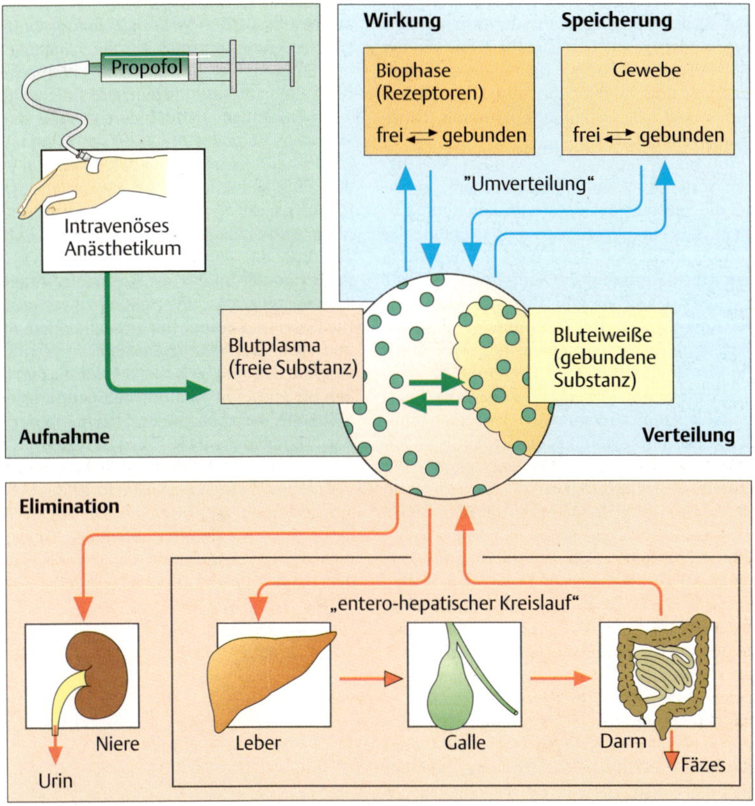

1. Kinetikschema für intravenöse Anästhetika

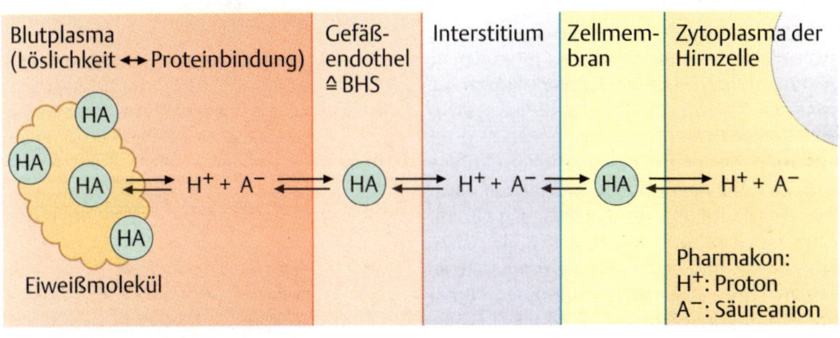

2. Penetration der Blut-Hirn-Schranke (BHS)

A. Pharmakokinetik

Da die Endothelien der meisten Organe interzelluläre Poren haben oder gefenstert sind und so der Durchtritt von Substanzen relativ ungehindert geschehen kann bzw. nur von der Molekülgröße abhängig ist, imponieren Plasmaraum und Interstitium unter kinetischen Aspekten häufig als *ein* Kompartiment *(Extrazellulärraum, EZR)*.

Für den Wirkeintritt intravenöser Anästhetika ist die Geschwindigkeit entscheidend, mit der die Substanz aus dem zentralen Kompartiment (Blut) in die tieferen Kompartimente des Gehirns diffundiert. Dies wird mathematisch durch die Berechnung der *Äquilibrierungs-HWZ* ($t^1/_2 ke0$) erfaßt; sie gibt also Aufschluß über die Anschlagzeit. Der Zeitraum der *initialen* Verteilung im Gesamtorganismus wird durch die *Verteilungs-HWZ* ($t^1/_2 \alpha$) beschrieben. Nach abgeschlossener Verteilung stehen die Pharmakonkonzentrationen in den einzelnen Kompartimenten in einem festen Verhältnis zueinander (Gleichgewicht oder „steady state"). Der weitere Konzentrationsverlauf wird dann in erster Linie durch den Vorgang der Elimination (Plasmaclearance) bestimmt. Die Zeit, die vergeht, bis die Substanzkonzentration im Plasma auf die Hälfte des Ausgangswertes abgefallen ist, wird als Plasma- oder *Eliminations-HWZ* ($t^1/_2 \beta$) bezeichnet. Der Konzentrationsabfall unterliegt i.d.R. einem logarithmischen Prozeß. Die Eliminations-HWZ ist nicht mit der Wirkdauer einer Substanz gleichzusetzen (s. o.)! Zur Berechnung der Elimination bei kontinuierlicher Pharmakonzufuhr (TIVA, TCI) dient die *kontextsensitive HWZ*. Hierunter versteht man die Zeitspanne von der Beendigung der Infusion bis zum Erreichen der 50%igen Plasmakonzentration. Die Eliminations-HWZ eines Medikamentes wird aus seiner Plasmaclearance und der Größe seines Verteilungsraumes ermittelt. Sie ist um so *kürzer*, je *größer* die Clearance und je *kleiner* der Verteilungsraum ist.

Dosierung. Aus pharmakokinetischen Gründen wird die Höhe der *Initial- bzw. Einleitungsdosis* eines Anästhetikums zur Aufsättigung der Biophase durch seine Verteilung, d. h. die Größe seines Verteilungsvolumens, bestimmt, die *Repetitons- bzw. Dauerinfusionsdosis* zur Erhaltung des pharmakologischen Effektes dagegen weitgehend von seiner Eliminationsgeschwindigkeit. Einleitungsdosen werden langsam unter Beobachtung des auftretenden Effektes appliziert. Erhaltungsdosen müssen immer deutlich kleiner als Aufsättigungsdosen sein, da sie auf bereits partiell gesättigte Kompartimente treffen. Ansonsten muß mit einer *Kumulation* der Substanz im Gewebe und entsprechend überhöhten Plasmaspiegeln gerechnet werden.

Bei Zuständen mit verändertem Verteilungsvolumen und/oder veränderter Elimination muß eine **Dosisanpassung** vorgenommen werden. Eine Reduktion ist bei *Hypovolämie* (z. B. hämorrhagischer Schock) erforderlich, um zu hohe Anästhetikakonzentrationen im Gehirn aufgrund des verminderten Verteilungsvolumens und der infolge der Kreislaufzentralisierung verzögerten Umverteilung zu vermeiden. Die Dosis muß ferner mit zunehmendem *Alter* und bei *Eiweißmangelzuständen* verringert werden. Dagegen ist bei *Alkoholabusus* im frühen bis mittleren Stadium, bedingt durch eine Induktion der abbauenden Enzyme in der Leber (Cytochrom-P450-Oxydasesystem), der Anästhetikabedarf erhöht. Bei fortgeschrittener *Leber- und Niereninsuffizienz* ist das Verteilungsvolumen vergrößert, so daß höhere Einleitungsdosen benötigt werden. Hingegen müssen die Erhaltungsdosen reduziert werden, da die Elimination verlangsamt ist.

Hypnotika und Sedativa II

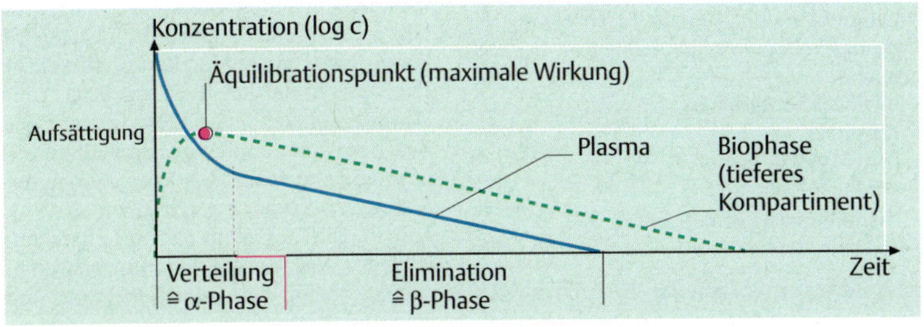

3. Konzentrationsverlauf eines i.v. Anästhetikums im Plasma und in der Biophase

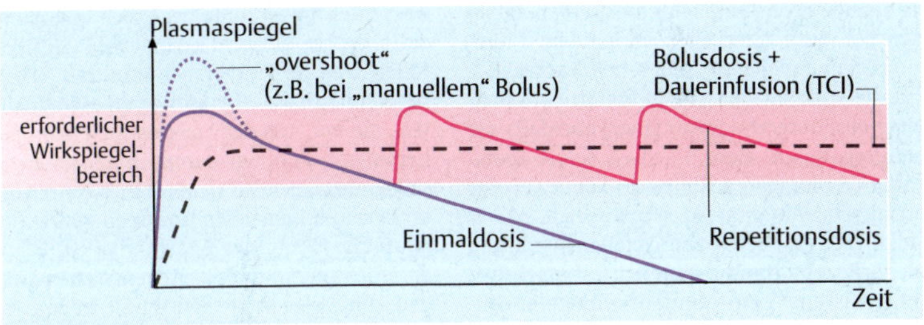

4. Aufsättigung, Repetition, Dauerinfusion

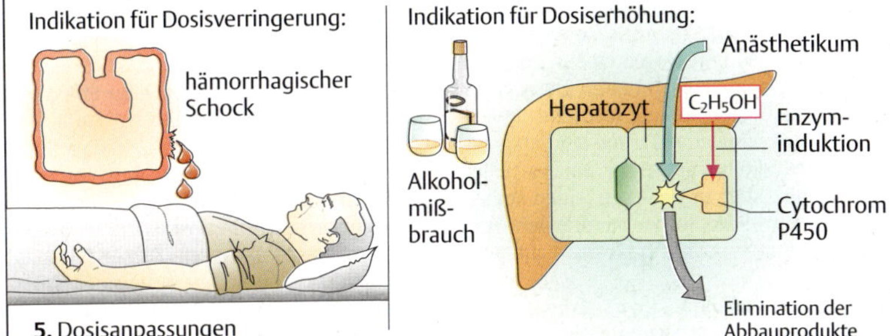

5. Dosisanpassungen

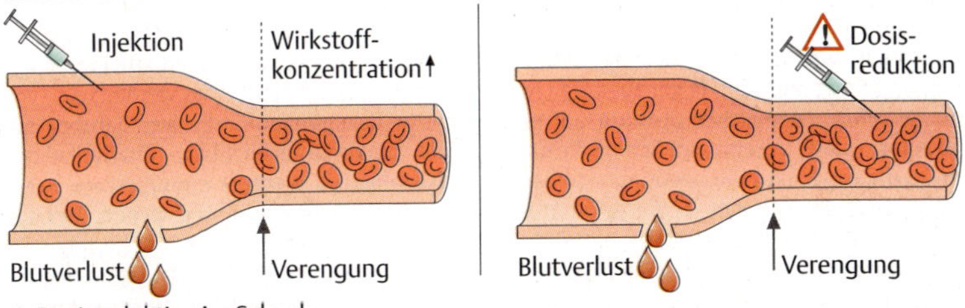

6. Dosisreduktion im Schock

A. Pharmakokinetik

B. Pharmakodynamik

Wichtige Grundbegriffe zur Beschreibung der Wirkungsweise eines Pharmakons im Organismus sind:
- intrinsische Aktivität,
- Affinität,
- Dosis-Wirkungs-Kurve,
- effektive Dosis und
- therapeutische Breite.

Unter **intrinsischer Aktivität** (Syn.: Effektivität, Wirkstärke) versteht man die maximal mögliche Wirkung eines Arzneimittels. Bei Betrachtung der Rezeptortheorie ist die maximale, dosisabhängige Wirksamkeit eines reinen *Agonisten* bei Besetzung aller vorhandenen Bindungsstellen gleich „1". Ein reiner Agonist hat also die volle intrinsische Aktivität. Ein reiner *Antagonist* besetzt dosisabhängig ebenfalls alle Bindungsstellen, ohne hingegen selbst agonistische Wirkungen ausüben zu können. Seine intrinsische Aktivität ist somit gleich „0". Er konkurriert gewissermaßen mit dem Agonisten um die Rezeptorbindungsstellen (*„kompetitiver* Antagonismus"). Ein gemischt-wirkender *Agonist/Antagonist* (partieller [Ant-]Agonist) hat immer eine relative Wirksamkeit zwischen „0" und „1", d. h. auch er besetzt alle Rezeptoren, hat aber nur teilweise agonistische Wirkungen. Seine Wirkungen unterliegen einem „ceiling"-Effekt, d. h. ab einer bestimmten Dosis führt eine weitere Dosiserhöhung nicht zur Steigerung der Wirksamkeit. Aufgrund der antagonistischen Wirkkomponente ist ein partieller (Ant-)Agonist aber in der Lage, einen reinen Agonisten vom Rezeptor zu „verdrängen" und dessen Wirkungen damit (teilweise) aufzuheben.

Der Begriff **Affinität** (Syn.: Potenz, Bindungsstärke) muß streng von der intrinsischen Aktivität abgegrenzt werden. Er bezieht sich auf die Menge eines Arzneimittels, die verabreicht werden muß, um eine definierte Wirkung hervorzurufen. Je genauer ein Ligand infolge seiner chemischen Struktur auf einen Rezeptor paßt („Schlüssel-Schloß-Prinzip"), um so niedriger sind die benötigten Substanzdosen bzw. um so höher ist die Affinität *(B3)*. Substanzen mit gleicher intrinsischer Aktivität sind äquieffektiv, sie sind jedoch nur dann *äquipotent*, wenn zur Erzielung der gleichen Wirkstärke auch die gleichen Dosen benötigt werden!

Die Abhängigkeit der Wirkung eines Pharmakons von seiner Dosis bzw. Konzentration läßt sich graphisch anhand einer **Dosis-Wirkungs-Kurve** darstellen. Hierbei wird die **effektive Dosis** in der Regel als sog. **ED_{50}** ermittelt. Darunter versteht man die Dosis, mit der bei 50% der Patienten der spezifische Effekt einer Substanz erzielt werden kann bzw. unter der 50% der maximal zu erreichenden Wirkung auftritt. Die ED_{50} dient also der Charakterisierung der Wirksamkeit von intravenösen Anästhetika analog dem MAC_{50}-Wert der Inhalationsanästhetika.

Die **therapeutische Breite** gibt Anhalt über den Sicherheitsabstand, den ein Arzneimittel bei seiner Anwendung bezüglich toxischer Reaktionen hat. Sie wird als Index „**LD_{50}/ED_{50}**" definiert und im Tierversuch ermittelt. Die **LD_{50}** bezeichnet dabei die Menge eines Arzneimittels, die bei 50% der Tiere einen letalen Effekt hervorruft. Je höher demnach der therapeutische Index ist, desto sicherer ist das Arzneimittel in seiner klinischen Anwendung. Die therapeutische Breite der Anästhetika ist, bezogen auf ihre atemdepressorischen Nebenwirkungen, durchweg sehr niedrig! Sie liegt z. B. für Inhalationsanästhetika im Bereich von 1,5. Das bedeutet, daß bereits bei 1,5facher Dosierung eine potentiell letale Konzentration erreicht wird!

Veränderung rezeptorgekoppelter Effekte. Bei dauerhafter Rezeptorstimulation, die auch bei bestimmten chronischen Erkrankungen (z. B. Opioidabhängigkeit, Alkoholismus, Herzinsuffizienz, Diabetes mellitus Typ II) vorzufinden ist, verringert sich die Wirkstärke endogener oder exogener Substanzen. Dieses Phänomen wird als *Desensibilisierung* bezeichnet und mit einer Verminderung der Rezeptoraffinität sowie einer Abnahme der Rezeptorzahl erklärt (sog. „down"-Regulation von Rezeptoren). Eine verminderte Rezeptoraffinität hat zur Folge, daß höhere Substanzdosen zur Erzielung des gleichen Effektes benötigt werden; eine verringerte Rezeptorzahl reduziert darüber hinaus die maximal erreichbare pharmakologische Wirkung, da weniger stimulierbare Rezeptoreinheiten zur Verfügung stehen. Der umgekehrte Fall einer *Hypersensibilisierung* tritt bei nachlassender Rezeptorstimulation ein, so z. B. bei chronischer Therapie mit Rezeptorantagonisten. Durch eine Zunahme der Rezeptoraffinität und -zahl („up"-Regulation) erklärt man

Hypnotika und Sedativa III

Die **Pharmakodynamik** beschreibt die Einflüsse eines Arzneimittels auf den Organismus. Sie umfaßt Untersuchungen zu **Wirkungsmechanismen**, Entwicklung von Rezeptortheorien sowie Betrachtungen zu Struktur-Wirkungs-Beziehungen, Dosis-Wirkungs-Beziehungen und Nebenwirkungen.

1. Definition

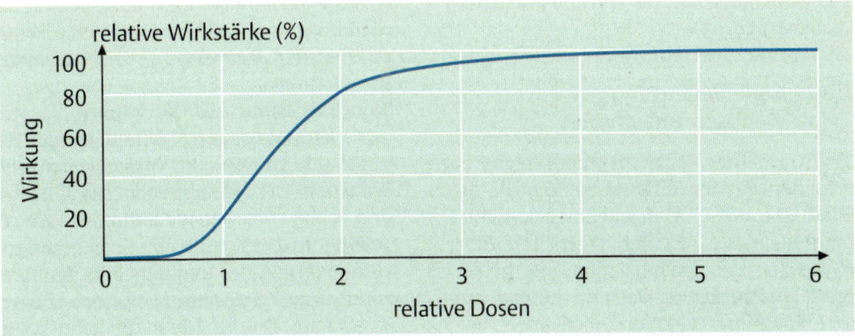

2. Dosis-Wirkungs-Kurve eines reinen Agonisten

Morphin und Fentanyl sind beide reine Opioidagonisten, ihre intrinsische Aktivität ist also gleich. Von Morphin benötigt man jedoch 10 mg und von Fentanyl lediglich 0,143 mg, um eine äquieffektive Wirkung zu erreichen! Bezogen auf die bei diesen Substanzen relativ ähnlichen Molgewichte bedeutet dieses, daß die Affinität von Fentanyl ca. um den Faktor 100 größer ist als die von Morphin.

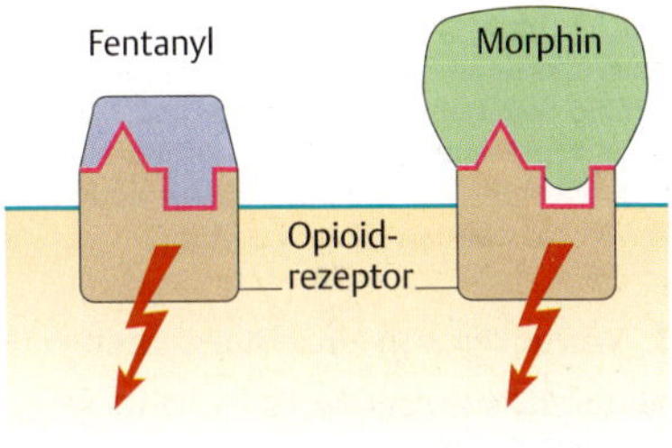

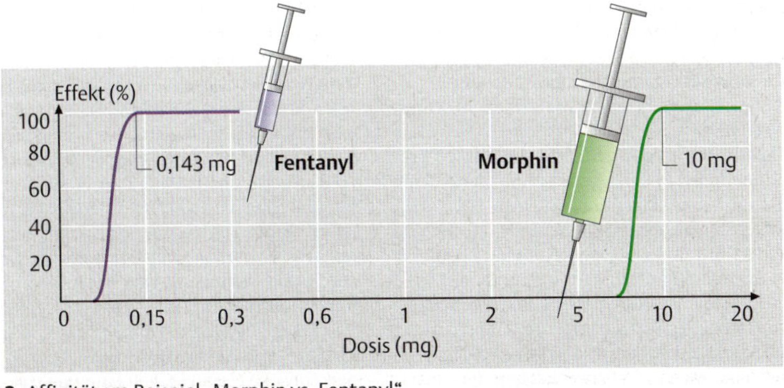

3. Affinität am Beispiel „Morphin vs. Fentanyl“

B. Pharmakodynamik

sich auch die sog. „rebound"-Effekte mit überschießenden agonistischen Wirkungen nach abruptem Absetzen eines Antagonisten (z. B. Clonidin, ß-Rezeptorenblocker). Eine Veränderung rezeptorgekoppelter Effekte wird nicht durch einen kurzzeitigen Substanzeinsatz induziert (z. B. bei Narkosen im Rahmen operativer Eingriffe), spielt aber bereits eine Rolle beim Intensivpatienten (z. B. nachlassende Effekte einer über Tage bis Wochen praktizierten Analgosedierung).

C. Klinische Bedeutung der intravenösen Anästhesie

Die intravenösen Sedativhypnotika eignen sich besonders gut zur *Narkoseeinleitung*, da sie zu einem raschen und angenehmen Einschlafen ohne manifestes Exzitationsstadium führen. Im Gegensatz zu den Inhalationsanästhetika ist ihre Steuerbarkeit schlechter. Einmal appliziert, kann ihre Wirkdauer nicht mehr beeinflußt werden, es sei denn, es werden spezifische Antagonisten, wie z. B. für die Benzodiazepine verfügbar, eingesetzt. Erst die *kontinuierlichen* intravenösen Anästhesiekonzepte mit kurzwirksamen Substanzen ermöglichen eine flexible bedarfsorientierte Anpassung der zugeführten Menge (TIVA, TCI). Zum Vergleich der Vor- und Nachteile intravenöser und inhalativer Anästhesien s. Kap. 4.2, *Tab. C*.

D. Wertigkeit von Einzelsubstanzen

Die im Rahmen von Narkosen verwendeten Substanzen wie
- die Barbiturate Thiopental (Trapanal®) und Methohexital (Brevimytal®),
- Propofol (Disoprivan®, Propofol-Lipuro®),
- Etomidat (Etomidat-Lipuro®) sowie
- das Benzodiazepin Midazolam (Dormicum®)

haben allesamt gute *sedativ-hypnotische* Wirkeigenschaften. Eine gewisse Sonderstellung nimmt nur das Ketamin (Ketanest®) ein (s. u.). Ansonsten bestehen Unterschiede lediglich im Mechanismus der Hypnoseinduktion und im topographischen Wirkansatz (s. Kap. 1.5 und 1.4) sowie in der Wirkdauer und im Nebenwirkungsspektrum (s. komplette tabellarische Übersicht der pharmakologischen Daten, Eigenschaften und Nebenwirkungen der Einzelsubstanzen im Anhang). Während *jede* der erwähnten Substanzen zur *Narkoseeinleitung* eingesetzt werden kann, ist *Propofol* aufgrund der besten Steuerbarkeit (kürzeste Elimination, geringste Kumulationsgefahr) z. Zt. das einzige Hypnotikum, das sich uneingeschränkt auch für die *kontinuierliche* Zufuhr eignet (TIVA, TCI).

Barbiturate führen dosisabhängig zur *zentralen Atemdepression* bis hin zum *Atemstillstand*. Hierbei wird die Reaktion auf CO_2 und Hypoxie vermindert bzw. aufgehoben. In flacheren Narkosestadien besteht eine Hyperreaktivität der Atemwege, so daß mechanische Stimulationen leicht einen Laryngo- oder Bronchospasmus auslösen können.

Die kardiovaskulären Wirkungen der Barbiturate sind komplex. Im Vordergrund steht die *Reduktion des Herzzeitvolumens*. Ursächlich sind neben einer Venodilatation, die ein „Blutpooling" in den betroffenen Gefäßgebieten mit Verminderung des venösen Rückstromes bewirkt, ausgeprägte negativ inotrope Effekte der Barbiturate. Die Herzfrequenz kann kompensatorisch gesteigert sein, wodurch der myokardiale Sauerstoffverbrauch erhöht wird. Die Symptomatik kann durch eine dosisabhängige, unspezifische *Histaminfreisetzung* überlagert bzw. verstärkt werden.

Bei den *exzitatorischen* Phänomenen, die unter der Injektion von Barbituraten, aber auch der anderen Sedativhypnotika auftreten können, handelt es sich um unwillkürliche Muskelbewegungen (z. B. Myokloni). Sie gelten als „Exzitationsäquivalent" und sollen durch Aktivierung subkortikaler Hirnstrukturen ausgelöst werden (s. Kap. 1.3 und 1.6). Sie weisen *kein* EEG-Korrelat im Sinne einer Krampfaktivität auf! Eine versehentliche arterielle oder paravenöse Injektion von Barbituraten kann, abhängig von Konzentration und injizierter Menge, zu *Gewebenekrosen* bis hin zu Gangränen führen.

Unter den Nebenwirkungen von **Propofol** sind nach den typischen atemdepressorischen die kardiovaskulären am bedeutendsten. Da Propofol sowohl vasodilatierende als auch negativ inotrope Eigenschaften hat, kann es zu einer ausgeprägten *Verminderung des arteriellen Blutdruckes* kommen (*cave:* Hypovolämie!). Propofol werden im Unterschied zu den anderen Sedativhypnotika *antiemetische* Eigenschaften zugeschrieben, die besonders im Rahmen einer TIVA zum Tragen kommen sollen.

Etomidat zeigt unter den Injektionshypnotika die *beste* Kreislaufverträglichkeit und wird

Hypnotika und Sedativa IV

„**t**arget **c**ontrolled **i**nfusion“ (TCI)

Eingabe der Patientendaten (Alter, Gewicht), **„hypnotische Zielkonzentration“** von Propofol (bei Erwachsenen: = 4,0 – 8,0 mg/ml) und **Einleitungszeit** durch Anästhesisten

Mikroprozessor mit pharmakokinetischem Programm („3-Kompartiment-Modell“)

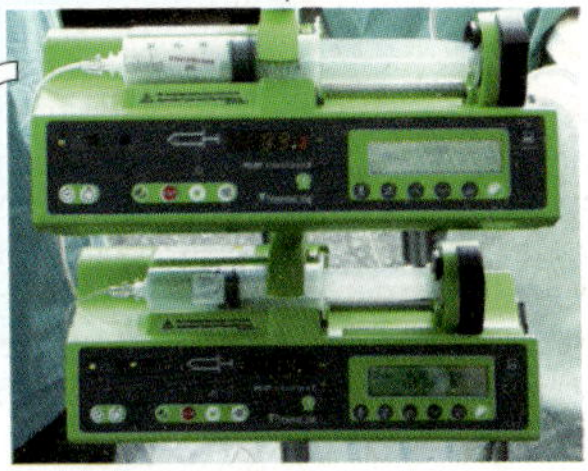

Spritzenpumpe

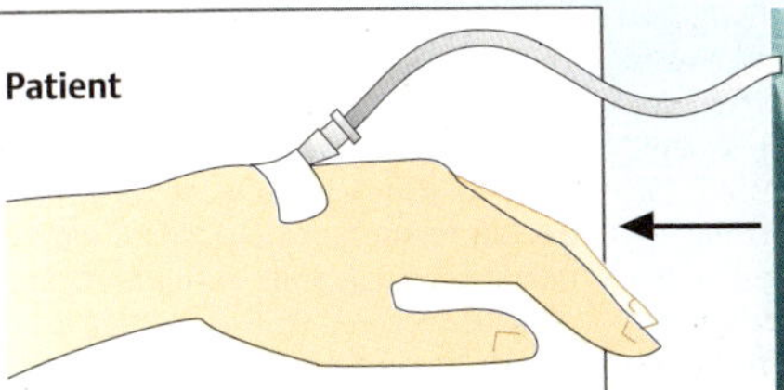

Patient

C. Klinische Bedeutung der intravenösen Anästhesie

	Thiopental	Methohexital	Propofol	Etomidat	Midazolam	Ketamin
Hypnose, Amnesie	++	++	++	++	+	+
Analgesie	ø	ø	ø	ø	ø	++
Muskelrelaxation	ø	ø	ø	ø	(+)	ø

1. Hauptwirkungen gebräuchlicher Injektionshypnotika

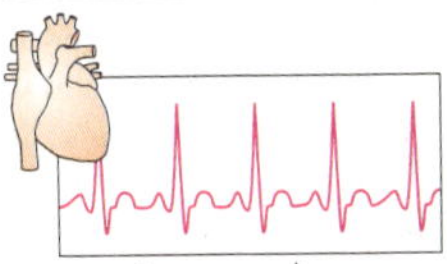

Herzfrequenz ↑

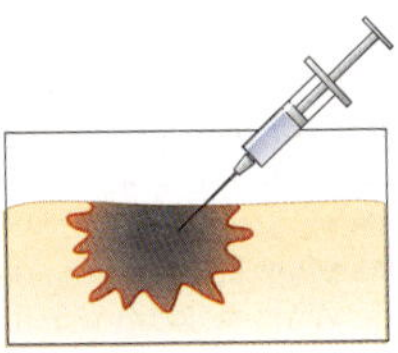

Nekrosen

2. Barbiturate

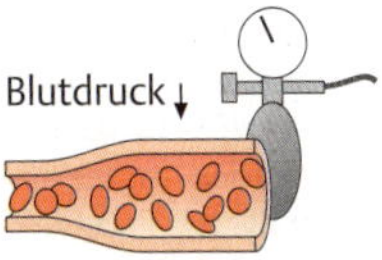

Gefäßerweiterung

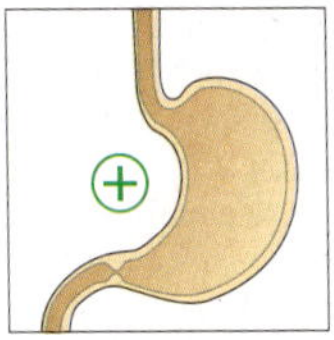

antiemetisch

3. Propofol

„Kreislaufkonstanz“

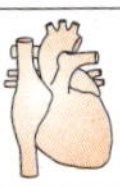

±0

Enzymhemmung in der Nebennierenrinde:

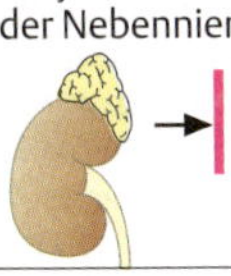

4. Etomidat

D. Wertigkeit von Einzelsubstanzen

deshalb bevorzugt bei kardiovaskulären Risikopatienten eingesetzt. Ein möglicher Nachteil ist die dosisabhängige, reversible Unterdrükkung der *Cortisolsynthese* durch eine substanzspezifische Enzymhemmung in der Nebennierenrinde (NNR), wobei allerdings der Effekt einer Einzeldosis ohne klinische Relevanz ist. Auch die anderen Sedativhypnotika sowie die Opioide bewirken ein Absinken des Cortisolplasmaspiegels. Hier liegt die Ursache aber in einer Verminderung der ACTH-Produktion bzw. Sekretion, so daß die streßvermittelte NNR-Stimulation nicht beeinträchtigt wird.

Benzodiazepine verstärken physiologische Hemmungsmechanismen über spezifische Interaktionen mit dem *GABA-Rezeptorkomplex* (s. Kap. 1.6). Man geht davon aus, daß die pharmakologischen Effekte vom Grad der jeweiligen Rezeptorbesetzung abhängig sind. So scheint eine 20–30 %ige Rezeptorbesetzung anxiolytisch wirksam zu sein, Sedierung wird bei einer 30–50 %igen und Bewußtseinsverlust erst bei einer über 60 %igen Rezeptorbesetzung beobachtet.

Die unter Benzodiazepinen zu verzeichnende *Atemdepression* ist i.d.R. nicht zentral, sondern *peripher* bedingt und kommt durch eine Tonussenkung der Zungengrundmuskulatur mit Obstruktion der Atemwege durch die gegen die Pharynxhinterwand zurückfallende Zunge zustande. Benzodiazepine vermindern den Tonus der quergestreiften Muskulatur durch eine Hemmung polysynaptischer Rükkenmarksreflexe *(zentrale Myotonolyse)* und können so die Wirkungen von Muskelrelaxanzien verstärken. Bei Erkrankungen mit eingeschränkter Muskelkraft, z. B. Myasthenia gravis, sollen sie nicht angewendet werden. Wegen ausgeprägter *antikonvulsiver* Eigenschaften empfiehlt sich ihr Einsatz aber bei Patienten mit Krampfleiden, sowohl zur Prophylaxe als auch zur Therapie epileptischer Anfälle.

Für die Benzodiazepine ist im Gegensatz zu den anderen Sedativhypnotika mit Flumazenil (Anexate®; *D5c*) ein spezifischer *Antagonist* verfügbar, der die Wirkungen, z. B. bei Überdosierungen oder Intoxikationen, kompetitiv aufheben kann. Aufgrund der im Vergleich zu den Benzodiazepinen kürzeren Wirkdauer von Flumazenil besteht die Gefahr einer erneuten Sedierung („rebound"-Effekt), so daß repetitive Dosen oder eine kontinuierliche Infusion notwendig werden können. Bei manchen Patienten, besonders im höheren Alter, können unter Benzodiazepinen *paradoxe* Erregungs- und Verwirrtheitszustände oder Angstreaktionen auftreten. Sie können ebenfalls durch Flumazenil antagonisiert werden. Wenn diese Symptome Ausdruck eines sog. zentral-anticholinergen Syndroms sind, ist auch die Gabe von Physostigmin (Anticholium®) therapeutisch wirksam (s. Kap. 14.3). Hierbei ist von Vorteil, daß die unangenehmen Erscheinungen beseitigt werden und anschließend die gewünschte sedativ-hypnotische Wirkung eintritt.

Midazolam ist das bislang einzige wasserlösliche Benzodiazepin. Seine gute Wirksamkeit und die kurze Eliminations-HWZ machen es zu dem für Narkosezwecke *bevorzugten* Benzodiazepin. Es unterliegt einer sog. „single-step"-Kinetik, d. h. es wird nur zu einer einzigen Substanz, nämlich Hydroxymidazolam, metabolisiert, die schwächer und kürzer wirksam ist als die Muttersubstanz. Hierdurch wird eine Metabolitenkumulation verhindert. Im Dosierungsbereich von 0,05–0,1 mg/kg KG i. v. wirkt Midazolam *sedierend*, ab ca. 0,15 mg/kg *hypnotisch*. Nach i. v.-Gabe von Benzodiazepinen und besonders von Midazolam kann es zu einem allmählichen *Blutdruckabfall* kommen, der neben der zentralen Sympathikushemmung („Streßreduktion") auch auf einer direkten peripheren Vasodilatation beruht, aber nur selten bedrohliche Ausmaße annimmt (*cave:* Hypovolämie!).

Ketamin hat chemische Ähnlichkeit mit *Halluzinogenen* wie dem LSD, woraus sich die besonderen psychotropen Effekte ableiten lassen. Unter Ketamin in anästhetischer Dosierung (1–2 mg/kg KG i. v.) kommt es zur Bewußtseinsveränderung mit ausgeprägter Analgesie, ohne daß ein normaler Schlafzustand erreicht wird. Dieses anästhesiologische Bild wird als *„dissoziierte Anästhesie"* bezeichnet und ähnelt dem kataleptischen Zustand psychotischer Patienten. Hierbei können spontane, überwiegend horizontale Augenbewegungen (Nystagmen) auftreten. Die Pupillen sind leicht erweitert. Die Tränen-, Speichel- und Bronchialsekretion ist gesteigert. Der Skelettmuskeltonus ist erhöht, und nicht selten kommt es zu spontanen Muskelbewegungen. Schutzreflexe wie Husten- und Schluckreflex können erhalten sein. Die halluzinogene Wirkung kann sich in bizarren, z. T. furchterregenden Träumen bis hin zu deliranten Zuständen äußern. Diese treten bei ca. 20 % der Patienten auf, und zwar besonders in der Aufwachphase, können aber auch bis zu

Hypnotika und Sedativa V

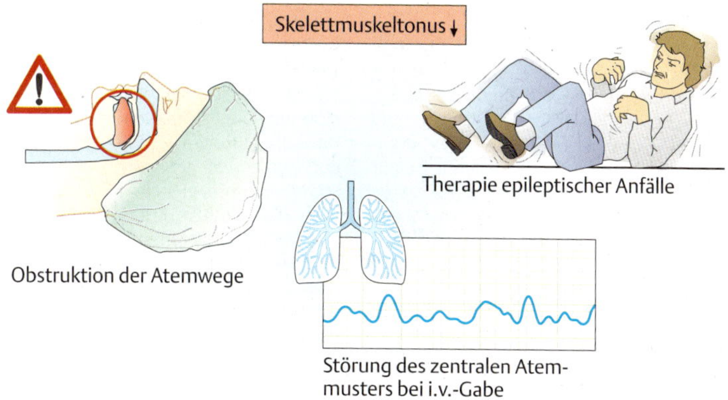

5a. Benzodiazepine

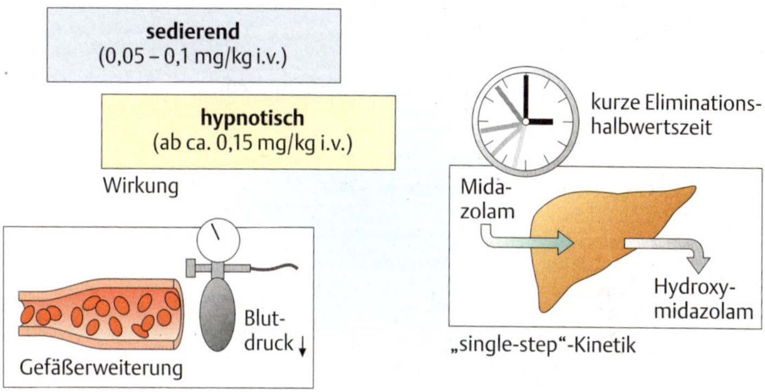

5b. Midazolam

- spezifischer, kompetitiver Benzodiazepinantagonist
- Indikationen:
  - Benzodiazepinüberdosierung oder -intoxikation
  - paradoxe Reaktionen auf Benzodiazepine
- Dosierung: initial 0,2 mg i.v. und bei Bedarf alle 60 sec 0,1 mg repetitiv (bis zu einer Gesamtdosis von 1,0 mg)
- Wirkungseintritt: nach 1–3 min
- Eliminationshalbwertszeit: ca. 1 h
- Nachteil: „rebound"-Effekt möglich

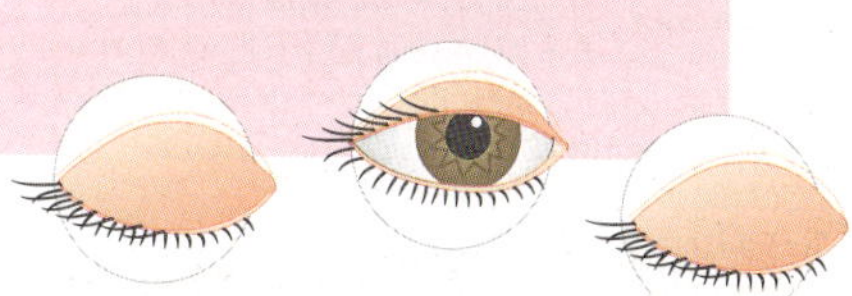

5c. Flumazenil

D. Wertigkeit von Einzelsubstanzen

mehrere Stunden postoperativ anhalten. Kinder und geriatrische Patienten sollen seltener betroffen sein.

Im Verein mit der Hypersalivation besteht besonders bei Kindern eine erhöhte Neigung zu Laryngospasmen. Aus diesem Grund soll Ketamin nicht bei Eingriffen im Rachen- und Kehlkopfbereich eingesetzt werden. Die atemdepressorische Wirkung von Ketamin ist nur gering ausgeprägt. Erst bei sehr hohen Dosen oder in Kombination mit anderen Anästhetika kommt es, ebenso wie natürlich bei individueller Empfindlichkeit, zur *Apnoe*. Ketamin führt zur *Relaxation der Bronchialmuskulatur*, was therapeutisch, z. B. bei Asthmatikern, genutzt werden kann.

Die *stimulierenden kardiovaskulären Wirkungen* unterscheiden Ketamin von den anderen Anästhetika und können bei Narkosen an Patienten im hypovolämischen Schock genutzt werden, verbieten jedoch die Anwendung von Ketamin bei Patienten mit koronarer Herzkrankheit, Hypertonus etc. Sie werden vermutlich zentral vermittelt, da Ketamin an isolierten Herzmuskelpräparaten ebenso wie alle anderen intravenösen Hypnotika, Opioide und Inhalationsanästhetika negativ inotrope Eigenwirkungen zeigt. Diese werden i.d.R. lediglich durch die zentralen Effekte maskiert.

Im Gegensatz zu den anderen i. v. Anästhetika stehen auch die Wirkungen von Ketamin auf die zerebrale Hämodynamik. Hier führt es dosisabhängig zur Vasodilatation mit Zunahme der Hirndurchblutung und konsekutiv zur *Hirndrucksteigerung*. Daher darf Ketamin nicht bei Patienten mit intrakraniellen raumfordernden Prozessen (Tumoren, Hämatome, Ödeme) angewendet werden.

Die Vorgabe von *Benzodiazepinen* kann viele der unerwünschten Nebenwirkungen des Ketamin verhindern bzw. abmildern, so daß sich zu Anästhesiezwecken aufgrund ähnlicher Halbwertszeiten eine Kombination mit Midazolam empfiehlt. *Subanästhetische* Dosen von Ketamin (bis zu 0,5 mg/kg KG i. v. oder 1,0 mg/kg i.m.), auch als „low-dose"-Ketamin bezeichnet, führen nur zur Analgesie ohne Bewußtseinsverlust und können deshalb zur Notfallschmerzbehandlung traumatisierter Patienten am Unfallort verwendet werden.

S(+)-Ketamin: Das klassische Ketamin ist ein *Razemat* und besteht aus den optischen Isomeren bzw. Enantiomeren S(+)- und R(-)-Ketamin im Verhältnis von 1:1. Das Enantiomer S(+)-Ketamin ist der pharmakologische Hauptwirkbestandteil des Razemates und seit kurzem mit dem Ketanest S als Reinsubstanz klinisch verfügbar. S(+)-Ketamin zeichnet sich im Vergleich zu Razemat durch eine etwa doppelt so hohe analgetische und „hypnotische" Wirkaffinität aus. Die Elimination ist etwas schneller. Die Aufwachzeiten sind entsprechend kürzer und werden von geringerer psychovegetativer Stimulierung begleitet. Mittlerweile liegen auch erste positive Erfahrungen zur Anwendung von S(+)-Ketamin in Kombination mit Midazolam oder Propofol im Rahmen einer TIVA vor. Es ist demzufolge zu erwarten, daß das S(+)-Ketamin das herkömmliche Präparat vollständig vom Markt verdrängen wird.

Hypnotika und Sedativa VI

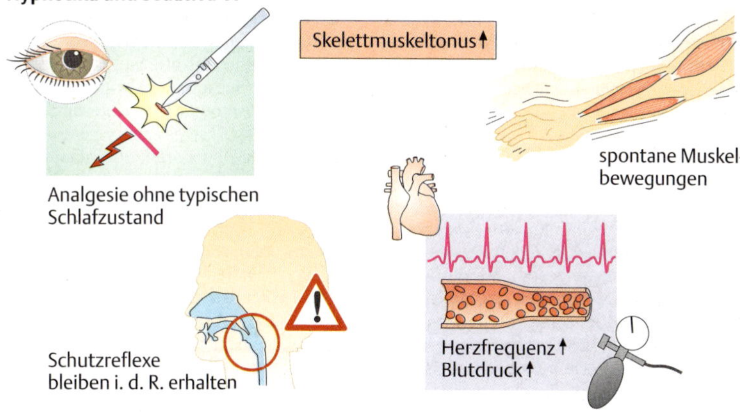

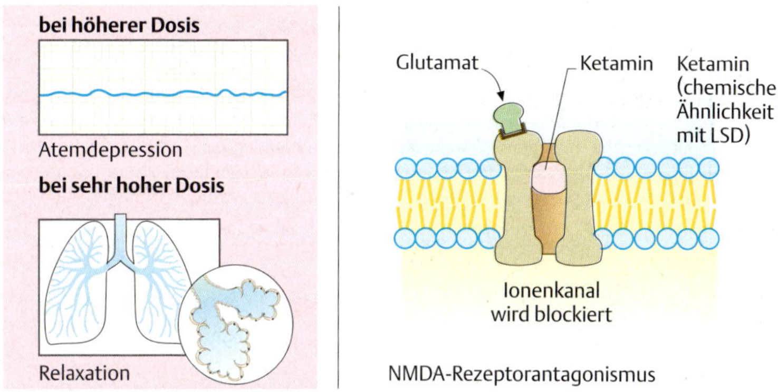

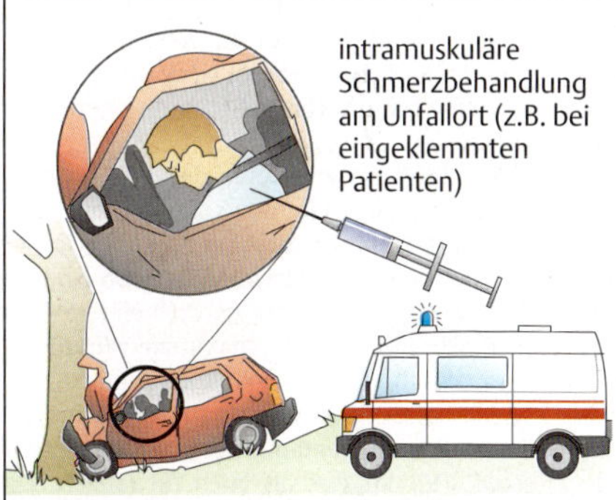

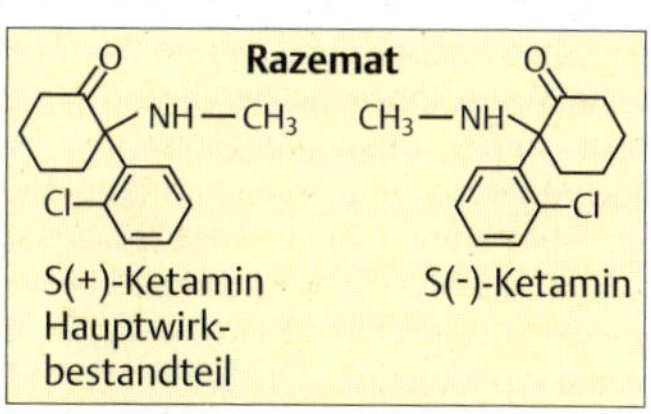

S(+)-Ketamin i. Vgl. zum Razemat:
- doppelt so hohe analgetische und „hypnotische" Wirkaffinität
- schnellere Elimination
- kürzere Aufwachzeiten
- geringere psychovegetative Stimulierung

6. Ketamin

D. Wertigkeit von Einzelsubstanzen

Der Begriff „Opioide“ wird als Überbegriff für nativ vorkommende (= Opiate) und synthetisch hergestellte Substanzen mit morphinartiger Wirkung verwendet. Die heutzutage für Narkosezwecke gebräuchlichen Opioide sind:
- Fentanyl,
- Sufentanil (Sufenta®),
- Alfentanil (Rapifen®) und
- †Remifentanil (Ultiva®).

Die analgetische Wirkung von Opioiden ist weitgehend *selektiv*, d. h. andere Sinnesmodalitäten werden kaum beeinträchtigt. Die genannten Substanzen werden alle vollsynthetisch hergestellt, sind reine Rezeptoragonisten und unterscheiden sich vor allem bezüglich ihrer pharmakokinetischen Daten (s. auch Tab. 5 und 6 im Anhang).

A. Pharmakodynamik

Opioide binden reversibel an spezielle Rezeptoren, die **Opioidrezeptoren**, für die auch körpereigene Liganden, Endorphine und Enzephaline, existieren. Zur Zeit sind *vier* Hauptrezeptortypen bekannt, die mit dem komplexen Wirkungsmuster der Opioide in Verbindung gebracht werden („multiple receptor theory“):
- μ (mü),
- $\varkappa$ (kappa),
- δ (delta) und
- σ (sigma).

Die μ-Rezeptoren werden noch in μ_1- und μ_2-Subtypen unterteilt, die unterschiedliche pharmakologische Effekte vermitteln. Die σ-Rezeptoren zählen nicht zu den Opioidrezeptoren im engeren Sinne, da auch andere Pharmaka wie Ketamin mit ihnen reagieren und die Effekte nicht durch Opioidantagonisten aufhebbar sind. Mit der Stimulierung von Opioidrezeptoren in bestimmten Arealen des ZNS erklärt man sich die meisten Wirkungen und Nebenwirkungen der Opioide. Für die Opioideffekte im Rahmen der Narkose ist vornehmlich der μ-Rezeptor, in geringerem Maße auch der $\varkappa$-Rezeptor von Interesse. Die Erregung von μ-Rezeptoren führt zu ausgeprägter *Analgesie* (vornehmlich μ_1), gleichzeitig aber auch zur *Atemdepression* (μ_2). Bis heute ist es noch nicht gelungen, selektive μ_1-Rezeptoragonisten herzustellen, die analgetische Wirkungen ohne begleitende Atemdepression erzeugen. Die Stimulation der μ-Rezeptoren vermittelt wegen des topographischen Verteilungsmusters dieses Rezeptortyps (*Abb. D* in Kap. 1.6) analgetische Effekte sowohl auf *supraspinaler* (Schmerzumschaltstellen im Hirnstamm und Subkortex; μ_1) als auch auf *spinaler* Ebene (Substantia gelatinosa im Rückenmark; μ_2). Die Erregung von $\varkappa$-Rezeptoren führt nur zu spinaler Analgesie und wegen der hohen Rezeptordichte im Kortex zu *sedierenden* Nebeneffekten, die im Rahmen der Anwendung zur Narkose durchaus erwünscht sind.

Fentanyl, Alfentanil, Sufentanil und Remifentanil unterscheiden sich in ihrer Wirkung auf die Opioidrezeptoren nicht bezüglich der intrinsischen Aktivität; sie sind alle reine, relativ selektive *μ-Agonisten*. Unterschiede bestehen lediglich in der Rezeptoraffinität. Die *äquieffektiven* Dosen sind diesbezüglich bei Alfentanil 5–10mal größer, bei Remifentanil 1–1,5mal größer und bei Sufentanil 5–10mal kleiner als bei Fentanyl. Alle vier Substanzen binden in geringerem Maße auch an den $\varkappa$-Rezeptor. Die $\varkappa$-Rezeptoraffinität soll bei Sufentanil stärker als bei Fentanyl, Alfentanil und Remifentanil sein, was zusätzliche analgetische Eigenschaften (und damit möglicherweise doch eine höhere intrinsische Gesamtaktivität!) sowie die ausgeprägtere Sedierung unter Sufentanil erklären würde. Wirkungen auf δ- und σ-Rezeptoren sind klinisch von untergeordneter Bedeutung bzw. nicht vorhanden.

B. Pharmakokinetik

Fentanyl und **Sufentanil** zeichnen sich durch starke Lipophilie aus. Die relativ kurze Wirkdauer ist deshalb Folge einer schnellen Umverteilung in die Skelettmuskulatur und das Fettgewebe. Beide Substanzen werden überwiegend in der Leber metabolisiert, nur ein geringer Teil wird unverändert über die Nieren ausgeschieden.

Alfentanil hat zwar eine deutlich geringere Lipophilie, liegt allerdings beim physiologischen pH-Wert weitestgehend in undissoziierter Form vor (niedriger pH-Wert von 6,5). Aus diesem Grund passiert es schnell die Blut-Hirn-Schranke, und die maximale Wirkung ist bereits nach 1 min erreicht. Alfentanil neigt bei wiederholter Gabe weniger zur Kumulation als Fentanyl und Sufentanil, es eignet sich deshalb sowohl für kürzere als auch für längere Eingriffe. Es wird nahezu vollständig in der Leber inaktiviert und anschließend größtenteils renal ausgeschieden.

Opioide I

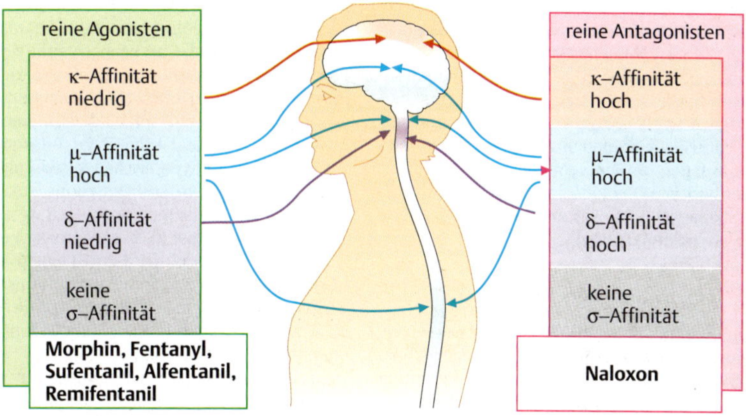

1. Rezeptorspezifische Aktivität und Affinität von Opioiden und Antagonisten

Rezeptor	Wirkungen
μ	supraspinale, spinale und periphere Analgesie (μ_1); antitussive Wirkung; Thorax-rigidität; Obstipation; Abhängigkeit; Atemdepression (μ_2); Bradykardie u. Hypotonie; Miosis; Euphorie
κ	spinale Analgesie; Sedierung; Dysphorie
δ	Streß-induzierte Analgesie; Modulation von μ-Rezeptor-wirkungen
σ	Tachykardie u. Hypertonie; Mydriasis; Exzitation, Dysphorie

2. Rezeptorspezifische Opioidwirkungen

A. Pharmakodynamik

Remifentanil ist das Opioid mit der schnellsten und kürzesten Wirkung. Die nur sehr geringe Lipidlöslichkeit führt zu einem kleinen Verteilungsvolumen und hoher Clearance, was eine gute Steuerbarkeit ohne Kumulationseffekte nach sich zieht. Die kontextsensitive Halbwertszeit (s. Kap. 4.3) ist mit 3–4 min ausgesprochen kurz und unabhängig von der Infusionsdauer, da Remifentanil im Gegensatz zu den anderen Opioiden hauptsächlich durch extrahepatische, unspezifische Esterhydrolyse rasch inaktiviert wird.

C. Nebenwirkungen

Die Nebenwirkungen der Opioide werden im wesentlichen *zentral* und überwiegend über rezeptorspezifische Interaktionen vermittelt (s. komplette tabellarische Übersicht im Anhang). Im Vordergrund steht die **Atemdepression**, die eng an den analgetischen Effekt gekoppelt ist und bereits in klinischen Dosen relevant wird. Hierbei kommt es zu einer verringerten CO_2-Empfindlichkeit des Atemzentrums. Durch Dämpfung des Hustenzentrums wird zudem der Hustenreflex abgeschwächt *(antitussive Wirkung)*, so daß die Tolerierung des Endotrachealtubus verbessert wird. Die Bolusinjektion eines Opioids kann jedoch bisweilen einen initialen Hustenstoß infolge einer passageren Vaguserregung auslösen. Die auch besonders nach Bolusinjektionen vor allem bei älteren Patienten zu beobachtende Skelettmuskelrigidität wird über eine Dysbalance zwischen dopaminerger und cholinerger Aktivität im extrapyramidal-motorischen System mit Überwiegen der cholinergen Komponente erklärt („Parkinson-Äquivalent"). Sie kann alle Muskelgruppen betreffen, klinisch bedeutsam ist jedoch vor allem die *Thoraxrigidität*, die zu erschwerter Atmung bzw. Beatmung führt. Hohe Dosen von Opioiden *erhöhen* durch Vagusstimulation *den Bronchialmotorentonus* und damit den Atemwegswiderstand; sie sollten deshalb bei Asthmatikern vermieden werden.

Herz-Kreislauf: Die kardiovaskulären Effekte der μ-Rezeptoragonisten sind wahrscheinlich ausschließlich *zentral* bedingt und kommen durch *Verminderung des Sympathikotonus („Sympathikolyse")* und *Erhöhung der Vagusaktivität* zustande. Daraus resultieren eine Abnahme der Herzfrequenz, des Venentonus, des peripheren Gefäßwiderstandes und nachfolgend des Blutdruckes sowie eine Verminderung des myokardialen Sauerstoffverbrauches. Die Vasodilatation führt auf der venösen Seite zu vermehrtem „pooling" von Blut. Die am isolierten Papillarmuskel zu beobachtende dosisabhängige Beeinträchtigung der Kontraktionskraft tritt erst weit oberhalb therapeutischer Dosierungen ein und spielt klinisch für die Myokardkontraktilität keine Rolle. Alles in allem sind die hämodynamischen Auswirkungen klinisch üblicher Dosierungen gering, solange hypovolämische Zustände vermieden werden.

Die unter Opioiden zu beobachtende **Pupillenverengung** (Miosis) wird durch eine μ-agonistische Wirkung in den Okulomotoriuskernen verursacht. Unter schwerer Hypoxie verschwindet die Miosis wieder, und die Pupillen erweitern sich (Mydriasis).

Zu den **peripheren** Nebenwirkungen der Opioide gehört die Erregung glatter Eingeweidemuskulatur, die einen Druckanstieg im Gallengangsystem hervorruft und die Magenentleerung, Darmmotilität (= spastische Obstipation) und Blasenentleerung hemmt. **Nichtrezeptorabhängige**, unspezifische Nebenwirkungen umfassen die *Histaminfreisetzung*, die *emetische* Wirkung und den *Juckreiz* (Pruritus), wobei die beiden letzteren z. T. auch rezeptorabhängig sein sollen. Übelkeit und Erbrechen werden durch Stimulation der Area postrema des Hirnstammes hervorgerufen. Fentanyl, Sufentanil, Alfentanil und Remifentanil setzen, wenn überhaupt, erst bei Verwendung extrem hoher Dosen Histamin frei. Pruritus tritt häufiger nach rückenmarknaher Opioidapplikation als nach systemischer Gabe auf. Der genaue zugrunde liegende Mechanismus ist bislang ungeklärt.

Die **suchtauslösende Potenz** der Opioide spielt im Rahmen ihrer Anwendung zur Narkose ebenso wie zur Behandlung des postoperativen Schmerzes bei Nichtabhängigen keine Rolle. Bei ehemals Süchtigen sollten allerdings nach Möglichkeit keine Opioide eingesetzt werden, um nicht eine erneute Abhängigkeit zu provozieren. Dies gilt nicht für Remifentanil, wenn durch zeitgerechte Applikation eine postnarkotische Euphorie verhindert wird. Bei vorbestehendem Opioidabusus ist zu beachten, daß aufgrund einer gesteigerten Toleranz deutlich höhere Dosen benötigt werden.

Opioide II

	Fentanyl	Sufentanil	Alfentanil	Remifentanil
pK-Wert	8,4	8,0	6,5	7,1
ionisierter Anteil bei pH 7,4 (%)	91	80	11	33
Lipidlöslichkeit (Octanol/H_2O)	816	1727	129	18
Plasmaproteinbindung (%)	85	92	92	70

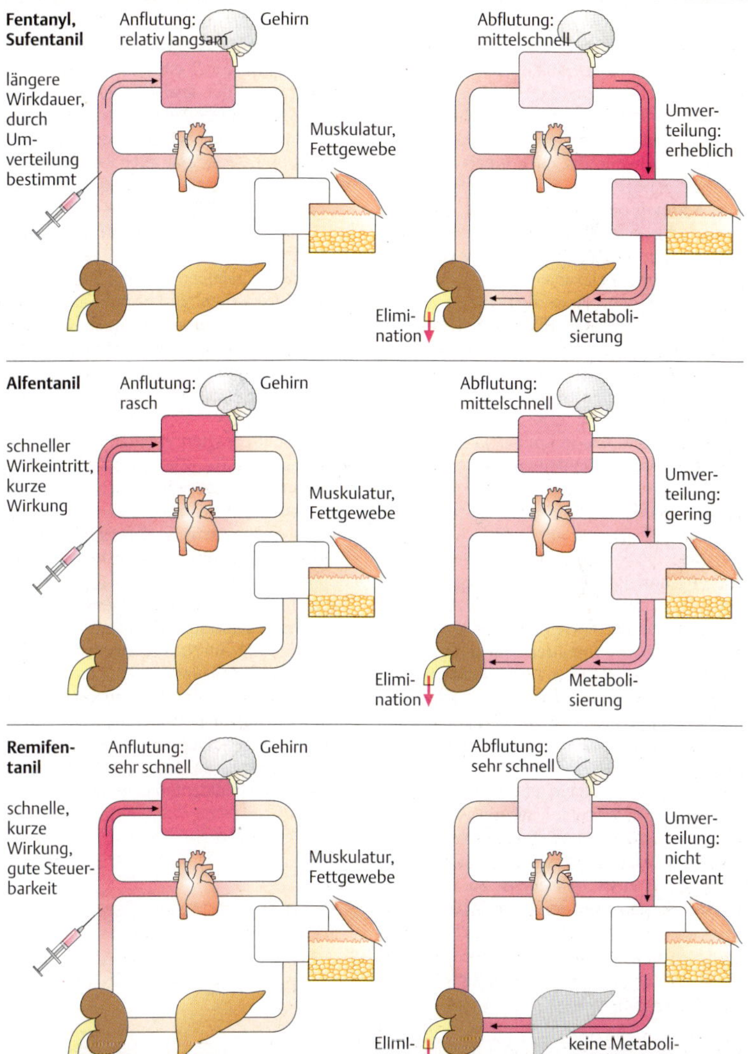

B. Pharmakokinetik

D. Klinische Wertigkeit der „Narkoseopioide"

Opioide sind die *Standardanalgetika* im Rahmen moderner Narkosen, sei es in Form balancierter Anästhesien oder rein intravenöser Regime, sowie auch bei Analgosedierungen (s. komplette tabellarische Übersicht im Anhang). Sie führen zwar zu einer ausgeprägten Analgesie, die Induktion von Hypnose und Amnesie kann aber selbst durch hochdosierte Anwendung nicht sicher erreicht werden. Zur Aufrechterhaltung einer Narkose ist deshalb die *Kombination* von Opioiden mit intravenösen Sedativhypnotika oder Inhalationsanästhetika essentiell.

Im Rahmen der endotrachealen Intubation werden die sympathikotonen hämodynamischen Reaktionen, die bei alleiniger Gabe von Hypnotika und Relaxanzien aufträten, durch Opioide verhindert bzw. abgemildert. Besonders bei kardiovaskulären Risikopatienten ist die bei Opioiden im Vergleich zu Inhalationsanästhetika geringere hämodynamische Beeinflussung vorteilhaft. Bei sehr starken operativen Schmerzreizen (z. B. Sternotomie) verbessert die Kombination mit Inhalationsanästhetika die unter Opioiden nicht immer zufriedenstellende Dämpfung vegetativer Reflexe. Opioide können weiterhin zur Supplementierung analgetisch nicht ganz ausreichender Regionalanästhesien eingesetzt werden. Die analgetischen Wirkungen der längerwirkenden Substanzen Fentanyl und Sufentanil können bei rationaler Anwendung bis in die postoperative Phase hineinreichen und so den Schmerzmittelverbrauch im Aufwachraum senken („präemptive Analgesie"; s. Kap. 14.4). Dagegen zeigt Remifentanil einen raschen postoperativen Wirkverlust (sog. „on-off"-Eigenschaft), so daß frühzeitig eine adäquate Schmerztherapie eingeleitet werden muß. Andererseits ist Remifentanil das mit Abstand am besten steuerbare Opioid, das sich deshalb hervorragend zusammen mit Propofol für die Anwendung bei einer TIVA eignet. Bei balancierten Anästhesien kann es in der letzten Phase der Operation eingesetzt werden, um kurzfristig die Analgesie zu vertiefen, ohne eine postoperative Atemdepression befürchten zu müssen (sog. „on-top"-Gabe).

E. Opioidantagonisten

Die rezeptorspezifischen Opioidwirkungen lassen sich *kompetitiv* durch reine Antagonisten wie *Naloxon* (Narcanti®; *A1*) ganz oder durch gemischt-wirkende (Ant-)Agonisten wie *Nalbuphin* (Nubain®) teilweise aufheben. Dies ermöglicht eine rasche Beseitigung der opioidinduzierten Atemdepression, z. B. als Folge eines postoperativen Wirküberhanges. Da mit **Naloxon** prinzipiell eine *komplette* Antagonisierung auch der analgetischen Komponente möglich ist, verbunden mit der Gefahr von Tachykardie und überschießendem Blutdruckanstieg durch Besetzung aller Rezeptoren, muß die Zufuhr „titriert" werden, d. h. es wird mit einer niedrigen Dosis begonnen, die nach Abwarten des Effektes bei Bedarf repetiert wird. Auf diese Art kann nur die atemdepressive Wirkung aufgehoben werden, und die Analgesie bleibt erhalten. Zu beachten ist außerdem die nur kurze Wirkdauer von Naloxon (ca. 30 min), nach der es zum erneuten Auftreten einer Atemdepression durch den ursprünglich applizierten Agonisten kommen kann („rebound"-Effekt).

Nalbuphin reagiert ebenfalls mit dem μ-Rezeptor und antagonisiert die Wirkungen reiner Agonisten. Es zeigt jedoch auch intrinsische μ-Aktivität, die allerdings nur 25–30 % der reinen Agonisten ausmacht, so daß es selbst nur eine geringgradige, klinisch kaum relevante Atemdepression erzeugt. Vorsicht ist aber bei einer Kombination mit anderen atemdepressorisch wirksamen Substanzen geboten. Die analgetische Wirkung von Nalbuphin wird, ebenso wie die sedierende, hauptsächlich über die zusätzliche κ-agonistische Komponente vermittelt und setzt im Unterschied zur μ-Wirkung erst verzögert ein. Nalbuphin eignet sich besonders zur postoperativen Analgesie nach Narkosen mit hohem Opioidanteil (z. B. TIVA).

Opioide III

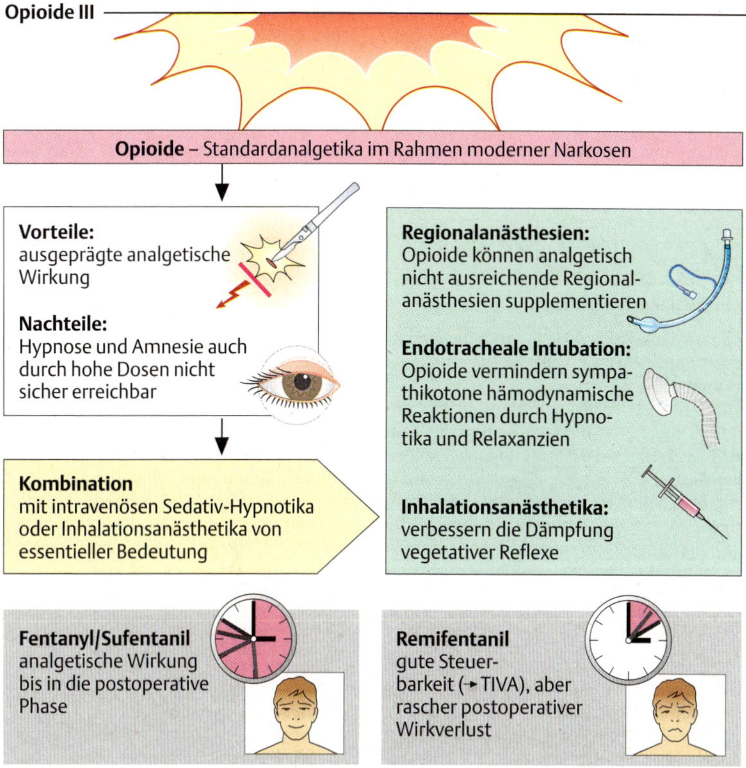

D. Klinische Wertigkeit der „Narkose-Opioide"

	Naloxon	Nalbuphin
Wirkung	reiner Antagonist	gemischter (Ant-)Agonist: – partieller μ-Agonist – reiner κ-Agonist
Dosierung (Erwachsene)	0,04–0,08 mg fraktioniert i.v., max. 0,4 mg	10–20 mg i.v.
Wirkungseintritt	1–2 min	μ-Wirkung: 1–2 min κ-Wirkung: 10–15 min
Wirkungsdauer	30 min	2–3 h
Indikationen	postop. Opioidüberhang, akute Opioidintoxikation	postop. Analgesie, z.B. nach TIVA
Nebenwirkungen	akuter Opioidentzug mit: Tachykardie, Hypertonus	Sedierung Atemdepression
Kontraindikationen	schwere Hypertonie, KHK oder Herzinsuffizienz; fixierte pulmonale Hypertonie	

E. Opioidantagonisten

Muskelrelaxanzien (MR) rufen eine reversible, schlaffe Lähmung der Skelettmuskulatur hervor. Sie werden u. a. zur Erleichterung der endotrachealen Intubation und des operativen Vorgehens eingesetzt. Muskelrelaxanzien bewirken *keine* Bewußtseins- und Schmerzausschaltung und müssen deshalb immer mit Hypnotika bzw. Narkotika und Analgetika kombiniert werden! Außerdem führen sie zur Lähmung der Atemmuskulatur und machen somit eine künstliche Beatmung erforderlich.

A. Pharmakodynamik

Zu pharmakologischen Daten und Eigenschaften gebräuchlicher Muskelrelaxanzien s. auch Tab. 7 im Anhang.

Die Schnittstelle der neuromuskulären Impulsübertragung ist die sog. **motorische Endplatte** *(A1)*. Hier werden die Signale motorischer Nerven durch den endogenen Transmitter **Acetylcholin** auf die Skelettmuskelfasern fortgeleitet. Acetylcholin wird im Zytosol der präsynaptischen Nervenendigungen synthetisiert und dort in Vesikeln gespeichert. Ankommende Nervenimpulse triggern die kalziumabhängige Freisetzung in den synaptischen Spalt, und Acetylcholin bindet an *nikotinerge* Rezeptoren der postsynaptischen Membran. Das hierdurch erzeugte Endplattenpotential (Erhöhung der membranösen Na^+-Leitfähigkeit) führt zur Auslösung eines Muskelaktionspotentials, was nachfolgend eine Muskelkontraktion hervorruft. In Rezeptornähe befindet sich das membranständige, nahezu spezifische Enzym *Acetylcholinesterase*. Dieses inaktiviert Acetylcholin innerhalb kürzester Zeit (ca. 15 msec) durch hydrolytische Spaltung in Cholin und Acetat. Hierdurch wird eine anhaltende Depolarisation der postsynaptischen Membran verhindert.

Wirkungsweise und Einteilung der Muskelrelaxanzien *(A3)*. Muskelrelaxanzien unterbrechen die synaptische Übertragung von Nervenimpulsen an der motorischen Endplatte, indem sie mit Acetylcholin um die Bindungsstellen an den nikotinergen Rezeptoren konkurrieren *(A2)*. Aufgrund unterschiedlicher Wirkungsweise am Rezeptor werden *depolarisierende* und *nichtdepolarisierende* Relaxanzien unterschieden. Klassischer Vertreter depolarisierender Relaxanzien ist das **Succinylcholin** (Pantolax®, Lysthenon®). Ebenso wie Acetylcholin bindet es an den nikotinergen Rezeptor und wirkt *agonistisch*. Dies führt jedoch im Vergleich zu Acetylcholin zu einer länger anhaltenden Membrandepolarisation („Depolarisationsblock"). Nach Auslösung der Depolarisation haftet Succinylcholin noch einige Zeit an den Rezeptorbindungsstellen, da es im Gegensatz zu Acetylcholin nur durch die in der Leber synthetisierte und ausschließlich im Plasma vorkommende unspezifische *Pseudocholinesterase* (Syn.: Plasma- oder Serumcholinesterase, unspezifische Cholinesterase) gespalten werden kann. Da die Hydrolysierungskapazität der Pseudocholinesterase ausgesprochen hoch ist, erreicht überhaupt nur ein kleiner Teil des injizierten Succinylcholin den Extrazellulärraum und damit die motorische Endplatte. Klinisch zeigt sich ein Depolarisationsblock initial mitunter in feinen Muskelzuckungen (Faszikulationen) und nachfolgender schlaffer Lähmung. **Nichtdepolarisierende** Muskelrelaxanzien lagern sich ebenfalls an nikotinerge Rezeptoren an, ohne jedoch eine Depolarisation auszulösen („Nichtdepolarisationsblock"). Gegenüber Acetylcholin wirken sie als kompetitive *Antagonisten* und verursachen eine rein schlaffe Lähmung. Aufgrund unterschiedlicher chemischer Grundstruktur werden die nichtdepolarisierenden Relaxanzien in *zwei* Gruppen unterteilt:

1. Benzylisochinolinderivate
   - Atracurium (Tracrium®),
   - cis-Atracurium (Nimbex®) und
   - Mivacurium (Mivacron®) sowie
2. Substanzen mit Steroidgerüst wie
   - Pancuronium,
   - Vecuronium (Norcuron®) und
   - Rocuronium (Esmeron®).

Neuromuskuläre Blockade. Die neuromuskuläre Übertragung wird erst dann meßbar vermindert, wenn mehr als 70% der Rezeptoren besetzt sind (vgl. Kap. 9.3). Dies zeigt die große Sicherheitsbreite der neuromuskulären Funktion. Nach Injektion von Muskelrelaxanzien werden zunächst die kleinen, dicht innervierten Muskeln (Augen, Finger, Zehen, Zunge) betroffen. Es folgt die Lähmung der Extremitäten-, Rumpf-, Hals- und Kehlkopfmuskulatur und erst zuletzt der Zwerchfell- und Interkostalmuskulatur. Die neuromuskuläre Blockade läßt in umgekehrter Reihenfolge wieder nach.

Muskelrelaxanzien I

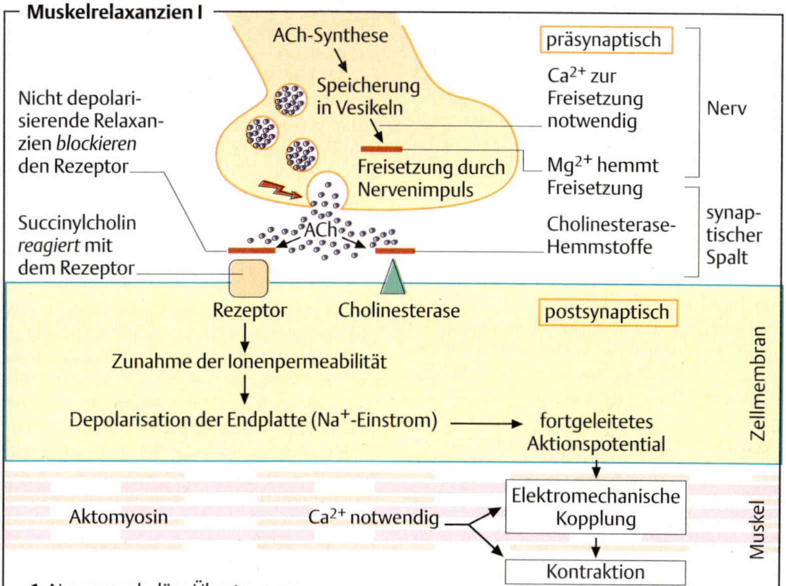

1. Neuromuskuläre Übertragung

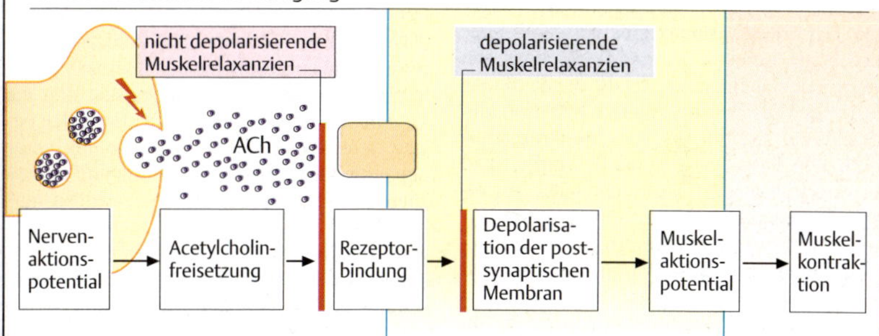

2. Neuromuskuläre Blockade

Wirkdauer	depolarisierend	nicht-depolarisierend
kurz	Succinylcholin	
kurz bis mittel		Mivacurium
mittel		Atracurium, cis-Atracurium Vecuronium, Rocuronium
lang		Pancuronium

3. Unterteilung von Muskelrelaxanzien

A. Pharmakodynamik

B. Pharmakologische Kenngrößen

Zur vergleichenden Beurteilung der Wirkung einzelner Relaxanzien sind folgende Begriffe von Bedeutung:

- ED_{95},
- Anschlagzeit,
- Wirkdauer und
- Erholungsindex.

Unter **ED_{95}** eines Relaxans versteht man die Dosis, die für eine 95%ige, also nahezu vollständige Muskelerschlaffung erforderlich ist. Als zur Intubation geeignet wird i.d.R. die 2fache ED_{95} angesehen. Die **Anschlagzeit** beschreibt die Zeitspanne von der Injektion bis zum Eintritt der maximalen Wirkung. Als **klinische Wirkdauer** (DUR_{25}) wird der Zeitraum von der Applikation bis zur Erholung der neuromuskulären Übertragung bzw. der Muskelkraft auf 25% des Ausgangswertes bezeichnet. Während dieser Zeit besteht für die meisten operativen Eingriffe eine ausreichende Muskelerschlaffung. Muskelrelaxanzien werden nach der (klinischen) Wirkdauer der einfachen ED_{95} in *lang* (> 30 min), *mittellang* (10–30 min) und kurz (< 10 min) wirkende Substanzen unterschieden. Der **Erholungsindex** gibt Aufschluß über die Geschwindigkeit, mit der die Wirkung von Relaxanzien abklingt. Er umfaßt die Zeitdauer, in der sich die neuromuskuläre Funktion von 25% bis auf 75% des Ursprungswertes restituiert hat. In dieser Phase ist der Relaxationsgrad für operative Bedürfnisse nicht mehr ausreichend, andererseits aber ist die (Spontan-)Atmung noch erheblich beeinträchtigt. Die **Gesamtwirkdauer** (DUR_{95}) ist die Zeit bis zur 95%igen, also nahezu kompletten Wiederherstellung der Muskelkraft. Sie entspricht im allgemeinen der 2fachen DUR_{25} und korreliert klinisch mit einer suffizienten Eigenatmung und der Extubationsfähigkeit des Patienten. Die Anschlag- und Wirkzeiten sind *dosisabhängig*. Höhere Relaxansdosen verkürzen die Anschlagzeit und verlängern die Wirkdauer. Eine komplette tabellarische Übersicht zu den pharmakologischen Daten und Eigenschaften der gebräuchlichen Muskelrelaxanzien findet sich im Anhang.

C. Elimination der Muskelrelaxanzien

PChE-Hydrolyse. Die Wirkzeiten von *Succinylcholin* und *Mivacurium* werden durch die Inaktivierung mittels der Pseudocholinesterase (PChE) terminiert und sind damit eine Funktion der Konzentration und Aktivität dieses Enzyms. Allerdings äußert sich eine Aktivitätsabnahme um mehr als 80% erst in einem deutlich verlängerten neuromuskulären Block nach Gabe von Succinylcholin oder Mivacurium *(C)*. Eine entsprechende hochgradige Verminderung bis hin zum vollständigen **Fehlen der PChE-Aktivität** zeigt sich bei homozygot-genetischen Defekten *(„atypische PChE")*. Die Häufigkeit der homozygoten Fehlanlage wird mit ca. 1:2.500 angegeben. Hierbei kommt es zur erheblichen Verlangsamung im Abbau von Succinylcholin und Mivacurium. Eine physiologische Funktion der PChE ist nicht bekannt, so daß die Träger des Defektes keine Ausfallserscheinungen zeigen. Sie werden oftmals erst anhand einer bis zu mehreren Stunden anhaltenden neuromuskulären Blockade nach den üblichen Dosen von Succinylcholin oder Mivacurium identifiziert. *Therapeutisch* bestand früher die Möglichkeit einer Substitution mit aus humanem Plasma gewonnener konzentrierter Cholinesterase; die Produktion des Präparates wurde aber mittlerweile eingestellt. Mit größeren Mengen gefriergetrockneten Plasmas (ab 4–6 Einheiten FFP) kann zwar weiterhin PChE zugeführt werden, hierbei sind allerdings das Virusübertragungsrisiko und die Volumenbelastung zu berücksichtigen. Am besten ist es daher, die Spontanerholung unter apparativ unterstützter Beatmung und ausreichender Sedierung des Patienten abzuwarten.

Hofmann-Elimination. *Atracurium* und das Enantiomer *cis-Atracurium* unterliegen bei physiologischen pH- und Temperaturwerten hauptsächlich einem spontanen, nichtenzymatischen Zerfall („Hofmann-Reaktion"). Ein geringerer Anteil wird durch unspezifische Esterasen gespalten, nicht aber durch die Pseudocholinesterase. Die Elimination ist also weitgehend unabhängig von der Leber- und Nierenfunktion. Nur der aus der Hofmann-Reaktion entstehende Hauptmetabolit *Laudanosin* wird renal eliminiert. Er hat selbst aber keine neuromuskulär blockierenden Eigenschaften, sondern wirkt strychninartig und kann deshalb prinzipiell zu zentral-exzitatorischen Nebenwirkungen führen.

Leber/Niere. Bei *Rocuronium* steht die Metabolisierung in der Leber mit anschließender biliä-

Muskelrelaxanzien II

ED95 (Dosis, die für eine 95%ige Muskelerschlaffung erforderlich ist)

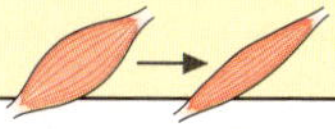

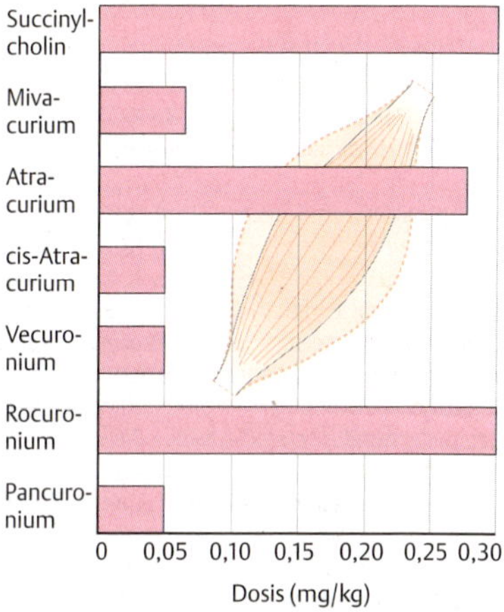

Anschlagzeit (Zeit von der Injektion bis zum Eintritt der maximalen Wirkung) bez. auf die Intubationsdosis ≙ 2 x ED95

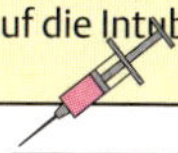

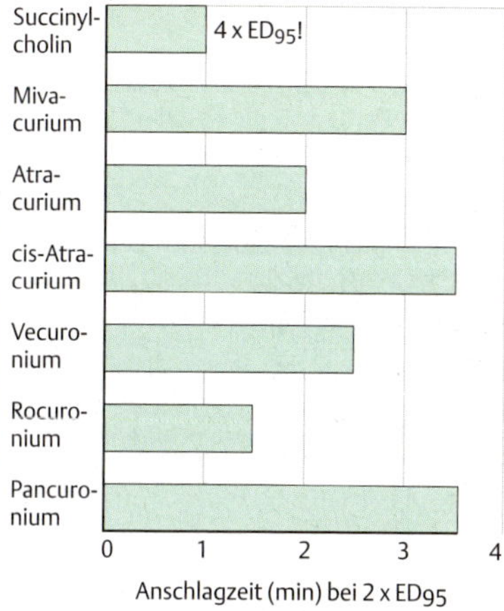

Klinische Wirkdauer (DUR_{25}; Zeit von der Applikation bis zur Erholung der Muskelkraft auf 25 % des Ausgangswertes)

lang (> 30 min)	**mittellang (10–30 min)**	**kurz (< 10 min)**
Pancuronium	Mivacurium Atracurium cis-Atracurium Vecuronium Rocuronium	Succinylcholin
1 x ED95		4 x ED95

Gesamtwirkdauer (DUR_{95}; Zeit bis zur 95%igen Wiederherstellung ≈ 2 x DUR_{25})

Erholungsindex (Zeit, in der sich die Muskelkraft von 25 % bis auf 75 % des Ausgangswertes erholt ≙ Repetitionsintervall)

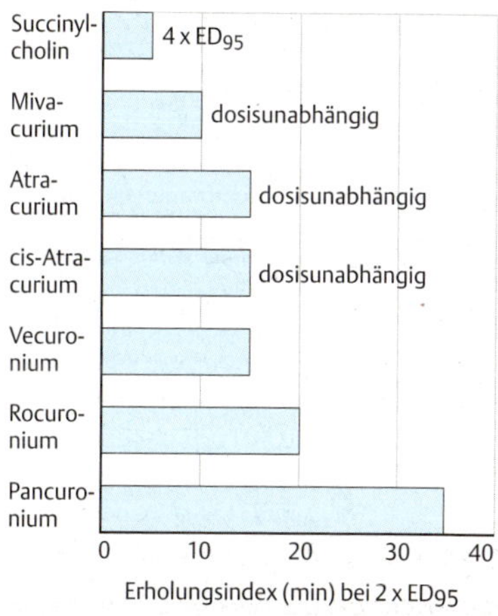

B. Pharmakologische Kenngrößen

rer Ausscheidung der Metaboliten im Vordergrund, während *Pancuronium* im wesentlichen renal eliminiert wird. *Vecuronium* wird vorwiegend hepatisch abgebaut und nur ein geringerer Teil unverändert über die Nieren ausgeschieden.

D. Interaktionen

Kombination verschiedener Muskelrelaxanzien. Am häufigsten ist die Kombination eines nichtdepolarisierenden Relaxans mit Succinylcholin. Kurz vor der Gabe von Succinylcholin wird zumeist eine geringe, subrelaxierende Dosis (ca. 1/4 der ED_{95}) eines nichtdepolarisierenden Relaxans injiziert. Dieses Verfahren wird *„Präkurarisierung"* genannt und soll die Begleiterscheinungen und Nebenwirkungen von Succinylcholin (Faszikulationen, Muskelschmerzen, Bradykardie etc. [s. u.]), die sich aus dessen depolarisierender Wirkung ergeben, verhindern, zumindest aber abschwächen. Hierdurch wird der Wirkeintritt von Succinylcholin leicht verzögert, und dessen Dosis muß etwas erhöht werden. Die Intubationsdosis von Succinylcholin wiederum verstärkt und verlängert die Wirkung anschließend applizierter nichtdepolarisierender Relaxanzien. Eine Kombination nichtdepolarisierender Relaxanzien untereinander führt oftmals zu synergistischen Effekten und zur Wirkungsverlängerung, da ihr Wirkansatz nicht nur auf die postsynaptischen Acetylcholinrezeptoren beschränkt ist, sondern auch weitere Angriffspunkte im Bereich der präsynaptischen Membran oder subsynaptischer Strukturen umfaßt.

Volatile Inhalationsanästhetika wirken vor allem zentral muskelrelaxierend, üben aber auch einen direkten hemmenden Einfluß auf die muskelzellulären Membraneigenschaften aus. Sie verstärken und verlängern konzentrationsabhängig die neuromuskuläre Blockade nichtdepolarisierender Relaxanzien, so daß die nötige Dosis zur Erzielung eines bestimmten Relaxationsgrades reduziert werden kann.

Andere Pharmaka. Einige *Antibiotika*, vor allem Aminoglykoside, können ebenso wie *Lokalanästhetika, Kalziumantagonisten, Schleifendiuretika*, wie z. B. Furosemid (Lasix®), und *Lithium* den neuromuskulären Block nichtdepolarisierender Relaxanzien verstärken. Die klinische Relevanz ist jedoch insgesamt eher als gering einzuschätzen.

Allgemeine Einflußfaktoren. Zu einer Wirkungsverlängerung bzw. -verstärkung von Relaxanzien führen *Hypothermie*, Störungen im *Säure-/Basenhaushalt* und *Elektrolytverschiebungen* wie Hypokaliämie, Hypokalzämie oder Hypermagnesiämie.

E. Nebenwirkungen

Lähmung der Atemmuskulatur. Sie erklärt sich aus der Hauptwirkung *aller* Relaxanzien und ist unter klinischen Dosen unvermeidbar.

Kardiovaskuläres System. Grundsätzlich können Muskelrelaxanzien an allen Bindungsstellen im vegetativen Nervensystem wirken, für die Acetylcholin der physiologische Transmitter ist. Durch Interaktion mit *nikotinergen* und *muskarinergen* Rezeptoren werden vegetative Reaktionen entweder stimuliert oder inhibiert. Am bedeutendsten sind hierbei die kardiovaskulären Effekte. Die Blockade nikotinerger Rezeptoren autonomer Ganglien („Ganglienblokkade") führt zur *Blutdrucksenkung*. Die Blokkade kardialer muskarinerger Rezeptoren bewirkt eine atropinartige Symptomatik mit *Tachykardie*, während die Stimulation, wie sie nicht selten unter Succinylcholin zu sehen ist, eine *Sinusbradykardie* bis hin zum Sinusknotenstillstand induzieren kann.

Histaminfreisetzung. Unter klinisch üblichen Dosierungen setzen die heute gebräuchlichen Relaxanzien nicht oder nur selten relevante Mengen Histamin frei. Während es sich hierbei vor allem um eine *unspezifische* Degranulation von Mastzellen handelt, die relativ häufig bei Atracurium oder Mivacurium anhand lokaler Erytheme zu beobachten ist, sind echte *allergische* Reaktionen mit hämodynamischer und bronchospastischer Symptomatik nur in Einzelfällen für nichtdepolarisierende Relaxanzien beschrieben.

Hyperkaliämie. Durch die **Succinylcholin**-induzierte postsynaptische Depolarisation kommt es normalerweise nur zu einem Kaliumaustritt aus der Muskelzelle im Bereich der motorischen Endplatte. Hierdurch kann der Serumkaliumspiegel kurzfristig geringfügig um ca. 0,5–1,0 mval/l ansteigen. Bei *disponierten* Patienten *(E2)* hingegen können exzessive Hyperkaliämien bis hin zum hyperkaliämischen Herzstillstand ausgelöst werden, die auch *nicht*

Muskelrelaxanzien III

Ursachen	Minderung der Aktivität: gering	mäßig bis stark	sehr stark bis vollständig*
physiologisch			
Neugeborene, Greise,	→		
Spätschwangerschaft	→		
Erkrankungen			
Hypothyreose	→		
schwere Lebererkrankungen	→	→	
dialysepfl. Niereninsuffizienz	→	→	
Malignome, schwere Malnutrition	→	→	
Verbrennungskrankheit	→	→	
Medikamente			
Kontrazeptiva,	→		
Glukokortikoide,	→		
Zytostatika (z.B. Cyclophosphamid),	→	→	
Cholinesterasehemmstoffe,	→	→	→
Alkylphosphate	→	→	→
Plasmapherese	→	→	→
genetisch			
"atypische" PChE	→	→	→

*: klinische Relevanz durch deutlich verlängerte Wirkungen von Succinylcholin und Mivacurium

C. Verminderte Aktivität der Pseudocholinesterase (PChE)

Ursache	MR-Wirkungsverstärkung: gering	mäßig	stark	Mechanismus
Volatile Anästhetika	→	→	→	**zentral**, peripher*; Verzögerung der Elimination bei Verminderung der Leber- u. Nierendurchblutung
N_2O		kein Effekt		
Antibiotika	→			verschieden
Lokal-anästhetika	→			Verminderung der membranösen Na^+-Leitfähigkeit 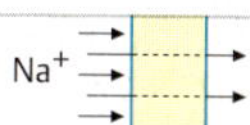
Calcium-antagonisten	→			prä- u. postsynaptische Blockierung von Ca^{2+}-Kanälen 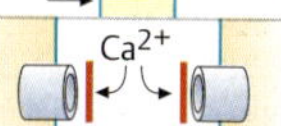
Schleifen-diuretika	→			Hemmung des präsynaptischen Ca^{2+}-Einstroms (?) 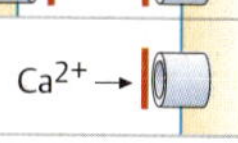
Lithium	→			?
Hypokaliämie	→			Senkung des Membranruhepotentials
Hypokalzämie	→			Hemmung der präsynaptischen ACh-Freisetzung 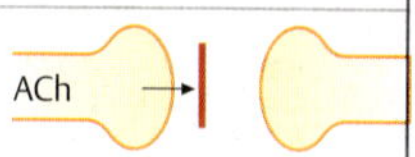
Hyper-magnesiämie	→	→		Hemmung der präsynaptischen ACh-Freisetzung
Azidose/Alkalose	→			?
Hypothermie	→	→		Reduktion physikalischer u. biochemischer Membranprozesse

*: geringe oder fragliche klinische Relevanz

D. Interaktionen

durch eine Präkurarisierung zu verhindern sind! Als pathogenetische Grundlage wird eine generalisierte Schädigung der quergestreiften Muskulatur oder zumindest größerer einzelner Muskelgruppen angesehen. Das abnorme Reaktionsmuster entsteht durch Bildung sog. *extrajunktionaler* Acetylcholinrezeptoren entlang der Muskelmembran, so daß eine Normdosis von Succinylcholin nicht nur im Bereich der Endplatte wirksam wird, sondern über die gesamte Membran einen *generalisierten* Kaliumausstrom erheblichen Ausmaßes bewirkt. Die ganze Muskelmembran reagiert also „endplattenartig". Diese besondere Empfindlichkeit auf Succinylcholin entwickelt sich hierbei innerhalb von 2–3 Tagen nach Eintritt der Läsion und kann in Einzelfällen (z. B. Querschnittsyndrom, Muskeldystrophien) möglicherweise lebenslang persistieren.

Muskelkater. Muskelschmerzen können postoperativ nach Gabe von *Succinylcholin* vor allem bei jungen Leuten auftreten. Ihr Entstehungsmechanismus ist bislang noch nicht eindeutig geklärt. Sie lassen sich nicht immer durch eine Präkurarisierung verhindern, zumindest aber vermindern.

Intrakranieller und intraokularer Druck. Während nichtdepolarisierende Relaxanzien den intrakraniellen (ICP) und intraokularen Druck (IOP) absenken können, kann *Succinylcholin* zu einer vorübergehenden Steigerung beider Drücke führen. Der genaue Mechanismus der IOP-Erhöhung ist nicht bekannt. Der ICP-Anstieg wird mit einer passageren, geringfügigen Zunahme der Hirndurchblutung, bedingt durch reflektorische zerebrale Stimulation als Folge der motorischen Aktivitätszunahme, in Zusammenhang gebracht.

Dualblock. *Repetitive* Gaben von *Succinylcholin* können ebenso wie eine *kontinuierliche* Infusion die blockierenden Eigenschaften der Substanz verändern (hierzu erforderliche kumulative Dosis ca. 5–10 mg/kg KG). Aus einem verlängerten Depolarisationsblock (Phase-I-Block) entwickelt sich eine Art lang anhaltender Nichtdepolarisationsblock (Phase-II- oder Dualblock). Der zugrundeliegende Mechanismus ist nach wie vor nicht bekannt. Ein Dualblock entsteht auch, wenn Succinylcholin infolge *atypischer Pseudocholinesterase* nicht hydrolysiert werden kann und so im synaptischen Spalt kumuliert. Die beiden Blockformen können nur relaxographisch differenziert, nicht aber klinisch unterschieden werden (s. Kap. 9.3). Der Dualblock soll im Gegensatz zum Depolarisationsblock zumindest partiell durch Cholinesterasehemmstoffe (s. u.) antagonisierbar sein.

F. Klinische Wertigkeit der Muskelrelaxanzien

Relaxanzien sind lediglich Adjuvanzien einer Narkose. Sie sind *niemals* Ersatz für Narkosemittel, z. B. bei zu flacher Anästhesie!

Succinylcholin ist nach wie vor das Relaxans mit dem schnellsten Wirkeintritt und der kürzesten Wirkdauer überhaupt. Aufgrund der im Einzelfall nicht immer vorhersehbaren gravierenden, z. T. deletären Nebenwirkungen (z. B. hyperkaliämischer Herzstillstand) muß die Indikation allerdings äußerst streng gestellt werden *(F1)*. Neben kurzen Eingriffen, die einer kompletten Relaxierung bedürfen, wie z. B. Mikrolaryngoskopien und Repositionen, wird es vornehmlich noch zur „Blitzintubation" bei Patienten mit Ileus oder vollem Magen eingesetzt.

Nichtdepolarisierende Relaxanzien führen außer zur Atemlähmung i.d.R. nicht zu bedrohlichen Komplikationen. Sie gelten deshalb bei allen Eingriffen von über 15 min Dauer mit Bedarf einer Relaxation als Standardsubstanzen, ebenso wie zur Intubation „nüchterner" Patienten. Durch das sog. *„priming"-Prinzip* läßt sich ihr Wirkeintritt beschleunigen *(F2 und F3)*. Hierzu wird eine *subrelaxierende* Dosis (ca. 1/5–1/4 der *einfachen* ED_{95}) der betreffenden Substanz vorweg injiziert, wodurch bereits ein Großteil der Rezeptoren besetzt wird, ohne die Muskelfunktion wesentlich zu beeinträchtigen. Innerhalb weniger Minuten kann dann die Vollwirkdosis zur Blockade der restlichen Rezeptoren appliziert werden. Auf diese Weise läßt sich z. B. bei **Rocuronium** mit allerdings 3facher ED_{95} die Anschlagzeit in einen Bereich, vergleichbar der des Succinylcholins, verkürzen. Durch diese hohe Dosis verlängern sich jedoch die klinische Wirkdauer auf über eine und die Gesamtwirkdauer auf über zwei Stunden. **Mivacurium** ist das am kürzesten wirkende nichtdepolarisierende Relaxans und eignet sich deshalb auch für die kontinuierliche Zufuhr, z. B. im Rahmen des TIVA-Konzeptes. Durch die Infusion lassen sich bereits nach kur-

Muskelrelaxanzien IV

Relaxans	Autonome Ganglien	Muskarinerge Rezeptoren	Histaminfreisetzung
Succinylcholin	Stimulation	Stimulation	geringfügig
Mivacurium	ø	ø	geringfügig
Atracurium	ø	ø	geringfügig
cis-Atracurium	ø	ø	ø
Vecuronium	ø	ø	ø
Rocuronium	ø	ø	ø
Pancuronium	ø	mäßige Blockade	ø

1. Ganglionäre, muskarinerge und unspezifische histaminerge Wirkungen von MR

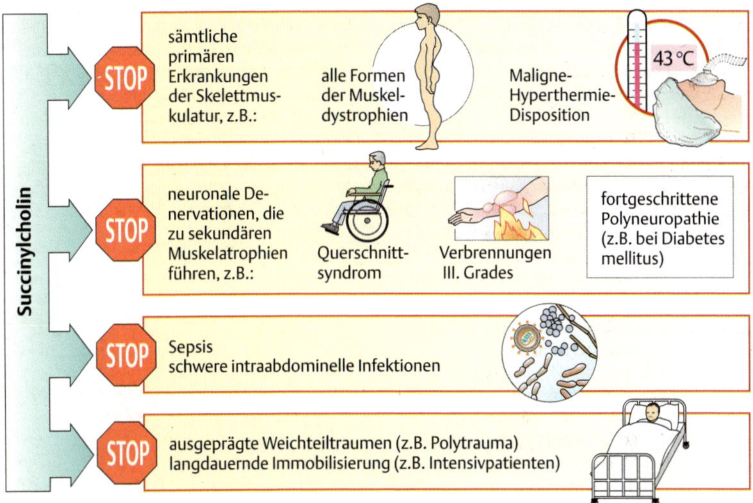

2. Absolute Kontraindikationen für Succinylcholin

E. Nebenwirkungen

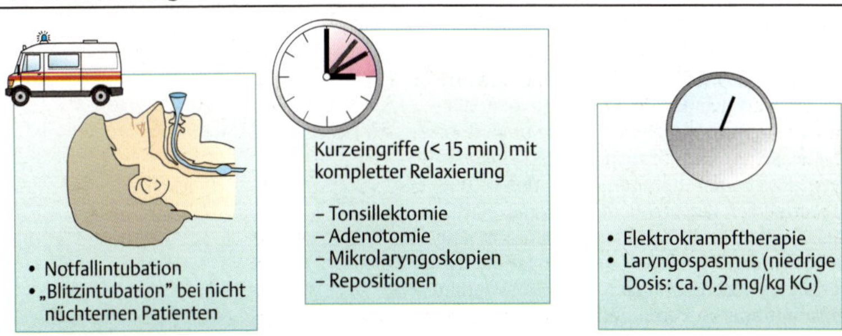

1. Indikationen für Succinylcholin

F. Klinische Wertigkeit der Muskelrelaxanzien

zer Zeit konstante Plasmaspiegel erreichen und aufrechterhalten. Hierbei sollte die neuromuskuläre Funktion allerdings mittels Relaxometrie überwacht werden, um Überdosierungen sicher vermeiden zu können (s. Kap. 9.3). Von Nachteil ist bei Mivacurium die Pseudocholinesterase-abhängige Inaktivierung und die damit fehlende pharmakologische Antagonisierbarkeit. Das **cis-Atracurium** gilt als Nachfolgesubstanz des Razemates Atracurium, da es im Gegensatz zu diesem kein Histamin freisetzt und der Anfall von Laudanosin mit 10–20% deutlich geringer ist. Klinisch relevante Laudanosineffekte sind deshalb zumindest unter cis-Atracurium nicht zu erwarten. Nachteilhaft ist allerdings bei cis-Atracurium die relativ lange Anschlagzeit. Die Anwendung des langwirkenden **Pancuronium** sollte auf die Fälle begrenzt werden, in denen postoperativ eine Nachbeatmung geplant oder zumindest möglich ist.

Während bei den meisten **neuromuskulären Erkrankungen** (Muskeldystrophien, Muskelatrophien) die Gabe von Succinylcholin wegen der Gefahr exzessiver Kaliumfreisetzung absolut kontraindiziert ist (Mechanismus s.o), besteht für nichtdepolarisierende Relaxanzien i.d.R. eine gesteigerte Empfindlichkeit. Ihr Einsatz erfordert deshalb eine deutliche Dosisreduktion und relaxometrische Kontrolle.

G. Antagonisten

Die Wirkung der meisten nichtdepolarisierenden Relaxanzien kann durch Cholinesterasehemmstoffe wie **Neostigmin** (Pro-stigmin®) aufgehoben werden. Neostigmin hemmt reversibel die Acetylcholinesterase und damit den Abbau des Acetylcholins. Hierdurch wird die Konzentration von Acetylcholin im Bereich der motorischen Endplatte erhöht, so daß die Relaxanswirkung an den Rezeptoren kompetitiv antagonisiert werden kann. Neben der Wirkung an der motorischen Endplatte üben Cholinesterasehemmstoffe auch Effekte an *nikotinergen Rezeptoren* autonomer Ganglien und *muskarinergen Rezeptoren* des Herzens, glatter Muskelzellen und exokriner Drüsen aus. Zur Verhinderung typischer parasympathikomimetischer Nebenwirkungen wird Neostigmin deshalb immer in Verbindung mit Atropin appliziert („Mischspritze"; Mischverhältnis 2:1). Der Wirkeintritt von Atropin erfolgt hierbei vor dem des Neostigmins. Eine Antagonisierung nichtdepolarisierender Relaxanzien sollte – wenn überhaupt – grundsätzlich erst vorgenommen werden, nachdem die Spontanatmung bereits wieder eingesetzt hat. Hierdurch wird sichergestellt, daß deren Wirkspiegel schon deutlich abgefallen sind. Auf diese Weise können am ehesten „rebound"-Effekte infolge unterschiedlicher Halbwertszeiten von Agonist und Antagonist und somit eine erneute Relaxierung verhindert werden.

Ein **Depolarisationsblock** kann nicht durch Cholinesterasehemmstoffe antagonisiert werden! Im Gegenteil, die Wirkung wird verlängert, da durch Cholinesterasehemmstoffe auch die Aktivität der Pseudocholinesterase und damit der Abbau von Succinylcholin gehemmt wird. Aus diesem Grund ist auch die Gabe von Neostigmin zur Aufhebung eines durch *Mivacurium* induzierten Nichtdepolarisationsblockes nicht sinnvoll. Die hier trotzdem z. T. in der Literatur empfohlenen Antagonisierungsversuche erscheinen deshalb sehr fragwürdig.

Muskelrelaxanzien V

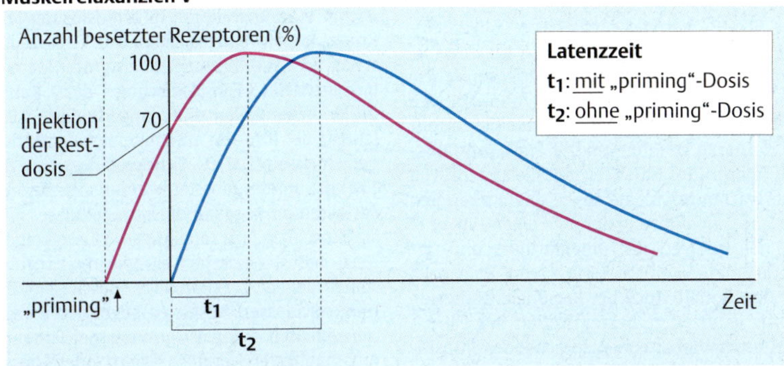

2. Mechanismus des „priming"-Prinzips

Relaxans	**„priming"-Dosis** (mg/kg KG)	**Intubationsdosis gesamt** (mg/kg KG)	**Zeit bis zur Intubation** (sec)
Succinylcholin	keine „Präkurarisierung"	1,0	30–45
Succinylcholin		1,5	30–60
Rocuronium	0,1	0,9*	60
Rocuronium	0,1	0,6	75
Atracurium	0,1	0,6	90
Vecuronium	0,02	0,1	90
Mivacurium	0,05	0,2**	100
cis-Atracurium	0,02	0,1	120
Pancuronium	0,015	0,1	120

*3fache ED_{95} (zur „Ileuseinleitung"); **2,5fache ED_{95}

3. Dosierung von MR unter Anwendung des „priming"-Prinzips

F. Klinische Wertigkeit der Muskelrelaxanzien

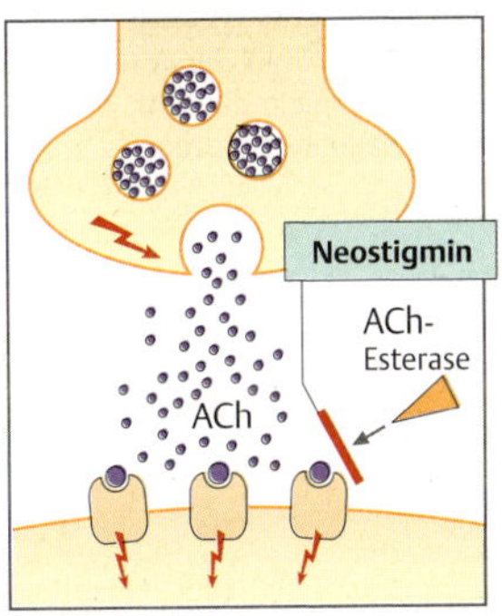

Dosierung
0,03–0,07 mg/kg, immer plus Atropin (ca. 0,015 mg/kg)

Wirkungsbeginn
1–2 min

Eintritt der max. Wirkung
5–10 min

Wirkungsdauer
45–60 min

Kontraindikationen:
- Vollrelaxierung
- Bradyarrhythmien
- Asthma bronchiale

Nebenwirkungen
- Bradykardie
- Bronchokonstriktion
- Hypersalivation
- Miosis
- gastro-intestinale Hyperperistaltik
- Relaxans-„rebound"

G. Antagonisten

A. Arbeitsplatz

Vor Beginn *jedweder* Anästhesie (Allgemein- oder Regionalanästhesie) müssen zur Gewährleistung der größtmöglichen Patientensicherheit *alle* erforderlichen technisch-apparativen und medikamentösen Voraussetzungen erfüllt sein! Hierzu gehören ein auf Funktionsfähigkeit überprüftes Narkosegerät, die apparativen Überwachungssysteme sowie das Vorbereiten des zur Durchführung der jeweiligen Anästhesie notwendigen Instrumentariums und der Medikamente, einschließlich von Pharmaka für den Notfall. Auch bei Regionalanästhesien ist die jederzeitige Beatembarkeit des Patienten durch Vorhalten entsprechender künstlicher Atemwegshilfen und Atemwege sicherzustellen. Der Umgang mit medizinischen Geräten wird einschlägig durch das *Medizinproduktegesetz* geregelt.

B. Patient

Nach der Arbeitsplatzvorbereitung und dem Eintreffen des Patienten im Einleitungsraum wird folgendermaßen vorgegangen: Als erstes wird der Patient identifiziert, nach der Einnahme der zur Prämedikation verordneten Medikamente sowie Einhaltung der Nüchternheitszeit befragt und der Erfolg einer anxiolytischen Prämedikation eingeschätzt. Dann werden der geplante Eingriff auf Plausibilität (z. B. richtige Seite bei Extremitätenoperationen!), die Einwilligungserklärungen (zu Anästhesie *und* Operation) und die Patientenakte auf Vollständigkeit bzw. Vervollständigung gemäß Prämedikationsprotokoll überprüft. Hierzu gehören neben der Sichtung und Bewertung der präoperativen Untersuchungen wie EKG, Röntgenthoraxaufnahme, aktueller Laborwerte etc. anamnestische Informationen über mögliche Dauermedikationen und Vorerkrankungen. Für Eingriffe mit Blutungsgefahr müssen ein Blutgruppenbefund in der Akte dokumentiert und eine ausreichende Anzahl Blutkonserven (Eigen- oder Fremdblut) bereitgestellt sein.

Nach Anschluß des EKGs, der nichtinvasiven Blutdruckmessung und der Pulsoxymetrie werden die *Ausgangswerte* der Herz-/Pulsfrequenz, des arteriellen Blutdruckes, der O_2-Sättigung (unter Außenluftbedingungen!) und die Art des Herzrhythmus protokolliert. Anschließend wird eine Venenverweilkanüle – i.d.R. nach vorheriger Lokalanästhesie („Hautquaddel") – plaziert, sicher fixiert und zunächst eine kristalloide Infusionslösung (z. B. Ringer-Lactat) angeschlossen (Einzelheiten s. Kap. 8.1). Hierbei muß eine *paravenöse oder intraarterielle* Fehlplazierung der Kanüle durch Sicherstellen eines ungehinderten Einlaufens der Infusion entlang eines ausreichenden hydrostatischen Druckgefälles (ca. 80–100 cm) ausgeschlossen werden. Da bei den Patienten im Regelfall ein extrazelluläres *Flüssigkeitsdefizit* (präoperative Flüssigkeitskarenz, evtl. diuretische Therapie etc.) vorliegt, sollte möglichst schon *vor* Anästhesieeinleitung mit dessen Ausgleich begonnen werden (Einzelheiten s. Kap. 9.4). Außer bei Patienten mit manifester Herzinsuffizienz oder Niereninsuffizienz kann hierbei als Faustregel für Erwachsene dienen:

- zügige Infusion von 500 ml *vor* Einleitungsbeginn und
- weitere 500 ml *unter* der Einleitung.

Mit dieser Vorgehensweise lassen sich relevante Blutdruckabfälle zumeist verhindern. In dieser Phase kann bzw. sollte bei entsprechender Disposition auch eine geringe Dosis eines Neuroleptikums (z. B. Droperidol – Dehydrobenzperidol® [DHBP]) oder eines H_1-Antihistaminikums (z. B. Dimenhydrinat – Vomex A®) zur Antiemese injiziert werden. Vorrangiges Ziel ist hierbei jedoch nicht die antiemetische Wirkung während der Narkoseeinleitung, sondern vielmehr die Vermeidung von Übelkeit und Erbrechen in der postoperativen Phase. Bei längeren Eingriffen (> 2 h) empfiehlt sich deshalb die Repetition bzw. alleinige Gabe ca. eine halbe Stunde vor der Ausleitung. Der Anästhesist sollte unbedingt *vor* Anästhesiebeginn nochmals den Zahnstatus (gelockerte Zähne, Prothese!) sowie den Grad der Mundöffnung kontrollieren. Erst danach darf mit der Anästhesieeinleitung begonnen werden.

Anästhesievorbereitung

1. Arbeitsplatz Narkosegerät, Überwachungsgeräte, Infusionsständer, Narkosewagen

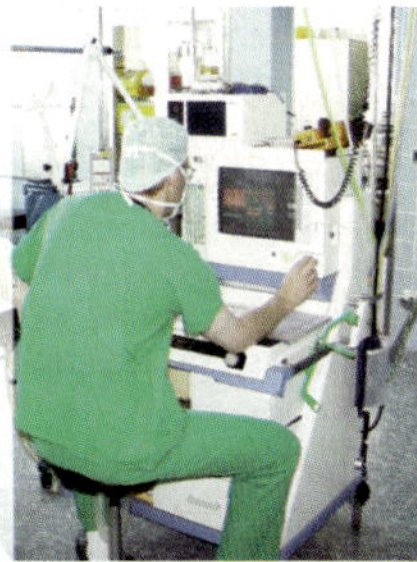

2. Standardzubehör
- Narkosegerät (inkl. Ambu®-Beutel)
- Maskenbeatmung: Masken u. Guedel-Tuben
- Intubation
  - Endotrachealtuben in unterschiedlichen Größen
  - Laryngoskop (verschiedenene Spatel)
  - Führungsstab
  - Magill-Zange
  - Gleitmittel für Tubus und Führungsstab
  - Spritze zum Blocken des Tubus
  - Absauggerät, Absaugkatheter
- Magensonde
- Venöser Zugang:
  - Kanülen, kristalloide Infusionslösung
- Medikamente
  - i.v.-Hypnotika, Opioide, Muskelrelaxanzien
  - Inhalationsanästhetika
  - Lokalanästhetikum zur Infiltration
  - kristalloide und kolloidale Volumenersatzmittel
  - Notfallmedikamente (Atropin, Vasopressor)
- Patientenüberwachung
  - EKG-Monitor
  - automatische nicht invasive Blutdruckmessung
  - Pulsoxymetrie
  - Kapnometrie
  - Stethoskop (präkordial/endoösophageal)

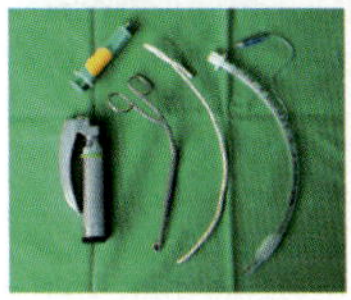

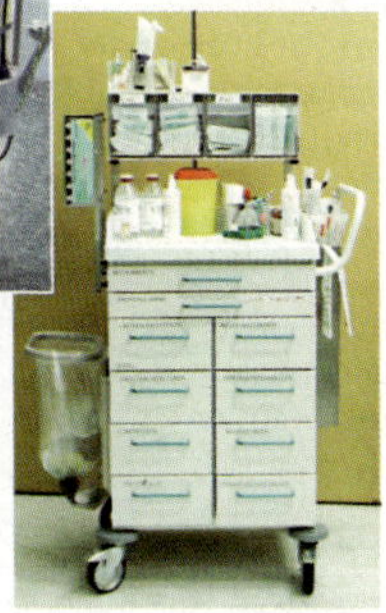

3. Spezialzubehör
- inv. Blutdruckmessung
- zentr. Venenkatheter
- Pulmonaliskatheter
- Blasenkatheter
- Temperaturmessung
- Bluttransfusion (Bestecke, Transfusionsgerät)
- Zubehör für die fiberendoskopische Intubation

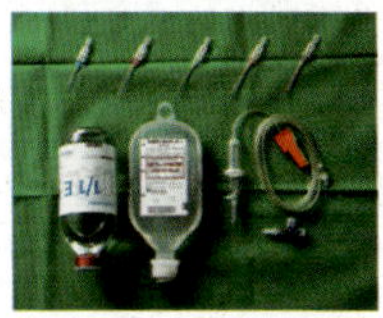

A. Arbeitsplatz

- Identifikation
- Überprüfung
  - der Prämedikation und Nahrungskarenz
  - des geplanten Eingriffs
  - der Einwilligung
- Sichtung und Bewertung der anamnestischen Informationen und präoperativen Befunde
- Kontrolle von Blutgruppenbefund und Konservenanforderung
- Installieren des Basis-Monitoring und Protokollieren der Ausgangswerte
- venöse Kanülierung und Anschließen einer Infusionslösung
- Überprüfung
  - von Zahnstatus und Mundöffnung, der Entfernung von Schmuck, Ringen, Nagellack, Make-up etc.

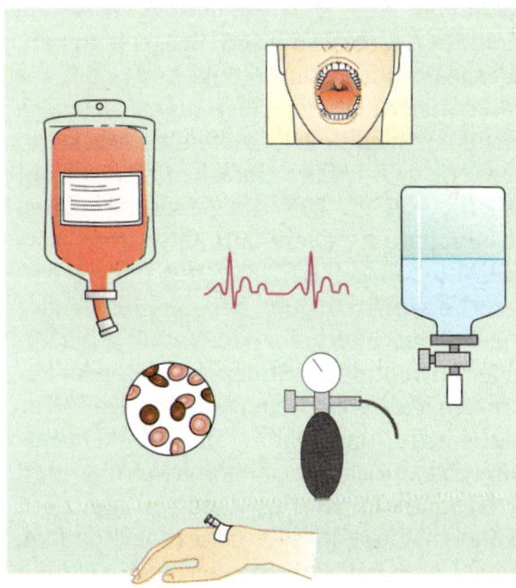

B. Patient

Die Einleitung einer Narkose erfolgt in aller Regel **intravenös**, um einerseits die Einschlafvorteile von i. v. Hypnotika zu nutzen und andererseits bei eventuell eintretenden akuten Komplikationen (z. B. Bradykardie, Kreislaufdepression, Laryngo- oder Bronchospasmus) einen intravaskulären Zugang zur Gabe von Notfallmedikamenten unmittelbar zur Verfügung zu haben. Daran schließt sich eine **Masken**- (Gesichts- oder Kehlkopfmaske) oder **Intubationsnarkose** als Inhalations-, balancierte oder (total) intravenöse Anästhesie an. Ausnahmen von dieser Vorgehensweise sind Einleitungen bei Säuglingen und Kleinkindern, die zumeist *per inhalationem* über eine Gesichtsmaske oder seltener mittels *intramuskulärer* oder *rektaler* Hypnotikaapplikation durchgeführt werden.

A. Verfahren

Intravenöse Einleitung. Zur i. v. Einleitung werden Hypnotika, Opioide und ggf. Relaxanzien (Intubation) verabreicht. Da die Narkoseinduktion zum Verlust der physiologischen Schutzreflexe und zur Apnoe führt, erfolgt i.d.R. eine *Präoxygenierung* des noch wachen, spontan atmenden Patienten, und zwar über eine Gesichtsmaske mit reinem Sauerstoff (s. u.). Die Sauerstoffsättigung wird während der gesamten Einleitungsphase pulsoxymetrisch überwacht und sollte unter Präoxygenierung nicht unter 99 % betragen, was bei Patienten ohne pulmonale Vorschädigung auch immer zu erreichen ist.

Während der Präoxygenierung wird ein Opioid zur Analgesie injiziert. Bei geplanter endotrachealer Intubation erfolgt dann i.d.R. die „Präkurarisierung" mit einer *subrelaxierenden* Dosis eines nichtdepolarisierenden Muskelrelaxans (ca. 1/5–1/4 der einfachen ED_{95} zur Absättigung von ca. 70 % der neuromuskulären ACh-Rezeptoren). Diese „priming"-Dosis verringert die Muskelfaszikulationen und vegetativen Nebenwirkungen bei anschließender Gabe von Succinylcholin oder verkürzt bei alleiniger Anwendung nichtdepolarisierender Relaxanzien die Zeit bis zum vollständigen Wirkungseintritt und damit die Maskenbeatmungsphase. Nach der Präkurarisierung wird das Hypnotikum in Einschlafdosis appliziert. Es können Thiopental, Methohexital, Etomidat, Propofol oder Midazolam, aber auch Ketamin bzw. S(+)-Ketamin verwendet werden.

Alle intravenösen Substanzen sind zur Vermeidung von Nebenwirkungen grundsätzlich *langsam* zu verabreichen und individuell *nach Wirkung* zu dosieren. Das Einschlafen des Patienten ist anhand fehlender Ansprechbarkeit und erlöschender Schutzreflexe (v.a. aufgehobener Lidreflex) zu erkennen. Die atemdepressorische Wirkung der injizierten Hypnotika und Opioide macht bei noch vorhandener Resteigenatmung eine assistierte bzw. vollständige *Maskenbeatmung* des Patienten erforderlich. Erst wenn die Maskenbeatmung sicher durchführbar ist, darf die *komplette* Relaxierung zur Intubation erfolgen (Management des „schwierigen Atemweges" s. Kap. 6.2). Die Beatmung mit reinem Sauerstoff wird so lange fortgeführt, bis sich optimale Intubationsbedingungen eingestellt haben. Die Dauer richtet sich dabei in erster Linie nach dem vollständigen Wirkungseintritt des jeweiligen Relaxans.

Inhalationseinleitung. Bei *Säuglingen oder Kleinkindern* kann die Narkose mit Inhalationsanästhetika eingeleitet werden, wenn die Kanülierung einer peripheren Vene am wachen Patienten nicht durchführbar ist oder nicht zumutbar erscheint. Eine Inhalationseinleitung kann ebenfalls bei (erwachsenen) Patienten mit zu erwartenden *Atemwegsobstruktionen* und/oder mutmaßlich *nicht sicher durchführbarer Maskenbeatmung* sinnvoll sein (hier aber mit venösem Notfallzugang). Zur Inhalationseinleitung können folgende Anästhetika eingesetzt werden: Halothan, Sevofluran, mit Einschränkungen Isofluran sowie Stickoxydul (Lachgas). Wegen des angenehmen Geruchs und fehlender Schleimhautreizung wird im allgemeinen Halothan oder zunehmend Sevofluran zusammen mit O_2/N_2O bevorzugt.

Die Inhalationseinleitung erfolgt über eine konventionelle Gesichtsmaske, die an das Narkosekreisteil angeschlossen ist. Die Maske wird zunächst dicht über das Gesicht des Patienten gehalten. Nach angemessener Präoxygenierung kann Stickoxydul in bis zu 70 %iger Konzentration beigemischt werden, was zur Anosmie und damit besseren Tolerierung des volatilen Anästhetikums führt. Dieses wird dem Inspirationsgas dann i.d.R. in langsam ansteigender Konzentration (in Schritten von 0,5–1,0 Vol.-% pro 5–10 Atemzüge) hinzugegeben, bis eine Konzentration von ca. 2 MAC erreicht ist. Nach Erreichen des Narkosestadiums III_1 (Sistieren der Extremitätenbewegungen, des

Narkoseeinleitung I

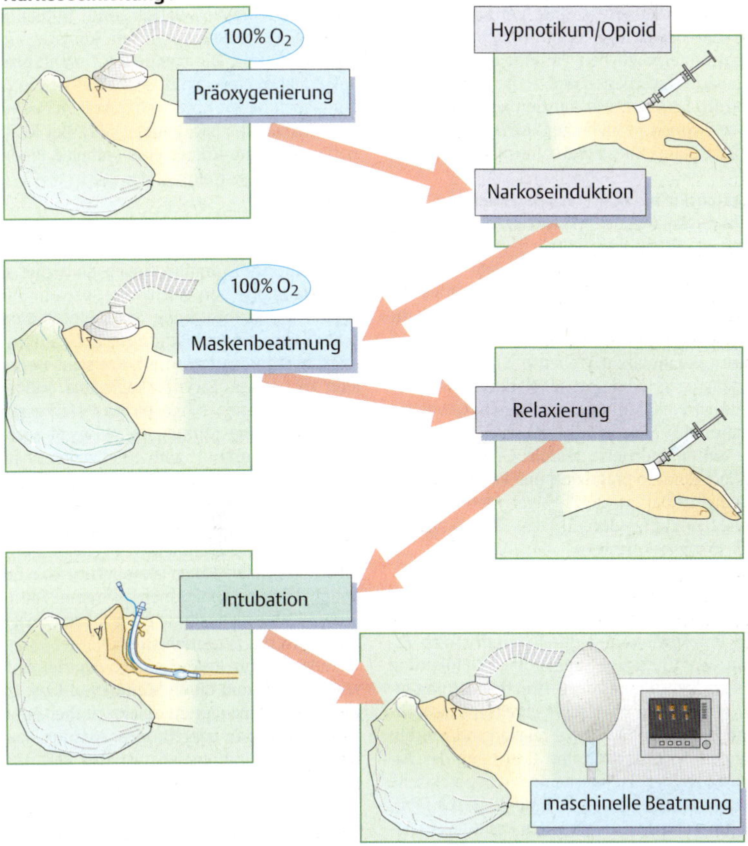

1. Ablauf einer Narkoseeinleitung beim „nüchternen" Patienten

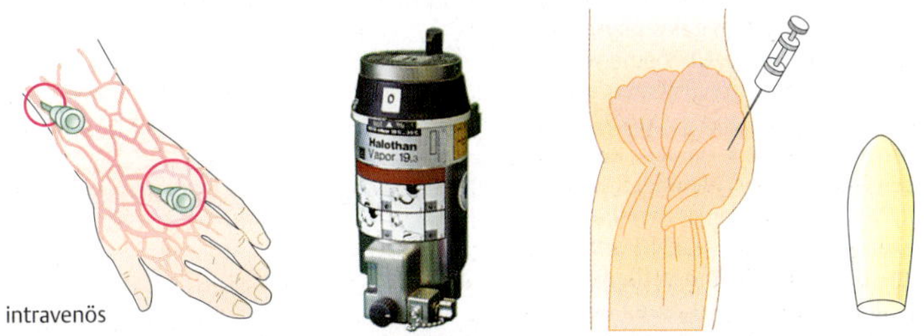

2. Einleitungsverfahren

A. Verfahren

Lidreflexes, Parallelstellung der Bulbi etc.) erfolgt die Kanülierung einer peripheren Vene, um die intravenöse Gabe weiterer Medikamente zu ermöglichen. Für eine endotracheale Intubation werden dann zumeist zusätzlich spezifische Muskelrelaxanzien verabreicht. Sie ist aber auch in alleiniger, ausreichend tiefer Inhalationanästhesie durchführbar.

Intramuskuläre oder rektale Einleitung. Eine intramuskuläre oder rektale Narkoseeinleitung kann in Situationen nützlich sein, in denen eine Venenkanüle zunächst nicht angelegt werden kann (z. B. Kinder, unkooperative Patienten). Das Freihalten der Atemwege bzw. die Möglichkeit zur Beatmung sind jedoch auch hierzu Voraussetzung, ebenso wie ein venöser Zugang nach Induktion der Narkose. Die *intramuskuläre* Einleitung kann durch Gabe von Ketamin (5–7 mg/kg KG i.m.) erreicht werden. Die selten indizierte *rektale* Einleitung wird nur bei Kindern praktiziert und kann entweder durch Instillation von 10%iger Methohexital- (20–30 mg/kg) oder 5%iger Ketaminlösung (10–15 mg/kg) erfolgen.

B. Präoxygenierung

Die Präoxygenierung durch kurzfristiges Atmen von 100%igem Sauerstoff vor Einleitung einer Narkose dient dazu, durch Schaffung einer intravitalen O_2-Reserve eine Hypoxie während der narkotika- bzw. relaxansinduzierten Apnoe vor Intubation und Beatmung des Patienten sicher zu vermeiden („hyperoxische Apnoe"). Sie beinhaltet in erster Linie die *Denitrogenierung* der funktionellen Residualkapazität *(B1)*, d. h. ein Auswaschen des Stickstoffs aus den Lungen durch Auffüllen mit Sauerstoff, daneben die vollständige O_2-Absättigung des Hämoglobins und – quantitativ am unbedeutendsten – auch die Erhöhung des physikalisch im Blut gelösten O_2-Anteils. Über eine *vollständig* dicht abschließende Gesichtsmaske kann eine 90%ige Denitrogenierung innerhalb von ca. 5 min erreicht werden, wobei tiefe Atemzüge diesen Prozeß beschleunigen können. Eine *„ideale"* Präoxygenierung kann die tolerable Apnoezeit bei lungengesunden Erwachsenen *rechnerisch* bis auf 10 min verlängern, bei Kindern in den ersten Lebensjahren aufgrund der besonderen Atmungsphysiologie allerdings nur maximal bis zu 3 min. Der während der Apnoe eintretende PCO_2-Anstieg im Blut (ca. 3–4 mmHg/min; „Hyperkapnie") ist bei normalen Ausgangswerten und physiologischen Hirndruckverhältnissen klinisch nicht von Bedeutung. Die technische Durchführung der Präoxygenierung unterscheidet sich in Abhängigkeit davon, ob es sich um einen Normal- oder Risikopatienten handelt *(B2)*. Bei Risikopatienten sollte immer eine *optimale* Präoxygenierung angestrebt werden *(B3)*.

C. Gefahren und Komplikationen

Als wichtigste Komplikationen sind hier die *Hypoxie* infolge von erschwerter bzw. unmöglicher Maskenbeatmung oder Intubationsschwierigkeiten und *Blutdruckabfälle* aufgrund anästhetikainduzierter Herz-Kreislauf-Depression zu nennen. Laryngoskopie und endotracheale Intubation hingegen sind starke sympatho-adrenerge Stimuli, die bei nicht ausreichender Narkosetiefe zum erheblichen Ansteigen von Blutdruck und Herzfrequenz führen können. Bei einer intravenösen Narkoseeinleitung können substanz- und konzentrationsabhängig Injektionsschmerzen (Venenreizung!) und in seltenen Fällen anaphylaktische bzw. anaphylaktoide Reaktionen auftreten. Die potentiell gefährliche Phase einer Inhalationseinleitung ist das *Exzitationsstadium*. Hier kann es am ehesten zum Erbrechen und Aspirieren von Mageninhalt und durch Stimulation bzw. Irritation der Atemwege zu reflektorischer Apnoe, Laryngospasmus oder Bronchospasmus kommen. Das Aspirationsrisiko ist aber bei „nüchternen" Patienten insgesamt als sehr gering einzustufen. Die Behandlung eines Laryngospasmus erfolgt durch Reduktion der inspiratorischen Narkosegaskonzentration, manuelle Beatmung mit 100% Sauerstoff und ggf. intramuskuläre oder intravenöse Injektion einer geringen Dosis Succinylcholin.

Narkoseeinleitung II

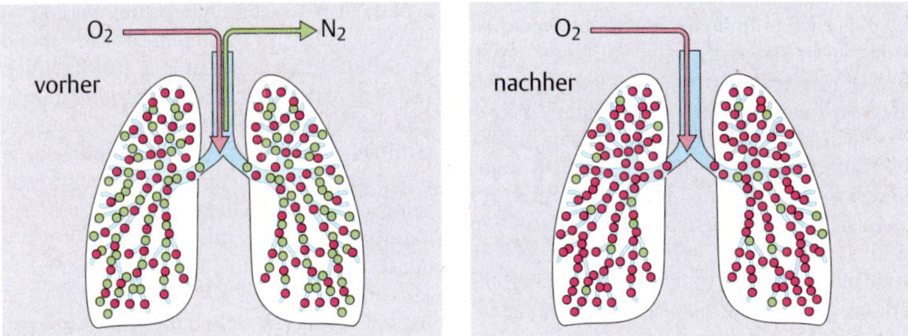

1. Denitrogenierung

bei Normalpatienten

- Kreisteil für ca. 10 sec mit O_2 patientenfern durchspülen – hierzu „flush"-Ventil betätigen, Überdruckventil öffnen und Y-Stück schließen
- unter Spontanatmung (SPA) des Patienten bei *geöffnetem* Ventil Maske locker übers Gesicht halten; ca. 10 l O_2-Flow pro min einstellen; Patient zum langsamen und tiefen Durchatmen auffordern
- Gabe des i.v. Hypnotikums
- Masken *fest* aufsetzen; assistierte Beatmung erst, wenn der Patient eingeschlafen ist

O_2 ca. 10 l/min

bei Risikopatienten

- Kreisteil für ca. 30 sec mit O_2 „flushen" (s.o.)
- unter SPA möglichst in 45°-OK-Hochlagerung (Verbesserung der FRC) Maske aufsetzen u. *dichthalten* (keine Nebenluft!), O_2-Flow >10 l/min, anschließend Pat. für 3 – 5 min langsam und tief durchatmen lassen; *alternativ* in Notfallsituationen 4 – 8 tiefe Atemzüge
- Gabe des i.v. Hypnotikums

1. beim „nüchternen" Patienten assistierte Beatmung, ansonsten
2. apnoische Oxygenierung („Diffusionsatmung", effektiv nur bei offenen oberen Atemwegen)

O_2 > 10 l/min

2. Praktische Durchführung der Präoxygenierung

Erhöhtes Aspirationsrisiko

- Nichtnüchternheit (z.B. Notfalleingriffe)
- akutes Abdomen (Ileus, Subileus)
- obere gastro-intestinale Blutung
- Bewußtseinseinschränkung
- Bulbärparalyse (Schädigung der dorsalen Hirnnervenkerne)
- weitere Punkte s. Tab. D1

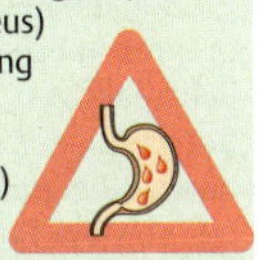

Respiratorische und andere Faktoren

- eingeschränkte Lungenfunktion ($pSaO_2 < 95$ %)
- ausgeprägtes Lungenemphysem (Thoraxrigidität)
- zu erwartende Schwierigkeiten bei Maskenbeatmung oder Intubation
- pathologische Veränderungen im Bereich der oberen Atemwege
- Risikoklasse ≥ ASA III

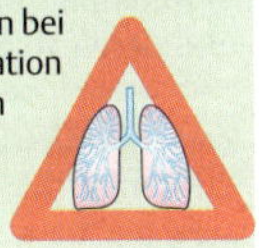

3. Risikofaktoren, die eine „optimale Präoxygenierung" erfordern

B. Präoxygenierung

- Hypoxie
  (Hyperkapnie: nur bei erhöhtem Hirndruck)
  - erschwerte/unmögliche Maskenbeatmung
  - Intubationsschwierigkeiten
- Kreislaufdepression
  - Anästhetika
  - Anaphylaxie
- Kreislaufstimulation
  - Laryngoskopie
  - endotracheale Intubation
- Injektionsschmerzen (Barbiturate, Propofol, Etomidat)
- Exzitation bei Inhalationseinleitung
- Laryngospasmus/Bronchospasmus
- pulmonale Aspiration
- MH-Krise (Succinylcholin, volatile Anästhetika)
- Traumatisierungen wie Zahnschäden etc.

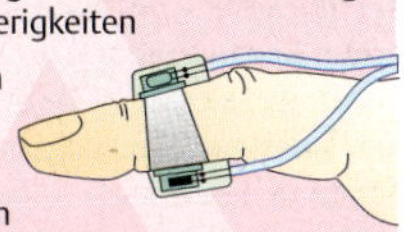

Pulsoxymetrie!

C. Gefahren und Komplikationen bei der Narkoseeinleitung

D. Ileuseinleitung

Obwohl eine pulmonale Aspiration von Mageninhalt bei narkotisierten Patienten insgesamt nur selten auftritt (ca. 1:3.000), ist sie aufgrund der möglichen bedrohlichen Folgen eine nach wie vor gefürchtete Komplikation. Aus diesem Grund werden prinzipiell keine Narkosen bei nicht nüchternen Patienten für elektive bzw. verschiebbare chirurgische Eingriffe durchgeführt. Dieses Vorgehen gilt im Grundsatz auch für regionalanästhesiologische Verfahren, weil nicht sicher auszuschließen ist, daß ggf. auf eine Allgemeinanästhesie gewechselt werden muß. Vor *elektiven* Eingriffen ist vom Patienten eine *Nahrungskarenz* einzuhalten, die mindestens *sechs* Stunden für feste Nahrungsbestandteile und *zwei* Stunden für klare Flüssigkeiten betragen sollte!

Magenentleerung. Die physiologische *Magenentleerungszeit* für Mischkost beträgt unter Ruhebedingungen ca. 4 Stunden. Die Einhaltung einer sechsstündigen Nahrungskarenz bietet trotzdem keine sichere Gewähr für einen „leeren" Magen, da die Nahrungsverweilzeit im Magen bzw. die gastro-intestinale Motorik durch mannigfaltige Faktoren z. T. deutlich *verlängert* werden kann *(D1)*. Hervorgehoben werden soll, daß auch bei Patienten mit übermäßig langer Nahrungskarenz (> 14–16 h) oftmals erhöhte Magensaftvolumina aufgrund von verstärkter Nüchternsekretion vorgefunden werden.

Mechanismen und Pathophysiologie der Aspiration. Voraussetzung für eine pulmonale Aspiration ist *passives* Zurückfließen von festen oder flüssigen Nahrungsbestandteilen aus dem Magen in den Mund-/Rachenraum („Regurgitation") oder *aktives* Erbrechen (z. B. im Exzitationsstadium) bei jeweils verminderten bzw. *aufgehobenen* Schutzreflexen der oberen Atemwege. Besonders gefährdet sind neben nicht nüchternen Patienten auch solche, bei denen die Magenentleerung pathologisch verzögert ist. Während aktives Erbrechen durch eine ausreichend tiefe Narkose und komplette Muskelrelaxierung verhindert werden kann, unterliegt eine Regurgitation ausschließlich physikalisch-mechanischen Gesetzmäßigkeiten. Aus physiologischen Untersuchungen ist bekannt, daß bei nicht narkotisierten Patienten der Mageneingang durch die glatte Muskulatur im Bereich des gastro-ösophagealen Überganges normalerweise mit einen Druck von ca. 28 cmH_2O verschlossen wird („Sphinkterfunktion"). Erst bei Ansteigen des intragastralen Druckes über den Verschlußdruck („retrograder Druckgradient") öffnet der Sphinkter, so daß Mageninhalt regurgitieren kann. Die Sphinkterfunktion kann allerdings durch funktionelle, anatomische und pharmakologische Ursachen beeinträchtigt sein, wodurch eine Regurgitation im Einzelfall bereits bei einem intragastralen Druck von deutlich unter 28 cmH_2O eintreten kann.

Aspirationsfolgen. Schon die Aspiration geringer Mengen (≥ 25 ml beim Erwachsenen) sauren Magensaftes (pH < 2,5) kann zur *hämorrhagischen Tracheobronchitis* mit schwerer bronchospastischer Reaktion und innerhalb weniger Stunden zu einem foudroyanten *toxischen Lungenödem (D2)* auf der Grundlage einer chemischen Pneumonitis („*Mendelson-Syndrom*") führen. Im weiteren Verlauf kann sich ein Lungenversagen (ARDS) ausbilden. Die Letalität betrug früher bis zu 50 %, unter konsequenter Therapie liegt sie heutzutage zwischen 5 und 10 %. Bei erfolgreicher Beatmungstherapie bilden sich die Veränderungen i.d.R. nach 3–5 Tagen zurück. Je höher der pH-Wert des Aspirates ist, um so eher kann dieses bakteriell kontaminiert sein, so daß eine Aspiration zunächst klinisch asymptomatisch bleibt („stille Aspiration") und erst später mit der Entwicklung einer *Pneumonie* gerechnet werden muß. Werden hingegen Fremdkörper oder grobe Nahrungspartikel aspiriert, kommt es kurz danach größenabhängig zu mehr oder weniger ausgeprägten mechanisch bedingten und entzündlich-reaktiven *Atelektasen*. Bei komplettem Verschluß der Trachea durch einen Speisebolus besteht bei nicht umgehender Entfernung mittels starrem Bronchoskop akute Erstickungsgefahr („*Bolustod*"). Die *diagnostisch-therapeutischen* Maßnahmen nach eingetretener Aspiration sind in *Abb. D3* zusammengetragen. Im Vordergrund steht hierbei die konsequente Vermeidung bzw. Bekämpfung einer *Hypoxie* und deren Folgen.

Praxis der Ileuseinleitung. Wenn Regionalanästhesien nicht möglich sind, erfordern nicht aufschiebbare Narkosen bei nicht nüchternen Patienten immer eine *intravenöse* Einleitung, die endotracheale Intubation und spezielle Techniken zur Risikominimierung einer pulmonalen Aspiration. Hierzu sind in der Litera-

Narkoseeinleitung III

- Art und Menge der aufgenommenen Nahrung
  - schwer Verdauliches bzw. große Mengen
- vegetative, psychische u. funktionelle Einflüsse, z.B.:
  - Trauma/Schmerzen/Streß (Sympathikotonus ↑)
  - gastro-ösophagealer/duodeno-gastraler Reflux
- Wirkung von Medikamenten, z.B.:
  - Alkohol, Sedativa, Opioide, Anticholinergika
- paralytischer oder mechanischer Ileus
- Stenosen im Ösophagus - Magen - Duodenum
- erhöhter intraabdomineller Druck, z.B.:
  - abdominelle Raumforderungen, ausgeprägter Aszites
- Adipositas (> 30 % über dem Normalgewicht)
- gesteigerter Hirndruck
- Schwangerschaft ab Mitte des 2. Trimenons

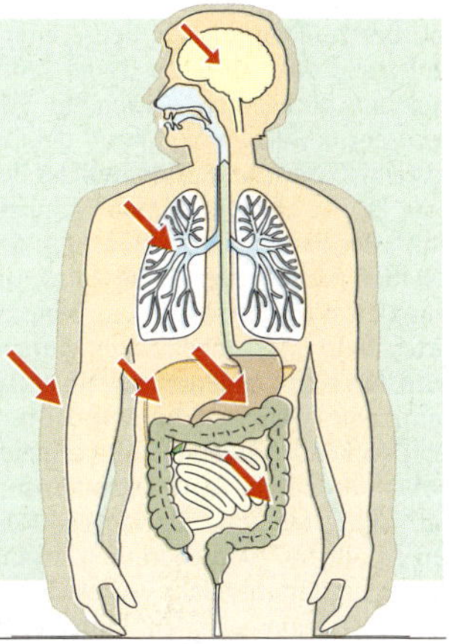

1. Faktoren, die die Magenentleerung verzögern

Interstitielles Lungenödem nach pulmonaler Aspiration. Diffuse feinstreifige Verschattungen in beiden Lungen als Ausdruck interstitieller Flüssigkeitsansammlungen ca. 6 h nach Aspiration sauren Magensaftes (Liegendaufnahme)

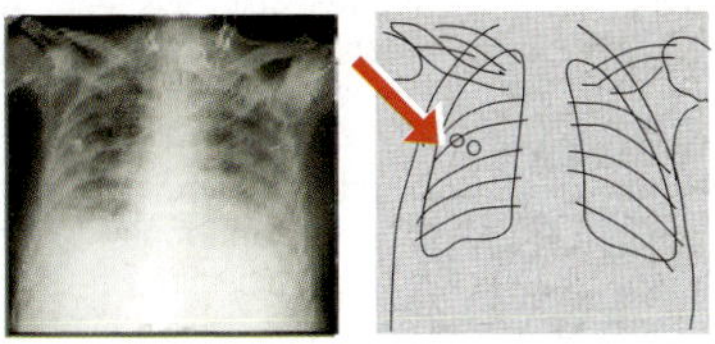

2. Interstitielles Lungenödem nach pulmonaler Aspiration

- endotracheale (Re-)Intubation
- kontroll. Beatmung mit PEEP (5-8 cmH_2O) u. 100 % O_2
- ungezieltes, „blindes" endotracheales Absaugen
- pH-Wert-Bestimmung aus Aspirat u. Magensaft
- Asservierung von Bronchialsekret zur mikrobiologischen Untersuchung
- keine routinemäßige Gabe von Glukokortikoiden und Antibiotika!
- Antibiotika:
  - primär nach Aspiration von Darminhalt (erst nach Sekretgewinnung)
  - sekundär erst bei Pneumonie (gezielt nach Antibiogramm)
- bei Partikelaspiration gezieltes, bronchoskopisches Absaugen
- Röntgenthoraxaufnahme:
  → Atelektasen/Ödem innerhalb der ersten 6 h
- intermittierende arterielle Blutgasanalysen
- Verlauf
  - asymptomatisch: Überwachung im AWR
  - symptomatisch: Intensivtherapie!

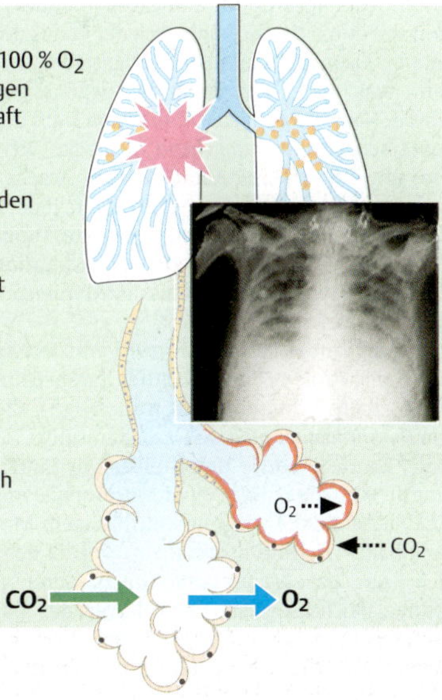

3. Maßnahmen nach pulmonaler Aspiration

D. Ileuseinleitung

tur verschiedene erfolgreiche Vorgehensweisen beschrieben, die als Ileus- oder „crash"-Einleitung oder auch als „rapid sequence induction" bezeichnet werden. In *Schema D4* wird ein bewährtes Verfahren detailliert dargestellt. Klassischer Bestandteil der Ileuseinleitung ist die **„Blitzintubation"** („quick intubation") des Patienten. Das bedeutet, daß die Intubation nach zügiger Narkoseeinleitung unter kompletter Muskelrelaxierung *ohne* zwischengeschaltete Maskenbeatmung vorgenommen wird, um eine akzidentelle Gasinsufflation und damit eine (weitere) Erhöhung des intragastralen Druckes auf jeden Fall zu vermeiden.

Als besondere Lagerungsmaßnahme wird am häufigsten eine *Oberkörperhochlagerung* um ca. 40–50 ° vorgenommen, wodurch sich die Regurgitationsgefahr weiter absenken läßt. Zusätzlich kann nach dem Einschlafen des Patienten durch einen Helfer der sog. *Sellick-Handgriff* ausgeführt werden. Hierbei wird durch Druck auf den Ringknorpel („Krikoiddruck") der Kehlkopf nach dorsal verlagert und so der Ösophaguseingang verschlossen. Der Sellick-Handgriff ist allerdings nur zur Prophylaxe der Regurgitation wirksam. Bei aktivem Erbrechen muß er gelockert werden, da ansonsten sehr hohe Drücke im verschlossenen Ösophagus entstehen könnten, die mit der Gefahr einer Ösophagusruptur einhergehen. Außerdem soll durch den Krikoiddruck der Tonus des unteren Ösophagussphinkters abgesenkt werden, was eine Regurgitation begünstigen würde. Nach erfolgreicher Intubation muß der Endotrachealtubus *umgehend* geblockt werden, um ein sicheres Abdichten der Trachea durch die Manschette zu gewährleisten. Jedoch bietet auch der ausreichend geblockte Tubus keinen *absoluten* Schutz vor der Aspiration kleinerer bzw. kleinster Flüssigkeitsmengen (Mikroaspiration).

Als **adjuvante Maßnahmen** zur Reduzierung des intragastralen Druckes *vor* der Narkoseeinleitung dienen die möglichst frühzeitige Gabe von *H_2-Antihistaminika*, wie z. B. Ranitidin (Sostril®, Zantic®), sowie unmittelbar vor Einleitungsbeginn die Einlage einer *Magensonde* mit anschließendem Absaugen von flüssigem Mageninhalt. H_2-Antihistaminika vermindern nicht nur das Magensaftvolumen, sondern können gleichzeitig auch den pH-Wert des Magensaftes in „atoxische" Bereiche anheben. Um ausreichend wirksam werden zu können, müssen sie allerdings 90–120 min vorher peroral oder ca. 60 min vorher intravenös zugeführt werden. Da eine liegende Magensonde die Funktion des gastro-ösophagealen Sphinkters beeinträchtigen und als Leitschiene die Regurgitation erleichtern kann, sollte sie direkt vor Narkosebeginn entfernt und erst nach der Intubation erneut zur kontinuierlichen Drainage eingebracht werden. *Prokinetika*, wie z. B. Metoclopramid (Paspertin®), erhöhen bereits wenige Minuten nach intravenöser Applikation den gastro-ösophagealen Sphinktertonus und führen nach ca. 30 min zu einem properistaltischen Effekt, wodurch die Magenentleerung gefördert wird. Ihre aspirationsprophylaktische Wirksamkeit konnte bislang allerdings nicht gesichert werden.

Vor *dringlichen* Eingriffen kann innerhalb von 10–15 min zumeist eine effektive Pufferung des Magensaftes durch orale Gabe von ca. 30 ml 0,3molarem *Natriumcitrat* erreicht werden. Hierdurch wird das Magensaftvolumen geringfügig erhöht, ohne daß jedoch das Aspirationsrisiko zunehmen soll. Natriumcitrat hat gegenüber anderen Antazida den entscheidenden Vorteil, daß es eine *partikelfreie* Lösung bildet, die bei Aspiration in der Lunge nicht zu einer Schädigung führt. Unter partikulären Antazida hingegen konnten im Tierversuch z. T. größere pulmonale Läsionen beobachtet werden als durch sauren Magensaft selbst ausgelöst. Grundsätzlich muß bedacht werden, daß die Gabe von Citrat-Puffer ebenso wie von H_2-Antihistaminika keinen Schutz bei partikulärer (feste Nahrungsbestandteile) oder galliger Aspiration (duodeno-gastraler Reflux, z. B. bei Dünndarmileus) bietet und auch nicht in jedem Fall eine ausreichende Magensäureneutralisierung gewährleistet.

Eine regelrechte **Aspirationsprophylaxe** ist neuerdings durch eine *kontrollierte Kardiaokklusion* mittels einer speziellen Ballonmagensonde (Aspisafe®-Sonde; *D5*) möglich, wobei dieses System wie eine herkömmliche Magensonde hierzu ebenfalls *vor* der Narkoseeinleitung eingebracht werden muß. Durch die Blokkade der Kardia kann der gastro-ösophageale Reflux von Mageninhalt sicher verhindert werden, ohne daß nach den bisherigen Untersuchungsergebnissen ischämische Schleimhautläsionen befürchtet werden müßten. Nach Absaugen von Mageninhalt und Kardiaokklusion kann die Narkose konventionell eingeleitet und sogar eine Maskenbeatmung durchgeführt werden! Nach erfolgreicher Intubation (und

Narkoseeinleitung IV

1. Oberkörperhochlagerung des Patienten (40–50°)
2. Injektion von 2,5 mg DHBP zur Antiemese, ggf. 30 ml 0,3molarer Citrat-Puffer p.o.
3. Einführen einer Magensonde am wachen Patienten, ggf. unter milder Sedierung (z.B. 1–2 mg Midazolam i.v.), und Reduktion des Magensaftvolumens durch Absaugen von Mageninhalt
4. Präoxygenierung mit 100 % O_2 über dichtsitzende Gesichtsmaske für 3–5 min
5. Entfernen der Magensonde als möglicher Leitschiene unter erneutem Absaugen
6. Versehen des angeschalteten Absauggerätes mit dicklumigem Absaugkatheter
7. unter weiterer Präoxygenierung zügige Narkoseinduktion i.v.:
   - Präkurarisierung
   - Opioid
   - veranschlagte Hypnotikumdosis im Bolus
   - Succinylcholin (1–1,5 mg/kg KG) ebenfalls im Bolus
8. nach Einschlafen des Patienten Sellik-Handgriff (Krikoiddruck)
9. apnoische Oxygenierung bis zum Eintritt der kompletten Relaxation
10. zügige, primär orotracheale Intubation (nach Möglichkeit unter Fortführung des Krikoiddruckes)
11. nach endotrachealer Tubusplazierung sofortiges und ausreichendes Blocken
12. nach Tubusfixation erneutes Einlegen einer Magensonde und Absaugen

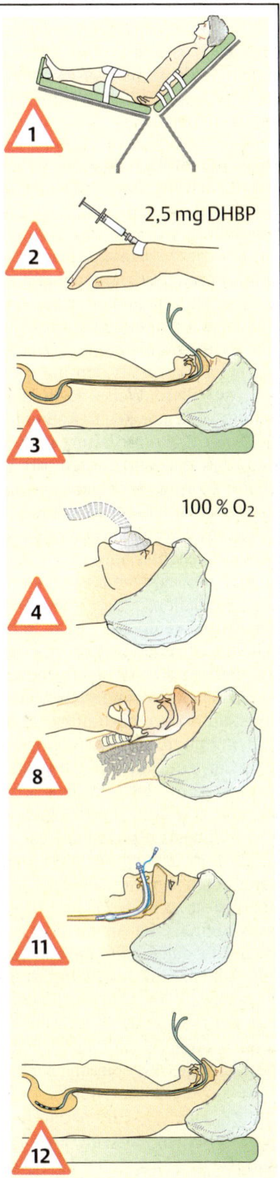

4. Beispielhafter Ablauf einer „Ileuseinleitung"

D. Ileuseinleitung

anschließendem Aufblasen des Tubuscuffs) wird der Kardiaballon desuffliert und die Sonde als konventionelle Magensonde weiterbenutzt. Ein weiterer Vorteil ist die Möglichkeit einer erneuten Kardiablockade zur Ausleitungsphase.

Wahl des Muskelrelaxans. Das nach wie vor zur Ileuseinleitung bevorzugte Relaxans ist aufgrund des schnellsten Wirkungseintrittes das **Succinylcholin**. Zur Verhinderung Succinylcholin-induzierter Muskelfaszikulationen, die den intragastralen Druck und damit die Regurgitationsgefahr erhöhen, wird zumeist eine Präkurarisierung empfohlen, obwohl Succinylcholin den gastro-ösophagealen Sphinktertonus stärker steigern soll als den intragastralen Druck und auf diese Weise sogar einen gewissen Schutz vor einer Regurgitation bieten könnte. Bei einer Präkurarisierung muß bedacht werden, daß der Wirkungseintritt von Succinylcholin (gering) verzögert und außerdem die Blockadeintensität (leicht) abgeschwächt wird.

Bei *absoluten* Kontraindikationen für Succinylcholin (*Abb. E2* in Kap. 4.5) kann alternativ auch ein nichtdepolarisierendes Relaxans in sog. Intubationsdosis (2mal ED_{95}) verwendet werden. Unter diesen zeigt *Rocuronium* den schnellsten Wirkungseintritt, zumal wenn statt der 2fachen die 3fache ED_{95} benutzt wird. Zur zusätzlichen Wirkungsbeschleunigung kann eine subrelaxierende „priming"-Dosis vorweg und unmittelbar nach Narkoseinduktion der Rest der errechneten Vollwirkdosis gegeben werden. Die unter nichtdepolarisierenden Relaxanzien bis zum vollständigen Wirkungseintritt verlängerte Apnoephase geht mit der möglichen Entwicklung einer Hypoxie einher. Sie kann durch eine sog. *apnoische Oxygenierung* überbrückt werden. Hierbei bleibt die Maske auch während der Apnoe dicht auf das Patientengesicht aufgesetzt, und Sauerstoff wird mit sehr hohem Fluß (ca. 10 l/min) in das System eingespeist, ohne daß der Patient dabei beatmet wird. So kann eine Gasbewegung in die Lungen erreicht und über einen begrenzten Zeitraum die Oxygenierung auch *ohne* Ventilation sichergestellt werden („Diffusionsatmung"). Eine CO_2-Elimination findet während der apnoischen Oxygenierung allerdings nicht statt. Da der Anstieg des $PaCO_2$ zu einer zerebralen Vasodilatation und damit zur Zunahme des zerebralen Blutvolumens führt, kann bei *disponierten* Patienten (z. B. schweres Schädel-Hirn-Trauma, große intrakranielle Raumforderung) der Hirndruck bedrohlich erhöht werden. Bei diesen Patienten muß deshalb die Apnoephase vor Intubation so kurz wie möglich gehalten werden. Hier wird also beim Fehlen absoluter Kontraindikationen dem Succinylcholin zur Relaxation der Vorzug zu geben sein. Succinylcholin kann zwar selbst zu einer Zunahme der Hirndurchblutung führen, ein damit verbundener möglicher Anstieg des Hirndruckes ist aber auf jeden Fall geringer als unter einer Hyperkapnie infolge prolongierter Apnoe.

Alternativ zur Intubation in Narkose kommt auch eine sog. **Wachintubation** (s. auch Kap. 6.2) in Frage. Sie sollte grundsätzlich immer dann vorgenommen werden, wenn bei nicht nüchternen Patienten Intubationsschwierigkeiten zu erwarten sind. Sie wird am nur *mäßig* sedierten Patienten unter Lokalanästhesie der supraglottischen Schleimhaut durchgeführt, entweder im Rahmen einer direkten oder besser indirekten, d. h. *fiberoptischen* Laryngoskopie. Auf eine zu ausgiebige Anästhesie der Trachealschleimhaut sollte hierbei möglichst verzichtet werden, um den Hustenreiz nicht zu stark zu unterdrücken.

Narkoseeinleitung V

Maßnahme	Ziel	Effektivität
„crash"-Induktion	Zeitverkürzung bis zur Sicherung der Atemwege	geringe Risikoverminderung
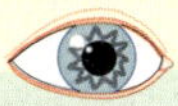 „Wachintubation"	Erhalten der Schutzreflexe bis zur Intubation	nur sicher *ohne* tracheale Schleimhautanästhesie, Kooperation des Patienten erforderlich,
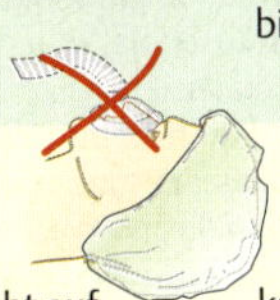 Verzicht auf Maskenbeatmung	keine weitere Erhöhung des intragastralen Druckes	gesichert und essentiell 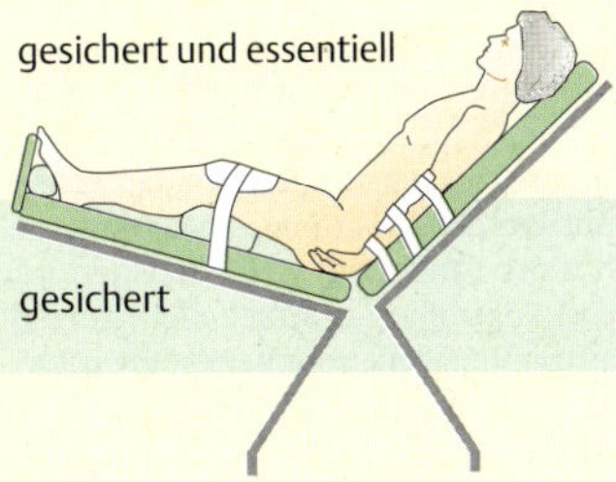
OK-Hochlagerung	Verhinderung der Regurgitation	gesichert
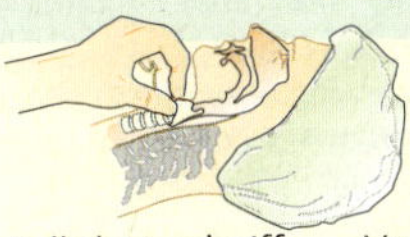 Sellick-Handgriff	Verhinderung der Regurgitation	kontrovers; *cave*: aktives Erbrechen!
Konventionelle Magensonde	Reduktion des intragastralen Druckes	gesichert für Regurgation und essentiell; jedoch keine Entfernung *fester* Nahrungsbestandteile
Ballonmagensonde Komplikationen: • Blutungen bei Schleimhautverletzungen	Verhinderung der Regurgitation, Reduktion des intragastralen Druckes 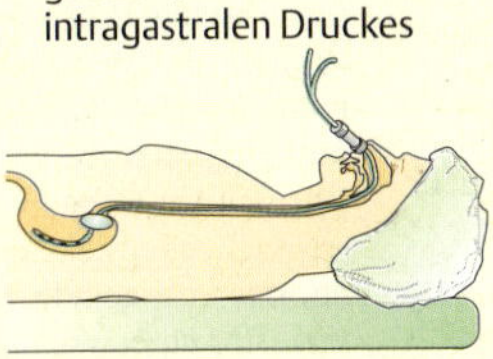	z. Zt. die Methode der bestmöglichen Aspirationsprävention Kontraindikationen: • absolut: Ösophagusperforation • relativ: Hiatusgleithernie, Ösophagustumoren/-stenose, Magentumoren/-perforation, Gerinnungsstörungen, Ösophagusvarizen
 Medikamente		nur Milderung der Aspirationsfolgen!
– Natriumcitrat	Säureneutralisation	in ca. 90 %
– H_2-Antihistminika	Säureneutralisation,	in ca. 90 %, *frühzeitige* Gabe nötig
– Prokinetika	Beschleunigung der Magenentleerung	nicht ausreichend

5. Maßnahmen zur Prophylaxe der Aspiration oder der Aspirationsfolgen

D. Ileuseinleitung

A. Maskennarkose

Siehe auch Kap. 6.1.

Die konventionelle *Gesichtsmaske* ist nur für Narkosen bei kurzen Eingriffen bis zu einer Dauer von maximal 30 min geeignet *(A1)*. Hingegen sind bei Verwendung der *Kehlkopf- bzw. Larynxmaske* auch längere Operationen möglich. Maskennarkosen dürfen nur bei *nüchternen Patienten* in Rückenlage durchgeführt werden (Larynxmaske auch in Seitenlage). Die Einleitung kann per inhalationem (Kinder) oder besser mittels intravenöser Substanzen erfolgen. Neben dem Hypnotikum (bevorzugt Propofol) wird zusätzlich ein i.d.R. kurzwirksames Opioid (z. B. Alfentanil oder Remifentanil) gegeben, um eine ausreichende Analgesie zu erreichen. Wird auf Opioide verzichtet, muß die Narkosegaskonzentration entsprechend erhöht werden. Während einer Maskennarkose wird der Patient entweder assistiert oder manuell-kontrolliert beatmet oder man läßt ihn – suffiziente Eigenatmung vorausgesetzt – spontan atmen. Bei Verwendung einer Larynxmaske ist auch eine maschinelle Beatmung möglich.

Gefahren und Komplikationen. Hierzu zählt besonders die pulmonale *Aspiration*, die bei einer Maskennarkose nie sicher vermeidbar ist. Das Risiko ist jedoch bei nüchternen Patienten bzw. bei Patienten mit leerem Magen minimal, zumal wenn die Maskenbeatmung mit einem niedrigen Atemwegsdruck durchgeführt und damit eine Gasinsufflation in den Magen verhindert wird. Die Kontamination der Raumluft mit Anästhetikagasen kann durch zentrale Absauganlagen sowie spezielle Absaugvorrichtungen an der Beatmungsmaske erheblich reduziert werden, so daß die vorgeschriebenen maximalen Arbeitsplatzkonzentrationen nicht überschritten werden müssen.

B. Intubationsnarkose

In Abhängigkeit von Art und Lokalisation des Eingriffs sowie Lagerung des Patienten wird eine endotracheale Intubation erforderlich. Der Endotrachealtubus gilt als die beste Möglichkeit zur künstlichen Sicherung der Atemwege und Gewährleistung von Oxygenation und Ventilation. Ein einwandfrei geblockter Tubus bedeutet zugleich den sichersten Schutz vor einer pulmonalen Aspiration von Mageninhalt. Die Intubation ist deshalb die Methode der Wahl bei allen *nicht nüchternen* Patienten. Zu weiteren Einzelheiten s. Kap. 6.2.

C. Steuerung der Narkosetiefe

Während chirurgischer Eingriffe kommt es naturgemäß zu Phasen unterschiedlicher Schmerz- bzw. Stimulationsintensität *(C1)*. Der Steuerung der Narkosetiefe, d. h. der Anpassung der Anästhetikadosierung an den jeweiligen Grad der Stimulation, kommt intraoperativ eine herausragende Bedeutung zu, um eine Intoxikation durch zu *tiefe* und Wachheitsphänomene (s. u.) durch zu *flache* Narkose zu vermeiden. Sie erfolgt im allgemeinen empirisch-pragmatisch und orientiert sich dabei wesentlich an *systemisch-hämodynamischen* Parametern wie

- Herzfrequenz und
- arteriellem Blutdruck sowie an
- Veränderungen des endexspiratorischen CO_2-Partialdruckes ($PECO_2$),

die allerdings allesamt *unspezifisch* reagieren und auch durch andere Ursachen akut beeinflußt werden können.

Parameter. Einem Anstieg von Herzfrequenz, Blutdruck und $PECO_2$ als Hinweis auf eine zu *geringe* Narkosetiefe wird durch eine Erhöhung der inspiratorischen Narkosegaskonzentration bzw. mit Opioiden und Sedativhypnotika (Bolusgabe oder Dosiserhöhung) begegnet. Dagegen deuten eine Abnahme der sympathischen Stimulierung und ein Absinken des $PECO_2$ auf eine für die Erfordernisse zu *tiefe* Narkose hin, wenn andere Ursachen ausgeschlossen werden können. Ein Wiedereinsetzen der *Spontanatmungsaktivität*, was frühzeitig anhand der CO_2-Kurve („Kapnographie"; s. Kap. 9.1) erkennbar ist, ist nicht unbedingt nur ein Zeichen nicht ausreichender Relaxierung, sondern muß auch an eine mangelnde Narkosetiefe denken lassen. *Abwehrbewegungen* als Reaktionen auf schmerzhafte operative Stimuli sprechen dagegen immer für eine ungenügende Narkosetiefe, sind allerdings nur bei nicht relaxierten Patienten zu erwarten. Muskelrelaxanzien sollen deshalb allgemein so dosiert werden, daß sie das operative Vorgehen erleichtern, nicht aber, um unzureichende Narkosetiefe zu kaschieren (s. Abschn. D)! Der Anästhesist muß wegen des verzögerten Wirkungseintritts der Anästhetika den Ablauf der chirurgischen Ver-

Narkoseführung I

- Abszeßspaltungen
- Repositionen von Frakturen und Luxationen
- schmerzhafte Verbandswechsel
- Gipswechsel bei Kleinkindern
- diagnostische Probeentnahmen von Gewebe
- Elektrokrampftherapie
- Kardioversion

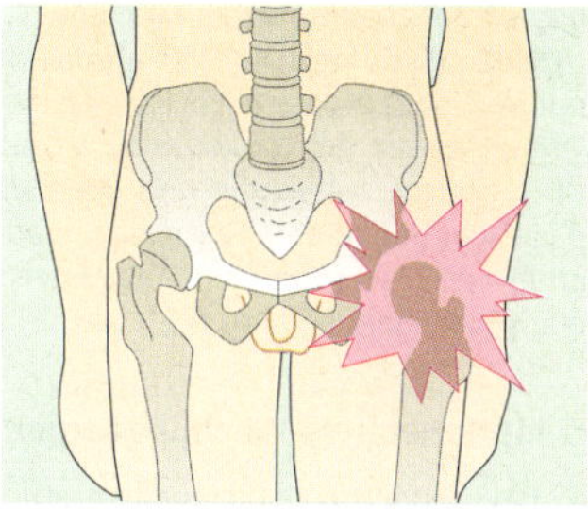

1. Indikationen für konventionelle Gesichtsmaske

- Nichtnüchternheit
- Bauchlage
- Seitenlage (Ausnahme: LMA)
- Adipositas (niemals bei Adipositas permagna!)
- Eingriffslokalisation, z.B.: Abdomen, Thorax, Kopf/Hals
- Eingriffsdauer > 30 min (Ausnahme: LMA)
- lockere Frontzähne
- Vollbart, Gesichtsanomalien (Ausnahme: LMA)
- Risikoklasse ≥ III (Ausnahme: LMA)

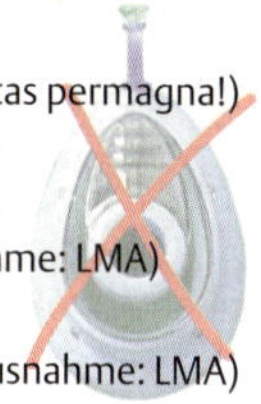

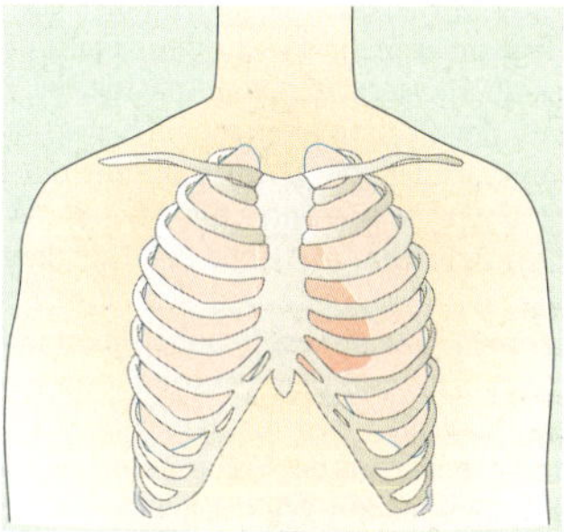

2. Kontraindikationen für eine Maskennarkose

- Luftinsufflation in den Magen
- pulmonale Aspiration, Laryngo-, Bronchospasmus
- Kontamination der Raumluft mit Anästhetikagasen

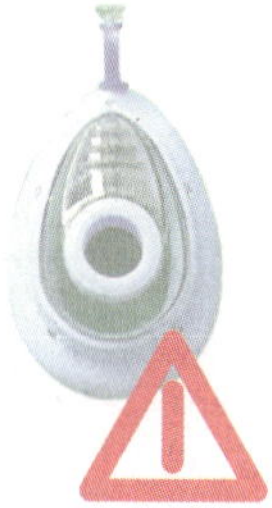

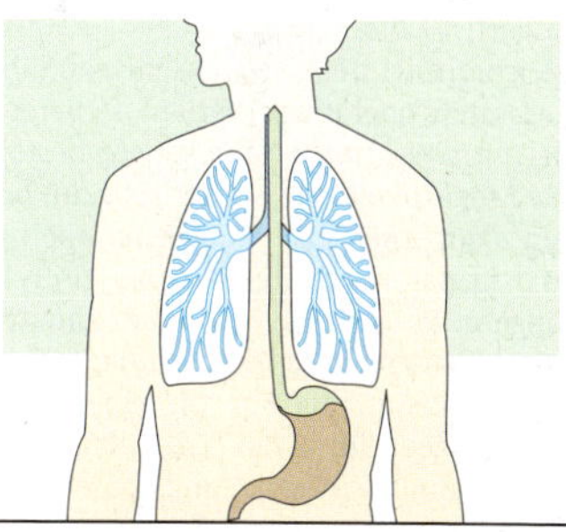

3. Gefahren und Komplikationen

A. Maskennarkose

- aspirationsgefährdete Patienten
- lange Operationsdauer (> 3-4 h)
- besondere Operationslagerungen
  - sitzende Position
  - Bauchlage
  - Nierenlagerung

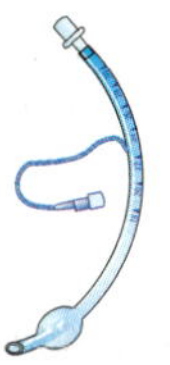

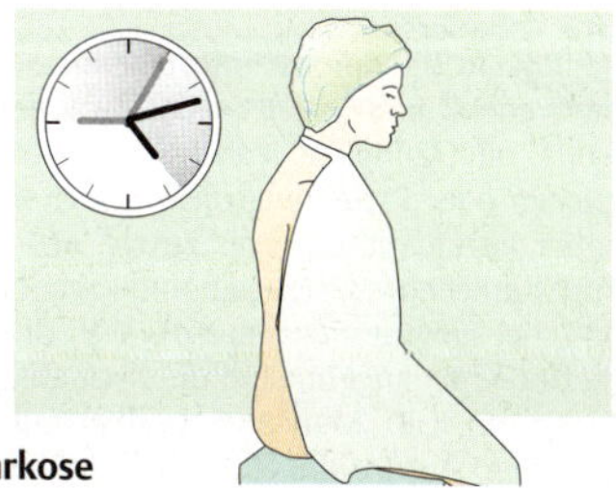

B. Allgemeine Indikationen für eine Intubationsnarkose

fahren kennen, um rechtzeitig die Narkoseführung darauf abstimmen zu können.

Elektrophysiologische Verfahren wie das spontane oder evozierte EEG zeigen zwar auch Veränderungen der Narkosetiefe an, sind aber z.T. technisch aufwendig und ebenfalls nicht spezifisch, so daß die Interpretation auch weiterhin viel Erfahrung vom Anwender voraussetzt (Einzelheiten s. Kap. 9.2).

D. Intraoperative Wachphänomene

In der modernen allgemeinanästhesiologischen Praxis mit Verwendung zunehmend selektiv wirkender Substanzen gilt die Hauptsorge nicht mehr so sehr der Gefahr eventueller Überdosierungen von Anästhetika, sondern eher den Phänomenen möglicher intraoperativer Wachheit *(D1)*. Am schlimmsten für den Patienten ist hierunter die *bewußte* Wachheit („Ich-Repräsentanz") mit der Fähigkeit, intraoperative Ereignisse und Schmerzen wahrzunehmen („awareness"), ohne ihnen entfliehen zu können, und diese postnarkotisch zu erinnern („recall"). Aus der Tatsache, daß sich die Narkosetiefe aus der Wechselwirkung der zentral dämpfenden Wirkungen der eingesetzten Anästhetika mit der Summe aller auf den Patienten einwirkenden exzitatorischen Reize (operative und manipulative Stimuli) ergibt, erwächst die Schwierigkeit, ein stabiles, gleichförmig tiefes Narkoseniveau über den gesamten operativen Verlauf sicherzustellen. Bei *unzureichender* Narkosetiefe besteht aber die Möglichkeit, daß sensorische, im besonderen *akustische* Reize wahrgenommen werden und in das Kurzzeitgedächtnis eintreten. Bei längerer Einwirkung (≥ 45 sec) kommt es gewissermaßen zur Reizkonsolidierung, was erst die Voraussetzung für die Speicherung im Langzeitgedächtnis als Grundlage für dann i.d.R. traumatisierende, angstbesetzte Erinnerungen schafft.

Häufigkeit. Die durchschnittliche Inzidenz von „awareness" und „recall" soll 0,2–2% betragen, wobei die Häufigkeit jedoch in speziellen Bereichen oder Patientengruppen noch deutlich höher liegen soll (z.B. bis zu ca. 30% bei geburtshilflichen Anästhesien und sogar bis über 40% bei Polytraumatisierten). Was die Anästhesieregime angeht, sind die hypnotikafreien Techniken, z.B. „Monoanästhesien" mit Opioiden oder Stickoxydul (Lachgas), am stärksten mit intraoperativen Wachphänomenen belastet und sollten deshalb möglichst immer vermieden werden.

Da nach wie vor kein verläßliches Überwachungsverfahren – auch kein elektrophysiologisches – existiert, das im Einzelfall eine „awareness" sicher erkennbar bzw. vorhersehbar macht, ist größter Wert auf eine **Primärprophylaxe** mit geeigneten Hypnotika wie

- Barbituraten,
- Propofol,
- Etomidat,
- Midazolam oder
- volatilen Anästhetika

in adäquater, empirisch bewährter Dosierung zu legen. Dies gilt um so mehr bei komplett relaxierten Patienten. Mit der klinischen Verbreitung der Muskelrelaxanzien in den vierziger und fünfziger Jahren des 20. Jahrhunderts mehrten sich denn auch die Berichte über das Auftreten von intraoperativen Wachheitszuständen. Man bedenke immer, daß die Zeichen einer ungenügenden Relaxierung (z.B. Abwehrbewegungen) nicht die Ursache einer zu flachen Narkose sind, sondern deren Folge. Bei dem geringsten Verdacht einer möglichen intraoperativen Reizwahrnehmung (Zeichen einer zu flachen Narkose, C3) durch den Patienten muß deshalb die Narkose *umgehend* auch mit einem Hypnotikum vertieft werden, wodurch dann zumeist eine Reizspeicherung im Langzeitgedächtnis und somit ein postoperatives Erinnern verhindert werden kann *(„Sekundärprophylaxe")*. Nur wenn hierdurch die *objektive* Patientensicherheit gefährdet wird, ist der Patientenkomfort nachrangig, wie z.B. bei polytraumatisierten Patienten oder bei Patienten im hämorrhagischen Schock. Intraoperative Wachheit ist nicht nur für den Patienten in höchstem Maße belastend, sondern kann auch für den beteiligten Anästhesisten mediko-legale Konsequenzen im Sinne von Schadensersatzforderungen nach sich ziehen.

Narkoseeführung II

starker Reiz
- Laryngoskopie, endotracheale Intubation
- Hautinzision
- Sternotomie, Sternumspreizung
- Zug am Peritoneum bzw. Mesenterium
- Knochenoperationen (Periost), Trepanation
- Manipulationen am Hirnstamm
- Reizung des N. trigeminus
- Schiel-/Hornhautoperationen
- Dehnung von Zervix, Anus oder Harnblase

schwacher Reiz
- Operationen an Muskeln und Faszien
- Nekrosektomie

ohne Reizwirkung
- Operationen an Lunge, Gehirn, Darm oder Bindegewebe

1. Intensität operativer und nicht operativer Stimuli

- klinisch durch Inspektion
- apparativ
  - Herzfrequenz
  - arterieller Blutdruck
  - Kapnometrie/-graphie
  - EEG
  - evozierte Potentiale

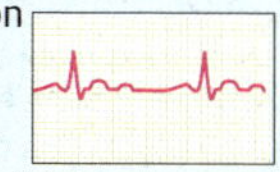

2. Überwachungsmethoden

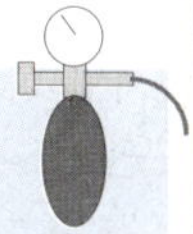

zu flach
- Tachykardie, Blutdruckanstieg
- Schwitzen, Tränenfluß, Bulbidivergenz
- Pupillenerweiterung (*cave*: Hypoxie!)
- nur beim *nicht relaxierten* Patienten: Abwehr- u. Augenbewegungen, Husten, Blinzeln, Lidreflex

zu tief
- Bradykardie, Blutdruckabfall
- Pupillenerweiterung (Lähmung der
- Okulomotoriuskerne)
- Null-Linien-EEG

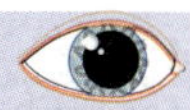

3. Zeichen zu flacher und zu tiefer Narkose

C. Steuerung der Narkosetiefe

- bewußte Wachheit ohne Amnesie
- bewußte Wachheit mit Amnesie
- unbewußte Wachheit mit Amnesie
- keine Wachheit („Idealzustand")

1. Wachheit unter „Narkose"

- Prämedikation mit Benzodiazepin (anterograd-amnestische Wirkung)
- Benutzung von Substanzen mit ausreichend hypnotischer Wirksamkeit: Barbiturate, Propofol, Etomidat, Midazolam; volatile Anästhetika
- keine Monoanästhesien mit
  - Opioiden
  - N_2O
  - Ketamin
- umgehende Narkosevertiefung bei zu flacher Anästhesie
  - volatiles Anästhetikum oder
  - Opioid und i.v.-Hypnotikum
- Einsatz von Muskelrelaxanzien *nur* bei ausreichender Narkosetiefe

2. Prävention von „awareness"

Notabene:
Je wacher der Anästhesist, um so besser schläft der Patient!

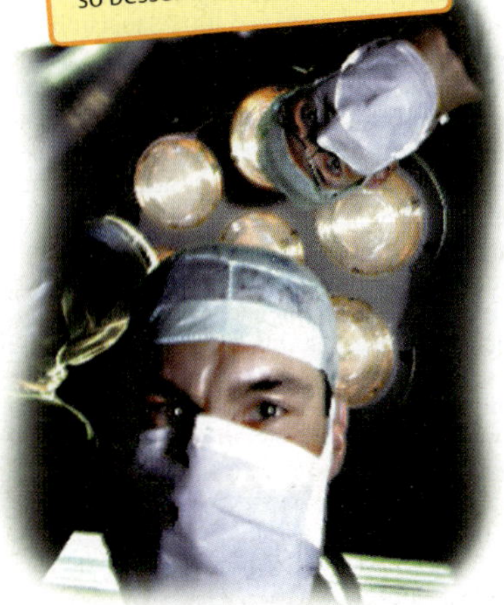

3. „awareness" aus Sicht des Patienten

D. Intraoperative Wachphänomene

Die Phase der Narkoseausleitung ist durch das Abklingen von Hypnose und Relaxierung sowie das Wiedereinsetzen der Reflexaktivität gekennzeichnet. Die Fortdauer der Analgesie hingegen ist in der unmittelbar postoperativen Phase erwünscht und hilft, überschießende sympatho-adrenerge Reaktionen zu verhindern.

A. Vorbereitung

Die *zeitgerechte* Ausleitung hängt bei jedem der besprochenen Narkoseverfahren von der rechtzeitigen Abschätzung des Operationsendes ab. So ist es sinnvoll, die Gabe längerwirksamer Substanzen gegen Ende des Eingriffes zu vermeiden und – falls erforderlich – auf kurzwirksame Alternativen zu wechseln. Im allgemeinen sollten Relaxanzien und im Rahmen der Narkose verwendete Opioide bei einer verbleibenden Operationszeit von weniger als 30 min nicht mehr erneut zugeführt werden (Ausnahme: Remifentanil), da ein postoperativer Überhang die Aufwachphase der Patienten verlängert bzw. kompliziert. Die Konzentration des gewählten Narkosegases bzw. die Dosis der im Rahmen einer TIVA verwendeten Hypnotika wird *spätestens* mit Beginn des Wundverschlusses schrittweise reduziert und die Zufuhr beendet, sobald keine weiteren schmerzhaften Manipulationen mehr zu erwarten sind. Zum Ende einer Narkose erfolgt immer für einige Minuten die Gabe von 100% Sauerstoff zur Vermeidung einer Hypoxie bei etwaigen Komplikationen nach der Ausleitung und im besonderen einer Diffusionshypoxie nach Verwendung von Stickoxydul. Die Beatmungsparameter sind so zu wählen, daß der Patient während der abflutenden Narkose noch beatmet ($PaCO_2$ im unteren Normbereich) und erst nach Abklingen der atemdepressorischen Anästhetikawirkungen zur Spontanatmung geführt wird. Die (pulmonale) Elimination von Inhalationsanästhetika wird durch Steigerung der Ventilation beschleunigt; ein zu frühzeitiges Umstellen auf Spontanatmung würde hier aufgrund noch anhaltender atemdepressorischer Wirkung das Gegenteil bewirken, d. h. die Elimination und folglich das Aufwachen verzögern.

B. Extubation

Die Extubation des Patienten erfordert u. a. neben einer suffizienten Spontanatmung die vollständige Rückkehr der pharyngealen und laryngealen Schutzreflexe sowie eine angemessene Kontaktfähigkeit *(B1)*. Eine **nicht ausreichende Spontanatmung** hat am häufigsten folgende Ursachen:

- Überhang an *volatilen Anästhetika:* Bei dieser Form der Atemdepression liegen i.d.R. kleine Atemzugvolumina und normale bis erhöhte Atemfrequenzen vor. Die Atmung des Patienten muß durch maschinelle Unterstützung gesteigert werden, um die Elimination des Narkosegases zu forcieren.
- Überhang an *Opioiden*: Diese Situation ist durch normale oder erhöhte Zugvolumina bei niedrigen Atemfrequenzen gekennzeichnet. Patienten mit Opioidüberhang sind oftmals kontaktierbar. Hier ist entweder eine assistierte Nachbeatmung oder ggf. eine titrierte Antagonisierung des Opioids mit Naloxon oder Nalbuphin indiziert.
- Überhang an *Muskelrelaxanzien*: Die Wirkung der meisten nichtdepolarisierenden Relaxanzien kann mittels Cholinesterasehemmstoffen aufgehoben werden (Einschränkungen für Mivacurium s. Kap. 4.5). Allerdings sollten hierzu bereits Ansätze einer Spontanatmung erkennbar sein, um den weiteren Verlauf nach Antagonisierung pharmakokinetisch besser abschätzen zu können. Ansonsten muß die Beatmung – unter *begleitender* Sedierung – assistiert oder kontrolliert bis zum spontanen Abklingen der neuromuskulären Blockade fortgeführt werden.

Weitere **Komplikationen**, die in bzw. nach der Ausleitungsphase eintreten können, werden ausführlich in den Kapiteln 14.3 und 13 dargestellt.

Durchführung. Bevor die Extubation erfolgen darf, muß immer das komplette Instrumentarium für eine mögliche umgehende Reintubation bereitgestellt und überprüft werden! Sobald eine ausreichende Spontanatmung sichergestellt ist, wird der Patient *oropharyngeal* abgesaugt, um eine pulmonale Aspiration von Sekreten unter bzw. nach der Extubation zu vermeiden. Ein endotracheales Absaugen (sterile Kautelen!) ist nur bei entsprechendem Sekretverhalt vonnöten (Auskultation). Anschließend wird unter manueller Beatmung der inspiratorische Druck bis auf 40 cmH_2O erhöht und für ca. 15 sec auf diesem Niveau gehalten (sog. **ma-**

Narkoseausleitung I

- Vermeidung von Relaxanzien und Opioiden zum Ende des Eingriffes (Ausnahme: Remifentanil)
- rechtzeitige, schrittweise Reduktion von Inhalationsanästhetika oder i.v.-Hypnotika
- Zufuhr von 100 % O_2 mit Beendigung der Hautnaht
- assistierte Beatmung bis zur Suffizienz der Spontanatmung

> Merke:
> Je länger die Dauer einer Narkose und damit die Anästhetikaexposition (Kumulation!), um so frühzeitiger muß mit der Ausleitung begonnen werden.

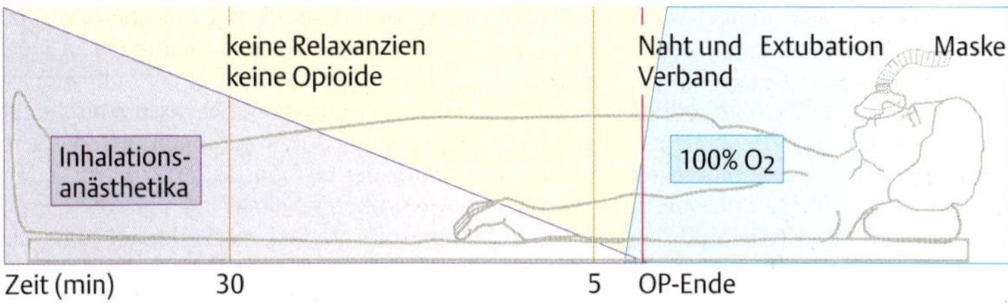

A. Vorbereitung der Narkoseausleitung

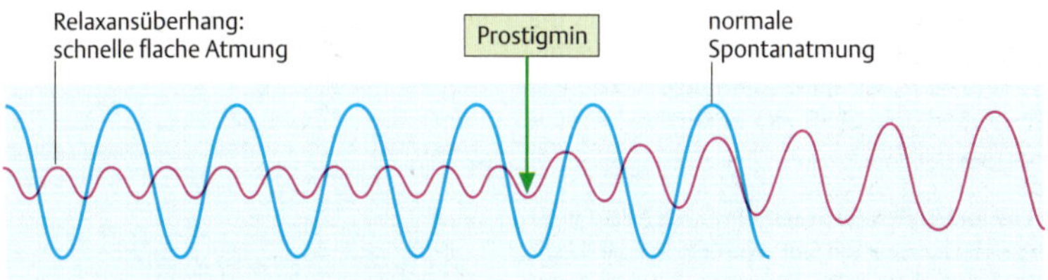

- suffiziente Spontanatmung, bei Erwachsenen:
  Atemzugvolumen > 500 ml oder 8 ml/kg KG
  Atemfrequenz > 10/min
  inspiratorischer O_2-Anteil < 50%
- wiederhergestellte pharyngeale und laryngeale Schutzreflexe (Schluckreflex, Hustenreflex)
- Kontaktfähigkeit (z.B. Augenöffnen oder Händedrücken auf Aufforderung)
- rektale Körpertemperatur > 35°C (bei Risikopatienten ≥ 36,5°C)
- stabiler Kreislauf, keine größeren Blutverluste

1. Extubationskriterien

> Merke:
> Die Ausleitung ist „ideal", wenn der Patient nicht gegen den Tubus preßt oder hustet, ruhig und tief spontan atmet, zur Extubation kontaktfähig und schmerzfrei ist und Muskelzittern vermieden werden kann.

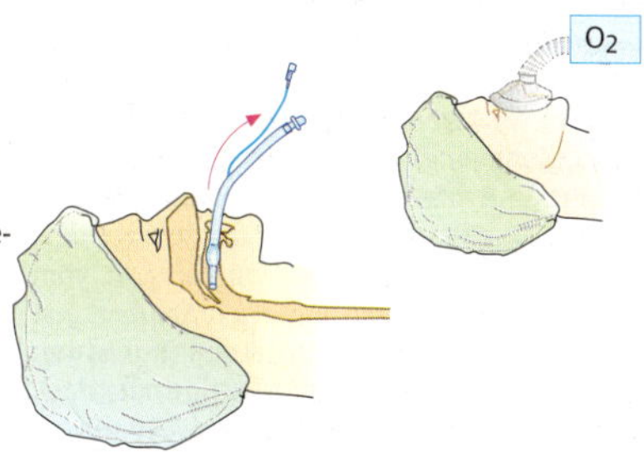

- oropharyngeales Absaugen von Sekreten
- endotracheales Absaugen nur bei Erfordernis
- Entblocken der Manschette und Entfernen des Tubus unter ruhiger Spontanatmung
- O_2-Insufflation über Maske
- erneutes Überprüfen der Spontanatmung und der Kontaktfähigkeit

2. Durchführung

B. Extubation

nuelles Hyperinflationsmanöver). Dieses Manöver erweist sich als sehr effektiv zur Wiedereröffnung bereits vorhandener Atelektasen und zum längeren Offenhalten der kleinen Atemwege („Recruitment"). Bei längeren Narkosen sollte es auch schon intraoperativ durchgeführt und etwa stündlich wiederholt werden. Eine *relative* Kontraindikation besteht bei Patienten mit COPD bzw. Lungenemphysem wegen der möglichen Auslösung eines Barotraumas und bei erhöhtem Hirndruck. Der Endotrachealtubus wird sodann in einer ruhigen Phase der Spontanatmung nach Entblockung der Manschette aus der Trachea zurückgezogen und entfernt. Als Alternativmethode gilt die Tubusentfernung unter gleichzeitiger endotrachealer Absaugung. Hierbei muß aber bedacht werden, keinen zu dicken Absaugkatheter zu wählen, da sonst beim Absaugen ein Unterdruck in den Lungen entstehen könnte, der besonders bei hoher Thoraxelastizität (Kinder) zur Bildung von Atelektasen führen würde. Unmittelbar nach Extubation sollte immer eine *Sauerstoffinsufflation*, zunächst noch über die Beatmungsmaske, durchgeführt und hierbei die Suffizienz der Spontanatmung ebenso wie die Kontaktfähigkeit des Patienten erneut überprüft werden.

Transport in den Aufwachraum. Nach erfolgreicher Narkoseausleitung werden bei stabilen Vitalfunktionen *alle* Patienten zunächst im Aufwachraum weiter überwacht (Einzelheiten s. Kap. 14.2). Der Transport dorthin sollte am besten von dem Anästhesisten begleitet werden. Bei längeren Transportwegen sollte zur Vermeidung einer Hypoxie auch Sauerstoff insuffliert und als apparatives Monitoring zumindest eine Pulsoxymetrie gefordert werden. Bei Umlagerungen des Patienten, z. B. vom Operationstisch in das Aufwachraumbett, ist zu bedenken, daß besonders im unmittelbaren Anschluß an eine Narkoseausleitung oder nach rückenmarknahen Regionalanästhesien die orthostatische Regulation noch eingeschränkt ist und hierdurch der Blutdruck abfallen kann.

C. Besonderes Vorgehen

Von der Vorgehensweise, die Extubation erst vorzunehmen, wenn der Patient wach ist und die oben genannten Kriterien erfüllt, wird bisweilen bei Erkrankungen mit besonderer mechanischer Irritabilität der Atemwege, z. B. **Asthma bronchiale**, abgewichen. Hier erfolgt nicht selten die Extubation noch in *tieferer* Narkose am spontan atmenden Patienten, wodurch die Auslösung eines (reflektorischen) Bronchospasmus bzw. Asthmaanfalles verhindert werden soll. Voraussetzung ist allerdings, daß keine das Aspirationsrisiko erhöhenden Umstände wie Nichtnüchternheit oder Magenentleerungsstörungen vorliegen.

Größere intraoperative Komplikationen, gewisse operative Prozeduren oder schwere Vorbzw. Begleiterkrankungen machen eine unmittelbar anschließende Extubation nicht möglich *(C2)*. Bei diesen Patienten wird entweder eine **Nachbeatmung** im Aufwachraum bis zur Stabilisierung der Vitalfunktionen und Wiederherstellung der Homöostase erforderlich oder bei von vornherein *länger* zu erwartender Beatmungspflichtigkeit die Verlegung auf eine Intensivstation zur weiteren Betreuung. Die Kunst der Narkosebeendigung liegt weniger in dem regelgerechten Vornehmen der Extubation, sondern vielmehr in dem sorgfältigen Planen und Erkennen des richtigen Zeitpunktes.

Narkoseausleitung II

Vorgehen

- endotracheales Absaugen frühzeitig bei Erfordernis
- oropharyngeales Absaugen
- Extubation bei einsetzender Spontanatmung
- assistierte Maskenbeatmung bis zur Suffizienz der Spontanatmung und Kontaktfähigkeit

Ziel:
Vermeidung von Husten, Pressen, Laryngo- und Bronchospasmus

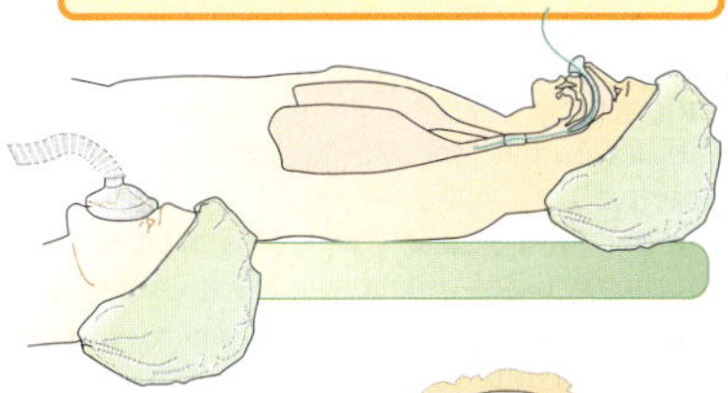

1. Extubation in tiefer Narkose

- kardiopulmonale Instabilität
- Hypothermie
- Z. n. Massivtransfusion
- Opioid- oder Relaxansüberhang bei Kontraindikationen zur Antagonisierung
- beeinträchtigte Schutzreflexe (z.B. nach Eingriffen am Hirnstamm)
- komatöser Zustand (z.B. bei Schädel-Hirn-Trauma)
- ausgedehnte bzw. sehr langdauernde Eingriffe (z.B. Ösophagektomie, Whipple-OP, LTX)
- größere intrakranielle Eingriffe (z.B. Angiome, Aneurysmata, Tumoren)
- Polytrauma
- Peritonitis

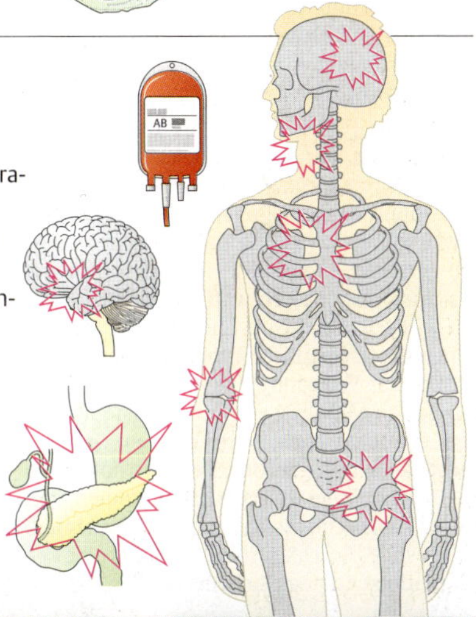

2. Indikationen zur Nachbeatmung

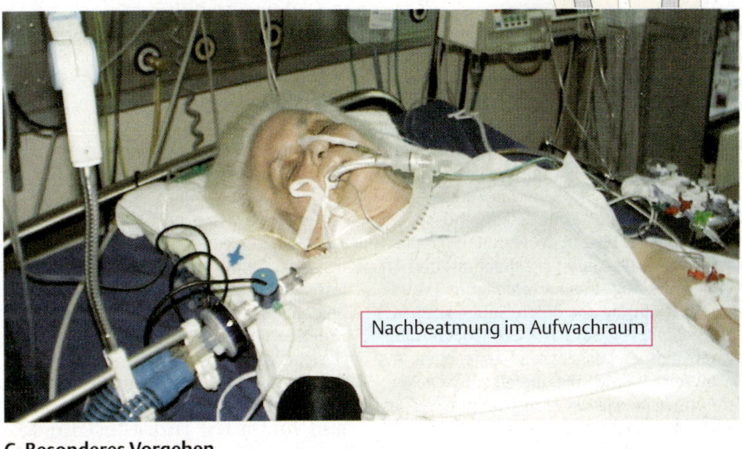

C. Besonderes Vorgehen

A. Gesichtsmaske

Um der für die Durchführung von Narkosen elementaren Aufgabe gerecht zu werden, die Lungen mit einem definierten Gasgemisch zu versorgen, steht für den Anästhesisten die Beherrschung der Beatmung mittels einer konventionellen Gesichtsbeatmungsmaske an zentraler Stelle. Eine *Maskenbeatmung* ist erforderlich

- in der Apnoephase vor der endotrachealen Intubation des „nüchternen" Patienten,
- bei Durchführung alleiniger Maskennarkosen (*Indikationen* s. Kap. 5.3),
- bei der inhalativen Narkoseeinleitung von Kindern und
- in Notfallsituationen.

Maskentypen. Für die erfolgreiche Maskenbeatmung ist ein *dichter* Sitz der Maske um Nase und Mund unbedingte Voraussetzung. Die Maske sollte sich dafür idealerweise durch einen geringen Anpreßdruck der vorgegebenen Gesichtsform anpassen, wofür die richtige *Form und Größe* der Maske mit entscheidend sind. Es stehen unterschiedliche Typen von Kunststoffmasken zur Verfügung. Die meisten haben einen harten Mittelteil und für die Gesichtsauflage einen weichen, verformbaren Gummiwulst, der bei einigen Modellen auch luftgefüllt ist. Durchsichtige Masken haben zudem den Vorteil, den Atemgasstrom durch leichtes intermittierendes Beschlagen und schneller eine Regurgitation erkennen zu können.

Praxis der Maskenbeatmung. Die Gesichtsmaske für *Erwachsene* ist dreieckig geformt und wird mit der Basis in Richtung Mundpartie und mit der Spitze in Richtung Nase aufgelegt. Eine kleine nasale Aussparung erhöht dabei die Paßgenauigkeit im Bereich der Nasenwurzel. Da nach Narkoseeinleitung die Mundbodenmuskulatur erschlafft, kann die Zunge auf die Rachenhinterwand zurückfallen und so den Atemgasstrom be- bzw. verhindern. Durch *Überstrecken* des Kopfes (Reklination) und Anwenden des sog. *Esmarch-Handgriffs* (Vorziehen des Unterkiefers durch Subluxation der Kiefergelenke) wird der Mundboden angespannt und der Zungengrund angehoben. Auf diese Weise werden die oberen Luftwege wiedereröffnet, so daß der Atemgasstrom frei passieren kann. Erst hierdurch wird die Maskenbeatmung überhaupt erst möglich. Nun wird der Unterkiefer mit dem dritten bis fünften Finger der linken Hand angehoben, die Maske mit Daumen und Zeigefinger umfaßt und dicht auf das Gesicht aufgesetzt („C-Griff", *A2*). Die rechte Hand ist dann zur Betätigung des Beatmungsbeutels frei. Der dichte Abschluß der Maske, die z. B. an ein gasgefülltes Kreissystem angeschlossen ist, zeigt sich u. a. an der Füllung des Atembeutels. Eine suffiziente Maskenbeatmung liegt vor, wenn ein ausreichendes Atemzugvolumen mit niedrigem Atemwegsdruck bewegt werden kann. Die Beatmung mittels Maske sollte ausschließlich *manuell* über einen Atembeutel erfolgen, da so die Widerstände innerhalb der Luftwege und Lunge durch die Hand am Beutel spürbar werden. Der Beatmungsdruck sollte, um eine Luftinsufflation in den Magen zu verhindern, 20–25 cmH_2O (unterhalb des normalen Verschlußdruckes des gastro-ösophagealen Sphinkters) nicht übersteigen. Das Atemzugvolumen läßt sich durch Beobachtung der Thoraxexkursionen grob abschätzen und bei Verwendung eines Kreisteils am Volumeter ablesen. Ein zu *hoher* Atemwegsdruck oder ein zu *niedriges* Atemzugvolumen können folgende Gründe haben:

1. Die Maske ist zu groß oder zu klein gewählt, es entsteht Nebenluft („Leckage").
2. Der Kopf ist nicht ausreichend rekliniert oder der Unterkiefer nicht ausreichend kinnwärts gezogen (→ „Atemwegsobstruktion").
3. Der Patient ist nicht ausreichend anästhesiert und „wehrt" sich gegen die Beatmung („erhöhter Muskeltonus").
4. Es liegen Verletzungen des Gesichtsschädels, Rachens oder Kehlkopfes, obstruierende Fremdkörper oder ein Laryngo- bzw. Bronchospasmus vor.

Besonderheiten. Zur Erleichterung bzw. Ermöglichung der Maskenbeatmung hat es sich in der Praxis bewährt, einen Vollbart zuvor entfernen zu lassen, bei kurzhalsigen Patienten routinemäßig einen Guedel-Tubus zu verwenden (s. u.) und bei Patienten mit übergroßer Nase und/oder fehlenden Zähnen die Maske beidhändig zu halten (Assistenzperson!). Nach Unterkieferresektionen und bei bestimmten Gesichtsanomalien ist eine Maskenbeatmung von vornherein aussichtslos. Diese Patienten müssen dann fiberendoskopisch wach intubiert werden, erst anschließend darf die Narkose eingeleitet werden.

Masken und Atemwegshilfen I

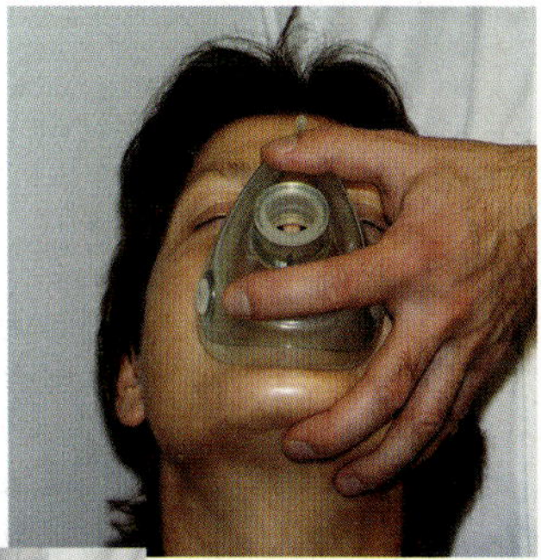

1. Gesichtsmasken

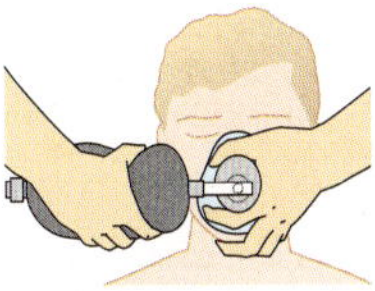

Die Beatmung mittels Maske sollte ausschließlich manuell über einen Atembeutel erfolgen.

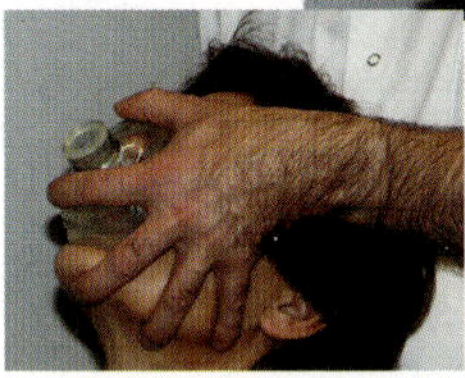

Fingerstellung für dichten Maskensitz: „C-Griff"

2. Handhabung

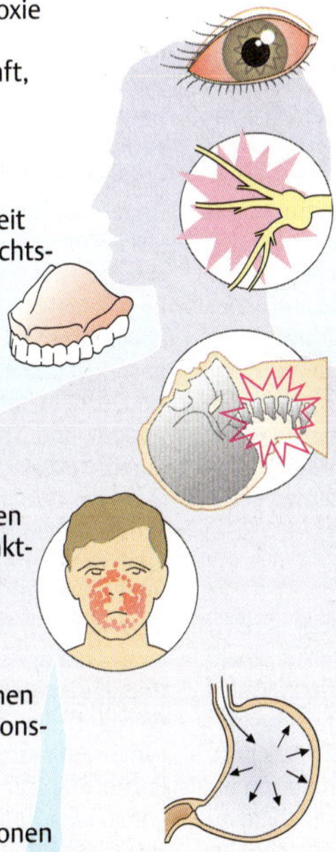

Hypoventilation und Hypoxie (Leckage, unbemerktes Nachlassen der Muskelkraft, Obstruktion)

Schwierige Handhabbarkeit (zahnlose Patienten, Gesichtsanomalien)

Pulmonale Aspiration

Allergische Hautreaktionen im Auflagebereich (Kontaktdermatitis)

Anaphylaktische Reaktionen (Latexmasken, Desinfektionsmittelreste)

Verletzungen der Augen: Lidödem, Chemosis, Hornhauterosion/-ulzeration

Verletzung von Ästen des N. trigeminus und N. facialis bei exzessivem Druck

HWS-Distraktion durch forcierte Reklination

Bei zu flacher Narkose:
- Husten, Würgen, Erbrechen
- Laryngo-, Bronchospasmus

Gastrale Luftinsufflation

3. Gefahren und Komplikationen

A. Gesichtsmaske

Gefahren und Komplikationen. Der Nachteil der Gesichtsmaskennarkose besteht für den Anästhesisten darin, daß er hierfür beide Hände benötigt und am Patienten „gebunden" ist. Potentielle, unmittelbar bedrohliche Gefahren bestehen hauptsächlich in einem Laryngo- und Bronchospasmus. Diese können bei schmerzhafter Stimulation und unzureichender Anästhesietiefe entstehen und müssen jederzeit durch intravenöse Medikamente beherrschbar sein, wozu die Anwesenheit einer zweiten Person (z. B. Anästhesiepflegepersonal) unerläßlich ist.

B. Atemwegshilfen

Zur Erleichterung des Offenhaltens der oberen Atemwege bei der Maskenbeatmung können Hilfsmittel wie der Oropharyngealtubus nach *Guedel* oder der Nasopharyngealtubus nach *Wendl* verwendet werden. Der Guedel-Tubus ist aus Hartgummi anatomisch vorgeformt, wird mit der zur Zunge konvexen Seite in den Mund eingebracht und durch 180°-Drehung zwischen Zungengrund und Rachenhinterwand plaziert. Er sollte, um keinen Würge- bzw. Brechreflex auszulösen, nur beim ausreichend anästhesierten oder beim komatösen Patienten eingesetzt werden. In neuerer Zeit werden Guedel-Tuben auch mit einer pharyngealen *Blockungsmanschette* zur Verminderung gastraler Luftinsufflation und der Regurgitationsgefahr unter Maskenbeatmung eingesetzt („cuffed oropharyngeal airway", COPA). Ob sich diese Atemwegshilfe in der klinischen Praxis etablieren wird, bleibt abzuwarten. Der Wendl-Tubus besteht aus Weichgummi oder -plastik. Er eignet sich weniger für die Verwendung bei der Maskenbeatmung, dafür aber wegen der besseren Toleranz auch bei wachen oder nur leicht bewußtseinsgetrübten Patienten zum Offenhalten der oberen Atemwege.

C. Kehlkopfmaske

Die Kehlkopf- bzw. Larynxmaske (engl. „laryngeal mask airway", LMA) wurde von Archibald Brain 1981 in England entwickelt („Brainmaske") und hat das Instrumentarium des künstlichen Atemweges erheblich bereichert. Bei der LMA handelt es sich im Prinzip um einen *oropharyngealen Tubus* mit einer distalen Blockungsmanschette (Cuff), die im aufgeblasenen Zustand den Larynxeingang wie eine Maske umschließt. Ursprünglich mehr als Alternative zur Gesichtsmaske gedacht, hat sich der Indikationsbereich mittlerweile dank zunehmender Erfahrung auch auf das Management des schwierigen Atemweges ausgedehnt (s. u.).

Maskentypen. Die LMA ist in sechs Größen für verschiedene Alters- bzw. Gewichtsklassen verfügbar. Die Auswahl der richtigen Größe erfolgt dabei primär nach dem Körpergewicht *(C2)*. Es werden Modelle mit *starrem* oder *flexiblem* (spiraldrahtverstärktem) Schaft angeboten. Die flexible Ausführung läßt ein Abknicken vermeiden und ist für den Einsatz bei Eingriffen im Kopf-/Hals-/Schulterbereich vorgesehen. Sie ist allerdings ohne Einführhilfe etwas schwieriger zu plazieren.

Einführtechnik. Grundvoraussetzung für das Einführen der LMA ist eine *ausreichende Mundöffnung*. Zahnprothesen müssen wie vor jeder Narkose entfernt werden. Nach Narkoseeinleitung und ggf. zwischengeschalteter konventioneller Maskenbeatmung kann die LMA, ohne daß eine Muskelrelaxation benötigt wird, mit einer Hand „blind" und ohne Hilfsmittel eingeführt werden. Zuvor wird der Kopf mit der anderen Hand, oder besser durch eine Assistenzperson, überstreckt, anschließend der Mund geöffnet und offengehalten. Die Führungshand umfaßt den Schaft der LMA, wobei der Zeigefinger von Anfang bis Ende des Einführvorganges, also ohne zwischendurch umgesetzt zu werden, auf dem eigentlichen Maskenansatz liegt („Bleistiftgriff"). Er dirigiert die LMA mit konstantem, geringem Druck zuerst über den harten, dann weichen Gaumen in ihre Endposition, d. h. in die Tiefe des Hypopharynx. Mundboden- und Trachea-Eingangsebene liegen in einem spitzen Winkel zueinander, der normalerweise durch den Gebrauch eines Laryngoskops aufgehoben wird. An diesem Übergang kann das weitere Vorschieben der LMA problematisch werden. Durch ein *Umschlagen* der relativ weichen Maskenspitze kommt es dann zu einer Fehllage mit hochgradiger Undichtigkeit, und der Patient kann nicht erfolgreich beatmet werden. Hier kann die Zuhilfenahme des Laryngoskops erfolgreich sein. Für die korrekte Plazierung der LMA soll außerdem der Cuff vollständig *luftleer* sein. Zudem sollen der dorsale Maskenteil und der Cuffbereich durch Auftragen eines Gels *gleitfähig* gemacht werden

Masken und Atemwegshilfen II

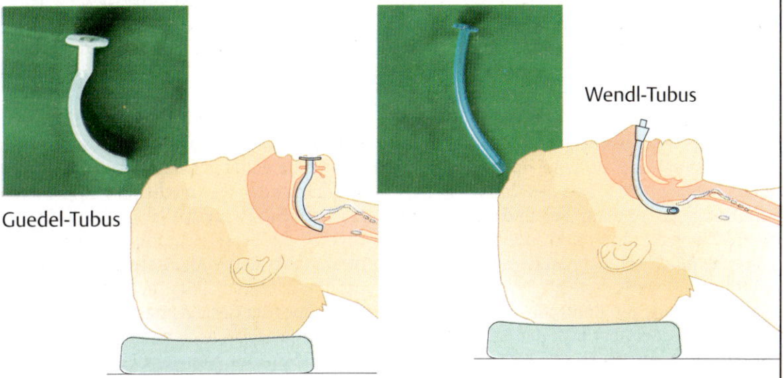

1. Guedel- und Wendl-Tubus

- Atemwegsobstruktion
  - Verlagerung der Epiglottis
  - Zurückdrängen einer großen Zunge (Guedel-Tubus)
  - Nasenbluten (Wendl-Tubus)
- Verletzungen der Zähne (Zubeißen unter Exzitation!), Ulzerationen von Lippen und Nase
- Uvulaödem (Guedel-Tubus)
- Husten, Würgen, Erbrechen
- Laryngospasmus
- pulmonale Aspiration
- kardiovaskuläre Stimulation (stärker beim Guedel-Tubus)

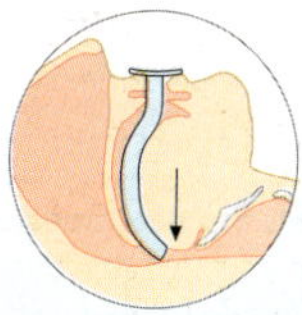

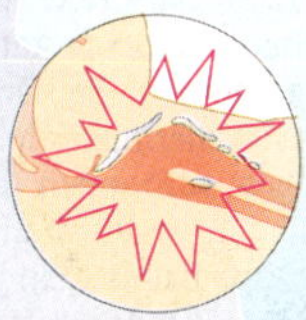

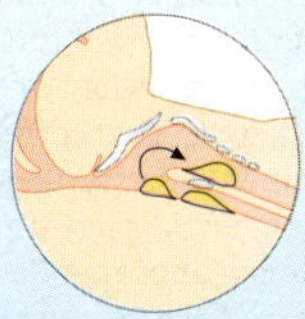

2. Komplikationen von Guedel- und Wendl-Tubus

B. Atemwegshilfen

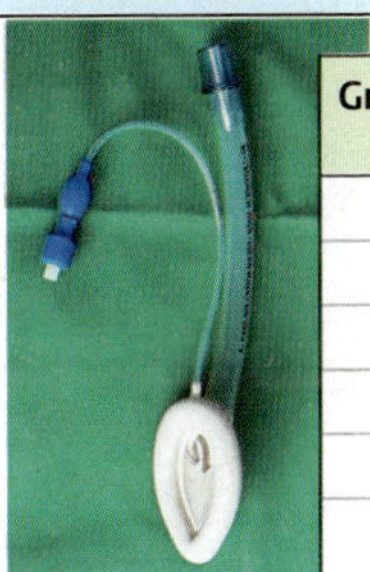

1. Standardtyp

Größe/Nr.	anzuwenden bei	Cuff-Füllvolumen bis max. ml
1	Säuglingen bis 6,5 kg	5
2	Kleinkindern bis 20 kg	10
2,5	Kindern (20 – 30 kg)	20
3	Jugendlichen (30 – 50 kg)	25
4	Erwachsenen	35
5	großen Erwachsenen >90 kg oder schlechtem Sitz der Größe 4	40

2. Auswahl der Kehlkopfmaske

C. Kehlkopfmaske

(„Lubrifikation"). Ein lokalanästhetikumfreies Gel hat dabei den Vorteil, nach der Narkose ein „Kloßgefühl" zu vermeiden.

Position. Aufgrund ihrer angepaßten Form gleitet die LMA in ihre Position auf bzw. hinter das knorpelige Kehlkopfskelett. Die Erfolgsquote liegt bei entsprechender Erfahrung des Anwenders bei über 95%. Bei optimalem, zentralem Sitz liegt die Spitze des Cuffs dem oberem Ösophagussphinkter auf, und die lateralen Anteile füllen die Sinus piriformes aus. Die Epiglottis befindet sich dann *außerhalb* der Maskenöffnung. Diese Lage zeigt sich allerdings bei fiberendoskopischer Kontrolle nur in ca. 10–20% der Fälle, bei über 80% der Patienten ragt die Epiglottis partiell in das Lumen der LMA hinein. Demgegenüber steht allerdings auch in diesen Fällen zumeist eine unbeeinträchtigte Beatmung. Man muß sich also vor der Schlußfolgerung hüten, bei einer guten Beatembarkeit liege immer eine korrekte Position der LMA vor.

Dichtigkeit. Bei Beatmungsspitzendrücken bis 20 cmH_2O schließen über 70% aller Larynxmasken dicht ab. In 50% der Fälle werden auch Spitzendrücke bis 30 cmH_2O toleriert, ohne daß eine Leckage auftritt. Bei Drücken von mehr als 20 cmH_2O ist allerdings eine *Luftinsufflation in den Magen*, verbunden mit erhöhtem Regurgitations- bzw. Aspirationsrisiko, nicht sicher auszuschließen. Ein Nachblocken bei Undichtigkeit führt hier nur selten zu einer Verbesserung; die LMA sollte in diesen Fällen neu plaziert werden. Aus den bisherigen Untersuchungen läßt sich kein erhöhtes Aspirationsrisiko bei Anwendung der LMA an primär nüchternen Patienten ableiten.

Narkoseführung. Als ideales Einleitungshypnotikum wird aufgrund der guten Erschlaffung der Kiefermuskulatur und der pharyngo-laryngealen Reflexdämpfung *Propofol* in einer Dosierung von 2–3 mg/kg KG i. v. angesehen, am besten in Kombination mit einem Opioid (z. B. Alfentanil 10–20 µg/kg KG). Eine Muskelrelaxation ist dabei in den meisten Fällen nicht erforderlich. Geachtet werden muß aber unbedingt auf eine ausreichend tiefe Narkose. Nach Narkoseende soll die LMA nur bei wachen Patienten und vollständiger Rückkehr der Schutzreflexe im entblockten Zustand entfernt werden. Pharyngeales Sekret wird erst nach der Exsertion abgesaugt. Um eine reflektorische Hypersalivation durch den Fremdkörperreiz der LMA von vornherein zu vermeiden, kann Atropin (0,01 mg/kg KG i. v.) zur Einleitung gegeben werden.

Anwendungsbereiche. Grundsätzlich kann eine LMA immer dann eingesetzt werden, wenn eine endotracheale Intubation nicht erforderlich oder erwünscht und eine Gesichtsmaske nicht zweckmäßig ist. Die LMA ist sicherlich die bessere Alternative zur Gesichtsmaske, aber keine Alternative, wenn die Indikation für einen Endotrachealtubus besteht. Gegenüber der Gesichtsmaske hat die LMA den Vorteil, daß i.d.R. auch eine maschinelle Beatmung, sogar mit geringem PEEP ($\leq$ 5 cmH_2O), möglich ist und Leckagen, die zur Hypoventilation und Raumluftkontamination mit Anästhetikagasen führen, deutlich seltener auftreten. Im Vergleich zum Endotrachealtubus führt die LMA nicht zu einer Irritation der Stimmbänder und Trachealschleimhaut, zu einer geringeren hämodynamischen Stimulation (ähnlich wie beim Guedel-Tubus) und niedrigeren Inzidenz postoperativer Halsschmerzen und Heiserkeit.

Erschwerte oder unmögliche Intubation. Die LMA kann in solchen Situationen als Hilfsinstrument dienen, den oberen Atemweg zu sichern und die Beatmung des Patienten zu gewährleisten. Außerdem läßt sich z. B. fiberendoskopisch ein dünner Tubus (bis ID 6,5 mm) endotracheal über die LMA einführen. Neuerdings steht eine modifizierte Ausführung der LMA zur Verfügung, die oftmals auch eine „Blindplazierung" des Tubus ermöglicht (LMA-Fastrach®).

Masken und Atemwegshilfen III

Einführung der LMA

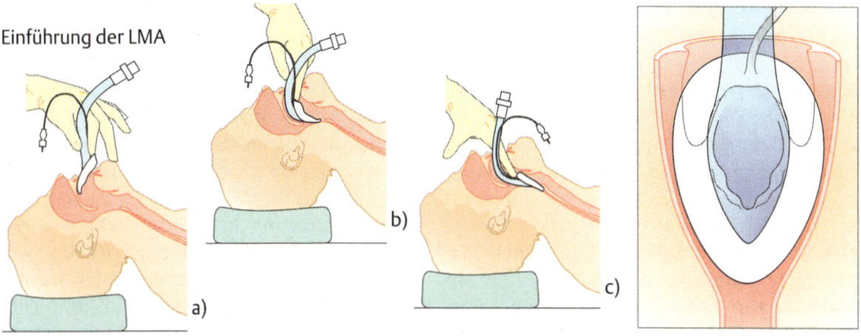

3. Kehlkopfmaske in situ

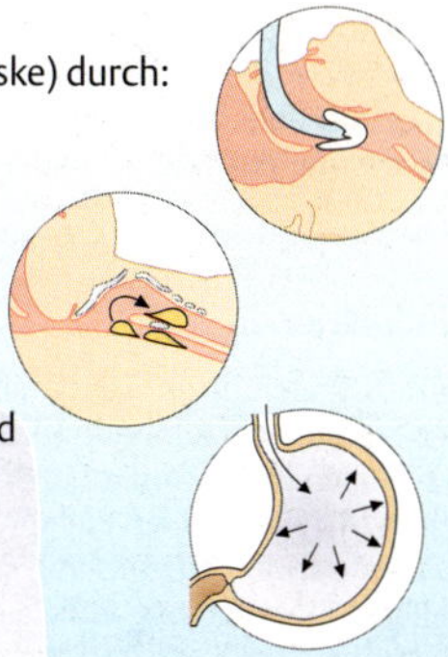

- Fehlplazierung mit Atemwegsobstruktion
- Dislokation (z.B. Umschlagen des Cuffs, Rotation der Maske) durch: Bewegen des Kopfes, Schlucken, Beißen auf den Tubus
- Husten, Würgen, Erbrechen
- Laryngo-, Bronchospasmus
- gastrale Luftinsufflation
- pulmonale Aspiration
- Druckschäden (z.B. durch exzessiv zu hohen Cuffdruck)
  - Epiglottisödem, Ödem der hinteren Rachenhinterwand
  - Hämatom im Larynxeingang
- Verletzung der Uvula und der Tonsillen
- Ödem der Zunge
- Hypoglossusparese

4. Komplikationen der LMA

- Eingriffe, für die eine endotracheale Intubation nicht erforderlich oder erwünscht und eine Gesichtsmaske nicht zweckmäßig ist
- Operationsdauer >15 min und < 2 – 3 h
- ambulante Eingriffe
- Augen-, Ohroperationen
- Narkosen bei Sängern
- unerwartet schwierige Intubation (als Leitschiene für Tubusplazierung)
- Notfallbeatmung

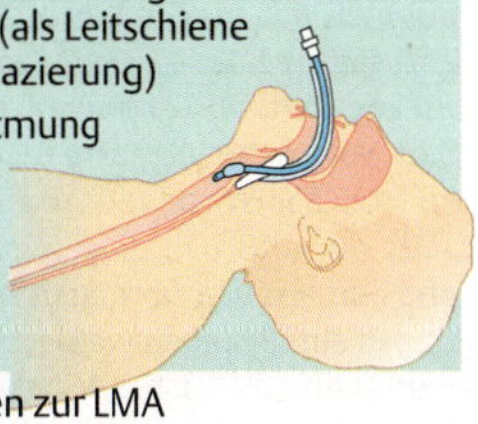

5. Indikationen zur LMA

- deutlich eingeschränkte Mundöffnung (z.B. Ankylose)
- lockere Frontzähne
- Nichtnüchternheit bzw. erhöhtes Aspirationsrisiko
- Bauchlagerung
- intraabdominelle, -thorakale und – kranielle Eingriffe
- Anwendung hoher Beatmungsdrücke (z.B. Lungenerkrankungen)
- Adipositas
- Erkrankungen im Mund-, Pharynx- oder Larynxbereich
- Tonsillenhypertrophie
- vorhersehbare schwierige Intubation
- fehlende Erfahrung

6. Kontraindikationen zur LMA

C. Kehlkopfmaske (LMA)

Unter endotrachealer Intubation versteht man das Einbringen eines Tubus in die Trachea. Dies kann durch den Mund („orotracheal"), die Nase („nasotracheal") oder durch Tracheotomie („pertracheal") erfolgen. Die Intubation ist die sicherste Methode zur Freihaltung und Kontrolle der Atemwege. Sie gewährleistet jederzeit die Zufuhr der gewünschten Sauerstoff- und Narkosegaskonzentrationen, minimiert das Risiko der pulmonalen Aspiration und ermöglicht die Durchführung sämtlicher Eingriffe unter kompletter Muskelrelaxation, außerdem die Langzeitbeatmung des Intensivpatienten ebenso wie eine effektive Beatmung während der kardiopulmonalen Reanimation. Als Standardzugang im Rahmen von Narkosen und bei Notfällen gilt der *orotracheale* Weg, der nasotracheale bleibt speziellen Indikationen, der pertracheale im wesentlichen der Langzeitbeatmung des Intensivpatienten vorbehalten.

A. Indikationen

Aus den angeführten allgemeinen Vorteilen lassen sich die einzelnen Indikationen zur endotrachealen Intubation im operativen Bereich ableiten *(A)*. Hier spielen zudem noch Faktoren wie Lokalisation, Art, Umfang und Dauer des jeweiligen Eingriffs eine Rolle.

B. Abschätzen der Intubationsbedingungen

Man schätzt das Auftreten einer unerwartet schwierigen Intubation auf 1:100 bis 1:1.000 und die Häufigkeit, einen Patienten weder intubieren noch mit der Maske beatmen zu können, auf ca. 1:10.000, so daß jeder Anästhesist auf unvorhergesehene schwierige Intubationssituationen eingestellt sein muß (s.u). Es ist daher für die Planung des individuellen Vorgehens besonders wichtig, die Atemwegsverhältnisse möglichst genau im Vorfeld, d. h. schon während der Prämedikationsvisite, zu beurteilen.

Ein **„schwieriger Atemweg"** liegt definitionsgemäß in der klinischen Situation vor, in der ein geübter und *erfahrener* Anästhesist Probleme mit der Maskenbeatmung und/oder der „konventionellen", d. h. unter direkter Laryngoskopie vorgenommenen endotrachealen Intubation bekommt. Schwierige Intubationsbedingungen ergeben sich, wenn bei der direkten Laryngoskopie unter „korrekter" Kopflagerung (s. Abschn. E) keine Einseh- bzw. Erkennbarkeit der Stimmritze (Glottis) zu erlangen ist. Ursachen können besondere Verhältnisse der Mund-/Kieferanatomie, pathologische Veränderungen auf pharyngealer, laryngealer oder trachealer Ebene und Bewegungseinschränkungen der Halswirbelsäule (HWS) sein. Solche *prädisponierenden* Faktoren müssen gezielt durch Befragung und Untersuchung des Patienten ausgemacht werden *(B1/B2)*, wobei insbesondere das Zusammentreffen mehrerer Faktoren von Bedeutung ist. Es hat nicht an Versuchen gefehlt, darüber hinaus allgemeine **Prädiktoren** für eine schwierige Intubation zu finden. In der klinischen Praxis werden vor allem die Schemata von Mallampati, Cormack und Lehane sowie der Test nach Patil zur Risikostratifizierung angewendet.

Nach **Patil** kann der *mento-thyreoidale Abstand*, d. h. die Distanz zwischen Kinnspitze und Schildknorpelprominenz, als Kriterium zur Abschätzung der Intubationsbedingungen herangezogen werden. Beträgt dieser unter maximaler Reklination des Kopfes *mehr als 6,5 cm*, kann von einer unter direkter Sicht durchführbaren Intubation ausgegangen werden. Ein Abstand zwischen 6 und 6,5 cm macht die direkte Laryngoskopie schwierig, ein Abstand unter 6 cm (weniger als drei Querfinger) i.d.R. unmöglich.

Mallampati korreliert dagegen den durch Inspektion erhobenen anatomischen Befund enoraler und oropharyngealer Leitstrukturen mit der Einsehbarkeit des Larynxeinganges bzw. der Stimmritze (Glottis). Die *graduelle* Einteilung (MP-Klasse I–III) erfolgt danach, inwieweit der Zungengrund die Sichtbarkeit der Pharynxhinterwand und der Gaumenanteile behindert. Für das Größenverhältnis dieser Strukturen zueinander spielt auch die Mundöffnung eine wesentliche Rolle *(B2)*. Die *oropharyngeale* Inspektion wird deshalb am aufrecht sitzenden Patienten mit maximal geöffnetem Mund und herausgestreckter Zunge ohne Phonation durchgeführt. Die ursprünglich von Mallampati nicht vorgesehene Klasse IV wurde nachträglich von Samsoon und Young als Extremvariante der Klasse III eingefügt. Bei MP-Klasse I kann zumeist von normalen Intubationsbedingungen ausgegangen werden. Die MP-Klasse III geht oft und die Klasse IV nahezu regelhaft mit einer erschwerten, nicht selten auch konventionell unmöglichen Intubation einher; hier

Endotracheale Intubation I

Allgemeine Indikationen

- Schutz vor pulmonaler Makroaspiration
- Erfordernis einer kontrollierten Beatmung
- Bedarf einer kompletten Muskelrelaxation

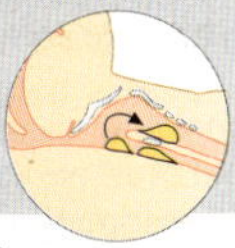

Spezielle Indikationen

- Eingriffe
  - intrathorakal
  - intraabdominell
  - 2-Höhlen-Eingriffe
  - intrakraniell
  - im Kopf-Hals-Bereich
  - bei aspirationsgefährdeten Patienten
  - mit langer Dauer (> 3 – 4 h)
- Säuglinge < 6 Monate
- OP-Lagerung
  - sitzende Position
  - Bauchlage
  - Seitenlage, bes. „Nierenlagerung"
- akute respiratorische Insuffizienz
- Langzeitbeatmung
- Ein-Lungen-Beatmung (Doppellumentubus)

A. Indikationen

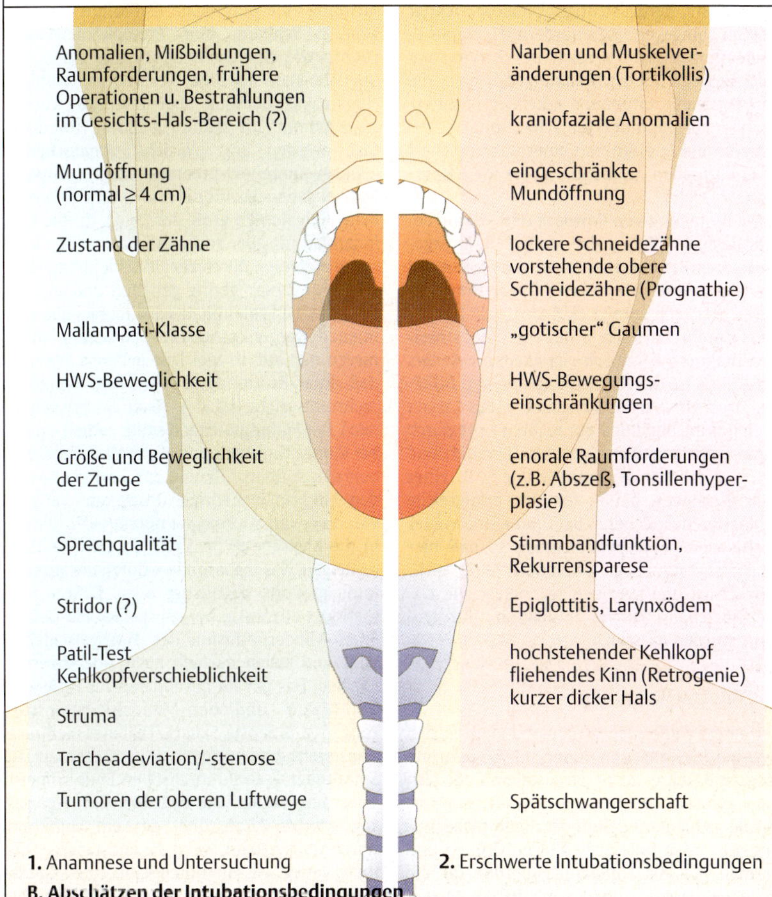

1. Anamnese und Untersuchung

2. Erschwerte Intubationsbedingungen

B. Abschätzen der Intubationsbedingungen

muß erwartet werden, daß der „Kehldeckel" (Epiglottis) durch das Laryngoskop nicht aufzurichten ist und damit die Stimmritze nicht einsehbar bzw. erkennbar sein wird (Grad 3 u. 4 nach *Cormack und Lehane*). Bei MP-Klasse II ist keine individuelle Vorhersage möglich. Insgesamt liegt der statistische Vorhersagewert einer schwierigen Intubation allerdings nur bei etwa 50%, d.h. daß ca. die Hälfte der als MP III/IV klassifizierten Patienten doch problemlos zu intubieren sind. Kritisch muß auch angemerkt werden, daß die Mallampati-Klassifikation nur die funktionalen anatomischen Beziehungen zwischen Mundboden und Oropharynx auf der einen und Hypopharynx und Larynx auf der anderen Seite berücksichtigt. Unberücksichtigt bleiben hingegen raumfordernde, stenosierende Prozesse im Bereich des Larynx und HWS-Bewegungseinschränkungen, die die konventionelle Intubation erheblich erschweren oder auch unmöglich machen können. Dies schränkt die Aussagekraft einer unkompliziert zu erwartenden Intubation in der MP-Klasse I ein.

Die Einteilung von **Cormack und Lehane** beruht dagegen allein auf dem *direkten laryngoskopischen* Befund. Hierbei wird die Sicht auf die Glottis ebenfalls in *vier* Grade unterteilt *(B3)*. Es hat sich gezeigt, daß die Grade 1 und 2 dem durchschnittlich erfahrenen Anästhesisten praktisch keine Schwierigkeiten bereiten. Bei *Grad 3* ist die Anwendung des sog. *BURP-Manövers* (manuelles Verschieben des Larynx nach hinten, oben und zur rechten Seite durch entsprechenden Druck auf das Thyreoid) und ggf. zusätzlicher Hilfsmittel, wie z.B. eines Führungsstabes, häufig für eine erfolgreiche Intubation ausreichend. Bei *Grad 4* sind weder Glottis noch Epiglottis sichtbar, so daß hier eine konventionelle Intubation i.d.R. nicht möglich ist und spezielle Techniken, wie z.B. die *fiberendoskopische* Intubation, durchgeführt werden müssen.

C. Endotrachealtuben

Bei einem Endotrachealtubus handelt es sich um eine aus Kunststoff (zumeist PVC) geformte biegsame Röhre, an deren distalem Ende sich eine aufblasbare Manschette (Cuff) zur trachealen Abdichtung befindet. Endotrachealtuben gibt es in unterschiedlichen Größen und Formen *(C)*. Als *Standardausführung* für die orale und nasale Intubation gilt der sog. **Magill-Tubus**, der leicht gekrümmt verläuft und dessen Spitze angeschrägt ist. Heutzutage kommen fast ausschließlich sog. Einmaltuben zur Anwendung. *Spiraltuben* bestehen i.d.R. aus Silikon, in das eine Metallspirale zur Verstärkung eingebettet ist. Sie werden eingesetzt, wenn ein Abknicken oder eine Kompression des Tubus sicher verhindert werden muß, wie z.B. bei intrakraniellen Eingriffen, bei vielen anderen Operationen im Kopf-Hals-Bereich oder bei Bauchlagerungen.

Der **Cuff** dient dem luftdichten Abschluß zwischen Tubus und Trachealwand, wodurch überhaupt erst die Beatmung mit positivem Druck ermöglicht wird. Zudem soll mit der Abdichtung eine pulmonale Aspiration von Magensaft, Schleim, Blut, Fremdkörpern etc. ebenso wie eine Raumluftkontamination mit Inhalationsanästhetika verhindert werden. Hierzu wird der Cuff über einen Zuleitungsschlauch mit Luft gefüllt („geblockt"). Heutzutage werden sog. *Niederdruckmanschetten* („high-volume/low-pressure"-Cuffs) verwendet, bei denen das für die Abdichtung erforderliche Füllvolumen groß, der Druck für die Ballonentfaltung aber gering ist. Das hat den Vorteil, daß der auf die tracheale Schleimhaut einwirkende Druck gering gehalten und so eine ischämische Schleimhautschädigung i.d.R. vermieden werden kann. Die Manschette sollte hierzu nur mit so viel Luft geblockt werden, daß unter Beatmung gerade keine Nebenluft mehr entweicht (i.d.R. 5–10 ml bei Erwachsenen). Der Füllungszustand sollte zudem – auch bei Kurzzeitintubationen –intermittierend *manometrisch* überprüft und ggf. korrigiert werden. Ein primär niedriger Druck kann bei Verwendung von Stickoxydul durch *N_2O-Diffusion* in die Manschette im Laufe der Zeit deutlich ansteigen, was insbesondere durch die großvolumigen Cuffs begünstigt wird. Drücke von mehr als 20 mmHg bergen hierbei die Gefahr einer Minderperfusion der Trachealschleimhaut und sollen deshalb nicht überschritten werden. Das gilt im besonderen für Patienten mit Makro- und/oder Mikrozirkulationsstörungen (z.B. Sepsis, Schock, Diabetes mellitus). Kunststofftuben verfügen – im Gegensatz zu Spiraltuben – an ihrem distalen Ende zumeist über eine zusätzliche seitliche Öffnung, das sog. **Murphy-Auge**, über das ein Luftstrom noch erfolgen kann, wenn die endständige Öffnung verlegt ist. Hierdurch kann eine *exspiratorische Ventilstenose*, d.h. eine Behinderung

Endotracheale Intubation II

Klasse I
Pharynxhinterwand, Uvula, Gaumenbögen und weicher Gaumen sichtbar

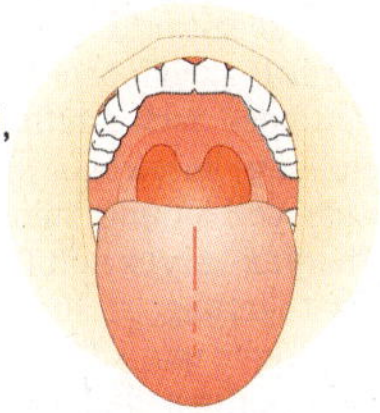

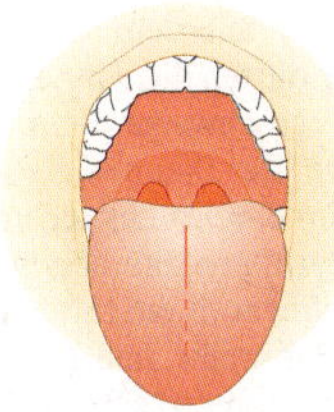

Klasse II
Uvulaspitze durch Zungenbasis verdeckt; Gaumenbögen und weicher Gaumen sichtbar

Klasse III
nur weicher Gaumen sichtbar

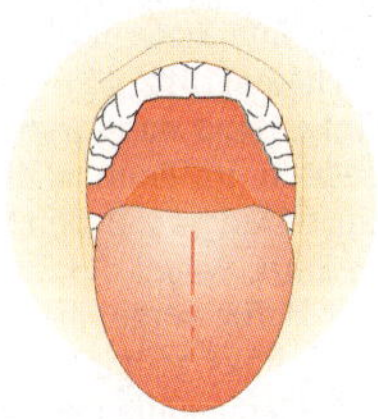

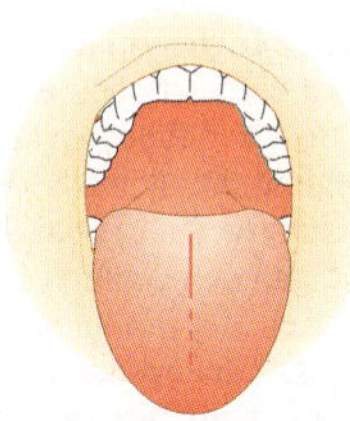

Klasse IV
(Modifikation nach Samsoon und Young) nur harter Gaumen sichtbar

3. Mallampati-Klassifikation (bei oraler Inspektion)

Grad 1
Glottis vollständig einsehbar

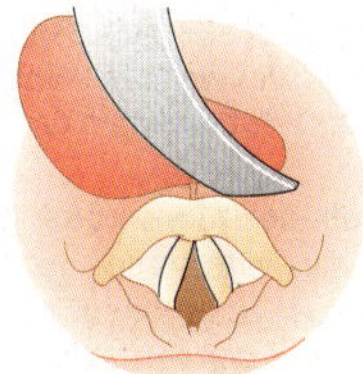

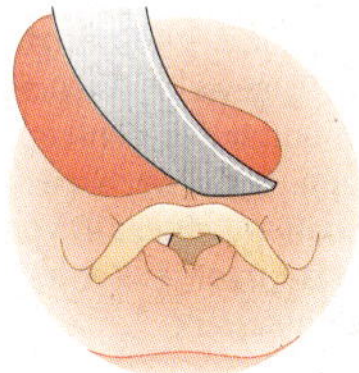

Grad 2
nur hinteres Drittel der Glottis und hintere Kommissur sichtbar

Grad 3
Glottis vollständig verdeckt; nur Epiglottis erkennbar

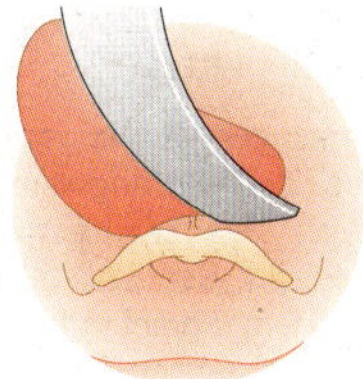

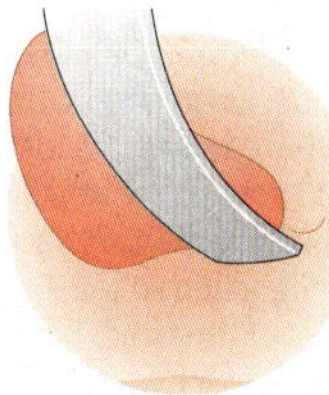

Grad 4
wie III, zusätzlich auch Epiglottis durch Mundbodenstrukturen komplett überlagert

4. Cormack-und-Lehane-Klassifikation (bei direkter laryngealer Inspektion)

B. Abschätzen der Intubationsbedingungen

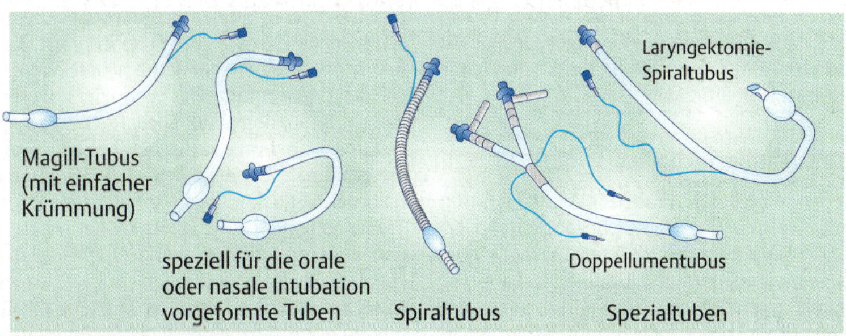

Übersicht der Endotrachealtuben

C. Endotrachealtuben

des Ausatmungsluftstromes, vermieden werden, die z. B. eintritt, wenn sich der geblockte Cuff über die Tubusspitze schiebt („Cuff-Hernie") oder wenn bei einer Tracheadeviation das distale Tubuslumen der Trachealwand aufliegt.

Wahl der Tubusgröße. Um einerseits die Strömungswiderstände in den Atemwegen nicht zu sehr zu erhöhen, anderseits aber auch eine Schädigung von Larynx und Trachea zu vermeiden, soll der Tubus mit dem größtmöglichen Innendurchmesser (ID) gewählt werden, der ohne Schwierigkeiten durch den Kehlkopf vorgeschoben werden kann. Bei Erwachsenen werden am häufigsten Tuben mit einem ID von 7,5–8,5 mm verwendet, was einem Außenumfang von 31–35 Charrière entspricht.

D. Hilfsmittel

Hierzu gehören in erster Linie das Laryngoskop, der Führungsstab und die Intubationszange. Das **Laryngoskop** besteht aus dem Handgriff, der Batterien bzw. Akkus enthält, und dem Spatel mit der Lichtbirne. Der in Deutschland am häufigsten benutzte Typ ist der gebogene Spatel nach *Macintosh*. Daneben gibt es gerade Spatel, die überwiegend zur Intubation von Früh-, Neugeborenen und Säuglingen eingesetzt werden, sowie zahlreiche Spatelvarianten, die im Einzelfall die Laryngoskopie erleichtern bzw. ermöglichen sollen. Ein **Führungsstab** aus formbarem Kunststoff kann hilfreich sein, um bei Intubationsschwierigkeiten die Tubuskrümmung verändern oder mit einer *weichen* Spitze die Stimmritze bei unzureichender oder fehlender Einsehbarkeit sondieren zu können. Eine kunststoffarmierte **Magill-Zange** dient zur Erleichterung der *nasotrachealen* Intubation, indem das distale Tubusende nach Einsetzen des Laryngoskops gefaßt und der Tubus unter Sicht direkt durch die Stimmritze geführt wird.

E. Intubationstechniken

Die endotracheale Intubation wird i.d.R. am narkotisierten und komplett muskelrelaxierten Patienten unter direkter Laryngoskopie transoral vorgenommen. Um die Intubation so einfach wie möglich zu gestalten, sollte der Kopf grundsätzlich in Neutralposition, leicht erhöht (ca. 10 cm beim Erwachsenen) auf einem Kissen gelagert werden. Hierdurch wird die Halswirbelsäule gering nach vorn gebeugt und der Kopf im Atlanto-Okzipital-Gelenk etwas überstreckt (*cave*: HWS-Trauma!). Dies wird als angehobene Reklination, *Jackson-Position* oder auch „sniffing position" (Schnüffelstellung) bezeichnet und läßt eine nahezu gerade Verbindungslinie zwischen Mundhöhle-Pharynx-Larynx und Trachea entstehen. In dieser Lagerung ist auch der Abstand zwischen Zahnreihe und Kehlkopfeingang am kürzesten. Beim Öffnen des Mundes mit dem rechten Daumen und Zeigefinger dürfen die Zähne des Patienten nicht berührt, geschweige denn als Stütze verwendet werden. Der Daumen gleitet deshalb als Widerlager im Bereich des rechten Mundwinkels in die Oberlippenfalte *oberhalb* der Zahnreihe, der Zeigefinger in die Unterlippenfalte *unterhalb* der Zahnreihe und drückt den Unterkiefer leicht nach unten (extraoraler „Scherengriff"; *E2*). Danach wird durch die linke Hand das Laryngoskop mit dem aufgesetzten, im Routinefall *gebogenen* Macintosh-Spatel langsam in den Mund des Patienten eingeführt, wobei die Zunge mit dem Spatel, in der dafür vorgesehenen Aussparung liegend, nach links gedrängt und der Spatel weiter in der Medianlinie über den Zungengrund bis in die Plica glossoepiglottica vorgeschoben wird. Durch Zug in Richtung des Mundbodens *ohne* Hebel- bzw. Kippbewegung im Bereich der Oberkieferzähne (Verletzungsgefahr!) wird die Epiglottis aufgestellt und gibt den dahinter liegenden Larynxeingang frei, der im Idealfall einschließlich der dem Spatel anliegenden Epiglottis vollständig einsehbar wird. Bei Verwendung eines *geraden* Spatels wird bei ansonsten vergleichbarem Vorgehen die Epiglottis mit der Spatelspitze aufgeladen. Der Endotrachealtubus wird dann von der rechten Seite so an den Larynxeingang herangeführt, daß die anschließende Passage durch die Stimmritze direkt beobachtet und damit die sichere endotracheale Lage unmittelbar verifiziert werden kann („Intubation unter Sicht"). Die *korrekte* Position ist beim Erwachsenen erreicht, wenn die proximale Cuffbegrenzung ca. 2 cm unterhalb der Glottis zu liegen kommt. Bei einigen Tubusmodellen ist die „Glottishöhe" durch einen äußeren Farbring markiert. Da die Tracheälänge beim Erwachsenen ca. 10–12 cm beträgt, befindet sich bei dieser Methode die Tubusspitze ca. 4–5 cm oberhalb der Bifurkation. Bei einem Abstand zwischen Zahnreihe und Stimmritze von ca. 10–14 cm beträgt die Intu-

Endotracheale Intubation III

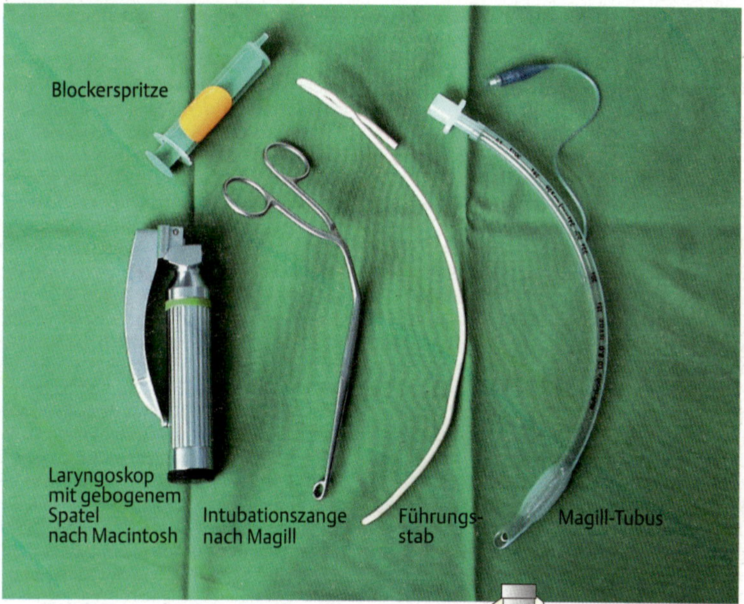

D. Hilfsmittel

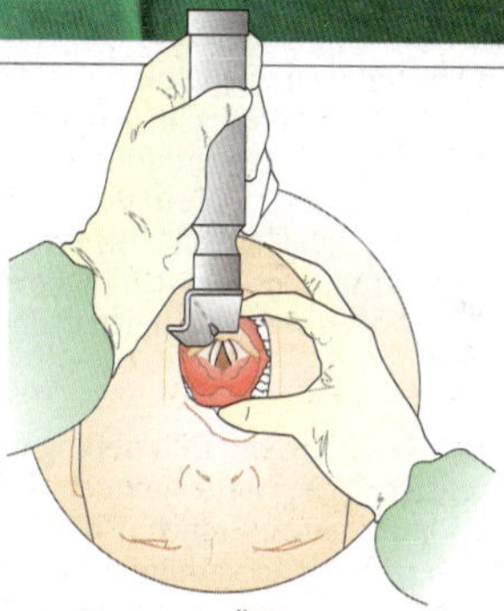

2. Fingerstellung zum Öffnen des Mundes

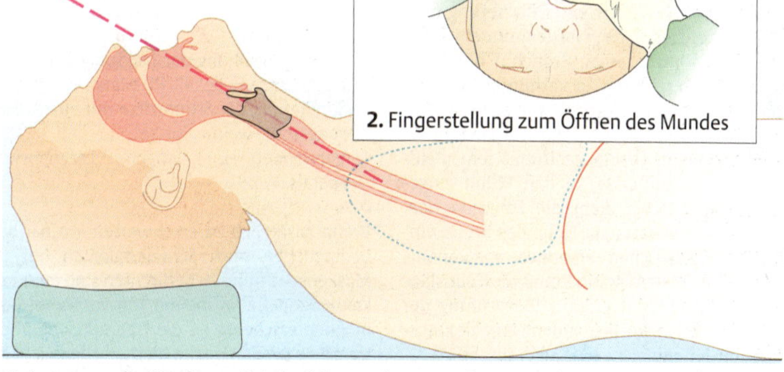

1. Lagerung des Kopfes und Verlauf der Intubationsachse

E. Intubationstechniken

bationstiefe dann 20–24 cm, was durch eine Längenmarkierung des Tubus auf Mundhöhe erkennbar und damit überprüfbar ist. Zuletzt wird der Cuff geblockt, und die Beatmung kann durchgeführt werden.

Tubuslage. Wenn die Intubation nicht unter Sicht erfolgen konnte oder wenn Zweifel an der endotrachealen Tubuslage bestehen, muß unter *manueller* Beatmung eine **Auskultation** vorgenommen werden. Unter diesen Bedingungen ist es sinnvoll, zunächst das *Epigastrium* auszukultieren, um zu überprüfen, ob Luft in den Magen gelangt („ösophageale Tubusfehllage"). Erst danach sollte die eigentliche Auskultation der *Lungen* erfolgen, und zwar jeweils links und rechts über dem *lateralen* Thorax, um auch eine einseitige Beatmung infolge zu tiefer Intubation erkennen zu können („endobronchiale Tubusfehllage"). Eine Tubusfehllage kann jedoch durch Auskultation nicht in jedem Fall einwandfrei erkannt werden. Hierzu bietet sich als schnellste Methode die **Kapnographie** an. Die Beobachtung einer CO_2-Eliminationskurve gilt dabei als „absolut" sicheres Zeichen einer Lungenventilation, wodurch zwar eine ösophageale, aber nicht eine endobronchiale Tubusfehllage ausgeschlossen werden kann (Einzelheiten s. Kap. 9.1). Letzteres gelingt nur durch eine *fiberendoskopische* Überprüfung des Tubussitzes. Stehen Kapnographie und Fiberoptik einmal nicht zur Verfügung, sollte bei Zweifeln an der richtigen Tubusposition der Tubus entfernt und neu plaziert werden („when in doubt – take it out").

Tubusfixation. Nach korrekter Plazierung muß der Tubus sicher fixiert werden, um eine spätere Dislokation in einen Bronchus oder eine ungewollte Extubation zu verhüten. Die Fixation wird mit einem Nackenband oder sorgfältig geklebten Pflasterstreifen vorgenommen, nachdem beim Orotrachealtubus ein Beißschutz (z. B. Mullbinde) in den Mund eingeführt wurde. Dabei dient die *Längenmarkierung* des Tubus dazu, auf Höhe des Mundwinkels ein Verrutschen erkennen zu können. Nach Abschluß der Fixation muß die Tubuslage erneut kontrolliert werden (Überprüfung der Längenmarke in Korrespondenz mit der Auskultation seitengleicher Atemgeräusche).

Nasale Intubation. In besonderen Fällen, wie z. B. bei operativen Eingriffen im Mund-/Rachenbereich oder anatomischen Veränderungen mit behinderter Mundöffnung, wird der Endotrachealtubus nicht oral, sondern nasal eingeführt. Dabei wird nach Gabe abschwellender Nasentropfen (z. B. Xylometazolin – Otriven® 0,1 %) der ausreichend lubrifizierte Tubus zunächst über ein Nasenloch unter leichten Drehbewegungen durch den unteren Nasengang bis weit in den Oropharynx vorgeschoben. Dies muß vorsichtig geschehen, um stärkere Blutungen, z. B. infolge eines submukösen Vorschiebens des Tubus, zu vermeiden. Anschließend kann unter nun laryngoskopischer Darstellung der Tubus von dort aus mit Hilfe einer mit der rechten Hand geführten Magill-Zange gefaßt und durch die Stimmritze bis in die Trachea vorgeschoben werden. Hierbei dürfen die Branchen den Cuff nicht verletzen und müssen den Tubus deshalb entweder oberhalb oder an dessen Spitze fassen. Sollte es beim ersten Versuch nicht möglich sein, den Tubus korrekt zu plazieren, sollte dieser bis in den Oropharynx zurückgezogen, möglichst aber nicht entfernt werden, da hierbei heftigeres Nasenbluten auftreten kann. Über den liegenden Tubus kann, wenn der Mund und ggf. noch das andere Nasenloch zugehalten werden, vor dem nächsten Versuch kurz beatmet werden.

F. Erschwerte und fiberendoskopische Intubation

Ist eine schwierige Intubation zu erwarten oder stellt sich eine Intubation als unerwartet schwierig heraus, können folgende Maßnahmen das Vorgehen bei **konventioneller** Intubation erleichtern:
- weitere Erhöhung der Jackson-Position,
- Durchführung des BURP-Manövers (s. o.),
- Sondierung der Stimmritze mit einem Führungsstab (*weiche* Spitze),
- Verwenden eines längeren Laryngoskopspatels.

Wenn zusätzlich zu erschwerten Intubationsbedingungen noch Schwierigkeiten bei der Maskenbeatmung zu befürchten sind oder eine konventionelle Intubation von vornherein unmöglich erscheint, ist die fiberoptische endotracheale Intubation die Methode der Wahl zur Sicherung des Atemweges. Sie wird in diesen Fällen immer am *wachen* spontan atmenden Patienten unter Lokalanästhesie der Schleim-

Endotracheale Intubation IV

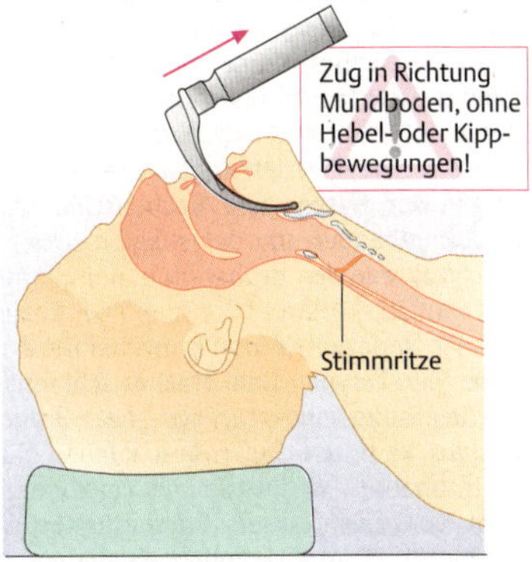

gebogener Spatel nach Macintosh

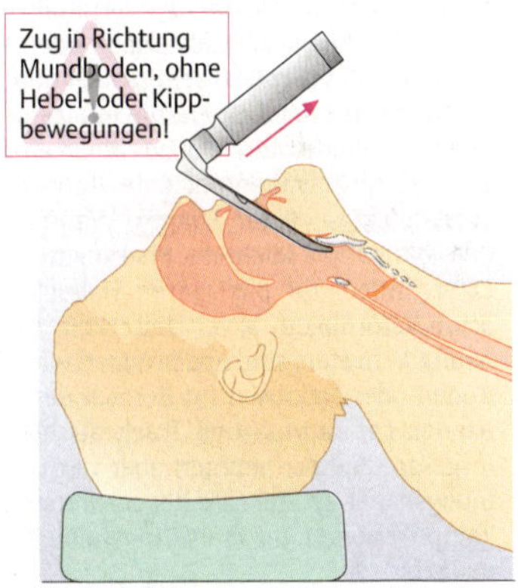

gerader Spatel

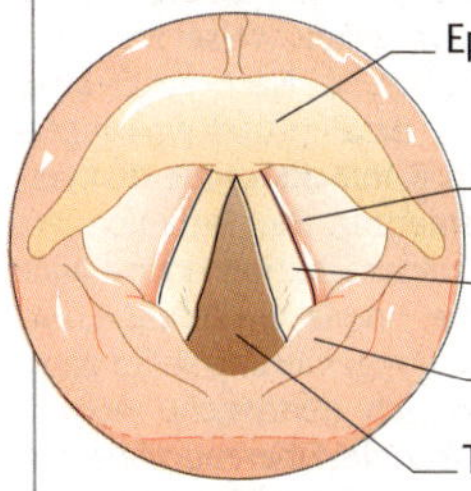

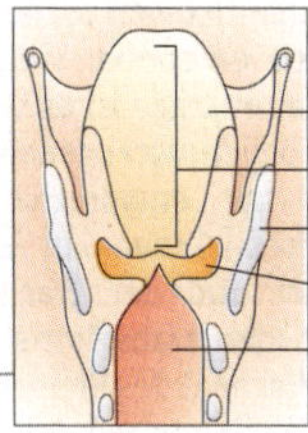

3. Laryngoskopische Darstellung des Kehlkopfes

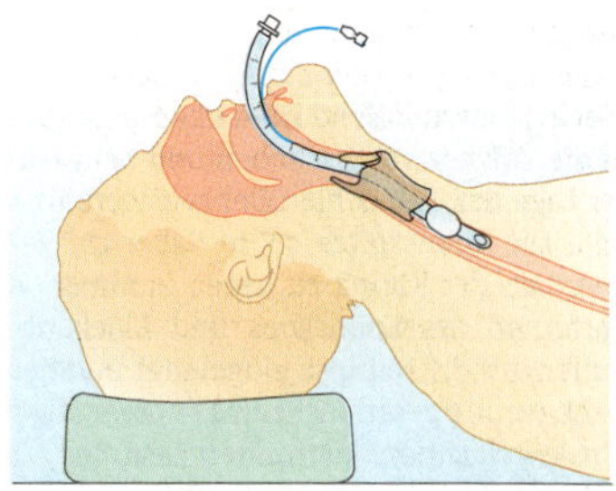

4. Korrekte Endotrachealposition des Tubus

- Eingriffe, bei denen ein oraler Tubus hinderlich wäre
- orale Intubationshindernisse, Kiefergelenkdystrophien
- evtl. bei schwieriger oraler Intubation

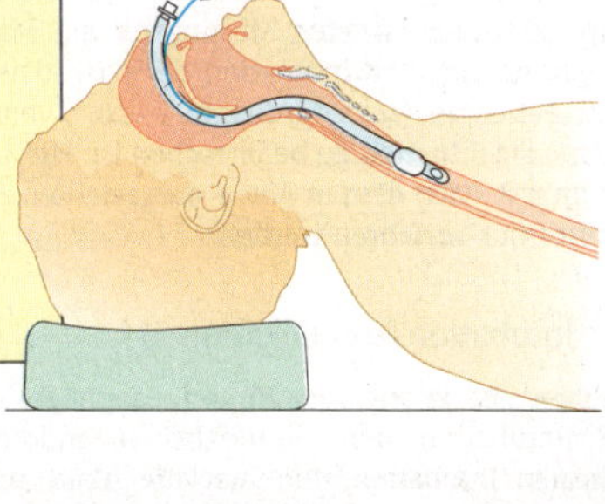

5. Indikationen zur nasotrachealen Intubation

E. Intubationstechniken

häute und ggf. milder, kooperationserhaltender Sedierung (z. B. Midazolam: fraktioniert 0,5–1 mg i. v.) vorgenommen. Hierbei kann der Tubus oro- oder *nasotracheal* plaziert werden, wobei die nasale Vorgehensweise technisch einfacher durchführbar ist. Nach ausgiebiger Sprühanästhesie der nasalen und pharyngealen Schleimhäute (z. B. mit Lidocain 8–10 %) erfolgt die Präoxygenierung. Bei Patienten mit eingeschränkter Lungenfunktion kann auch eine kontinuierliche, nasale O_2-Zufuhr erforderlich werden. Die Oxygenierung sollte dabei immer pulsoxymetrisch überwacht werden. Sodann wird das flexible Fiberendoskop mit dem darübergestreiften Tubus eingeführt und langsam in den Hypopharynx vorgeschoben, bis Epiglottis und Glottis erkennbar werden. Besonders bei der nasalen Passage ist es wichtig, so schonend wie möglich vorzugehen, da hier leicht Blutungen mit entsprechender Sichtbehinderung auftreten können. Zur Anästhesie der Stimmbänder und der Trachealschleimhaut sollte vor der transglottischen Passage durch den Arbeitskanal des Endoskops Lokalanästhetikum nachinjiziert werden. Alternativ kann das Lokalanästhetikum auch vor Beginn der Prozedur durch das Lig. cricothyreoideum injiziert werden („transkrikoidaler Block"). Anschließend kann das Fiberendoskop in die Trachea vorgeschoben und bei gesicherter Lage der Tubus hierüber nachgeführt werden. Die Tubusspitze sollte dabei ca. 3–4 cm oberhalb der Karina zu liegen kommen. Nach Entfernen des Endoskops und Blockung des Cuffs wird die Narkose eingeleitet und der Patient, wenn operationsbedingt notwendig nach Muskelrelaxation, kontrolliert beatmet.

Management des schwierigen Atemweges („difficult airway management"). Jeder Anästhesist muß grundsätzlich mit den Maßnahmen und Möglichkeiten vertraut sein, wie im Falle des unerwarteten Mißlingens von Maskenbeatmung und Intubation des narkotisierten Patienten („can't intubate – can't ventilate") die Situation zu beherrschen ist. Hierbei kann z. B. nach dem in *Abb. F* dargestellten Algorithmus verfahren werden.

G. Intubationskomplikationen

Neben der bereits erwähnten ösophagealen Fehlintubation oder unmöglichen endotrachealen Intubation sind hier die Akut- und Spätfolgen einer Traumatisierung, die Reflexstimulation und tubusbedingte Störungen der Beatmung zu nennen. Unter den häufigsten direkten *Intubationstraumen* finden sich Beschädigungen von Lippen und Zähnen bis zur kompletten Zahnluxation durch das Laryngoskop (typische „Hebelverletzungen") sowie Verletzungen der Nasen- und Rachenschleimhaut, der Stimmbänder und der subglottischen Region. Während der Intubation und im Rahmen der Extubation kann es vor allem bei unzureichender Narkosetiefe durch mechanische Irritation der Larynx- und Trachealschleimhaut zur Auslösung eines *Laryngo- oder Bronchospasmus* kommen. Außerdem können durch die Intubation *kardiovaskuläre* Reaktionen in Form von tachykarden Rhythmusstörungen und Blutdruckanstiegen oder seltener von Bradyarrhythmien und Blutdruckabfällen hervorgerufen werden. *Beatmungsstörungen* entstehen durch Abknicken des Tubus oder Sekretverlegung des Lumens, selten auch durch eine Cuff-Leckage oder Cuff-Hernie infolge defekter Manschette oder durch akzidentelle einseitige, zumeist rechtsendobronchiale Intubation (→ Totalatelektase einer Lunge). Während nach der Extubation leichtere Pharyngitiden oder Laryngitiden mit passageren Halsschmerzen, Schluckstörungen bzw. Heiserkeit durchaus häufig auftreten, sind *Spätschäden* wie Ulzerationen oder Nekrosen im Bereich der Stimmbänder, der Larynx- und Trachealschleimhaut insgesamt selten, nehmen aber mit der Beatmungsdauer zu. Als eine der schwersten Spätkomplikationen gilt die sehr seltene Tracheomalazie.

Endotracheale Intubation V

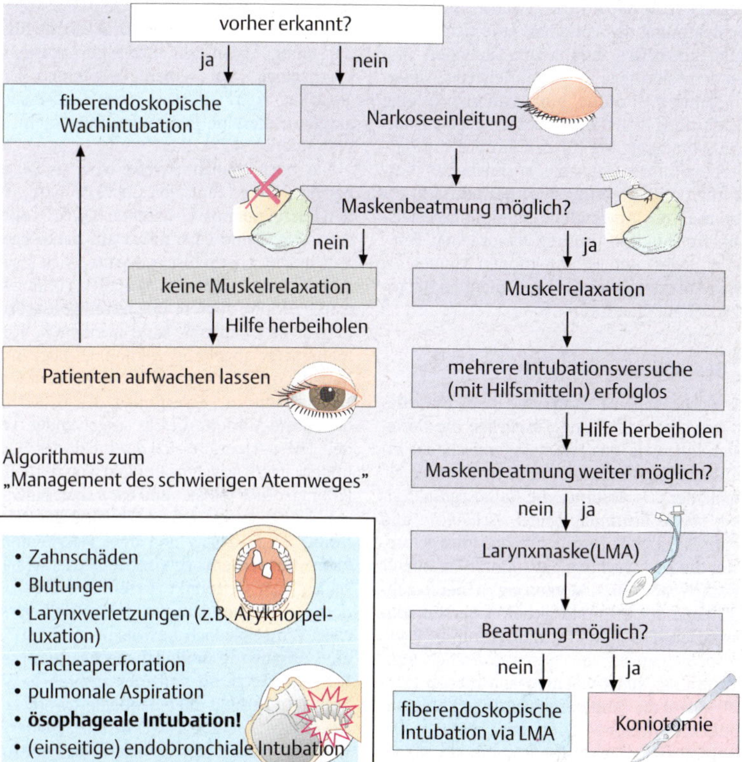

Algorithmus zum „Management des schwierigen Atemweges"

F. Erschwerte und fiberendoskopische Intubation

- Zahnschäden
- Blutungen
- Larynxverletzungen (z.B. Aryknorpel-luxation)
- Tracheaperforation
- pulmonale Aspiration
- **ösophageale Intubation!**
- (einseitige) endobronchiale Intubation
- Reflexstimulation (Laryngo-, Broncho-spasmus; sympatho-adrenerg -vagal)
- Rückenmarksverletzungen bei vorbestehendem HWS-Trauma

1. Unter der Intubation

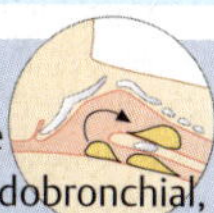

- Tubusobstruktion
- Cuff-Leckage/Cuff-Hernie
- Tubusdislokation nach endobronchial, akzidentelle Extubation
- Bronchospasmus
- Pneumothorax (Barotrauma)
- pulmonale Aspiration (bes. Mikro-aspiration)

2. Bei liegendem Tubus

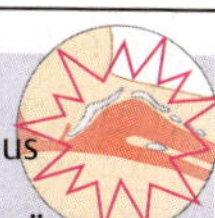

- Frühkomplikationen
  - Laryngo- u. Bronchospasmus
  - pulmonale Aspiration
  - Glottis- bzw. subglottisches Ödem oder Hämatom (bis zu 24 h)
  - Pharyngitis/Laryngitis (bis zu 50 %!)
  - Kiefergelenkbeschwerden
  - Stimmbandlähmung (sehr selten; Mechanismus unbekannt)
- Spätkomplikationen
  - Ulzerationen/Nekrosen
  - Stimmbandgranulome
  - Tracheastenose infolge Tracheomalazie

3. Nach der Extubation

G. Intubationskomplikationen

Zur Durchführung von Inhalationsanästhesien benötigt man apparative Systeme, die neben der Beatmung des Patienten eine sichere und exakt steuerbare Zufuhr von Sauerstoff (O_2) und den Narkosegasen gewährleisten („Narkoserespirator"). Darüber hinaus müssen sie eine Rückatmung von Kohlendioxid (CO_2) verhindern. Voraussetzung für den Einsatz von Narkoserespiratoren ist eine ausreichende Vertrautheit und Erfahrung des Anästhesisten, zudem muß der Anwendung immer eine gewissenhafte Funktionsprüfung vorausgehen. Fehlbedienungen und Fehlfunktionen können zu schweren oder gar tödlich verlaufenden Narkosezwischenfällen führen.

A. Bestandteile

Die wesentlichen Bestandteile eines Narkosegerätes sind neben den *Gasquellen* die *Dosierungseinheit* für das Frischgasgemisch, das eigentliche Narkosesystem mit dem *Beatmungsmodul*, der *CO_2-Absorber*, die *Narkosegasabsaugung* sowie *Beatmungsbeutel*, *-schläuche* und weiteres Zubehör. Darüber hinaus muß geräteseitig die *Überwachung* bestimmter Parameter gewährleistet sein („Monitoring"). Hierzu zählen neben der inspiratorischen Sauerstoffkonzentration (FIO_2) die Beatmungsdrücke (Paw), die jeweiligen in- und exspiratorischen Konzentrationen der Inhalationsanästhetika (FIA/FEA) sowie die (end)exspiratorische Kohlendioxidkonzentration ($FECO_2$ bzw. $PECO_2$). Die spezifischen Ausstattungsmerkmale sind durch die europäische Norm „EN 740" geregelt.

B. Gasquellen

Die Bereitstellung von *Sauerstoff*, *„Air"* (Druckluft) und *Stickoxydul* (N_2O) erfolgt i.d.R. über **zentrale Gasversorgungseinheiten**. Nach einer ersten Druckminderung auf ca. 5 bar kann das jeweilige gereinigte und getrocknete Gas an Wand- oder Deckenampelanschlüssen über spezielle Anschlußventile entnommen werden. Um beim Ankoppeln der Steckverbindungen eine Verwechslung sicher zu verhindern, sind diese so unterschiedlich geformt, daß sie nur in die passenden und damit „richtigen" Kupplungen einrasten können. Zudem sind die Gasleitungen, passend zu den Anschlüssen, unterschiedlich farblich markiert *(B1)*. Im Narkosegerät findet dann über *Reduzierventile* eine weitere Druckminderung auf zunächst ca. 1,5 bar und zuletzt 0,2 bar für die Feinregulierung statt. Kommt es in der zentralen Gasversorgungsanlage zu einem Druckabfall für O_2 auf unter 1,5 bar, so ertönt ein akustisches Warnsignal. Bei einem weiteren Abfall (< 1,0 bar) wird eine sog. *erste Lachgassperre* aktiviert, die eine Beatmung mit reinem N_2O verhindert.

Nur noch ausnahmsweise bzw. als Reserve bei Ausfall der zentralen Gasversorgung werden **Gaszylinder** bzw. -flaschen (O_2/N_2O) eingesetzt. Diese sind i.d.R. direkt am Narkosegerät angebracht. Hierbei ist es wichtig, sich als Anwender vorab über den aktuellen Füllungszustand zu informieren. Der jeweilige Gasdruck in „bar" bzw. „kp/cm^2" kann an einem Kontrollmanometer abgelesen werden. O_2 liegt unabhängig vom Füllungsdruck nur gasförmig vor. Daher kann zur Berechnung des *O_2-Vorrates* das *Boyle-Mariotte-Gesetz* angewendet werden. Hiernach ergibt sich der Inhalt des O_2-Zylinders in „l" aus dem Produkt von aktuellem Füllungsdruck (max. 200 bar) und Füllvolumen. Aus der anteiligen O_2-Flußrate (Flow; l/min) im Frischgas und dem Flascheninhalt kann mit einem gewissen „Sicherheitsaufschlag" der Zeitpunkt errechnet werden, zu dem die Flasche spätestens gewechselt werden muß. Wird O_2 jedoch auch als „Antriebsgas" für eine Absaugung und/oder die Beatmungseinheit eingesetzt, so muß der zusätzliche Verbrauch unbedingt mit einkalkuliert werden. Im Gegensatz zu O_2 liegt N_2O im Gaszylinder sowohl in gasförmiger als auch flüssiger Form vor. Beim Öffnen des Zylinderventils entweicht N_2O als Gas, und aus der Flüssigkeit bildet sich gasförmiges N_2O nach (vergleichbar der Kohlensäure in einer Mineralwasserflasche). Das führt dazu, daß der ursprüngliche Füllungsdruck von 50 bar bei N_2O-Entnahme lange Zeit konstant bleibt. Solange sich noch flüssiges N_2O in der Flasche befindet, ist eine Berechnung des *N_2O-Vorrates* nach obiger Beziehung nicht möglich. Hier wäre nur durch unpraktikables Wiegen des N_2O-Zylinders und Vergleichen von Ist- und Leergewicht eine annähernd exakte Ermittlung möglich, wobei 1 kg N_2O ungefähr einem Vorrat von 500 l entspricht. Erst wenn der Druck auf unter 30 bar abgesunken ist, ist nur noch gasförmiges und kein flüssiges N_2O mehr vorhanden. Da dann ein rasches Ende des Vorrates droht, ist der Füllungsdruckbereich über 30 bar am Manometer farblich (i.d.R. „grün") gekennzeichnet.

Narkoserespiratoren I

„Klassisches" Kreisteil

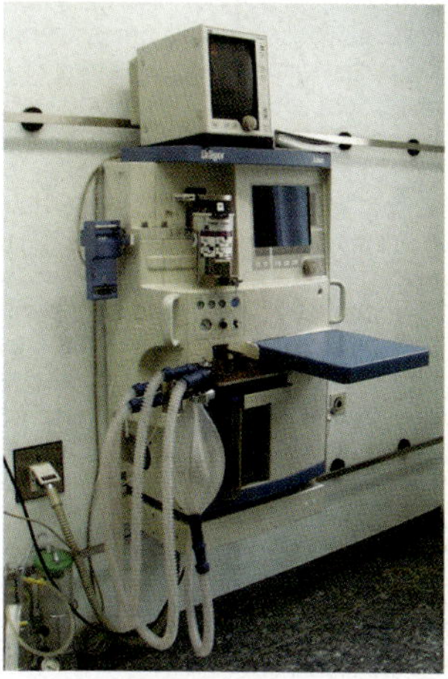

Modernes Mikroprozessorgerät JULIAN®

A. Bestandteile eines modernen Narkoserespirators

Jeder Anschluß hat eine spezifische Kupplung!

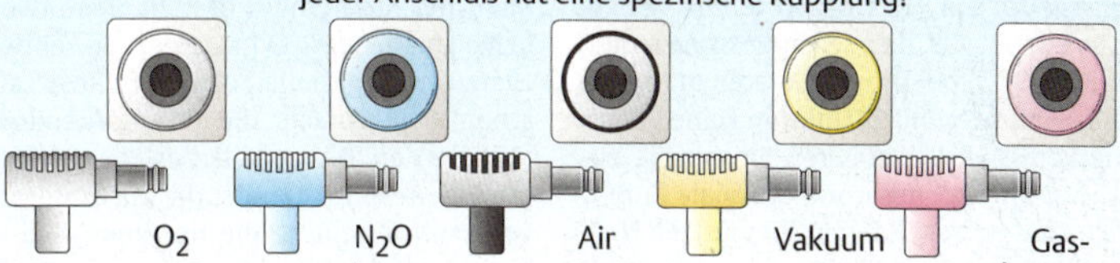

	O_2	N_2O	Air	Vakuum	Gas-absaugung
EN 740	**weiß**	**blau**	**schwarz/ weiß**	**gelb**	**magenta**
Alte DIN-Norm	blau	grau	gelb	weiß	–

1. Farbkodierungen nach „EN 740"

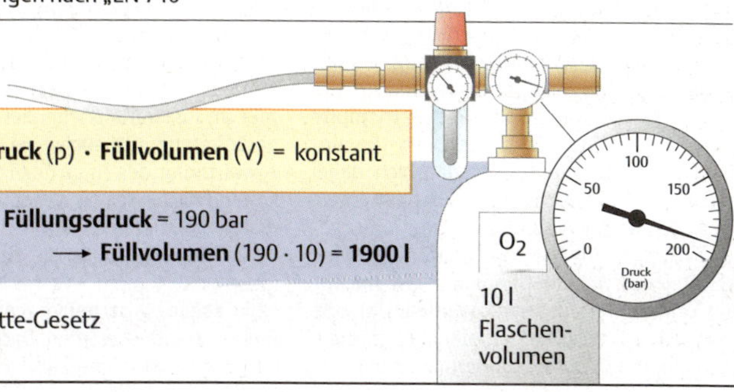

Füllungsdruck (p) · **Füllvolumen** (V) = konstant

Beispiel: **Füllungsdruck** = 190 bar

⟶ **Füllvolumen** (190 · 10) = **1900 l**

2. Boyle-Mariotte-Gesetz

B. Gasquellen

C. Gasdosierung

Um die gewünschte Zusammensetzung des in das Narkosesystem eingespeisten Frischgases zu erreichen, sind entsprechende Dosierungseinrichtungen notwendig. Weit verbreitet für die Regulierung der Zufuhr von O_2, *Air* bzw. N_2O sind sog. **Rotameter** *(C1)*. Hierbei handelt es sich um senkrechte Röhren, die sich nach oben konisch erweitern und in denen sich ein Schwebekörper („Schwimmer") befindet. Je höher der Schwimmer positioniert ist, desto mehr Gas kann aufgrund der konischen Form vorbeiströmen. Wegen der unterschiedlichen Dichte und Viskosität müssen diese Meßröhren auf das jeweilige Gas geeicht sein. Alternativ können bei einigen Geräten der Gesamtfrischgasfluß (FGF; l/min) und der gewünschte prozentuale Anteil des jeweiligen Gases direkt eingestellt werden. Neuerdings werden auch mikroprozessorgesteuerte Ventile zur Frischgasmischung eingesetzt. Um „hypoxische" Gasgemische sicher zu verhindern, muß geräteseitig eine kontinuierliche Überwachung des inspiratorischen O_2-Anteiles stattfinden. Daneben werden mittlerweile in modernen Narkosegeräten spezielle Systeme als sog. *zweite Lachgassperre* zur Frischgasregelung eingesetzt. So erlaubt z. B. die „sensitive oxygen ratio control" (S-ORC) bei Dräger-Geräten unterhalb einer O_2-Flußrate von 200 ml/min keine Beimischung von N_2O. Bei höheren Flüssen ist zunächst nur eine geringe, proportionale Zufuhr möglich, und erst ab 300 ml/min wird die N_2O-Beimischung von 0 bis maximal 75% frei wählbar.

Die dosierbare Beimischung der *volatilen* Anästhetika zum Frischgas erfolgt i.d.R. mittels sog. **Vaporen** (Verdampfer). Diese aufwendige Dosiervorrichtung ist deshalb notwendig, weil die Verdampfung zum einen *temperaturabhängig*, zum anderen *energieverbrauchend* ist. Während des Verdampfungsvorganges kühlt sich das zunächst flüssige Anästhetikum wieder ab, gleichzeitig nimmt die verdampfte Menge mit sinkender Temperatur ab. Die einzelnen Substanzen unterscheiden sich dabei hinsichtlich Dampfdruck und Sättigungsverhalten. Damit bei Raumtemperatur eine genaue Dosierung im Frischgas gewährleistet ist, darf für jedes Anästhetikum nur ein spezifischer Verdampfer eingesetzt werden. Um eine Verwechslung zu vermeiden, sind nicht nur die Anästhetikabehältnisse, sondern auch die Einfüllstützen und Vaporen unterschiedlich farblich markiert. Zusätzlich unterscheiden sich die Einfüllsysteme konstruktionsbedingt hinsichtlich ihrer Geometrie, so daß die Verdampfer nur über den „passenden" Stutzen befüllt werden können *(C2)*. Idealerweise müssen Vaporen unabhängig vom FGF, der Umgebungstemperatur, dem Luftdruck, Temperaturschwankungen infolge des Verdampfungsvorganges und beatmungsbedingten Druckänderungen arbeiten. Da das Frischgas nicht vollständig, sondern nur anteilig durch die eigentliche Verdunsterkammer fließt, spricht man auch von *variablen Flow-Verdampfern*. Im Gegensatz dazu wird bei den seltener eingesetzten *Vergasern*, die nach dem Venturi-Prinzip arbeiten, flüssiges Anästhetikum über eine Düse direkt in den Frischgasstrom eingespritzt, was unmittelbar zu einer Verdampfung führt. Hierbei regelt ein Drosselventil den Strömungswiderstand im Frischgasfluß und steuert so über den resultierenden Druckabfall indirekt die Abgabe der eingespritzten Menge.

D. CO_2-Absorber

Bei Narkosebeatmung mit anteiliger *Rückatmung* der Ausatemluft besteht die Notwendigkeit, anfallendes CO_2 wieder zu entfernen. Hierzu sind spezielle Behälter im Inspirationsschenkel angebracht, die mit sog. **Atemkalk** befüllt werden. Dieser Kalk besteht aus 3–6 mm großen weißen Granula, die zur Absorptionsverbesserung eine rauhe, unregelmäßige Oberfläche aufweisen. Deren Hauptbestandteile sind i.d.R. Natronkalk (5% NaOH + 95% $Ca[OH]_2$) und Wasser mit einem Anteil von 15–20%. Zudem ist ein Farbindikator beigegeben, der die Erschöpfung des Atemkalks sichtbar macht (Farbumschlag von weiß nach blau-violett). Die Absorption von CO_2 verläuft als *exotherme* Reaktion, wobei als Endprodukte $CaCO_3$ und H_2O entstehen und NaOH zurückgewonnen wird *(D2)*. Der Absorber befindet sich immer im Inspirationsschenkel *hinter* der Frischgaszuleitung, um auch eine Anfeuchtung und Anwärmung des ursprünglich trockenen und kalten Frischgases zu ermöglichen. Unter optimalen Bedingungen können 100 g Atemkalk ca. 26 l CO_2 binden. Da die Absorptionsleistung insbesondere vom Wassergehalt des Atemkalks abhängig ist, muß ein Austrocknen unbedingt verhindert werden. Darüber hinaus kann ausgetrockneter Atemkalk in Kombination mit

Narkoserespiratoren II

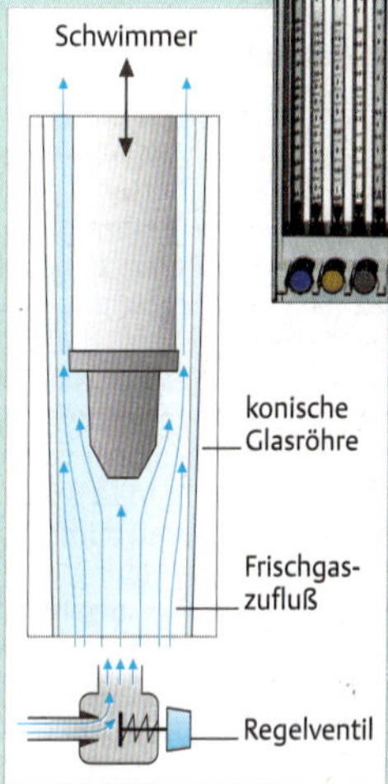

1. Rotameter

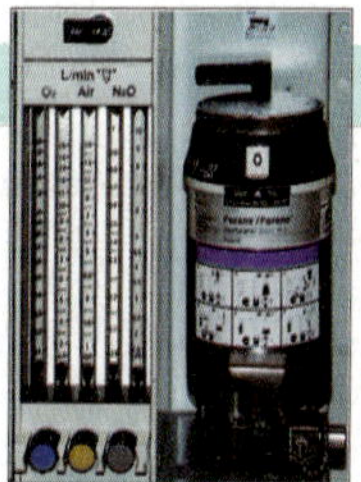

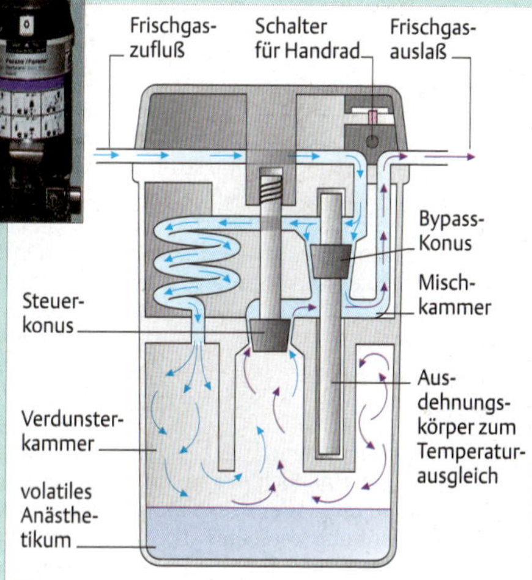

2. Vapor

C. Gasdosierung

1. Befüllter Absorber

2. Chemische Reaktionen

(1) $CO_2 + H_2O \rightarrow H_2CO_3$

(2) $H_2CO_3 + 2\,Na(OH) \rightarrow Na_2CO_3 + 2\,H_2O$

(3) $Na_2CO_3 + Ca(OH)_2 \rightarrow CaCO_3 + 2\,Na(OH)$

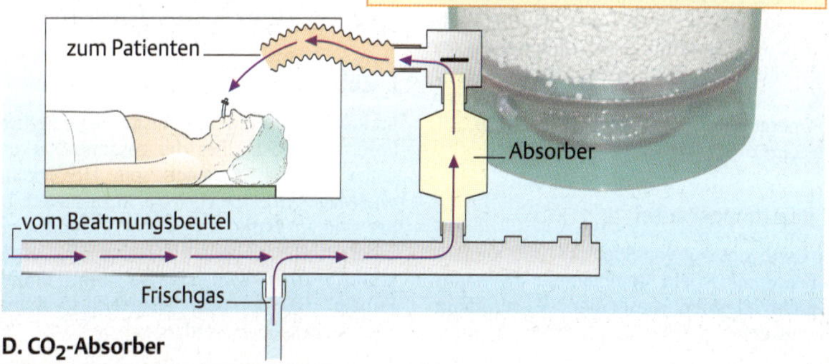

D. CO_2-Absorber

einigen volatilen Anästhetika zur Bildung von Kohlenmonoxid oder potentiell nephrotoxischem Compound A führen.

E. Narkosegaselimination

Bei Anwendung von Inhalationsanästhetika besteht einerseits die Möglichkeit einer chronischen Exposition der Anwender bei entsprechender Raumluftkontamination, andererseits entsteht auch eine gewisse Umweltbelastung. Daher sollte ein unnötig hoher, unökonomischer Verbrauch dieser Substanzen vermieden werden. Daneben kann als Anwenderschutz durch geeignete **Absaugvorrichtungen** bzw. Narkotikafilter „überschüssiges" Narkosegas eliminiert werden.

F. Atemventile

Ventile im Narkosesystem dienen der Lenkung des Gasstromes in nur eine Richtung und damit der Trennung von Inspirations- und Exspirationsschenkel. Hierdurch wird eine direkte Rückatmung verhindert. Als *Richtungsventile* werden sehr dünne Plättchen aus Glimmer oder Kunststoff verwendet. Sie erhöhen kaum den Strömungswiderstand und öffnen bereits ab einem Überdruck von 0,2 mbar. Außerdem werden sog. *Nichtrückatmungsventile* eingesetzt, die sowohl eine Spontanatmung als auch eine Beatmung zulassen *(F)*. Sie existieren in verschiedenen Modifikationen (Ruben®-, Ambu®-, Laerdal®-Ventil).

G. Beatmungsschläuche

Beatmungsschläuche dienen zum Transport von Narkose- bzw. Atemgas. Durch Verwendung geeigneter Materialien kann sowohl der Strömungswiderstand minimiert als auch eine Knickbildung vermieden werden („Faltenschläuche"). Daneben soll die Dehnbarkeit der Schläuche so gering wie möglich sein (s. Kap. 7.4). Die Schläuche sollten zugentlastet am Operationstisch befestigt werden (z. B. „Ulmer Rad").

H. Beatmungsbeutel

Zur Ermöglichung von Spontan- und manueller Beatmung, ist ein Atembeutel in das Narkosesystem integriert. Dieser dient bei den gängigen Systemen gleichzeitig als *Reservoir*, wobei überschüssiges Narkosegas über ein regelbares Überdruckventil aus dem System abgeleitet und z. B. der Narkosegasabsaugung zugeführt wird.

I. Befeuchtungssysteme

Unter physiologischen Bedingungen wird die Einatemluft im Bereich der oberen Atemwege optimal erwärmt, angefeuchtet und gefiltert, zusätzlich greifen weitere selbstreinigende Mechanismen des unteren Respirationstraktes (z. B. Zilienbewegung). Bei Beatmung über einen künstlichen Atemweg, wie es i.d.R. in Narkose der Fall ist, kommen diese Mechanismen nicht zum Tragen. Neben den primären Folgen, wie z. B. Sekreteindickung, kommt es vor allem bei längeren Eingriffen zum Verlust von Wasser und Wärme über die Ausatemluft. Daher muß apparativ für eine Befeuchtung und Anwärmung der Einatemluft gesorgt werden („Atemgasklimatisierung"). Hierzu werden im Narkosebetrieb spezielle, patientennahe **Filtersysteme** angewendet („künstliche Nasen"), die allerdings keine physiologischen Verhältnisse erreichen lassen. Sie bestehen aus *hydrophoben* Membranen und gewährleisten zusätzlich eine nahezu vollständige Retention von Bakterien und Viren (bis zu 99,99 %). Hierdurch ist ein Austausch der Beatmungsschläuche einmal täglich ausreichend und nicht mehr zwingend von einem Patienten zum nächsten erforderlich, was auch die Betriebskosten senkt. Voraussetzung ist aber, daß neben dem patientennahen auch ein gerätenaher Filter (am Exspirationsstutzen) angebracht wird. Wichtige Anforderungsprofile an die Filter sind, daß sie den anatomischen Totraum (s. Kap. 7.4) nur minimal erhöhen, hohe Gasflüsse zulassen und nicht zu einer relevanten Strömungsbehinderung (z. B. durch Wasseraufnahme) und damit Steigerung des Atemwegswiderstandes führen.

J. Zubehör

Im Rahmen der Ein- und Ausleitung einer Narkose, aber auch über die gesamte Narkosedauer, kann es notwendig sein, Flüssigkeiten wie Magensaft, Speichel o.ä. abzusaugen. Daher sind am Narkoserespirator *Sekretabsauger* montiert. Diese können über Sog (Vakuumanschluß), nach dem „Wasserstrahl-Pumpen-Prinzip" (O_2/Air) oder elektrisch (Vakuumpumpe) betrieben werden.

Narkoserespiratoren III

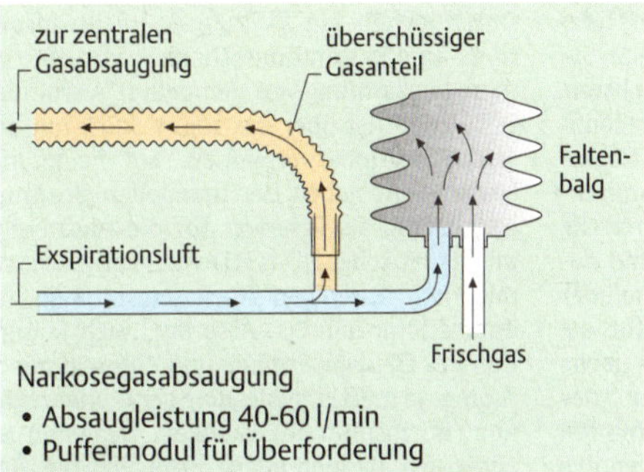

1. Absaugvorrichtung

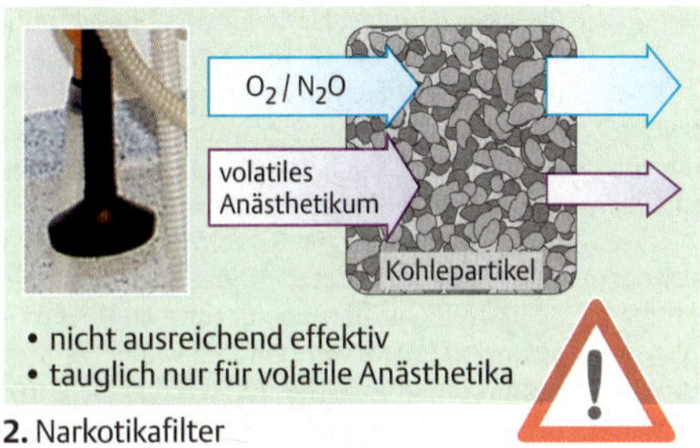

2. Narkotikafilter

E. Narkosegaselimination

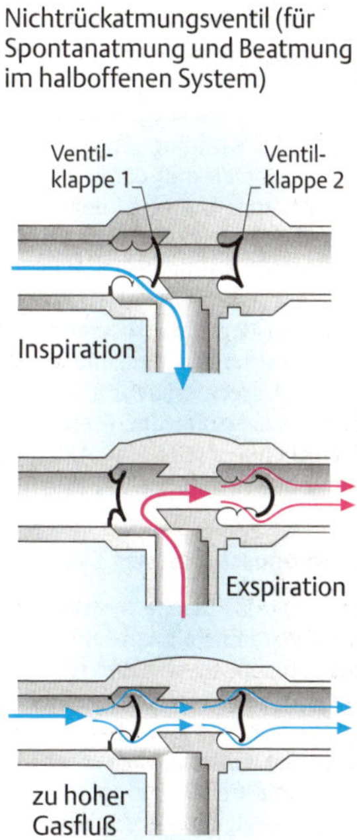

F. Atemventile

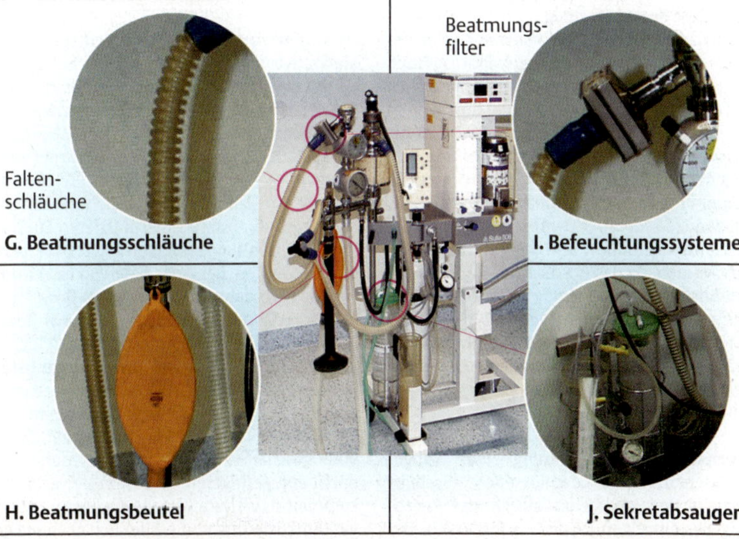

G. Beatmungsschläuche

I. Befeuchtungssysteme

H. Beatmungsbeutel

J. Sekretabsauger

Es werden *offene, halboffene, halbgeschlossene* und *geschlossene* Narkosesysteme unterschieden. Halbgeschlossene und geschlossene Systeme sind heutzutage am gebräuchlichsten, da sie im Gegensatz zu den beiden erstgenannten eine Rückatmung „unverbrauchter" Narkosegase zulassen und damit zum ökonomisch-ökologischen Umgang mit Narkosemitteln, speziell volatiler Anästhetika, führen und außerdem Wärme- und Flüssigkeitsverluste über die Atemgase minimieren. Kriterium für die Einteilung der Narkosesysteme ist einerseits der Rückatmungsanteil und andererseits der für die Aufrechterhaltung einer bestimmten Zusammensetzung der Atemluft notwendige Frischgasfluß (FGF) in Abhängigkeit vom Atemminutenvolumen.

A. Halbgeschlossenes System

Das halbgeschlossene System gilt heutzutage als Standard im Rahmen der Durchführung von Allgemeinanästhesien und ist Bestandteil aller *modernen* Narkosegeräte. Derartige Geräte sind für sämtliche Altersgruppen einsetzbar und in den meisten Fällen sogar für Intensivpatienten mit erheblich eingeschränkter Lungenfunktion geeignet. Sie gestatten nicht nur eine erhebliche Einsparung von Frischgas über eine anteilige *Rückatmung*, sondern darüber hinaus ein umfassendes Monitoring des Patienten. Zudem ist ein Beatmungsmodul in das Gerät integriert, das neben der Spontanatmung verschiedene maschinelle Beatmungsmodi erlaubt. Aufgrund der Rückatmung ist eine *Reduktion des Frischgasflusses* („low/minimal flow") möglich, und zwar prinzipiell bis zu dem Punkt, wo nur so viel Frischgas zugeführt wird wie verbraucht wird („geschlossenes System"; s. u.). In Rückatmungssystemen muß zwingend das Kohlendioxid durch CO_2-Absorber zurückgehalten bzw. eliminiert und durch Frischgas ersetzt werden. Da das Ausmaß der Rückatmung vom Frischgasfluß abhängig ist, kann bei Einstellung von FGF-Werten *oberhalb* des Atemminutenvolumens umgekehrt eine Rückatmung auch verhindert werden. Auf diese Weise entsteht funktionell ein *halboffenes* System (s. u.).

Kreissystem. Die Realisierung eines halbgeschlossenen und geschlossenen Systems macht in der Praxis eine *kreisförmige* Anordnung der einzelnen Bauteile erforderlich. Daher spricht man von einem Kreissystem *(A1)*. Durch jeweils ein *Richtungsventil* im Inspirations- und Exspirationsschenkel wird eine primäre Rückatmung von „Pendelluft" verhindert. Der Patient ist über das sog. *Y-Stück* mit dem Schlauchsystem verbunden. Ein *Beatmungsbeutel* dient neben der manuellen Beatmung gleichzeitig als *Reservoir* für die Ausatemluft und das Frischgas. Das Frischgas vermischt sich mit dem anteiligen Rückatemvolumen und durchströmt den *CO_2-Absorber*. Nach Elimination des CO_2, *Anwärmung* und *Anfeuchtung* der Atemgase muß eine *Messung der O_2-Konzentration* (im Inspirationsschenkel: gerätenah *und* zusätzlich patientennah) erfolgen. Die Kontrolle der Atemvolumina erfolgt *exspiratorisch* über ein *Volumeter*, die der Beatmungsdrücke über ein *Barometer*. Die Elimination von überschüssigem Atemgas im System wird über ein integriertes *Überdruckventil* geregelt. Im Falle einer maschinellen Beatmung wird der Beatmungsbeutel nach entsprechender Umschaltung (manuell oder elektronisch) durch eine *Beatmungseinheit* (z. B. Faltenbalg oder Antriebskolben) „ersetzt". Diese kann mit Strom oder Treibgas betrieben, aber i.d.R. nur mit Strom gesteuert werden. Der *Vapor* zur Steuerung volatiler Anästhetika ist dabei nicht in das Kreissystem integriert, sondern zwischen Dosiervorrichtung (z. B. *Rotameter*) für O_2, Air bzw. N_2O und Kreissystem angebracht.

Niedrigflußnarkosen. Bestehen entsprechende apparative Vorraussetzungen wie hohe Dichtigkeit des Systems, genaue Dosierbarkeit des Frischgasflusses, präzise, zeitkonstante und patientennahe Meßmöglichkeit der Atemgase (O_2, CO_2, N_2O, volatile Anästhetika) und Messung des Oxygenierungserfolges durch Pulsoxymetrie, so kann bei längeren Narkosen der Frischgasfluß anstelle einer mittleren Flußrate von 2–4 l/min auf deutlich niedrigere Werte reduziert werden. Bei einer Rate von ca. 1 l/min, spricht man dann von einer **„low-flow"**- und bei ca. 0,5 l/min von einer **„minimal-flow"**-Anästhesie. Die Durchführung dieser Techniken macht aber speziell dafür ausgerüstete Narkosegeräte erforderlich. Solche Voraussetzungen hat z. B. die Fa. Dräger bei ihren Modellen Cicero®, Cicero® EM, Julian® und Sulla® 909V geschaffen. Neben einer Kostenersparnis durch den geringeren Narkosemittelverbrauch kommen als weitere Vorteile die bessere Atemgasklimatisierung und schließlich auch die ge-

Narkosesysteme I

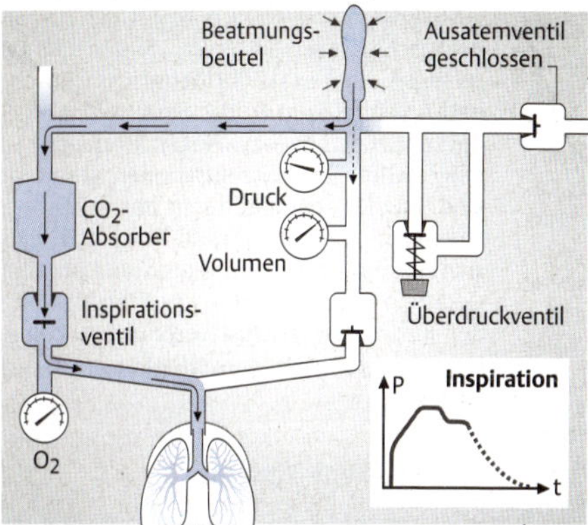

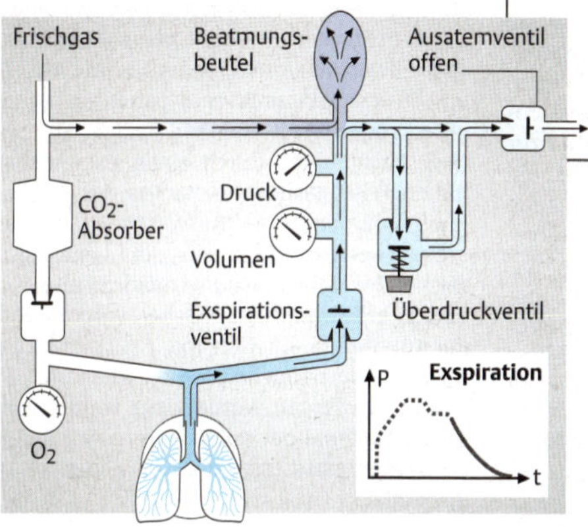

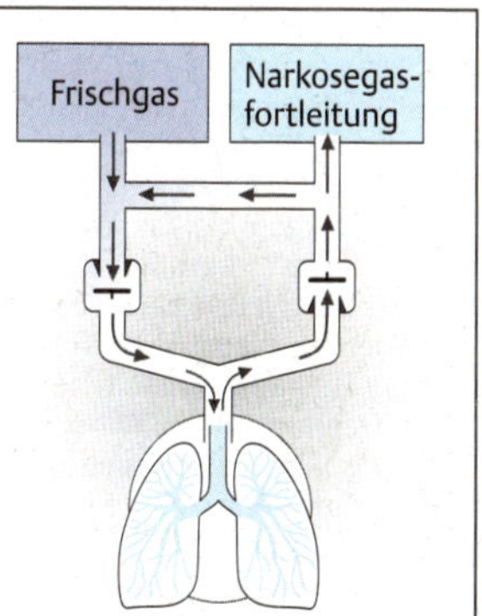

Rückatmungssystem
(partielle Rückatmung der Exspirationsgase [„Überschußsystem"])

1. Kreissystem

„low flow"
Frischgasfluß ca. 1, 0 l/min, hiervon 0,5 l O_2 u. 0,5 l N_2O

„minimal flow"
Frischgasfluß ca. 0,5 l/min, hiervon 0,3 l O_2 u. 0,2 l N_2O

a) Definitionen

Initialphase
hoher FGF (4-6 l/min) für ca. 15-20 min

→

Erhaltungsphase
Flußreduzierung (FIO_2 ≥0,5!)

→

Ausleitungsphase
1. Beendigung der Zufuhr des volatilen Anästhetikums ca. 10-30 min vor OP-Ende
2. Erhöhung des FGF auf 6 l O_2/min ca. 5-10 min vor OP-Ende

↓ (von Erhaltungsphase)

Narkosevertiefung
1. kurzfristige Erhöhung des FGF auf 4-6 l/min
2. Erhöhung der Anästhetikumkonzentration

b) Praktisches Vorgehen (Flußschema)

FGF: Frischgasfluß

2. Niedrigflußnarkosen

A. Halbgeschlossenes System

ringere Umweltbelastung zum Tragen. Hingegen ist die Steuerbarkeit der Anästhesietiefe bei Niedrigflußnarkosen eingeschränkt. Außerdem besteht die Gefahr, daß ein „hypoxisches" Atemgasgemisch entsteht, und zwar durch Veränderungen des O_2-Verbrauchs bzw. der N_2O-Aufnahme, durch „Kontamination" des Atemgases über Leckagen oder durch Anreicherung von „Fremdgasen" (z. B. N_2, Aceton, Ethanol, CO, Argon, Methan, Compound A etc.). Aufgrund dieser Akkumulationsphänomene sollten bei starken Rauchern, Patienten mit dekompensiertem Diabetes mellitus oder akuter Alkoholintoxikation keine Niedrigflußnarkosen durchgeführt werden. Wie das Flußschema *(A2)* zeigt, sollte ein Übergang auf „low" bzw. „minimal flow" erst nach einer ausreichend langen, mindestens 15minütigen *Initialphase* mit hohem Flow (4–6 l/min) erfolgen. Diese Phase dient zum einen der schnellen Anflutung und Sicherstellung einer ausreichenden Narkosetiefe und zum anderen der ausreichenden Denitrogenierung der Atemgase, um eine protrahierte N_2-Akkumulation zu vermeiden bzw. zu vermindern. Auch danach noch ist ein „Nachregeln" der Frischgaszusammensetzung notwendig, da N_2O weiterhin vermehrt aufgenommen wird, was zu einer relativen Zunahme des inspiratorischen O_2-Anteils führt. Nach etwa 30–45 min nimmt die N_2O-Aufnahme deutlich ab, was dann umgekehrt einen FIO_2-Abfall bewirkt, falls die O_2-Zufuhr nicht kompensatorisch erhöht wird. Im Rahmen der Narkoseausleitung kann die Zufuhr des volatilen Anästhetikums bereits 10–30 min vor Operationsende beendet werden. Etwa 5–10 min vor dem geplanten Erwachen des Patienten sollte zudem der Frischgasfluß wieder auf die initialen Werte angehoben werden. Sollten während einer Narkose schnelle Änderungen der Anästhetikakonzentrationen notwendig sein, so muß der Frischgasfluß ebenfalls für ca. 5 min auf 4–6 l/min erhöht werden. Dies gilt gleichermaßen bei Hinweisen oder Verdacht auf eine Anreicherung von „Fremdgasen". Aus Sicherheitsgründen sollte die eingestellte inspiratorische O_2-Konzentration bei „low flow" grundsätzlich nicht unter 50 % und bei „minimal flow" nicht unter 60 % betragen. Zudem ist zu berücksichtigen, daß die Konzentration des volatilen Anästhetikums dem niedrigen Flow und dem andererseits hohen Rückatemanteil angepaßt werden muß.

B. Geschlossenes System („closed circuit")

Bei geschlossenen Systemen werden *mikroprozessorgesteuert* exakt die Mengen von Frischgas und Anästhetikum in das System eingespeist, die zur Erreichung bzw. Konstanterhaltung der eingestellten Zielkonzentrationen erforderlich sind. Da dies aber einen sehr hohen Meß-, Rechen- und Kontrollaufwand beinhaltet, haben sich diese bislang noch teuren und anfälligen Geräte in praxi nicht durchgesetzt, obwohl sie den *niedrigsten* Frischgasverbrauch haben und damit die *geringste* Umweltbelastung verursachen.

C. Halboffene Systeme

In diesen Systemen findet keine Rückatmung statt, d. h. das ausgeatmete Gas wird *komplett* aus dem System entfernt. Um die Rückatmung, speziell von CO_2, zu verhindern, wird entweder ein *Nichtrückatmungsventil* patientennah eingesetzt oder, wie bei den sog. *Spülgas-Systemen* (z. B. nach *Kuhn*), durch einen entsprechend hohen Frischgasfluß (2–3faches des Atemminutenvolumens) eine „Auswaschung" der Ausatemluft erreicht. Nachteilig sind neben unzureichenden Überwachungsmöglichkeiten vor allem der extrem hohe Frischgasverbrauch, die Raumluftkontamination mit Anästhetika und die damit verbundenen ökologischen und ökonomischen Folgen. Mittlerweile werden halboffene Systeme nur noch begrenzt im Bereich der Kinderanästhesie oder Notfallmedizin angewendet.

D. Offene Systeme

Bei offenen Systemen, wie z. B. der *Schimmelbusch-Maske*, wurde mit Äther oder Chloroform angereicherte Raumluft eingeatmet, wobei die Ausatmung direkt in die Umgebung, also ohne Rückatmung erfolgte. Nicht zufriedenstellend war hierbei die zusätzliche Anreicherung des Inspirationsgemisches mit O_2 gelöst. Solche Masken wurden wie die sog. Inhalatoren zu Beginn der Anästhesieära eingesetzt und haben heutzutage nur noch historische Bedeutung.

Narkosesysteme II

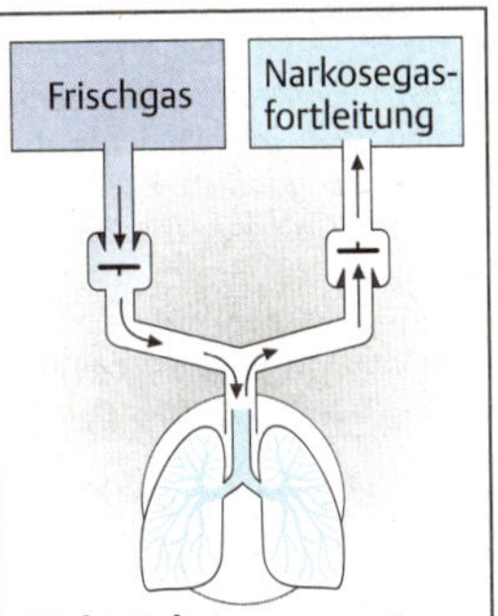

Nichtrückatmungssystem
mit Trennung von In- und Exspiration

a)

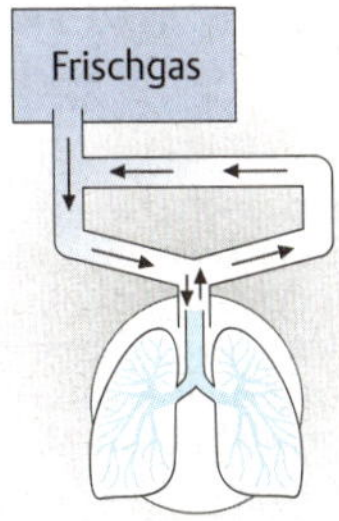

Geschlossenes System
(komplette Rückatmung der Exspirationsgase [„Gleichgewichtssystem"])

B. Geschlossenes System

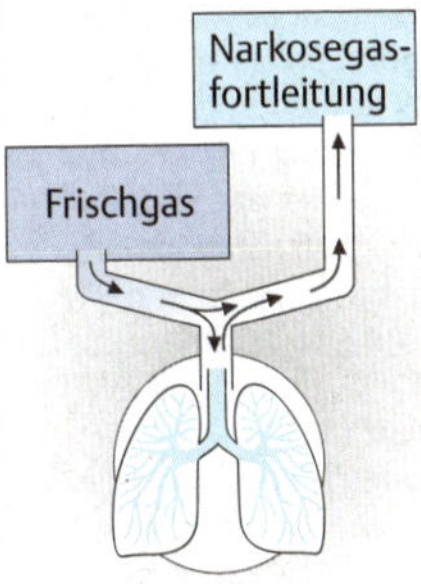

Kuhn-System
(flow-gesteuertes Nichtrück-atmungssystem *ohne* Ventil)

b)

Die Frischgaszufuhr erfolgt hier patientennah, eine Rückatmung muß durch hohen Frischgasfluß verhindert werden.

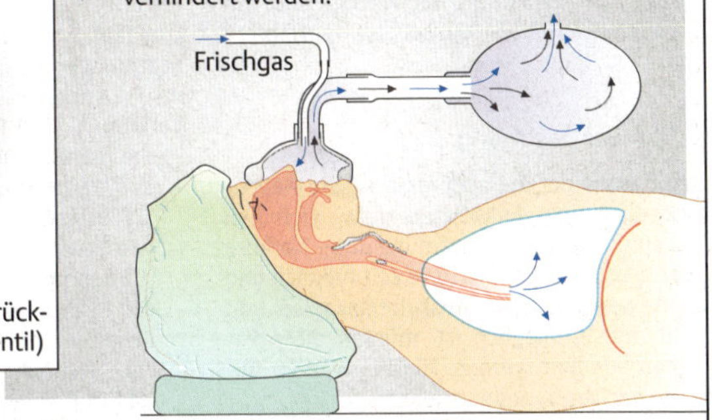

C. Halboffene Systeme

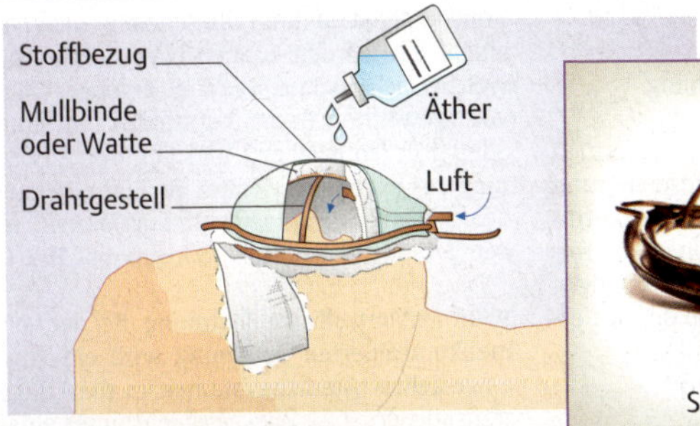

Schimmelbusch-Maske

D. Offene Systeme (historisch)

A. Grundprinzipien

Der Luftstrom der Atmung setzt prinzipiell ein Druckgefälle zwischen Mund-/Rachenraum und Alveolen voraus. Bei *Spontanatmung* wird dies durch den negativen intrapleuralen Druck während der Inspiration erzeugt („Unterdruckatmung“; *A1*). Die Größe des Atemzugvolumens ist dabei der Größe der Druckdifferenz direkt proportional. In der Exspiration kehren sich die Druckverhältnisse um: Der Alveolardruck übersteigt den Druck im Mund-/Rachenraum, so daß die eingeatmete Luft nun wieder passiv nach außen strömen kann. Bei der maschinellen *Beatmung* entsteht ebenfalls ein Druckgefälle. Hier wird zur Erzeugung der Luftströmung der Druck zu Beginn der Inspiration in den oberen Atemwegen über den in den Alveolen herrschenden Atmosphärendruck erhöht („Prinzip der Überdruckbeatmung“; *A2*). Dieses Verfahren setzt neben dem *Respirator* einen künstlichen Zugang zur Trachea voraus (Endotrachealtubus, Trachealkanüle oder Larynxmaske). Damit ein positiver Druck aufgebaut werden kann, muß dieser Zugang eine leckagefreie Abdichtung der Trachea, z. B. mit einer blockierbaren Manschette, gewährleisten.

B. Narkosebeatmung

Da aufgrund der atemdepressorischen Nebenwirkungen von Anästhetika bzw. Opioiden eine suffiziente Spontanatmung unter Narkose nicht bzw. nicht über längere Zeit möglich und bei Anwendung von Muskelrelaxanzien von vornherein unmöglich ist, müssen diese Patienten beatmet werden. Hierbei werden folgende Verfahren unterschieden:

- manuell-assistierte,
- manuell-kontrollierte,
- maschinell-assistierte und
- maschinell-kontrollierte Beatmung.

Die Anwendung manueller Beatmungsformen beschränkt sich neben der Narkoseein- und -ausleitung auf Kurzeingriffe und Notsituationen. Ansonsten wird die *maschinell-kontrollierte* Beatmung bevorzugt. Eine maschinell-assistierte Beatmung kommt nur in der Ausleitungsphase in Betracht.

C. Maschinelle Beatmung

Der Narkoserespirator beinhaltet ein Steuermodul für die maschinelle Beatmung. Geräte der neuesten Generation erlauben damit eine Beatmung sowohl im *volumenkontrollierten* als auch im *druckkontrollierten* Modus und verfügen z. T. über Zusatzfunktionen, wie z. B. eine Triggerfunktion für die maschinell-assistierte Beatmung. Außerdem ist ein umgehender Wechsel zum manuellen Beatmungsmodus und natürlich auch zur Spontanatmung möglich.

Ablauf. Zunächst wird das Atemgas, das sich aus Frischgas und ggf. Exspirationsgas des Patienten zusammensetzt, in einen *Beatmungsbalg*, bei modernen Geräten in einen Kolben bzw. Zylinder, geleitet. Die Inspiration beginnt dann damit, daß das durch Komprimierung des Balges unter Druck stehende Gas in das sog. *Patientensystem*, bestehend aus Atemschläuchen, Ventilen, CO_2-Absorber etc., eingespeist wird und anschließend in die Lungen gelangt. Der *Antrieb* für die Bewegung des Beatmungsbalges erfolgt elektrisch oder pneumatisch (durch Druckluft). Folgende *Parameter* generieren die Beatmungszyklen und bestimmen die Volumen-/Druckbeziehungen in ihrem zeitlichen Verlauf:

- die Atemfrequenz (AF),
- das Atemzug- oder Tidalvolumen (AZV oder VT) bzw. das Atemminutenvolumen (AMV),
- das Verhältnis von In- zu Exspirationszeit (I:E; Atemzeitverhältnis),
- der Inspirationsflow und -druck sowie bei Bedarf
- ein positiver endexspiratorischer Druck (PEEP).

Welche der genannten Größen vom Anwender eingestellt werden können bzw. müssen und welche sich hieraus variabel ergeben, hängt vom gewählten Beatmungsmodus (volumen- oder druckkontrolliert) und von der Ausstattung des jeweiligen Gerätes ab. Eine Übersicht der gängigen *Narkosebeatmungsformen* mit den gebräuchlichen Abkürzungen gibt *Tab. C1.*

Volumenkontrollierte Beatmung. Bei der volumenkontrollierten Beatmung wird ein zuvor eingestelltes Atemzugvolumen in die Lungen transportiert *(C2)*. Dies geschieht unter einem während der Inspiration konstanten, einstell-

Beatmungsformen I

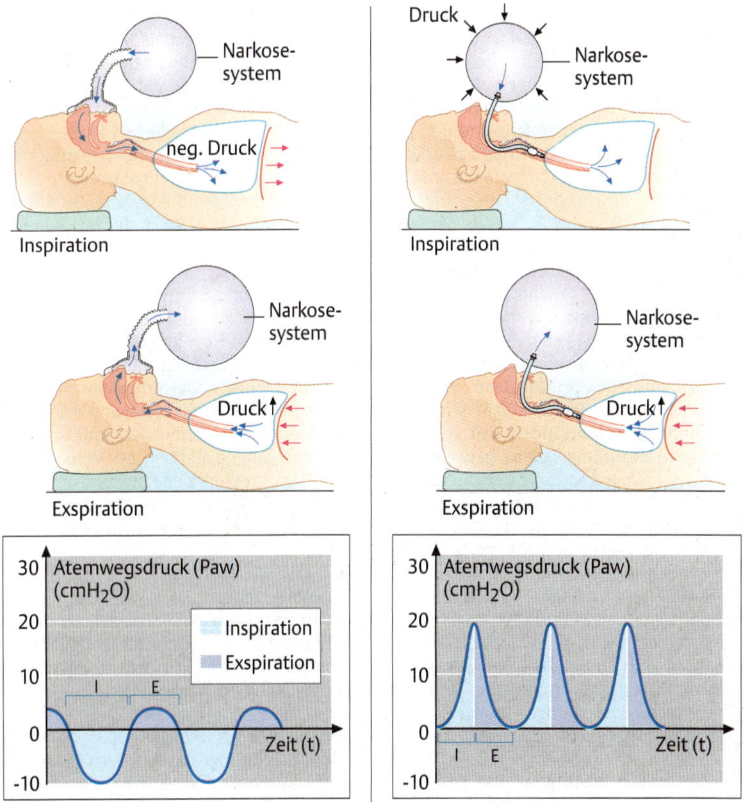

1. Spontanatmung

2. Überdruckbeatmung

A. Grundprinzipien

Verfahren	Funktionsprinzip
manuell-assistiert	Unterstützung (insuffizienter) Spontanatmung durch synchronisierte manuelle Beatmungshübe
manuell-kontrolliert	vollständige manuelle Beatmung bei fehlender Spontanatmung
maschinell-assistiert	Triggerung maschineller Beatmungshübe durch spontane Inspiration
maschinell-kontrolliert	vollständige maschinelle Beatmung bei fehlender Spontanatmung

B. Narkosebeatmung

baren Flow (= Strömungsgeschwindigkeit, mit der das Atemgas im Patientensystem bewegt wird). Der resultierende Beatmungsdruck ergibt sich dann aus der Dehnbarkeit von Lunge und Thorax („Compliance") und von eingestellten Zielgrößen wie Atemzeitverhältnis, Atemfrequenz und PEEP. Bei hohem Flow entsteht ein hoher inspiratorischer Spitzendruck, gefolgt von einem endinspiratorischen Druckplateau. Hierbei kann geräteseitig ein bestimmter Maximaldruck nicht überschritten werden. Dieser wird bei älteren Geräten als „Arbeitsdruck" (Druckreserve) bezeichnet und ist hier zumeist fest vorgegeben (ca. 100 cmH_2O); bei neueren wird er „P_{max}" genannt und ist variabel wählbar, so daß er dann direkt als inspiratorische Druckbegrenzung genutzt werden und so die Form der Atemkurve beeinflussen kann (z. B. inspiratorisches Druckplateau). Auch die Anstiegssteilheit des Druckaufbaus wird über den Inspirationsflow verändert. Der volumenkontrollierte Beatmungsmodus gewährleistet eine relativ *volumenkonstante* Beatmung, auch wenn sich – innerhalb bestimmter Grenzen – der Widerstand im Patientensystem ändert. Die Sicherheitsreserve ist um so größer, je höher der Arbeitsdruck ist, wobei jedoch ein hoher Arbeitsdruck zu hohen intrapulmonalen Spitzendrücken und demzufolge ungleichmäßiger Gasverteilung in den einzelnen Lungenabschnitten führt. Kommt es allerdings bei volumenkontrollierter Beatmung zu Leckagen, geht ein mehr oder weniger großer Teil des Atemzugvolumens nach außen verloren.

Druckkontrollierte Beatmung. Die druckkontrollierte Beatmung funktioniert im Prinzip genau umgekehrt *(C3)*. Hier wird nicht das Atemzugvolumen, sondern der Druck am Gerät eingestellt, der während der Inspiration im Patientensystem aufgebaut werden soll. Die Höhe des Atemzugvolumens ergibt sich dann aus dem Druck und den im System bzw. in den Lungen herrschenden Widerständen. Hierdurch können Leckagen bis zu einem gewissen Grad gut kompensiert werden, wohingegen Widerstandsänderungen, die intraoperativ nicht selten auftreten, automatisch zu umgekehrt proportionalen Änderungen des Atemzugvolumens führen. Diese Änderungen können jedoch bei entsprechend eng eingestellten Alarmgrenzen sofort erkannt werden. Ein grundsätzlicher beatmungsphysiologischer *Vorteil* der druckkontrollierten Beatmung ist der während der Inspiration allmählich abfallende Flow („dezelerierender Flow"), der dadurch zustande kommt, daß der Widerstand in den Lungen mit im Verlauf der Inspiration zunehmendem intrapulmonalem Volumen ansteigt. Hierdurch wird die Gasverteilung auf Lungenabschnitte mit unterschiedlicher Dehnbarkeit und unterschiedlichen Flußwiderständen deutlich verbessert. Im Gegensatz dazu bleibt bei der volumenkontrollierten Beatmung der Flow über die gesamte Inspirationsdauer konstant, so daß hier der Druck entsprechend ansteigen muß. Dies führt bei hohen Flußwiderständen in einzelnen Lungenabschnitten zu für die Gasverteilung nachteiligen turbulenten Strömungen. Außerdem werden bei konstantem Flow gut dehnbare Lungenbezirke immer erheblich besser belüftet als schlecht dehnbare. Der druckkontrollierte Beatmungsmodus ist dagegen von Vorteil bei allen Patienten mit akuter oder chronischer Lungenschädigung, außerdem bei Vorhandensein einer broncho-pleuralen Fistel und bei Kindern im ersten Lebensjahr, um auch minimale maschinelle Hubvolumina zu gewährleisten.

Frischgasentkoppelung. Unter Frischgasentkoppelung versteht man, daß das Frischgas, das entsprechend der eingestellten Rate sowohl in der In- als auch Exspiration fließt, nicht direkt oder unmittelbar in das Kreissystem eingespeist, sondern während der Inspiration zunächst in einem Reservoir, z. B. dem Beatmungsbeutel, gesammelt wird. Während der Exspiration gelangt das Frischgas dann in den Beatmungsbalg bzw. -kolben (bei geringem Frischgasanteil zusammen mit dem Exspirationsgas des Patienten) und wird mit dem folgenden Beatmungshub in den Patienten transportiert. Das hat den Vorteil, daß das am Gerät eingestellte Hubvolumen ziemlich genau dem Atemzugvolumen entspricht. Bei Geräten ohne Frischgasentkoppelung hingegen gelangt Frischgas auch während der Inspiration in das Kreissystem und erhöht entsprechend das Zugvolumen. Frischgasentkoppelte Beatmungsgeräte gewährleisten also im Gegensatz zu nichtentkoppelten eine *volumenkonstante* Beatmung, die unabhängig vom eingestellten Frischgasfluß ist, sobald dieser den minimal erforderlichen Bedarf (= Verbrauch durch den Patienten + Leckagevolumen des Systems) überschreitet.

Beatmungsformen II

Kürzel	Bedeutung	Prinzip
CMV	continuous mandatory ventilation	maschinell-kontrollierte Beatmung
VCV	volume controlled ventilation	volumenkontrollierte Beatmung
PCV	pressure controlled ventilation	druckkontrollierte Beatmung
IPPV	intermittent positive pressure ventilation	Beatmung mit positivem inspiratorischen Druck
ZEEP	zero endexpiratory pressure	atmosphärischer endexspiratorischer Druck
PEEP	positive endexpiratory pressure	positiver endexspiratorischer Druck
CPPV	continuous positive pressure ventilation	IPPV + PEEP
IRV	inversed ratio ventilation	Beatmung mit umgekehrtem Atemzeitverhältnis (I : E >1 ->2 : 1 bis max. 4 : 1)
SIMV	synchronized intermittent mandatory ventilation	komb. Spontan- u. masch. Beatmung, wobei bei Unterschreiten einer bestimmten Spontanatmungsrate maschinelle Beatmungshübe erfolgen, die bei noch vorhandener Eigenatmungsaktivität synchronisiert abgegeben werden („Triggerung")

1. Glossar der gängigen Narkosebeatmungsformen

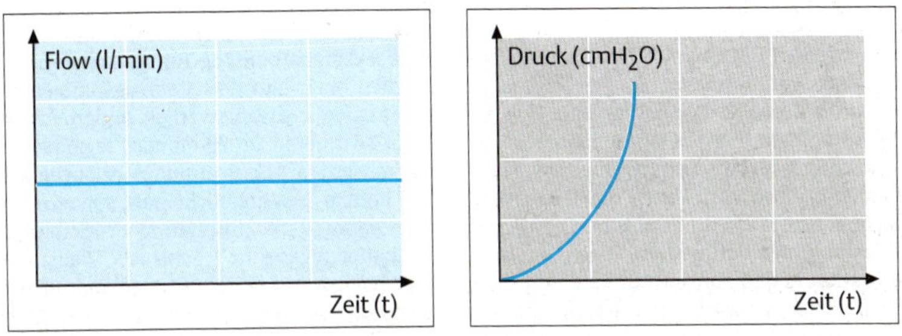

2. Volumenkontrollierte Beatmung (Druck- und Flow-Kurven)

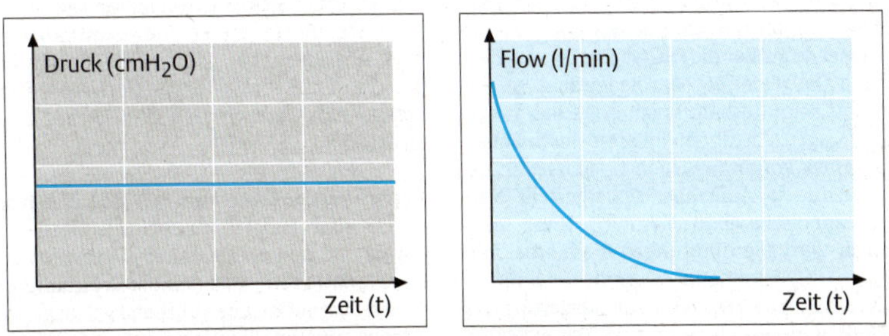

3. Druckkontrollierte Beatmung (Druck- und Flow-Kurven)

C. Maschinelle Beatmung

Ziel der Narkosebeatmung ist es, beim anästhesierten Patienten einen optimalen Gasaustausch sicherzustellen und damit die Voraussetzungen für eine Homöostase aller wichtigen Organfunktionen zu schaffen. In tiefer Narkose bzw. unter dem Einsatz von Muskelrelaxanzien ist die Spontanatmungsaktivität komplett ausgeschaltet, so daß eine maschinell-kontrollierte Beatmung des Patienten erforderlich wird. Hierbei sind die *Ventilationsgrößen* am Respirator so einzustellen, daß ein arterieller Sauerstoffpartialdruck (PaO_2) von 80–100 mmHg und ein arterieller Kohlendioxidpartialdruck ($PaCO_2$) von 35–40 mmHg beim „Normalpatienten" erreicht werden.

A. Einstellung der Beatmung

Vor Durchführung einer maschinellen Beatmung müssen die Beatmungsparameter bereits grob für den betreffenden Patienten eingestellt werden. Hierfür können für Lungengesunde Anhaltswerte zugrunde gelegt werden, die normalerweise einen adäquaten Gasaustausch gewährleisten *(A1)*.

Gasaustausch. Der pulmonale Gasaustausch setzt sich bekanntermaßen aus den Teilprozessen O_2-Aufnahme (Oxygenierung) und CO_2-Abgabe zusammen. Für die **O_2-Aufnahme** ist die Größe der gasaustauschenden Oberfläche entscheidend; diese wird durch die *funktionelle Residualkapazität* (FRC) bestimmt. Die FRC ist als das Volumen definiert, das nach normaler Exspiration in den Lungen verbleibt. Ihre zentrale Bedeutung besteht im Ausgleich der in- und exspiratorischen O_2-/CO_2-Konzentrationen im Alveolarraum („Pufferfunktion"). Hierdurch wird der Gasaustausch auch während der Exspiration aufrechterhalten, und zwar um so besser, je größer die FRC ist. Das ist vor allem für die Oxygenierung von Bedeutung. Im Extremfall kann deshalb sogar, ohne daß Atembewegungen stattfinden müssen, durch Einleitung eines kontinuierlichen O_2-Flusses in die Lungen die O_2-Aufnahme sichergestellt werden („apnoische Oxygenierung"). Diese Möglichkeit wird allerdings durch die hierbei fehlende CO_2-Elimination zeitlich limitiert (s. Kap. 5.2). Die FRC kann zur Steigerung der O_2-Aufnahme durch einen *positiven endexspiratorischen Druck* (PEEP) angehoben werden. Hierdurch werden die Alveolen während der Exspiration länger offengehalten, was die Gaszirkulation und den Gasaustausch in dieser Phase verbessert. Die **CO_2-Abgabe** ist dagegen in erster Linie von der *alveolären Ventilation* abhängig, worunter man den Anteil des Atemminutenvolumens versteht, der effektiv am Gasaustausch teilnimmt. Die alveoläre Ventilation bestimmt die O_2-Menge, die mit der Atemluft zu den Alveolen transportiert wird, und die CO_2-Menge, die von hier in die Umgebungsluft abgegeben wird. Sie kann errechnet werden, indem man von der Gesamtventilation die anatomische Totraumventilation subtrahiert *(A3)*. Der *anatomische Totraum*, in dem physiologisch kein Gasaustausch stattfindet, umfaßt das Volumen sämtlicher Luftwege bis zum Übergang der Bronchioli terminales zu den Alveolen. Beim intubierten Patienten beginnt er am Übergang vom Y-Stück zum Endotrachealtubus bzw. zwischengeschalteten Beatmungsfilter. Er beträgt beim Erwachsenen ca. 2 ml/kg Körpergewicht und wird durch Intubation eher etwas verringert, zumindest aber nicht vergrößert. Je geringer das Atemzugvolumen ist, um so mehr wirkt sich der anatomische Totraumanteil im Sinne einer erhöhten Totraumventilation aus. Da mit jedem Beatmungshub zunächst der anatomische Totraum überwunden werden muß, darf das Atemzugvolumen also nicht zu klein gewählt werden. Außerdem muß beim beatmeten Patienten noch folgendes bedacht werden. Die Beatmungsschläuche sind, wie bereits erwähnt, nicht starr, sondern werden während der Inspiration druckabhängig geringfügig gedehnt („Schlauchcompliance"). Hierdurch wird bei der volumenkontrollierten Beatmung ein kleiner Teil des eingestellten Hubvolumens nicht in die Lungen transportiert, sondern verbleibt in den Schläuchen, so daß das *effektive* Atemzugvolumen vermindert wird. Der Anteil dieser „Totraumventilation" liegt allerdings bei „normalen" Schläuchen (< 2–3 m) und einem inspiratorischen Beatmungsdruck von weniger als 20–25 cmH_2O unterhalb 5 %.

Anpassung der Beatmung. Bei Änderungen der Narkosetiefe ändert sich auch die Stoffwechselrate und demzufolge der O_2-Verbrauch und die CO_2-Produktion, so daß die Beatmungsparameter daraufhin überprüft und ggf. angepaßt werden müssen. Eine Steigerung der Ventilation wird aber nicht nur bei abflachender Narkose erforderlich, sondern auch bei bestimmten Operationstechniken, wie z. B. Laparosko-

Praxis der Beatmung I

Anhaltswerte für lungengesunde Erwachsene	
Atemzugvolumen	10-12 ml/kg KG
Beatmungsfrequenz	10-12/min
Inspirations-/Exspirationsverhältnis	1 : 1,5 bis 1 : 2
Inspirationsflow (bei VCV)	30 l/min
Inspirationsdruck (bei PCV)	20 cmH_2O
inspiratorische Druckbegrenzung (Pmax)	25 cmH_2O
positiver endexspiratorischer Druck (PEEP)	3-5 cmH_2O
inspiratorische O_2-Konzentration (FIO_2)	30 % (0,3)

Ziel: PaO_2 = 80 – 100 mmHg, $PaCO_2$ = 35 – 40 mmHg

1. Grundeinstellung des Narkoserespirators

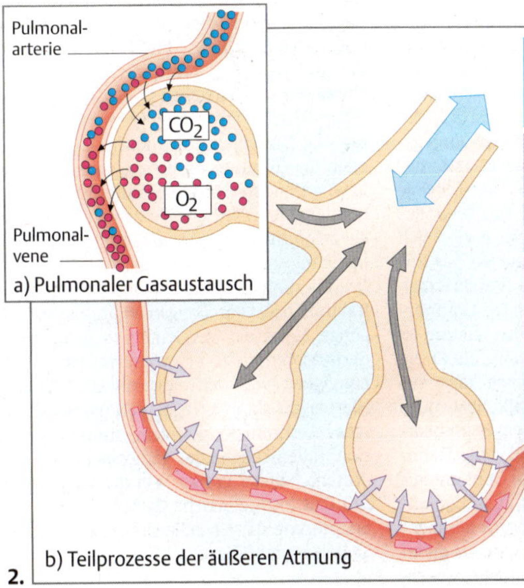

a) Pulmonaler Gasaustausch

Ventilation:
O_2-/CO_2-Transport mit den Atemgasen

Diffusion:
O_2-/CO_2-Transport durch die alveolo-kapilläre Membran

Perfusion:
O_2-/CO_2-Transport mit dem Blut

Distribution:
regionale Verteilung von Ventilation und Perfusion in den Lungen (Ventilations-/Perfusionsquotient [VA/Q] = 0,8-1,0 [Mittelwert für Lungengesunde])

b) Teilprozesse der äußeren Atmung

2.

Alveoläre Ventilation (V_A) = AMV - (V_{Danat} · AF)

V_{Danat} = anatomischer Totraum
AMV = Atemminutenvolumen
AF = Atemfrequenz

3. Berechnung der alveolären Ventilation (V_A)

A. Einstellung der Beatmung

pien mit intraperitonealer CO_2-Insufflation („Kapnoperitoneum") und entsprechend vermehrter CO_2-Resorption in den Blutkreislauf.

B. Monitoring

Ein muskelrelaxierter, künstlich beatmeter Patient ist jederzeit gefährdet, eine arterielle *Hypoxie* und *Hyperkapnie* zu entwickeln, und zwar durch mögliche Funktionsmängel des Narkoserespirators, Störungen im Bereich der Atemwege oder Veränderungen auf Ebene des Lungenparenchyms. Deshalb müssen die entscheidenden Atmungs- bzw. Beatmungsparameter *patienten-* bzw. *geräteseitig* adäquat überwacht werden *(B1)*. Sie dienen nicht nur zum Erkennen von Fehlfunktionen, sondern sind auch eine wichtige Voraussetzung zur Steuerung der Beatmung und damit zur Anpassung an die jeweiligen Bedürfnisse.

Beatmungssystem. Der *Beatmungsdruck* wird elektronisch oder mechanisch gemessen und digital angezeigt. Außerdem kann er als Kurve in seinem zeitlichen Verlauf dargestellt werden. Hierbei sind der „Stenosealarm", der durch das Überschreiten bestimmter vorgegebener Druckwerte ausgelöst wird, und der „Diskonnektionsalarm", der auf eine Leckage im Beatmungssystem hinweist, von besonderer Bedeutung. Die *Atemfrequenz* ergibt sich aus der Anzahl der Beatmungszyklen pro Minute. Das *Atemzugvolumen* wird grundsätzlich erst nach der Ausatmung, d. h. im Exspirationsschenkel des Narkosegerätes gemessen und ist neben dem Digitalwert auch analog als Kurve abrufbar. Das *Atemminutenvolumen* kann aus Frequenz und Zugvolumen kalkuliert oder ebenfalls direkt gemessen werden. Beim beatmeten Patienten kann als Maß für die Dehnbarkeit von Lunge und Thorax der Quotient aus Atemzugvolumen und Differenz zwischen endin- und endexspiratorischem Druck herangezogen werden *(B2)*. Dieser Wert wird als *dynamische Compliance* bezeichnet und von modernen Monitoren automatisch errechnet. Eine Abnahme kann, nachdem ein Abknicken der Beatmungsschläuche oder des Tubus ausgeschlossen wurde, auf Atemwegsobstruktionen (z. B. Sekretverlegungen, Bronchospasmus, Tracheakompression etc.) oder intrathorakale Volumen- bzw. Druckveränderungen (z. B. Lungenödem, Kapnoperitoneum, chirurgische Manipulation) hindeuten.

Atemgase. In den Atemgasen werden in- und exspiratorisch die O_2-, CO_2-Konzentrationen und der Anteil der Narkosegase gemessen, wobei die Atemgasprobe möglichst patientennah, d. h. zwischen Tubus und Y-Stück oder am zwischengeschalteten Beatmungsfilter, entnommen werden soll. Die Erfassung sämtlicher Parameter ist mit optischen und akustischen *Alarmfunktionen* gekoppelt. Prozessorgesteuerte Geräte erlauben dabei neben der manuellen auch eine automatische Anpassung der oberen und unteren Alarmgrenzen. Um Veränderungen frühzeitig erkennen zu können, empfiehlt sich eine enge Einstellung der entsprechenden Grenzwerte.

Patient. Zur *Objektivierung* des Beatmungserfolges und damit des Gasaustausches können durch intermittierende arterielle *Blutgasanalysen* der PaO_2 und $PaCO_2$ sowie die Sauerstoffsättigung des Hämoglobins (SaO_2) bestimmt werden. Ein einfaches, jederzeit anwendbares und unverzichtbares Meßverfahren ist die *Pulsoxymetrie* zur kontinuierlichen Überwachung der sog. partiellen O_2-Sättigung ($pSaO_2$; s. Kap. 9.1). Die Ermittlung *spezieller* Parameter wie die Berechnung des Rechts-Links-Shunts oder der Totraumventilation sind aufwendig bzw. an invasive Untersuchungstechniken gebunden. Der praktische Nutzen dieser zusätzlichen Informationen ist außerdem im Zusammenhang mit Narkosen gering. Eine grobe Orientierung hinsichtlich der Größe der Shuntfraktion bzw. der *Oxygenierungsfunktion* der Lunge bietet der Vergleich von gemessenem und theoretisch zu erwartendem PaO_2 in Abhängigkeit von der eingestellten FIO_2 *(B3)*. Hierbei gilt als Faustregel, daß bei physiologischer Abstimmung von Ventilation und Perfusion in den Lungen der gemessene Wert mindestens *fünfmal* größer sein muß als die prozentuale inspiratorische O_2-Konzentration. Die Erläuterung der Grundlagen würde an dieser Stelle zu weit führen.

Praxis der Beatmung II

- Atemwegsdrücke (P_{aw}: mbar bzw. cmH_2O)
  - inspiratorischer Spitzendruck
  - Plateaudruck
  - endexspiratorischer Druck
- Atemfrequenz (AF: 1/min)
- exspiratorisches Atemzugvolumen (AZV: ml)
- exspiratorisches Atemminutenvolumen (AMV = AF · AZV: l/min)
- ggf. dynamische Compliance (C_{dyn}: l/cmH_2O)
- in-/exspiratorische Gasmessung (% oder Fraktion)
  - O_2-Konzentration (FIO_2, FEO_2)
  - CO_2-Konzentration ($PECO_2$: mmHg)
  - Inhalationsanästhetika (FIA, FEA)
- Pulsoxymetrie ($pSaO_2$: %)
- ggf. Blutgasanalyse (PaO_2, $PaCO_2$: mmHg)
- Cuffdruck (endotracheale Intubation)

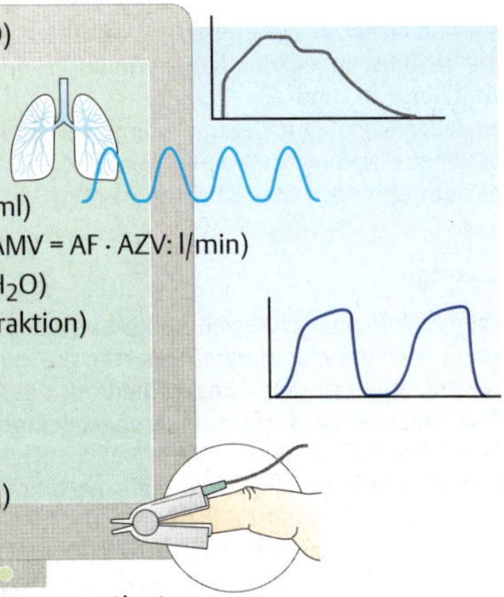

1. Respiratorische Basisüberwachung des Beatmungspatienten

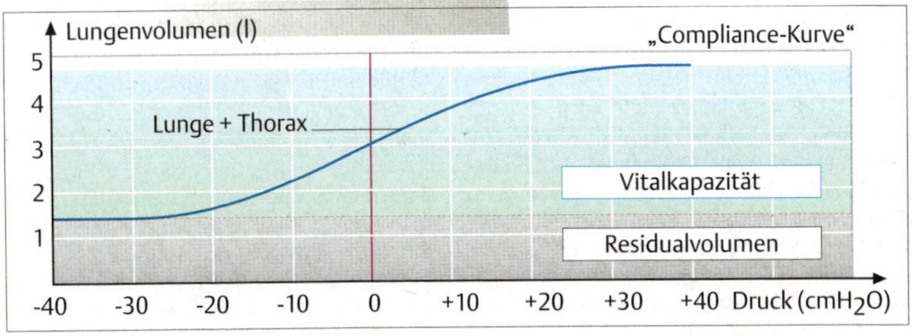

$$\textbf{Dynamische Compliance } (C_{dyn}) = \frac{AZV_{exsp}}{(P_{endinsp} - P_{endexsp})}$$

Normalwert: 0,05 - 0,1 l/cmH_2O

AZV_{exsp} = exspiratorisches Atemzugvolumen
$P_{endinsp}$ = endinspiratorischer Druck
$P_{endexsp}$ = endexspiratorischer Druck

2. Dynamische Compliance von Lunge und Thorax (C_{dyn})

FIO_2 (%)	PaO_2 (mmHg)
30	> 150
40	> 200
50	> 250
75	> 400
100	> 600

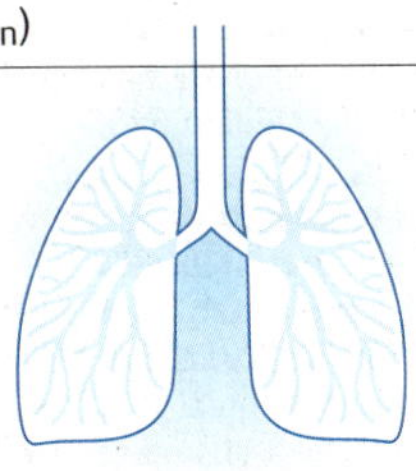

3. Beziehung zwischen FIO_2 und PaO_2 bei ungestörtem Gasaustausch

B. Monitoring

Die Durchführung einer Überdruckbeatmung im Rahmen von Narkosen bewirkt eine Vielzahl von sich z. T. wechselseitig beeinflussenden Veränderungen der Lungenfunktion, der Hämodynamik und der Funktionen der übrigen lebenswichtigen Organe. Komplikationen entstehen allerdings erst dann, wenn die Kompensationsgrenzen überschritten werden.

A. Lunge

Unter Allgemeinanästhesien kommt es unabhängig von den eingesetzten Anästhetika zur Beeinträchtigung der Lungenfunktion *(A1)*. Diese entsteht zum einen **lagerungsbedingt**, wobei bereits in horizontaler Rückenlage durch Verschiebung des Zwerchfells nach kranial, speziell bei adipösen Patienten, die *funktionelle Residualkapazität* (FRC) und die thorakale Compliance vermindert werden. Hierdurch können sich *Mikroatelektasen* in den abhängigen, also unteren Lungenabschnitten durch Verschluß der terminalen Luftwege („airway closure") ausbilden. Das kritische Lungenvolumen, bei dessen Unterschreiten Teile der Luftwege kollabieren, wird als „closing volume" bezeichnet. Bei Absinken der FRC unter dieses kritische Volumen ist also die Bildung von Mikroatelektasen vorgegeben. Zum anderen wird durch die **Beatmung** selbst, besonders mit PEEP und unter Muskelrelaxation, der *koordinierte* Ablauf der Zwerchfellbewegungen gestört. Das Zwerchfell wird unter maschineller Inspiration passiv nach kaudal bewegt, und zwar aufgrund des geringeren Widerstandes stärker im oben als im unten liegenden Anteil. Hierdurch ändert sich das *Ventilations-/Perfusionsverhältnis*, und die am wenigsten durchbluteten, oberen Lungenanteile werden vermehrt, die am stärksten durchbluteten, unten liegenden dagegen weniger belüftet. Durch **volatile Anästhetika** wird zudem der sog. *Euler-Liljestrand-Mechanismus* beeinträchtigt, d. h. die Umleitung des pulmonalen Blutflusses durch hypoxiegesteuerte Vasokonstriktion von schlechter zu besser ventilierten Bezirken vermindert. Infolgedessen steigt die venöse Beimischung zum arterialisierten Blut an, was sich in einer Zunahme des alveolo-arteriellen Druckgradienten ($AaDO_2$) dokumentiert. Die $AaDO_2$ liegt aus obigen Gründen bei Allgemeinanästhesien generell über der Norm. Dadurch, daß Anteile des Blutes bei der Lungenpassage nicht bzw. nicht vollständig oxygeniert werden, erhöht sich der sog. *Rechts-Links-Shunt* von normalerweise 2–5% auf durchschnittlich 10–15%. Durch *kontinuierliche* Überdruckbeatmung, d. h. Beatmung mit PEEP, wird dagegen die FRC erhöht, das „closing volume" angehoben und die Mikroatelektasenbildung reduziert, wodurch der arterielle PO_2 (wieder) ansteigt *(A2)*. Allerdings können bei *zu hohem* PEEP-Niveau die oben liegenden Alveolarbezirke überbläht werden, was dann das Ventilations-/Perfusionsverhältnis wieder verschlechtert. Um unter Allgemeinanästhesien arterielle Hypoxien zu vermeiden, sollte aus den genannten Gründen der inspiratorische O_2-Anteil (FIO_2) nicht unter 30% (0,3) liegen, der PEEP sollte dabei routinemäßig 5 cmH_2O nicht überschreiten. Hohe O_2-Konzentrationen können durch die Stickstoffauswaschung zu *Resorptionsatelektasen* führen. Stickstoff dient zur Stabilisierung der Alveolarwände, so daß die Alveolen beim Fehlen von Stickstoff (FIO_2 = 1,0) entsprechend ihrer Oberflächenspannung leichter kollabieren können. Aus diesem Grunde soll der O_2-Anteil, außer in Notfallsituationen zur Präoxygenierung und zur Narkoseausleitung, so gewählt werden, daß ein „normaler" PaO_2 aufrechterhalten wird.

Barotrauma. Unter einem Barotrauma versteht man eine Schädigung der Lungenstruktur durch die Einwirkung starker Scherkräfte infolge zu hoher Beatmungsdrücke (s. auch Kap. 13.2). Während lungengesunde Erwachsene Beatmungsdrücke bis zu 70 cmH_2O tolerieren, liegt die Grenze bei pulmonalen Erkrankungen mit verminderter pulmonaler Compliance (z. B. Emphysem) deutlich niedriger. Da der Grenzwert nicht individuell vorhersagbar ist, sollen generell Spitzendrücke von über 20–30 cmH_2O möglichst vermieden werden. Ein Barotrauma kann sich verschiedenartig manifestieren *(A3)*, wobei der Pneumothorax besonders gefürchtet wird, da er zumeist mit einem Ventilmechanismus verbunden ist und sich unter Beatmung schnell ein akut lebensbedrohlicher *Spannungspneumothorax* entwikkelt.

Auswirkungen und Komplikationen der Beatmung I

Lungenmechanik
- Abnahme der funktionellen Residualkapazität
- Veränderung des Ventilations-/Perfusionsverhältnisses mit „airway closure"
- Neigung zur Mikroatelektasenbildung

Gasaustausch
- Anstieg des intrapulmonalen Rechts-Links-Shunts
- Anstieg des alveolo-arteriellen O_2-Druckgradienten mit Absinken des PaO_2
- Zunahme der Totraumventilation

1. Veränderungen der Lungenfunktion unter Allgemeinanästhesie

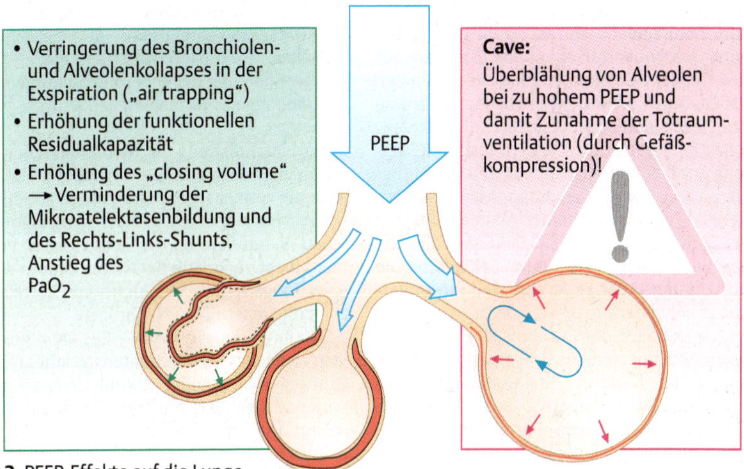

2. PEEP-Effekte auf die Lunge

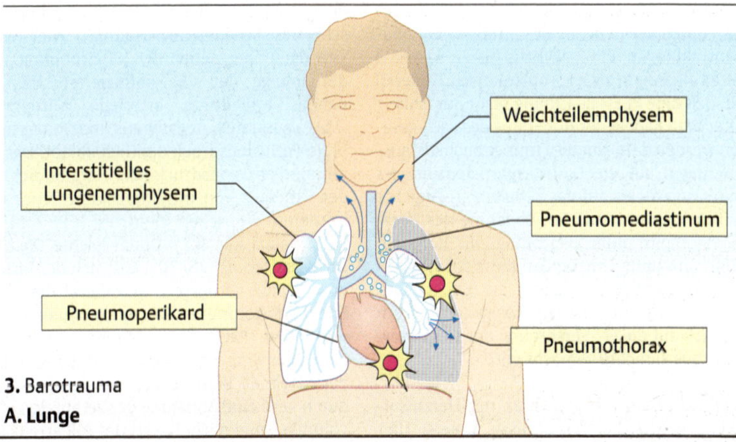

3. Barotrauma

A. Lunge

B. Hämodynamik

Durch die intermittierende Überdruckbeatmung steigt der intrathorakale Druck während der Inspiration an. Dadurch können perialveoläre Gefäße komprimiert werden. Der infolgedessen erhöhte pulmonalvaskuläre Widerstand geht dann mit einer Rechtsherzbelastung einher. Außerdem steigt durch die Zunahme des intrathorakalen Druckes auch der Druck im rechten Vorhof an, so daß der Druckgradient zwischen peripheren Venen und rechtem Vorhof kleiner wird. Die Folge ist eine Abnahme des venösen Rückstromes mit konsekutiver *Verringerung des Herzzeitvolumens* (→ Blutdruckabfall). Autoregulativ kommt es zu einer Erhöhung des Sympathikotonus mit Zunahme der Herzfrequenz und Konstriktion der peripheren Venen. Durch die rechtsventrikuläre Belastung kann auch der linke Ventrikel in Mitleidenschaft gezogen werden, indem über eine Septumverschiebung nach links dessen Füllung beeinträchtigt wird („enddiastolische Tamponade"). Zudem kann eine Volumenzunahme der Lunge unter PEEP die Dehnungsfähigkeit des linken Ventrikels direkt behindern. Die Auswirkungen der Beatmung sind um so größer, je höher der intrathorakale Druck ansteigt und je geringer die Zunahme der sympathischen Aktivität bleibt (z. B. Sympathikusdämpfung unter Narkose, direkte Vasodilatation durch volatile Anästhetika, anästhetikainduzierte negative Inotropie). Sie fallen stärker aus, wenn auch während der Exspiration ein positiver Druck herrscht (PEEP-Beatmung), lassen sich aber i.d.R. prophylaktisch oder therapeutisch durch Vermehrung des intravasalen Volumens abfangen. PEEP-Niveaus bis zu 5 cmH_2O gelten allgemein als unproblematisch. Generell gilt, daß eine PEEP-Beatmung nicht nur isoliert unter dem Aspekt der Anhebung des PaO_2 gesehen werden darf, sondern immer auch die Auswirkungen auf die *O_2-Transportkapazität des Blutes* und damit auf das zelluläre O_2-Angebot berücksichtigen muß. Bei Abnahme des Herzzeitvolumens unter Beatmung mit höherem PEEP kann unter Umständen diese so weit vermindert werden, daß damit der Effekt einer verbesserten pulmonalen Oxygenierung im Hinblick auf die O_2-Versorgung des Gesamtorganismus zunichte gemacht wird.

Herzinsuffizienz. Bei Patienten mit Herzinsuffizienz liegen die Verhältnisse anders. Hier werden durch den verringerten venösen Rückstrom die ventrikulären Füllungsvolumina vermindert, so daß sich die Schlagvolumina entsprechend dem Frank-Starling-Mechanismus erhöhen können. Es kommt also zu einer *Verbesserung der kardialen Situation*. Dieses Prinzip macht man sich therapeutisch vor allem bei der Behandlung des kardiogenen Lungenödems zunutze.

C. Weitere Organauswirkungen

Aus der Behinderung des venösen Rückstromes und der Abnahme des Herzzeitvolumens (HZV) erwachsen auch Konsequenzen für andere Organe. So kann es zur
- Abnahme der Nierenausscheidung,
- Verminderung der Leberdurchblutung und
- Erhöhung des intrakraniellen Drucks

kommen.

Zur Einschränkung der **Nierenfunktion** trägt neben der verminderten Organdurchblutung auch die vermehrte Freisetzung des antidiuretischen Hormons bei, das der kompensatorischen Vergrößerung des intravasalen Volumens dient. Innerhalb der Nieren kommt es zu einer Umverteilung des Blutes von kortikalen zu juxtaglomerulären Nephronen.

Der **intrakranielle Druck** (ICP) kann ansteigen, wenn durch den erhöhten intrathorakalen Druck der hirnvenöse Abfluß beeinträchtigt wird und damit das zerebrale Blutvolumen zunimmt. Dies gilt allerdings nur für Patienten, bei denen die intrakraniellen Kompensationsmechanismen, wie z. B. Liquorverschiebung in den Spinalkanal, bereits erschöpft sind (z. B. schweres Schädel-Hirn-Trauma). Hier wirkt sich dann aber neben der ICP-Erhöhung auch der infolge der PEEP-induzierten HZV-Abnahme erniedrigte arterielle Mitteldruck (MAP) zusätzlich negativ aus, indem der zerebrale Perfusionsdruck deutlich abfällt. Der zerebrale Perfusionsdruck (CPP) ergibt sich aus der Differenz von intrakraniellem Druck und mittlerem arteriellen Blutdruck (CPP = MAP – ICP; s. auch Kap. 9.2). Durch leichte *Oberkörperhochlagerung* (15–30°) läßt sich der hirnvenöse Abfluß verbessern und damit der PEEP-Effekt antagonisieren. Durch eine milde *Hyperventilation* ($PaCO_2$ = 32–34 mmHg) kann zudem über eine Konstriktion von Hirngefäßen der zerebrale Blutfluß gesenkt werden. Hierdurch wird eine Abnahme des zerebralen Blutvolumens und nachfolgend des ICP erreicht.

Auswirkungen und Komplikationen der Beatmung II

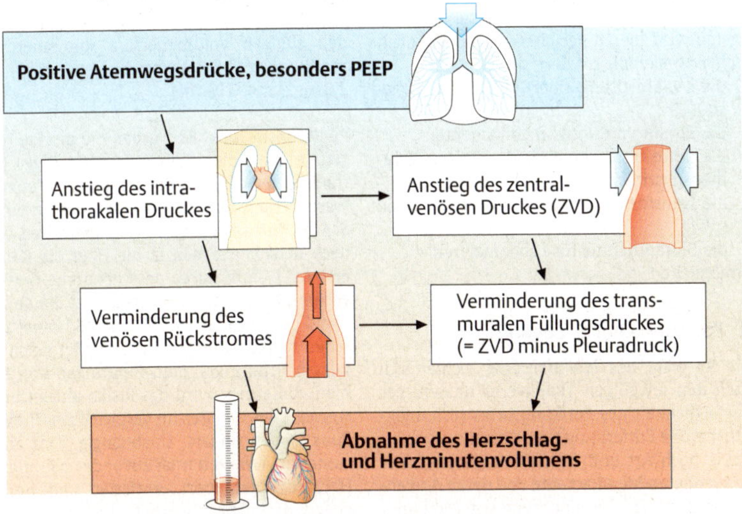

1. Auswirkungen der Überdruckbeatmung auf die Hämodynamik

Ein PEEP soll nicht nur den PaO_2 anheben, sondern auch die O_2-Transportkapazität verbessern. Er gilt als „optimal", wenn ein maximaler PaO_2-Anstieg bei nur minimaler Herz-Kreislauf-Beeinträchtigung erreicht wird.

Cave: PEEP *und* Hypovolämie!

2. PEEP und O_2-Transportkapazität

B. Hämodynamik

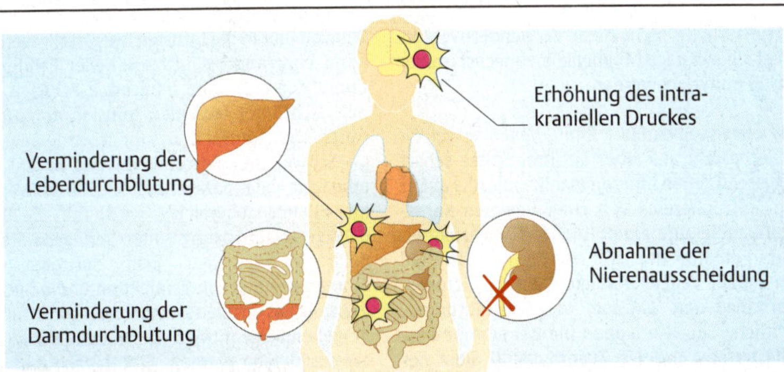

C. Weitere Organauswirkungen

Ein venöser Zugang ist, außer bei einfachen Lokalanästhesien, *obligat* bei bzw. zur Durchführung jedweder Form der Anästhesie. Am häufigsten wird hierzu periphervenös eine *Kunststoffverweilkanüle* plaziert, die

- die i. v.-Einleitung einer Allgemeinanästhesie,
- die Zufuhr von Notfallmedikamenten,
- die Infusionstherapie inkl. zügiger Volumensubstitution,
- die Transfusion von Blut und Blutprodukten sowie
- die Blutentnahme für Laboranalysen

ermöglicht.

A. Periphervenöser Zugang

Die Auswahl des *Punktionsortes* richtet sich nach den jeweiligen Venenverhältnissen, der Zugänglichkeit des Punktionsortes (d. h. möglichst große Entfernung zum Operationsgebiet) sowie nach Art und Venenverträglichkeit der verwendeten Medikamente und deren Anwendungsdauer. Zur Verhinderung von Venenreizungen und Thrombophlebitiden sollte die Osmolarität der verwendeten Lösungen 800–1.000 mosmol/l nicht überschreiten. Ebenso ist wegen eines unzureichenden Verdünnungseffektes die Injektion von Medikamenten mit unphysiologischen pH-Werten in kleinlumige periphere Gefäße zu vermeiden. Grundsätzlich werden Venen des Handrückens und des Unterarms bevorzugt *(A1)*, da die Kanülen hier sicher fixiert werden können, ohne daß daraus eine Bewegungseinschränkung für den Patienten resultiert. Bei Fehlpunktion einer *proximalen* Vene (Perforation der Venenwand mit Hämatombildung) können anschließend distale Venen, deren Blut über die perforierte Vene abfließt, nicht mehr verwendet werden. Deshalb soll nach Möglichkeit zunächst immer *distal* punktiert werden.

Venenverweilkanüle. Eine Venenverweilkanüle besteht aus einer an ihrer Spitze scharf angeschliffenen inneren Stahlkanüle, die außer im Spitzenbereich von einer flexiblen Kunststoffkanüle ummantelt ist *(A2)*. Nach erfolgreicher Punktion verbleibt nur der Kunststoffteil im Gefäß. Venenverweilkanülen existieren in verschiedenen Größen und Ausführungen. Seitliche Flügel erlauben hierbei eine bessere Pflasterfixierung, ein Zuspritzventil dient der Applikation von Medikamenten. Bei Erwachsenen werden zumeist Kanülen mit einem Innendurchmesser (ID) von 1,4–1,6 mm (entsprechend G18/17; G = „gauge") eingesetzt. Für den zügigen Volumenersatz sind allerdings großlumigere Modelle besser geeignet (ID 1,7–2,0 mm bzw. G16–14).

Punktionstechnik. Es werden die direkte (einzeitige) und die indirekte (zweizeitige) Methode unterschieden. Bei der *direkten* Punktion werden Haut und Venenwand quasi in einem Schritt durchstochen, bei der *indirekten* wird nach dem Einstechen in die Haut die Kanüle erst ca. 1–2 cm durch das subkutane Gewebe geführt, bevor im nächsten Schritt die Venenwand penetriert wird *(A3)*. Dieser Tunnel zwischen Punktionsort und Vene bildet einen gewissen Schutz vor dem Eindringen von Keimen. Außerdem wird das Risiko eines Durchstechens des Gefäßes im Vergleich zur direkten Punktion verringert. Unabhängig vom angewandten Verfahren muß zuvor das betreffende Hautareal gesäubert, entfettet und ausreichend desinfiziert werden. Die hierzu üblicherweise benutzten *alkoholischen* Desinfektionslösungen haben eine Mindesteinwirkzeit von 60 sec. Beim wachen Patienten sollte zudem eine Lokalanästhesie der Injektionsstelle erfolgen, besonders vor der Anlage großlumiger Kanülen.

Komplikationen. Vor dem Einspritzen von Medikamenten in eine Venenverweilkanüle muß unbedingt deren *korrekte intravenöse Lage* sichergestellt sein. Zur Kontrolle wird eine Infusion angeschlossen, die bei ausreichendem hydrostatischem Druckgefälle spontan eintropfen muß. Eine *intraarterielle* Fehllage kann – bei ausreichendem Blutdruck – am Zurückfließen von Blut in die Infusion festgestellt werden (zum Vorgehen bei intraarterieller Fehlinjektion s. Kap. 8.2). Eine *paravasale* Fehllage äußert sich unter laufender Infusion durch den Austritt von Infusat in das umgebende Gewebe (→ Schwellung). Bestehen Zweifel, ob die Kanüle intra- oder paravenös liegt (z. B. bei Venen im Ellenbeugebereich), wird mit 5–10 ml 0,9 %iger NaCl-Lösung unter geringem Stempeldruck angespritzt. Beim Auftreten von *Schmerzen* unter einer Injektion und/oder *Abblassung* des distalen Hautgebietes muß immer umgehend eine intraarterielle Kanülenfehllage ausgeschlossen werden. Erst danach darf die Injektion mit verlangsamter Geschwindigkeit

Venöse Zugänge I

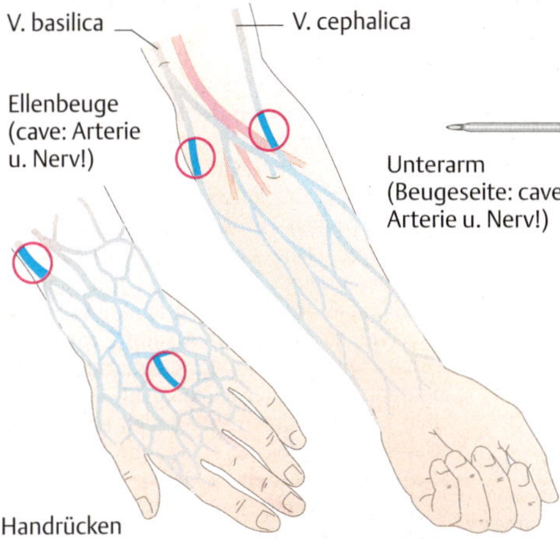

- Fußrücken oder -knöchel
- V. jugularis externa

1. Punktionsorte

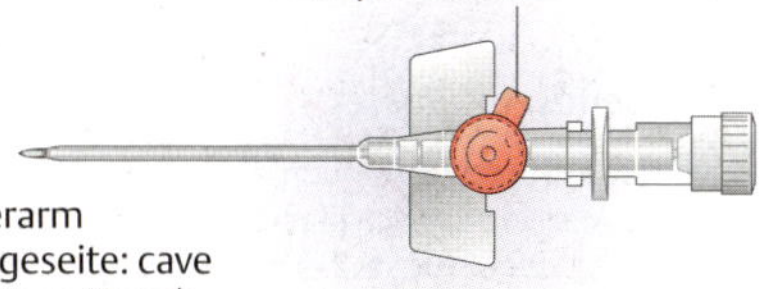

2. Venenverweilkanüle

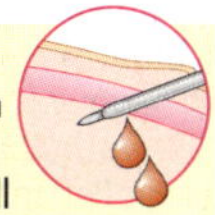

- Fehlpunktion
  - paravenös
  - intraarteriell
- Injektionsschmerz (Venenwandreizung!)
- Thrombophlebitis bzw. Thrombosierung der Vene

4. Komplikationen bei periphervenöser Punktion

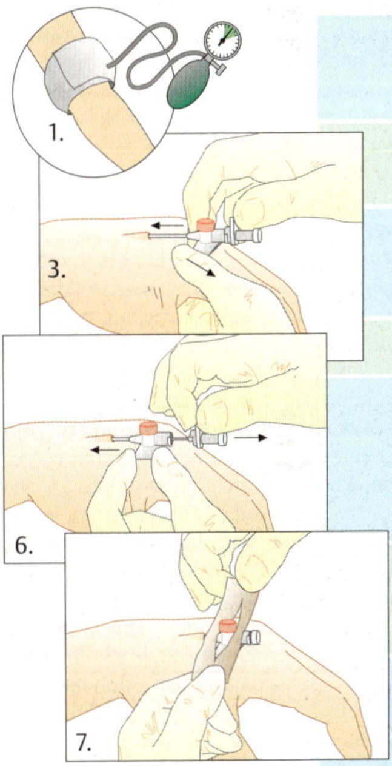

1. Anlegen einer Staubinde bzw. Aufpumpen der Blutdruckmanschette knapp oberhalb des diastolischen Druckes
2. Haut in Längsrichtung mit der nicht punktierenden Hand straffen (→ Fixierung der Vene)
3. Einführen der Kanüle in möglichst flachem Winkel durch die Hautquaddel ca. 1-2 cm parallel zur Vene
4. Penetration der Venenwand
5. Nach Bluteintritt ins hintere Kanülenende das ganze System absenken und noch ca. 1-2 mm weiter vorschieben (erst jetzt befindet sich die Öffnung der Kunststoffkanüle sicher intravasal!)
6. Kunststoffkanüle bei gleichzeitigem Herausziehen der Stahlkanüle weiter in die Vene vorschieben
7. Entfernen der Stahlkanüle, sichere Fixation der Kunststoffkanüle (z.B. mit zwei geschlitzten, breiten Pflasterstreifen) und Anschließen einer Infusion

3. Indirekte Punktionstechnik

A. Periphervenöser Zugang

in die laufende Infusion (Verdünnungseffekt) fortgesetzt werden.

B. Zentralvenöser Katheter

Zentralvenöse Katheter (ZVK) werden mit ihrer Spitze in der *V. cava superior* plaziert („oberer Kavakatheter"), idealerweise 2–3 cm oberhalb der Einmündungsstelle der oberen Hohlvene in den rechten Vorhof. Durch diese Lage sollen Dislokationen der Katheterspitze in den Vorhof, z. B. bei Bewegungen in der Schulter-/Halsregion, vermieden werden, die hier Irritationen (→ Arrhythmien, Herzklappenläsionen) bis hin zur Perforation (→ Perikardtamponade) verursachen können.

Indikationen. Es stehen *ein-* oder *mehrlumige* Katheter für die verschiedenen Indikationen zur Verfügung *(B1)*. Letztere werden allerdings nur zur differenzierten Kreislauftherapie, z. B. mit hochdosierten Katecholaminen, oder bei längerfristiger Intensivtherapie benötigt.

Punktionsorte. Bei zu erwartender längerer ZVK-Liegedauer (> 3 Tage) sollte nach Möglichkeit die **V. jugularis externa** als Zugangsort wegen der nur geringen punktionsbedingten Komplikationen gegenüber den tiefen Halsvenen oder der V. subclavia bevorzugt werden *(B2)*. Die Punktion der V. subclavia bietet Vorteile im *hypovolämischen Schock*, da ihr Lumen durch das umgebende Bindegewebe immer offengehalten wird. Da allerdings auch bei adäquater Punktionstechnik ein verfahrensbedingter Pneumothorax, aus dem sich unter kontrollierter Beatmung schnell ein Spannungspneumothorax entwickeln kann, nie gänzlich auszuschließen ist, sollte die Anwendung unmittelbar präoperativ möglichst unterbleiben. Eine Katheteranlage über eine Ellbogenvene oder V. femoralis kommt nur bei kurzer Liegedauer in Betracht, da hier katheterbedingte Komplikationen wie Thrombophlebitiden und Thrombosen deutlich häufiger auftreten (dünneres Gefäßlumen, längere intravasale Katheterstrecke).

Punktionstechnik. Die Anlage zentralvenöser Katheter erfordert eine streng *sterile* Vorgehensweise, um eine Infektion des Punktionsortes und Keimverschleppung mit dem Katheter in die Blutbahn zu verhindern (gründliche Hautdesinfektion, steriles Abdecken des Punktionsortes mit einem Lochtuch, sterile Handschuhe, Mundschutz etc.). Vor der Punktion von Halsvenen sollte der Patient in die sog. *Trendelenburg-Position*, d. h. Tieflagerung des Oberkörpers um ca. 15–20°, gebracht werden, wenn dies von seiten der Herzfunktion möglich ist, um durch die hydrostatische Druckerhöhung im Bereich der oberen Hohlvene die Venenfüllung zu erhöhen und das Luftembolierisiko zu senken. Für die Punktion der **V. jugularis interna** sind unterschiedliche Zugangswege beschrieben *(B3)*. In jedem Fall ist zu bedenken, daß diese Vene im Punktionsbereich anterior und lateral zur A. carotis communis verläuft und der M. sternocleidomastoideus als anatomischer Bezugspunkt dient. Das Aufsuchen kann ggf. durch Verwenden eines *Ultraschallsensors* erleichtert werden. Bei *falscher* Stichrichtung besteht die Gefahr

- der Pleuraläsion (→ Pneumothorax),
- der Karotispunktion (→ Hämatom) und
- der Verletzung des Pl. brachialis.

Nach akzidenteller Punktion der *A. carotis* muß sofort durch digitale Kompression die Ausbildung eines Hämatoms verhindert werden. Große Hämatome bergen die Gefahr einer Tracheakompression bzw. -verdrängung, Rekurrenslähmung und Läsion anderer Nerven. Erst wenn sichergestellt ist, daß sich kein Hämatom gebildet hat, darf ein Punktionsversuch der kontralateralen V. jugularis interna unternommen werden.

Bei Einbringen eines ZVK über die **V. subclavia** erfolgt die Punktion vorzugsweise infraklavikulär in der Medioklavikularlinie zwischen Klavikula und erster Rippe. Die Stichrichtung verläuft von latero-kaudal nach medio-kranial in Projektion auf das Sternoklavikulargelenk. Die Nadel soll hierbei unter kontinuierlichem Kontakt mit dem Periost der Klavikula vorgeschoben werden. Durch diese relativ flache Punktionstechnik wird das Risiko einer Pleuraverletzung ebenso wie die Punktion der A. subclavia und des Pl. brachialis zwar deutlich vermindert, aber nicht ausgeschlossen. Bei einseitiger (Fehl-)Punktion der V. subclavia darf *niemals* im unmittelbaren Anschluß eine kontralaterale Subklaviapunktion durchgeführt werden. Zuvor muß immer ein punktionsbedingter Pneumothorax sicher ausgeschlossen werden.

Punktionskanülen. Die Punktion selbst kann entweder mit Kanülen nach dem Prinzip der

Venöse Zugänge II

allgemein
- Messung des zentralvenösen Druckes (ZVD)
- Blutgasanalyse: O_2-Sättigung (SvO_2), $PvCO_2$, Säure-Basen-Status
- Verabreichung venenreizender Medikamente (z.B. kontinuierliche Katecholamintherapie)
- langfristige Infusionstherapie
- hochkalorische parenterale Ernährung

speziell
- chirurgische Eingriffe mit größeren Flüssigkeitsverschiebungen und/oder Blutverlusten
- Operationen mit Luftemboliegefahr
- ausgeprägte Dehydratation
- Schock
- V. a. akute Lungenembolie
- Polytrauma
- kontrollierte Beatmung bei respiratorischer Insuffizienz

1. ZVK-Indikationen

- V. anonyma
- als periphere Punktionsorte:
  - V. basilica oder V. mediana cubiti
  - V. femoralis (ZVK-Spitze in V. cava inf.!)

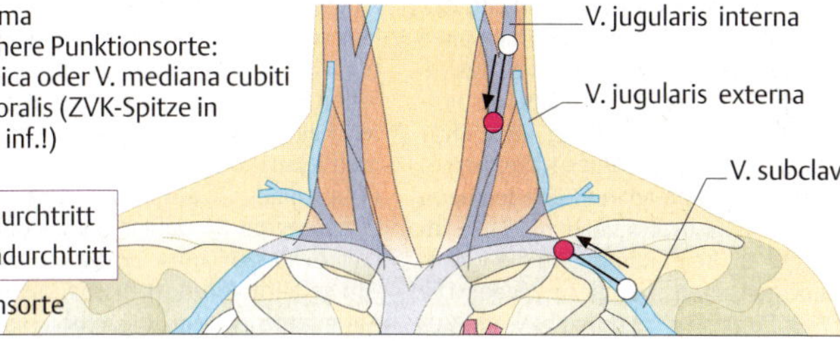

○ Hautdurchtritt
● Venendurchtritt

2. Punktionsorte

Vorgehensweise
- wenn möglich Kopftieflagerung von ca. 15-20°
- Hautdesinfektion, steriles Abdecken des Punktionsortes
- Lokalanästhesie des Stichkanals beim wachen Patienten

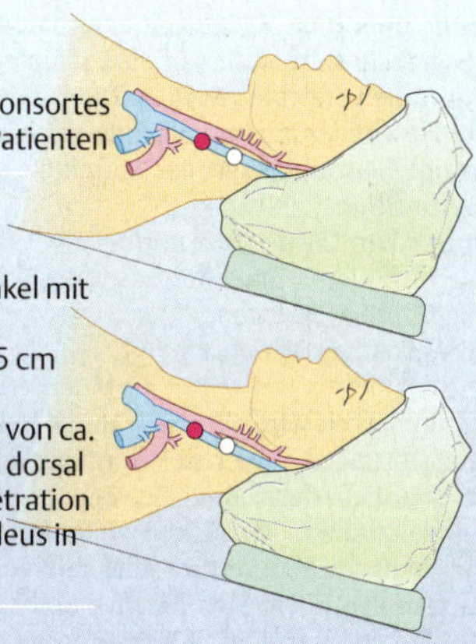

Auffinden der V. jugularis interna
- Kopf in Neutralstellung
- Palpation der A. carotis communis im Kieferwinkel mit der nicht punktierenden Hand
- Hauteinstich so weit wie möglich kranial, ca. 0,5 cm lateral der A. carotis communis
- Stichrichtung: von der A. carotis weg im Winkel von ca. 10-15° nach lateral, außerdem nach kaudal und dorsal im Winkel von ca. 30° zur Hautoberfläche, Penetration der Vene unterhalb des M. sternocleidomastoideus in ca. 3-4 cm Tiefe.

Erfolgskontrolle
- zweifelsfreie Aspiration von Blut über den Katheter

Fixation des Katheters
- am besten durch Annähen, ggf. mit Fixierhilfe

Lagekontrolle (s. Text)

3. Punktionstechnik der V. jugularis interna („hoher Zugang")

B. Zentralvenöser Katheter

Venenverweilkanüle oder in der sog. Seldinger-Technik erfolgen. Bei ersterer wird nach der Gefäßpunktion die *Kunststoffkanüle* so weit wie möglich vorgeschoben und darüber dann der Katheter eingeführt. Bei der *Seldinger-Methode* wird das Gefäß mit einer einfachen Stahlkanüle punktiert, durch die ein spiralisierter Draht bis in die obere Hohlvene vorgeschoben wird. Der Draht dient als Leitschiene für den darüber plazierbaren Katheter.

Lagekontrolle. Die Lagekontrolle der Katheterspitze ist bei *jedem* Kavakatheter obligat. Hierzu bedient man sich mittlerweile zunehmend des Verfahrens der **intraatrialen EKG-Ableitung** (z. B. Alphacard®-System). Die Spitze des elektrolyt- bzw. blutgefüllten Katheters oder der Seldinger-Draht dienen dabei als unipolare Elektrode, die Verbindung zum EKG-Monitor wird über ein spezielles Kabel hergestellt. Das Auftreten *überhöhter* P-Wellen beim Vorschieben des Katheters zeigt die Lage im rechten Vorhof an. Beim Rückzug in die V. cava superior normalisieren sich diese wieder. Die korrekte ZVK-Position wird durch weiteres Zurückziehen um 2–3 cm erreicht *(B4)*. Bei ZVK-Plazierung über eine V. jugularis externa oder Ellenbeugevene kann dann auf eine radiologische Kontrolle verzichtet werden. Die EKG-gesteuerte Positionierung hat folgende *Vorteile*:

- sofortige Beurteilbarkeit der korrekten Katheterposition,
- unmittelbare Lagekorrektur möglich,
- keine Strahlen- und Kontrastmittelbelastung für den Patienten,
- kostengünstiges Verfahren.

Die Beurteilbarkeit wird allerdings durch Herzrhythmusstörungen, Wechselstromüberlagerungen, Muskelzittern und Bewegungsartefakte eingeschränkt. Bei nicht zweifelsfreiem Ergebnis muß auch weiterhin eine **radiologische Lagekontrolle** erfolgen. Hierbei soll sich die ZVK-Spitze auf dem Röntgenthoraxbild idealerweise ca. 1 cm oberhalb der Trachealbifurkation darstellen bzw. auf den *hinteren* Ansatz der fünften Rippe projizieren. Eine röntgenologische Kontrolle ist nach wie vor ebenfalls nach Punktionen bzw. Punktionsversuchen tiefer Halsvenen (V. jugularis interna, V. anonyma) oder der V. subclavia erforderlich. Hier dient sie neben anderen Maßnahmen wie der Auskultation dem Ausschluß bzw. Erkennen eines (Mantel-)Pneumothorax.

Komplikationen. Es können *punktions-* und *katheterbedingte* Komplikationen unterschieden werden. Punktionsbedingte Komplikationen sind abhängig vom gewählten Zugangsort. Am bedrohlichsten ist hierbei der *Spannungspneumothorax*, wobei die größte Gefahr einer Pleuraverletzung von der Subklaviapunktion ausgeht. Eine *Luftembolie* ist bei korrektem Vorgehen vermeidbar, sie wird eher bei Dekonnektion des liegenden Katheters am spontan atmenden Patienten gefürchtet. Am häufigsten jedoch sind *Hämatome* bei akzidenteller arterieller Punktion. Während Blutungen im Halsbereich zumeist digital komprimiert werden können, ist dies bei der A. subclavia nicht möglich, so daß sich hier Punktionen bei verlängerten Gerinnungszeiten verbieten. In seltenen Fällen kann es, am ehesten bei Punktionen tiefer Halsvenen, zu Nervenverletzungen kommen (Ganglion stellatum → Horner-Syndrom, Pl. brachialis, N. phrenicus). Unter den katheterbedingten Komplikationen dominieren *Katheterfehllagen* (intra-, extravasal, intrakardial). Am gefährlichsten ist hierbei die intrakardiale Katheterdislokation, die neben Herzrhythmusstörungen Läsionen an den Herzklappen auslösen und im schlimmsten Fall zur Myokardperforation führen kann. Eine intravasale Schlingenbildung des Katheters oder ein Abscheren an der Kanülenspitze mit Embolisierung des Fragments sind bei sorgfältiger Handhabung vermeidbar.

Bei zunehmender Liegedauer des Katheters ist auch bei primär sterilem Vorgehen und täglicher „Katheterpflege“ eine sekundäre *Keiminvasion* oder hämatogene Keimbesiedelung des Katheters nicht sicher vermeidbar (→ Gefahr von Endokarditis und Sepsis). Gleiches gilt für die katheterinduzierte *Thrombenbildung*. Aus diesen Gründen soll die Verweildauer eines ZVK immer auf das notwendige Mindestmaß beschränkt bleiben und die Indikation täglich neu überprüft werden.

Venöse Zugänge III

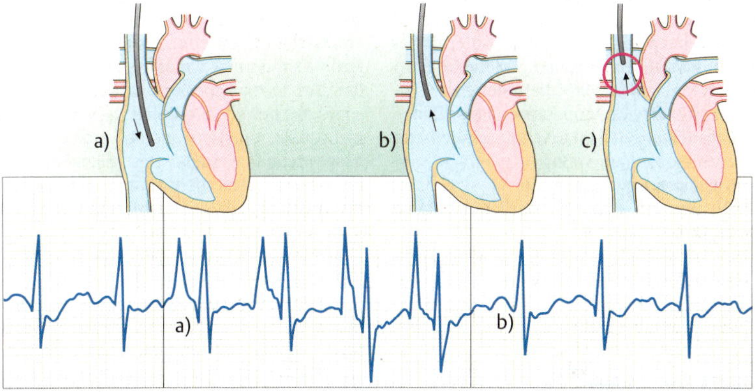

(a) Die Katheterspitze befindet sich im rechten Vorhof, angezeigt durch überhöhte P-Wellen.

(b) Die Katheterspitze wurde aus dem rechten Vorhof zurückgezogen, die P-Wellen haben sich dementsprechend normalisiert.

(c) Anschließendes Zurückziehen um weitere 2-3 cm führt zur korrekten Position.

4. ZVK-Lagekontrolle mittels intraatrialer EKG-Ableitung

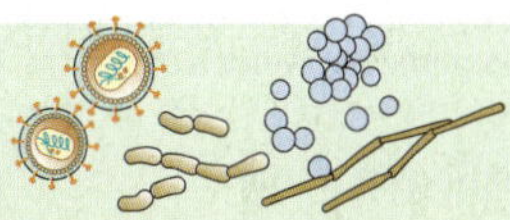

allgemein

- Infektionen im Punktionsbereich
- Punktionsbereich im Operationsgebiet
- Obstruktion der betreffenden Vene
- Hypokoagulabilität des Blutes bei nicht möglicher „digitaler" Blutstillung:
  – cave: Punktion der V. subclavia >> V. jugularis interna > V. anonyma!
- ipsilaterale Herzschrittmacher- oder Defibrillatorsonde

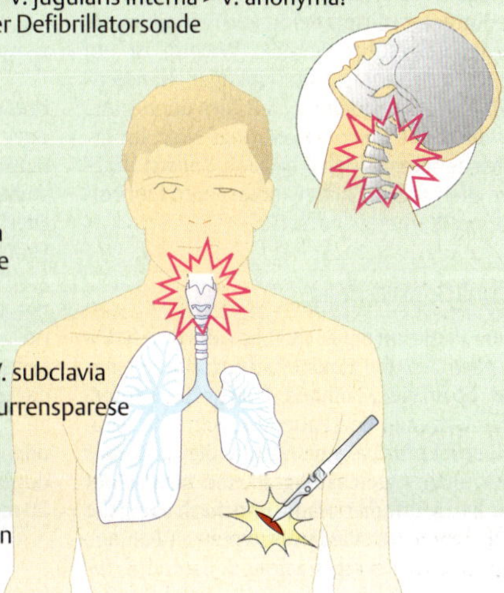

für Punktion von Halsvenen

- HWS-Trauma

für Punktion tiefer Halsvenen

- schweres Schädel-Hirn-Trauma
- zerebrale Durchblutungsstörungen
- ein- oder beidseitige Karotisstenose
- kurzer, dicker Hals
- kontralaterale Thorakotomie

für Punktion tiefer Halsvenen u. der V. subclavia

- kontralaterale Phrenikus- oder Rekurrensparese
- kontralateraler Pneumothorax
- kontralaterale Lungenkontusion
- kontralaterales Horner-Syndrom

5. Kontraindikationen für ZVK-Punktion

B. Zentralvenöser Katheter

Die Kanülierung von Arterien dient der kontinuierlichen, invasiven *Blutdruckmessung* zur differenzierten intra- und postoperativen Kreislaufüberwachung sowie der intermittierenden *Blutprobenentnahme* (arterielle Blutgasanalysen). *Indikationen* bestehen bei

- großen blutreichen operativen Eingriffen,
- Eingriffen am Herzen bzw. in unmittelbarer Herznähe und an großen Arterien,
- hirnstammnahen Eingriffen,
- Patienten mit schweren kardiopulmonalen Vorerkrankungen,
- Patienten mit schwerem Schädel-Hirn-Trauma und/oder Polytrauma,
- allen Schockformen,
- allen Beatmungspatienten.

A. Punktionsstellen

Am häufigsten wird die Kanülierung der *A. radialis* der nichtdominanten Hand praktiziert. Bei Patienten mit Funktionseinschränkungen eines Armes (z. B. Zustand nach Apoplex mit Hemiparese) empfiehlt es sich, die betroffene Seite zu bevorzugen. Die A. femoralis sollte wegen der hier fehlenden Kollateralisierung des Beines, vor allem aber wegen des höheren Infektionsrisikos (Leistenbereich) nur in Ausnahmefällen punktiert werden.

B. Punktionsmaterial

Neben Kunststoffkanülen nach dem Prinzip der Venenverweilkanüle können auch dünnlumige Katheter mittels Seldinger-Technik in die Arterien eingeführt werden. Wichtig ist ein möglichst scharfer, spitzwinkliger Kanülenschliff, um zu vermeiden, daß die (dünne) Arterie durch die Spitze abgedrängt wird. Im Erwachsenenbereich wird bei den Kunststoffkanülen die Größe G20 bevorzugt (zum Einbringen eines Katheters auch G18).

C. Punktionstechnik

Vor der Punktion der A. radialis kann durch den sog. *Allen-Test* die Kollateraldurchblutung der Hand über die A. ulnaris überprüft werden. Hierzu läßt man den Patienten eine Faust machen, drückt für ca. eine Minute die A. radialis und A. ulnaris gleichzeitig ab und beobachtet dann bei geöffneter Hand und nach Freigabe der A. ulnaris das Wiedereinsetzen der Palmardurchblutung. Bei regelrechter Kollateralperfusion muß die Hand nach spätestens 7 sec wieder rosig werden. Die Kollateraldurchblutung gilt als eingeschränkt, wenn die Reperfusion erst nach 7–15 sec erfolgt. Hier wird eine arterielle Kanülierung nur noch bedingt empfohlen. Bei einer Reperfusion später als 15 sec sollte das betreffende Gefäß nach Möglichkeit nicht mehr punktiert und auf andere Arterien ausgewichen werden. Der Allen-Test wird mittlerweile nicht mehr als zwingend notwendig angesehen, da seine Spezifität und Sensitivität nicht ausreichen, um Gefäßkomplikationen mit hinreichender Genauigkeit vorhersagen oder ausschließen zu können.

Mit Ausnahme der A. temporalis superficialis, die durch Arteriae sectio freigelegt werden muß, können die übrigen Gefäße üblicherweise unter Palpation *perkutan* punktiert werden. Hierbei sollte wie bei der Venenkanülierung vorgegangen werden (zweizeitig). Da jedoch die Arterien nicht so flach wie die Hautvenen getroffen werden können, muß nach der Penetration die Kanüle entsprechend abgesenkt werden. Erst dann kann sie, ohne die unten liegende Arterienwand zu perforieren, noch weitere 1–2 mm zum anschließenden Abstreifen des Kunststoffteiles vorgeschoben werden. Die Seldinger-Technik ist hilfreich bei schwierigen Gefäßverhältnissen (z. B. geschlängelter Verlauf von sklerotischen Arterien), so daß eine Arteriae sectio nur selten erforderlich wird. Zur Vermeidung von Komplikationen soll bei arteriellen Punktionen so schonend wie möglich vorgegangen werden.

D. Komplikationen

Komplikationen können sich aus der fehlenden oder mangelhaften Kollateralisierung bei *Okklusion* der Arterie im Bereich der Punktionsstelle ergeben (z. B. Hämatom, Thrombose). Hierbei besteht ebenso wie bei intraarterieller Fehlinjektion bestimmter gefäßschädigender Medikamente (z. B. Barbiturate) die Gefahr einer *Gangränbildung*. Punktionsbedingte arterio-venöse Fisteln, Aneurysmata oder Nervenläsionen sowie Infektionen sind selten. Häufig dagegen kann es durch mechanische Irritation zu passageren *Gefäßspasmen* mit Abblassung oder livider Hautverfärbung kommen, die bei liegender Kanüle ggf. durch Injektion von 10–20 mg Lidocain 1 % zu beseitigen sind.

Arterieller Zugang

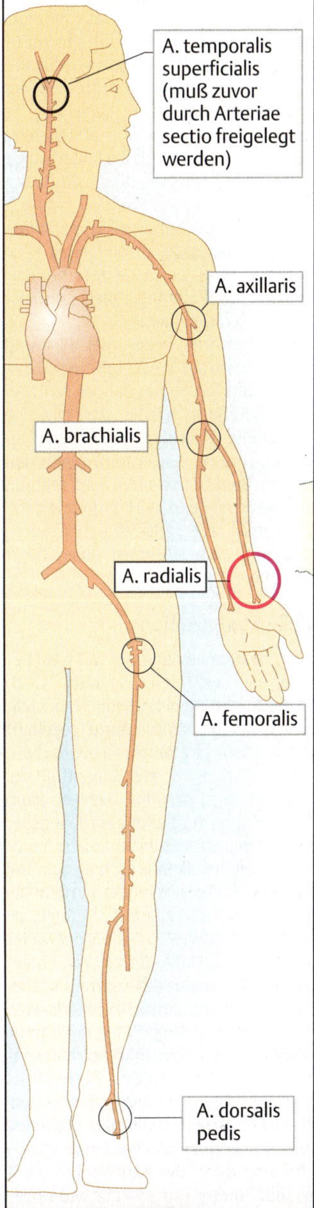

A. Punktionsstellen

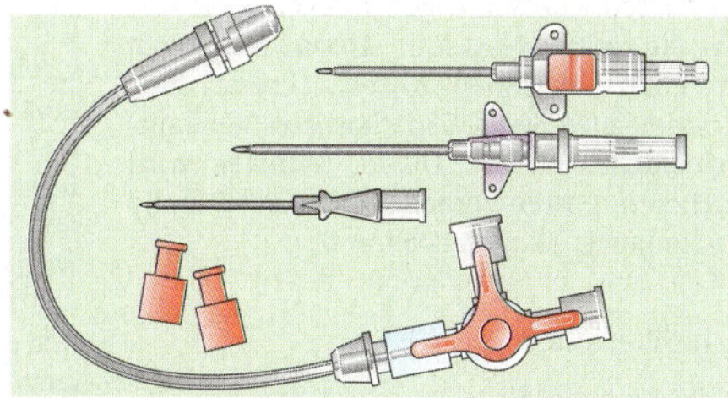

B. Punktionsmaterial

a) Unter Palpation der Arterie mit der linken Hand wird die Kanüle in einem Winkel von ca. 30° vorgeschoben.

b) Fixation der Kanüle mit Pflasterstreifen und eindeutige Kennzeichnung des Zuganges

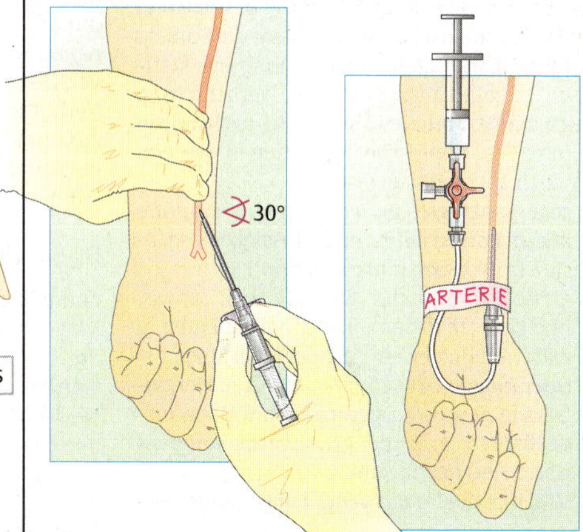

C. Punktionstechnik der A. radialis

Vorgehen bei intraarterieller Fehlinjektion:

- Kanüle nicht herausziehen!
- hierüber Injektion von:
  - 20 ml NaCl 0,9 % zur Verdünnung
  - 5 – 10 ml Lidocain 1 % zur Behandlung des Vasospasmus
  - 1.000-5.000 IE Heparin zur Antikoagulation
- ggf. gezielte Durchblutungsverbesserung durch:
  - intraarterielle Infusion von Vasodilatanzien
  - Stellatumblockade zur Sympathikolyse

D. Komplikationen

Über die bei der zentralvenösen Katheterisierung beschriebenen Zugangswege, bevorzugt über die rechte *V. jugularis interna*, kann auch ein Pulmonalarterienkatheter (Pulmonalis-, PA- oder auch Swan-Ganz-Katheter genannt) eingebracht werden. Dieser Katheter wird durch den rechten Vorhof und Ventrikel in die A. pulmonalis „eingeschwemmt".

A. Indikationen

Ein PA-Katheter dient in erster Linie zum Monitoring *spezieller* Kreislaufgrößen (*A*; Einzelheiten s. Kap. 9.1), ermöglicht aber auch über eine rechtsatrial mündende Öffnung die Infusion von Flüssigkeiten bzw. Zufuhr von Medikamenten. Vor dem Hintergrund des nicht unbeträchtlichen Risikos von Komplikationen und der relativ hohen Kosten sollte die Indikation für einen PA-Katheter streng gestellt und am Einzelfall ausgerichtet werden, dies um so mehr, als bisher keine Untersuchung eine statistisch signifikante Outcome-Verbesserung durch ein PA-Katheter-Monitoring nachweisen konnte. Als *empirische* Indikationen werden dennoch allgemein angesehen:

- sehr umfangreiche chirurgische Eingriffe mit massiven Blut- und Flüssigkeitsverlusten (z. B. Lebertransplantation),
- große chirurgische Eingriffe bei schwer herzkranken Patienten oder bei Patienten in extrem reduziertem Allgemeinzustand,
- Operationen bei Patienten mit Z. n. Herzinfarkt in den vorausgegangenen 6 Monaten,
- dekompensierte oder grenzwertig kompensierte Herzinsuffizienz,
- V. a. massive/foudroyante Lungenembolie.

B. Kathetertypen

Als *Standardausführung* werden i.d.R. *4lumige Katheter* in den Größen 7 F oder 8 F (French) für Erwachsene verwendet *(B)*, die über nach der Seldinger-Methode angelegte Schleusen (7,5–8,5 F) eingeführt werden müssen. Darüber hinaus existieren spezielle Kathetermodelle, z. B. zur kontinuierlichen Messung des Herzzeitvolumens, der gemischtvenösen O_2-Sättigung, der rechtsventrikulären Ejektionsfraktion oder zur Schrittmacherstimulation.

C. Einführtechnik

Die richtige Positionierung des PA-Katheters erfolgt durch Orientierung anhand der kontinuierlich überwachten *Druckkurve* (distaler Kanal; *C1*). Nach behutsamem Aufblasen des Ballons (mit 1,0–1,5 ml Luft) in der Hohlvene und Erreichen des rechten Vorhofeinganges wird der Katheter durch die Trikuspidalklappe über den rechten Ventrikel in die Ausflußbahn mit dem Blutstrom eingeschwemmt und gelangt nach Passage der Pulmonalklappe in den Pulmonalarterienhauptstamm. Nun wird er so weit vorgeschoben, bis der noch geblähte Ballon das Lumen einer Pulmonalarterie (zumeist der *rechten* Unterlappenarterie) verschließt, was als *„wedge"-Position* bezeichnet wird und sich als charakteristische Verschlußdruckkurve darstellt. Nach Entblocken des Ballons muß bei korrekter Katheterlage wieder das typische pulmonalarterielle Druckkurvenbild erscheinen. In *Tab. C2* sind die Entfernungen von den verschiedenen Punktionsstellen zum rechten Vorhof, zum Ventrikel und zur Pulmonalarterie zusammengestellt, die anhand der Längenmarkierung auf dem Katheter abgeschätzt werden können.

D. Spezielle Komplikationen

Komplikationen können nicht nur während der Katheterisierung auftreten, sondern auch durch den in situ liegenden Katheter verursacht werden. *Arrhythmien* sind nahezu regelhaft beim Vorschieben des Katheters zu beobachten und ebenso wie Schlingen- oder Knotenbildung des Katheters zumeist harmlos. Dagegen kann es durch Überblähen des Ballons zur lebensbedrohlichen *Ruptur eines Pulmonalisastes* kommen. Deshalb soll der Ballon nur langsam und mit minimalem Volumen geblockt werden. Bei Verschluß einer Pulmonalarterie infolge zu lange anhaltender „wedge"-Position, entweder bei aufgeblasenem Ballon oder zu weit eingeschwemmtem bzw. später disloziertem Katheter, besteht die Gefahr eines *Lungeninfarktes.* Um eine akzidentelle „wedge"-Position unmittelbar erkennen zu können, muß beim liegenden Katheter die pulmonale Druckkurve fortlaufend auf dem Monitor überwacht werden. Da das Risiko von *Herzklappen-* und *Endomyokardläsionen* sowie *entzündlichen* Komplikationen mit der Liegedauer des Katheters deutlich zunimmt, sollte dieser nur so kurz wie unbedingt nötig in situ verbleiben.

Pulmonaliskatheter

Hämodynamische Informationen des PA-Katheters

- rechter Vorhofdruck bzw. zentraler Venendruck (ZVD)
- pulmonalarterielle Drücke
- pulmonalkapillärer Verschlußdruck (PCWP, „wedge"-Druck)
- Herzzeitvolumen (HZV) durch Thermodilutionstechnik
- gemischtvenöse O_2-Sättigung ($Sv_{gem}O_2$)

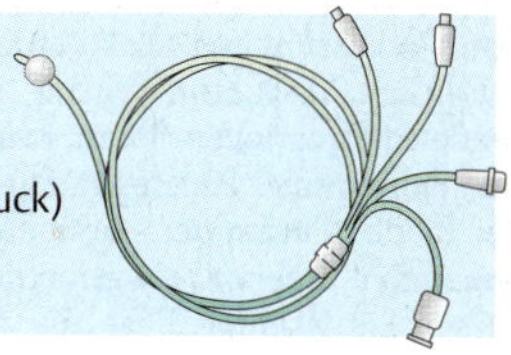

A. Indikationen

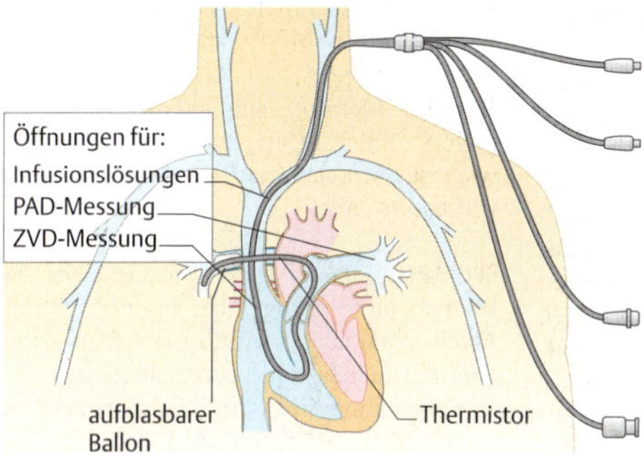

4lumiger PA-Katheter in situ

- proximaler Kanal mit Öffnung im Bereich des rechten Vorhofs
- distaler Kanal mit Öffnung an der Katheterspitze, die im zentralen Anteil der rechten oder linken Pulmonalarterie zu liegen kommen soll
- 3. Kanal zum Aufblasen des Latexballons (unmittelbar vor der Katheterspitze)
- 4. Kanal, der zum Temperatursensor (Thermistor) einige cm vor der Katheterspitze führt

B. Kathetertypen

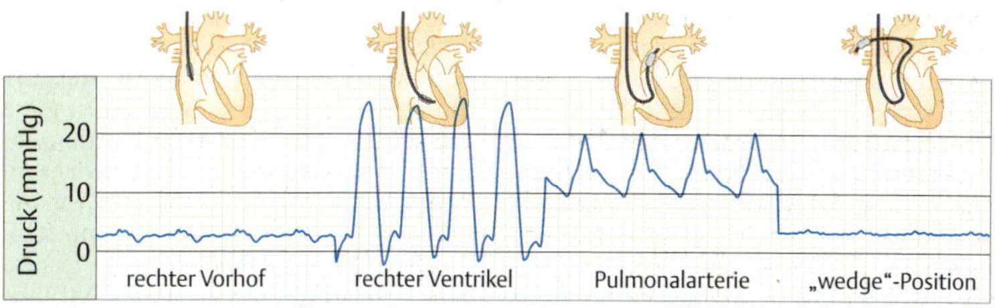

1. Typischer Druckkurvenverlauf während der Katheterpassage

		Rechter Vorhof	Rechter Ventrikel	Pulmonal-arterie
V. jugularis interna	re.	20	30	45
	li.	25	35	50
V. subclavia		10	25	40
V. mediana cubiti	re.	50	65	80
	li.	55	70	85
V. femoralis		40	50	65

2. Abstände vom Punktionsort zum rechten Vorhof, Ventrikel und zur Pulmonalarterie (in cm)

C. Einführtechnik

- Herzrhythmusstörungen
- Schlingen- und Knotenbildung des Katheters
- Ballonruptur (cave: Rechts-Links-Shunt!)
- Lungeninfarkt
- Ruptur eines Astes der A. pulmonalis
- Trikuspidalklappen- u. Pulmonalklappenschädigung
- Myokardperforation
- Endokarditis

D. Spezielle Komplikationen

Die **klinische** Überwachung des Patienten während der Anästhesie durch Inspektion, Palpation, Perkussion und Auskultation, die im wesentlichen diskontinuierliche und orientierende Informationen liefert, wurde und wird im Rahmen einer zunehmenden Technisierung der Medizin in immer stärkerem Maße durch **apparative** Überwachungsmethoden ergänzt. Dieser Entwicklung liegt die plausible, evidente Überlegung zugrunde, durch eine lückenlose detaillierte Überwachung die Sicherheit des Patienten in der perioperativen Phase zu erhöhen. Trotzdem ist es bisher nicht gelungen, den streng wissenschaftlichen Beweis anzutreten, daß hierdurch das Outcome der Patienten signifikant verbessert wird. Dies muß aber auf methodische Schwierigkeiten der statistischen Analyse und nicht auf eine den Überwachungsverfahren anhaftende Ineffizienz zurückgeführt werden. Folgerichtig existieren mittlerweile in den meisten Ländern von den jeweiligen anästhesiologischen Fachgesellschaften verabschiedete Empfehlungen, z. T. auch Leitlinien zum apparativen Monitoring.

A. Überblick

Da Störungen der Hirnfunktion intraoperativ überwiegend aus Störungen der Lungen- und Herz-Kreislauf-Funktion resultieren, aber selbst nicht ohne weiteres meßtechnisch erfaßbar sind, liegt es nahe, den Hauptakzent auf die Überwachung kardiorespiratorischer Parameter zu legen. Hierbei werden *nichtinvasive* und *invasive* sowie *kontinuierliche* und *diskontinuierliche* Verfahren unterschieden. Eine strikte Trennung der einzelnen Techniken in pulmonale und kardiovaskuläre Funktionsbeurteilung ist wegen der engen Verzahnung von Perfusion, Oxygenierung und CO_2-Elimination zumeist nicht möglich. Deshalb werden die Methoden zur kardiorespiratorischen Überwachung an dieser Stelle gemeinsam besprochen. Es kann ein nichtinvasives Minimal- bzw. *Basismonitoring* von einem Zusatz- bzw. *erweiterten*, invasiven Monitoring abgegrenzt werden. Zum unverzichtbaren apparativen **Basismonitoring** gehören in der Anästhesie:

- das EKG,
- die nichtinvasive Blutdruckmessung und
- die Pulsoxymetrie,

ergänzt durch die Kapnometrie/-graphie und weitere Parameter bei intubierten bzw. beatmeten Patienten (s. Kap. 7.4).

B. EKG

Das Elektrokardiogramm (EKG) beschreibt als Summenpotential die gesamte *elektrische* Aktivität des Herzens, ohne aber Informationen zur mechanischen Herzfunktion zu liefern. Die kontinuierliche EKG-Überwachung dient dem unmittelbaren Erkennen von

- Änderungen der Herzfrequenz,
- Störungen der Erregungsbildung und -leitung (Arrhythmien),
- Myokardischämien (ST-Streckenanalyse),
- Schrittmacherdysfunktionen.

Moderne Monitore sind hierbei in der Lage, mehrere Ableitungen gleichzeitig darzustellen, was die intraoperative EKG-Analyse deutlich verbessern hilft.

EKG-Ableitungen. Die intraoperative EKG-Überwachung erfolgt über bi- und unipolare Ableitungen i.d.R. vom Körperstamm. Es werden folgende Systeme unterschieden:

1. Einkanalmonitor (umschaltbar/nicht umschaltbar) mit dreiadrigem Kabel,
2. Mehrkanalmonitor mit fünfadrigem Kabel.

Standardmäßig wird die *Ableitung II* (nach *Einthoven*) aufgezeichnet, da hier i.d.R. die Amplituden der P-Welle und des QRS-Komplexes am größten sind. Bei umschaltbaren Monitoren können nacheinander die Ableitungen I, II und III dargestellt werden. Außerdem kann bei entsprechender Wahl der Elektrodenposition auf eine *modifizierte V_5-Ableitung* umgeschaltet werden. Mehrkanalmonitore lassen insgesamt bis zu sieben Ableitungen erfassen: I, II, III, aVR, aVL, aVF und V_5, wobei bis zu drei *gleichzeitig* abrufbar sind. Hierbei sollten immer mindestens die Ableitungen II und V_5 dargestellt werden.

ST-Streckenanalyse. Moderne Monitore bieten die Möglichkeit der fortlaufenden ST-Streckenanalyse zur Detektion von Myokardischämien. Die *Ableitung II* dient dabei der Beurteilung der Unterwand (Versorgungsgebiet der *rechten* Koronararterie), die *Ableitung V_5* der Überwachung der Vorderseitenwand (Versorgungsgebiet der *linken* Koronararterie). Als signifikante ST-Streckenveränderung gilt per definitionem eine mindestens 30 sec andauernde *absolute* oder *relative*, horizontale oder deszendierende Senkung von mehr als 0,1 mV bzw. 1 mm in

Kardiopulmonale Funktion I

Basismonitoring
- EKG
- nicht invasiver Blutdruck
- Pulsoxymetrie
- ggf. Kapnometrie/-graphie und Beatmungsparameter

Erweitertes Monitoring
- zentralvenöser Druck (ZVD)
- zentral-/gemischtvenöse O_2-Sättigung (SvO_2, $Sv_{gem}O_2$)
- invasiver Blutdruck
- Drücke im kleinen Kreislauf (pulmonalkapillärer Verschlußdruck [PCWP])
- Messung des Herzzeitvolumens (Thermodilution, TEE)
- transösophageale Echokardiographie (TEE)

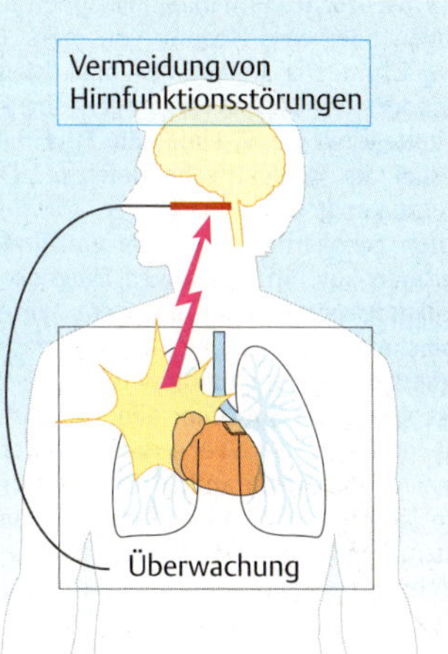

A. Überblick – Apparatives kardiopulmonales Monitoring

- Herzfrequenz
  - normal
  - Bradykardie
  - Tachykardie
- Herzrhythmus
  - normaler Sinusrhythmus
  - supraventrikuläre/ventrikuläre Aktionen
  - künstlicher Schrittmacher
- Erregungsleitung
  - normale Überleitung
  - AV-Block
  - Schenkelblock
- Repolarisation
  - normale Rückbildung
  - ST-Veränderungen
  - Myokardschämie/Myokardinfarkt
  - Elektrolytentgleisungen
- Kreislaufstillstand
  - Asystolie
  - Kammerflimmern/Kammerflattern
  - elektromechanische Entkopplung

1. EKG-Informationen

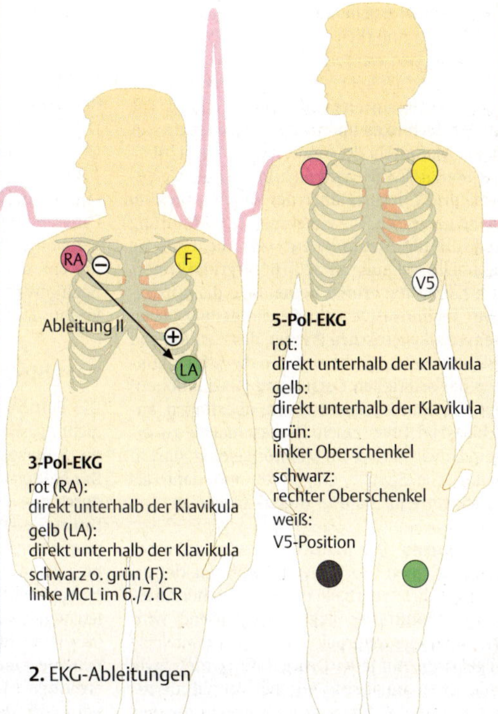

3-Pol-EKG
rot (RA):
direkt unterhalb der Klavikula
gelb (LA):
direkt unterhalb der Klavikula
schwarz o. grün (F):
linke MCL im 6./7. ICR

5-Pol-EKG
rot:
direkt unterhalb der Klavikula
gelb:
direkt unterhalb der Klavikula
grün:
linker Oberschenkel
schwarz:
rechter Oberschenkel
weiß:
V5-Position

2. EKG-Ableitungen

B. EKG-Informationen

den Brustwandableitungen und von mehr als 0,05 mV bzw. 0,5 mm in den peripheren Ableitungen oder eine Hebung von mehr 0,2 mV bzw. 2 mm. Der Detektions- bzw. Meßpunkt befindet sich 60–80 ms hinter dem sog. *J-Punkt* (Wendepunkt der ST-Linie), die PQ-Linie dient hierbei als isoelektrische Referenz. Die ST-Streckenanalyse ist nach der transösophagealen Echokardiographie die empfindlichste Methode zur intraoperativen Diagnose einer *Myokardischämie*, aber mit dem Vorteil der einfacheren Handhabung und ubiquitären Verfügbarkeit. Die Sensitivität wird mit bis zu 95 % angegeben. Die Spezifität allerdings ist deutlich geringer, da ST-Streckenveränderungen auch durch diverse andere Ursachen bedingt sein können (z. B. Elektrolytverschiebungen, Pharmakaeffekte, Schenkelblockbilder, Linksherzhypertrophie, Schrittmacherimpulse etc.).

C. Nichtinvasive Blutdruckmessung (NIBP)

Der systemarterielle Blutdruck kann *nichtinvasiv* diskontinuierlich oder *invasiv* kontinuierlich gemessen werden, wobei ersteres das einfachere und risikoärmere und in den meisten Fällen auch ausreichende Verfahren ist. Die beiden Techniken unterscheiden sich nicht nur in der Meßmethode, sondern auch hinsichtlich der Meßgröße. So wird nichtinvasiv der *Gefäßwanddruck*, invasiv aber der *Gesamtdruck im Gefäß* gemessen. Die zunehmende Verbreitung von „Blutdruckautomaten" läßt die einfache manuelle Messung in den Hintergrund treten. Am häufigsten erfolgt heutzutage die apparative nichtinvasive Blutdruckmessung nach dem *oszillometrischen* Prinzip, das nachfolgend erläutert wird. Hierbei werden die Schwingungen der arteriellen Gefäßwand (Oszillationen) auf eine Blutdruckmanschette übertragen, anschließend über einen Druckschlauch zu einem Druckwandler im Monitor geleitet, dort in elektrische Signale umgesetzt und dann als Druckwerte in „mmHg" digital angezeigt.

Meßvorgang. Die Manschette wird pneumatisch auf einen Druckwert aufgeblasen, der initial deutlich oberhalb des systolischen arteriellen Blutdruckes liegt. Anschließend wird der Manschettendruck langsam stufenweise abgelassen. Auf jeder Druckstufe werden zwei Pulswellen annähernd gleicher Amplitude registriert, so daß Artefakte größtenteils erkannt und vermieden werden können. Das erste Erkennen von Oszillationen bei Entlastung der Manschette wird als Beginn des arteriellen Blutflusses und damit des systolischen Blutdruckes festgelegt. Bei weiterer Entlastung der Manschette erreichen die Oszillationen ein Maximum, das dem **mittleren arteriellen Druck** (MAP) entspricht. Der MAP ist gleichzeitig auch der genaueste Wert der oszillometrischen Meßmethode. Der diastolische Druck, der gemessen wird, sobald die Oszillationen nicht mehr schwächer werden, ist hingegen wesentlich weniger genau bestimmbar.

Die oszillometrische Methode ist zwar auch bei *niedrigen* Blutdruckwerten, z. B. im Schock, und eingeschränkt auch bei Arrhythmien anwendbar, jedoch ist sie in diesen Situationen der invasiven Druckmessung eindeutig unterlegen. Grundsätzlich sollte das *Meßintervall* – außer in kritischen Situationen – *nicht weniger als 2,5 min* betragen, um Ischämien der betreffenden Extremität zu vermeiden. Als besonders gefährdet müssen Patienten mit Mikroangiopathien angesehen werden (z. B. bei Diabetes mellitus). Bei stabiler Hämodynamik sind Meßabstände von 5 min ausreichend. Zur möglichst exakten Druckermittlung ist die Wahl der *richtigen Manschettengröße* entscheidend. Die Manschette sollte 2/3 des Oberarms bzw. Oberschenkels bedecken. Bei zu schmaler Manschette werden falsch-hohe, bei zu breiter falsch-niedrige Werte gemessen. Von wachen Patienten wird besonders der *initiale* Meßvorgang oftmals als unangenehm empfunden, da hierbei der Manschettendruck häufig sehr hoch gewählt wird und das Ablassen des Drukkes nur langsam erfolgt.

D. Pulsoxymetrie

Die Pulsoxymetrie erlaubt in erster Linie die nichtinvasive, kontinuierliche Überwachung der **Sauerstoffsättigung des arteriellen Blutes**. Das Meßprinzip beruht auf der Lichtabsorption durch das Hämoglobin vorbeiströmender Erythrozyten. Der Absorptionsgrad ist dabei direkt proportional der Konzentration des Hämoglobins. Da *oxygeniertes* (O_2Hb) und *desoxygeniertes* Hämoglobin (Hb) Licht verschiedener Wellenlängen unterschiedlich stark absorbieren, lassen sich hieraus ihre relativen Konzentrationen zueinander im Blut *spektralphotometrisch* ermitteln („Lambert-Beer-Gesetz"). Hierzu wird Licht der Wellenlängen 940 nm (infrarot;

Kardiopulmonale Funktion II

- ausgetrocknete, schlecht leitende Elektroden
- erhöhter Hautwiderstand (z.B. feuchte Haut)
- Muskelzittern des Patienten
- Diathermie
- Wechselstrominterferenz

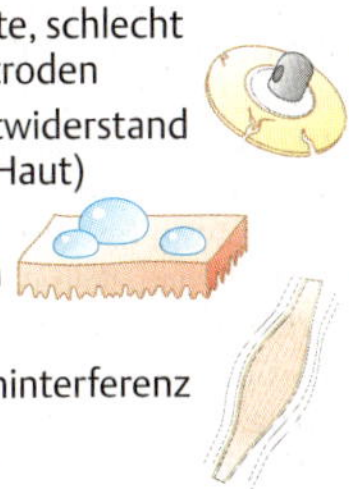

3. Störeinflüsse

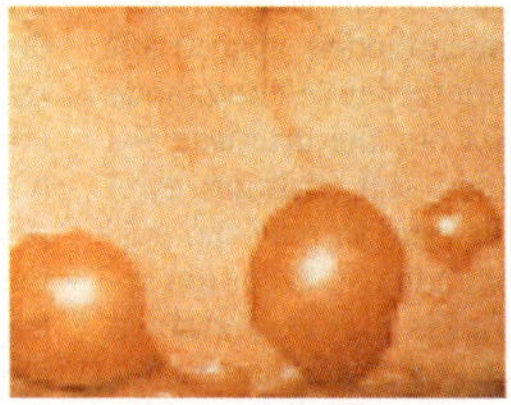

Verbrennungen im Elektrodenbereich (fehlerhafte Erdung von Elektrokautern)

4. Komplikationen

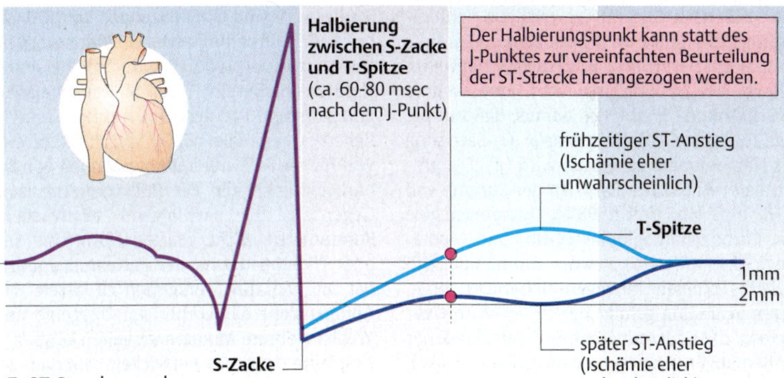

5. ST-Streckenanalyse

B. EKG-Informationen

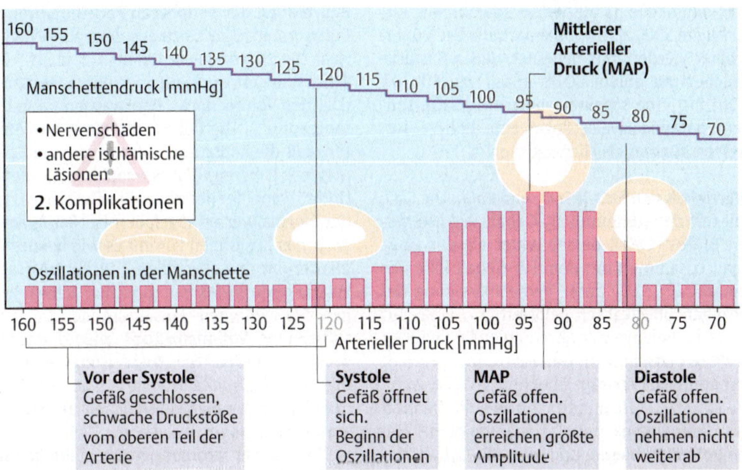

- Nervenschäden
- andere ischämische Läsionen

2. Komplikationen

Vor der Systole
Gefäß geschlossen, schwache Druckstöße vom oberen Teil der Arterie

Systole
Gefäß öffnet sich.
Beginn der Oszillationen

MAP
Gefäß offen. Oszillationen erreichen größte Amplitude

Diastole
Gefäß offen. Oszillationen nehmen nicht weiter ab

1. Oszillometrisches Prinzip

C. Nichtinvasive Blutdruckmessung

Absorptionsmaximum von O_2Hb) und 660 nm (rot; Absorptionsmaximum von Hb) verwendet, das von zwei Leuchtdioden abgestrahlt und durch eine gegenüberliegende Photodiode aufgenommen wird. Da nur die *arterielle* O_2-Sättigung erfaßt werden soll, müssen zwei Voraussetzungen erfüllt sein: Es muß ein pulsatiler Blutfluß vorhanden sein, und aus der systolischen, durch arterielles Blut verursachten Spitzenabsorption muß die sog. Hintergrundabsorption durch venöses und kapilläres Blut sowie Gewebeanteile herausgefiltert werden. Die Ansprechzeit ist kurz, erste Meßwerte werden i.d.R. nach ca. 5–10 sec erhalten. Fehlt allerdings das pulsatile Signal, funktioniert die Pulsoxymetrie nicht (z. B. Vasokonstriktion im Schock, bei Hypothermie etc.). Eine weitere Einschränkung ergibt sich daraus, daß nur die sog. funktionelle bzw. *partielle* O_2-Sättigung des Hämoglobins gemessen wird (pSaO_2; prozentualer Anteil des O_2Hb an der Summe von O_2Hb plus Hb; Norm: 98 %). *Dyshämoglobine* wie Carboxyhämoglobin (COHb) und Methämoglobin (MetHb) bzw. Sulfhämoglobin (SulfHb) bleiben hingegen unberücksichtigt. Deren Erfassung gelingt nur mit In-vitro-Oxymetern, die i.d.R. mit Licht fünf verschiedener Wellenlängen arbeiten und deshalb die exakte, „fraktionelle" O_2-Sättigung bestimmen lassen (SaO_2; Norm: 96 %). COHb hat eine ähnliche Absorptionskurve wie O_2Hb, so daß mit der Puls-oxymetrie fatalerweise sowohl die tatsächliche SaO_2 als auch die partielle SaO_2 überschätzt werden. Das bedeutet, daß z. B. starke Raucher mit einem COHb-Anteil von 10–20 % nicht nur eine scheinbar normale pSaO_2, sondern paradoxerweise sogar eine höhere aufweisen können als Nichtraucher!

Wertigkeit von SaO_2/pSaO_2 und PaO_2. Die SaO_2 spiegelt den gesamten O_2-Gehalt des arteriellen Blutes (CaO_2) besser wider als der PaO_2, denn zusammen mit dem Hb-Gehalt läßt sich anhand der SaO_2 unter Vernachlässigung des geringen physikalisch gelösten O_2-Anteils für klinische Belange mit akzeptabler Genauigkeit der CaO_2 abschätzen. Der PaO_2 hingegen läßt erst dann eine Aussage über den CaO_2 zu, wenn die aktuelle O_2Hb-Bindungskurve, die Qualität des Hämoglobins (*cave*: Dyshämoglobine, Hämoglobinopathien!) und der Hb-Gehalt bekannt sind. Während **Hypoxämien** gut erfaßbar sind, können hyperoxämische Zustände oberhalb eines PaO_2 von 100 mmHg durch die SaO_2-Bestimmung nicht quantifiziert werden. Obwohl die pSaO_2 in der Wertigkeit der SaO_2 nach dem oben Gesagten deutlich unterlegen ist, reicht ihre Aussagekraft für klinische Zwecke i.d.R. aus. Im Zweifelsfall kann das Meßergebnis durch eine In-vitro-Analyse der SaO_2 überprüft und damit für den Einzelfall validiert werden. Die *Genauigkeit* der Pulsoxymetrie beträgt ± 2 % in einem Meßbereich der pSaO_2 von 80–100 % und verringert sich mit abfallender O_2Hb-Sättigung. Aufgrund des physiologischen anatomischen Rechts-Links-Shunts über die Bronchialarterien und Vv. Thebesii von ca. 2–5 % des HZV sind O_2-Sättigungen von 100 % unter Außenluftbedingungen nicht zu erreichen. Die Angabe von 100 % liegt deshalb bei einigen Geräten im Bereich ihrer Meßungenauigkeit. Erst ab einem PaO_2 von 150 mmHg wird wirklich die maximale pSaO_2 von 100 % erreicht, was für die SaO_2 nur bei Abwesenheit von Dyshämoglobinen gilt. Die Pulsoxymetrie ist im Gegensatz zur nachfolgend beschriebenen Kapnometrie nicht geeignet, um eine Fehl- oder Nichtbeatmung des Patienten unmittelbar und verläßlich erkennen zu lassen, da in Abhängigkeit des vorherigen Oxygenierungsgrades mehrere Minuten vergehen können, bis sich eine Hypoxie entwickelt. Hierbei geht wertvolle Zeit für die Ursachenbeseitigung verloren.

Beurteilung der peripheren Perfusion. Mit der Pulsoxymetrie läßt sich aus dem pulsatilen Signal die Pulsfrequenz ableiten und mit Einschränkungen auch die periphere Perfusion, d. h. der Volumenpuls, überwachen („Plethysmographie"). Hierbei ist allerdings zu beachten, daß die heutzutage verwendeten Pulsoxymeter z. T. bereits Volumenpulssignale detektieren, wenn der periphere Blutfluß auf ca. 10 % des Normalwertes abgefallen ist. Bei *hypovolämischen* Zuständen kommt es wie bei der Registrierung des arteriellen Druckpulses (s. u.) zu stärkeren in-/exspiratorischen Schwankungen der (Volumen-)Pulsamplitude, die unter suffizienter Volumenzufuhr wieder deutlich geringer werden. Die Ausbreitungsgeschwindigkeit der Druckpulswelle ist aufgrund der Impulsübertragung von Teilchen zu Teilchen wesentlich größer als die der Volumenpulswelle, d. h. der Strömungsgeschwindigkeit des Blutes. Die Druckpulswelle ist bereits ca. 0,2 sec nach dem Blutauswurf aus dem linken Ventrikel in der Peripherie meßbar, während

Kardiopulmonale Funktion III

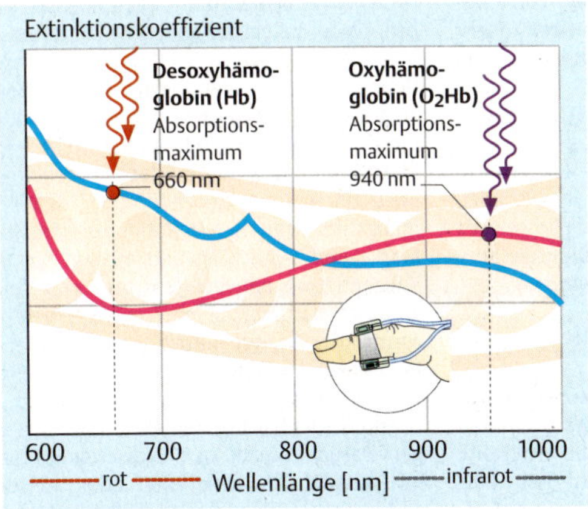

1. Absorptionskurven für Oxy- (O_2Hb) und Desoxyhämoglobin (Hb)

$pSaO_2$ [%]	PaO_2 [mm Hg]
99 o. 100	95 - 650
95	≈ 80
90	≈ 60
70	≈ 40
50	≈ 25

Werte abhängig von:
- Temperatur
- pH-Wert
- [2,3-DPG]
- $PaCO_2$

2. Korrelation von $pSaO_2$ und PaO_2

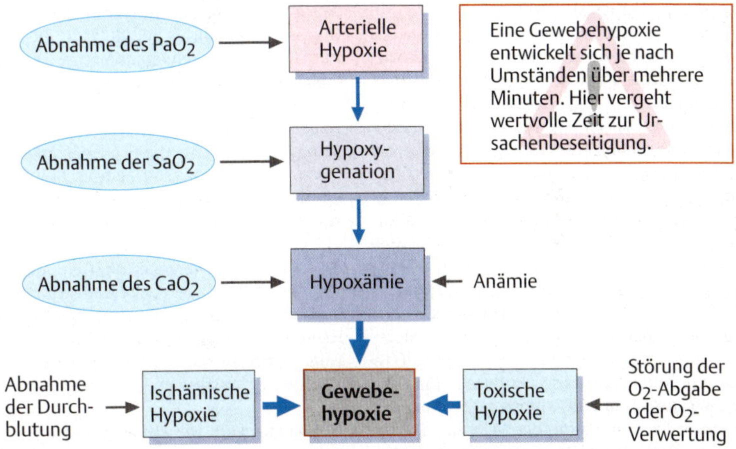

Eine Gewebehypoxie entwickelt sich je nach Umständen über mehrere Minuten. Hier vergeht wertvolle Zeit zur Ursachenbeseitigung.

CaO_2 = [Hb] · SaO_2 · 1,39 + PaO_2 · 0,003 [ml/100ml Blut] **Normalwert: ≈ 20 ml/dl**

- 1,39 = theoretische Hüfner-Zahl (gibt die spezifische O_2-Bindungsfähigkeit des Hämoglobins an: 1 g Hb bindet 1,39 ml O_2)
- 0,003 = rechnerische Konstante für physikalisch gelösten O_2-Anteil
- SaO_2 in der Formel als Fraktion

3. Hypoxie

D. Pulsoxymetrie

die Zeit, bis das Schlagvolumen das Ohr (10–20 sec) oder die Finger (25–35 sec) zur Sättigungsmessung erreicht (Kreislaufzeit), sehr viel länger ist.

Plazieren des Sensors. Die besten Ergebnisse lassen sich durch Signalableitung vom *Ohrläppchen* erzielen. Dann folgen Fingerbeere und Zehen. Weitere Ableitstellen in speziellen Fällen sind Hand, Fuß, Nase und Zunge. Um *Drucknekrosen* zu vermeiden, sollten die Sensororte gelegentlich gewechselt werden.

E. Kapnometrie/-graphie

Mit der Kapnometrie kann der **Kohlendioxidgehalt der Atemluft** während des gesamten Atemzyklus gemessen werden. Die ermittelte in-/exspiratorische CO_2-Konzentration läßt sich graphisch als fortlaufende Kurve auf einem Monitor darstellen („Kapnographie"). Von besonderem Interesse ist die endexspiratorische CO_2-Konzentration, die deshalb als Digitalwert, bevorzugt als Partialdruck ($PECO_2$) in „mmHg", auf dem Display angegeben wird. Am weitesten verbreitet ist in der klinischen Praxis die *Infrarotspektrometrie*. Hierbei macht man sich zunutze, daß CO_2 aufgrund seiner molekularen Eigenschaften infrarotes Licht in einem engen Wellenlängenbereich (Maximum bei 4,26 nm) absorbieren kann. Eine Infrarotlichtquelle sendet das Licht durch eine Meßkammer, die die Atemgasprobe enthält (Gasküvette). Anschließend wird das durchgelassene Licht von einer gegenüberliegenden Photodiode aufgenommen und mengenmäßig analysiert. Da die absorbierte Lichtmenge der Anzahl der in der Probe vorhandenen CO_2-Moleküle direkt proportional ist, läßt sich die CO_2-Konzentration rechnerisch ermitteln. Eine Referenzkammer mit CO_2-freiem Gas dient als Nullwert zur Kalibration der Messung. Prinzipiell wird bei der Infrarotkapnometrie die Anzahl der CO_2-Moleküle im Verhältnis zur Gesamtzahl aller gasförmigen Moleküle gemessen. Die CO_2-Konzentration wird dann als prozentualer Anteil (FCO_2; Vol.-%) angegeben. Nach dem Dalton-Gesetz kann dieser auf den CO_2-Partialdruck (PCO_2; mmHg) umgerechnet werden. Viele Geräte können alternativ beide Werte anzeigen.

Meßorte. Unterschiede bei den einzelnen Gerätetypen bestehen hinsichtlich des Meßortes. Grundsätzlich ist eine Messung im *Haupt- oder Neben- bzw. Seitenstrom* des Atemgases möglich, wobei beide Methoden charakteristische Vor- und Nachteile haben. Klinisch werden im Nebenstrom messende Kapnometer bevorzugt. **Nebenstromkapnometer** saugen mit unterschiedlichen Geschwindigkeiten (50–200 ml/min) ein definiertes Probevolumen über einen Konnektor oder über den Beatmungsfilter zwischen Endotrachealtubus bzw. Maske und Y-Stück an und messen die CO_2-Konzentration *patientenfern* im Gerät selbst, wodurch naturgemäß eine gewisse Verzögerung in der Analyse auftritt. Um ein störendes Eindringen von Feuchtigkeit in die Meßzelle zu vermeiden, sollte die Konnektionsstelle des Gasprobenschlauches immer nach oben zeigen. Darüber hinaus wird Wasserdampf durch Wasserfallen, spezielle Filter oder wasserresorbierendes Schlauchmaterial (z. B. Nafion®) entfernt. Das angesaugte Gas wird nach der Analyse entweder in das Narkosegasabsaugsystem geleitet oder wieder in das Atemsystem des Narkosegerätes eingespeist. Bei *externen* Geräten entweicht es allerdings in die Raumluft. Die Nebenstromkapnometrie ist prinzipiell auch beim nichtintubierten spontan atmenden Patienten möglich (z. B. über eine transnasale Sonde). Bei flacher und schneller Spontanatmung ist die Zuverlässigkeit der Meßwerte allerdings stark eingeschränkt (z. B. bei Säuglingen). **Hauptstromkapnometer** messen die CO_2-Konzentration *patientennah*, d. h. direkt zwischen Y-Stück und Tubus. Der Vorteil ist hierbei eine verzögerungsfreie Messung. Von Nachteil ist aber der relativ voluminöse Meßkopf (→ Dekonnektionsgefahr), der neben Lichtquelle und Detektor auch immer eine Heizung enthalten muß, um ein Beschlagen der Küvette mit Wasserdampf zu verhindern.

Meßgenauigkeit. Die Genauigkeit der Kapnometrie beträgt ca. ± 2 mmHg in einem Meßbereich des PCO_2 von 40–60 mmHg. Folgende Faktoren können hierbei die Meßwerte z. T. deutlich beeinflussen:

- Druck (Atmosphären- und Beatmungsdruck),
- Zusammensetzung der Gasprobe (H_2O, O_2, N_2O, volatile Anästhetika),
- Größe der Atemgasprobe,
- Ansprechzeit des Kapnometers.

Veränderungen des *Atmosphärendruckes* (PB)

Kardiopulmonale Funktion IV

- nichtinvasives kontinuierliches Verfahren
- einfach praktikabel und ubiquitär einsetzbar (Geräte mit Akku)
- schnelle Ansprechzeit (erste Meßwerte nach ca. 5 – 10 sec)
- kombinierte respiratorisch-hämodynamische Überwachung:
  - gutes und rasches Erkennen arterieller Hypoxien
  - ideal für respiratorische Verlaufskontrollen
  - Pulsdetektion, Bestimmung der Pulsfrequenz, Erkennen eines Pulsdefizites
  - Effektivität einer kardiopulmonalen Reanimation
- ideale Ergänzung zur Kapnometrie/-graphie

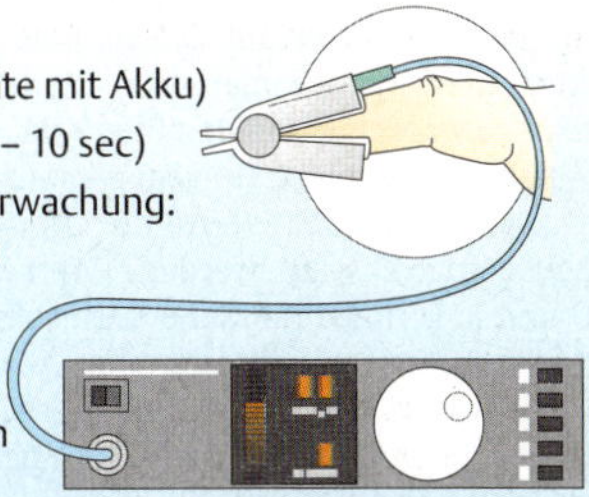

4. Vorteile der Pulsoxymetrie

Beeinträchtigung der Meßwertqualität

- periphere Hypoperfusion
  - Hypovolämie, Hypothermie, Vasokonstriktion
  - arterielle Hypotonie, ausgeprägte Arrhythmien

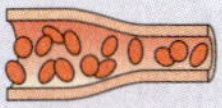

- Bewegungsartefakte

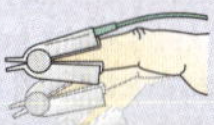

- Nagellack, Infrarotwärmelampen

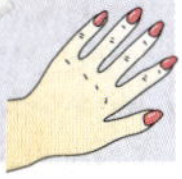

Ohne Einfluß

- fetales Hämoglobin (HbF), Bilirubin

Meßartefakte und Meßinterferenzen

- Vergiftungen mit Kohlenmonoxid (CO) → falsch-hohe $pSaO_2$-Werte (s. Text)

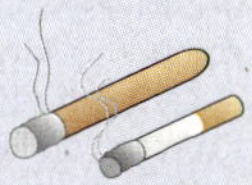

- Methämoglobinämie (z.B. Prilocain-Überdosierung):
  - bei $pSaO_2$ >85 % falsch-niedrige Werte,
  - bei $pSaO_2$ < 85 % falsch-hohe Werte

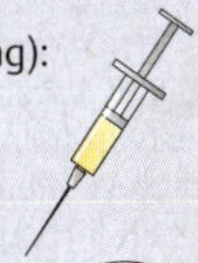

- ausgeprägte Anämie → meßtechnisch falsch-niedrige Werte

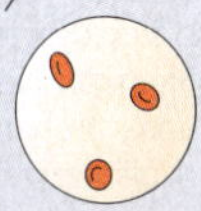

- Farbstoffe wie Methylenblau, Indocyaningrün, Indigokarmin → $pSaO_2$-Abfall für 3 – 5 min nach Injektion

5. Störeinflüsse

D. Pulsoxymetrie

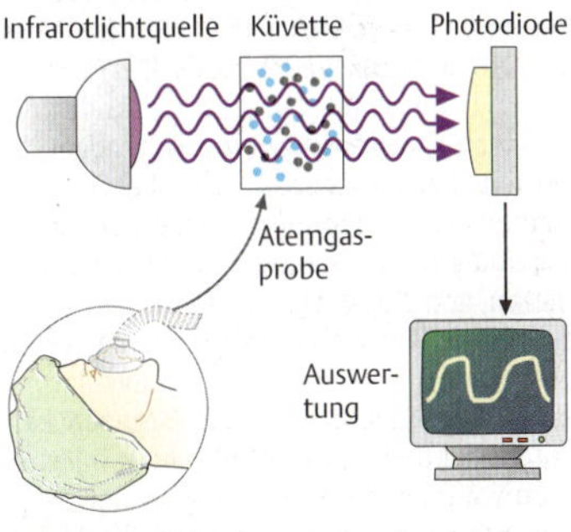

1. Meßprinzip

- Überwachung der Ventilation
- Überwachung des Atemsystems inkl. Respirator und Konnektionsstellen zum Patienten
- Beurteilung der CO_2-Produktion
- Einschätzung des (kreislaufabhängigen) CO_2-Transportes
- Beurteilung der CO_2-Resorption (z.B. Kapnoperitoneum bei Laparoskopien)
- Diagnose pathologischer intrapulmonaler Ventilations-/Perfusionsverhältnisse ($P(a\text{-}E)CO_2$)

2. Indikationen

E. Kapnometrie/-graphie

führen zu einer gleichgerichteten Änderung der gemessenen PCO_2-Werte, falls nicht geräteseitig eine Korrektur auf den aktuellen Barometerstand vorgenommen wird. Moderne Nebenstromgeräte messen den PB direkt, was die Kalibration erleichtert. Hingegen kann der Einfluß auch hoher PEEP-Werte für klinische Belange vernachlässigt werden. *Wasserdampf, N_2O* und in geringerem Maße auch *volatile Anästhetika* führen wie CO_2 zu einer Absorption von infrarotem Licht, so daß bei deren Anwesenheit *falsch-hohe* PCO_2-Werte gemessen werden, während höhere *O_2*-Konzentrationen den PCO_2 unterschätzen lassen. Eine Fehlerkorrektur ist möglich, wenn die Konzentrationen der betreffenden Gase ebenfalls vom Gerät bestimmt werden können. Zur Eliminierung des H_2O-Einflusses auf den Meßvorgang wird die Gasprobe vor der Analyse bei Nebenstromkapnometern *getrocknet*. Da sich nun aber durch das Fehlen von Wasserdampf in der Gasprobe das CO_2 konzentriert, wird der PCO_2-Wert um ca. 2 mmHg überschätzt, falls geräteseitig keine PH_2O-Korrektur stattfindet. Das Analyseergebnis wird prinzipiell um so genauer, je größer die *Atemgasprobe* ist. Bei einigen Nebenstromgeräten kann das Absaugvolumen auf zwischen 50 und 200 ml/min eingestellt werden. Verzögerte *Ansprechzeiten* sind nur ein Problem der Nebenstromkapnometrie, bei denen das Probengas erst über einen Schlauch, der üblicherweise 1,5–3 m lang ist, zur Meßkammer transportiert werden muß. Ungünstig auf die Meßgenauigkeit wirken sich hierbei besonders hohe Atemfrequenzen aus.

Aussagekraft. Mit der Kapnometrie/-graphie lassen sich grundsätzlich drei physiologische Prozesse *qualitativ* und z. T. auch *quantitativ* beurteilen:

1. die CO_2-Abatmung (Ventilation),
2. die zelluläre CO_2-Produktion sowie
3. der CO_2-Transport im Blut und damit das HZV.

Durch die Kapnometrie/-graphie läßt sich feststellen, ob überhaupt eine **Beatmung** bzw. Atemtätigkeit stattfindet. Die fehlende CO_2-Kurve gilt als schnellstes und zuverlässigstes Kriterium einer *ösophagealen* Fehlintubation oder akzidentellen Tubusdislokation bzw. Extubation. Nur bei seltenem hohen CO_2-Gehalt des Magens sind initial auch hohe CO_2-Werte meßbar, die aber sehr schnell durch Auswaschung abnehmen („Cola-Effekt"). Eine ebenfalls seltene extreme *Bronchospastik* nach Intubation kann dazu führen, daß auch bei regelgerechter, endotrachealer Tubuslage kein Kapnogramm erscheint. Eine einseitige Beatmung nach *endobronchialer* Fehlintubation oder Tubusdislokation ist dagegen nicht ausreichend mit Hilfe der Kapnometrie/-graphie diagnostizierbar, da bei unveränderter Beatmungseinstellung, d. h. bei unverändertem Atemminutenvolumen, über die andere Lunge CO_2 entsprechend vermehrt eliminiert werden kann. In dieser Situation wird eher der Beatmungsdruck ansteigen und ggf. bei niedriger inspiratorischer O_2-Konzentration die $pSaO_2$ abfallen. Die **CO_2-Produktion** reflektiert die aerob-metabolische Situation. Ein ansteigender Metabolismus, z. B. bei abflachender Narkose, führt bei konstanter Ventilation zur proportionalen Erhöhung des $PECO_2$. Ein plötzlicher massiver Anstieg des $PECO_2$ kann dagegen Ausdruck einer *Malignen Hyperthermie-Krise* sein.

Zur Einschätzung der **Kreislaufsituation** mit der Kapnometrie/-graphie werden der $PECO_2$ und der $PaCO_2$ benötigt. Am Ende einer normalen Exspiration wird nur noch alveoläre Luft ausgeatmet, so daß der $PECO_2$ dem mittleren alveolären CO_2-Partialdruck ($PACO_2$) entspricht. Werden nun einzelne Lungenareale nicht mehr perfundiert, aber weiterhin belüftet (alveoläre bzw. *funktionelle* „Totraumventilation"), findet hier auch keine CO_2-Elimination mehr statt, mit dem Ergebnis, daß der $PACO_2$ bzw. $PECO_2$ abfällt, der $PaCO_2$ hingegen ansteigt. Diese Auswirkungen sind um so größer, je stärker das HZV und damit die Lungenperfusion vermindert wird (z. B. Schock). Aus der Differenz zwischen dem *arteriellen* und dem *endexspiratorischen* PCO_2 ($P(a\text{-}E)CO_2$) können also nicht nur Ventilations-/Perfusionsstörungen in der Lunge aufgedeckt, sondern indirekt auch *Veränderungen des HZV* abgeschätzt werden. Bei Lungengesunden beträgt dieser Gradient ca. 3–4 mmHg, was durch eine geringgradig inhomogene Abstimmung von Ventilation und Perfusion in der Lunge zustande kommt. Änderungen des *anatomischen* Totraumes haben, im Gegensatz zum alveolären Totraum, innerhalb bestimmter Grenzen keinen Einfluß auf den $PECO_2$, da das anatomische Totraumvolumen bereits zu Beginn der Exspiration ausgeatmet wird. Unter physiologischer Spontanatmung ist das Atemzugvolumen aber mindestens 3–4mal, unter maschineller Beat-

Kardiopulmonale Funktion V

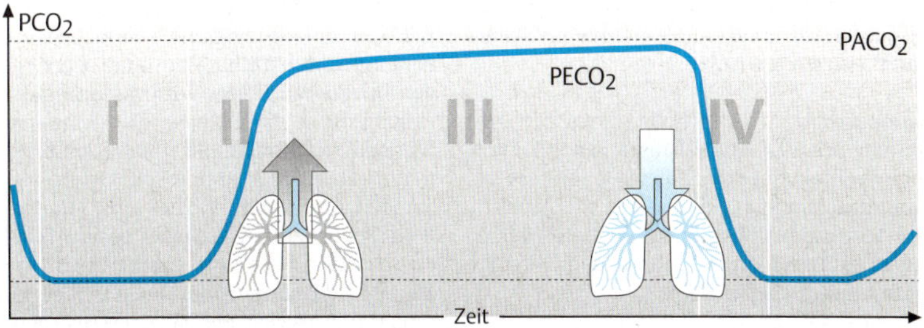

Phase I
CO_2-freies Inspirationsgas

Phase II
Beginn der Exspirationsphase: steiler Anstieg des PCO_2

Phase III (Plateauphase)
Phase der alveolären CO_2-Ausatmung. Der maximale PCO_2-Wert wird endexspiratorisch bzw. endtidal erreicht (Punkt D) und digital angezeigt: $PetCO_2$ oder $PECO_2$. Der $PECO_2$ entspricht normalerweise dem mittleren alveolären PCO_2 ($PACO_2$).

Phase IV
Beginn der Inspirationsphase: steiler Abfall des PCO_2

3. Normales Kapnogramm

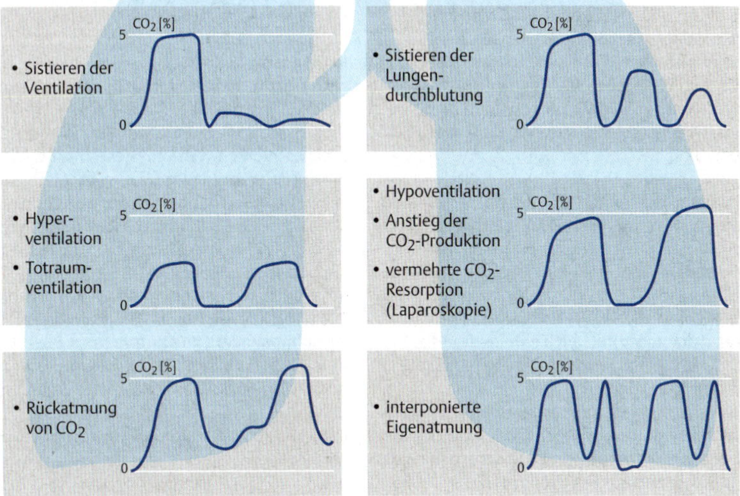

4. Besondere und pathologische Kapnogramme

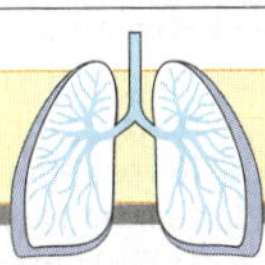

Physiologischer Totraum:
anatomischer Totraum + alveolärer (= funktioneller) Totraum

5. Totraum

E. Kapnometrie/-graphie

mung sogar 5mal größer als das anatomische Totraumvolumen (ca. 2 ml/kg KG), so daß endexspiratorisch eine ausreichende „Verdünnung" eingetreten ist.

Kapnographie. Erst durch die graphische Darstellung des PCO_2-Verlaufs über den gesamten Atemzyklus können die Möglichkeiten des CO_2-Monitoring optimal genutzt und die Ursachen von Störungen differenziert werden. Hierbei lassen sich *vier* typische Phasen im Kapnogramm unterscheiden *(E3/4).*

F. Zentralvenöser Druck

Über zentralvenöse Katheter kann der zentrale Venendruck (ZVD), definitionsgemäß in der *V. cava superior* im Bereich ihrer Einmündung in den rechten Vorhof, gemessen werden. In flacher Rückenlage entspricht der Druck in oberer und auch unterer Hohlvene oberhalb des Zwerchfells dem Druck im rechten Vorhof. Der rechtsatriale Druck wiederum kann mit dem (end)diastolischen Druck im rechten Ventrikel gleichgesetzt werden, solange keine Trikuspidalstenose vorliegt. Das bedeutet, daß mit dem ZVD unter *idealen* Bedingungen der rechtsventrikuläre Füllungszustand und damit auch die sog. Vorlast abgeschätzt werden können.

Messung. Der ZVD kann mit wassergefülltem Steigrohr in „cmH_2O" oder besser noch elektronisch in „mmHg" gemessen werden (1 mmHg = 1,36 cmH_2O bzw. 1 cmH_2O = 0,74 mmHg). Bei elektronischer Messung läßt sich, analog zum MAP, der *mittlere* ZVD *kontinuierlich* erfassen. Zudem kann der ZVD auch *graphisch* als fortlaufende Kurve dargestellt werden. Um die Einflüsse einer kontrollierten Beatmung auf den ZVD (s. u.) zu eliminieren bzw. soweit wie möglich zu reduzieren, sollte der ZVD *endexspiratorisch* aus der Kurve abgelesen werden. So kann am ehesten erwartet werden, daß der ZVD den *transmuralen* rechtsventrikulären enddiastolischen Füllungsdruck reflektiert. Bei Verwendung eines 3-Lumen-Katheters sollte die Messung immer über das *distale* Lumen erfolgen.

Transmuraler Füllungsdruck. Mit dem ZVD wird nur der *intravasale Druck* gemessen. Dies sagt aber zunächst nichts über die Größe des intravasalen Volumens aus, da z. B. ein hoher von außen auf das Gefäß einwirkender Druck einen hohen ZVD, aber nur eine geringe Gefäßfüllung widerspiegelt. Erst wenn man von dem ZVD den Umgebungsdruck subtrahiert, erhält man einen den Füllungszustand reflektierenden Druckwert. Dieser wird als transmuraler Füllungsdruck bezeichnet. Der *Umgebungsdruck* entspricht dem intrathorakalen bzw. intrapleuralen Druck. Unter Spontanatmung ist der Pleuradruck während der Inspiration negativ, unter Beatmung dagegen positiv. Das bedeutet, daß z. B. beim Übergang von Spontanatmung auf Beatmung nur durch Erhöhung des Umgebungsdruckes der ZVD ansteigt, obwohl das kardiale Füllungsvolumen abnimmt. Dieser Effekt wird durch einen PEEP noch verstärkt. Die Messung des Umgebungsdruckes ist für klinische Belange nicht praktikabel. Am *Ende der Exspiration* kommt er jedoch dem Luftdruck (Referenzdruck) am nächsten, so daß diese Phase für die ZVD-Messung am geeignetsten ist. Bei modernen Monitoren läßt sich deshalb der Meßpunkt im Verhältnis zur Atemphase und zum Herzzyklus durch einen Cursor entsprechend festlegen.

Rechtsventrikuläre Compliance. Auch bei korrekter Ermittlung des transmuralen Füllungsdruckes kann nicht ohne weiteres auf das rechtsventrikulär enddiastolische Volumen rückgeschlossen werden. Hierzu müßte die *individuelle* ventrikuläre „Volumendehnbarkeit" (Compliance = Volumen-Druck-Beziehung) bekannt sein. Die Compliance ist aber keine statische Größe. Sie wird durch chronische Erkrankungen des Myokards (z. B. Hypertrophie), aber auch durch akut auftretende Faktoren (z. B. Myokardischämie, Lungenembolie, Perikardtamponade, Pneumothorax, PEEP-Beatmung, abdominelle Druckerhöhung) vermindert. Die gemessenen ZVD-Werte reflektieren dann einen *geringeren* rechtsventrikulären Füllungszustand als unter physiologischen Verhältnissen.

Interpretation. Aus den Erläuterungen geht hervor, daß ein *einmalig* gemessener ZVD hinsichtlich seiner Aussagekraft zum intravasalen Füllungszustand ohne Würdigung der Umgebungsbedingungen völlig wertlos sein und, schlimmer noch, eine Fehlinterpretation mit möglicherweise gravierenden Folgen nach sich ziehen kann. Deshalb sollte der ZVD nur in seinem *Verlauf* (Trendentwicklung) unter gleichzeitiger Beachtung weiterer hämodynamischer

Kardiopulmonale Funktion VI

- Leckagen oder Tubusundichtigkeiten
  → Verdünnung des angesaugten Gases
- Atemzugvolumen < anatomischer Totraum
  → es gelangt kein Alveolargas bis zur CO_2-Meßstelle

- pathologische Ventilations-/Perfusionsinhomogenität:

aus *kardiovaskulärer* Ursache (pulmonale Hypoperfusion bei HZV-Abnahme)
- Lungenembolie!
- Schock
- myokardiale Dekompensation

aus *pulmonaler* Ursache
- Totalatelektase einer Lunge (endobronchiale Fehlintubation): $P(a\text{-}E)CO_2$ nur gering erhöht
- chronische Lungenerkrankungen

6. Differentialdiagnosen bei erhöhter $P(a\text{-}E)CO_2$

Diagnose	**Kriterium**
Nichtbeatmung	fehlende CO_2-Kurve
Lungenembolie	unmittelbarer Abfall des $PECO_2$ (und Anstieg des $PaCO_2$)
Maligne Hyperthermiekrise	exzessiver Anstieg des $PECO_2$
HZV-Abnahme	Abfall des $PECO_2$ bei unveränderter Ventilation
Kreislaufstillstand	fehlende CO_2-Kurve

7. Wichtigste Informationen aus der Kapnometrie/-graphie

E. Kapnometrie/-graphie

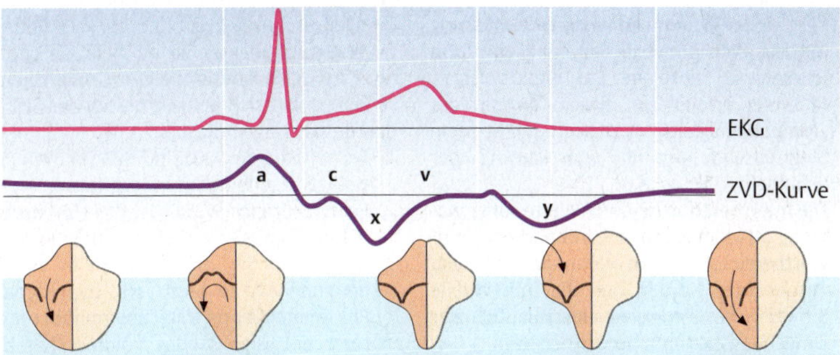

a-Welle Kontraktion des rechten Vorhofs (späte Diastole)

c-Welle Vorwölben der Trikuspidalklappe in den Vorhof zu Beginn der Ventrikelkontraktion (Anspannungsphase)

x-Welle Abwärtsbewegung der Trikuspidalklappe (Austreibungsphase)

v-Welle Vorhoffüllung bei geschlossener Trikuspidalklappe (Endsystole)

y-Welle Öffnen der Trikuspidalklappe und Bluteinstrom in den Ventrikel (frühe Diastole)

1. ZVD-Kurve

Transmuraler Füllungsdruck: Intravasaldruck (ZVD) minus Umgebungsdruck (Pleuradruck)

2. Definition des transmuralen Füllungsdruckes

F. Zentralvenöser Druck

Parameter, in erster Linie dem arteriellen Blutdruck, beurteilt werden (s. hierzu „Volumenbelastungstest“ in Kap. 13.3). Die Darstellung als ZVD-Kurve ist hilfreich, um Fehler durch Anliegen oder Verstopfen des Katheters unmittelbar erkennen und vermeiden zu können.

Normalwert. Als Normalwerte für den ZVD werden 4–8 cmH_2O bzw 3–6 mmHg angegeben. Dieser Normalwertbereich ist am flach auf dem Rücken liegenden, spontan atmenden Patienten ohne kardiopulmonale Vorerkrankungen ermittelt. Eine solche Ausgangssituation ist aber bei der *intraoperativen* ZVD-Messung nicht regelhaft vorzufinden. Hier sollte deshalb folgendermaßen verfahren werden:

1. Der ZVD wird stets in der *aktuellen* Körperposition gemessen. Dies gilt, unabhängig von der Operationssituation, z. B. immer auch für Patienten mit akuter Linksherzinsuffizienz, bei denen eine Flachlagerung nur zum ZVD-Messen im schlimmsten Fall nicht nur eine Dekompensation infolge kardialer Überfüllung auslösen könnte, sondern sich auch keine für die weitere Therapie repräsentativen Werte erheben ließen.
2. Um die gemessenen Werte miteinander vergleichen zu können, wird jede Messung auf das Vorhofniveau (in etwa mittleres Herzniveau) bezogen. Bei elektronischer Messung erfolgt auf diesem Niveau der „*Nullpunktabgleich*“ (s. Abschn. H), bei dem Steigrohrverfahren die Ausrichtung der Schublehre.
3. Die Interpretation der ZVD-Werte sollte weniger an dem oben angeführten Normalwertbereich, sondern vielmehr am *Trend* ausgerichtet werden und die individuelle Situation des Patienten einschließlich der Umgebungsfaktoren berücksichtigen.

G. Gemischt-/zentralvenöse O_2-Sättigung

Da der O_2-Verbrauch (VO_2) des menschlichen Organismus unter physiologischen Bedingungen nur 25–30 % des O_2-Angebotes (DO_2) ausmacht, sind im **gemischtvenösen Blut** der A. pulmonalis normalerweise noch 70–75 % des ursprünglich im arterialisierten Blut enthaltenen O_2 vorhanden. Dementsprechend beträgt die O_2-Sättigung des Hämoglobins im gemischtvenösen Blut ($Sv_{gem}O_2$) 70–75 %. Die O_2-Ausschöpfung ist allerdings in den einzelnen Organen bzw. Geweben z. T. extrem unterschiedlich. Eine vollständige Durchmischung des venösen Blutes aus all diesen Regionen (obere und untere Hohlvene, Koronarvenen) kommt so erst in der A. pulmonalis zustande. Unter *physiologischen* Bedingungen entspricht der O_2-Verbrauch dem O_2-Bedarf, und die $Sv_{gem}O_2$ ist eine *konstante* Größe, denn ein gesteigerter zellulärer O_2-Bedarf der Gewebe führt in einem Regelkreis nicht zu einer Erhöhung der O_2-Ausschöpfung des vorbeiströmenden Blutes, sondern über eine Sympathikusstimulierung zur Steigerung des HZV bzw. der Durchblutung. Erst wenn die Grenzen einer HZV-Steigerung überschritten werden, nimmt die O_2-Extraktion zu, und die $Sv_{gem}O_2$ fällt entsprechend ab. Umgekehrt bedeutet dies, daß bei konstantem O_2-Verbrauch Veränderungen der $Sv_{gem}O_2$ auf (unphysiologische) Veränderungen des HZV rückschließen lassen (Erniedrigung des HZV und der $Sv_{gem}O_2$ im Schock). Zusammengefaßt läßt sich also folgendes festhalten: Die $Sv_{gem}O_2$ ist direkt proportional zum HZV und umgekehrt proportional zum O_2-Verbrauch. Diese Zusammenhänge werden nach seinem Erstbeschreiber als *Fick-Prinzip* bezeichnet. Mit der Bestimmung der $Sv_{gem}O_2$ ist es infolgedessen möglich, ohne das HZV und den O_2-Verbrauch messen zu müssen, eine Beziehung zwischen diesen beiden Größen herzustellen, wobei sich je nach Ausfall der $Sv_{gem}O_2$ drei Kernaussagen ergeben:

1. Bei *normaler* $Sv_{gem}O_2$ sind HZV und VO_2 physiologisch aufeinander abgestimmt.
2. Bei *erniedrigter* $Sv_{gem}O_2$ ist das HZV im Verhältnis zum VO_2 zu gering (z. B. Schock).
3. Bei *erhöhter* $Sv_{gem}O_2$ ist das HZV im Verhältnis zum VO_2 zu hoch (z. B. hyperdyname Phase einer Sepsis, Katecholaminüberdosierung oder zu großzügige Volumentherapie).

Einflußfaktoren. Bevor nun aber anhand der $Sv_{gem}O_2$ eine definitive Aussage zum HZV und O_2-Verbrauch getroffen werden kann, müssen noch folgende Einflußfaktoren auf die $Sv_{gem}O_2$ berücksichtigt werden:

- PaO_2 und SaO_2,
- Hb-Konzentration,
- pH-Wert des Blutes,
- Körpertemperatur,
- intraerythrozytärer 2,3-DPG-Gehalt,
- Dyshämoglobine (z. B. COHb, MetHb).

Kardiopulmonale Funktion VII

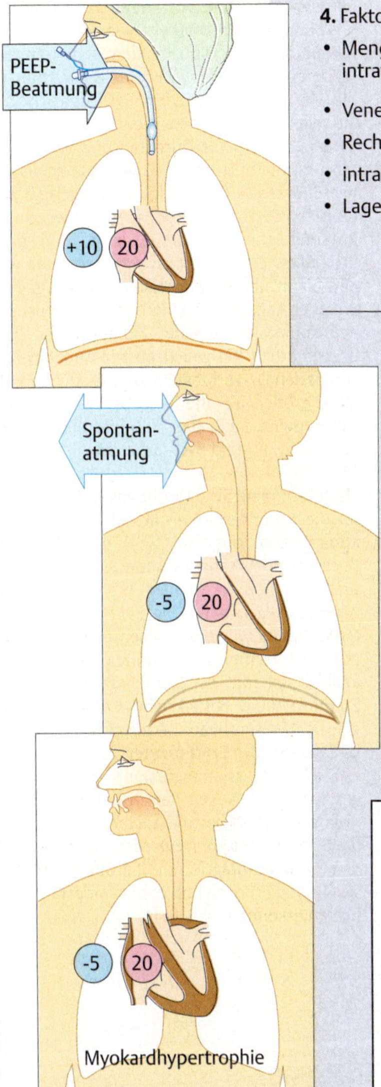

4. Faktoren, die den ZVD beeinflussen

- Menge des zirkulierenden intravasalen Volumens
- Venentonus
- Rechtsherzfunktion
- intrathorakaler Druck
- Lagerung des Patienten

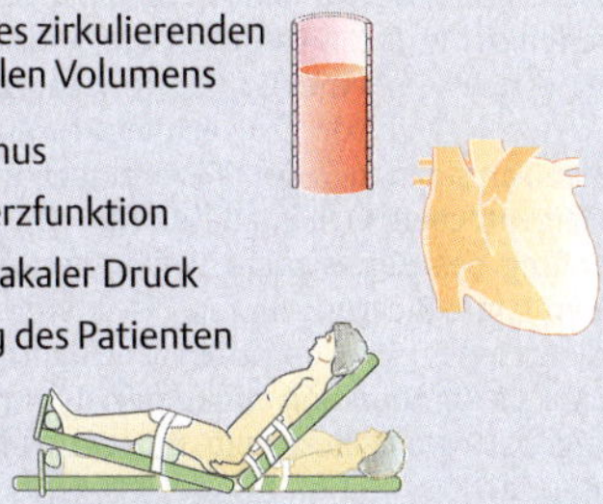

ZVD erniedrigt:

- absolute oder relative Hypovolämie

ZVD erhöht:

- Hypervolämie
- Rechtsherzinsuffizienz
- Lungenembolie
- Linksherzdekompensation
- Perikardtamponade
- Pneumothorax, PEEP-Beatmung
- abdominelle Druckerhöhung (z.B. massiver Aszites)

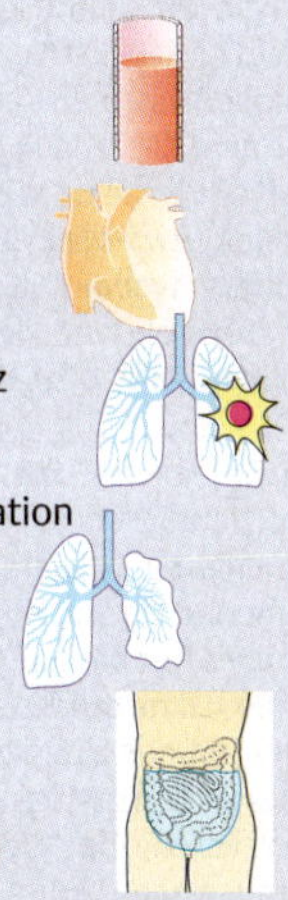

3. Bedeutung von transmuralem Druck und myokardialer Compliance für die Ventrikelfüllung

F. Zentralvenöser Druck

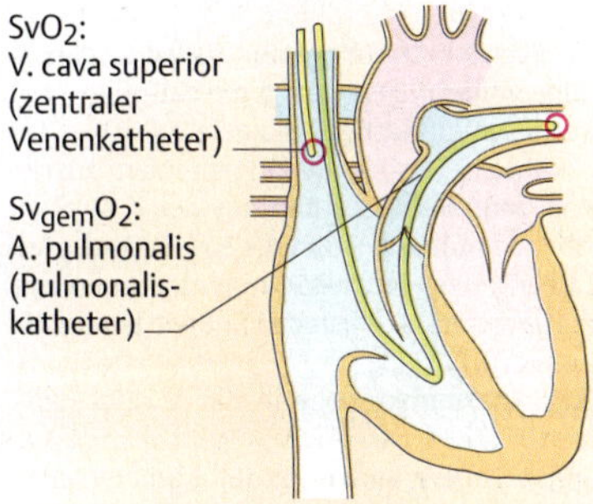

1. Bestimmungsorte

G. Gemischt-/zentralvenöse O_2-Sättigung

Hiervon sind PaO_2, SaO_2 und Hb-Gehalt normalerweise am wichtigsten.

Kritische Erniedrigung der $Sv_{gem}O_2$. Bei Unterschreiten der in *Tab. G4* angeführten kritischen Grenzwerte ist mit einer O_2-Mangelversorgung der Gewebe (Hypoxie) zu rechnen. In einem solchen Fall sinkt auch der O_2-Verbrauch unter den eigentlichen O_2-Bedarf, da die O_2-Ausschöpfung des Blutes nicht weiter gesteigert werden kann. Richtungweisend ist hierfür die Konstellation einer kritisch erniedrigten $Sv_{gem}O_2$ in Kombination mit einer hypoxisch bedingten *Lactatazidose* und einer Zunahme der sog. *avDCO₂*. Unter aerober Glykolyse ist der gemischt- bzw. zentralvenöse CO_2-Partialdruck ca. 5 mmHg höher als der arterielle ($PaCO_2 \approx 40$, $PvCO_2 \approx 45$ mmHg). In hypoxisch-ischämischen Zuständen steigt diese Differenz, die $avDCO_2$, jedoch an, da unter anaerober Glykolyse vermehrt saure Valenzen anfallen. Diese H^+-Ionen werden durch Hydrogencarbonat gepuffert, wobei CO_2 freigesetzt wird, so daß – unabhängig von der Ventilation – der $PvCO_2$ stärker als der $PaCO_2$ ansteigt.

Resümee. Bei konstantem O_2-Verbrauch und konstanten Einflußfaktoren ist die $Sv_{gem}O_2$ ein *semiquantitativer* Indikator für das Herzzeitvolumen, d. h. mit Hilfe der $Sv_{gem}O_2$ gelingt eine grobe Abschätzung des makrohämodynamischen Istzustandes und von HZV-Änderungen. Dies gilt allerdings nicht bei mit Links-Rechts- oder Rechts-Links-Shunt einhergehenden Herzvitien, da hier das Kurzschlußblut zu falsch-hohen oder falsch-niedrigen O_2-Sättigungswerten führt.

Zentralvenöse O_2-Sättigung. Da i.d.R. gleichsinnige Änderungen der gemischt- und zentralvenösen O_2-Sättigung auftreten, ist es für die klinische Praxis im allgemeinen ausreichend, **zentralvenöses Blut** aus der V. cava superior zu entnehmen und die sog. SvO_2 zur Abschätzung des Herzzeitvolumens zu verwenden. Hierzu müssen jedoch folgende *Voraussetzungen* erfüllt sein:

- korrekte Katheterlage in der V. cava superior,
- keine Lageveränderung der Katheterspitze zwischen den einzelnen Meßzeitpunkten.

Eine Aberration der Katheterspitze in Richtung des Sinus coronarius im rechten Vorhof oder selten auch in eine Lebervene läßt vornehmlich venöses Blut aus diesen Teilkreisläufen entnehmen, wobei vor allem das koronarvenöse Blut deutlich stärker O_2-entsättigt ist (O_2-Gehalt ca. 40 %!). Darüber hinaus müssen noch weitere *Einschränkungen* beachtet werden, die die Korrelation zwischen SvO_2 und $Sv_{gem}O_2$ aufheben. So können bei Prozessen, die den O_2-Verbrauch oder die Durchblutung in der oberen und unteren Körperhälfte unterschiedlich beeinflussen (z. B. Schock [besonders septisch-toxisch], Peritonitis, passageres Abklemmen größerer Arterien) in der V. cava superior deutlich *höhere* O_2-Sättigungswerte gemessen werden als in der A. pulmonalis. Bei Anwendung volatiler Anästhetika in höheren Konzentrationen kommt es zu einer Zunahme der Hirndurchblutung bei gleichzeitiger Abnahme des zerebralen O_2-Verbrauchs, so daß auch hier die SvO_2 größer als die $Sv_{gem}O_2$ ist. Allerdings bleibt dabei i.d.R. die Trendkorrelation zwischen $Sv_{gem}O_2$ und SvO_2 erhalten.

Meßmethoden. $Sv_{gem}O_2$ und SvO_2 sind Parameter, die nur invasiv zu ermitteln sind. Beim herkömmlichen Vorgehen wird eine Blutprobe über einen PA-Katheter oder ZVK entnommen und anschließend in vitro analysiert. Die genauesten Werte liefert hierbei die *Messung* der O_2-Sättigung mit einem Mehrwellen-Oxymeter. Die *Berechnung* im Rahmen einer Blutgasanalyse anhand von Nomogrammen der O_2-Bindungskurve berücksichtigt dagegen gelegentlich wesentliche Faktoren wie den 2,3-DPG-Gehalt der Erythrozyten (Veränderungen z. B. durch Massivtransfusion) und Dyshämoglobine nicht. Neben der diskontinuierlichen In-vitro-Analyse besteht auch die Möglichkeit, die O_2-Sättigung *kontinuierlich* mittels eines in den Katheter integrierten fiberoptischen Meßsystems zu erfassen und damit Änderungen sofort zu erkennen.

Kardiopulmonale Funktion VIII

Die **gemischtvenöse O_2-Sättigung** ($S_{Vgem}O_2$) ist direkt proportional zum Herzzeitvolumen (HZV) und umgekehrt proportional zum O_2-Verbrauch (VO_2).

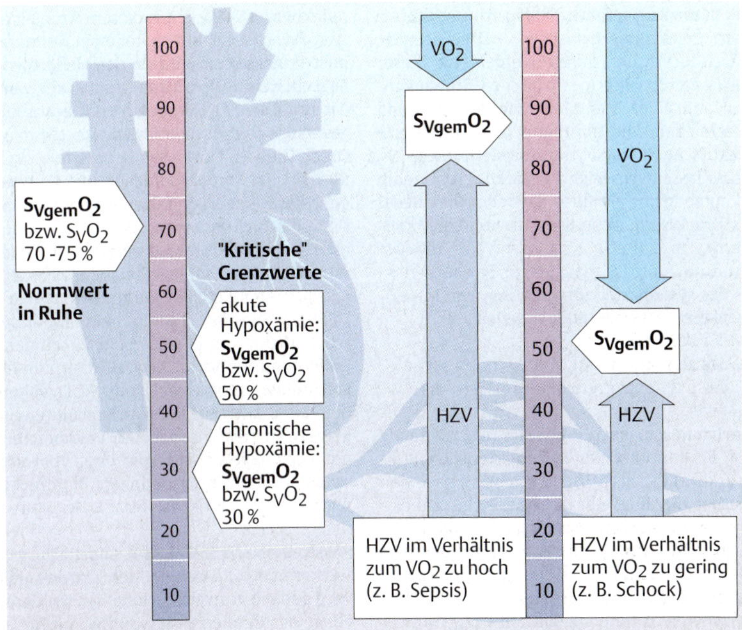

2. Fick Prinzip

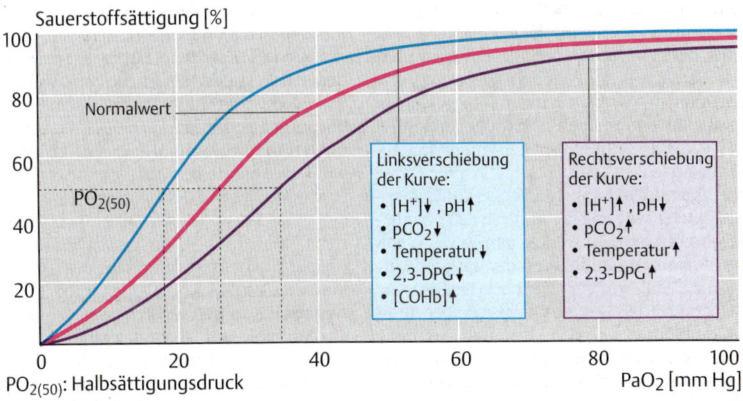

$PO_{2(50)}$: Halbsättigungsdruck

3. O_2-Bindungskurve des Hämoglobins und Einflußfaktoren

G. Gemischt-/zentralvenöse O_2-Sättigung

H. Invasive Blutdruckmessung

Das Prinzip der invasiven Druckmessung besteht darin, daß die Druckpulsationen der Blutsäule und der Gefäßwand („Druckpuls") über ein flüssigkeitsgefülltes Schlauchsystem auf einen elektromechanischen Druckwandler (Transducer) übertragen werden. An dieser Stelle werden die mechanischen Schwingungen von einer Membran aufgenommen und anschließend in normierte, d. h. kalibrierte elektrische Impulse transformiert. Diese Signale lassen sich nach Verstärkung auf einem Monitor analog als Kurve darstellen und digital als Druckwerte (systolisch, diastolisch, Mitteldruck) in „mmHg" anzeigen. Die invasive Druckmessung ist geeignet zur Ermittlung

- des systemarteriellen Blutdruckes (in peripheren oder zentralen Arterien),
- der Pulsfrequenz,
- des zentralvenösen Druckes (s. u.) sowie
- der pulmonalarteriellen Drücke (s. u.).

Am häufigsten wird die invasive Druckmessung zur Bestimmung des **systemarteriellen** Blutdruckes eingesetzt. Wirklich gemessen werden hierbei allerdings nur der systolische und diastolische Druck, der arterielle *Mitteldruck* jedoch wird – im Gegensatz zur nichtinvasiven Blutdruckmessung – bei älteren Monitorsystemen nach einer Faustformel kalkuliert (MAP in peripheren Arterien = diastolischer Druck + 1/3 der Blutdruckamplitude). Systeme mit *neuerer* Mikroprozessortechnik dagegen berechnen den arteriellen Mitteldruck mit höherer Genauigkeit durch *Integrierung der Fläche* unter der systolischen und diastolischen Blutdruckkurve. Der *MAP* ist abhängig vom Herzzeitvolumen bzw. genauer vom Schlagvolumen sowie vom peripheren Gefäßwiderstand (MAP = HZV × SVR). Er bestimmt zusammen mit autoregulativen Prozessen unmittelbar die Größe der Organdurchblutung. Außer bei Gefäßstenosen fällt der MAP von der Aorta zu den peripheren Arterien nur um wenige mmHg ab, so daß der peripher ermittelte Wert den aortalen Mitteldruck i.d.R. gut repräsentiert. Erst in sehr kleinen Arterien (< 1 mm), die sich aber *distal* des Meßortes befinden, liegt der arterielle deutlich unter dem aortalen Mitteldruck. Der *systolische* Druck entspricht dem höchsten Punkt der arteriellen Druckkurve. Er reflektiert das Schlagvolumen des Herzens und damit auch die Gefäßfüllung und gilt außerdem als Maß für den myokardialen O_2-Bedarf. Die systolische Druckwelle wird entlang der Gefäßwand zwischen Peripherie und geschlossener Aortenklappe reflektiert. Hierdurch kommt es zu Überlagerungseffekten von antegraden und reflektierten Wellen. Aus diesem Grund ist der systolische Druck um so höher, je weiter peripher er gemessen wird. In der Meßortdistanz liegt auch ein wesentlicher Grund dafür, warum der systolische Druck *invasiv* i.d.R. etwas *höher* gemessen wird als nichtinvasiv. Der *diastolische* Druck (tiefster Punkt der Druckkurve) ist ein Maß für die Koronarperfusion und O_2-Versorgung des Herzens, denn ca. 70% der koronaren Durchblutung finden in der Diastole statt. Er nimmt von zentral nach peripher ab (Widerstandsabnahme infolge Zunahme des Gefäßbettquerschnittes). Die *Blutdruckamplitude* als Differenz zwischen systolischem und diastolischem Druck vergrößert sich mit zunehmender Entfernung zur Aorta. Sie verhält sich im übrigen direkt proportional zum Schlagvolumen und damit auch zur Kapillardurchblutung und umgekehrt proportional zum Vasomotorentonus *(H4)*. Bei der Therapie des hypovolämischen Schocks ist die periphere Blutdruckamplitude ein besseres Maß als z. B. der MAP.

Physikalische Meßvoraussetzungen. Über eine werkseitige *Kalibrierung* des Druckwandlers wird festgelegt, welche Höhe der Druckkurve einem bestimmten Druckwert in „mmHg" entspricht. Da sich die Transducer der verschiedenen Hersteller hinsichtlich der physikalischen Eigenschaften geringfügig unterscheiden, kann in modernen Monitoren zur Anpassung menügesteuert ein Korrekturfaktor eingegeben werden. Ein Hersteller liefert auch ein wiederverwendbares Transducer-Kabel-System, bei dem über eine „Eichzacke" ein definierter Druck simuliert werden kann. Hierdurch können sowohl die Kalibrierung als auch die elektrische Funktionsfähigkeit des Systems überprüft werden. Vor *jedem* Einsatz eines Druckmeßsystems muß immer ein sog. *hydrostatischer Nullpunktabgleich* gegen Atmosphäre durchgeführt werden. Als Referenzpunkt dient hierbei zumeist das mittlere Herzniveau. Um den hydrostatischen Einfluß auf den Blutdruck zu eliminieren, muß nach jeder Veränderung der Körperposition ein erneuter Nullpunktabgleich erfolgen. Hiervon unabhängig sollte auch in unregelmäßigen Abständen der Nullpunktabgleich überprüft werden, um eine Drift des

Kardiopulmonale Funktion IX

Vorteil:
Fortlaufende Messung auch in hämodynamisch instabilen Situationen

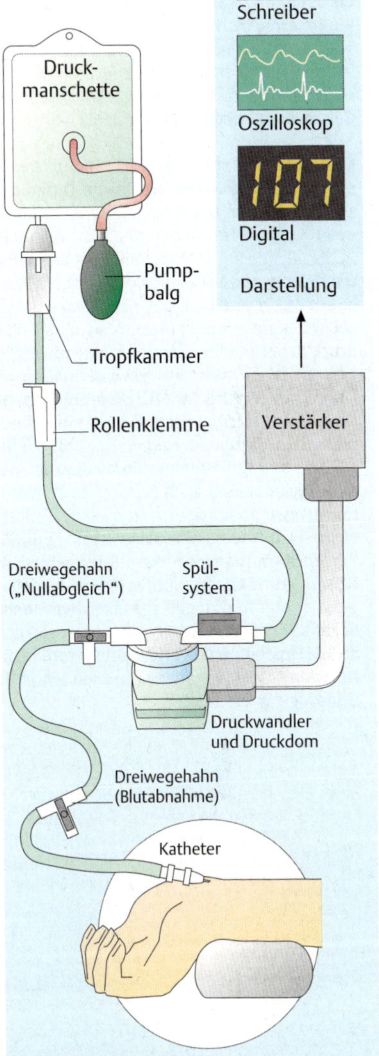

1. Komponenten einer Meßkette

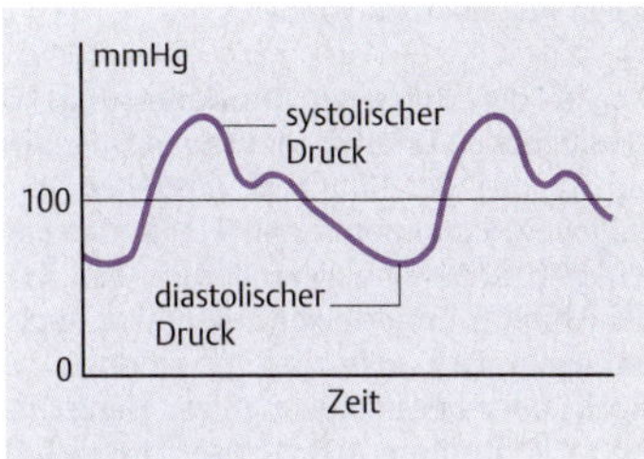

Kurve normal

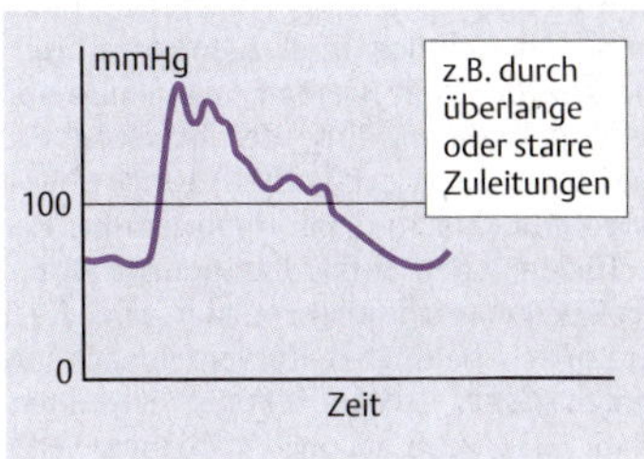

Kurve überschleudert

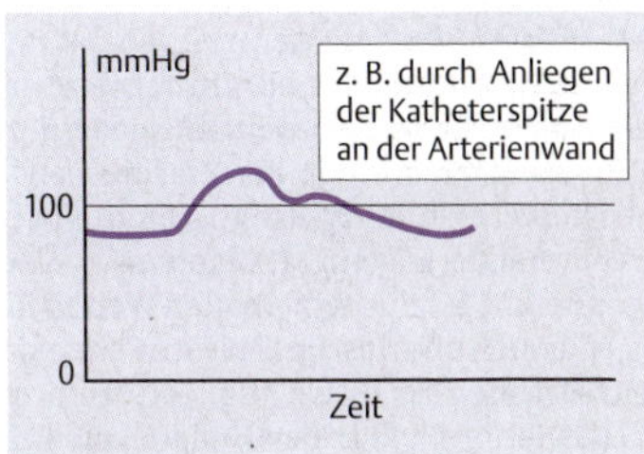

Kurve gedämpft

2. Normaler und gestörter Druckkurvenverlauf in peripheren Arterien

Berechnung nach Faustformel (in peripheren Arterien):

MAP =
diastolischer Druck
+ 1/3 der Blutdruckamplitude

3. Arterieller Mitteldruck (MAP)

H. Invasive Blutdruckmessung

Transducer und hierdurch bedingte Fehlmessungen erkennen zu können.

Vorteile der invasiven Druckmessung. Der grundlegende Vorteil der invasiven Druckmessung ist, daß der Blutdruck *fortlaufend* während jeder Herzaktion registriert werden kann. Hierdurch wird eine Veränderung des Kreislaufzustandes unmittelbar erkennbar. Auch in hämodynamisch instabilen Situationen (z. B. Schock) oder bei unregelmäßiger Herzschlagfolge (z. B. absolute Arrhythmie) läßt sich der Blutdruck relativ problemlos und mit größerer Genauigkeit als mit der nichtinvasiven Technik ermitteln. Daneben können Herzrhythmusstörungen hinsichtlich ihrer hämodynamischen Relevanz beurteilt werden (z. B. Pulsdefizit). Die *visuelle* Beurteilung der Druckkurve erlaubt zudem eine *qualitative* Aussage über die Makrohämodynamik. Bei Hypovolämie, Herzinsuffizienz oder Perikardtamponade wird die Druckwellenamplitude schmaler, und die respiratorisch bedingten Kurvenschwankungen werden stärker („paradoxer Puls"; Einzelheiten s. Kap. 13.3). Nach adäquater Therapie vergrößert sich die Kurve wieder und gewinnt ihre normale Form zurück.

Meßartefakte. Bei der Interpretation der invasiven Meßwerte dürfen die Digitalwerte niemals isoliert betrachtet werden, sondern nur im Zusammenhang mit der entsprechenden Druckkurve. Hierdurch lassen sich artefizielle Kurvenveränderungen (Dämpfung, Überschleuderung), die zu fehlerhaften Werten führen, erkennen und falsche Schlüsse vermeiden. Gleichermaßen ist es wichtig, bei deutlichen Druckänderungen kurz den Nullpunktabgleich zu überprüfen, bevor therapeutische Konsequenzen gezogen werden. Eine **Dämpfung** der Druckkurve kommt häufig durch ein Anliegen der Katheterspitze an der Arterienwand, ein Abknicken des Katheters oder durch im System eingeschlossene Luft bzw. Thromben, seltener auch durch einen Gefäßspasmus zustande. Luft oder Thromben müssen aus dem System herausgespült werden. Ein Gefäßspasmus läßt sich oftmals durch langsame Injektion von 0,1–0,2 mg/kg KG Lidocain 1 % in die kanülierte Arterie beseitigen. Die sog. **Schleuderzacken** entstehen bei Verwendung überlanger (> 100 cm) oder ausgesprochen starrer Zuleitungen und führen durch Verstärkung der physiologischen Pulswellenreflexionen zur Überschätzung des systolischen und zur Unterschätzung des diastolischen Blutdruckes. Sie können auch bei erheblichen arteriosklerotischen Veränderungen im Bereich des kanülierten Gefäßes auftreten. Durch Einspritzen einer geringen Luftmenge in die Zuleitung kann zwar eine Dämpfung der Kurve erreicht werden, dieses Vorgehen ist aber nicht zu empfehlen. Besser ist es, den *Mitteldruck* als Richtwert zu benutzen, da dieser auch bei Überschleuderung mit akzeptabler Genauigkeit wiedergegeben wird.

Meßprobleme. Bei ausgeprägter *peripherer Vasokonstriktion* können erhebliche Differenzen zwischen den in zentralen (Aorta, A. femoralis) und peripheren Arterien (z. B. A. radialis, A. dorsalis pedis) gemessenen Drücken auftreten. Wenn der Gefäßquerschnitt durch Vasokonstriktion proximal der Kanüle *kleiner* wird als der Kanülendurchmesser, wird der Blutdruck in peripheren Arterien falsch-niedrig gemessen. Man mißt also gewissermaßen den Druck hinter einer artefiziellen Stenose. Aus diesem Grund sollte der äußere Kanülendurchmesser idealerweise immer deutlich kleiner sein als das Gefäßlumen. Problematisch wird die Druckmessung auch bei organisch bedingten *lokalen Stenosen* im arteriellen Gefäßsystem (z. B. bei „subclavian-steal"-Syndrom, Aortenisthmusstenose etc.). Hier sollte der Druck grundsätzlich in Arterien gemessen werden, die funktionell *proximal* der Stenose liegen. In einigen Fällen kann eine zusätzliche *distale* Druckmessung erforderlich werden, um Aufschluß über den hier herrschenden Perfusiondruck zu erhalten.

Kardiopulmonale Funktion X

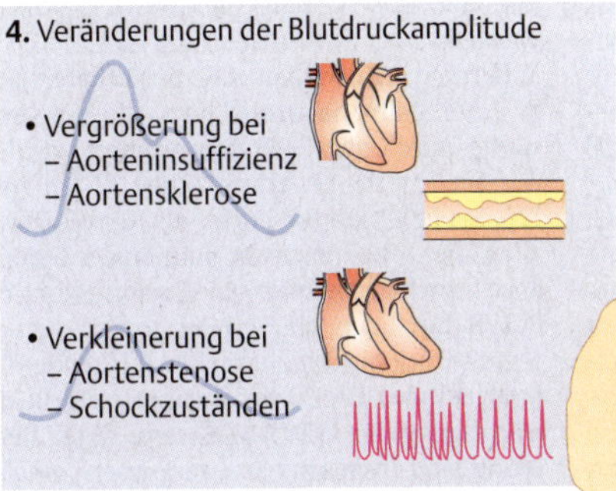

Vor jedem Einsatz des Druckmeßsystems und nach jeder Veränderung der Körperposition des Patienten muß ein Nullpunktabgleich erfolgen

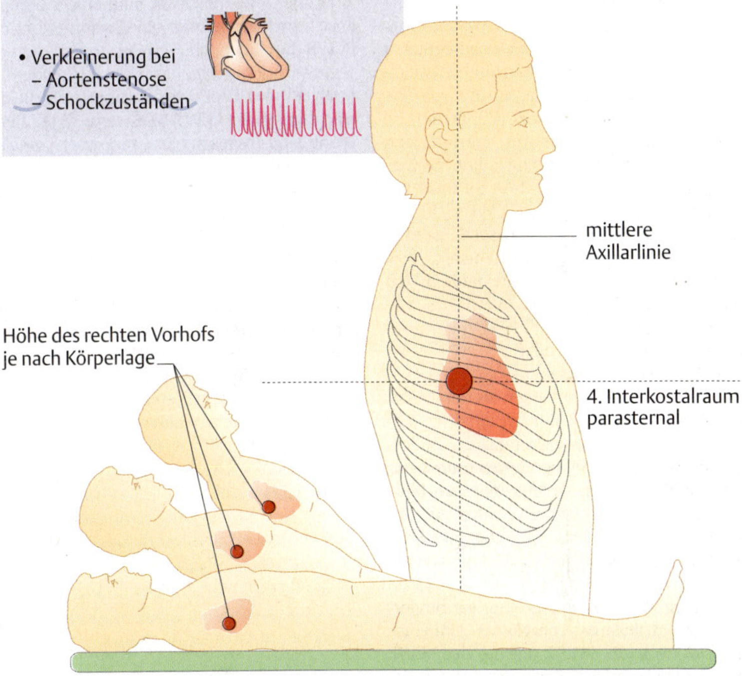

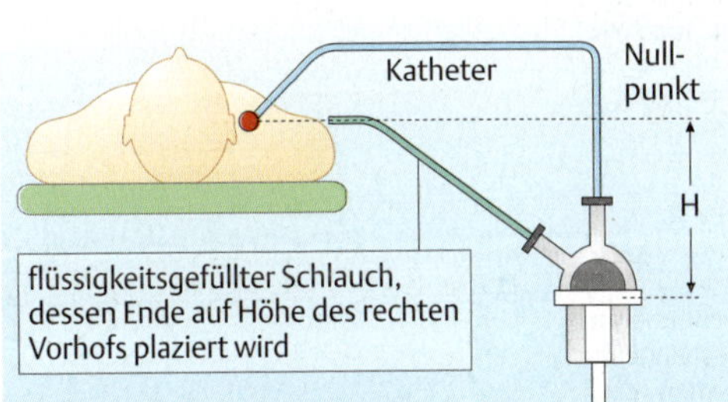

5. Hydrostatischer Nullpunktabgleich

- Blutdruckinstabilität
- hämodynamisch relevante Arrhythmien
- schwer einstellbarer Hypertonus
- Herzinsuffizienz NYHA III u. IV
- große operative Eingriffe

6. Indikationen

H. Invasive Blutdruckmessung

I. Pulmonalkapillärer Verschlußdruck

Mit Hilfe eines PA-Katheters kann u. a. der pulmonalkapilläre Verschlußdruck (PCWP oder „wedge"-Druck) elektronisch gemessen werden. Dieser entspricht bei geöffneter Mitralklappe nach dem Prinzip der „kommunizierenden Röhren" dem linksventrikulär enddiastolischen Druck (LVEDP). Wie mit dem ZVD eine Aussage zur rechtsventrikulären Vorlast möglich ist (s. o.), kann unter *idealen* Bedingungen der PCWP zur groben Abschätzung der linksventrikulären Vorlast herangezogen werden. Als Normalwertbereich des PCWP werden 6–12 mmHg angegeben. Für die Interpretation der Meßwerte gelten allerdings ähnliche Einschränkungen wie für den ZVD. So muß berücksichtigt werden, daß der PCWP nicht immer mit dem LVEDP gleichgesetzt werden kann. Bei **mechanischen Hindernissen** zwischen pulmonalem Kapillarbett und linkem Ventrikel, wie z. B.

- Mitralstenose,
- rechtem Vorhoftumor oder
- Pulmonalvenenstenose,

wird der PCWP *höher* gemessen als der LVEDP. Das gilt auch für die *Mitralinsuffizienz* aufgrund des systolischen Blutrefluxes. Anders sind die Verhältnisse bei der *Aorteninsuffizienz*. Hier kommt es infolge der diastolischen Blutregurgitation zum verfrühten Schluß der Mitralklappe, wodurch der LVEDP den linksatrialen Druck und damit den PCWP übersteigen kann.

Bei Erkrankungen, die mit einer **verminderten linksventrikulären Compliance** einhergehen, wird zwar der LVEDP anhand des PCWP korrekt erfaßt, durch die geänderte Volumen-Druck-Beziehung läßt sich aber mit dem PCWP keine bzw. nur eine eingeschränkte Aussage über die linksventrikuläre Vorlast machen. Hierbei handelt es sich um:

- Linksherzhypertrophie,
- Aortenklappenstenose,
- Myokardischämie bzw. -infarkt,
- massive Lungenembolie,
- Perikardtamponade.

Die gemessenen PCWP-Werte reflektieren dann einen *geringeren* enddiastolischen Füllungszustand als unter physiologischen Verhältnissen.

Außerdem kann der PCWP durch **kontrollierte Beatmung**, vor allem mit PEEP, beeinflußt werden. Grundsätzlich sollte er deshalb – wie der ZVD – *endexspiratorisch* gemessen werden (s. o.). Bei Anwendung eines PEEP ist außerdem anzustreben, daß die Katheterspitze in einer Pulmonalarterie liegt, die möglichst wenig durch den PEEP komprimiert wird (→ dorsale Unterlappenarterie [Zone 3 nach *West*; *12*]). Bei PEEP-Werten *größer als 10 cmH$_2$O* wird allerdings – bei normaler pulmonaler Compliance – auch in der Zone 3 die Beeinflussung des PCWP durch den PEEP größer, so daß der Verschlußdruck nicht mehr mit ausreichender Genauigkeit den LVEDP widerspiegelt. Die Beeinträchtigung der PCWP-Meßwerte durch Beatmung sind insgesamt um so größer, je *höher die Lungencompliance* und je *niedriger die thorakale Compliance* ist, da unter diesen Bedingungen die alveolären Drücke leichter auf das pulmonale Kapillarbett übertragen werden.

Der **diastolische pulmonalarterielle Druck** entspricht normalerweise dem PCWP. Er kann im Gegensatz zum PCWP kontinuierlich erfaßt werden. Für den Fall, daß er *höher* als der PCWP gemessen wird, muß von einer pulmonalen Vasokonstriktion ausgegangen werden, was als Hinweis auf eine *pulmonale Widerstandshypertonie* zu deuten ist.

Kardiopulmonale Funktion XI

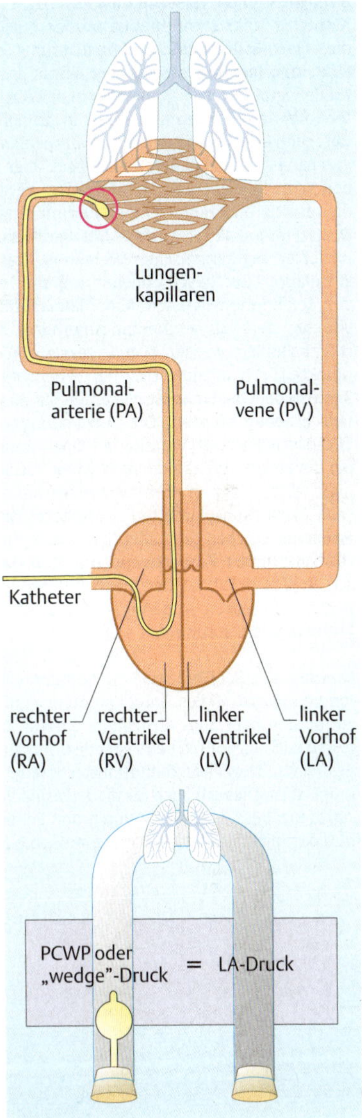

1. Meßprinzip

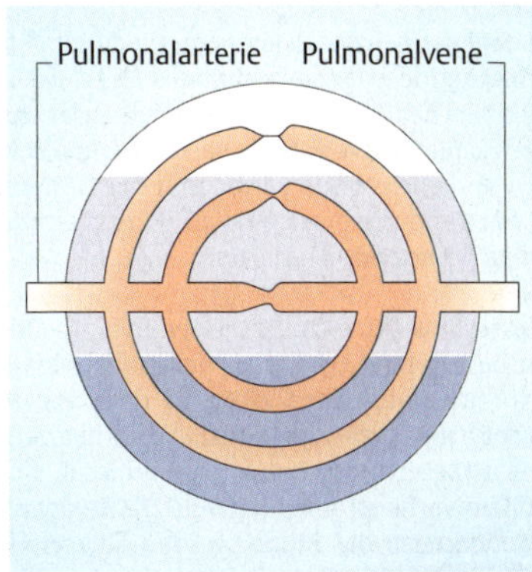

Zone 1	Zone 2	Zone 3
PA >Pa >Pv	Pa >PA >Pv	Pa >Pv >PA

Pa: Pulmonalarteriendruck
Pv: Pulmonalvenendruck
PA: Aveolardruck

2. Lungenzonen nach West

Compliance ↓
- Aortenstenose
- Ischämie
- inotrope Medikation
- pulm. Hypertonie
- Rechtsherz-dilatation
- PEEP
- Perikarderguß, – tamponade

Compliance ↑
- postischämisch
- Aorten-insuffizienz
- Vasodilatatoren
- dilatative Kardio-myopathie

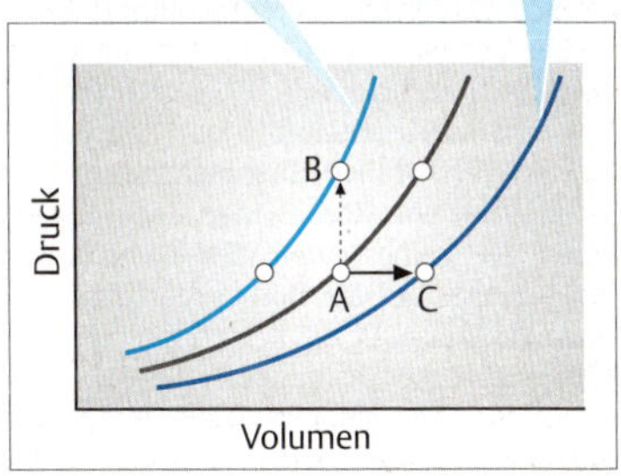

3. Veränderungen der linksventrikulären Compliance

I. Pulmonalkapillärer Verschlußdruck

J. Herzzeitvolumen

Die Standard- bzw. Referenzmethode zur Bestimmung des Herzzeitvolumens (HZV) ist in der klinischen Anästhesie nach wie vor das sog. **Thermodilutionsverfahren.** Bei der herkömmlichen Vorgehensweise wird damit das HZV unter Verwendung eines PA-Katheters *intermittierend* gemessen.

Bolustechnik. Eine zuvor eisgekühlte Lösung (am besten NaCl 0,9%) von bekannter Menge und Temperatur wird zügig in den rechten Vorhof injiziert („proximale" Katheteröffnung). Dieser „Kältebolus" durchmischt sich mit dem vorbeiströmenden Blut. Die Temperaturänderungen des Blutes werden über einen in einem Pulmonalarterienast liegenden Sensor (Thermistor) anhand von Änderungen des elektrischen Widerstandes kontinuierlich aufgenommen und der Verlauf graphisch dargestellt. Aus der Integrierung der Fläche unter der als Kurve auf dem Monitor aufgezeichneten Temperaturänderung über die Zeit wird dann das HZV in „l/min" nach der „Stewart-Hamilton-Gleichung" ermittelt. Das HZV verhält sich dabei umgekehrt proportional zur Flächengröße. Je höher das HZV und damit die Blutströmungsgeschwindigkeit ist, um so schneller wird der Kältebolus verdünnt und um so geringer fällt infolgedessen die Erniedrigung der Bluttemperatur aus. Mit zunehmender Passagegeschwindigkeit verflacht also die Temperaturkurve und verkleinert sich die Fläche darunter. Bei geringem HZV gelten entsprechend die umgekehrten Bedingungen. Um den Effekt einer zu großen Wertestreuung zu reduzieren, wird i.d.R. der Mittelwert von drei kurz aufeinander folgenden Messungen gebildet. Bei korrekter Durchführung sollte der Meßfehler unterhalb von 10% liegen *(J2)*. Als HZV-Normalwert gelten für den Erwachsenen 5–6 l/min unter Ruhebedingungen. Bei vorheriger Eingabe von Körperlänge und -gewicht werden die gemessenen Werte von einem HZV-Computer auf die Körperoberfläche umgerechnet. Ebenso ist die Berechnung weiterer hämodynamischer Parameter, wie z. B. peripherer oder pulmonaler Gefäßwiderstand möglich. Zusammen mit dem MAP, ZVD, PCWP etc. läßt sich hierdurch die Differentialdiagnose des sog. „low-output"-Syndroms, das eine kritische HZV-Erniedrigung bezeichnet, erheblich vereinfachen *(J3)*.

Kontinuierliche Technik. Ein neues Verfahren ermöglicht unter Verwendung eines sog. CCO-Katheters (CCO = continuous cardiac output) die *quasi-kontinuierliche* Registrierung des HZV. Im Gegensatz zur Kälteverdünnungsmethode werden hierbei von einem in den Katheter integrierten Thermofilament in schneller, unregelmäßiger Reihenfolge *Wärmeimpulse* von ca. 44 °C an das Blut abgegeben. Über einen schnell reagierenden Thermistor werden die resultierenden Bluttemperaturänderungen in der Pulmonalarterie erfaßt. Mit einem komplizierten mathematischen Verfahren (Kreuzkorrelation der ausgesendeten Impulse mit den detektierten Signalen) kann dann, ähnlich wie bei der Kälteverdünnungsmethode, das HZV kalkuliert werden. Der angezeigte Wert reflektiert das mittlere HZV der vergangenen 3 min, wobei die Einzelwerte ca. alle 30–60 sec neu erhoben werden. Die Anwendung der CCO-Methode zeigt Vorteile bei Operationen, bei denen sich die hämodynamischen Verhältnisse abrupt und gravierend ändern können (z. B. Lebertransplantation). Meßtechnische Probleme ergeben sich allerdings bei hohem HZV und hoher Körpertemperatur (z. B. Sepsis). In diesem Fall werden die meßbaren Temperaturdifferenzen so gering, daß die Fehlerbreite deutlich zunimmt.

Limitationen. Bei Herzvitien mit Septumdefekten und *intrakardialen Shunt* kommt es zur Rezirkulation oder zum Abströmen des Injektates, so daß eine hinreichend genaue Ermittlung des HZV mittels Thermodilutionstechnik nicht möglich ist. Dies gilt auch für die *Trikuspidalinsuffizienz*, bei der das HZV durch den Pendelfluß des Injektates falsch-hoch gemessen wird.

Kardiopulmonale Funktion XII

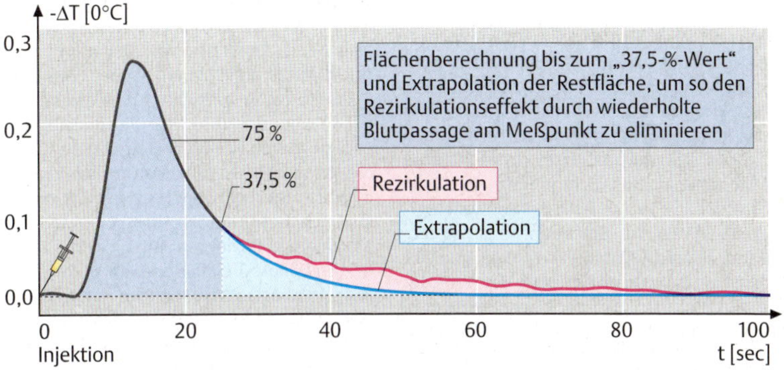

1. Thermodilutionskurve

- Verwenden eines Korrekturfaktors für die spezifische Wärmeleitfähigkeit des Katheters
- Injektatmenge: 10 ml bei Erwachsenen (möglichst eisgekühlt)
- „on-line“-Messung der Injektattemperatur
- vor der ersten Messung einer Serie Auffüllen des Katheterschenkels mit eisgekühlter Injektatlösung

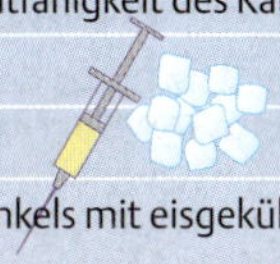

- zügige Injektion (<4 sec) des Kältebolus (zur Vermeidung einer Injektaterwärmung im Katheter):
  - Methode A: 3 Messungen jeweils endinspiratorisch (zur systematischen Berücksichtigung des Einflusses der Beatmung auf das HZV) und Errechnung des Mittelwertes → am besten geeignet zur Ermittlung des „HZV-Trends“
  - Methode B: 3 – 4 Messungen mit zufälliger Verteilung bezüglich des Atemzyklus → am besten geeignet zur Ermittlung des „absoluten HZV“

- Vermeidung von „spontanen“ Temperaturschwankungen in der A. pulmonalis, z.B. durch schnell einlaufende („kalte“) Infusionen während des Meßvorganges (hierdurch zumeist Unterschätzen des HZV)

2. Verbesserung der Meßgenauigkeit

	HZV/MAP	ZVD	PCWP	PAP_{diast} vs. PCWP*
Hypovolämie	↓	↓	↓	=
Linksherzinsuffizienz	↓	±0/↑	↑	=
Rechtsherzinsuffizienz	↓	↑	±0/↓	=
Lungenembolie	↓	↑	↑/±0/↓	>1
Pulmonale Hypertension	(↓)	↑	±0/(↑)	>1
Perikardtamponade	↓	↑	↑	=

*: Verhältnis vom diastolischen pulmonalarteriellen Druck zum „wedge“-Druck

3. Differentialdiagnose des „low-output“-Syndroms

J. Herzzeitvolumen

A. Überblick

Die direkte, routinemäßige Überwachung des Gehirns als dem Zielorgan für Allgemeinanästhetika gestaltet sich im Vergleich zu der Funktionserfassung der übrigen Organe eindeutig am schwierigsten. Eine klinische Beurteilung ist mit Ausnahme der Inspektion der Pupillen und deren Reaktion auf Licht unter Narkose und Muskelrelaxation nicht möglich. Nur mittels spezieller elektro- bzw. neurophysiologischer Verfahren ist überhaupt eine *direkte* Funktionsdiagnostikam Gehirn sowie eine Objektivierung bzw. **Quantifizierung der Narkosetiefe** durchführbar. Darüber hinaus existieren lediglich indirekte Methoden, die Aussagen über die zerebrale Oxygenierung, Perfusion oder Stoffwechselleistung zulassen.

B. Zerebrale Homöostase

Neben dem Herz ist das Gehirn das Organ mit dem höchsten O_2-Verbrauch ($CMRO_2$) und der geringsten Hypoxietoleranz. Eine Hypoxie führt hier schnell zur Lactatazidose und dadurch zu einer ausgeprägten kompensatorischen Steigerung der *Hirndurchblutung* (CBF). Ansonsten wird der CBF physiologischerweise in einem Bereich des zerebralen Perfusionsdruckes (CPP) von 50–150 mmHg durch regulative Veränderungen der Gefäßweite konstant gehalten („zerebrovaskuläre Autoregulation"). Unter- und oberhalb dieses Bereiches erfolgt die Durchblutung dagegen druckpassiv. Der CPP errechnet sich aus der Differenz des arteriellen Mitteldruckes (MAP) und des intrakraniellen Druckes (ICP). Der ICP beträgt normalerweise zwischen 0 und 15 mmHg, so daß in dieser Situation der MAP die bestimmende Größe für den Perfusionsdruck ist. Dies ändert sich aber gravierend bei pathologischen ICP-Anstiegen (z. B. schweres Schädel-Hirn-Trauma). Als *kritische* Grenzwerte des CPP, unterhalb derer sich eine zerebrale Ischämie entwickelt, gelten:

- ca. 40 mmHg bei Gesunden,
- 60–70 mmHg bei pathologischer intrakranieller Hämodynamik (z. B. ICP-Steigerung, zerebro-vaskuläre Insuffizienz).

Durch die zerebrovaskuläre *Autoregulation* soll verhindert werden, daß ein Abfall des systemischen Blutdruckes eine zerebrale Ischämie oder ein Anstieg eine ICP-Erhöhung nach sich zieht. Diese Autoregulation ist allerdings störanfällig und kann z. B. durch Hypoxie, Hyperkapnie, aber auch durch volatile Inhalationsanästhetika (zerebrale Vasodilatation) beeinträchtigt bis aufgehoben werden. Aus diesen Gründen ist es einsichtig, daß die entscheidende Voraussetzung zur Sicherstellung der perioperativen Energieversorgung des Gehirns die Stabilität bzw. Stabilisierung *indirekter* Faktoren ist. Hierbei handelt es sich um den pulmonalen Gasaustausch, die systemische Hämodynamik sowie den Flüssigkeits-, Elektrolyt- und Säure-Basen-Haushalt. Unter derartigen Homöostasebedingungen kann das Gehirn, wenn es nicht direkten Schädigungsmechanismen ausgesetzt wird, intraoperativ keinen Schaden nehmen.

C. Neurophysiologische Verfahren

Mit Hilfe des **spontanen Elektroenzephalogramms** (EEG), das die Summe aller postsynaptischen, kortikal-exzitatorischen und -inhibitorischen elektrischen Potentiale repräsentiert, können die Effekte von *schlafinduzierenden* Pharmaka direkt am Wirkorgan, dem Gehirn, nichtinvasiv erfaßt werden. Je stärker die Wirkung dieser Pharmaka ist, desto stärker wird auch die hirnelektrische Aktivität unterdrückt. Das primäre EEG-Wellensignal wird über Klebeelektroden abgeleitet und besteht aus den Parametern *Amplitude* und *Frequenz*. Das Frequenz-/Wellenspektrum verlagert sich von den unter Wachheit dominierenden β-Wellen über langsamere α-Wellen unter Sedierung zu noch langsameren ϑ- und δ-Wellen bei mäßiger Narkosetiefe („depressed" EEG), bis schließlich unter tiefer Narkose ein sog. „burst-suppression"-Muster eintritt (isoelektrische, von einigen „spikes" unterbrochene Linie). Die maximale Suppression ist an einem vollständigen Sistieren der elektrischen Hirnsignale, d. h. an einem isoelektrischen EEG erkennbar. Unter einem isoelektrischen oder „burst-suppression"-EEG ist der Funktionsstoffwechsel des Gehirns aufgehoben, und es verbleibt nur der für die neuronale Integrität essentielle Strukturstoffwechsel. An diesem Punkt ist auch die maximal mögliche Reduktion des zerebralen O_2-Verbrauchs erreicht. Da die Organdurchblutung physiologisch durch die Stoffwechselaktivität gesteuert wird, sinkt die zerebrale Perfusion proportional zur Abnahme des O_2-Verbrauchs. Nur die *klassischen* Narkotika und

Zentrales Nervensystem I

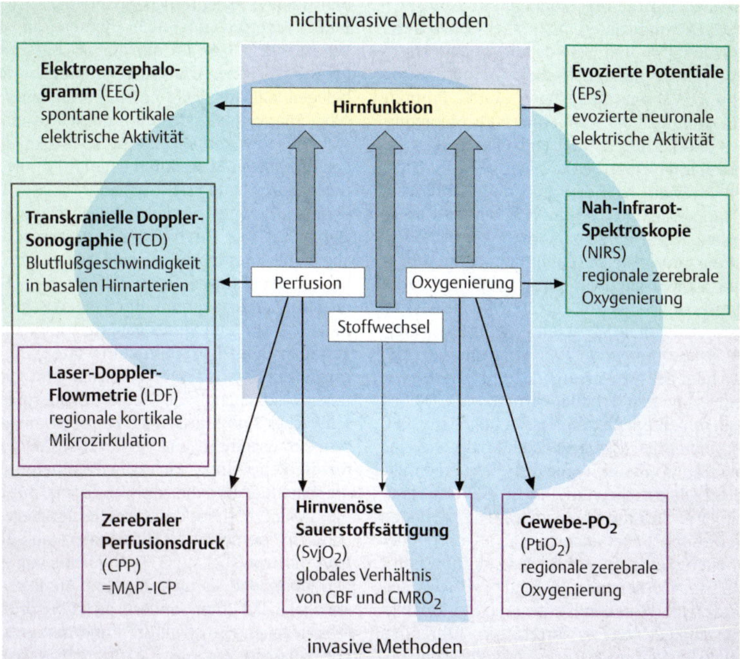

A. Überblick: Apparatives zerebrales Monitoring

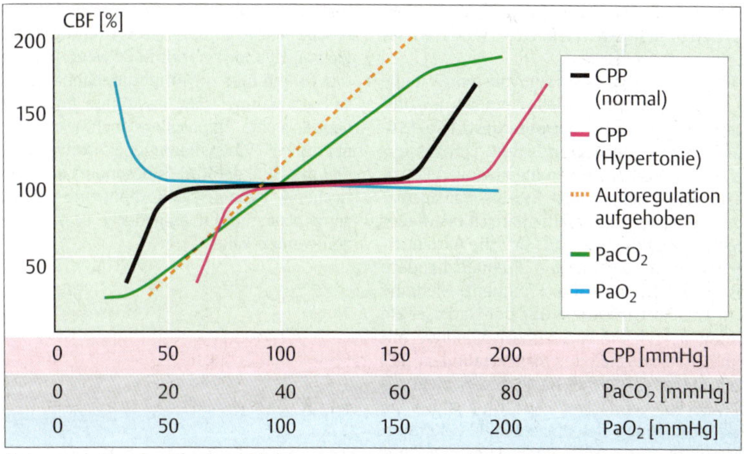

Autoregulation der Hirndurchblutung

B. Zerebrale Homöostase

Hypnotika (Barbiturate, Propofol, Etomidat, volatile Anästhetika) können ein isoelektrisches EEG induzieren, nicht aber Benzodiazepine, Ketamin und Opioide, die zu andersartigen, teils charakteristischen Veränderungen führen. Während unter Barbituraten, Propofol und Etomidat die Koppelung von Metabolismus und Perfusion erhalten bleibt, ist dies unter volatilen Anästhetika nicht der Fall. Diese können zwar auch eine maximale Stoffwechselsuppression herbeiführen, bewirken aber an diesem Punkt eine „paradoxe", deutliche Zunahme der Hirndurchblutung („Entkoppelung"). Die artefizielle Induktion eines „burst-suppression"-EEG mit entsprechend wirksamen i. v.-Hypnotika ist ein wichtiges Prinzip der „Neuroprotektion" vor Eingriffen am Gehirn oder der hirnversorgenden Arterien sowie beim schweren Schädel-Hirn-Trauma. Neben Medikamenteneffekten lassen sich im EEG auch potentiell *schädigende* Einflüsse wie eine Hypoxämie oder Ischämie frühzeitig erkennen, da die elektrische Aktivität an die Intaktheit zellulärer Strukturen (Membranen) gebunden ist. Dies führt aber auch zu einem Großteil der Schwierigkeiten in der Analyse, da den unter Narkose zu erhebenden Befunden z. T. die Spezifität fehlt. Daneben ist noch die Störanfälligkeit infolge von zu Artefakten führenden Fremdsignalen zu berücksichtigen. Nichtsdestotrotz ist die Einschätzung der Narkosetiefe zur Ermittlung des (individuellen) Narkosemittelbedarfs anhand des EEG allemal besser als durch indirekte Parameter wie Herzfrequenz und Blutdruck.

Für die Praxis ist es am sinnvollsten, Systeme zu verwenden, die möglichst einfach im Umgang sind und eine **computergestützte EEG-Auswertung** durchführen lassen („prozessiertes EEG"). Hierbei werden die analogen Rohsignale mittels der sog. Fast-Fourier-Transformation digitalisiert und mathematisch bearbeitet („Spektralanalyse"). So läßt sich die Aktivitätsverteilung in bestimmten Frequenzbändern besser beurteilen (z. B. Eckfrequenz, Median). Dem Ziel der Quantifizierung der Narkosetiefe kommt derzeit die sog. *Bispektralanalyse* mit dem hieraus abgeleiteten Bispektralindex (BIS) am nächsten. Die Bispektralanalyse bezieht zusätzlich zur „einfachen" Spektralanalyse die Phasenbeziehung der einzelnen EEG-Komponenten (positiv/negativ, Nulldurchgänge) mit in die Auswertung ein. Der hieraus errechnete BIS ist ein numerischer, dimensionsloser Index zwischen 0 und 100. Werte über 80 sind für den wachen Patienten charakteristisch, Werte unter 40 zeigen eine tiefe Hypnose an, und Werte unter 20 gehen mit einem „burst-suppression"-EEG einher. Neuere Studien konnten belegen, daß mit Hilfe des BIS zwar hypnotische Pharmakaeffekte am Kortex gut überwacht werden können, die Blockade nozizeptiver Afferenzen (z. B. durch Opioide) hingegen nur unzureichend erfaßt wird.

Neben dem spontanen kann auch ein **evoziertes EEG** zur Beurteilung der Narkosetiefe abgeleitet werden. Am häufigsten werden hierzu *akustisch-evozierte* Potentiale (AEPs) eingesetzt. AEPs werden durch elektrische Stimulation des Innenohres generiert und gelangen über den Hirnstamm zum Kortex. Da die evozierten Potentiale im Vergleich zum spontanen EEG-Signal ca. eine Zehnerpotenz schwächer sind, müssen sie zunächst aus diesem herausgefiltert und verstärkt werden. Die für die Beurteilung wichtigen Parameter sind die *Amplitude* und die zeitliche *Latenz*, mit der die Signale entlang der stimulierten Nervenbahn in bestimmten Hirnarealen ableitbar bzw. nachweisbar sind. Der Vorteil von EPs liegt darin, daß sie nicht nur eine Aussage zur kortikalen Funktion, sondern auch über die tiefer gelegenen Hirnstrukturen und Nervenbahnen zulassen. Zur Abschätzung der Narkosetiefe sind vor allem die akustisch-evozierten Potentiale *mittlerer Latenz* (MAEPs) von Interesse, die die kortikale Primärantwort auf akustische Reize repräsentieren und dosisabhängig von Hypnotika beeinflußt werden. Hypnotika führen hier zur Amplitudenabnahme und Latenzzunahme. Überdies konnte gezeigt werden, daß eine Amplitudenzunahme mit intraoperativen Wachphänomenen korreliert, so daß mit Hilfe der MAEPs besonders eine unzureichende hypnotische Komponente unter Allgemeinanästhesien aufgedeckt bzw. vermieden werden kann.

Zentrales Nervensystem II

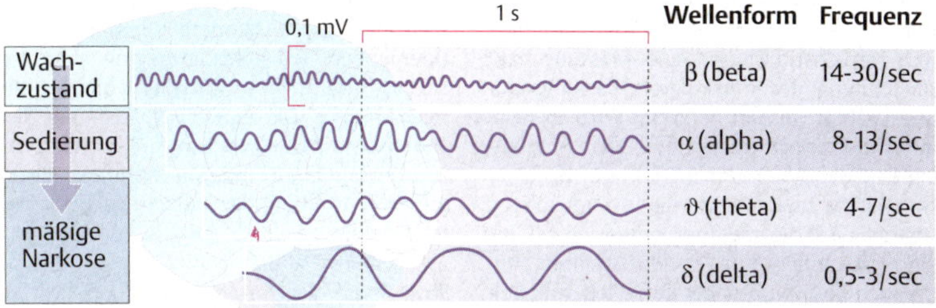

1. Frequenzspektrum des EEG

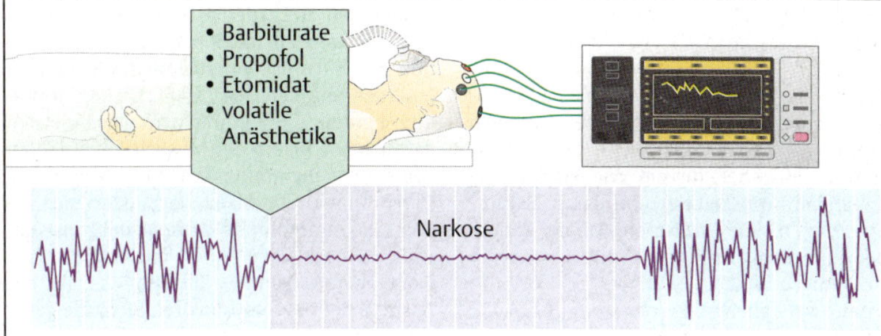

2. „burst-suppression"-EEG bei tiefer Narkose

- zerebrale Ischämie
- Hypoxämie
- Hypokapnie
- Hypo-/Hyperthermie

3. Faktoren, die das EEG-Signal beeinflussen

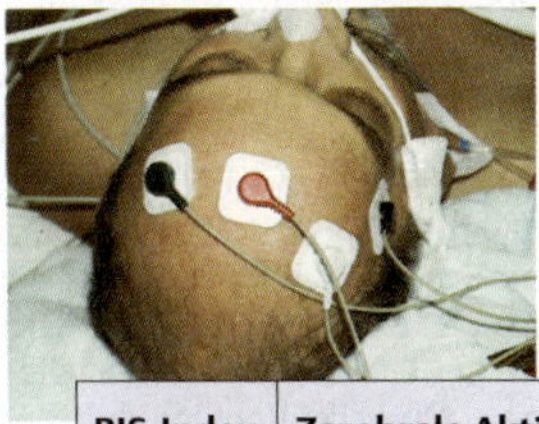

BIS-Index	Zerebrale Aktivität
> 80	Wachheit
= 40	tiefe Hypnose
< 20	„burst-suppression"-EEG

4. BIS-Index und zerebrale Aktivität

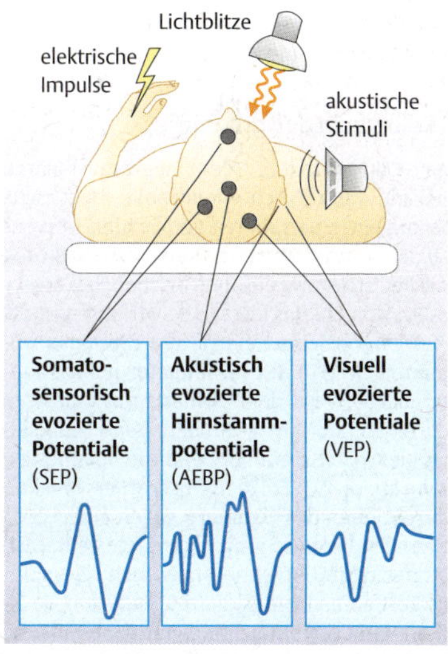

5. Evozierte Potentiale

C. Neurophysiologische Verfahren

Der Relaxierungsgrad der quergestreiften Muskulatur kann sowohl *qualitativ* anhand klinischer Zeichen als auch *objektiv-quantitativ* durch Nervenstimulation und Messung bzw. Aufzeichnung der muskulären Zuckungsantworten erfaßt werden. Letzteres wird als Relaxometrie/-graphie bezeichnet. Der Abschätzung der Muskelrelaxierung kommt nicht nur intraoperativ zur Erleichterung des operativen Vorgehens und Vermeidung potentiell gefährlicher Spontanbewegungen des Patienten, sondern auch postoperativ bei der Wiederherstellung einer suffizienten Spontanatmung entscheidende Bedeutung zu.

A. Klinische Beurteilung

Klinisch läßt sich der Relaxierungsgrad vor allem intraoperativ am narkotisierten Patienten nur sehr ungenau einschätzen *(A)*. Postoperativ gelten als Kriterien für die Wiedererlangung der (groben) Muskelkraft und damit als Voraussetzung für die *Extubation*, daß der Patient über mindestens 5 sec

- die Augen öffnen,
- den Kopf anheben,
- die Zunge herausstrecken,
- die Hand drücken und
- den gestreckten Arm anheben

kann sowie über ein ausreichendes Atemzugvolumen (> 500 ml) verfügt.

B. Relaxometrie/-graphie

Eine *Objektivierung* der neuromuskulären Blockade kann durch wiederholte elektrische Reizung eines peripheren gemischten Nervens (z. B. N. ulnaris, N. tibialis) und Beobachtung bzw. Registrierung des motorischen Reizergebnisses erfolgen. Das klassische Verfahren ist die Aufzeichnung eines evozierten *Mechanomyogramms* (eMMG) des M. adductor pollicis longus. Hierbei wird der N. ulnaris mit bipolaren Elektroden zwischen Ellbogen und Handgelenk elektrisch stimuliert und die Spannungsentwicklung als Folge *isometrischer* Muskelkontraktionen des Daumens gegen einen definierten Widerstand graphisch dargestellt. Mittels der eMMG-Technik läßt sich die Endstrecke der neuromuskulären Funktion beurteilen. Eine vereinfachte Weiterentwicklung des eMMG ist die sog. **Akzeleromyographie** *(B1)*, die heutzutage als klinische Standardmethode gilt. Bei gleicher Elektrodenpositionierung und Stimulationstechnik wird anstelle der Kontraktionskraft die *Kontraktionsbeschleunigung* des Daumens mit Hilfe eines am Daumenendglied befestigten miniaturisierten Sensors erfaßt. Dieses birgt erhebliche praktische Vorteile. Die einfachste, aber nur *semiquantitative* Überwachungsmöglichkeit der neuromuskulären Funktion ist die *visuelle* oder *taktile* Beurteilung der evozierten Muskelkontraktionen.

Physiologie der Nervenstimulation. Mit den o.g. Überwachungsmethoden können sowohl die Ausprägung als auch der Typ der neuromuskulären Blockade bestimmt werden. Zum sicheren Erzielen maximaler Muskelkontraktionen und damit reproduzierbarer Ergebnisse muß der periphere Nerv *supramaximal* stimuliert werden (s. u.). Damit wird gewährleistet, daß sich alle Fasern des Muskels kontrahieren können und die Kraftentwicklung maximal ist. Durch Muskelrelaxanzien vermindert sich die Kontraktionsamplitude *dosisabhängig* bis zum völligen Ausbleiben einer muskulären Antwort. Hieraus können Rückschlüsse auf das Ausmaß der neuromuskulären Blockade gezogen werden. Beachtet werden muß jedoch, daß mindestens 70% der Rezeptoren durch ein Relaxans besetzt sein müssen, ehe nach Einzelreizen eine Minderung der Kontraktionskraft zu messen ist. Bei mehr als 95%iger Rezeptorbesetzung sistiert die Einzelreizantwort. Die Erholung der muskulären Antwort läuft den umgekehrten Weg. Wiederum können bei voll meßbarer muskulärer Antwort noch 70–75% der Rezeptoren besetzt sein!

Stimulationsarten. Die in der Klinik gebräuchlichsten Stimulationsmuster sind die *Einzelreizung* („twitch"), die *Vierfachreizung* („train of four", TOF) und für spezielle Fragestellungen die *tetanische* Stimulation. Zur Erzielung einer supramaximalen Stimulation wird die Reizintensität (mA) ca. 10–20% höher gewählt als für eine maximale Muskelkontraktion notwendig wäre. In der Praxis sind zumeist 40 mA ausreichend. Zu hohe Stromintensitäten sollten unbedingt vermieden werden, da sie zur *direkten* Muskelstimulation führen und somit das Ergebnis verfälschen!

„Train of four". Im Vergleich zur Einzelreizung ist die TOF-Methode deutlich sensibler und ermöglicht auch eine Differenzierung zwischen

Neuromuskuläre Übertragung I

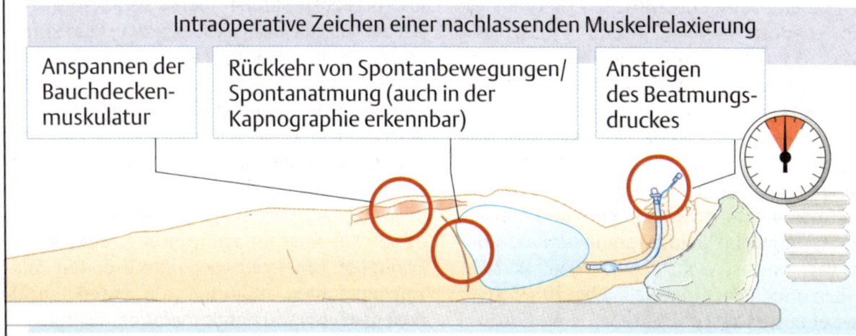

A. Klinische Beurteilung

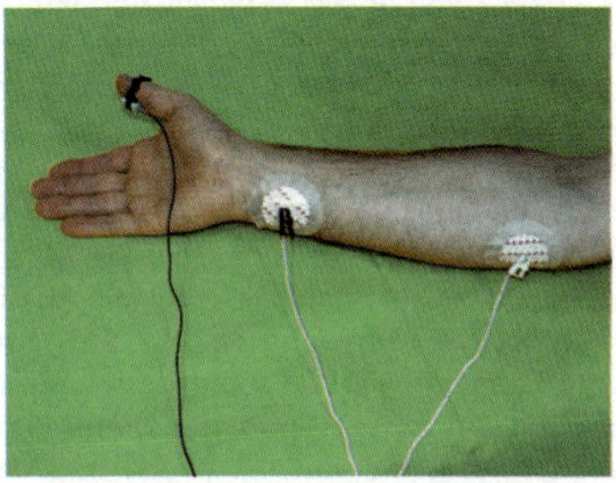

1. Akzeleromyographie

Stromstärke	40 mA
Einzelreize (ER)	Frequenz 0,1 Hz (bei Dauerbetrieb), Reizdauer 0,1-0,2 msec
TOF	Reizfrequenz 2 Hz (max. alle 10 sec)
Tetanus	Frequenz 50 Hz, Reizdauer 5 sec (max. alle 5 min)
Posttetanische ER	Frequenz 1 Hz

3. Grundeinstellungen des Nervenstimulators

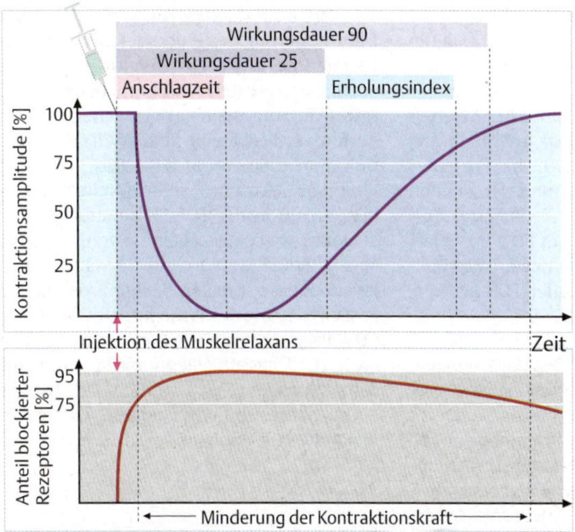

Anschlagszeit („onset time")
Zeit von der i.v.-Applikation eines MR bis zum Erreichen des maximalen Effektes

Wirkungsdauer („duration") 25 u. 90
Zeit bis zur Erholung auf 25 % bzw. 90 % der Kontrollamplitude

Erholungsindex = Erholungszeit („recovery rate")
Zeitdauer von der 25%igen bis zur 75%igen Erholung nach der letzten Erhaltungsdosis oder nach der Initialdosis bei Fehlen von Erhaltungsdosen

2. Veränderung der Einzelreizantworten durch Muskelrelaxanzien

B. Relaxometrie/-graphie

der Wirkung nichtdepolarisierender und depolarisierender Muskelrelaxanzien. Hierbei werden *vier* supramaximale Stimuli in kurzer Abfolge (0,5 sec = Frequenz von 2 Hz) appliziert. Das Verhältnis der vierten zur ersten Zuckungsamplitude (TOF-Ratio, T_4-Quotient) und das nacheinander eintretende Verschwinden von der vierten bis zur ersten Reizantwort (T_4-Zahl) gelten als Maß für die neuromuskuläre Blockade durch nichtdepolarisierende Relaxanzien. Der Test erfordert keinen präoperativen Kontrollwert und ist nicht schmerzhaft. Bedacht werden muß jedoch, daß selbst bei 70–75%iger Besetzung der Rezeptoren noch eine normale TOF-Ratio vorliegen kann (s. o.). Die *„double burst stimulation"* (DBS) ist eine TOF-Variante, bei der der zweite bzw. vierte Reiz so eng auf den ersten bzw. dritten folgt, daß eine zwischenzeitliche Erschlaffung des Muskels nicht mehr möglich ist. Es kommt also zur Superponierung, wodurch insgesamt zwei verstärkte Reizerfolge registriert werden können.

Kompetitiver Block. Mit zunehmendem Blokkierungsgrad nach Gabe nichtdepolarisierender Relaxanzien verändern sich die gemessenen Reizantworten in charakteristischer Weise. Zuerst vermindert sich unter TOF-Stimulation als Ausdruck einer Ermüdungsreaktion die vierte Antwort, bis sie nicht mehr meßbar wird. Im folgenden werden auch die anderen Amplituden eine nach der anderen abgeschwächt, bis bei vollständiger Blockade schließlich überhaupt keine Antwort mehr nachweisbar ist. Das Verschwinden der vierten Antwort entspricht dabei einer Verminderung der Zuckungsamplitude um 75% bei Einzelreizung. Ein Verlust der dritten und der zweiten TOF-Antwort tritt auf, wenn die Zuckungsamplitude nach Einzelreizung um 80% bzw. 90% reduziert ist. Eine komplette muskuläre Blokkade ist mit einem Verlust aller TOF-Antworten verbunden (T_4-Zahl = 0).

Depolarisationsblock. Nach depolarisierenden Relaxanzien wird kein unterschiedliches Verhalten der vier Muskelantworten gesehen. Es tritt eine gleich ausgeprägte Verminderung *aller* Amplituden ein. Die TOF-Ratio ist also, solange noch Kontraktionen auslösbar sind, idealerweise immer gleich „1".

„Posttetanic count" (PTC). Durch tetanische Stimulation wird eine über die gesamte Reizdauer *andauernde* Muskelkontraktion ausgelöst, deren Amplitude infolge Summation größer ist als die nach Einzelreizen. Eine direkt hieran anschließende *Einzelreizung* läßt bei *sehr tiefen* kompetitiven Blockaden, bei denen unter TOF-Stimulation bereits keine Reizantworten mehr zu verzeichnen sind, anhand der Anzahl dann noch auslösbarer Kontraktionen eine Aussage darüber zu, wann wieder mit einer Reizbeantwortung gerechnet werden kann bzw. wann eine Antagonisierung Aussicht auf Erfolg hat. Unter nichtdepolarisierenden Relaxanzien führen außerdem die ersten Einzelreize nach tetanischer Stimulation zu einer typischerweise verstärkten Muskelantwort, was als *posttetanische Potenzierung* bezeichnet wird. Diese fehlt hingegen bei einem Depolarisationsblock. Die tetanische Stimulation ist schmerzhaft und darf nicht am wachen Patienten durchgeführt werden.

Praktische Anwendung. Die *Indikation* zur Relaxometrie/-graphie besteht bei allen Eingriffen, bei denen eine komplette Relaxierung für die technische Durchführung bzw. Sicherstellung des operativen Ergebnisses essentiell ist, bei Patienten mit gestörter neuromuskulärer Funktion (z. B. Myasthenia gravis) und dem Einsatz von Muskelrelaxanzien, bei eingeschränkter Elimination von Relaxanzien (Leber-, Nierenerkrankungen), zur Diagnostik und Differenzierung des Blockadetyps bei unklarer Relaxierung sowie zur Quantifizierung eines postoperativen Relaxansüberhanges. Für operative Eingriffe, die einer Muskelrelaxation bedürfen, wird i.d.R. eine Reduktion der Kontraktionsamplitude von 95% (→ ED_{95}) angestrebt. Eine „Nachrelaxation" sollte durchgeführt werden, sobald in der TOF-Stimulation die *dritte* Zuckung wieder erscheint. Für die endotracheale Intubation wird zur Gewährleistung in jedem Falle optimaler Bedingungen und zur Beschleunigung des Wirkeintrittes die *doppelte* ED_{95} verwendet. Die Relaxometrie kann hier auch zur Erfassung des idealen Intubationszeitpunktes eingesetzt werden. Der geeignete Extubationszeitpunkt dagegen ist erreicht, wenn die TOF-Ratio größer als 0,7 ist.

Neuromuskuläre Übertragung II

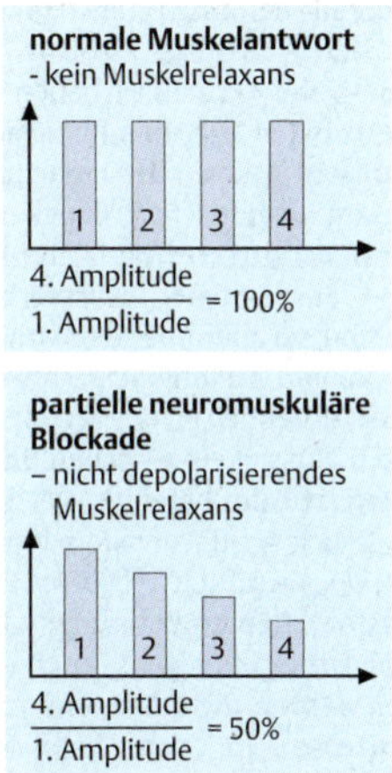

4. Ergebnisse der TOF-Stimulation

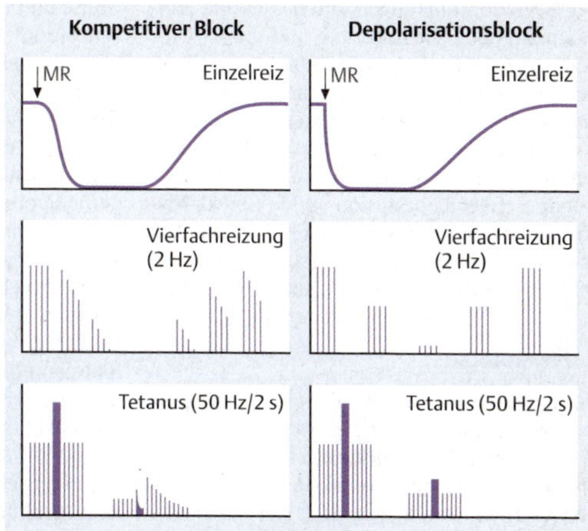

5. Neuromuskuläre Blockadetypen (Kontraktionscharakteristika)

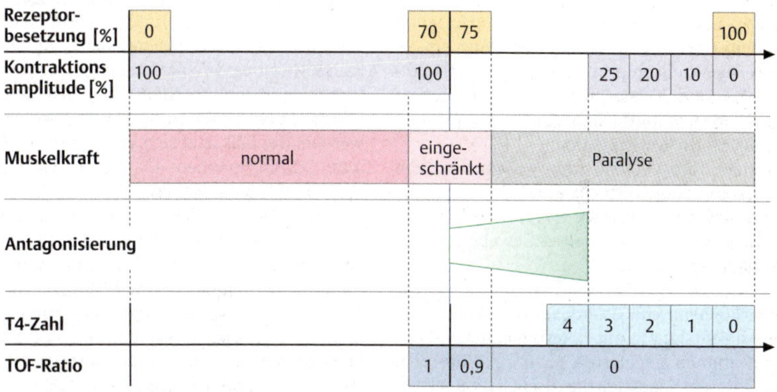

6. Hemmung der neuromuskulären Überleitung durch nicht depolarisierende Muskelrelaxanzien in Abhängigkeit vom Grad der Rezeptorbesetzung

Muskuläre Reizantwort	Relaxometrie	Klinische Bedeutung
> 90%	TOF-Ratio > 0,9	„Seufzeratmung", kräftiger Hustenstoß
> 70%	TOF-Ratio > 0,7	suffiziente Spontanatmung → Extubation
< 25%	T4-Zahl ≤ 3	Relaxation der Bauchmuskulatur → Oberbaucheingriffe
≤ 5%	T4-Zahl = 0	Relaxation der Larynxmuskulatur → endotracheale Intub.

7. Neuromuskulärer Blockadegrad und klinische Bedeutung

B. Relaxometrie/-graphie

Da operativer Eingriff und Anästhesie sowie einige Begleiterkrankungen und bestimmte Medikamente das Flüssigkeits- und Elektrolytgleichgewicht verändern und damit vor allem die Herz-Kreislauf-Funktion beeinträchtigen können, kommt einer adäquaten perioperativen Substitutionstherapie eine wichtige Bedeutung zu. Sie trägt entscheidend zur ausreichenden Gewebeperfusion und Gewährleistung des kapillären Stoffaustausches bei und ist somit eine wesentliche Voraussetzung zur sicheren Durchführung einer Anästhesie.

A. Physiologie

Die Aufrechterhaltung des Volumenstatus und der Elektrolytzusammensetzung der Körperflüssigkeiten *(Homöostase)* erfolgt durch verschiedene ineinandergreifende Regulationsmechanismen, an denen in erster Linie die Niere, Nebenniere, Hypophyse und Lunge beteiligt sind *(A1)*. Zur Konstanthaltung des Volumens und der Osmolarität der extrazellulären Flüssigkeit nehmen das *antidiuretische Hormon* (ADH) und das *Renin-Angiotensin-Aldosteron-System* (RAAS) eine zentrale Stellung ein. In den Regelkreis eingebunden sind als Meßfühler Volumen-, Osmo-, Baro- und Chemorezeptoren. Als wichtigste *Stimuli* für eine ADH- und Aldosteronsekretion gelten:

- eine Hypovolämie durch Dehydratation oder akuten Blutverlust und ein
- funktioneller Verlust extrazellulärer Flüssigkeit in traumatisiertes Gewebe („Transsudation").

Physikochemische Grundbegriffe. Wenn zwei Flüssigkeitsräume mit unterschiedlichen Konzentrationen an gelösten, nicht frei diffusiblen Teilchen voneinander durch eine semipermeable Membran getrennt sind, diffundiert das Lösungsmittel (im Organismus Wasser) so lange von dem Raum der niedrigeren Konzentration in den der höheren, bis ein Konzentrationsgleichgewicht der Teilchen im Lösungsmittel erreicht ist. Dieser Vorgang wird als *Osmose* bezeichnet. Der sich hieraus ableitende *osmotische Druck* wird von der Anzahl der gelösten, osmotisch aktiven Teilchen (Ionen und undissoziierte Moleküle) bestimmt. Er kann als *Osmolalität* gemessen werden (Osmometrie) und bezeichnet dann die molare Teilchenkonzentration pro kg Lösungsmittel (Einheit: mosmol/kg H_2O [Milliosmol]; Norm: ca. 300 mosmol/kg). Die *Osmolarität* ist eine rechnerische Größe und beschreibt die molare Teilchenkonzentration pro Liter Lösung (Norm: ca. 280 mosmol/l). Eiweiße (Proteine) haben im Gegensatz zu Elektrolyten aufgrund ihrer niedrigen molaren Konzentrationen nur einen sehr geringen Anteil am osmotischen Druck des Plasmas. Infolge ihrer großen Oberfläche mit dementsprechend ausgeprägtem Wasserbindungsvermögen sind sie aber über den von ihnen erzeugten *kolloid-osmotischen (onkotischen)* Druck (KOD) erheblich an der Verteilung der extrazellulären Flüssigkeit zwischen Intravasalraum und Interstitium beteiligt. Der kolloid-osmotische Druck wird vor allem durch *Albumin* (70–80%) vermittelt (Norm: 24–28 mmHg im Plasma). Dem onkotischen wirkt der *hydrostatische* Druck entgegen. Durch dieses Wechselspiel werden die Filtrations- und Reabsorptionsprozesse in der kapillären Strombahn bestimmt.

Größe der Flüssigkeitsräume. Im Organismus ist der Anteil des Gesamtwassers, bezogen auf das Körpergewicht (KG), und die Verteilung auf voneinander durch Membranen getrennte Räume (Kompartimente) altersabhängig *(A3)*. Hierbei muß der *Intrazellulärraum* (IZR) gegenüber dem *Extrazellulärraum* (EZR) abgegrenzt werden. Der EZR setzt sich aus dem *Intravasalraum* (Plasmavolumen: 4%; Erythrozytenvolumen (IZR!): 3,5% bei Erwachsenen, 4,5% bei Neugeborenen, so daß ein Blutvolumen von 7,5 bzw. 8,5% resultiert), dem *Interstitium* und dem *Transzellulärraum* (Flüssigkeitsanteil in Hohlorganen: unter Normalbedingungen ca. 1.000 ml) zusammen. Die einzelnen Kompartimente stehen über das Blutplasma und seine Bestandteile im ständigen Flüssigkeitsaustausch („dynamisches Gleichgewicht").

Verteilung der Elektrolyte. Elektrolyte sind wesentliche Bestandteile der Körperflüssigkeiten, die als Salze, Säuren oder Basen in wäßriger Lösung in *Kationen* (z. B. Natrium, Kalium, Calcium, Magnesium) und *Anionen* (z. B. Chlorid, Hydrogencarbonat, Sulfat, Phosphat, Proteine) dissoziieren (Maßeinheit für Elektrolytlösungen: mmol/l oder mval/l [Milliäquivalent]). Die unterschiedliche Ionenzusammensetzung in den Flüssigkeitsräumen *(A4)* wird durch aktive, energieverbrauchende Transportmechanismen (Adenosin-Triphosphatase-System) und den sog. Gibbs-Donnan-Effekt (unter-

Flüssigkeits- und Elektrolythaushalt I

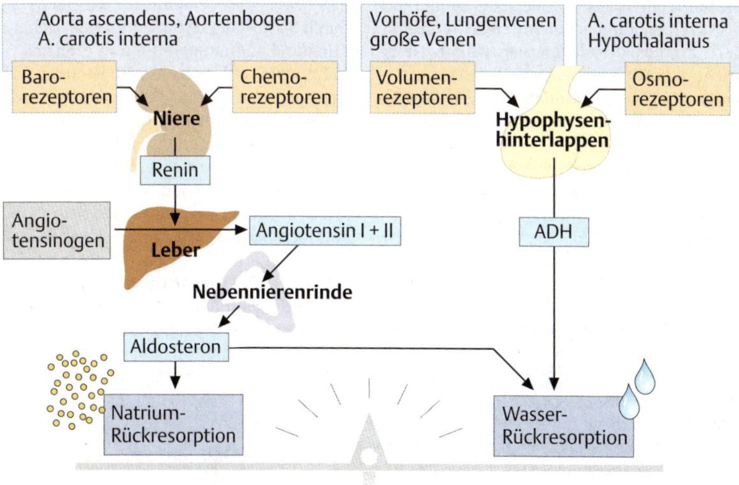

1. Regulation der Flüssigkeitshomöostase

Osmolarität [mosmol/l]
= (Natrium i. Serum [mmol/l]+5) x 2*

*: Der Faktor „2" bedeutet, daß Na^+ von derselben Anzahl osmotisch aktiver Anionen (Cl^-, HCO_3^- etc.) begleitet ist.

2. Faustformel zur Berechnung der Plasma- bzw. Serumosmolarität

Zahlenangaben in % des Körpergewichts

Erwachsene	
Gesamtwasseranteil	50 – 60
Intrazelluärraum	35 – 40
Extrazellulärraum	20
– Interstitium	15
– Plasma	4

Neugeborene	
Gesamtwasseranteil	70 – 80
Intrazelluärraum	35 – 40
Extrazellulärraum	35 – 40
– Interstitium	35
– Plasma	4

3. Größe der Flüssigkeitsräume

Kationen	**Extrazellulärraum** (EZR) **Plasma**	**Interstitielle Flüssigkeit** (ISF)	**Intrazellulärraum** (IZR)
Natrium	142	144	10
Kalium	4	4	150
Calcium	5	3	0
Magnesium	3	2	40
Gesamt [mval/l]	154	153	200
Anionen			
Chlorid	103	114	
Hydrogencarbonat	27	30	10
Sulfat + Phosphat	3	3	150
org. Säuren	5	5	0
Proteine	16	1	40
Gesamt [mval/l]	154	153	200

4. Ionenzusammensetzung der Kompartimente

A. Physiologie

schiedliche Verteilung geladener Makromoleküle) aufrechterhalten, wobei jedoch innerhalb der einzelnen Kompartimente stets die Summe aller Kationen derjenigen aller Anionen entspricht („elektrochemisches Gleichgewicht"). Wasser als Lösungsmittel diffundiert dagegen frei und ungehindert in alle Körperkompartimente, bis ein osmotisches Gleichgewicht erreicht ist. Von besonderer Bedeutung für den Wasserbestand ist das *Natrium* (Plasma-/EZR-Konzentration: 135–150 mmol/l). Natrium ist als Hauptkation des EZR leicht im Plasma bzw. Serum meßbar und in erster Linie für den extra-/intrazellulären osmotischen Gradienten sowie den Volumenbestand im EZR verantwortlich. **Kalium** dagegen ist das Hauptkation des IZR (Konzentration im IZR: ca. 150 mmol/l, im Plasma u. EZR: 3,5–5,5 mmol/l). Die Aufrechterhaltung dieses Konzentrationsgradienten ist die Grundlage für die elektrische Erregbarkeit der Körperzellen. Von praktischer anästhesiologischer Bedeutung ist der relativ geringe extrazelluläre Kaliumbestand. Eine unkritische Verabreichung von Kalium kann aufgrund des sehr kleinen extrazellulären Verteilungsvolumens und einer nur langsamen Umverteilung vom EZR in den IZR zu kurzfristigen, abrupten Anstiegen der Plasmakonzentration (→ 5,5 mmol/l) mit schwerwiegenden kardialen Komplikationen führen, so daß eine maximale Zufuhrrate von 20–40 mmol/l pro Stunde nicht überschritten werden sollte.

Wasserbilanz. Bei ausgeglichenem Flüssigkeitshaushalt entspricht die zugeführte Wassermenge den in demselben Zeitraum erlittenen Verlusten. Der tägliche *Wasserumsatz* beträgt beim Erwachsenen ca. 3,5 % vom KG, was bei 70 kg etwa 2.400 ml in 24 Stunden entspricht. Bei Kindern ist der Umsatz, umgekehrt proportional zum Alter, höher. Neugeborene erreichen so Werte bis über 10 % (100–120 ml/kg KG und 24 h). Für die Berechnung einer Bilanz muß die Flüssigkeitsaufnahme den Flüssigkeitsverlusten gegenübergestellt werden *(A5)*. Hier gehen zunächst die klinisch meßbaren renalen Verluste ein. Der Erwachsene scheidet bei normaler Nierenfunktion pro Tag 1.000–1.500 ml Wasser als Urin aus („Elektrolytverluste" *in Tab. A6*). Zusätzlich müssen noch die „unbemerkbaren" extrarenalen und extraglandulären Wasserverluste durch die sog. *Perspiratio insensibilis* (ohne Beteiligung der Schweißdrüsen!) berücksichtigt werden, die erheblichen Schwankungen unterliegen können *(A7)*. Die Perspiratio insensibilis kann durch Mehr- oder Hyperventilation, Fieber und erhöhte Raumtemperatur von „normal" 10–15 ml/kg KG auf Werte bis zu 40 ml/kg KG und Tag ansteigen (1.000–3.000 ml/24 h). Auf der anderen Seite fällt aus dem Intermediärstoffwechsel sog. *Oxydationswasser* an (15 ml pro 100 kcal Energieumsatz). Hieraus ergibt sich für einen Erwachsenen unter Ruhestoffwechselbedingungen (≈ 2.000 kcal/d) ein Gesamtvolumen von ca. 300 ml. Bei kataboler Stoffwechsellage hingegen entstehen beim Abbau von 1 kg Körpermasse ca. 1.000 ml natriumarmes und kaliumreiches Oxydationswasser. Zur Ermittlung des Flüssigkeitsbedarfs ist also die alleinige Orientierung am Urinvolumen und anderen klinisch *meßbaren* Verlusten nicht ausreichend.

B. Pathophysiologie

In der operativen Situation bieten sich besondere Verhältnisse. Neben dem infolge präoperativer Karenz bereits vorbestehenden Flüssigkeitsdefizit entstehen zusätzlich Flüssigkeits- und Elektrolytverluste, und zwar vor allem durch Sequestration in das Operationsgebiet und Verdunstung (Evaporation) über den Wundflächen (in Abhängigkeit von der Größe des Eingriffes ca. 200–500 ml/h). Dadurch und streßbedingt kommt es zur endokrinen Umstellung des Organismus mit Auswirkungen auf die Flüssigkeitsregulation. Durch vermehrte ADH- und Aldosteronsekretion besteht die Tendenz zur Wasser- und Natriumretention. Da aber relativ mehr Wasser als Natrium retiniert wird, entsteht eine sog. *osmotische Hypotonie* im Plasma, was zur intrazellulären Wasseraufnahme führt und zum Entstehen von „Wundödemen" beiträgt. Entscheidend für die Ödematisierung des Wundgebietes ist jedoch die erwähnte *Sequestrierung* extrazellulärer Flüssigkeit in das operativ traumatisierte Gewebe, den sog. dritten Raum („interstitielles Ödem"). Durch die im Rahmen der osmotischen Hypotonie auftretenden *Hyponatriämie* wird die Nierendurchblutung regulativ weiter gedrosselt („tubulo-glomerulärer Rückkopplungsmechanismus"). Bei ausgeprägter Hyponatriämie besteht daher die Gefahr eines akuten Nierenversagens. Bei intakter Nierenfunktion ist dagegen perioperativ mit erhöhten *Kaliumverlusten* zu rechnen, und zwar einerseits

Flüssigkeits- und Elektrolythaushalt II

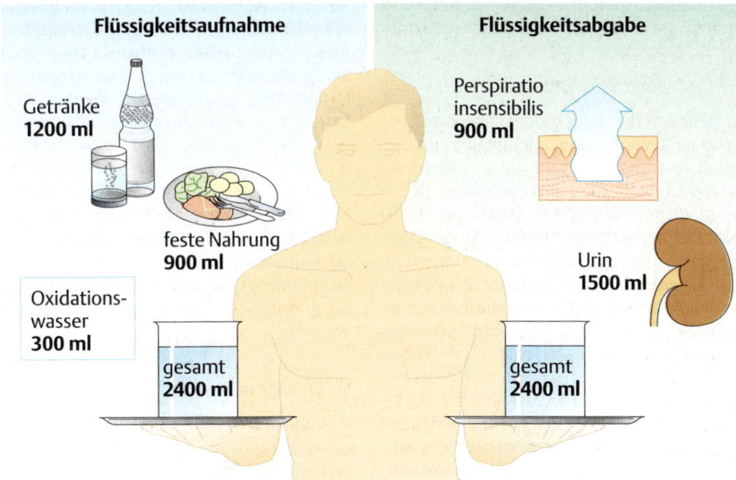

5. Wasserbilanz eines gesunden Erwachsenen (Durchschnittswerte für 70 kg Körpergewicht)

Wasser	1000 – 1500 ml
Natrium	60 – 180 mmol
Kalium	60 – 90 mmol
Chlorid	150 mmol

6. Tägliche renale Verluste beim gesunden Erwachsenen (70 kg Körpergewicht)

Gesamt	700 – 1000 ml/70 kg/24 h
Haut	50 – 60 %
Lungen	30 – 40 %
Fäzes	10%

7. Flüssigkeitsverluste durch Perspiratio insensibilis

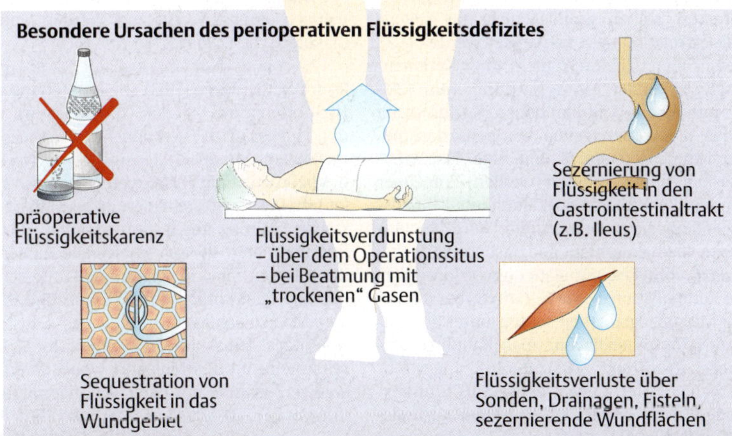

B. Pathophysiologie

durch die vermehrte Kaliumfreisetzung aus dem traumatisierten Gewebe, andererseits durch den sekundären Hyperaldosteronismus.

C. Prophylaxe und Therapie

Die perioperative Infusionstherapie dient der Erhaltung bzw. Wiederherstellung des physiologischen Gleichgewichtes des Flüssigkeits- und Elektrolythaushaltes. Dazu müssen neben den meßbaren (Urin, Blut, Plasma) auch die nicht meßbaren (Sequestration, Evaporation, Perspiratio insensibilis) Verluste ersetzt und ein präoperatives Defizit ausgeglichen werden. Aus den genannten Faktoren resultieren empirische Schätzwerte für den intraoperativen *Flüssigkeitsbedarf*, der, abhängig von der Größe des Eingriffes bzw. vom Grad der Gewebetraumatisierung, dem Basisbedarf (sensible und insensible Verluste ohne Operation) und den zusätzlich operationsbedingt zu erwartenden Flüssigkeitsverlusten entspricht *(C1)*. *Sonderregelungen* gelten für Patienten mit manifester Herzinsuffizienz (→ Flüssigkeitsrestriktion) oder terminaler Niereninsuffizienz (→ verminderter Basisbedarf, kaliumfreie Infusionen), auf die hier nicht näher eingegangen werden kann. Zur Infusionstherapie stehen *kristalloide* Lösungen (hauptsächlich Elektrolyte unterschiedlicher Zusammensetzung) und *kolloidale* Lösungen (natürliche oder künstliche Kolloide) zur Verfügung.

Kristalloide. Zur perioperativen Flüssigkeitskorrektur sollten grundsätzlich nur *isotone Vollelektrolytlösungen* verwendet werden *(C2)*. Sie zeichnen sich durch einen hohen Kationenanteil, in erster Linie Natrium, von 120–160 mmol/l aus. Mit dem hohen Natriumanteil sollen die körpereigenen Kompensationsmechanismen unterstützt und eine Plasmahypoosmolarität verhindert werden. Eine über den bereits enthaltenen Kaliumanteil hinausgehende gezielte *Kaliumzufuhr* wird bei umfangreichen Eingriffen und insbesondere bei kardial vorbelasteten Patienten erforderlich, um Komplikationen wie Herzrhythmusstörungen vorzubeugen. Hier sollten unter fortlaufenden Kontrollen hochnormale Kaliumserumspiegel (> 4,5 und < 5,0 mmol/l) angestrebt werden (Berechnung der „Substitutionsmenge" nach *Formel C3*). Für *isotone Kochsalzlösung* (NaCl 0,9 %) bestehen nur wenige Indikationsbereiche, da die Gefahr der Natrium- und vor allem der Chloridüberladung mit konsekutiver hyperchlorämischer Azidose besteht *(C4)*. *Lactathaltige* Infusionen dürfen prinzipiell nicht bei Leberinsuffizienz (primär, aber auch sekundär z. B. bei Schock, ausgeprägter Hypothermie etc.) eingesetzt werden, da hier Lactat nicht mehr ausreichend metabolisiert wird und die Gefahr einer Lactatazidose besteht. *Glucose* ist in 5 %iger Zubereitung *gering plasmahypoton* und führt, da sie schnell von den Zellen aufgenommen und metabolisiert wird, überdies zur Zufuhr von „freiem" Wasser. Sie sollte deshalb nur bei hypertoner Dehydration oder Hypoglykämie, hier am besten in höherprozentigen Zubereitungen, angewendet werden.

D. Einsatz kolloidaler Lösungen

Kolloide sind *onkotisch* wirksam und dienen in erster Linie dem zügigen Volumenersatz bei akuten Verlusten von Plasma oder Blut, um die Herz-Kreislauf-Funktion aufrechtzuerhalten bzw. zu stabilisieren und einer Minderperfusion lebenswichtiger Organe vorzubeugen *(D2)*. Lösungen, die dabei mit ihrer Wasserbindungskapazität über der des Plasmas liegen (1 g Humanalbumin bindet 13–17 ml H_2O), sind hyperonkotisch und werden als *Plasmaexpander* bezeichnet, da sie Wasser aus dem Interstitium in den Intravasalraum „ziehen". Aus Verfügbarkeits- und Kostengründen sollen künstliche Kolloide wie vor allem die *Hydroxyethylstärke* gegenüber natürlichen, albuminhaltigen Lösungen bevorzugt werden („pharmakologische Eckdaten" in *Tab. D3*).

Hydroxyethylstärke (HES). Die Herstellung von HES erfolgt aus Stärke (Amylopectin) mit α-1,4-glykosidisch verbundenen D-Glucosemolekülen. „Freie" Kohlenstoffatome werden hierbei partiell mit Hydroxyethlylgruppen verknüpft. Die Hydroxyethylierung verhindert die rasche Spaltung durch die endogene α-Amylase und damit die schnelle renale Ausscheidung. Die einzelnen Präparationen unterscheiden sich hinsichtlich der HES-Konzentration, des Molekulargewichtes und des Substitutionsgrades (Anzahl hydroxyethylierter Glucosebausteine im HES-Molekül), wobei deren jeweilige Zunahme mit einer Verlängerung der intravasalen Verweildauer einhergeht. Alle HES-Präparationen bestehen im Gegensatz zu Humanalbuminlösungen aus einem extrem

Flüssigkeits- und Elektrolythaushalt III

Eingriff	**Flüssigkeitsbedarf** [ml/kg KG/h]
oberflächlicher Eingriff	0 – 1
kleiner Eingriff (z.B. Tonsillektomie, Adenotomie)	2
mittlerer Eingriff (z.B. Herniotomie, Appendektomie, Thorakotomie)	4 – 6
großer Eingriff (z.B. Kolonresektion)	8 – 10
Oberbaucheingriff, Ileus, Peritonitis	10 – 15

Hinzu kommen als Basisbedarf: 2ml/kg KG/h beim Erwachsenen

1. Richtwerte zum intraoperativen Flüssigkeitsersatz

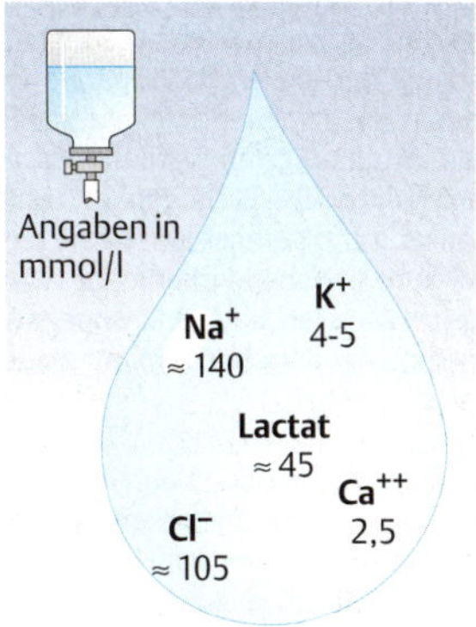

2. Zusammensetzung einer isotonen Vollelektrolytlösung

Kalium-Bedarf [mmol] = 0,2* x (K^+-Sollwert i. Serum - Istwert) x kg Körpergewicht

*: ungefährer Anteil des EZR am Körpergewicht (bei Erwachsenen)

3. Berechnung des extrazellulären Kaliumdefizites

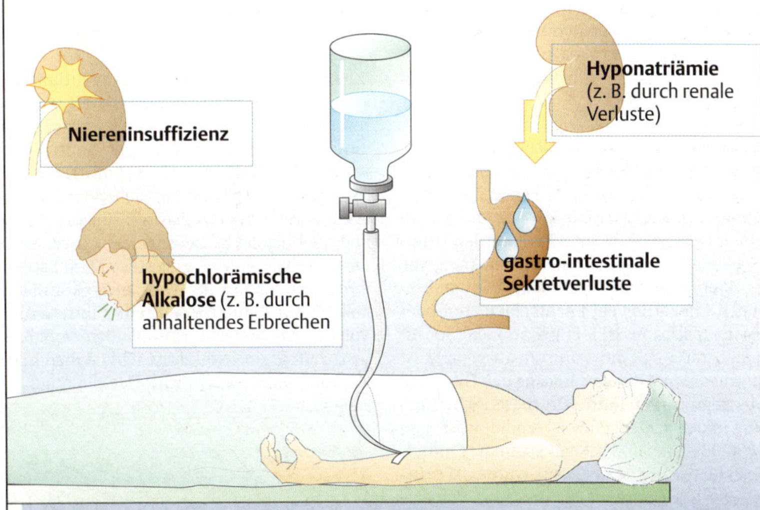

4. Indikationen für isotone Kochsalzlösung (NaCl 0,9%)

C. Prophylaxe und Therapie

heterogenen Gemisch von Molekülen unterschiedlicher Molekülgröße. Man spricht hierbei von „polydispersen" Lösungen. Zur Deklarierung der einzelnen Präparate wird deshalb immer das *mittlere* Molekulargewicht angegeben. Am häufigsten werden *nieder- bis mittelmolekulare* HES-Lösungen in zumeist 6%iger Konzentration eingesetzt, da sie das günstigste Wirkungs-/Nebenwirkungsspektrum bieten. Diese Lösungen sind i.d.R. isoonkotisch und bei entsprechendem Natriumanteil auch isoosmotisch.

Humanalbumin (HA). Wegen hoher Kosten und beschränkter Verfügbarkeit ist die Indikation zum Volumenersatz mit HA 5% erst gegeben, wenn bei HES das Dosislimit erreicht ist (s. u.). Höherprozentige HA-Zubereitungen dienen ausschließlich der Behandlung einer therapiebedürftigen Hypoproteinämie (Plasmaproteingehalt < 5 g/100 ml bzw. HA-Gehalt < 3g/100 ml ohne „capillary-leak"-Syndrom).

Gefrorenes Frischplasma (FFP). FFP enthält alle Plasmakomponenten (Plasmaproteine ebenso wie Gerinnungsfaktoren und -inhibitoren) in weitgehend nativer Form (Einzelheiten s. Kap. 9.6). Aufgrund des Risikos einer Übertragung von Infektionskrankheiten (z. B. Hepatitis, HIV) bedarf es aber einer strengen Indikationsstellung (z. B. Massivtransfusion mit Verdünnungs-/Verbrauchskoagulopathie). Eine alleinige Hypovolämie ist niemals Indikation für die Gabe von FFP!

Nebenwirkungen von HES-Lösungen. Insgesamt sind Nebenwirkungen bei regelrechter Anwendung selten bis sehr selten. Bei Überschreiten gewisser Grenzdosen können *Blutgerinnungsstörungen* ausgelöst werden. Hierbei handelt es sich um einen unabhängig von der Blutverdünnung (Hämodilution) auftretenden Effekt, der bei hochmolekularen oder schwer spaltbaren HES-Präparationen (Substitutionsgrad > 0,5) am stärksten ausgeprägt ist und zu einer *reversiblen* Störung der Thrombozytenaggregation führt. Da diese Nebenwirkung in der Vergangenheit zumindest für niedermolekulares und schnell spaltbares mittelmolekulares HES überschätzt wurde, ist mittlerweile das *Dosislimit* für derartige Präparationen auf 2 g/kg KG und Tag heraufgesetzt worden (entsprechend 33 ml/kg KG/d einer 6%igen Lösung). Alle künstlichen Kolloide führen im Rahmen ihrer renalen Ausscheidung zu *passageren* Zellschwellungen („osmotische Nephrose"), da sie bei einer Molekülgröße von unter 70.000 Dalton glomerulär filtriert und zum geringen Teil tubulär reabsorbiert werden. Die osmotische Nephrose bleibt i.d.R. ohne pathologische Bedeutung. Allerdings sollten *Dehydratationszustände* durch ausreichende (parallele) Zufuhr von kristalloiden Vollelektrolytlösungen vermieden werden. Bei fortgeschrittener bzw. terminaler Niereninsuffizienz sollte die Applikation künstlicher Kolloide unter Kontrolle der Retentionswerte eingeschränkt werden bzw. gänzlich unterbleiben. HES wird z. T. auch längerfristig im *retikulo-endothelialen System* (RES) gespeichert. Beeinträchtigungen, wie z. B. Leberfunktionsstörungen und eine Immunsuppression, sind zumindest bei niedermolekularem und schnell spaltbarem mittelmolekularem HES aufgrund einer bei normaler Nierenfunktion nur geringfügigen und kurzfristigen Einlagerung nicht zu erwarten. Mit der RES-Einlagerung im Bereich der Haut wird jedoch ein verzögert einsetzender hartnäckiger *Pruritus* in Verbindung gebracht, der aber fast ausschließlich nur bei der Hämodilutionstherapie von Hörsturzpatienten auftritt.

E. Primärer Volumenersatz bei ausgeprägter Hypovolämie

Da Kristalloide rasch in das Interstitium abströmen und schnell renal eliminiert werden, resultiert nur ein geringer und kurzdauernder intravasaler Volumeneffekt. Zur Substitution von 1 ml Plasma müssen ca. 3–4 ml kristalloide Lösung infundiert werden, wobei der kolloidosmotische Druck des Plasmas zügig abnimmt und die Neigung zu Gewebeödemen verstärkt wird. Deshalb sind bei ungestörter Kapillarpermeabilität natürliche wie auch künstliche **Kolloide** zur Primärtherapie eines intravasalen Volumendefizits den Kristalloiden vorzuziehen, weil sie eine effektivere hämodynamische Wirkung ohne wesentliche Ödembildung erzielen.

Flüssigkeits- und Elektrolythaushalt IV

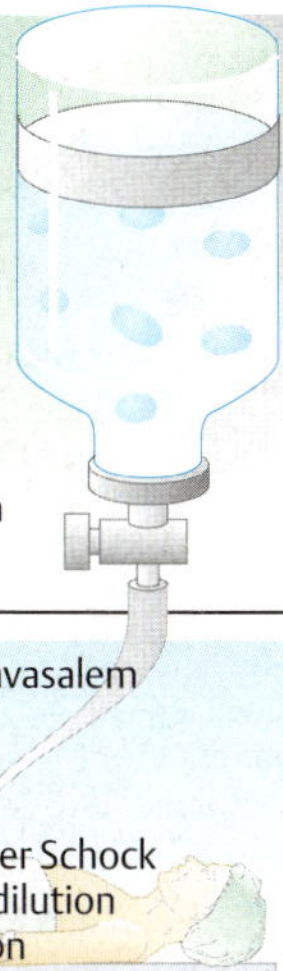

Natürliche Kolloide
(plasmatische Blutbestandteile)

- Humanalbumin (HA)
- pasteurisierte Plasmaproteine (PPP)
- gefrorenes Frischplasma (FFP)

Künstliche Kolloide
(kolloidale Plasmaersatzstoffe)

- Hydroxyethylstärke (HES)
- Gelatinepräparate
- Dextrane

1. Unterteilung kolloidaler Lösungen

D. Einsatz kolloidaler Lösungen

- primärer Volumenersatz bei intravasalem Volumendefizit:
  - Blut- und Plasmaverluste
  - ausgeprägte Exsikkose
  - hypovolämisch-hämorrhagischer Schock
- iso- und hypervolämische Hämodilution
- Verbesserung der Mikrozirkulation

2a. Indikationen

bei bekannter allergischer Reaktion

2b. Absolute Kontraindikation

	Konzentration [g/dl]	Molekulargewicht [10^3 Dalton]	Volumeneffekt [%]	Volumenwirkung [h]
HA	5	66	70	3
HES	3/0,5*	200	60	1-2
	6/0,5*	70	70	2-3
	10/0,5*	200	130	3-4
	6/0,7*	450	100	6-8
Voluven®	6/0,4*	130	100	3-4
HAES-steril® 6%	6/0,5*	200	100	3-4

*: Substitutionsgrad

3. Pharmakologische Eckdaten von Hydroxyethylstärke (HES) und Humanalbumin (HA)

- anaphylaktoid-anaphylaktische Reaktionen (ca. 1 : 1 Mio.)
- Blutgerinnungsstörungen (funktionelle Thrombozytopathie)
- Störungen der Nierenfunktion
- Volumenüberladung (z.B. Herzinsuffizienz)
- Speicherung im retikulo-endothelialen System (RES)
- Hemmung der Albuminsynthese durch Anheben des KOD

4. Nebenwirkungen von HES-Lösungen

1. Künstliche Kolloide können mindestens einen Blutverlust von 25 % des Blutvolumens ersetzen.
2. Humanalbumin soll erst bei Überschreiten des Dosislimits künstlicher Kolloide eingesetzt werden.
3. FFP darf zum Volumenersatz nur bei gleichzeitig bestehenden oder drohenden Gerinnungsströmungen verwendet werden.

E. Primärer Volumenersatz bei ausgeprägter Hypovolämie (des Erwachsenen)

Damit die elektrophysiologischen und enzymatisch-biochemischen Prozesse im Organismus ungestört ablaufen können, muß der pH-Wert bzw. die H^+-Ionenkonzentration in den Körperflüssigkeiten in sehr engen Bereichen konstant gehalten werden. Verschiedene Regulationsmechanismen sorgen dafür, eine Übersäuerung durch ständig anfallende flüchtige (CO_2 aus oxydativer Verbrennung der Energieträger) und nichtflüchtige bzw. „fixe" (aus dem Intermediärstoffwechsel) Säuren zu verhindern.

A. Grundlagen

In erster Linie sorgen *Puffersysteme* für die Konstanz des pH-Milieus. Hierbei handelt es sich um schwache Säuren („H^+-Donatoren"), die nach dem Massenwirkungsgesetz mit ihren korrespondierenden Basen („H^+-Akzeptoren") in einem Fließgleichgewicht stehen *(A1)*. Werden diesem System saure Valenzen zugesetzt, so bindet der Puffer H^+-Ionen. Werden hingegen Basen zugesetzt, so gibt der Puffer H^+-Ionen frei. Auf diese Weise kann die H^+-Ionenkonzentration in einem bestimmten Bereich konstant gehalten und einer pH-Änderung entgegengewirkt werden. Der pH-Bereich (Pufferbereich), in dem ein Puffersystem wirksam ist, kann aus der *Henderson-Hasselbalch-Gleichung* ermittelt werden *(A2)*. Hierbei beschreibt K als *Dissoziationskonstante* die Stärke einer Säure, d. h. das Ausmaß, in wäßriger Lösung freie Ionen zu bilden *(A3)*, und pK die negative dekadisch-logarithmische Form ($pK = -\log_{10}K$). Der *pH-Wert* gibt den aktuellen Gehalt an freien Protonen (H^+-Ionenkonzentration) an und ist definiert als negativer dekadischer Logarithmus der molaren H^+-Ionenkonzentration *(A4)*. Reines, neutral reagierendes Wasser hat einen pH-Wert von 7,0, da H^+- und OH^--Ionen, bezogen auf den Dissoziationsgrad, im Gleichgewicht stehen. Wird nun eine Säure (H^+) oder eine Base (A^-) hinzugefügt, wird der pH-Wert kleiner bzw. größer als 7,0. Der pH-Wert des menschlichen arteriellen Blutplasmas liegt zwischen 7,36 und 7,44 (im Mittel 7,40), also im leicht alkalischen Bereich, in dem die meisten Enzymreaktionen optimal ablaufen (IZR-pH = 6,8–7,0; Erythrozyten-pH = 7,28–7,30).

B. pH-regulierende Mechanismen

Für die Konstanterhaltung des pH-Milieus sind im Organismus *drei* Hauptmechanismen verantwortlich:
- chemische Puffersysteme,
- die respiratorische Regulation und
- die renal-metabolische Regulation.

Unter den **Puffersystemen** *(B1)* kommt dem *Bicarbonat-Puffer* (HCO_3^-/H_2CO_3) zur Bindung der nichtflüchtigen Säuren die größte klinische Bedeutung zu, da er in hoher Konzentration im EZR vorliegt und sich durch Laboranalysen im Blut (Blutgasanalyse, BGA) leicht erfassen läßt *(B2)*. Die im Stoffwechsel anfallenden H^+-Ionen werden unter Verbrauch von Hydrogencarbonat (HCO_3^-) in Kohlensäure (H_2CO_3) überführt. Trotzdem wird das Verhältnis „HCO_3^-/H_2CO_3" (20:1) physiologischerweise nicht bzw. nur kurzfristig verändert, da der Bicarbonat-Puffer durch pulmonale und renale Mechanismen regeneriert werden kann („offenes System"). Die Adaptation über die **Atmung** (Hypo- oder Hyperventilation mit entsprechender Änderung des PCO_2) verläuft schnell, die **renale Regulation** (tubuläre Resorption oder Ausscheidung von HCO_3^- sowie direkte Elimination von H^+-Ionen) dient der längerfristigen Effektivitätssteuerung.

C. Überwachungsparameter

Da alle Puffersysteme untereinander sowie mit den pulmonalen und renalen Kompensationsmechanismen in ständiger Wechselwirkung stehen, genügt zur Beurteilung des Säure-/Basenhaushaltes im Blut die Kenntnis der drei Hauptkomponenten **pH-Wert**, **PCO_2** und **Standardbicarbonat** *(C1)*. Das *Standardbicarbonat* (SB) entspricht der fiktiven, unter künstlich normoventilatorischen Verhältnissen erzeugten HCO_3^--Konzentration. Diese Standardbedingungen werden durch eine In-vitro-Korrektur herbeigeführt (Einstellung der entnommenen Blutprobe auf einen fixen PCO_2 von 40 mmHg). Hierdurch wird der Einfluß sich verändernder PCO_2-Werte ausgeschaltet und die Beurteilung des metabolischen Bereichs möglich. Das *aktuelle* Bicarbonat gibt den HCO_3^--Gehalt, bezogen auf den aktuell gemessenen PCO_2, an. Die Konzentration an *Pufferbasen* (Norm: 44–48 mval/l) umfaßt die Summe aller Pufferanionen (HCO_3^-, HPO_4^{2-}, Proteinat$^-$,

Säure-/Basenhaushalt I

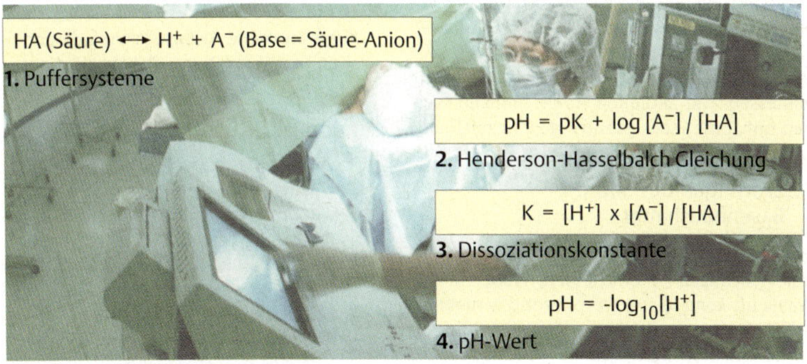

HA (Säure) ⟷ H^+ + A^- (Base = Säure-Anion)

1. Puffersysteme

$$pH = pK + \log [A^-] / [HA]$$

2. Henderson-Hasselbalch Gleichung

$$K = [H^+] \times [A^-] / [HA]$$

3. Dissoziationskonstante

$$pH = -\log_{10}[H^+]$$

4. pH-Wert

A. Grundlagen

Puffer	Funktion	Anteil an Gesamtpufferkapazität (%)	
		Plasma	Erythrozyten
Bicarbonat (HCO_3^-/H_2CO_3)	Bindung nicht flüchtiger Säuren	35*	20*
Phosphat (HPO_4^{2-}/H_2PO_4)	"		5
Plasmaproteine	"	10	
Hämoglobin	Bindung flüchtiger Säuren (CO_2)	30	
		Σ 100 %	

*: Wegen der raschen Regenerierbarkeit ist der effektive Anteil noch größer.

1. pH-regulierende Mechanismen

Protonen + Hydrogencarbonat ⟷ Kohlensäure ⟷ Wasser + Kohlendioxid

$$H^+ + HCO_3^- \longleftrightarrow H_2CO_3 \rightleftarrows H_2O + CO_2$$

Carboanhydrase (CAH)

2. Reaktionsgleichung des Bicarbonat-Puffers (HCO_3^-/H_2CO_3)

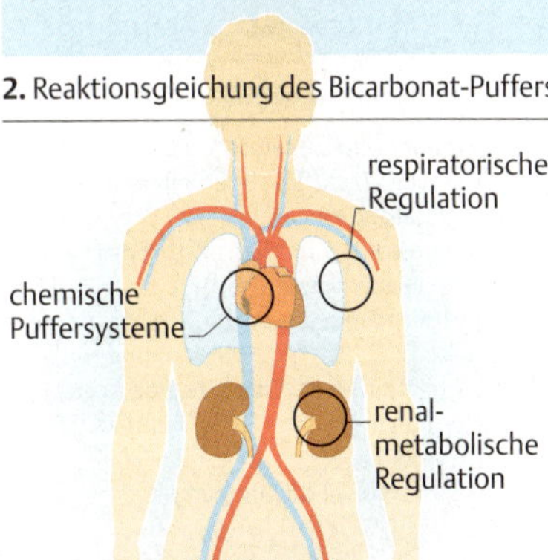

3. Hauptmechanismen im Organismus

B. pH-regulierende Mechanismen

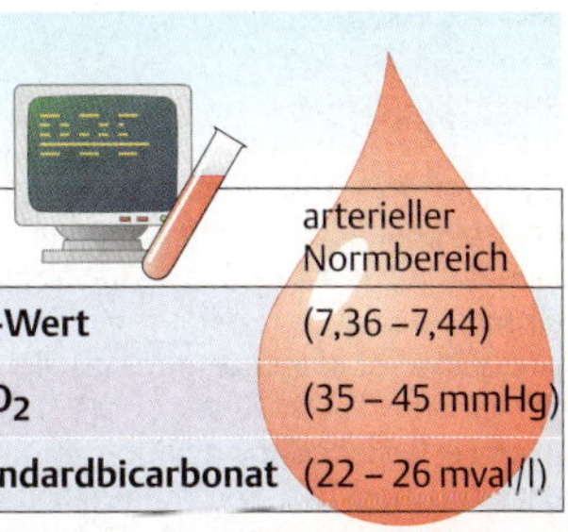

	arterieller Normbereich
pH-Wert	(7,36 – 7,44)
PCO_2	(35 – 45 mmHg)
Standardbicarbonat	(22 – 26 mval/l)

Hauptkomponenten

C. Überwachungsparameter

Hb^-) im Blut. Der *Basenüberschuß* („base excess“ oder BE; Norm: -2,0 bis +2,0 mval/l) entspricht den Abweichungen der Pufferbasen vom Normalwert „0“ und wird standardmäßig bei einem pH von 7,40 und PCO_2 von 40 mmHg gemessen. Die aktuellen Abweichungen werden mit „plus“ oder „minus“ gekennzeichnet.

D. Störungen des Säure-/Basenhaushaltes

Hier lassen sich respiratorische und metabolische Störungen unterscheiden, wobei in der Praxis oft *kombinierte* (respiratorisch-metabolische) Störungen vorliegen *(D1)*. Eine Störung wird als *kompensiert* bezeichnet, wenn der pH im physiologischen Bereich bleibt, hingegen als *dekompensiert* (manifest), wenn er außerhalb desselben liegt. *Respiratorische* Störungen führen zu primären Änderungen des PCO_2, wobei sich die SB-Konzentration *gegensinnig* zum pH-Wert verändert. *Metabolische* Störungen sind dagegen dadurch charakterisiert, daß sich die SB-Konzentration in *gleicher* Richtung wie der pH-Wert ändert. Aus dem Verhalten von pH-Wert und SB-Konzentration kann somit auf die Ausgangsstörung im Säure-/Basenhaushalt geschlossen werden. Zur Beurteilung der pulmonalen und renalen Kompensationsmechanismen und zur Differenzierung zwischen einfachen und komplexen Störungen wird das Verhältnis „HCO_3^-/CO_2“ herangezogen. Die Hauptursachen und Auswirkungen von Azidose und Alkalose sind *Tab. D2* und *D3* zu entnehmen. Im Rahmen von Allgemeinanästhesien oder Analgosedierungen kommt den respiratorischen Störungen (Hyperventilation mit resp. Alkalose – Hypoventilation mit resp. Azidose und evtl. arterieller Hypoxie) eine besondere Bedeutung zu.

E. Therapie

Respiratorische Störungen sollten immer *ursächlich* therapiert werden, d. h. zum Erreichen einer Normoventilation muß die Ventilationsstörung behoben werden.

Bei schwerer *akuter* respiratorischer Azidose mit einem $PaCO_2$-Anstieg auf über 55–60 mmHg besteht die Indikation zur umgehenden Intubation und kontrollierten Beatmung. Chronische Störungen (z. B. COPD) bedürfen dagegen i.d.R. keiner akuten Therapie. Eine *Hyperventilation* des wachen, spontan atmenden

Tabelle **D2**: Hauptursachen von Azidose und Alkalose

Respiratorische Azidose (Verminderung der alveolären Ventilation = Hypoventilation)
- Zentrale Atemdepression (z. B. Narkotika, Opioide)
- Periphere Atemlähmung (Muskelrelaxanzien, neuromuskuläre Erkrankungen)
- Obstruktion der Atemwege (z. B. Bewußtlosigkeit, Asthma bronchiale, pulmonale Aspiration)
- Behinderung der Lungenentfaltung (z. B. Pneumothorax, Pleuraerguß, Zwerchfellhochstand)
- Akzidentelle Hypoventilation bei fehlerhafter maschineller Beatmung

Respiratorische Alkalose (Steigerung der alveolären Ventilation = Hyperventilation)
- kompensatorisch gesteigerte Spontanatmung bei Hypoxämie
- Aufregung bzw. Angst (psychogen), Schmerzen
- Falsche Einstellung des Respirators

Metabolische Azidose
- Anhäufung nichtflüchtiger Säuren (Additionsazidose):
  - Lactatazidose bei Hypoxämie oder Leberversagen
  - Nierenversagen
  - diabetische Ketoazidose
- Abnormer Verlust von Bicarbonat (Subtraktionsazidose):
  - profuse Diarrhoen
  - Verdünnungsazidose (Hämodilution)
  - Medikamente (z. B. Acetazolamid – Diamox®)
  - Kaliumintoxikation

Metabolische Alkalose
- Verlust nichtflüchtiger Säuren (Subtraktionsalkalose):
  - Verlust von Magensaft (Erbrechen, Magensonde)
- Übermäßige Basenzufuhr (Additionsalkalose):
  - Bicarbonat, Citrat, Acetat, Lactat
  - pharmakogen (z. B. Diuretika, Steroide)
  - schwerer Kaliummangel

Säure-/Basenhaushalt II

	pH	SB (mval/l)	PCO_2 (mval/l)
Normwerte	7,36 - 7,44	22-26	35-45
metabolische Azidose	normal bis ↓	↓	normal oder komp. ↓
metabolische Alkalose	normal bis ↑	↑	normal oder komp. ↑
respiratorische Azidose	normal bis ↓	normal oder komp. ↑	normal bis ↑
respiratorische Alkalose	normal bis ↑	normal oder komp. ↓	normal bis ↓

n: normal; komp.: kompensatorisch; ↓ erniedrigt; ↑ erhöht

1. Übersicht

Azidose

zerebrale Vasodilatation und Durchblutungszunahme, direkte Dämpfung des zentralen Nervensystems (Verwirrtheit, Somnolenz, Koma)

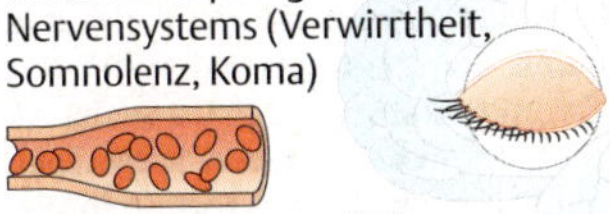

verschlechterte pulmonale O_2-Aufnahme

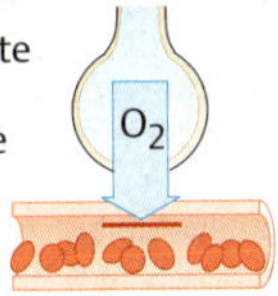

Alkalose

zerebrale Vasokonstriktion und Durchblutungsabnahme (Verwirrtheit, verzögertes Aufwachen)

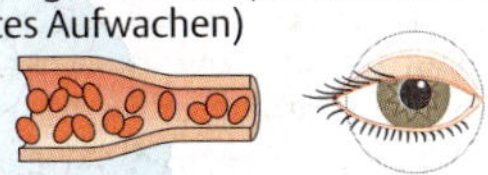

Abfall des ionisierten Serumcalciums mit Übererregbarkeit des peripheren Nervensystems (Parästhesien, Karpopedalspasmen, Muskelzittern, Tetanie)

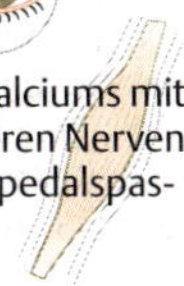

verschlechterte periphere O_2-Abgabe

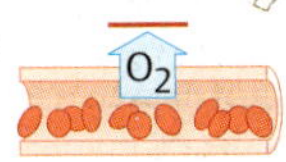

Blutdruck- und HZV-Abfall

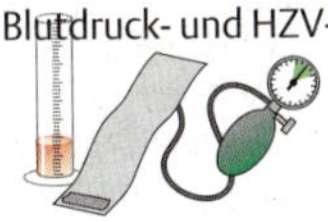

Herzrhythmusstörungen

verminderte Katecholaminwirksamkeit

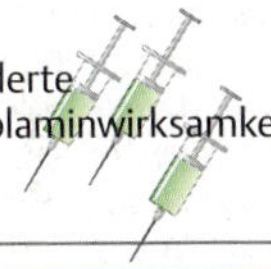

Azidose ↓↑ Hyperkaliämie

EKG

Alkalose ↓↑ Hypokaliämie

EKG

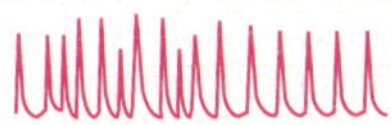

Kaliumhaushalt

pH-abhängige Kaliumumverteilung zwischen EZR u. IZR zur Erhaltung der Elektroneutralität (intrazelluläre Na^+-Ionen werden gegen extrazelluläre K^+-Ionen bzw. H^+-Ionen ausgetauscht)

Faustformel

Eine pH-Verschiebung um 0,1 bewirkt eine Änderung der K^+-Konzentration um ca. 0,5 mmol/l!

3. Auswirkungen von Azidose und Alkalose

D. Störungen des Säure-/Basenhaushaltes

Patienten kann Folge einer Hypoxämie sein, so daß diese als erstes ausgeschlossen werden muß. Sie ist aber häufig durch Aufregung oder Schmerzen bedingt und dementsprechend mit Sedativa bzw. Analgetika adäquat therapierbar. Auch bei *metabolischen* Störungen sollte nach Möglichkeit immer die zugrundeliegende Ursache beseitigt werden. Erst wenn dies nicht möglich ist und der pH-Wert bestimmte Bereiche unter- oder überschreitet, bedarf es einer *symptomatischen* Substitutionstherapie mit Säuren bzw. Basen.

Substitution von Säuren und Basen. Die Substitution muß streng nach Blutgasanalysen und sollte möglichst über zentralvenöse Katheter vorgenommen werden. Hierzu kann das *extrazelluläre* Gesamtdefizit an Säuren oder Basen grob berechnet werden (*E1*). Zunächst sollte nur die Hälfte des errechneten Bedarfs ersetzt und anschließend der Säure-/Basenhaushalt erneut laborchemisch kontrolliert werden. Im Vordergrund steht die Pufferung metabolischer Azidosen; metabolische Alkalosen hingegen sind selten und noch seltener substitutionsbedürftig.

Metabolische Azidosen. Eine akute Azidosebehandlung wird erst erforderlich, wenn der pH-Wert auf unter 7,2 absinkt. Erst in diesem Bereich wird die Azidose hämodynamisch relevant. Am häufigsten wird zum Azidoseausgleich **Natriumhydrogencarbonat** ($NaHCO_3$; *E2*) in 8,4%iger Lösung (1 ml = 1 mmol) eingesetzt, und zwar gezielt nach BGA-Ergebnis und Formelberechnung. Eine „Blindpufferung" sollte möglichst vermieden werden, um keine Überkorrektur zu erzeugen (Ausnahme: „Reanimation" oder „MH-Krise", hier max. 1 mmol $NaHCO_3$/kg KG). Außerdem muß beachtet werden, daß eine $NaHCO_3$-Gabe bei nicht angepaßter maschineller Ventilation zum reaktiven Anstieg der intrazellulären CO_2-Konzentration führt und damit die Azidose paradoxerweise weiter verstärkt wird. Bei Hypernatriämie (Na^+ > 150 mmol/l) und Hyperosmolarität sollten statt $NaHCO_3$ sog. *Tris-Puffer* (THAM, Trometamol) bevorzugt werden, ohne daß aber grundsätzliche Wirkungsvorteile bestünden (*E4*). Chronische metabolische Azidosen (z. B. bei terminaler Niereninsuffizienz) sind i.d.R. respiratorisch kompensiert. Bei einer Allgemeinanästhesie mit kontrollierter Beatmung sollte diesem Umstand durch entsprechende individuelle Anpassung des Atemminutenvolumens Rechnung getragen werden. Die Indikation zum medikamentösen Azidoseausgleich ist hier besonders restriktiv zu stellen.

Metabolische Alkalosen. Im allgemeinen sind nur schwere Alkalosen (pH > 7,6) therapiebedürftig. Dabei wird primär keine vollständige Korrektur angestrebt, da HCO_3^- bei normaler Nierenfunktion schnell eliminiert werden kann. Eine Alkalose bleibt nur dann bestehen, wenn keine renale Kompensation erfolgt und im proximalen Tubulus trotz Überschusses anhaltend HCO_3^- retiniert wird und/oder im distalen Tubulus weiter H^+-Ionen sezerniert werden. Bei einer ausbleibenden renalen Kompensation müssen als Ursachen ein Volumenmangel oder eine Hypokaliämie erwogen werden. Beim *Volumenmangel* kommt es zur Rückresorption von Natrium und somit auch von HCO_3^- im Austausch gegen Cl^-, so daß sich eine Hypochlorämie entwickelt. Diese Form kann durch Volumenzufuhr in Form chloridangereicherter Lösungen (z. B. NaCl 0,9%) therapeutisch beeinflußt werden und wird als *salz- bzw. chloridempfindliche metabolische Alkalose* bezeichnet. Eine *Hypokaliämie* fördert die im distalen Tubulus ablaufende H^+-Ionensekretion im Austausch gegen K^+-Ionen („Kaliumsparmechanismus"), so daß trotz des Defizites weiter H^+-Ionen verlorengehen. Die Chloridionenkonzentration im Serum wird hierdurch allerdings nicht verändert. Diese Form wird als *salzunempfindliche bzw. chloridresistente metabolische Alkalose* bezeichnet. Sie reagiert sensibel auf die therapeutische Kaliumgabe. Unter der Therapie müssen der Elektrolyt- und Volumenstatus engmaschig kontrolliert werden. Die Chloridsubstitution erfolgt mit Natrium- oder Kaliumchlorid. Nur in schweren Fällen ist eine direkte Substitution mit H^+-Ionen (0,1- oder 0,2-normale Salzsäure) erforderlich.

Säure-/Basenhaushalt III

extrazellulärer Bedarf (mmol) = 0,2 · negativer „base excess" (BE) · kg KG

0,2: ungefährer Anteil des EZR am Körpergewicht (bei Erwachsenen)

1. Faustformel zur Substitution von Säuren und Basen

$$NaHCO_3 + H^+ \rightarrow Na^+ + H_2CO_3 \rightarrow H_2O + CO_2$$

2. Reaktionsgleichung für Natriumhydrogencarbonat

- immer die Ursache einer metabolischen Azidose suchen und möglichst ausschalten
- Pufferung erst unterhalb eines pH von 7,2
- Steigerung des AMV bei kontrollierter Beatmung, da unter $NaHCO_3$ der CO_2-Partialdruck im Blut ansteigt („paradoxe" Azidoseverstärkung)
- Eine extrazelluläre pH-Erhöhung führt durch Umverteilung zum Abfall der K^+-Konzentration im Serum, was ggf. eine Kaliumsubstitution erforderlich macht.
- Bei spontan atmenden, nichtintubierten Patienten mit kombinierter respiratorisch-metabolischer Azidose ist $NaHCO_3$ absolut kontraindiziert (cave: „CO_2-Narkose")!
- bei Hypernatriämie ($Na^+ > 150$ mmol/l) statt $NaHCO_3$ Tris-Puffer verwenden

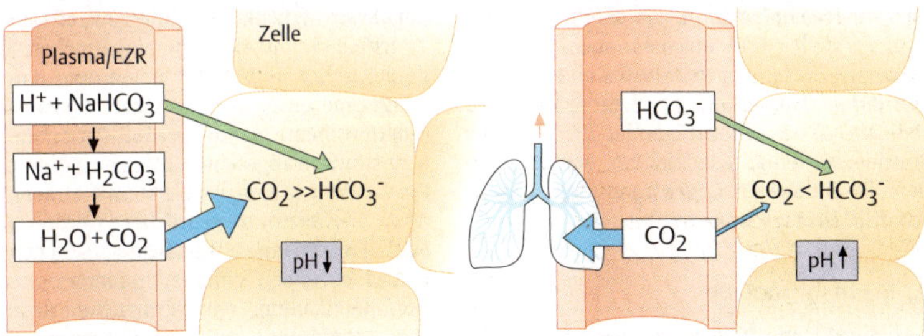

paradoxe intrazelluläre Azidose — bei Steigerung der Ventilation

3. Leitlinien zur Azidosebehandlung

Wirkmechanismus von Tris-Puffer:
Bindung von Wasserstoffionen und Bereitstellung von Hydrogencarbonat

Reaktionsgleichung
$$Tris + H_2CO_3 \rightarrow Tris\text{-}H^+ + HCO_3^-$$

Der Tris-Bedarf errechnet sich nach der Formel:
0,3 mol Tris (ml) = negativer BE · kg KG

Nebenwirkungen von Tris
- Kumulation bei Niereninsuffizienz bzw. Oligo-Anurie
- Atemdepression (→ $PaCO_2$-Zunahme!)
- Gewebenekrosen bei versehentlicher paravasaler Zufuhr

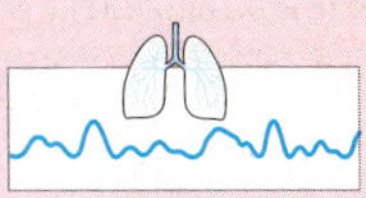

4. Tris-Puffer

E. Therapie

Die moderne **Transfusionsmedizin** als umfangreiches medizinisches Spezialgebiet gewährleistet mit hohem Qualitätsstandard die ausreichende Verfügbarkeit von in seine Einzelkomponenten aufgetrenntem Blut für die gezielte Hämotherapie bzw. „Transfusion nach Maß". Wegbereitend waren Fortschritte auf den Gebieten der Medizintechnik und Kryobiologie, die es ermöglichen, gespendetes Vollblut zu separieren und Zellkonzentrate, gerinnungsaktive Präparate sowie Eiweißkomponenten für den bedarfsgerechten Einsatz z. T. über Jahre lagerungsfähig zu halten. Da ebenso die grundlegenden Probleme bei der Blutübertragung bewältigt scheinen, rücken zunehmend die selteneren Risiken, wie die Übertragung von Viren, in den Blickpunkt des Interesses. Das Risiko im Zusammenhang mit der Transfusion *zellulärer* Blutkomponenten beträgt aktuell für

- Hepatitis C < 1:100.000,
- Hepatitis B < 1:200.000 und
- HIV < 1:1,5 Mio.

Das hat dazu geführt, heutzutage die Indikation zur *Fremdbluttransfusion* deutlich restriktiver zu stellen und alternativ auch vermehrt Konzepte zur *autologen* Transfusion zu verfolgen. Für die Zukunft mag erwartet werden, daß *„künstliche"* Sauerstoffträger für die klinische Routine verfügbar sein werden, was z. Zt. jedenfalls intensiver Gegenstand der wissenschaftlichen Forschung ist.

A. Rechtsgrundlage

Seit dem 1. Juli 1998 ist in Deutschland ein **Transfusionsgesetz** in Kraft, das die rechtliche Verantwortlichkeit bei der Bluttransfusion zwischen dem Hersteller und dem Anwender (Arzt) gegenüber dem Patienten und dem Spender verbindlich regelt und die Richtlinien der Bundesärztekammer zur Blutgruppenbestimmung und Bluttransfusion festschreibt. Im folgenden sollen hieraus einige für den anästhesiologischen Bereich wichtige Gesichtspunkte kurz dargestellt werden.

B. Transfusionsvorbereitung und -durchführung

Blut und Blutbestandteile sind *verschreibungspflichtige* Arzneimittel. Durchführung und Überwachung einer Transfusion fallen deshalb immer in den Verantwortungsbereich des transfundierenden Arztes. Vor der Transfusion sind die allgemeinen Regeln der ärztlichen Aufklärung zu beachten. Vor *elektiven* Eingriffen sind die Möglichkeiten zur autologen Transfusion zu prüfen, und der Patient ist hierüber ebenfalls zu informieren bzw. zu beraten. Der Organisationsablauf *vor* einer Transfusion unterliegt einem relativ festen Schema *(B1)*.

AB0-„bedside"-Test. Der „bedside"-Test dient der Überprüfung von Erythrozytenmerkmalen des Empfängerblutes. Zwingend vorgeschrieben ist hierbei nur die *Empfängertestung im AB0-System* mit spezifischen Anti-A- und Anti-B-Testseren *(B2)*, um so Verwechslungen und damit schwere hämolytische Transfusionsreaktionen auszuschließen. Darüber hinaus kann fakultativ eine Rhesusidentitätsprüfung mit Anti-D-Serum erfolgen.

Bei entsprechendem Ausfall des „bedside"-Tests und Übereinstimmung der Patienten- und Konservendaten kann anschließend die Transfusion eingeleitet werden (ärztliche Aufgabe). Treten unter der Transfusion Zeichen einer Unverträglichkeitsreaktion auf, so muß die Transfusion unverzüglich abgebrochen werden. Hierbei muß bedacht werden, daß die Symptome einer **hämolytischen Transfusionsreaktion** beim narkotisierten Patienten zunächst nur in abgeschwächter Form klinisch in Erscheinung treten und erst mit zunehmendem Schweregrad deutlicher werden *(B3)*. Nach Eintritt eines Transfusionszwischenfalls bedarf es neben einer symptomorientierten Notfallbehandlung einer dringlichen ursächlichen Abklärung: sofortige Entnahme einer Blutprobe des Empfängers, die zusammen mit der Konserve einer Kontrolluntersuchung in der zuständigen Blutbank zuzuführen ist.

Notfalltransfusion. In akut lebensbedrohlichen Situationen gelten zur Abwendung der Lebensgefahr *Sonderrichtlinien*. Der behandelnde Arzt ist hier zur Abwendung der Lebensgefahr berechtigt, eine Erythrozytentransfusion ohne vorherige Kreuzprobe vorzunehmen. Es bestehen dabei prinzipiell zwei Verfahrensmöglichkeiten:

1. Ist die Blutgruppe des Empfängers *unbekannt*, so können zur Erstversorgung und bis zum Eintreffen des Blutgruppenbefundes (plasma- und damit hämolysinfreie) rhesusnegative und kellnegative Erythrozy-

Blut und Bluttransfusion I

Hauptinhalte des Transfusionsgesetzes
- Blutspende und Untersuchung auf Spendetauglichkeit
- blutgruppenserologische Untersuchung
- Herstellung und Lagerung von Blutkomponenten
- Transfusion von Blut und Blutbestandteilen
- Maßnahmen bei transfusionsbedingten Nebenwirkungen
- Eigenblutspende und Eigenbluttransfusion
- Mutterschaftsvorsorge hinsichtlich Anti-D-Prophylaxe

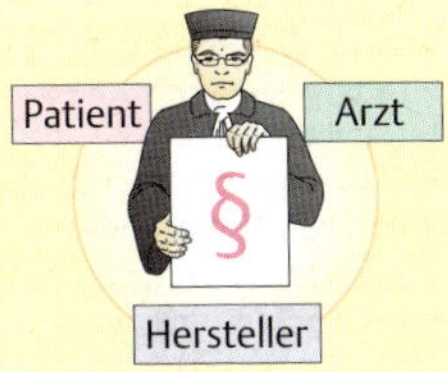

A. Rechtsgrundlage

- Blutprobenentnahme („Nativblut") beim Empfänger
- blutgruppenserologische Untersuchung:
  - Bestimmung der AB0-Blutgruppenmerkmale
  - Bestimmung des Rhesusfaktors
  - Durchführung eines Antikörpersuchtestes (zum Auffinden sog. irregulärer Antikörper)
  - serologische Verträglichkeitsprobe („Kreuzprobe"): Empfängerserum → Spendererythrozyten (früher „Majortest")
- Prüfung der Identität von Empfänger, Blutprobe und Konserven (auch im Notfall):
  - Vergleich des Original-Blutgruppenbefundes des Empfängers mit der Blutgruppenbeschriftung auf der zu transfundierenden Konserve
  - abschließende Identitätssicherung: Vergleich der Patientendaten mit den Konservendaten und dem Ergebnis des AB0-„bedside"-Testes

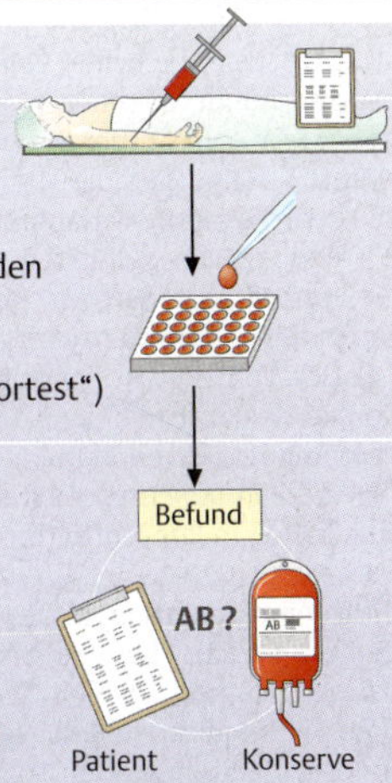

1. Organisationsablauf

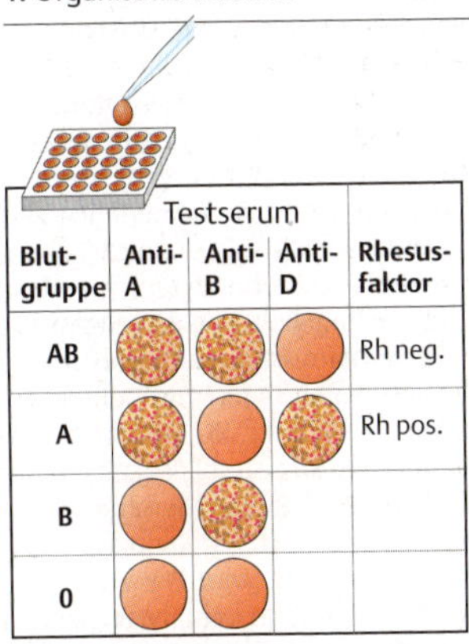

2. Ergebnisse des „bed-side"-Testes

allgemeine Symptome	Symptome bei zunehmendem Schweregrad
• Kreuz- und Lendenschmerzen • Übelkeit/Erbrechen • Hitzegefühl • Juckreiz • kalter Schweiß • Blässe • Schüttelfrost • Engegefühl im Brustkorb mit Atemnot	• urtikarielle Exantheme • Bronchospasmus • Tachykardie • art. Hypotonie • Schocksymptome • akutes Nierenversagen • hämorrhagische Diathese (Verbrauchskoagulopathie)

3. Hämolytische Transfusionsreaktion

B. Transfusionsvorbereitung und -durchführung

tenkonzentrate der Blutgruppe 0 transfundiert werden: „0 Rh neg. (ccddee) Kell-neg". Dies ist die absolut *einzige* Situation, in der eine „bedside"-Testung des Empfängers unterbleiben darf!

2. Bei *bekannter* Blutgruppe des Empfängers dürfen entsprechende Blutkonserven ohne Abwarten des Ergebnisses der Kreuzprobe transfundiert werden: „ungekreuzte Konserven".

C. Blutkomponenten

Heutzutage werden keine Vollblutkonserven mehr transfundiert, sondern einzelne Blutkomponenten nach differenzierter Indikation zugeführt („Hämotherapie nach Maß"). Spezielle Zentrifugationsverfahren ermöglichen eine Trennung von zellulären und plasmatischen Blutbestandteilen zur Herstellung von Erythrozyten-, Thrombozyten-, Leukozyten- und Plasmakonserven. Biochemische Methoden erlauben darüber hinaus die Zubereitung von gerinnungsaktiven Präparaten und weiteren Eiweißkomponenten (Albumin, Immunglobuline etc.) in konzentrierter Form.

Erythrozytenpräparationen. Das Erythrozytenkonzentrat enthält dieselbe Menge an roten Blutkörperchen wie Vollblut, jedoch deutlich weniger Plasmabestandteile und kein sog. „buffy coat" (Sedimentationsschicht zwischen Erythrozyten und Plasma, bestehend aus Leukozyten, Thrombozyten und Zelltrümmern). Es wird aus *einer* humanen Blutspende (Ausgangsvolumen 450 ± 45 ml) hergestellt. Nach Separierung des (thrombozytenreichen) Plasmaanteiles inkl. des größten Teiles einer $CPDA_1$- bzw. ACD-*Stabilisatorlösung* (→ Aufbereitung als gefrorenes Frischplasma) wird es in unterschiedlicher *Additivlösung* (z. B. PAGGS-M) suspendiert. Stabilisatorlösungen dienen primär der Gerinnungshemmung (Plasma), Additivlösungen sollen den Erythrozytenstoffwechsel mit Substraten unterstützen sowie durch Puffer und andere Zusätze die Enzymreaktionen und Membranintegrität über längere Zeit aufrechterhalten. Trotzdem fallen mit zunehmender Lagerungsdauer der pH-Wert und der 2,3-Diphosphoglyceratgehalt in den Erythrozyten ab. Hierdurch nimmt deren O_2-Affinität zu, so daß die O_2-Abgabe an das Gewebe erschwert wird („Valtis-Kennedy-Effekt"). Allerdings kommt es *nach* Transfusion zu einer schnellen Resynthese von 2,3-DPG (innerhalb von 6–12 h). Die Haltbarkeit eines *Standard*-Erythrozytenkonzentrates beträgt je nach verwendeten Zusätzen zwischen 42 und 49 Tagen bei sachgemäßer Lagerung im erschütterungsfreien Kühlschrank mit einer Temperatur von +4 ± 2 °C. Nach dieser Zeit ist der Anteil funktionsfähiger Erythrozyten auf ca. 75 % der Ausgangsmenge abgesunken. Die mittlere Überlebenszeit der Erythrozyten beträgt nach Tranfusion ca. 60 Tage. *Spezialpräparate* für begrenzte Indikationen lassen sich durch Filtrierung oder mehrmaliges Waschen der Erythrozyten erhalten. Sie haben allerdings nur eine kurze „Restlaufzeit". Erythrozytenkonzentrate sollen in der Routineversorgung *AB0-identisch* und möglichst auch *Rh-untergruppenidentisch* transfundiert werden. Eine nur Rh-kompatible Transfusion führt ansonsten unweigerlich zur Sensibilisierung und Bildung „irregulärer" Antikörper im Rhesussystem, so daß dann nur noch Rh-identisch transfundiert werden darf. Rh-negative Frauen im gebärfähigen Alter dürfen außer in extremen Notfällen keine Rh-positiven Erythrozyten erhalten. In Notfällen oder bei Versorgungsengpässen kann AB0-kompatibel transfundiert werden. Voraussetzung ist die Entfernung des Plasmaanteils durch Waschen der Erythrozyten und hierdurch weitestgehende Elimination der Isoagglutinine.

Gefrorenes Frischplasma („fresh frozen plasma"; FFP). Nach Separierung wird der Plasmaanteil unmittelbar tiefgefroren und bei ca. -30 °C gelagert, wodurch eine Haltbarkeit von einem Jahr erreicht wird. Nach dieser Zeit beträgt die Konzentration der Gerinnungsfaktoren und Inhibitoren im aufgetauten Präparat noch mindestens 70 % der Ausgangswerte, wobei die Aktivität nach dem Auftauen schnell abnimmt. Grundsätzlich soll FFP nicht in einem fixen Verhältnis zu Erythrozytenkonzentraten, sondern in Abhängigkeit von den angestrebten Gerinnungsverhältnissen transfundiert werden. Bei gegebener Indikation sollten zügig mindestens 10–15 ml/kg KG verabreicht werden. Die Albuminsubstitution ist keine primäre Indikation zur FFP-Gabe, sondern nur ein willkommener Nebeneffekt. Zur Reduktion des Virusübertragungsrisikos wird FFP während der ersten sechs Monate „quarantänegelagert" und erst freigegeben, wenn bei einer Nachuntersuchung des Spenders keine klinischen und serologischen Hinweise auf eine Infektion, insbe-

Blut und Bluttransfusion II

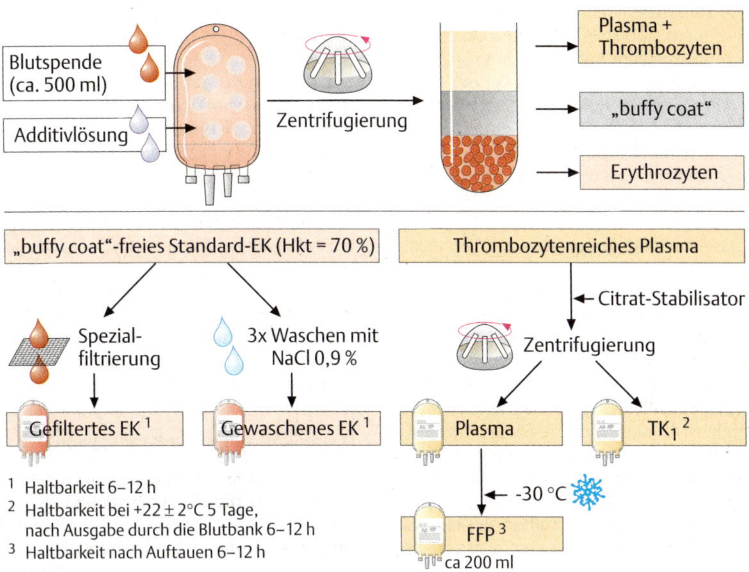

1 Haltbarkeit 6–12 h
2 Haltbarkeit bei +22 ± 2°C 5 Tage, nach Ausgabe durch die Blutbank 6–12 h
3 Haltbarkeit nach Auftauen 6–12 h

1. Herstellung

Standard-EK
- akute und chronische substitutionsbedürftige Anämie

Gefiltertes EK
- Vermeidung einer HLA-Immunisierung (z.B. Transplantationen, chron. Transfusionsbed.)
- Vermeidung febriler, nichthämolyt. Reaktionen durch leuko-/thrombozytäre Antikörper

Gewaschenes EK
- Plasmaprotein-Unverträglichkeit
- autoimmunhämolytische Anämie
- paroxysmale nächtliche Hämoglobinurie
- kongenitaler IgA-Mangel

FFP
- Verdünnungskoagulopathie bei Massivtransfusion
- drohende oder manifeste Blutung bei komplexen Gerinnungsstörungen (Verbrauchskoagulopathie, Synthesestörungen)
- Plasmaaustausch und Plasmapherese
- Substitution von Faktor V u. XI (keine Konzentrate verfügbar)
- Kontraindikationen:
  - absolut bei Patienten mit Antikörpern gegen IgA
  - relativ bei kongenitalem IgA-Mangel (dann b. Bed. Faktorenkonzentrate)

2. Indikationen

C. Blutkomponenten

sondere mit Hepatitis- oder HI-Viren, bestehen. Hierdurch konnte eine Risikoverminderung um ca. 90 % erreicht werden. Da Blutspender auf irreguläre Antikörper untersucht werden, spielt das Rhesussystem bei der Plasmazuordnung keine Rolle. Ebensowenig ist eine Kreuzprobe erforderlich. Antikörperfreies AB-Plasma kann deshalb universal bei jeder Blutgruppe verwendet werden, ist jedoch nur begrenzt verfügbar (ca. 5 % der Spender).

Thrombozytenpräparationen. Zur Thrombozytensubstitution können entweder thrombozytenreiches Plasma oder Thrombozytenkonzentrate eingesetzt werden. Bei letzteren werden Einzelkonzentrate (TK1; aus *einer* 500-ml-Blutspende) und hochkonzentrierte Zytapherese-Präparate (TKZ), die durch Zellseparation von einem Spender gewonnen werden und im Vergleich zum TK1 die 4–6fache Menge an Thrombozyten enthalten, unterschieden. Thrombozyten enthalten ABH-Antigene, wenn auch nur in schwacher Ausprägung, hingegen keine Rh-Antigene. Sie sollten deshalb *AB0-blutgruppenidentisch* oder zumindest -kompatibel transfundiert werden. Bei Rh-negativen Frauen im gebärfähigen Alter und bei Kindern sollten wegen der Gefahr der Alloimmunisierung durch den Restbestand an Erythrozyten außer in lebensbedrohlichen Situationen keine Rh-positiven Thrombozytenpräparate verwendet werden. Des weiteren tragen Thrombozyten HLA-Klasse-I-Antigene, so daß es sich insbesondere bei chronischer Thrombozytensubstitution oder bei Substitution im Rahmen von Organtransplantationen empfiehlt, HLA-verträgliche Präparationen nach entsprechender Typisierung zu verwenden. Die kritische Schwelle für eine Blutungsgefährdung aufgrund eines Thrombozytenmangels wird in der Literatur unterschiedlich bewertet. Die Angaben reichen von 30.000–90.000/μl. Dabei sollen allerdings Patienten mit einer Thrombozytenzahl von 10.000–30.000/μl im Alltag vor Spontanblutungen weitestgehend geschützt sein, wenn nicht gleichzeitig eine Thrombozytopathie vorliegt. Während der *perioperativen* Phase(bis wenigstens zum 4. postoperativen Tag) sollten in Abhängigkeit von der Größe des Eingriffes Werte von ≥ 50.000/μl, bei Patienten mit schwerem Schädelhirntrauma oder nach intrakraniellen Eingriffen ≥ 90.000/μl angestrebt werden. Bei gleichzeitiger Thrombozytenfunktionsstörung (z. B. durch Urämie, Leberinsuffizienz, Medikamente) müssen allerdings individuell höhere Werte angestrebt werden.

Spezialbehandlung. Durch radioaktive *Bestrahlung* von Blutprodukten werden die immunkompetenten T-Lymphozyten proliferationsunfähig und sog. „graft-versus-host"-Reaktionen beim Empfänger verhindert. Dieses Vorgehen empfiehlt sich bei immunsupprimierten bzw. immundefizienten Patienten, bei Patienten mit malignen Tumoren sowie bei Neugeborenen und Säuglingen. Zur Vermeidung einer transfusionsassoziierten CMV-Infektion bei immungestörten Patienten sowie bei Neugeborenen und Säuglingen sollten zudem, wenn möglich, *Anti-CMV-negative* Blutprodukte eingesetzt werden.

D. Indikation zur Bluttransfusion

Bei jedem *akuten* Blutverlust genießt zunächst die adäquate primäre Volumenersatztherapie (s. Kap. 9.4) zur Sicherstellung einer *Normovolämie* höchste Priorität. Grundsätzlich ist der akute gegenüber dem chronischen Blutverlust mit bereits voll ausgeprägten körpereigenen Adaptationsmechanismen abzugrenzen. In letzterem Fall können die Grenzwerte entsprechend niedriger angesetzt werden. Immer muß jedoch sichergestellt sein, daß die Vorteile einer Transfusion gegenüber ihren Risiken überwiegen. Akute Blutverluste bewirken aufgrund des kompensatorischen Einstroms von Flüssigkeit, Albumin und Elektrolyten aus dem Interstitium eine zunehmende *Blutverdünnung.* Die zeitliche Verzögerung beträgt dabei bis zu mehreren Stunden. Laborparameter wie Hb- bzw. Hkt-Werte können somit in der Akutphase ausgesprochen irreführend sein. Die Indikation zur Erythrozytensubstitution besteht erst, wenn die O_2-Transportkapazität des Blutes kritisch abgesunken ist. Das bedeutet dann, daß der Verlust von Sauerstoffträgern nicht mehr durch ein weiter steigerbares Herzzeitvolumen kompensiert werden kann (z. B. erkennbar durch Trendabfall der zentral-venösen O_2-Sättigung auf Werte < 70 %; s. Kap. 9.1). Bei einer Bluttransfusion handelt es sich somit stets um eine „Einzelfallentscheidung". Allgemein verbindliche Richtwerte lassen sich deshalb zwar nicht aufstellen, trotzdem können aber zur groben Orientierung gewisse *Anhaltswerte* gegeben werden *(D).*

Blut und Bluttransfusion III

TK

manifeste oder drohende thrombozytär bedingte Blutung

- Kontraindikationen:
  - Überempfindlichkeit auf thrombozytäre, leukozytäre oder plasmatische Blutbestandteile
  - IgA-Mangel
  - Immunthrombozytopenie

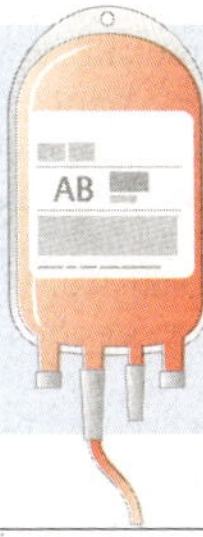

2. Indikationen

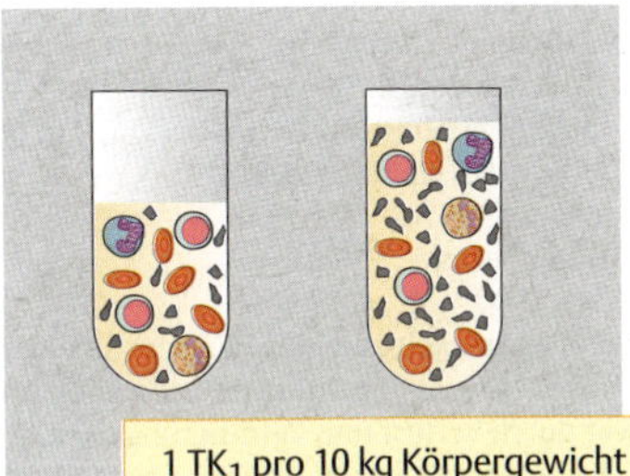

1 TK_1 pro 10 kg Körpergewicht erhöht die Thrombozytenzahl im Blut um ca. 50.000/µl.

3. Faustregel zur Thrombozytensubstitution

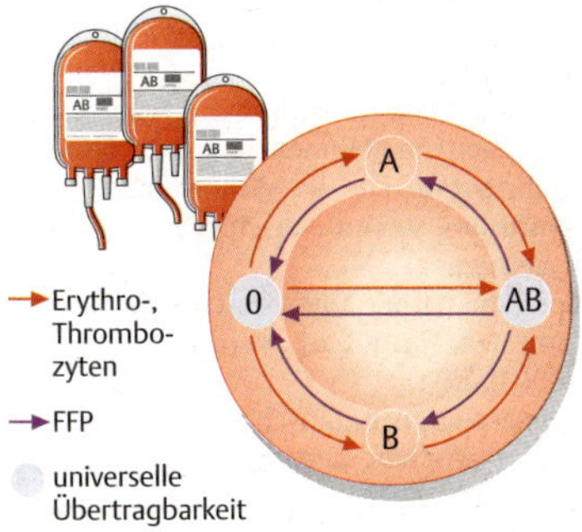

4. Kompatible Transfusion

C. Blutkomponenten

Anhaltswerte zur Erythrozytensubstitution bei akutem Blutverlust (beim Erwachsenen)

1. Transfusion frühestens bei einem Hb ≤ 8 – 10 g/100ml bzw. Hkt ≤ 25 – 30 %
   Faustregel: 3 ml EK/kg KG erhöhen den Hb um ca. 1 g%
2. Patienten mit kardiovaskulären oder pulmonalen Vorerkrankungen oder Polyglobulie benötigen z.T. individuell höhere Werte, da bei ihnen die Fähigkeit zur kompensatorischen Steigerung des HZV bzw. der O_2-Aufnahme herabgesetzt ist.
3. Bei Patienten mit chronisch-kompensierter Anämie (z.B. terminale Niereninsuffizienz) können im Einzelfall auch niedrigere Werte toleriert werden.
4. Bestehen keine wesentlichen Vorerkrankungen und werden intraoperativ keine größeren Blutverluste erwartet, können Anästhesien bei präoperativen Hb-Werten ≥ 8 – 10 g% unter strikter Erhaltung von Normovolämie und ausreichender Oxygenierung bei adäquater Überwachung sicher durchgeführt werden.

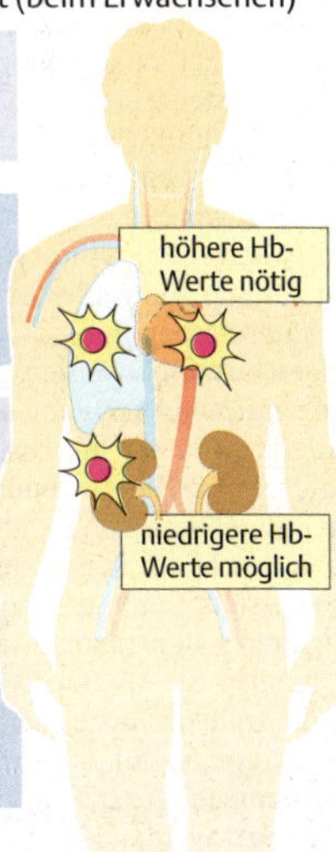

D. Indikation zur Bluttransfusion

E. Praxis der Transfusion

Zur Zurückhaltung von Zellaggregaten und Präzipitaten werden Blutprodukte über spezielle Filter transfundiert. Bei der hohen Qualität heutzutage verfügbarer Erythrozytenkonzentrate sind hierzu **Makrofilter** mit einer Porengröße von 170–230 µm ausreichend, wenn die Konzentrate „buffy-coat"-frei sind. Auf Mikrofilter (Porengröße ≤ 40 µm) kann so weitestgehend verzichtet werden. Thrombozytenpräparate dürfen grundsätzlich nur über Makrofilter appliziert werden, da es bei Benutzung von Mikrofiltern zu größeren Thrombozytenverlusten durch Aggregation im Bereich der Filtermembranen kommt. Die Filter müssen auch hohe Durchflußraten zur *zügigen* Transfusion im Rahmen massiver Blutungen gewährleisten. Für die **Schnellinfusion bzw. -transfusion** stehen verschiedene Methoden zur Verfügung:

- pneumatische Manschetten, die manuell mit Luft insuffliert werden (max. Druck 300 mmHg),
- apparativ-pneumatische Systeme mit halbautomatischer Generierung des Insufflationsdruckes,
- mechanische Pumpensysteme.

Der Nachteil „manueller" Manschetten liegt darin, daß sich der Druck unter der In-/Transfusion vermindert, während er bei den apparativ-pneumatischen Systemen konstant gehalten wird. Bei Verwendung solcher *drucklimitierter* Systeme ist die In-/Transfusionsrate vom Durchflußwiderstand abhängig, d. h. in erster Linie vom Venen- und Kanülendurchmesser sowie von der Viskosität der zugeführten Flüssigkeit. Erythrozytenkonzentrate sollten deshalb zur Verbesserung der Fließeigenschaften vorher mit isotoner Kochsalzlösung aufgeschwemmt werden. Dies ist bei Benutzung *mechanischer* Pumpensysteme nicht erforderlich, da ihr Abschaltdruck im Bereich mehrerer bar liegt, wodurch einerseits auch über dünnlumigere Venen und Kanülen relativ hohe Durchflußraten erzielt werden können, andererseits damit aber auch die Gefahr einer stärkeren Bluttraumatisierung (Hämolyse) verbunden ist. Als Hauptgefahr aller Systeme ist die *Luftembolie* zu nennen, die durch korrekte Systembefüllung und bei den Flüssigkeitspumpen zusätzlich durch Luftsensoren verhindert werden kann.

F. Massivtransfusion

Hierunter versteht man Zufuhr *großer bis größter* Blutmengen innerhalb *kürzester* Zeit, z. B. bei Notoperationen, aber auch bei ausgedehnten, geplanten Eingriffen (z. B. Lebertransplantation, Gefäßchirurgie, Wirbelsäulenoperationen etc.) sowie bei (poly)traumatisierten Patienten *(F1)*. Zur sicheren Durchführung einer Massivtransfusion müssen bestimmte Voraussetzungen erfüllt sein *(F2)*. Trotzdem muß auch unter „optimierten" Bedingungen mit *Komplikationen* bzw. Nebenwirkungen gerechnet werden, wie

- Gerinnungsstörungen,
- Hyperkaliämie,
- Citratüberbelastung,
- ionisierte Hypokalzämie,
- Hämodilution,
- Hypothermie.

Auch bei Ausbleiben einer Verbrauchsreaktion können *Gerinnungsstörungen* entstehen, und zwar durch Verlust und Verdünnung des Gerinnungspotentials, so daß ein unspezifischer Ersatz von Gerinnungsfaktoren etc. noch *vor* Auftreten schwerwiegender Komplikationen empfohlen wird. Bei einem Absinken der Faktorenkonzentration auf 35 % der Norm, das entspricht unter physiologischen Ausgangsbedingungen einem Blutverlust von ca. 80–90 %, wird die Hämostase grenzwertig und die Substitution in Form von *FFP* in hämostatisch wirksamer Dosierung von ≥10–15 ml/kg KG erforderlich. Die Gabe von Faktorenkonzentraten sollte gezielt, d. h. erst nach Gerinnungsanalyse vorgenommen werden. Eine „Blindsubstitution" sollte auf Antithrombin III oder solche klinischen Situationen beschränkt bleiben, in denen das Ergebnis der Gerinnungsanalyse nicht abgewartet werden kann (Einzelheiten s. Kap. 9.7). Eine Verminderung der Thrombozytenzahl im peripheren Blut ist bei normaler Plättchenfunktion bis auf Werte von 30.000–50.000/µl, entsprechend einem Blutverlust von ca. 130–140 %, tolerierbar. Spätestens dann wird aber auch ein *Thrombozytenersatz* (bei Erwachsenen 1 TKZ bzw. 4–6 TK1) notwendig. Die Gefahr einer *Hyperkaliämie* besteht vor allem bei Transfusion älterer Konserven in größerer Anzahl, da sie höhere Anteile an Kalium aus untergegangenen Erythrozyten enthalten. Eine nennenswerte Zufuhr von Citrat (antikoagulatorischer Stabilisatoranteil) ist

Blut und Bluttransfusion IV

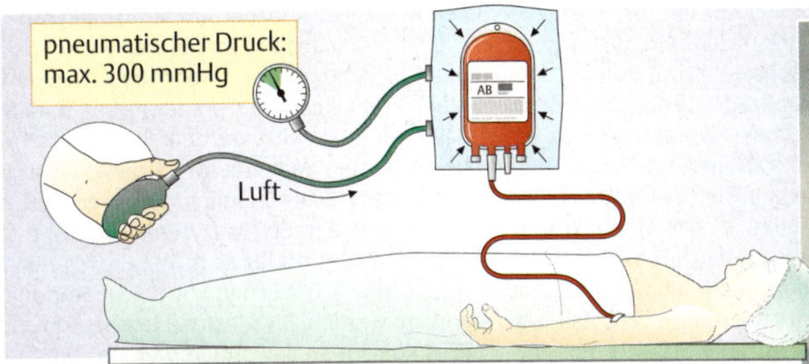

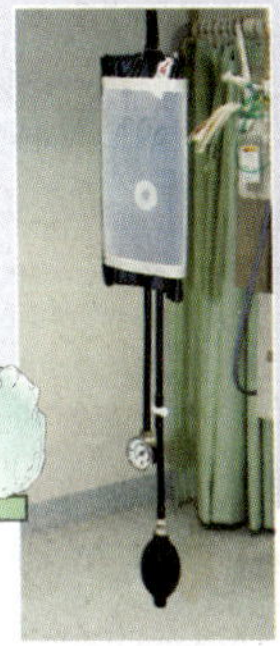

1. Einfache Drucktransfusionsmanschette

E. Praxis der Transfusion

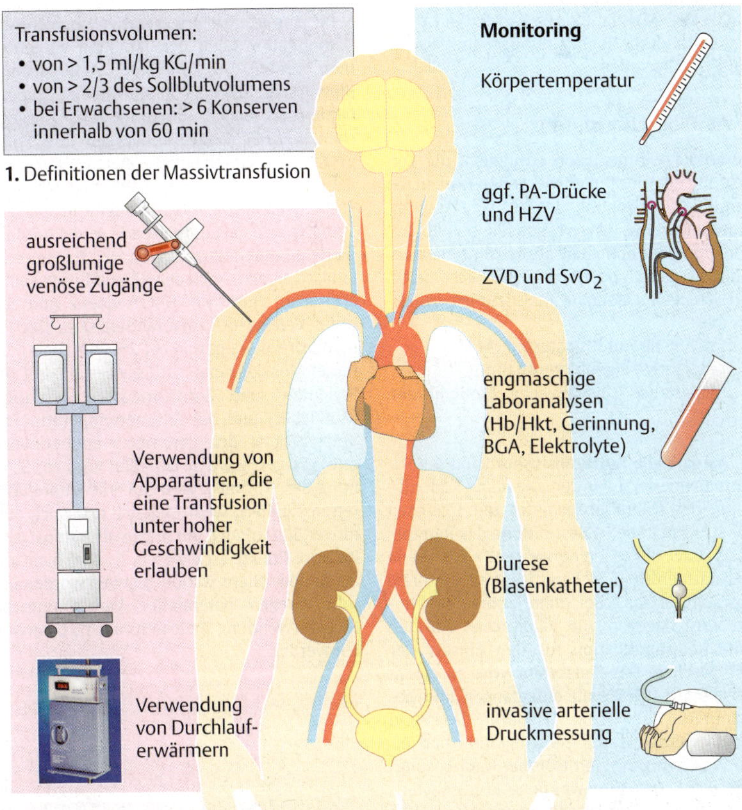

2. Voraussetzungen für eine Massivtransfusion

F. Massivtransfusion

bei den Erythrozytenkonzentraten nicht gegeben, jedoch beim FFP. Während bei normaler Stoffwechsellage Citrat rasch und ausreichend in der Leber metabolisiert wird, können Störungen der Leberfunktion (Leberinsuffizienz, hämorrhagischer Schock, Hypothermie) zu erhöhten Citratkonzentrationen im Plasma führen. Durch nichtmetabolisiertes Citrat werden Calciumionen gebunden, so daß eine *ionisierte Hypokalzämie* resultiert. Hierdurch werden der Gefäßtonus und die myokardiale Kontraktilität reduziert (→ Blutdruck- und HZV-Abfall), so daß eine am besten gezielte Substitution entsprechend dem Plasmawert nötig wird (z. B. mit $CaCl_2$). Eine *Hypothermie* als Folge einer Massivtransfusion läßt sich durch Transfusaterwärmung mittels spezieller Apparaturen und weitere Maßnahmen (s. Kap. 9.8) nicht immer verhindern, aber zumindest im Ausmaß deutlich vermindern.

G. Autologe Transfusion

Die autologe Transfusion ermöglicht die Vermeidung der meisten gravierenden Risiken der Fremdblutübertragung, wie Virusübertragung, immunologische Unverträglichkeit und Immunsuppression. Ihr Einsatz wird deshalb zunehmend auch aus forensischer Sicht gefordert. *Fremdblutsparende* Maßnahmen umfassen die

- maschinelle Autotransfusion (MAT),
- präoperative Eigenblutentnahme,
- präoperative isovolämische Hämodilution (IHD).

Die **maschinelle Autotransfusion** kann bei Patienten eingesetzt werden, die keine Kontamination des Operationsgebietes mit malignen Zellen (Ausnahme: γ-Bestrahlung des Retransfusats) oder Bakterien aufweisen (z. B. enorale oder darmeröffnende Eingriffe, transurethrale Prostataresektion). Bei *tumorfernen* Operationen wird dagegen von zahlreichen Autoren keine Kontraindikation für den Einsatz der MAT gesehen. Das Saugerblut wird in einem speziellen 3-l-Reservoir aufgefangen und heparinisiert. Zelldetritus, Heparin, Fett und Plasma werden durch Zentrifugation und einen Waschvorgang (mit isotoner NaCl-Lösung) abgetrennt. Das so gewonnene Erythrozytenkonzentrat ist *mittelgradig* konzentriert (Hkt 45–55%) und kann über einen *Makrofilter* retransfundiert werden. Um bakterielle Kontamination zu verhindern, ist die Verwendbarkeit derartiger Konzentrate auf 6 h begrenzt.

Eine **präoperative Eigenblutentnahme** sollte unter Beachtung der Kontraindikationen vor blutreichen *elektiven* Operationen (z. B. Orthopädie) durchgeführt werden. Sie ist prinzipiell bei Patienten mit einem Körpergewicht von mindestens 30 kg möglich. Entsprechend der Haltbarkeit der Erythrozytenkonzentrate von z. B. höchstens 49 Tagen in PAGGS-Mannit-Lösung kann ca. 6 Wochen vor der Operation begonnen werden. Bis maximal jeweils 6 EKs und FFPs können so gewonnen werden. Durch die Blutentnahmen wird eine intensive, anhaltende Blutneubildung im Knochenmark angeregt, was in der postoperativen Phase von großem Vorteil ist.

Die unmittelbar **präoperative isovolämische Hämodilution** kann bei Patienten vorgenommen werden, bei denen der zu erwartende Blutverlust *größer* als 500 ml ist. Eine Hypovolämie muß jedoch unbedingt zuvor ausgeglichen werden. Praktisch werden über einen großlumigen intravenösen Zugang (z. B. in einer Ellenbeugenvene) unter ständigem Schwenken 500–1.500 ml Vollblut in spezielle, Stabilisatorlösung enthaltende Beutel entnommen und durch Infusion von HES streng isovolämisch ersetzt. Nach der Hämodilution sollten arterieller Blutdruck, Herzfrequenz und zentraler Venendruck unverändert sein. Der Hämatokrit sollte optimal bei 25–28% liegen. Hämodilutionskonserven müssen exakt mit den Patienten- und Entnahmedaten beschriftet (Aufkleber) und bei Zimmertemperatur (zur Verbesserung der Thrombozytenüberlebensrate) gelagert werden. IHD-Blut wird zur Schonung der Thrombozyten nur mit *Makrofiltern* retransfundiert, wenn möglich erst nach definitiver Blutstillung, um maximale hämostaseologische Effekte zu erzielen. Es darf nicht mit auf die periphere Station gegeben werden und sollte wegen potentieller Verkeimung bei Nichtverwendung spätestens nach 6 h verworfen werden.

Blut und Bluttransfusion V

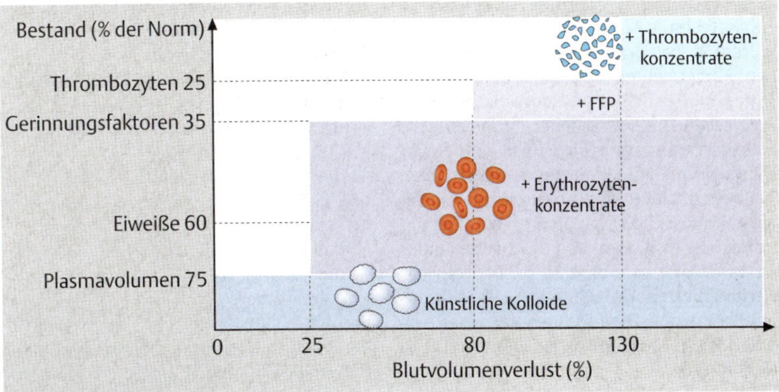

3. Volumen- und Blutsubstitution bei massiven Blutverlusten

F. Massivtransfusion

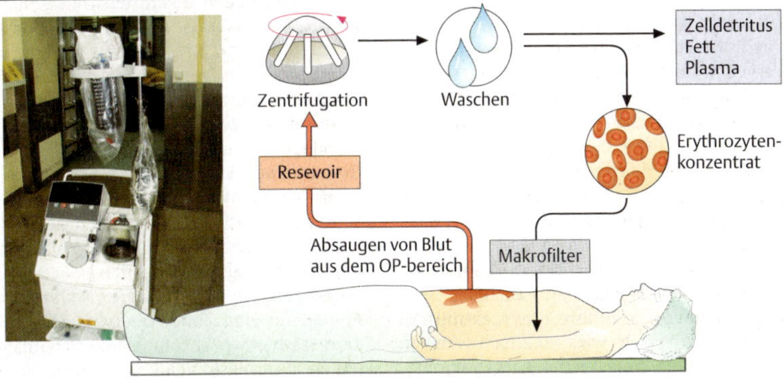

1. Autotransfusionsgerät

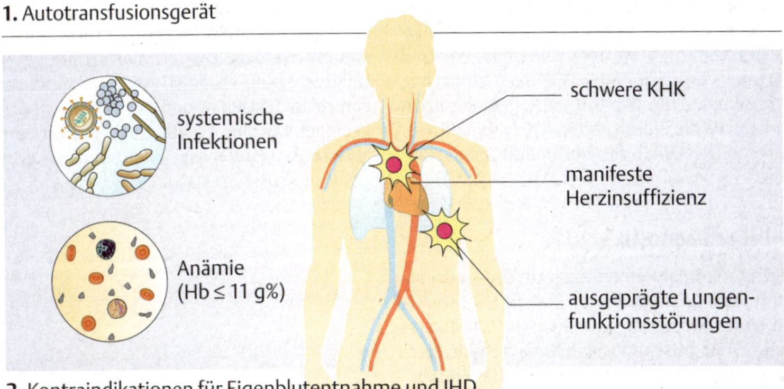

2. Kontraindikationen für Eigenblutentnahme und IHD

G. Autologe Transfusion

Das System der **Blutgerinnung** (Koagulation) umfaßt endotheliale Faktoren, Thrombozyten (Blutplättchen) und plasmatische Gerinnungsfaktoren. Durch ein komplexes Zusammenspiel dieser Komponenten werden Läsionen im Gefäßsystem abgedichtet und notwendige Reparaturmechanismen eingeleitet („Hämostase"). Um die Gerinnungsvorgänge lokal auf den Ort der Erfordernis zu begrenzen, existiert neben spezifischen Inhibitoren einzelner Gerinnungsfaktoren gleichsam als Gegenspieler das **fibrinolytische System**. Ein fein aufeinander abgestimmtes dynamisches Gleichgewicht zwischen Gerinnung, Inhibition und Fibrinolyse schützt den Organismus zum einen vor Blutverlusten, zum anderen verhindert es Thrombosen.

A. Grundlagen

Die Aktivierung des Gerinnungssystems verläuft *kaskadenartig (A1)*, wobei zwei unterschiedliche Startreaktionen möglich sind. Das **„intrinsic"**- oder endogene System wird bei *endothelialen* Läsionen durch Kontakt des Blutes mit Fremdoberflächen (z. B. Kollagen, Mikrofibrillen, Kunststoffe) aktiviert (Faktor XII). Die Freisetzung von Phospholipiden (Plättchenfaktor 3) aus zuvor aktivierten Thrombozyten, die eine *primäre* Blutstillung durch Gefäßwandabdichtung (Pfropfbildung durch Plättchenaggregation) bewirken, sind für den Ablauf der endogenen Gerinnungskaskade ebenfalls von entscheidender Bedeutung. Das **„extrinsic"**- oder exogene System wird innerhalb weniger Sekunden durch freigesetztes Gewebethromboplastin (Gewebefaktor III) aktiviert, das bei der Schädigung bzw. Verletzung *subendothelialer* Gewebezellen entsteht. Die endogene und exogene Vorphase enden mit der Aktivierung von Faktor X, um dann in einer gemeinsamen Endstrecke die Prothrombin-/Thrombinaktivierung und letztlich die Fibrinbildung auszulösen.

B. Labordiagnostik

Gerinnungsanalysen erfolgen aus mit *Natriumcitrat* versetztem Blut bzw. Plasma (→ reversible Antikoagulation durch Ca^{2+}-"Entionisierung"). Das Mischungsverhältnis beträgt hierbei 1:9 und muß unbedingt eingehalten werden, um verläßliche Werte zu erhalten. Bei der Blutentnahme muß so schonend wie möglich vorgegangen werden, um eine *artifizielle* Gerinnungs- oder Fibrinolyseaktivierung zu vermeiden. Zur orientierenden Analyse dienen *globale* Parameter wie die

- aktivierte partielle Thromboplastinzeit (aPTT),
- die Thromboplastinzeit nach *Quick*,
- die Thrombinzeit (TZ),
- die Thrombozytenzahl

und ggf. die Fibrinogenkonzentration. Zusätzlich sind besonders in *Blutungssituationen*

- das Antithrombin III (AT III),
- die Reptilasezeit (RZ) sowie
- die D-Dimere

von klinischer Bedeutung. *Antithrombin III* ist der wichtigste natürliche Gerinnungsinhibitor. Die AT-III-Wirkungen verlaufen spontan nur langsam ab, werden aber durch Heparin erheblich beschleunigt („Heparin-AT-III-Komplex"). Die *Reptilase* ist ein thrombinähnliches Enzym, das allerdings nicht durch Heparin beeinflußt wird. Deshalb können mit der parallelen Bestimmung von RZ und TZ Heparineffekte von Hyperfibrino(geno)lysen differenziert werden. Bei den *D-Dimeren* handelt es um plasmininduzierte Fibrinspaltprodukte (im Gegensatz zu Fibrinogenspaltprodukten), die eine Fibrinolyse von einer Fibrinogenolyse unterscheiden lassen. Der Nachweis erhöhter Plasmakonzentrationen an D-Dimeren bedeutet deshalb, daß neben der Plasmin- auch eine Thrombinbildung stattgefunden hat. Mit den *globalen* Tests werden grob alle Faktoren *außer* Faktor XIII erfaßt, der für eine stabile Quervernetzung von Fibrin erforderlich ist. Zur detaillierten Analyse können auch die Aktivität von Einzelfaktoren (z. B. F XIII) sowie die In-vitro-Thrombozytenaggregation und In-vitro-Blutungszeit bestimmt werden. Die in vivo ermittelte Blutungszeit (z. B. subaqual nach *Marx*) ist dagegen relativ ungenau und nur zur Orientierung geeignet. Darüber hinaus existieren für Einzelfälle noch weitere, spezielle Untersuchungen.

Blutgerinnung I

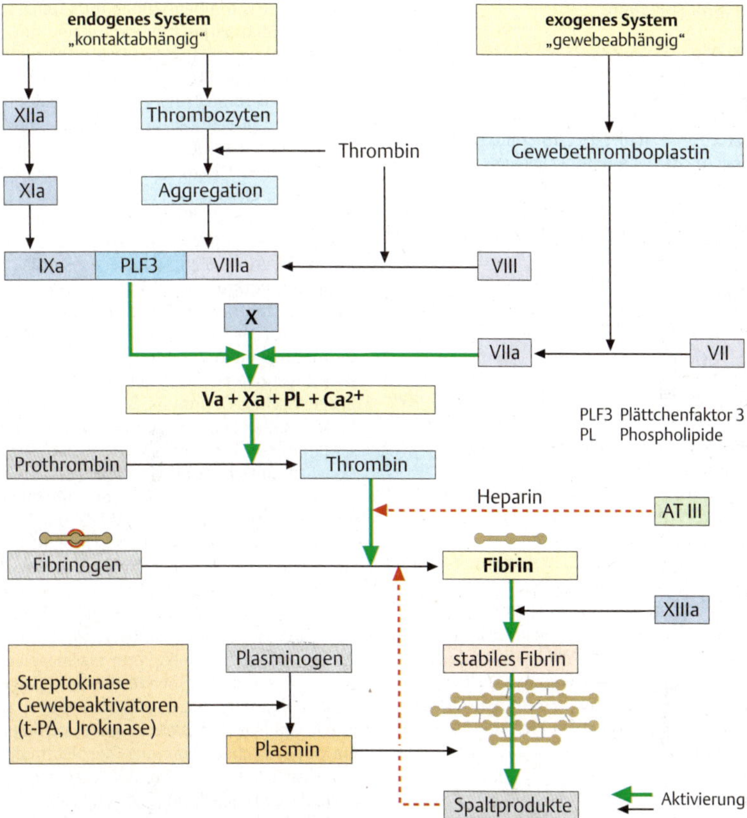

Vereinfachter Ablauf der Gerinnungskaskade

A. Grundlagen

	Normalwertbereich	Erfassung
Part. Thromboplastinzeit (aPTT)	35 – 40 sec	endogenes S.: Faktoren XII, XI, IX, VIII, X, V, II, I
Thromboplastinzeit nach Quick	70 – 100 %	exogenes System: Faktor VII, X, V, II, I
Thrombinzeit (TZ)	17 – 22 sec	Faktor I u. Fibrinbildung
Reptilasezeit (RZ)	17 – 22 sec	wie TZ, aber heparinunabhängig
Thrombozytenzahl	150.000 – 400.000/µl	
Fibrinogen (Faktor I)	200 – 400 mg/dl	
Antithrombin III	70 – 100 %	
D-Dimere	< 0,5 µg/ml	Fibrin-spezifische D-Spaltprodukte

Normalwerte und Aussagekraft wichtiger Gerinnungstests

B. Labordiagnostik

C. Häufige Gerinnungsstörungen und ihre Therapie

Die Substitution von Gerinnungsfaktoren oder Thrombozyten ist aufgrund der damit verbundenen Risiken generell nur bei bereits *bestehenden* oder sicher zu *erwartenden* Hämostasestörungen indiziert. Sie sollte *gezielt* nach Analyse des Gerinnungsablaufes und möglichst erst nach Ausschalten der *Ursache* (z. B. Blutstillung) erfolgen. In einer akut lebensbedrohlichen Situation dagegen darf die Therapie nicht aufgrund ausstehender Labordaten, die zudem der aktuellen Situation immer hinterherhinken, verzögert werden („Blind- bzw. *kalkulierte* Substitution").

Akute Blutung. Hämostasestörungen infolge intraoperativer oder posttraumatischer Blutverluste gehören zu den wichtigsten Koagulopathien. Hierbei müssen drei grundlegende *Pathomechanismen* unterschieden werden:

1. Aus der Blutvolumenabnahme resultiert eine Verminderung des Gerinnungspotentials (→ *„Verlustkoagulopathie"*).
2. Eine gleichzeitige Volumensubstitution (z. B. Kolloide) bewirkt eine Hämodilution (→ *„Verdünnungskoagulopathie"*).
3. Bei nicht rechtzeitiger oder adäquater Therapie kommt es durch eine überschießende Gerinnungsaktivierung zum Verbrauch von Gerinnungsfaktoren und -inhibitoren sowie von Thrombozyten (→ *„Verbrauchskoagulopathie"*).

Zur Verhinderung vor allem einer Verbrauchskoagulopathie dient das *Stufenkonzept*, wie es bei der Massivtransfusion dargestellt wurde (s. Kap. 9.6). Im Mittelpunkt steht dabei zunächst der Erhalt bzw. die Wiederherstellung des intravasalen Volumens und der O_2-Transportkapazität des Blutes, im folgenden Schritt die Zufuhr von Gerinnungsinhibitoren (AT III) und -faktoren in Form von FFP und erst danach der Ersatz von Thrombozyten sowie ggf. die gezielte Normalisierung des Inhibitor- und Faktorenpotentials.

Disseminierte intravasale Koagulation (DIC). Eine DIC entsteht durch *systemische* Aktivierung des Gerinnungssystems (→ Hyperkoagulabilität). Bei Verbrauch des Inhibitorpotentials entwickelt sich ein autonomer, ungebremster Gerinnungsablauf über den Ort der Verletzung hinaus. Hierdurch kommt es zur *generalisierten* Fibrin- und Thrombenbildung im Kapillarbett, aus der Mikrozirkulationsstörungen mit lebensbedrohlichen hypoxisch-ischämischen Funktionseinschränkungen aller Organe resultieren. Bei Verbrauch des Gerinnungspotentials (→ Hypokoagulabilität) und aufgrund einer *sekundären (reaktiven) Hyperfibrinolyse* drohen zudem schwere Blutungskomplikationen. Neben der Beseitigung der Ursache und der kardiopulmonalen Stabilisierung muß die Verbrauchsreaktion gezielt unterbrochen werden. Im Vordergrund steht dabei die Normalisierung der *Antithrombin-III*-Plasmaspiegel durch AT-III-Konzentrate, ggf. auch als „Blindsubstitution". Ferner kann durch Gabe von FFP das Gerinnungs- und Inhibitorpotential unspezifisch angehoben werden. FFP enthält sämtliche plasmatischen Gerinnungsfaktoren und -inhibitoren sowie Plasminogen und die Fibrinolyseinhibitoren in physiologischer Konzentration. Erst *danach* dürfen Gerinnungsfaktoren in konzentrierter Form (z. B. Prothrombinkomplex-Konzentrat – PPSB [F II, VII, IX und X], Fibrinogen, F XIII) eingesetzt und Thrombozyten substituiert werden, die ansonsten die Verbrauchsreaktion weiter unterhalten würden. Die erforderlichen Dosen können nach Gerinnungsanalyse individuell berechnet werden *(C2/C3)*. Bleibt der kalkulierte Plasmaspiegelanstieg aus, muß an einen fortbestehenden erhöhten Faktorenumsatz gedacht werden, z. B. durch anhaltenden Verlust oder Verbrauch. Eine spezifische Hemmung der Fibrinolyse, z. B. durch Aprotinin (Trasylol®), ist bei einer sekundären Hyperfibrinolyse zumeist nicht erforderlich, da mit der Hemmung der Gerinnungsaktivität durch AT III automatisch auch die Fibrinolyseaktivität nachläßt. Unter AT III muß selbst bei extremer Überdosierung nicht mit einer hierdurch ausgelösten Blutungsneigung gerechnet werden, es sei denn, daß in dieser Situation zusätzlich Heparin zugeführt wird. Aus diesem Grund wird in der akuten Phase einer Verbrauchskoagulopathie auf Heparin verzichtet.

Thrombozytopenien. Thrombozytopenien entstehen *überwiegend* infolge eines *erhöhten Umsatzes* in der Peripherie (z. B. Verbrauchskoagulopathie), seltener durch verminderte Bildung im Knochenmark (schwere Knochenmarkdepression). Außer in bedrohlichen Situationen soll vor einer Substitution von Thrombozyten

Blutgerinnung II

- nahezu alle Formen des Schocks
- nach Einschwemmung thromboplastischen Materials bei:
  - Erythrozytenzerstörung: hämolytische Syndrome
  - Gewebetraumatisierung: Polytrauma
  - Operationen: insbesondere an Prostata, Uterus, Pankreas, Lunge
  - akuten Organnekrosen: nekrotisierende Pankreatitis, Lebernekrose
  - Tumorzellnekrosen
  - geburtshilfliche Komplikationen: Fruchtwasserembolie
- Schädigung des Gefäßendothels mit Freilegung subendothelialer Strukturen
- Bakterienendotoxine: besonders gramnegative Septikämien
- Immunreaktionen: Antigen-/Antikörperkomplexe mit Komplementaktivierung

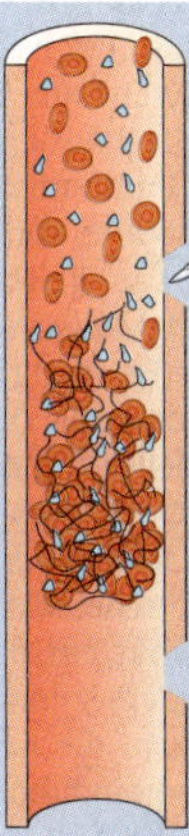

1. Ursachen der disseminierten intravasalen Koagulation

1 Einheit (E) eines Gerinnungsfaktors pro kg Körpergewicht ergibt einen Faktorenanstieg im Plasma von ca. 1 %.

1 Einheit ist diejenige Aktivität eines Gerinnungsfaktors oder -inhibitors, die in 1 ml eines Frischplasma-Pools enthalten ist. Das bedeutet, daß pro FFP ca. 200 E an entsprechenden Faktoren und Inhibitoren zur Verfügung stehen.

2. Faustformel zur Substitution von Gerinnungsfaktoren

erforderliche Fibrinogendosis (g) = erwünschter Anstieg (g/l) · Plasmavolumen (l)

3a. Dosisberechnung zur Fibrinogen-Substitution

Plasmavolumen (l) = kg KG · 0,04

3b. Berechnung des Plasmavolumens

- Übertragung von Viren
  - Risiko am höchsten bei FFP
  - bei Faktorenkonzentraten sehr unwahrscheinlich, aber nicht vollständig ausschließbar
- unerwünschte Gerinnungsaktivierung bei Überdosierung oder zu schneller Applikation von Faktorenkonzentraten
- vereinzelt allergische Reaktionen bis hin zum anaphylaktischen Schock

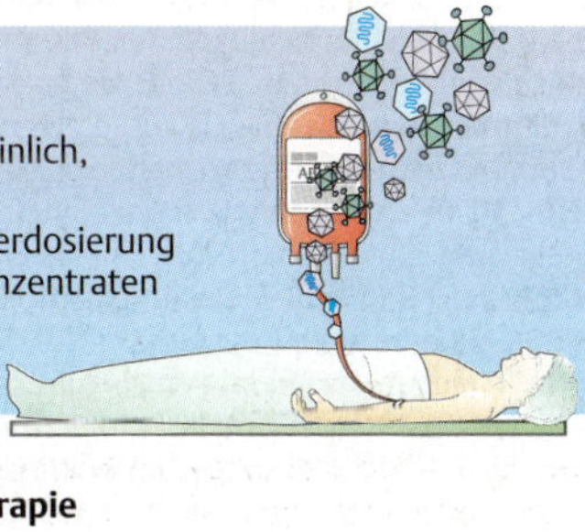

4. Nebenwirkungen gerinnungsaktiver Präparate

C. Häufige Gerinnungsstörungen und ihre Therapie

die Ursache beseitigt werden (z. B. Therapie einer Verbrauchskoagulopathie, Splenektomie bei Morbus Werlhof). Bei immunologisch bedingten Thrombozytopenien kann durch Glukokortikoide und hochdosierte Immunglobuline der Ablauf der Immunreaktionen blockiert werden. Immunglobuline vom IgG-Typ binden mit ihren Fc-Stellen an die Fc-Rezeptoren von Thrombozyten und Monozyten bzw. Makrophagen, so daß die Beladung der Thrombozyten mit Immunkomplexen und die Phagozytose bereits beladener Plättchen verhindert werden. Bei Thrombozytopenien muß generell bedacht werden, daß *Heparin* infolge der Verminderung des Plättchenfaktors 4, der heparinantagonistisch wirkt, entsprechend geringer inaktiviert wird. Zudem kommt bei verminderter Thrombozytenzahl die heparinvermittelte Hemmung der thrombininduzierten Thrombozytenaggregation verstärkt zum Tragen. Aus diesen Gründen muß die Heparindosis, insbesondere in der postoperativen Phase, der Thrombozytenzahl angepaßt, d. h. bei Thrombozytopenie reduziert werden.

Thrombozytopathien. Störungen der Thrombozytenaggregation sind selten angeboren, sondern zumeist *erworben* als Folge unterschiedlichster Grunderkrankungen oder nach Medikamentengabe. Die Verdachtsdiagnose ergibt sich intraoperativ bei diffuser kapillärer, nicht chirurgisch bedingter Blutung, wenn Thrombozytenzahl und plasmatische Gerinnung normal sind. Eine pathologisch verlängerte In-vitro-Blutungszeit erhärtet dann die Diagnose. Zur exakten Diagnose und Differenzierung sind dagegen spezielle, zeitaufwendige Aggregationstests erforderlich. Für eine dauerhaft erfolgreiche Therapie muß die Ursache behoben werden (Sanierung der Grundkrankheit, Absetzen der Pharmaka etc.). In der *Akutsituation* bleiben nur symptomatische Maßnahmen. Bei bedrohlichen Blutungen müssen Thrombozyten substituiert werden, die allerdings dann auch dem schädigenden Agens ausgesetzt sind und somit nur eine verkürzte Überlebensdauer haben. Beim Willebrand-Jürgens-Syndrom entsteht die Aggregationsstörung infolge eines Defektes am Faktor-VIII-Molekül („Ristocetin-Kofaktor" [RCo]). Durch *Desmopressin* (DDAVP; Minirin®), einem Vasopressin-Analogon, kann die Faktor-VIII-Aktivität im Plasma kurzfristig auf ca. das Dreifache des Ausgangswertes angehoben werden (Kurzinfusion von 0,4 µg/kg KG über ca. 30 min). Nur bei schweren Defekten ist eine Substitution mit F-VIII:RCo-haltigen Präparaten (Kryopräzipitat) erforderlich. Die Gabe von Desmopressin ist als unspezifische Maßnahme oftmals auch bei anderen Thrombozytopathien erfolgreich.

D. Perioperative Blutstillung

Für eine ausreichende Blutstillung und zur Vermeidung einer Blutungsgefährdung des Patienten in der perioperativen Phase sollen bestimmte Mindestwerte von seiten des Gerinnungssystems nicht unterschritten werden *(D)*. Bei Patienten mit *präexistenten* Gerinnungsstörungen (z. B. Hämophilie) müssen hierzu in enger Abstimmung mit dem Gerinnungsphysiologen individuelle Konzepte erstellt und eingehalten werden. Ein differenziertes Vorgehen ist bei Patienten erforderlich, die unter einer Dauertherapie mit *oralen Antikoagulanzien* vom Kumarintyp stehen. Wird bei ihnen ein operativer Eingriff notwendig, so empfiehlt sich nach *Prüfung der Indikation* folgendes Vorgehen:

1. Verbleibt genügend Zeit, wird die Kumarintherapie abgesetzt, und man wartet die *Spontanerholung* des Quickwertes auf über 50 % der Norm unter gleichzeitiger „low-dose"-Heparinisierung ab (ca. 8–10 Tage bei Phenprocoumon [Marcumar®]).
2. Eine Zeitverkürzung kann durch wiederholte Gaben von *Vitamin K1* (Konakion®; 2mal 10–20 mg oral/d, Wirkeintritt frühestens nach 6–10 h) erreicht werden. Bei entsprechender Dringlichkeit kann Konakion® i. v. zugeführt (max. 20 mg pro Einzeldosis, Wirkeintritt nach ca. 3 h).
3. Eine gleichzeitige *PPSB-Gabe* (initial 1.000–3.000 E, weitere Korrekturen ca. 6–8stündlich nach Gerinnungsstatus) ist dem absoluten Notfall vorbehalten (z. B. Soforteingriff bei intrakranieller Blutung), da die hierdurch induzierte abrupte Korrektur der Gerinnungsverhältnisse mit deutlich erhöhter Thromboemboliegefahr einhergeht.

Irreversible Thrombozytenaggregationshemmer wie Acetylsalicylsäure (ASS; Aspirin®) sollen wenigstens 3 Tage vor einer geplanten Operation abgesetzt werden, idealerweise verbunden mit einer Überprüfung der Thrombozytenaggregation.

Blutgerinnung III

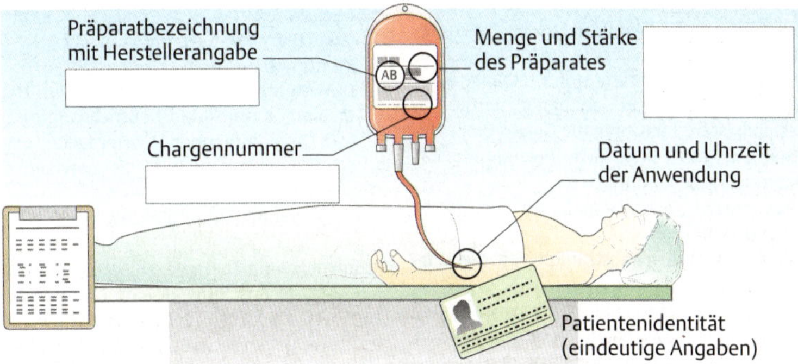

5. Dokumentation bei Anwendung gerinnungsaktiver Substanzen

Umsatzsteigerung

- Verbrauchskoagulopathie
- Sepsis
- Splenomegalie
- Antikörperbildung
  - M. Werlhof (Autoantikörper)
  - post transfusionem, medikamentös-allergisch (z.B. Heparin), postinfektiös
- hämolytisch-urämisches Syndrom, M. Moschcowitz

Knochenmarkdepression

- primär (z.B. Leukämie)
- sekundär: medikamentös-toxisch

6. Ursachen einer Thrombozytopenie

erworben

- Stoffwechselstörungen (Nieren-, Leberinsuffizienz)
- Sepsis
- medikamentös-induziert:
  - Acetylsalicylsäure, HES, Antibiotika (Penicilline, Cephalosporine)

angeboren

- Willebrand-Jürgens-Syndrom
- Bernard-Soulier-Syndrom

7. Ursachen einer Thrombozytopathie

C. Häufige Gerinnungsstörungen und ihre Therapie

- aPTT und TZ normal, Fibrinogen > 100 md/dl, Quick > 50 %
- Thrombozyten:
  - ≥ 50.000/µl bis wenigstens zum 4. postop. Tag (cave: gleichzeitige Thrombozytopathie!)
  - ≥ 90.000/µl bei und besonders nach intrakraniellen Eingriffen sowie bei schwerem SHT
- Einzelfaktorenspiegel > 50 % bei großen Operationen bis zum Abschluß der Wundheilung

Blutgerinnungswerte in der perioperativen Phase

D. Perioperative Blutstillung

A. Wärmehaushalt

Unter Narkose ist die physiologische Wärmeregulation eingeschränkt bzw. ausgeschaltet, so daß die Körpertemperatur unmittelbar von der Umgebungstemperatur abhängig wird. Am ehesten besteht hierdurch die Gefahr einer **Hypothermie**, wobei ursächlich folgende Mechanismen in Frage kommen:

- Konvektion (Wärmeabgabe an vorbeiströmende Luft),
- Radiation (Wärmeabstrahlung an die Umgebung),
- Evaporation (Flüssigkeitsverdunstung über dem Operationsgebiet; Hautdesinfektion mit kalten, alkoholischen Lösungen),
- Konduktion (Wärmeabgabe an Gegenstände, mit denen der Körper direkten Kontakt hat).

Besonders bei großen und langdauernden Operationen mit ausgedehnten Wundflächen und erheblichen Volumenverschiebungen (z. B. Massivtransfusion) sowie generell bei Neugeborenen und Kindern in den ersten Lebensjahren (relativ größere Körperoberfläche) muß mit deutlicher intraoperativer Auskühlung gerechnet werden. Eine Hypothermie kann in Abhängigkeit von ihrer Ausprägung zu schwerwiegenden Beeinträchtigungen der Homöostase führen *(A1)*. Am bedeutendsten sind dabei die *kardiozirkulatorischen* Veränderungen. Eine **Hyperthermie** entwickelt sich deutlich seltener. Sie kann Ausdruck

- eines Wärmestaues,
- einer reduzierten Schweißabgabe (z. B. Atropin bei Kindern),
- pyrogenhaltiger In-/Transfusionen,
- einer Sepsis oder thyreotoxischen Krise

sein. Die bedrohlichste Form ist eine durch bestimmte Pharmaka getriggerte und zur *malignen* Hyperthermie (MH) führende hypermetabolische Entgleisung (s. Kap. 13.6).

Diagnose. Zur Bestimmung der **Körperkerntemperatur** wird am häufigsten eine *rektale* oder *ösophageale* Sonde benutzt. Bei Patienten mit vorhersehbarer längerer postoperativer Intensivtherapie ist die Anlage einer in den *Blasenkatheter* integrierten Temperatursonde von Vorteil. Bei Verwendung eines *Pulmonaliskatheters* kann auch über den Thermistor kontinuierlich die zentrale Bluttemperatur gemessen werden. Die fortlaufende Temperaturmessung ist *indiziert* bei

- Eingriffen mit großen Volumenverschiebungen,
- langdauernden Eingriffen (> 2–3 h),
- Kindern in den ersten Lebensjahren,
- Durchführung einer kontrollierten Hypothermie (Kardio- und Neurochirurgie),
- MH-Disposition oder MH-Verdacht,
- Schockzuständen (v.a. hämorrhagischer Schock),
- Patienten mit Unterkühlung.

Prophylaxe und Therapie. Hypotherme Patienten sind im Anschluß an eine Narkose durch das Wiedereinsetzen der Frierreaktionen (Kältezittern) gefährdet, da diese mit einem drastischen Anstieg des myokardialen O_2-Verbrauchs (bis zu 400%) einhergehen. Aus diesem Grund sollte eine Auskühlung durch geeignete prophylaktische Maßnahmen von vornherein verhindert bzw. sollen *alle* Patienten vor Narkoseausleitung wiedererwärmt (T > 36 °C) werden *(A2)*. Dieses gilt insbesondere für *kardiovaskuläre* Risikopatienten.

B. Urinausscheidung

Eine adäquate *Spontandiurese* ist nicht nur ein Zeichen einer intakten Nierenfunktion, sondern auch einer suffizienten Kreislaufsituation *(Voraussetzungen s. Abb. B)*. Perioperativ wird deshalb ein Harnzeitvolumenvon ≥ 1 ml/kg KG/h angestrebt. Bei größeren intraoperativen Volumenverschiebungen und bei langdauernden Eingriffen (> 2–3 h) ist hierzu eine fortlaufende Überwachung der Urinausscheidung erforderlich, wofür i.d.R. ein *transurethral* angelegter Blasenkatheter verwendet wird. Grundsätzlich sollte kein *Dopamin* zur prophylaktischen Verbesserung von Nierenperfusion und -ausscheidung eingesetzt werden. Neuere Untersuchungen haben nämlich gezeigt, daß damit ein akutes Nierenversagen nicht zu verhindern ist und somit Nebenwirkungen wie Herzrhythmusstörungen in den Vordergrund treten. In diesem Sinne ist auch der Einsatz von Schleifendiuretika wie *Furosemid* nicht sinnvoll. Hierdurch wird nur die Wasserbilanz, nicht aber die Elimination harnpflichtiger Substanzen beeinflußt. Deshalb sollte die Indikation ausschließlich auf *Hyperhydratationszustände* beschränkt bleiben. Nur bei Patienten mit unklarer Nierenfunktion ist aus diagnostischen Gründen die Gabe einer Testdosis gerechtfertigt.

Wärmehaushalt und Urinausscheidung

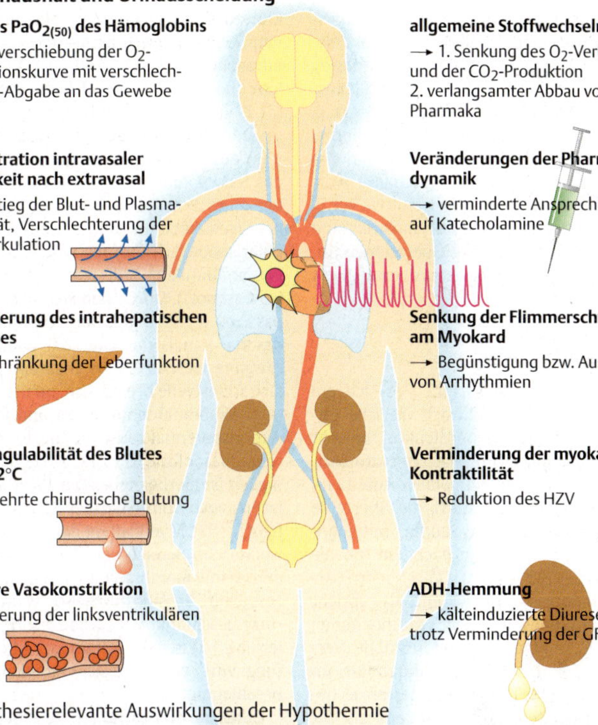

Abfall des $PaO_{2(50)}$ des Hämoglobins

→ Linksverschiebung der O_2-Dissoziationskurve mit verschlechterter O_2-Abgabe an das Gewebe

allgemeine Stoffwechselreduktion

→ 1. Senkung des O_2-Verbrauches und der CO_2-Produktion
2. verlangsamter Abbau von Pharmaka

Sequestration intravasaler Flüssigkeit nach extravasal

→ Anstieg der Blut- und Plasmaviskosität, Verschlechterung der Mikrozirkulation

Veränderungen der Pharmakodynamik

→ verminderte Ansprechbarkeit auf Katecholamine

Verminderung des intrahepatischen Blutflusses

→ Einschränkung der Leberfunktion

Senkung der Flimmerschwelle am Myokard

→ Begünstigung bzw. Auslösung von Arrhythmien

Hypokoagulabilität des Blutes bei T < 32°C

→ vermehrte chirurgische Blutung

Verminderung der myokardialen Kontraktilität

→ Reduktion des HZV

periphere Vasokonstriktion

→ Steigerung der linksventrikulären Nachlast

ADH-Hemmung

→ kälteinduzierte Diurese trotz Verminderung der GFR

1. Anästhesierelevante Auswirkungen der Hypothermie

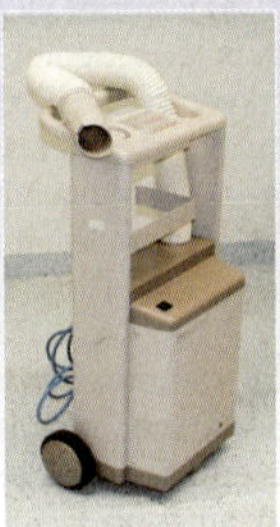

- Wärmeisolation des Patienten durch Folie und Tücher
- konvektive Erwärmung (z.B. Heizmatte/-decke)
- apparative Erwärmung von Infusionen und Transfusionen
- „low-flow"- bzw. „minimal flow"-Beatmung
- Benutzung eines Beatmungsfilters
- Erhöhung der Umgebungstemperatur

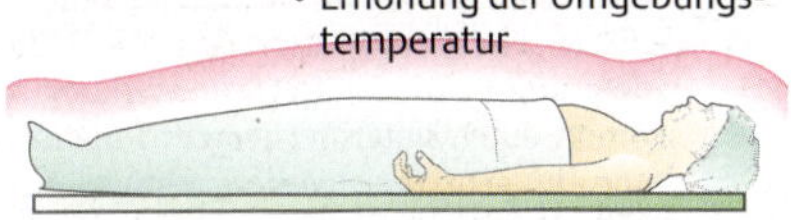

2. Maßnahmen zur Prävention der intraoperativen Auskühlung

A. Wärmehaushalt

- ausreichendes intravasales Volumen
- ausreichendes HZV
- ausreichender renaler Perfusionsdruck (MAP > 80 mmHg)
- kein postrenales Abflußhindernis

Voraussetzungen einer adäquaten Spontandiurese

B. Urinausscheidung

Lokalanästhetika (LA) erlauben eine *selektiv-reversible* Blockade der neuronalen Erregungsleitung. Wirkorte sind das Rückenmark und die Spinalganglien (Spinal-, Epiduralanästhesie), periphere Nerven bzw. Nervenbündel (Plexusanästhesie) und die Nervenendigungen (z. B. Infiltrations-, Oberflächenanästhesie). Hierbei können sämtliche Qualitäten im Innervationsgebiet gemischter Nerven ausgeschaltet werden (Sensibilität, Motorik und vegetative Funktionen). Andere Regionen des Organismus sind davon nicht betroffen, so daß Operationen unter Erhaltung des Bewußtseins ermöglicht werden.

A. Chemische Struktur

Bei den Lokalanästhetika handelt es sich um schlecht wasserlösliche, schwach basische aromatische Amine. Ihre Grundstruktur besteht aus einem *lipophilen* (ungesättigter aromatischer Ring) und einem *hydrophilen* Anteil (sekundäres oder tertiäres Amin), die über eine kurze *Zwischenkette* (2–3 C-Atome) miteinander verbunden sind *(A)*. Je nachdem, ob die Zwischenkette eine Ester- (-COO-) oder (Carbon)amidbindung (-NHCO-) enthält, spricht man von Aminoestern oder Aminoamiden (Säureamide). *Aminoester* sind instabile Verbindungen und werden rasch durch die im Plasma vorhandene Pseudocholinesterase hydrolytisch gespalten. Dabei entsteht als für diese Gruppe charakteristischer Metabolit *Paraaminobenzoesäure* (PAB), die für die möglichen allergischen Reaktionen verantwortlich ist. Ester-LA werden deshalb heutzutage von Anästhesisten kaum noch verwendet. *Aminoamide* werden dagegen durch Hydroxylierung des aromatischen Rings in der Leber metabolisiert. Hierbei entsteht zwar kein PAB, so daß Allergien auf Amid-LA extrem selten sind, allerdings enthalten einige Handelspräparate den Konservierungsstoff Methylparaben, der aufgrund seiner Verwandtschaft mit PAB sog. *Paragruppen-Allergien* auslösen kann. Als Besonderheit kommt es bei Prilocain über eine Hydrolyse der Amidbindung zur Bildung von *o-Toluidin*, einem Methämoglobinbildner.

B. Wirkungsweise

Die zwischen Nervenzelle und Extrazellulärraum bestehende ionale Konzentrationsdifferenz (Gradient) erzeugt ein Ruhemembranpotential von ca. -80 mV. Dieser Gradient wird im Ruhezustand neben dem aktiven Transport von Na^+-Ionen nach extra- und K^+-Ionen nach intrazellulär („Na^+/K^+-Pumpe“) durch eine relativ hohe, selektive Membranpermeabilität für K^+-Ionen aufrechterhalten. Die Na^+-Kanäle sind dabei weitgehend geschlossen. Bei Erregung der Nervenzelle kommt es zum Ansteigen des Ruhepotentials und mit dem Überschreiten eines Schwellenwertes zur schlagartigen, massiven Zunahme der Na^+-Leitfähigkeit („Depolarisation“). Hierdurch wird kurzfristig eine Potentialumkehr auf ca. +30 mV erreicht („overshoot“). Durch den sich anschließenden passiven K^+-Ausstrom fällt nach Inaktivierung des Na^+-Kanals das Potential wieder auf den Ausgangswert ab („Repolarisation“). Die Depolarisationswelle breitet sich auf die benachbarten Membranabschnitte aus und leitet so das Aktionspotential (AP) entlang der gesamten Nervenfaser fort *(B1)*. Die Nervenleitgeschwindigkeit ist hierbei neben der *Dicke* der Nervenfasern auch vom Grad der *Myelinisierung* abhängig *(B2)*. Myelin dient dabei als elektrischer Isolator. Im Bereich der Myelinbedeckung finden keine membranären Ionenaustauschprozesse statt. Sie sind auf die sog. *Ranvier-Schnürringe* beschränkt (→ „saltatorische Erregungsleitung“). Durch die saltatorische Erregungsleitung wird die Leitgeschwindigkeit erheblich beschleunigt.

Lokalanästhetika führen zu einer Stabilisierung des Ruhemembranpotentials, indem sie die Na^+-Kanäle *reversibel* blockieren *(B3)*, so daß AP-auslösende Depolarisationen erschwert bzw. verhindert werden. Hierdurch wird die Impulsfortleitung unterbunden. Lokalanästhetika diffundieren in der ungeladenen Form (Base) durch die Nervenzellmembran, anschließend dissoziieren sie infolge des intrazellulär niedrigeren pH-Wertes. Die Kationen (protonierte Form) binden dann an der intrazellulären Seite der Na^+-Kanäle, möglicherweise an spezifischen Rezeptoren, und behindern so den schnellen Na^+-Einstrom. Zusätzlich werden die Na^+-Kanäle noch durch eine unspezifische Einlagerung der LA in die Membran „deformiert“. Die *analgetische* Wirkung der LA kommt durch Unterbrechen der Impulsfortleitung in schmerzleitenden unmyelinisierten und schwach myelinisierten Nervenfasern zustande. Da die Empfindlichkeit auf LA mit zunehmender Dicke der Nervenfasern absinkt, werden zur Blockade myelinisierter Fasern

Lokalanästhetika I

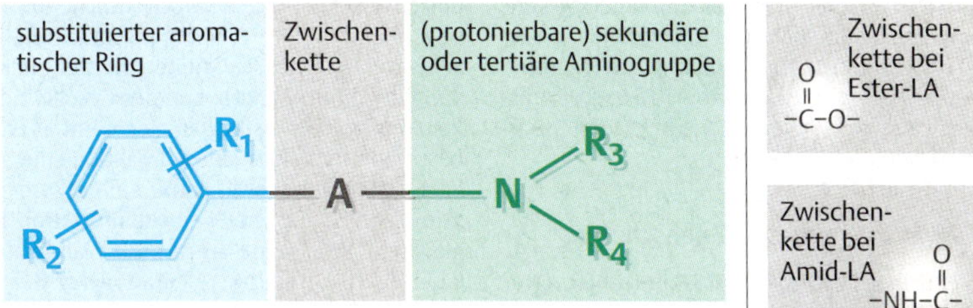

A. Chemische Struktur

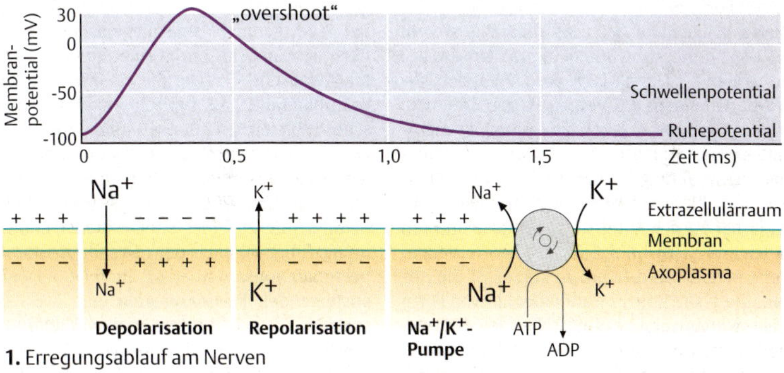

1. Erregungsablauf am Nerven

Nervenfasertyp		myelinisiert	Durchm. (µm)	Leitgeschwindigkeit (m/s)	Empfindlichkeit auf LA	vermittelte Funktion
A	α	++	12-20	70-120	+	Motorik, Propriozeption
	β	+	5-12	30-70	++	Berührung, Vibration
	γ	+	3-6	15-30	++	Muskeltonus
	δ	+	1-4	12-30	+++	Schmerz/Temperatur
B		+	<3	3-15	++++	präganglionärer Sympathikus
D		-	0,3-1,3	0,5-2,3	++++	Schmerz/Temperatur postganglionärer Sympathikus Parasympathikus

2. Einteilung und Funktion von Nervenfasern

LA = Lokalanästhetika

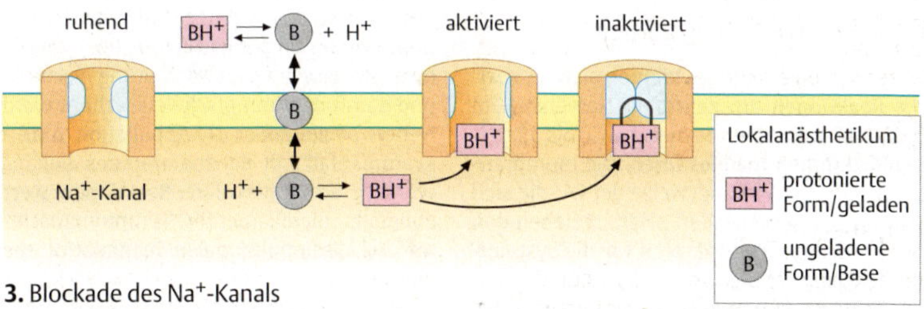

3. Blockade des Na+-Kanals

B. Wirkungsweise

(z. B. A_β) höhere LA-Konzentrationen benötigt. Klinisch bedeutet dies, daß durch gering konzentrierte LA eine *selektive* Analgesie ohne Verlust der Berührungsempfindung und Motorik, die über stark myelinisierte A_α-Fasern vermittelt wird, erzielt werden kann („Differentialblockade").

C. Physikochemische Eigenschaften

In wäßriger Lösung liegen LA in protonierter Form (Kation, BH^+; *quartäres* Amin) und als ungeladene, freie Base (B; *tertiäres* Amin) vor. Beide Formen stehen zueinander in einem Fließgleichgewicht *(C1)*, das abhängig ist vom pH-Wert der Lösung und dem pK-Wert des betreffenden LA. Der *pK-Wert* des LA gibt den pH-Wert an, bei dem das Verhältnis von Kation zu Base 1:1 ist. Nur der basische Anteil ist membrangängig, während der protonierte biologisch aktiv ist und die eigentliche Wirkung vermittelt. Je kleiner der pK-Wert eines LA ist, desto höher ist der Anteil an freier Base und um so leichter wird infolgedessen das Nervengewebe penetriert, d. h. um so kürzer ist die Anschlagzeit. Die Konzentration der aktiven Form in der Nervenzelle bestimmt dagegen das Ausmaß der Erregungsunterbrechung. Des weiteren unterscheiden sich LA hinsichtlich ihrer *Lipidlöslichkeit* (Fett-Wasser-Löslichkeitskoeffizient) und Proteinbindung. Die Lipidlöslichkeit definiert dabei ebenfalls das Penetrationsvermögen und damit die Wirkstärke eines LA, während die Proteinbindung vor allem die Wirkdauer beeinflußt (langsame Freisetzung stark gebundener LA). Hauptbindungspartner der LA im Plasma ist das saure α_1-Glykoprotein. Für den klinischen Gebrauch werden die Lokalanästhetika in Substanzen mit *kurzer*, *mittellanger* und *langer* Wirkdauer unterschieden *(C2)*.

D. Allgemeine Nebenwirkungen

Nebenwirkungen von LA können sich als *toxische* Reaktionen am zentralen Nervensystem und kardiovaskulären System sowie als *allergische* Reaktionen manifestieren. Die membranstabilisierende Wirkungsweise der LA, die sich nicht nur an Nervenzellen zeigt, ist neben den physiko-chemischen Faktoren für die systemische Toxizität verantwortlich. Systemisch-toxische Reaktionen entwickeln sich infolge absoluter Überdosierung, (zu) rascher Resorption aus gut durchbluteten Geweben (relative Überdosierung) oder durch versehentliche intravasale Injektion. Der Ausprägungsgrad und die Schwere toxischer Reaktionen werden hierbei von der Anflutung, d. h. von der Geschwindigkeit des Konzentrationsanstieges im Plasma, bestimmt. Eine intravenöse Injektion eines Lokalanästhetikums birgt somit ein größeres Risiko als z. B. nur eine Gewebeinfiltration mit gleicher Dosis. Eine intravasale Applikation kann durch sorgfältige Aspiration vor der Injektion des LA und fraktionierte Gabe minimiert werden. Zentralnervöse Nebenwirkungen treten i.d.R. vor den kardiovaskulären, d. h. bei niedrigeren Plasmaspiegeln, auf und äußern sich zunächst durch eine zerebrale Aktivitätssteigerung (Unruhe, Muskelzittern, Krampfanfälle). Als typisches pathognomonisches Frühzeichen gilt ein Taubheitsgefühl der Zunge und der perioralen Region. Die initiale *Aktivitätssteigerung* ist durch eine Blockierung inhibitorischer Neurone im Bereich des Kortex bedingt, die zu einer subkortikalen Enthemmung führt (ähnlich dem Exzitationsstadium bei Inhalationsanästhetika). Ihr folgt bei weiter ansteigenden Plasmaspiegeln eine ZNS- und schließlich auch direkte kardiovaskuläre *Depression*. Zur antinkonvulsiven Prophylaxe dient die Prämedikation mit Benzodiazepinen. Hierbei muß allerdings bedacht werden, daß mit dem Unterdrücken der ZNS-Zeichen diese auch als mögliche Prodromi kardiovaskulärer Intoxikationszeichen nicht mehr zur Verfügung stehen. *Bupivacain* hat aufgrund der längsten Rezeptorbindung unter den LA die stärkste Kardiotoxizität. Besonders gefährdet sind Patienten mit ausgeprägter *Hypoproteinämie* (Gesamteiweiß < 5 g%) wegen höherer Konzentrationen des freien, d. h. nicht proteingebundenen Plasmaanteiles.

Therapie. Bei den ersten Anzeichen einer LA-Intoxikation kann durch Auffordern des Patienten zum Hyperventilieren über die Alkalose die zerebrale Durchblutung vermindert und damit die Krampfschwelle erhöht werden. Neben begleitender O_2-Applikation muß der Krampfanfall mit Benzodiazepinen behandelt werden. Kardiovaskuläre Reaktionen werden ebenfalls medikamentös symptomatisch bis hin zur kardiopulmonalen Reanimation therapiert.

Lokalanästhetika II

$$\text{Lokalanästhetikum (Base)} + H_2O \rightleftharpoons BH^+ + OH^-$$

1. Dissoziationsgleichgewicht

Generikum	Mol.-Gew.*	pK (25°C)	Prot.-Bdg. (%)	max. Dosis (mg)**	Wirkdauer (min)	Plasma-HWZ (h)	Anwendung
Ester-Typ							
Procain	236	8,9	58	500	30-90	0,14	Infiltration
Tetracain	264	8,5	76	100	120-600		Infiltration, oberflächlich
Amid-Typ							
Lidocain	234	7,9	64	400	60-180	1,6	Infiltration, oberflächlich, periphere Nerven, spinal, epidural
Prilocain	220	7,9	55	600	60-180	1,6	Infiltration, epidural
Mepivacain	246	7,6	78	400	60-180	1,9	Infiltration, periphere Nerven, spinal, epidural
Ropivacain	274	8,1	95	250	120-500	1,8	Infiltration, periphere Nerven, epidural
Bupivacain	288	8,1	96	150	120-600	2,7	Infiltration, periphere Nerven, spinal, epidural
Etidocain	276	7,7	94	300	120-600	2,7	periphere Nerven, spinal, epidural

Wirkdauer:

kurz

mittellang

lang

*: Das Molekulargewicht (Mol.-Gew. in Dalton) ist für die LA-Base angegeben.

**: Die maximal empfohlene Dosis ist die LA-Menge, bei der keine toxischen Nebenwirkungen zu erwarten sind. Sie ist bezogen auf einen 70 kg schweren, gesunden Patienten. Bei Anwendung im Bereich gut durchbluteter Gewebe (z.B. Schleimhäute) gilt ca. die Hälfte der angegebenen Mengen als Höchstdosis.

2. Übersicht gebräuchlicher Lokalanästhetika

C. Physikochemische Eigenschaften

Zentralnervöse Reaktionen

- Enthemmung: Unruhe, Schwindel, Übelkeit/ Erbrechen, Euphorie, Muskelzittern
  → generalisierte Krampfanfälle
- Dämpfung: Koma
  → zentraler Atemstillstand

Hämodynamische Reaktionen

- Blutdruckabfall (durch negative Inotropie und Vasodilatation)
- Bradykardie
- Verlängerung der AV-Überleitungszeit
- Arrhythmien (z.B. „re-entry"-Tachykardien)

Allergische Reaktionen (Hautreaktionen bis hin zum anaphylaktischen Schock)

- Ester-Lokalanästhetika
- Paragruppen-Allergie (Methylparaben) bei Amid-Lokalanästhetika

D. Allgemeine Nebenwirkungen

Im Gegensatz zur Allgemeinanästhesie wird bei den regionalanästhesiologischen Verfahren nur die Nervenleitung vom und zum Operationsgebiet blockiert. Relativ große Körperareale lassen sich auf einfache Art durch rückenmarknahe Injektion von Lokalanästhetika vorübergehend nerval ausschalten. Hierzu müssen die anatomischen und funktionellen Grundlagen der Wirbelsäule und des Rückenmarkkanals bekannt sein.

A. Anatomische Grundlagen

Aus dem Rückenmark (RM), das sich beim Erwachsenen von der Medulla oblongata (Foramen magnum) bis auf Höhe des ersten oder zweiten LWK ($L_{1/2}$) erstreckt (bei ca. 5 % bis $L_{2/3}$) und hier als Conus medullaris endet, entspringen insgesamt 31 Nervenpaare (8 zervikale [C], 12 thorakale [Th], 5 lumbale [L], 5 sakrale [S], 1 kokzygeales; *A1*). Bis auf letzteres verlassen sie den RM-Kanal als *Spinalnerven* segmental durch die Zwischenwirbellöcher (Foramina intervertebralia). Aufgrund des unterschiedlichen Längenwachstums von Rückenmark und Wirbelsäule verlaufen die thorakalen Spinalnerven annähernd horizontal, die lumbalen und sakralen ziehen dagegen schräg abwärts gleichsam wie ein Pferdeschwanz („Cauda equina") zu den entsprechenden Foramina. Rückenmark und Cauda equina sind eingehüllt vom „Durasack" (Lamina interna der Dura mater, Arachnoidea und Pia mater), der bis zum zweiten Sakralwirbel (S_2) hinabreicht *(A1)*. Der Raum zwischen Arachnoidea und Pia enthält den Liquor cerebrospinalis und wird als *Spinal-*, *Intrathekal-* oder *Subarachnoidalraum* bezeichnet. Er enthält unterhalb des Conus medullaris neben dem Liquor nur noch Spinalnervenstränge, die sich kaudal des Durasackes als „Filum terminale" nach kokzygeal fortsetzen. Vorder- und Hinterwurzel der Spinalnerven sowie die Spinalganglien liegen oberhalb von S_2 intrathekal („Wurzeltaschen"). Der *Epi- bzw. Periduralraum* befindet sich zwischen Lamina interna und externa der Dura, wovon letztere das Periost des inneren Wirbelkanals bildet. Die anatomisch korrekte Bezeichnung müßte deshalb eigentlich „Intraduralraum" lauten. Dieser Raum enthält Fett und Venengeflechte (Plexus venosus vertebralis) sowie Lymphspalten, aber keine freie Flüssigkeit. Die Gesamtmenge des *Liquors* beträgt beim Erwachsenen ca. 150 ml, wovon sich etwa 30 ml im Wirbelsäulenbereich befinden, davon aber nur ca. 5 ml zwischen L_3 und S_2. Er wird in den Plexus chorioidei kontinuierlich neugebildet und in den Pacchioni-Granulationen bzw. Villi arachnoidales reabsorbiert (Liquordaten in *A3*).

Somatisches Nervensystem. Somatische Nervenfasern verlassen den RM-Kanal streng segmental. Die Anteile, die dem Vorder- und Hinterhornbereich des RM entstammen (Vorder- bzw. Hinterwurzel), vereinen sich vor dem Austritt zu den Spinalnerven und enthalten dann afferente (sensible) und efferente (motorische) Fasern. Zur Versorgung von Armen, Beinen und inneren Organen werden die Spinalnerven zunächst zu Nervenplexus gebündelt, aus denen dann die peripheren Hauptnerven abgehen.

Vegetatives Nervensystem. Das vegetative Nervensystem besteht aus einem sympathischen und einem parasympathischen Anteil („Sympathikus" – „Parasympathikus"; *A4*). Neurone des *Sympathikus* liegen im Rückenmark zwischen C_8 bis L_2 und werden untereinander in den Seitensträngen verbunden. Nur in diesem Höhenbereich treten die sympathischen Fasern auch aus dem Wirbelkanal aus, und zwar über die Rami communicantes albi der Spinalnerven. Danach verlaufen sie zunächst in enger Nähe zur Wirbelsäule im prävertebralen Truncus sympathicus („Grenzstrang"). Man unterscheidet prä- und postganglionäre Fasern, wobei die Umschaltung vom ersten auf das zweite Neuron in den Grenzstrangganglien selbst oder in Hals-, Bauch- und terminalen Ganglien erfolgt. Kopf und Hals werden durch Faseranteile aus dem oberen Thorakalmark versorgt. Der *Parasympathikus* dagegen entstammt zum einen dem Hirnstamm, wo er Fasern an die Hirnnerven III, VII und IX abgibt und den parasympathischen Hauptnerven, den N. vagus (X), bildet; zum anderen entspringen parasympathische Fasern aus dem Sakralmark und versorgen Blase, Genitalorgane, Rektum und unteres Kolon (bis zum „Cannon-Böhm-Punkt"). Die Umschaltung von prä- auf postganglionär erfolgt hier direkt am Zielorgan.

Rückenmarknahe Regionalanästhesien I

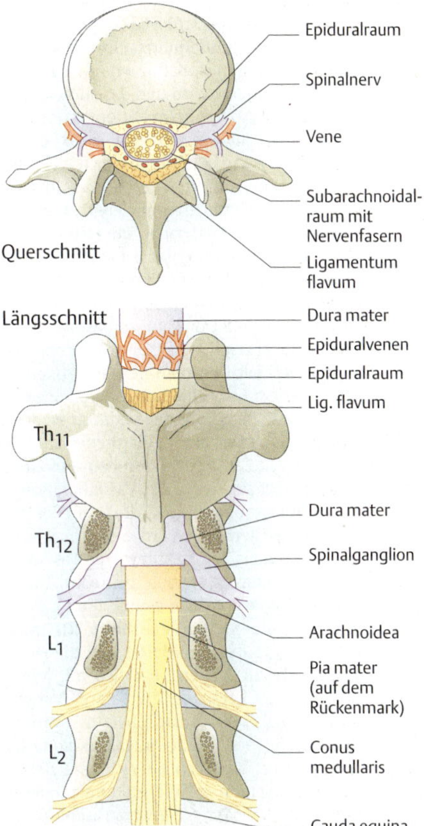

1. Rückenmarkkanal

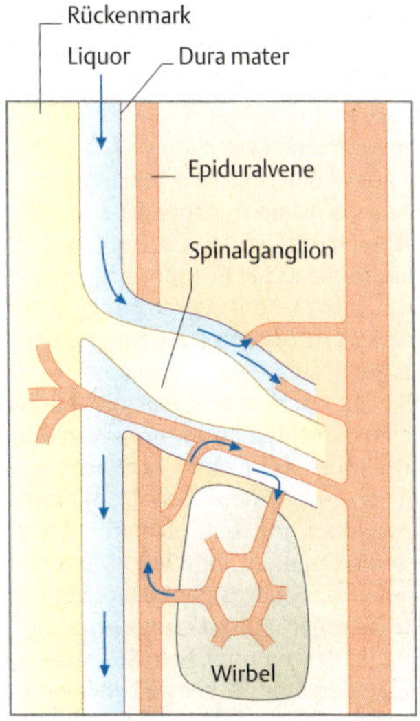

2. Liquorraum (seitl. Ansicht)

- klar, farblos, leicht alkalisch
- geringe Konzentrationen an Proteinen und Glucose
- spezifisches Gewicht (bei 37 °C): 1000
- pH = 7,40 ± 0,04
- Produktionsrate: bis zu 0,4 ml/min (bei Liquorverlust!)

3. Liquor (Eigenschaften)

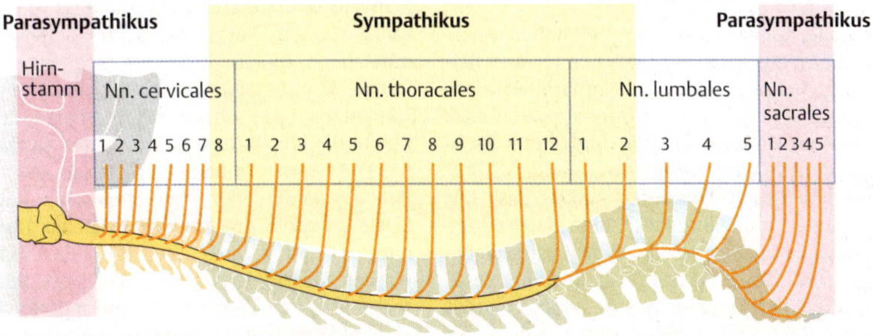

4. Sympathikus und Parasympathikus

A. Anatomische Grundlagen

B. Methodische Grundlagen

Mit der *Spinal*-und *Epiduralanästhesie*, auch als zentrale Nervenblockaden bezeichnet, existieren zwei Verfahren, mit denen die *Spinalnerven* direkt in ihrem Austrittsbereich blockiert werden können. Oberhalb von L_2 werden dabei aufgrund der engen Lagebeziehung sowohl somatische als auch sympathische Nervenfasern ausgeschaltet, unterhalb von L_2 jedoch nur die somatischen. Zur Prüfung der *Analgesiegrenze* nach subarachnoidaler oder epiduraler Gabe eines LA ist die Kenntnis der segmental innervierten Hautareale (Dermatome) erforderlich *(B1)*. Zu beachten ist dabei, daß die tiefer gelegenen Schichten (Myotome, viszerale Organe) hinsichtlich der anatomischen Höhe nicht mit den korrespondierenden Dermatomen übereinstimmen müssen, obwohl sie aus demselben RM-Segment innerviert werden. Bei Festlegung der Analgesiehöhe anhand einer Kalt-/Warm- oder Spitz-/Stumpfprüfung liegt die Grenze der motorischen Blockade ca. 2 Segmente tiefer als die sensible, der sympathische Block dagegen 1–2 Segmente darüber.

Auswahl des Verfahrens. Die Wahl des Anästhesieverfahrens wird durch Lokalisation und Dauer der Operation sowie von Begleiterkrankungen des Patienten bestimmt. Haupteinsatzgebiete der RM-nahen Techniken sind neben Eingriffen an der unteren Extremität und im Becken-/Hüftbereich Leisten- und urologische Operationen sowie die Geburtshilfe *(B2)*. Da der Patient i.d.R. während der Operation wach ist, muß er besonders ausführlich über den Ablauf informiert werden. Einsichtsfähigkeit und Kooperation sind hierbei wesentliche Voraussetzungen für die Durchführung einer Regionalanästhesie.

Komplikationen. Besonders bei hohen Anästhesieniveaus kann die begleitende Ausschaltung präganglionärer Sympathikusfasern („Sympathikolyse") zu ausgeprägter arterieller und venöser *Vasodilatation* und durch Blokkade der Nn. accelerantes (Th_{1-4}) auch zur *Bradykardie* führen. Hierdurch sinken das HZV und der arterielle Blutdruck. Eine gleichzeitige Hypovolämie oder Exsikkose begünstigt dabei die Entwicklung einer Kreislaufdekompensation erheblich. Die Therapie ist symptomatisch ausgerichtet und umfaßt primär neben der Gabe von Vasopressoren (z. B. Akrinor®) ggf. zusätzlich Atropin und eine O_2-Applikation. Immer jedoch muß der zugrundeliegende relative Volumenmangel nachhaltig beseitigt werden (z. B. 500–1.000 ml HES). Eine unerwartet hohe Blockadeausdehnung führt zum Ausfall der Interkostalmuskulatur, wodurch ein tiefes Atmen verhindert wird und das subjektive Gefühl einer Dyspnoe beim Patienten entstehen kann. Eine Ateminsuffizienz wird dagegen meist erst bei Anästhesieniveaus höher als Th_4 und dann am häufigsten durch eine *Minderperfusion des Atemzentrums* als Folge einer Kreislaufinsuffizienz verursacht. Die Hemmung der Zwerchfellatmung infolge einer Phrenikusparese tritt erst bei einer Lähmung der Segmente C_{3-5} ein und ist dementsprechend selten. Die intrathekale Punktion kann zu postpunktionellen bzw. postspinalen *Kopfschmerzen* (PSK) führen *(B4)*. Die Ursachen werden entweder im Liquorverlust über eine sich nur verzögert verschließende Punktionsstelle oder in einer chemisch-entzündlichen, mediatorenvermittelten Reizung von Hirnnerven gesehen. Ein Liquorverlust führt zur zerebralen Vasodilatation und damit zur Erhöhung des intrakraniellen Blutvolumens. Hierdurch wird der Druck im Liquorraum konstant gehalten, aber es können Gefäßdehnungsschmerzen auftreten. Die früher zur PSK-Prophylaxe geübte Praxis, Patienten nach einer Spinalanästhesie für mindestens 24 h zu immobilisieren und die Flüssigkeitszufuhr zu steigern, hat sich mittlerweile als ineffektiv herausgestellt. Dieses Vorgehen wird neben symptomatischer, analgetischer Behandlung erst beim Auftreten von Kopfschmerzen erforderlich. Bei seltener Persistenz der Beschwerden ist die epidurale Injektion von NaCl 0,9 % oder ggf. ein sog. autologer epiduraler „blood patch" zum Verschluß des „Duradefektes" in nahezu allen Fällen erfolgreich. Schwere *neurologische* Dauerschäden sind bei sachgerechtem Vorgehen extrem selten. Sie entstehen vor allem durch fortschreitende epidurale Kompression bei Entwicklung eines Hämatoms oder Abszesses, vereinzelt auch durch direkte Traumatisierung des Rückenmarks bzw. der Spinalnervenwurzeln mit der Punktionsnadel oder eine ätiologisch ungeklärte adhäsive Arachnoiditis. Um das Risiko einer Hämatomentstehung zu minimieren, werden für die Anwendung RM-naher Anästhesieverfahren normale Gerinnungsverhältnisse gefordert. Aus den möglichen Nebenwirkungen erklären sich auch viele der *Kontraindikationen (B5)*.

Rückenmarknahe Regionalanästhesien II

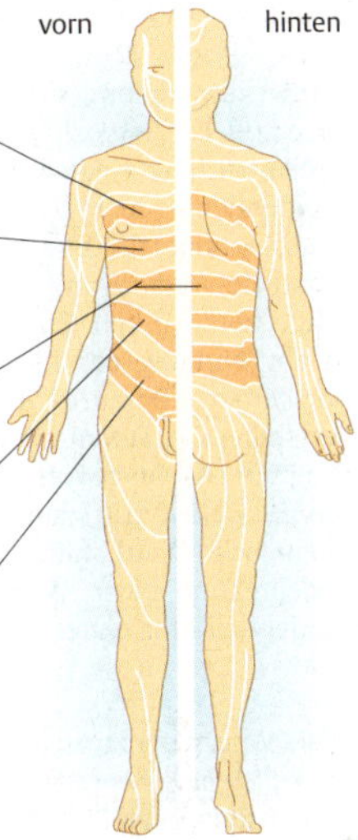

1. Segmentale Innervation (Dermatome)

Eingriffslokalisation
- Eingriffe an der unteren Extremität u. im Beckenbereich
- kleinere Eingriffe im Unter-/Mittelbauch
- transurethrale Prostataresektion
- Geburtshilfe (inkl. Sectio caesarea)

Begleiterkrankungen
- kardiopulmonale Erkrankungen
- endokrine E. (z.B. Diab. mell.)
- zerebrale Arteriosklerose
- Maligne-Hyperthermie-Disposition
- erhöhtes Aspirationsrisiko
- Intubationshindernisse

2. Indikationen für RM-nahe Anästhesien

- Kreislaufinsuffizienz
- Ateminsuffizienz
- postspinale Kopfschmerzen
- passagere Blasenentleerungsstörungen
- direkte RM-Schädigung
- RM-Kompression durch Epiduralhämatom/-abszeß

3. Komplikationen RM-naher Anästhesien

- lageabhängig (orthostatisch verstärkt)
- Lokalisation: frontal, okzipital, nuchal
- Altersgipfel: 3.-5. Lebensdekade; häufiger bei Frauen

4. Postspinale Kopfschmerzen

absolut
- Gerinnungsstörungen (Thrombozyten $< 10^5/\mu l$, Quick < 50 %, PTT > 40 s, TZ > 20 s)
- therapeut. Antikoagulation (*nicht* „low-dose“-Heparin oder ASS ≤ 100 mg /d)
- hypovolämischer Schock
- manif. Herzinsuffizienz, exzess. Hypertonus, instab. Angina pectoris
- höhergradige Aorten- oder Mitralstenose
- Hirndruckerhöhung (z.B. SHT, intrakranielle Tumoren)
- Rückenmarkstumoren (Gefahr der Massenverschiebung)
- extrem unphysiologische OP-Lagerung
- Infektion im Bereich der Punktionsstelle
- Allergie gegen verwendete LA
- fehlendes Einverständnis des Patienten

relativ
- Querschnitt, multiple Sklerose, Bandscheibenprolaps (forensisch-psychologische Gründe)
- Sepsis (Gefahr der intrathekalen Keimeinschleppung bei blutiger Punktion)
- erhebl. Wirbelsäulendeformierungen
- Kinder, unkooperative Patienten

5. Kontraindikationen

B. Methodische Grundlagen

C. Spinalanästhesie

Bei der Spinalanästhesie (SPA) wird das LA zumeist auf Höhe $L_{3/4}$ in den Liquorraum ein- und damit direkt an die Spinalnerven herangebracht. Dazu müssen mit einer Nadel die Dura und Arachnoidea durchstochen werden. Die bei Spinalnerven fehlende bindegewebige Umscheidung ermöglicht eine schnelle und sicher wirkende sensible und motorische Blockade sowie rasche Ausbreitung der Anästhesie mit geringen LA-Mengen. Durch die eingeführte Spinalnadel kann alternativ zur einmaligen Injektion des LA („single-shot"-Methode) auch ein dünner Kunststoffkatheter im Subarachnoidalraum plaziert werden, über den z. B. bei längeren Eingriffen LA repetiert und der auch zur postoperativen Analgesie genutzt werden kann. Die Spinalanästhesie ist im Vergleich zur Epiduralanästhesie technisch einfacher durchführbar, dementsprechend ist die Versagerquote geringer. Außerdem kann eine operativ erforderliche motorische Blockade besser erreicht werden, und der Wirkungseintritt ist schneller (ca. 5–10 min).

Spinalnadeln. Nadeldesign und Nadelstärke spielen besonders hinsichtlich des Risikos postspinaler Kopfschmerzen eine entscheidende Rolle *(C1)*. Während sich bei scharf geschliffenen Nadeln vom Typ Withacre die Kopfschmerzrate durch Verwendung von G27- gegenüber G23-Kanülen deutlich verringern läßt, bieten die atraumatisch geschliffenen sog. „pencil-point"-Nadeln, insbesondere die *Sprotte®-Nadel*, bereits in der G24-Größe eine deutlich niedrigere Kopfschmerzrate (< 1 % im Durchschnitt). Unabhängig vom Nadeltyp werden *mandrinarmierte* Nadeln benutzt, wobei der Mandrin das Einschleppen eines „ausgestanzten" Gewebezylinders in den RM-Kanal verhindert.

Medikamente. Die Wahl des **Lokalanästhetikums** richtet sich vor allem nach der für die Operation erforderlichen Wirkungsdauer. Es werden *isobare* LA mit in etwa demselben spezifischen Gewicht wie Liquor und *hyperbare* (schwerer als Liquor) unterschieden. Für die Anästhesieausbreitung spielen neben der Höhe des Punktionsortes *Menge, spezifisches Gewicht, Injektionsvolumen* und *-geschwindigkeit* des LA *(C2/C3)* sowie bei hyperbaren Lösungen die Lagerung des Patienten eine wichtige Rolle. Ältere Menschen und Patienten in reduziertem Allgemeinzustand benötigen niedrigere Dosen. Ebenso sollte die Dosis bei erhöhtem intraabdominellen Druck reduziert werden (z. B. bei Adipositas, Schwangerschaft), da es hierbei über eine vermehrte Blutfüllung der epiduralen Venenplexus zur Verkleinerung des Subarachnoidalraumes kommt und damit die kraniale Ausbreitung der Anästhesie begünstigt wird. Durch Zugabe von **Opioiden** kann die Wirkung der LA synergistisch verstärkt werden. Hierzu wird, vor allem in der Geburtshilfe, das Sufentanil eingesetzt, wobei 5–10 µg die LA-Menge um ca. 30 % reduzieren lassen. Bisweilen tritt danach als Nebenwirkung ein Juckreiz auf, während eine (relevante) Atemdepression nach RM-naher Applikation von Sufentanil nur extrem selten zu verzeichnen ist.

Technik. Wegen der zu erwartenden Sympathikolyse soll generell *vor* RM-nahen Anästhesien zur Vermeidung von Blutdruckabfällen ausreichend Flüssigkeit infundiert werden (z. B. 500–1.000 ml einer Vollelektrolytlösung). Bei der Spinal- und lumbalen Epiduralanästhesie wird als Zugangsweg i.d.R. der Zwischenwirbelraum $L_{3/4}$ benutzt ($L_{4/5}$ oder $L_{2/3}$ möglich), wobei die Punktion unter streng sterilen Kautelen am sitzenden oder liegenden Patienten möglich ist *(C4)*. Die Zwischenwirbelräume werden durch Ertasten der Dornfortsätze identifiziert und markiert (Verbindungslinie zwischen den Darmbeinschaufeln „schneidet" Dornfortsatz L_4 oder den Zwischenraum $L_{4/5}$). Anschließend erfolgt eine Infiltrationsanästhesie der Einstichstelle und des Stichkanals mit 2–4 ml LA (z. B. Mepivacain 1 %). Vor allem bei Verwendung dünner Spinalnadeln empfiehlt es sich, diese über eine zuvor eingebrachte Führungskanüle (Introducer) einzustechen. Während der Punktion sind beide Hände des Anästhesisten zur Stabilisierung der Nadel am Rücken des Patienten abgestützt. Die Stichrichtung verläuft streng in der Mittellinie und parallel zu den Dornfortsätzen, also leicht nach kranial. Der höhere Widerstand des Lig. flavum ist manchmal beim Durchdringen zu spüren. Nach Passage des Epiduralraums erfolgt die Penetration der Dura und Arachnoidea. Bei korrekter subarachnoidaler Lage läuft nach Entfernen des Mandrins Liquor aus der Spinalnadel zurück. Nach vorsichtigem Aufsetzen der LA-Spritze erfolgt die zügige Injektion. Die Spinal-

Rückenmarknahe Regionalanästhesien III

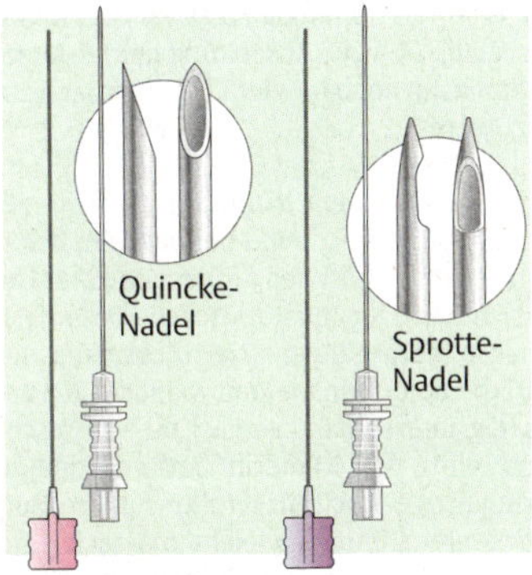

1. Spinalnadeltypen

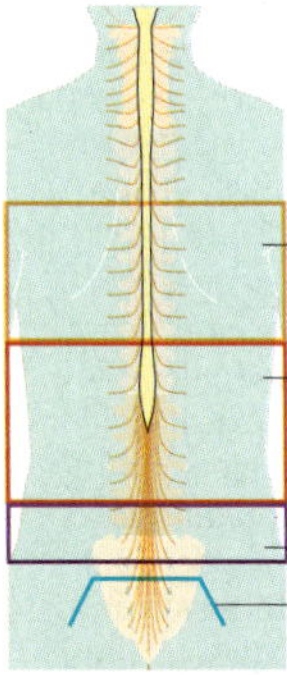

2. Anästhesieausdehnung

Medikament	Fixierungszeit	Wirkdauer	Dosis (ml)	Ausdehnung	Maximale Dosis
Mepivacain 4 % - hyperbar -	5-10 min	45-60 min (bis 120 min)	0,6 – 0,8	Sattelblock (S_{1-5})	150 mg = 3,75 ml
			0,8 – 1,2	bis L_1	
			1,0 – 1,4	bis Th_{10}	
			1,4 – 1,8	bis Th_5	
Bupivacain 0,5 % - hyperbar -	10-30 min	≈ 160 min (bis 240 min)	0,5 – 1,0	Sattelblock (S_{1-5})	20 mg = 4 ml
			1,0 – 1,5	bis L_1	
			1,5 – 2,0	bis Th_{10}	
			2,0 – 4,0	bis Th_5	
Bupivacain 0,5 % - isobar -	10-30 min	≈ 160 min (bis 240 min)	2,0 – 4,0	abhängig von Barbotage* und Injektionsgeschwindigkeit	20 mg = 4 ml

*: Aspiration von Liquor in die lokalanästhetikagefüllte Spritze und anschließende (zügige) Injektion

3. Lokalanästhetikadosierungen zur Spinalanästhesie (Punktionshöhe $L_{3/4}$)

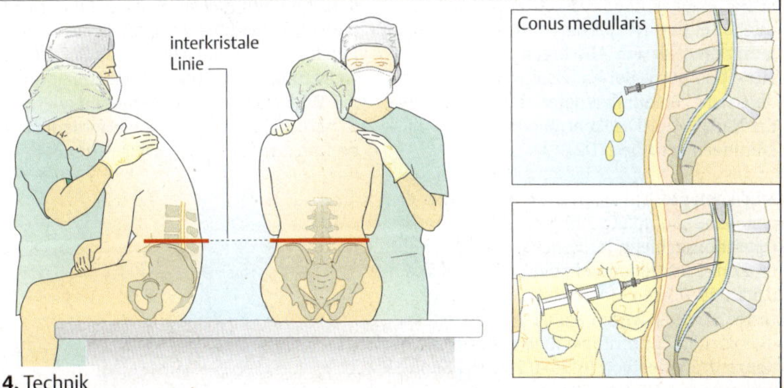

4. Technik

C. Spinalanästhesie

nadel muß hierbei sorgfältig in ihrer Position fixiert werden, um eine Dislokation und damit *extrathekale*, unwirksame LA-Applikation zu verhindern *(C4)*.

D. Epiduralanästhesie

Unter der Epi- bzw. Periduralanästhesie (PDA) versteht man je nach Indikation die neurale Blockade thorakaler, lumbaler und/oder sakraler Segmente durch Einbringen eines LA in den Epiduralraum, entweder als „single-shot", bevorzugt aber in Kathetertechnik. Hauptwirkort des LA sind auch hier die *Wurzeln der Spinalnerven*, die allerdings erst nach Diffusion durch die Dura erreicht werden. Aus diesem Grund tritt die Wirkung einer PDA im Vergleich zur SPA verzögert ein (ca. 20–30 min). Außerdem werden deutlich höhere LA-Dosen benötigt, da das Anästhetikum z. T. über die Foramina intervertebralia abfließt (→ *paravertebrale* Nervenblockade) oder über die epiduralen Venenplexus absorbiert wird (→ *systemische* Wirkungen). Hauptanwendungsgebiete sind Eingriffe, die postoperativ eine längerfristige Schmerztherapie nach sich ziehen, und die Wehenschmerzbekämpfung zur Geburtserleichterung *(D1)*.

Epiduralnadeln. Epiduralnadeln sind mit unterschiedlichem Schliff erhältlich. Neben der klassischen Tuohy-Nadel, die wie die Crawford-Nadel, an der Austrittsöffnung scharf angeschliffen ist, ist auch die atraumatische *Sprotte®-Nadel* (z. B. G18) für die PDA sehr gut geeignet. Nur bei letzterer ist es außerdem zulässig, einen Katheter durch Zurückziehen in die Nadel und Neuplazieren in seiner Lage zu korrigieren, da ein Abscheren durch die spezielle Geometrie der Nadelspitze sicher verhindert wird. Epiduralkatheter sind, ebenso wie die Nadeln, zur Lagekontrolle mit Längenmarkierungen versehen *(D2)*.

Medikamente. Für operative Eingriffe, bei denen eine komplette Muskelrelaxierung im Operationsgebiet erforderlich ist, werden hohe LA-Konzentrationen benötigt (z. B. Bupivacain 0,5 % und 0,75 %). Ropivacain (0,75 % und 1 %) bietet Vorteile wegen seiner geringeren Kardiotoxizität. Zur postoperativen Analgesie sind Konzentrationen von 0,125–0,25 % bei Bupivacain oder 0,1–0,3 % bei Ropivacain ausreichend. Darunter bleibt die Motorik weitgehend erhalten. Die Anästhesieausbreitung ist von diversen Faktoren abhängig *(D3)*. Zur Verstärkung der Analgesie bzw. Absenkung der LA-Konzentration kann auch bei der PDA Sufentanil zugesetzt werden.

Technik. Bei der am häufigsten angewendeten *lumbalen* PDA wird, wie bei der SPA, der mediane Zugang zwischen $L_{3/4}$ bevorzugt und auch hinsichtlich der anatomischen Orientierung genauso vorgegangen. Nach Lokalanästhesie wird die Epiduralnadel mit Mandrin 2–3 cm in das Lig. interspinale vorgeschoben. Anschließend wird der Mandrin entfernt und eine leichtgängige kochsalzgefüllte Spritze aufgesetzt. Unter ständigem leichtem Druck auf den Spritzenkolben wird die Nadel dann langsam durch die Bandstrukturen vorgeschoben. Dabei muß sie durch beide Hände so stabilisiert werden, daß plötzliche unbeabsichtigte Bewegungen verhindert werden. Das Durchdringen des Lig. flavum ist als *verstärkter* Widerstand zu spüren. Im Augenblick des Eindringens in den Epiduralraum läßt sich das Kochsalz ganz leicht injizieren („loss of resistance"). Nach Aspirationskontrolle (Blut?/Liquor?) kann ein Katheter eingeführt werden. Er soll sich leicht vorschieben lassen und nicht weiter als ca. 3 cm im Epiduralraum zu liegen kommen, da ansonsten laterale Abweichungen in Wurzeltaschen, evtl. mit Knotenbildung, häufig sind. Vor der Injektion der errechneten LA-Dosis müssen eine intrathekale und intravasale Lage der Nadel bzw. des Katheters ausgeschlossen werden. Dazu kann eine Testdosis von 2–3 ml LA mit Zusatz von 10–20 µg Adrenalin injiziert werden. Eine *intrathekale* Fehllage führt zur „normalen" Ausbildung einer SPA, eine *intravasale* durch den Adrenalineffekt zur Herzfrequenzsteigerung. Bei korrekter Lage erfolgt die Gabe der Wirkdosis, entweder langsam oder bei Kathetern fraktioniert, bis die erforderliche Ausbreitung der Blockade erreicht ist.

Rückenmarknahe Regionalanästhesien IV

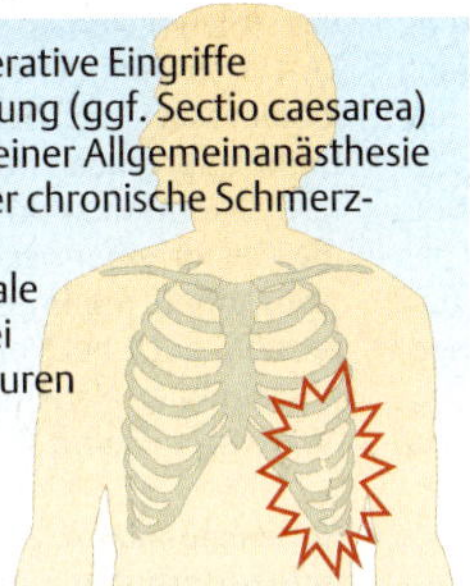

- langdauernde operative Eingriffe
- Geburtserleichterung (ggf. Sectio caesarea)
- Kombination mit einer Allgemeinanästhesie
- postoperative oder chronische Schmerztherapie
- gezielte segmentale Blockaden, z.B. bei Rippenserienfrakturen

1. Indikationen für die Katheterepiduralanästhesie

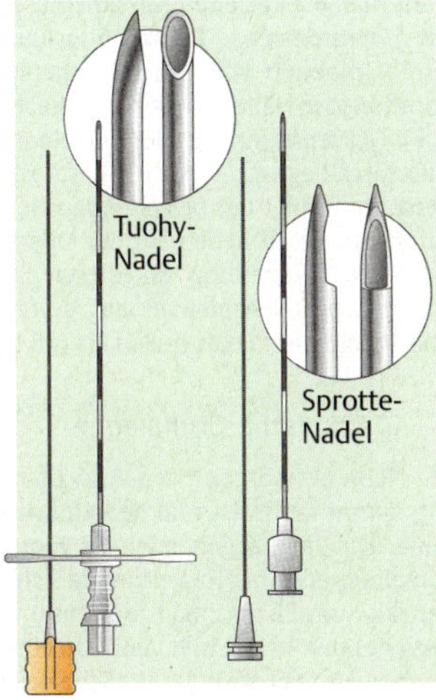

2. Epiduralnadeltypen

- Menge und Volumen des Lokalanästhetikums
- Injektionsort und -geschwindigkeit
- Größe, Gewicht und Alter des Patienten
- Schwangerschaft
- Arteriosklerose
- Lagerung des Patienten (kontrovers)

3. Einflußfaktoren für die Anästhesieausdehnung

Medikament	Blockadequalität	Wirkeintritt (min)	Latenzzeit (min)	max. Wirkdauer (min)	Repetition (min)	max. Dosis (mg)
Mepivacain 2 %	komplett	5	20	≈ 90	≈ 60	300
Bupivacain						
0,1%	sympathisch*	5 – 10	20 – 30	15 – 240	90 – 120	150
0,25%	+ sensorisch					
0,5 %	+ motorisch					
Ropivacain						
0,2 (0,1)%	sympathisch*	5 – 10	20 – 30	150 – 240	90 – 120	250
0,75%	+ sensorisch					
1%	+ motorisch					

*: in Kombination mit epiduralem Sufentanil analgetisch wirksam

Latenzzeit: Dauer bis zum Erreichen der maximalen Wirkung

Repetition: Nachinjektion der halben Initialdosis wegen einsetzender Wirkungsrückbildung

4. Lokalanästhetikadosierungen zur Epiduralanästhesie

- LA-Fehlapplikation
  - subarachnoidal →„totale" Spinalanästhesie
  - intravasal →systemische LA-Intoxikation
- hohe Epiduralanästhesie
- allergische (Kreislauf-)Reaktionen
- postspinale Kopfschmerzen nach akzidenteller Duraperforation

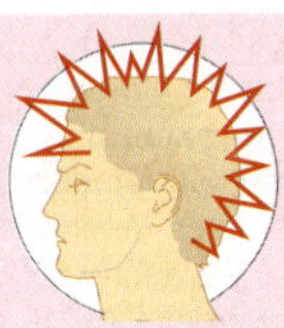

5. Spezielle Komplikationen der Epiduralanästhesie

LA = Lokalanästhetikum

D. Epiduralanästhesie

Unter *peripherer Nervenblockade* (PNB) versteht man die gezielte reversible Ausschaltung der neuronalen Informationsübertragung durch Injektion von Lokalanästhetika in die unmittelbare Nähe von Nervengeflechten (Plexus), Nervenstämmen oder einzelnen Nerven. Hierdurch begrenzt sich die Anästhesie auf das Versorgungsbiet der betreffenden Nerven und damit im wesentlichen auf das Operationsgebiet. Die Darstellung an dieser Stelle beschränkt sich beispielhaft auf Verfahren zur Anästhesie des Plexus brachialis (PBA).

A. Anatomische Grundlagen

Die Nervenversorgung von Arm und Schulter entstammt der Hals- und oberen Brustwirbelsäule. Die hier abgehenden Rr. ventrales der Spinalnerven C_5 bis Th_1 verbinden sich im Halsbereich zum Pl. brachialis, der zusammen mit begleitender Arterie und Vene von einer bindegewebigen, perivaskulären Scheide umhüllt ist. Die Spinalnerven werden zuvor in drei Faszikel (Fasc. lateralis, posterior und medialis) aufgespalten, aus denen in der Achselhöhle die drei Hauptnerven N. medianus, N. radialis und N. ulnaris entstehen. Der ebenfalls wichtige N. musculocutaneus zweigt bereits oberhalb davon aus dem Fasc. lateralis ab.

B. Methodische Grundlagen

Der Pl. brachialis kann in seinem Verlauf an verschiedenen Stellen blockiert werden. Mit der PBA sind Operationen an der *gesamten* oberen Extremität möglich. Die Ausbreitung hängt dabei vom gewählten Zugangsort und den in der perivaskulären Scheide erreichbaren Nerven ab *(B1)*. Für periphere Nervenblockaden bestehen allgemein nur wenige *absolute* Kontraindikationen *(B2)*. Physiologische Gerinnungsverhältnisse müssen immer dann vorliegen, wenn bei akzidenteller Gefäßverletzung eine Blutstillung durch digitale Kompression infolge zu tief gelegener Gefäßstrukturen nicht möglich ist. Vorbestehende neurologische Ausfälle im zu anästhesierenden Gebiet gelten als *relative* Kontraindikationen. Sie bedürfen einer sorgfältigen Befunderhebung und müssen *vor* einer Nervenblockade unbedingt dokumentiert werden.

Allgemeine Risiken. Die Plexusanästhesie läßt die typischen Risiken einer Allgemeinanästhesie vermeiden und gilt deshalb insgesamt als das *sicherere* Verfahren. Aufgrund relativ hoher LA-Dosen sind allerdings *zentralnervöse* und *kardiovaskuläre* Nebenwirkungen möglich. Dementsprechend muß durch sorgfältige Aspirationskontrollen und fraktionierte LA-Gabe die Gefahr einer versehentlichen intravasalen Applikation minimiert werden. Des weiteren besteht, auch bei Verwendung „atraumatisch" geschliffener Nadeln, ein geringes Risiko der *Nervenschädigung*.

Nervenstimulator. Zum Aufsuchen der Nerven und zur Erhöhung des Blockadeerfolges dient die elektrische Nervenstimulation *(B3)*. Darüber hinaus wird das Risiko mechanischer Nervenläsionen minimiert, da mit Hilfe eines Nervenstimulators die Nadelspitze exakt *perineural* positioniert werden kann. Über eine nur an der Spitze nicht isolierte unipolare Stimulationskanüle wird ein Stromimpuls abgegeben, der an den *motorischen* Nervenfaseranteilen entsprechende Aktionspotentiale auslösen kann. Die Impulsdauer wird mit 0,1 ms deshalb so gering gewählt, um selektiv nur motorische Fasern zu stimulieren. Die Stimulationsfrequenz beträgt 2 Hz. Das Auslösen von rhythmischen Muskelkontraktionen mit einer Stromstärke von weniger als 0,4 mA zeigt die unmittelbare Nähe der Kanülenspitze zum stimulierten Nerven an. Die Injektion von 1–2 ml LA sollte dann zum sofortigen Sistieren der Muskelaktionen („Auslöschphänomen") führen, wodurch sichergestellt ist, daß sich zwischen Kanüle und Nerv keine Faszie mehr befindet. Anschließend erfolgt die fraktionierte Gabe des LA unter intermittierender Aspirationskontrolle.

Lokalanästhetika. Bei peripheren Nervenblokkaden kommen i.d.R. *Amid-LA* mit *mittellanger* oder *langer* Wirkdauer zum Einsatz, wobei aufgrund der benötigten erheblichen Mengen diejenigen mit der größtmöglichen Potenz und Sicherheitsbreite bevorzugt werden sollten. Mit dem mittellang wirkenden **Prilocain** (Xylonest®) steht eine Substanz mit kurzer Anschlagzeit und sehr guter Blockade sensibler wie motorischer Fasern zur Verfügung. Prilocain hat überdies die größte therapeutische Breite aller LA. Als Nebenwirkung kann bei Dosen von mehr als 10 mg/kg KG eine relevante *Methämoglobinämie* von größer als 10% auftreten, die durch den Metaboliten o-Toluidin

Plexus-brachialis-Anästhesie I

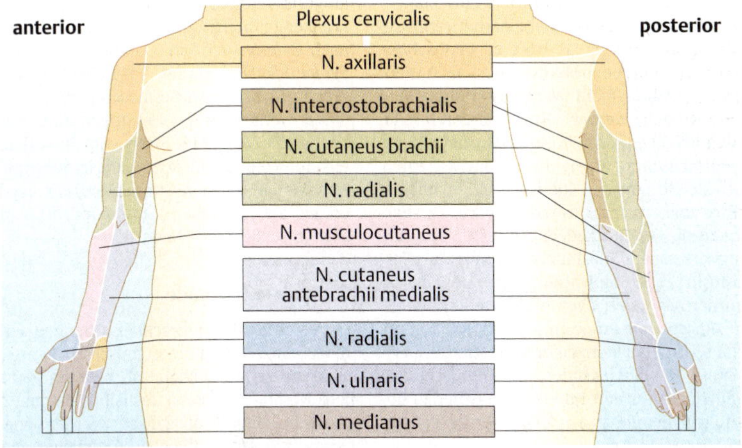

1. Innervation der oberen Extremität (anterior und posterior)

A. Anatomische Grundlagen

Operationsbereich	axillär	VIP*	interskalenär
Unterarm/Hand	•	(•)	
Ellbogen	•	•	
Oberarm		•	
Schulter		(•)	•
Klavikula			•

*: VIP = vertikal-infraklavikuläre Plexusblockade

1. Operationsbereiche bei unterschiedlichem Zugang zum Plexus brachialis

- Infektionen im Punktionsgebiet
- Allergien gegen die verwendeten Pharmaka
- Blutgerinnungsstörungen bei bestimmten Blockaden (z.B. infraklavikuläre Plexusblockade)
- Ablehnung des Verfahrens durch den Patienten

2. Allgemeine Kontraindikationen (absolut)

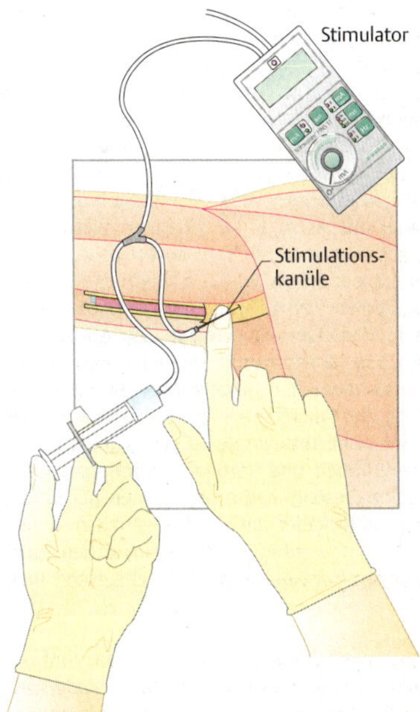

3. Elektrische Nervenstimulation

B. Methodische Grundlagen

verursacht wird. Maximale Plasmaspiegel sind erst nach ca. *4 h* zu verzeichnen, eine Lippenzyanose ist aber bereits bei einem MetHb-Gehalt des Blutes von ca. 4–5% zu beobachten. Durch Toluidin- oder Methylenblau als Antidot kann Methämoglobin wieder in Hämoglobin umgewandelt werden. Risikopatienten sind durch *höhere* Prilocaindosen gefährdet *(B4)*. In diesem Zusammenhang muß bedacht werden, daß MetHb von den klinisch gebräuchlichen Pulsoxymetern nicht miterfaßt wird. Zur Verlängerung der Blockadedauer bieten sich die langwirksamen Substanzen **Bupivacain** (Carbostesin®) oder **Ropivacain** (Naropin®) an. Wegen der fast identischen pK-Werte können sie einzeln gut mit Prilocain kombiniert werden. Neuere Untersuchungen zeigen, daß bei peripheren Nervenblockaden die empfohlenen Grenzdosen für einzelne Lokalanästhetika höher als bisher üblich angesetzt werden können *(B5/B6)*.

Vasokonstriktoren. Durch Zusatz von Vasokonstriktoren wie Adrenalin (Suprarenin® 1:200.000, 5 µg/ml) zu Lokalanästhetika kann versucht werden, deren Abdiffusion aus dem Gewebe in die Gefäße und damit deren systemische Resorption zu verringern. Ziele sind hierbei die Reduktion von LA-Nebenwirkungen und eine Verlängerung der Blockadedauer. Bei einigen kurzwirkenden LA (z. B. Mepivacain [Scandicain®, Meaverin®]) kann die Wirkdauer um bis zu 100% verlängert werden, bei langwirkenden (z. B. Bupivacain) wird dagegen wegen der schon primär hohen Anreicherung im Gewebe, wenn überhaupt, nur eine minimale Verlängerung erreicht. Die Anwendung von Vasokonstriktoren ist nicht ohne Risiko. Bei akzidenteller intraneuraler Injektion besteht die Gefahr einer ischämischen Nervenläsion, eine intravasale Fehlinjektion kann zu Arrhythmien und koronarer Minderperfusion führen. Deshalb sollte im Rahmen peripherer Nervenblockaden am besten gänzlich auf sie verzichtet werden und zum Erreichen einer längeren Wirkung Bupivacain eingesetzt werden.

Kontinuierliche Verfahren. Durch das Einbringen eines Katheters in die Plexusscheide kann die Blockadedauer durch Nachinjizieren von Lokalanästhetika *beliebig* verlängert werden. So werden auch zeitaufwendige Eingriffe, wie z. B. Replantationen, in Plexusanästhesie durchführbar. Eine weitere Indikation ist die längerfristige postoperative Analgesie, z. B. für krankengymnastische Übungsbehandlungen nach Gelenkeingriffen. Durch die begleitende *Sympathikolyse* werden Vasospasmen an mikrochirurgischen Anastomosen verhindert und damit womöglich der Heilungsverlauf positiv beeinflußt. Zum Einführen von Plexuskathetern mit Hilfe der elektrischen Nervenstimulation werden spezielle Stimulationskanülen benötigt, die mit einem Stahlmandrin armiert sind (z. B. „Büttner®-Nadel").

C. Axilläre Blockade

Die Blockade des Pl. brachialis über den axillären Zugangsweg ist die technisch einfachste, risikoärmste und deshalb am meisten verbreitete Methode. Sie kann deshalb auch ohne Stimulationstechnik ausgeführt werden. Hierzu wird der Arm im Ellbogen 90° gebeugt und in der Schulter rechtwinklig ausgelagert. Nach Rasur und Hautdesinfektion wird die mit den Armnerven in der perivaskulären Scheide parallel verlaufende *A. axillaris* möglichst weit proximal mit zwei Fingern ertastet. Durch eine intrakutane Lokalanästhesie wird die Einstichstelle für die nachfolgende Plexusanästhesie am Oberrand der A. axillaris vorbereitet. Mit einer möglichst atraumatisch geschliffenen „Plexusnadel" ist nach Penetration der Haut die bindegewebige Umscheidung von Plexus und A. axillaris als derber, federnder Widerstand gut zu spüren. Das Eindringen erzeugt ein typisches „Klick-Phänomen". Im perivaskulären Raum läßt sich die Nadel leicht hin und her bewegen. Wenn kein Nervenstimulator verwendet wird, gewährleistet die fraktionierte LA-Verteilung vor, hinter und unter die A. axillaris die größte Sicherheit für eine vollständige Blockade. Während die Anästhesie im Bereich des N. medianus i.d.R. vollständig ist, werden N. radialis und N. ulnaris zuweilen nur unvollkommen ausgeschaltet. Eine Anästhesielücke kann durch Aufsuchen des betreffenden Nervs mit Hilfe des Nervenstimulators und gezielte Nachblockade behoben werden. Die Benutzung atraumatischer Nadeln minimiert dabei eine akzidentelle Läsion bereits anästhesierter Nerven. Die Ausbreitung der Plexusanästhesie erfolgt aufgrund der speziellen Faseranordnung von proximal nach distal. Da der *N. musculocutaneus* die Gefäß-/Nervenscheide zumeist schon *proximal* die Achselfalte verläßt,

Plexus-brachialis-Anästhesie II

- ausgeprägte Anämie (Hb < 10 g%)
- Behinderung des pulmonalen Gasaustausches (z.B. COPD)
- schwere koronare Herzkrankheit
- Glucose-6-Phosphatdehydrogenase-Mangel
- Mangel an MetHb-reduzierenden Enzymen
  - während der ersten drei Lebensmonate
  - geburtshilfliche Regionalanästhesie

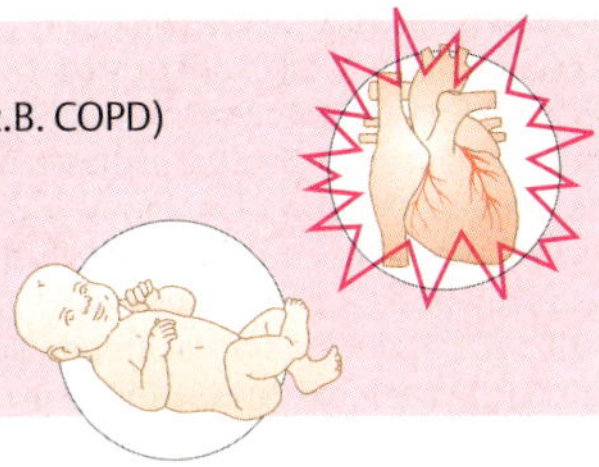

4. Kontraindikationen für Prilocain

Blockadetyp	OP-Zeit < 3 h	OP-Zeit > 3 h u. < 5 h
Axilläre Plexusblockade „single shot"	40 – 60 ml Prilocain 1 %	+ 20 ml Bupivacain 0,5 %
Vertikal-infraklavikuläre Plexusblockade (VIP)	30 – 50 ml Prilocain 1 %	+ 20 ml Bupivacain 0,5 %
Interskalenäre Plexusblockade	40 ml Prilocain 1 %	+ 20 ml Bupivacain 0,5 %

Merke: Jeweils 20 ml Bupivacain 0,5 % ersetzen 20 ml Prilocain 1 %!

5. Empfohlene LA-Dosierungen für einzelne periphere Nervenblockaden

	ohne Adrenalin	mit Adrenalin
Prilocain	600 mg	600 mg
Mepivacain	400 mg	500 mg
Bupivacain	150 mg	150 mg

*: bezogen auf den gesunden, 70 kg schweren Patienten

6. Empfohlene LA-Grenzdosen* bei peripheren Nervenblockaden

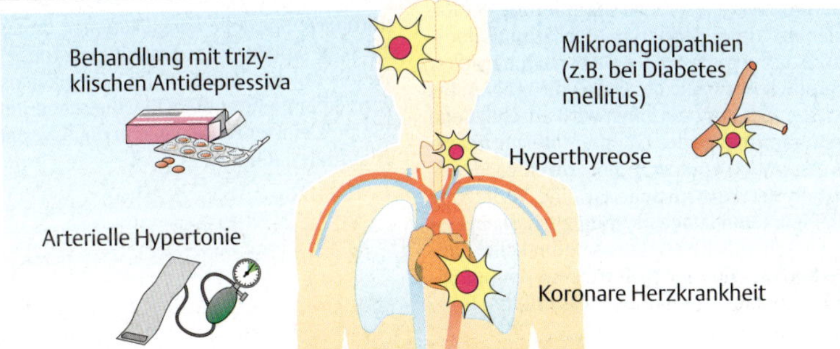

7. Kontraindikationen für Adrenalin-Zusatz zu Lokalanästhetika

B. Methodische Grundlagen

muß er ggf. gesondert blockiert werden. Er verläuft außerhalb im M. coracobrachialis, der als etwa fingerdicker Muskel oberhalb der A. axillaris gut zu tasten ist, und kann i.d.R. durch eine Injektion von ca. 5 ml LA in diesen Muskel sicher ausgeschaltet werden. Intravenös applizierte Opioide können im Bedarfsfall nur gering inkomplette Nervenblockaden supplementieren und durch ihre sedierende Komponente auch den subjektiven Patientenkomfort verbessern.

D. Vertikal-infraklavikuläre Blockade

Die vertikal-infraklavikuläre Plexusblockade (VIP) ermöglicht auch *Eingriffe am Oberarm*, da hierbei der N. axillaris mitanästhesiert wird. Auch der N. musculocutaneus wird miterfaßt. Für die VIP-Technik ist allerdings zur Vermeidung von Komplikationen, wie z. B. eines Pneumothorax, die Verwendung eines Nervenstimulators obligat. Der Patient wird so gelagert, daß der zu versorgende Arm dem Körper anliegt. Als Leitpunkte dienen der Vorderrand des Akromions und die Fossa jugularis. Beide Punkte werden mit einem Faserstift markiert und zu einer Linie verbunden. Die Hälfte der Strecke zeigt den Einstichort am Unterrand der Klavikula. In üblichem sterilen Vorgehen erfolgt nach Lokalanästhesie von Einstichort und Klavikulaperiost das streng *lotrechte* Einführen einer 70 mm langen Stimulationskanüle. Dabei befindet sich der Anästhesist am Kopfende des Patienten. Zeige- und Mittelfinger der einen Hand liegen medial und lateral der Einstichstelle. Der mediale Finger kann dabei in der Tiefe den Rippenbogen tasten. In einer Tiefe von 3–4 cm werden Muskelkontraktionen im Unterarm ausgelöst. Nach Optimierung der Kanülenlage und Reduktion der Stimulationsstärke auf unter 0,4 mA erfolgt nach negativer Aspirationskontrolle die Gabe von 1 ml LA. Bei Sistieren der Kontraktionen wird anschließend die Gesamtmenge des LA unter intermittierender Aspiration appliziert. Bei korrekter Identifikation der Einstichstelle ist eine Verletzung von Pleura und Lunge nicht möglich. Da bei einer versehentlichen Gefäßpunktion keine digitale Kompression möglich ist, sind physiologische Gerinnungsverhältnisse essentiell.

E. Interskalenäre Blockade

Der interskalenäre Zugangsweg ermöglicht die am weitesten proximale Blockade des Pl. brachialis und damit *Eingriffe im Bereich von Hals und Schulter*. Er liegt auf Höhe des sechsten Halswirbels zwischen M. scalenus anterior und medius (*hintere* Skalenuslücke), wobei als Leitpunkt der Ringknorpel des Kehlkopfes dient. Der Patient wird auf den Rücken gelagert, der Kopf leicht zur Gegenseite gedreht. Zur Identifikation der Skalenuslücke hebt der Patient den Kopf etwas an. Der Furche am Hinterrand des nun gut sichtbaren M. sternocleidomastoideus wird ertastet, anschließend werden die Finger nach dorsal auf den folgenden Muskelstrang geführt. Dabei gelangt man in eine schmale, sich nach kaudal erweiternde Rinne, die hintere Skalenuslücke. Am tiefsten Punkt kann meist die A. subclavia getastet werden. Die Punktion erfolgt unter Stimulationstechnik streng nach medial, leicht dorsal und kaudal. Der Plexus wird nach Penetration der Faszie in einer Tiefe von 1,5–2 cm erreicht. Das Auslösen von Muskelantworten distal der Schulter bei einer Stromstärke von unter 0,4 mA signalisiert die korrekte Kanülenposition. Wegen der Nähe zur A. vertebralis und zum Spinalkanal ist eine sehr sorgfältige Aspirationskontrolle in zwei Ebenen erforderlich. Die Applikation des LA erfolgt fraktioniert über mehrere Minuten. Eine Mitblockade des N. phrenicus ist sehr häufig, ebenso wie ein passageres Horner-Syndrom aufgrund einer akzidentellen Stellatumblokkade. Auch der N. rekurrens ist nicht selten mitbetroffen. Daraus ergeben sich zusätzliche *Kontraindikationen* wie kontralaterale Parese der genannten Nerven, ein kontralateraler Pneumothorax und schwere Lungenfunktionsstörungen. Spezielle *Komplikationen* umfassen die hohe Spinal- oder Epiduralanästhesie bei versehentlicher Punktion des Wirbelkanals sowie zerebrale Krampfanfälle, die schon bei Injektion kleinster LA-Mengen in die A. vertebralis auftreten können.

Plexus-brachialis-Anästhesie III

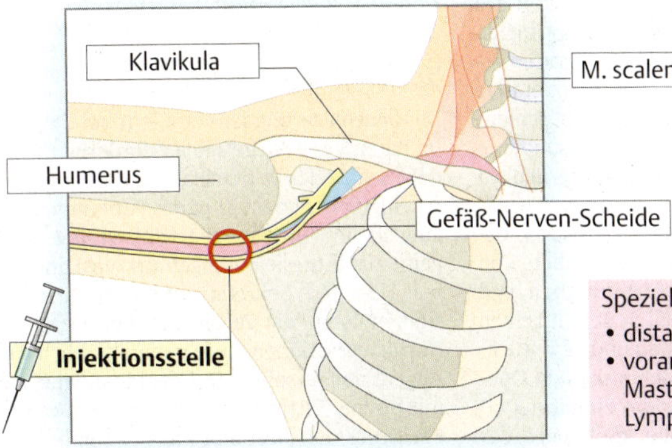

Spezielle Kontraindikationen
- distale Lymphangitis
- vorangegangene ipsilaterale Mastektomie mit axillärer Lymphadenektomie

C. Axilläre Blockade

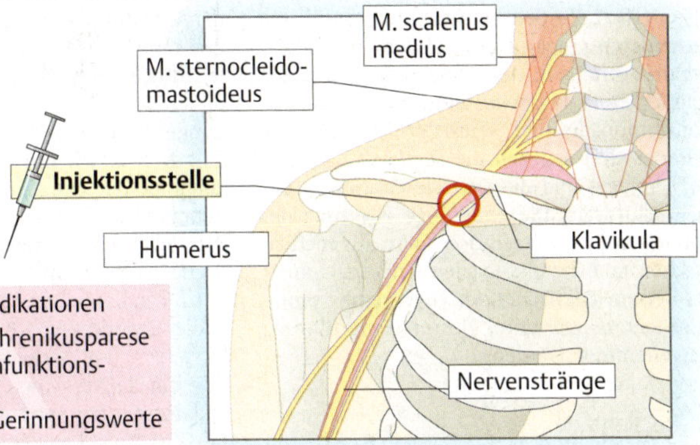

Spezielle Kontraindikationen
- kontralaterale Phrenikusparese
- schwere Lungenfunktionsstörungen
- pathologische Gerinnungswerte

D. Vertikal-interklavikuläre Blockade

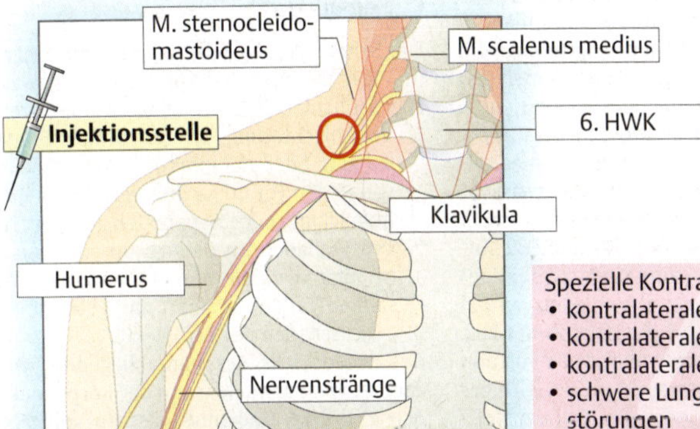

Spezielle Kontraindikationen
- kontralateraler Pneumothorax
- kontralaterale Phrenikusparese
- kontralaterale Rekurrensparese
- schwere Lungenfunktionsstörungen

E. Interskalenäre Blockade

Der Begriff „Operationslagerung“ beschreibt allgemein eine bestimmte Körperposition des Patienten, die dem Operateur den optimalen Zugang zu den zu operierenden Strukturen ermöglicht. Hierdurch wird zwar das operative Vorgehen erleichtert und der Ablauf beschleunigt, andererseits können aber im besonderen kardiorespiratorische Parameter z. T. erheblich verändert werden und letztlich auch irreversible Schäden an anatomischen Strukturen, bevorzugt an peripheren Nerven, entstehen. Von daher ist es wichtig, die anatomischen und physiologischen Besonderheiten der einzelnen Lagerungstechniken zu kennen und zu berücksichtigen. Für die meisten abdominellen Operationen ist, ebenso wie für die Einleitung einer Allgemeinanästhesie, die *Rückenlage* das Standardverfahren; für viele Eingriffe sind jedoch Modifikationen bzw. andere Lagerungen erforderlich. Zu den häufiger durchgeführten besonderen Lagerungen zählen die *Steinschnittlagerung* in der Gynäkologie, Urologie und Proktologie sowie die *Bauchlagerung* in der Orthopädie und Neurochirurgie. Deutlich seltener sind dagegen die *Flankenlagerung* in der Urologie und die *sitzende Position* in der Neurochirurgie. Die endgültige Lagerung des Patienten für die Operation sollte aus medizinischen und mediko-legalen Gründen immer im Beisein des Operateurs bzw. eines seiner Assistenten und unter dessen Federführung vorgenommen werden.

A. Rückenlage

Die *horizontale* bzw. flache Rückenlagerung ist als Standard für die meisten operativen Eingriffe ausreichend. Geringfügige Modifikationen bestehen in einer leichten Kopftieflage um 10–20° („Trendelenburg-Position“), einer diskreten seitlichen Neigung des Operationstisches oder geringfügigen Oberkörperaufrichtung sowie durch Auslagerung eines Armes, selten beider Arme. Bei der Armauslagerung ist vor allem der *Plexus brachialis* gefährdet, weshalb eine Abduktion um mehr als 90° und eine Außenrotation ebenso wie eine Drehung des Kopfes zur kontralateralen Seite vermieden werden müssen. Am besten wird der Kopf in der sog. Neutralstellung gelagert, wobei diese Position durch Unterlegen eines weichen Gummiringes oder durch speziell geformte Schaumstoffkissen abgesichert werden sollte. Der *N. ulnaris* kann bei seitlicher Anlagerung in seinem Sulkus lädiert werden, wenn der Ellbogen einer harten Unterlage ungepolstert aufliegt.

B. Bauchlage

Die Bauchlagerung ist vor allem bei Eingriffen im Bereich der Wirbelsäule erforderlich. Neben dem Schutz des Pl. brachialis gilt hier besonderes Augenmerk dem Kopf des Patienten. Da für Eingriffe in Bauchlage typischerweise eine Allgemeinanästhesie durchgeführt wird und hierbei Lid- und Sekretionsreflex ausgeschaltet sind, müssen die *Augen* zur Verhütung von Hornhauterosionen – wie generell üblich – mit Augensalbe versehen, darüber hinaus aber auch mit dünnem Papierpflaster zugeklebt werden. Ein Druck auf die Bulbi muß ebenfalls unbedingt vermieden werden, da hierdurch die retinale Durchblutung bis hin zur Thrombosierung der A. centralis retinae kritisch vermindert werden kann (→ irreversible Erblindung). Bei nasaler Intubation muß durch Fixierung mit einer oralen Mullbinde verhindert werden, daß die Zunge aus dem Mund austreten kann. Andernfalls droht eine hydrostatisch bedingte Größenzunahme der Zunge, die solche Ausmaße annehmen kann, daß nach Extubation erhebliche Atmungsbehinderungen verursacht würden und so eine primäre Extubation verhindert wird. Von besonderer Bedeutung ist auch eine „freie“ Lagerung von Kehlkopf und Abdomen, letzteres, um einerseits uneingeschränkte Zwerchfellexkursionen zu gewährleisten und andererseits den venösen Rückfluß („Kavakompression“) nicht zu behindern.

C. Seitenlage

Die Seitenlagerung wird oftmals für Eingriffe im Thorax- und Nierenbereich angewandt. Hierbei häufen sich die Gefahrenmomente:

1. Verschlechterung der zerebralen Blutversorgung oder Kompression von Spinalnerven in den Foramina intervertebralia durch Abknickung oder Hyperextension der HWS,
2. Druckschäden im Bereich der unteren Extremitäten, da die Wirbelsäule in ihrem gesamten Verlauf torquiert und gebeugt wird,
3. Druckschäden der Armplexus.

Der Pl. brachialis des unten liegenden Arms kann verletzt werden, wenn der Körper auf die Achsel drückt, und muß deshalb vollständig entlastet werden, z. B. durch ein zusammengerolltes Tuch, das unter diese Thoraxseite gelegt

Lagerungsformen I

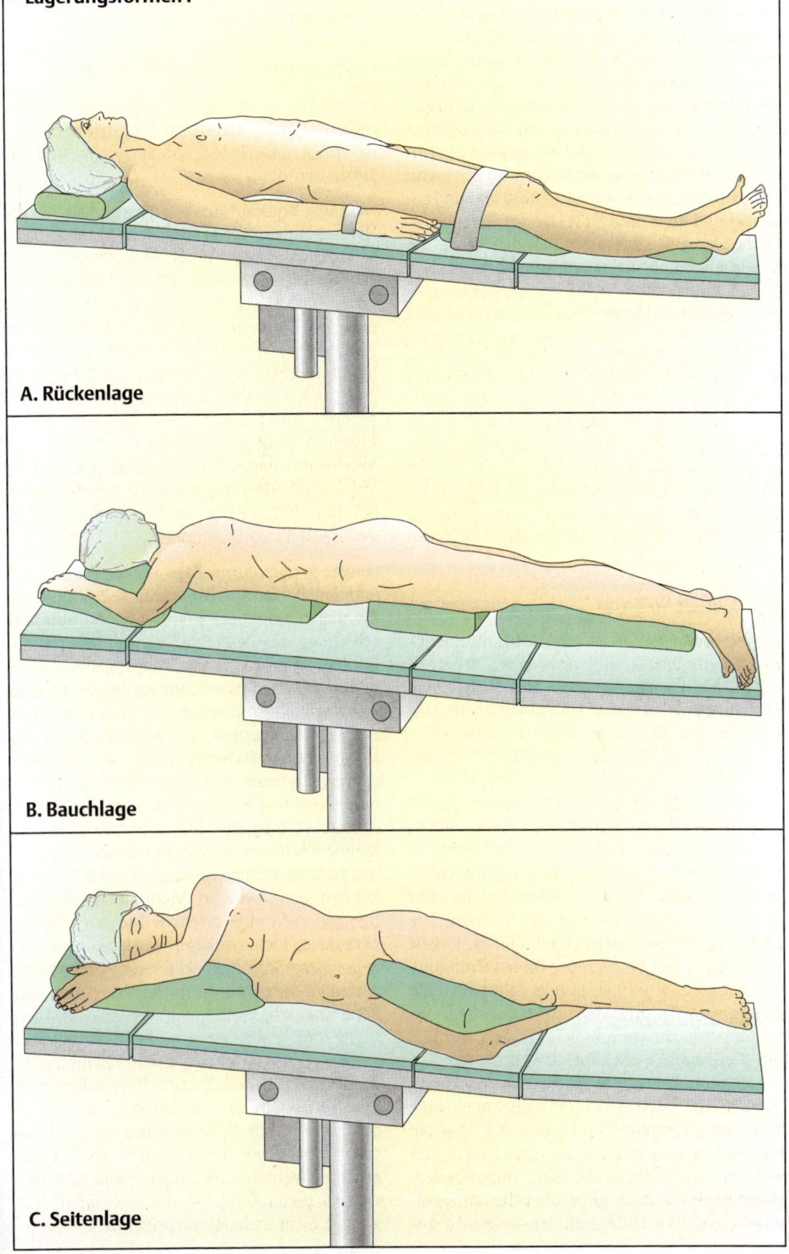

wird. Überdies muß der Kopf für eine achsengerechte Position der Halswirbelsäule auf einem Kissen gelagert werden. Für den oberen Arm, der meistens „aufgehängt" wird, droht durch Zug bzw. Kompression ebenfalls eine Plexusschädigung. Eine spezielle Form der Seitenlagerung ist die sog. *Flankenlagerung* bzw. *seitliche Taschenmesserposition*, die bei einigen Eingriffen an der Niere angewandt wird. Hierbei wird der Patient zunächst auf die Seite gelegt und anschließend Kopf- und Fußende des Operationstisches so weit abgesenkt, daß die Flanke des Patienten am höchsten zu liegen kommt.

D. Steinschnittlage

Die Steinschnittlagerung ist wie die Flankenlagerung und die sitzende Position eine *extreme* Lagerungsvariante, was die kardiorespiratorischen Auswirkungen angeht (s. u.). Sie wird zudem oftmals mit einer leichten Kopftieflage kombiniert. Neben den Kautelen, die für die Rückenlage zu beachten sind, ist hier besonders für den Schutz des *N. peroneus* Sorge zu tragen, der im Bereich des Fibulaköpfchens Gefahr läuft, komprimiert zu werden.

E. Sitzende Position

Die sitzende Position ist nur für bestimmte intrakranielle Operationen notwendig. Neben einer möglichen Schädigung der Nn. ischiadici in den Foramina ischiadica sind es vor allem zwei Faktoren, die diese Lage risikoreich machen:

1. ein *HZV- und Blutdruckabfall* durch Verminderung des venösen Rückstromes,
2. die Gefahr einer *Luftembolie*, da das Operationsgebiet deutlich über dem Herzniveau liegt und damit der Druck in den intrakraniellen Venen und Durasinus negativ wird.

Bei akzidenteller Eröffnung dieser Gefäße kann es dann zur Ansaugung von Luft kommen. Die Beine sollten mit elastischen Binden gewickelt werden, um hier eine venöse Blutansammlung („pooling") zu minimieren und damit auch die Gefahr von Thrombosen zu reduzieren. Sie sollten so hoch wie möglich gelagert werden, um den venösen Rückfluß soweit als möglich zu erhalten. Die intraoperative Überwachung umfaßt außer den Standardmaßnahmen (inkl. Kapnometrie/-graphie!) immer die invasive Messung des arteriellen und zentralvenösen Druckes sowie die präkordiale Dopplersonographie oder transösophageale Echokardiographie, mit deren Hilfe man am besten in der Lage ist, auch kleinste intravasale Luftmengen zu detektieren.

F. Physiologische Veränderungen

Durch die beschriebenen Lagerungsmaßnahmen werden Veränderungen induziert, die vornehmlich das *Herz-Kreislauf-System* und die *Lunge* betreffen.

Herz und Kreislauf. Im Vordergrund stehen die Veränderungen *des venösen Rückstromes*. Beim Absenken der Beine unter Herzniveau (z. B. sitzende Position, Flankenlagerung) wird der venöse Blutfluß aus den abhängigen Körperpartien zum Herzen vermindert, was i.d.R. zum Abfall des Herzzeitvolumens und des arteriellen Blutdruckes führt. Werden die Beine dagegen über Herzniveau angehoben (z. B. Steinschnitt-, Kopftieflagerung), wird der venöse Rückfluß deutlich gesteigert, wodurch bei herzinsuffizienten Patienten eine myokardiale Volumenüberlastung ausgelöst werden kann. Bei Kopftieflagerung wird zudem der hirnvenöse Blutabfluß behindert.

Lunge. Je nach Körperlage verringern sich die *funktionelle Residualkapazität* (FRC) und die *thorakale Compliance*, und zwar durch eine Verschiebung des Zwerchfelles nach kranial. Außerdem kommt es zu Veränderungen des *Ventilations-/Perfusionsverhältnisses* in den Lungen. Am ungünstigsten wirkt sich in diesem Sinne die Kopftieflagerung, besonders in Kombination mit einer Steinschnittlage, aus. Kommen weitere Faktoren hinzu – wie etwa Adipositas oder ein Kapnoperitoneum im Rahmen laparoskopischer Eingriffe, die selbst zu einer Zunahme des intraabdominellen Druckes und damit zur zusätzlichen Abnahme der FRC führen – können sich vermehrt Mikroatelektasen und infolgedessen eine *arterielle Hypoxie* und Hyperkapnie auch stärkeren Ausmaßes entwikkeln. Diese Störungen können bei beatmeten Patienten durch Anwendung großer Atemzugvolumina, langsame inspiratorische Gasflüsse sowie durch Einsatz von PEEP weitgehend kompensiert werden. Durch die Verminderung der Compliance müssen allerdings *höhere Beatmungsdrücke* in Kauf genommen werden. Bei den Lagerungsmaßnahmen, besonders im Zusammenhang mit der Bauchlage, muß darauf geachtet werden, eine abdominelle Kompression zu verhindern, um die Zwerchfellbewegungen nicht zu beeinträchtigen.

Lagerungsformen II

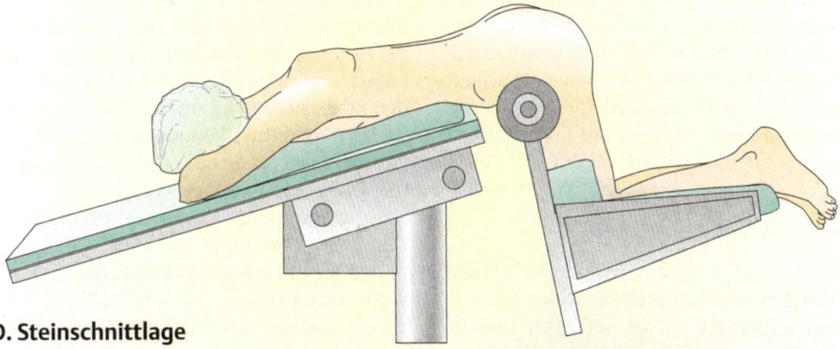

D. Steinschnittlage

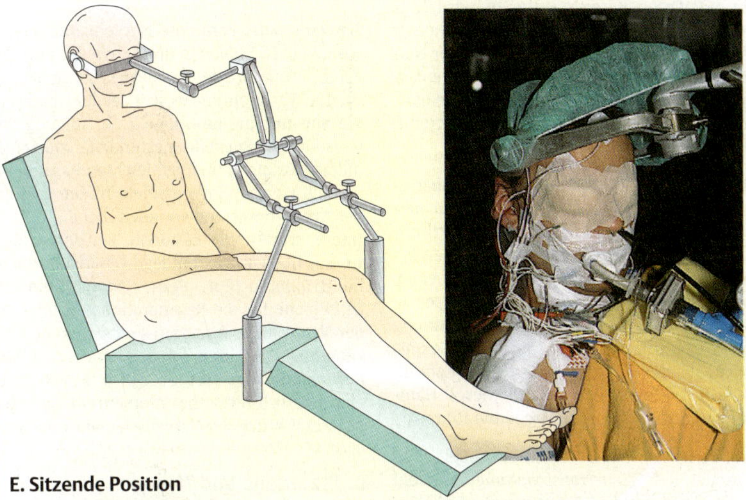

E. Sitzende Position

	RC/Compliance	Venöser Rückstrom	Besonderheiten
Rücken-/Seitenlage	↓	±0	
Kopftieflage	↓↓	↑	Behinderung des hirnvenösen Abflusses, Erhöhung des intragastralen Druckes und damit erhöhtes Aspirationsrisiko, Gefahr der Tubusdislokation nach endobronchial
Bauchlage	(↓)	±0	Gefahr der Cava-Kompression
Steinschnittlage	↓	↑	
Sitzende Position	(↓)	↓↓	Gefahr der Luftembolie

FRC = funktionelle Residualkapazität; Compliance = thorakale Compliance

F. Physiologische Veränderungen

Durch die Lagerungsmaßnahmen können infolge unter Narkose generell fehlender und bei Regionalanästhesien lokal ausgeschalteter Schutzreflexe anatomische Strukturen geschädigt werden, vereinzelt auch bei sorgfältigem Vorgehen. In erster Linie handelt es sich hierbei um *Nervenläsionen*, seltener um *Gewebenekrosen* oder ein *Kompartmentsyndrom*.

A. Nervenschäden

Nerven können in ihrem peripheren Verlauf geschädigt werden, besonders wenn sie knöchernen Strukturen direkt aufliegen und im Rahmen unsachgemäßer Lagerung *Kompression* auf diesen Bereich ausgeübt wird (z. B. N. ulnaris, N. peroneus, N. facialis). Ein anderer Mechanismus ist der Zug an Nerven oder Nervengeflechten mit anschließender *Überdehnung* bis hin zum Wurzelausriß, z. B. Plexusläsion bei Herunterfallen einer oberen Extremität oder bei permanenter Zugbelastung.

Pathogenese. Die beschriebenen Mechanismen induzieren eine *Ischämie der Vasa nervorum*, die je nach Ausprägung den Funktions- und Strukturstoffwechsel der Nervenzellen beeinträchtigen. Besteht die Ischämie über einen längeren Zeitraum, kommt es zu Nekrosen in den betroffenen Nerven. Bei Nervendehnung können Rupturen kleinerer Nervengefäße entstehen, aus denen sich ein Hämatom entwikkelt. Durch Kompression kann dieses Hämatom dann zur neuronalen Ischämie führen.

Besonderheiten unter Anästhesie. Bei allen Methoden der *Schmerzausschaltung* – sowohl bei allgemein- als auch bei regionalanästhesiologischen Verfahren – können Patienten für sie unangenehme und schmerzhafte Positionen einzelner Körperpartien nicht mehr wahrnehmen. Durch Einsatz von *Muskelrelaxanzien* wird zusätzlich der Muskeltonus reduziert, was die Toleranz unphysiologischer Positionen noch weiter erhöht. Bei nichtanästhesierten Patienten kommt es bereits nach wenigen Minuten zu schmerzhaften Sensationen, wenn z. B. der Arm um mehr als 90° abduziert ist, häufig ist dabei auch der Radialispuls nicht mehr palpabel. Schon 30–40 min in einer entsprechenden Lage können ausreichen, um eine Nervenschädigung zu bewirken.

Prädispositionen. Unter den Faktoren, die eine Nervenschädigung begünstigen, finden sich angeborene Anomalien sowie erworbene Erkrankungen *(A1)*. Während bei ersteren die *Engpaßsyndrome* dominieren, handelt es sich bei letzteren vornehmlich um primäre oder sekundäre *Störungen der Mikrozirkulation*. Neben den präexistenten Mikroangiopathien (z. B. bei Diabetes mellitus) können aber auch im Verlauf einer Operation eintretende kardiozirkulatorische Homöostaseveränderungen wie Schockzustände (z. B. bei massiven Blutungen), Gerinnungsstörungen im Sinne einer disseminierten intravasalen Koagulation oder eine vasokonstriktorisch wirkende Hypothermie zur Reduktion des Blutflusses in den Vasa nervorum führen.

Schweregrade. Periphere Nervenverletzungen werden nach *Seddon* in drei Schweregrade eingeteilt: Neurapraxie, Axonotmesis und Neurotmesis *(A2)*. Während es sich bei der Neurapraxie nur um eine funktionelle Schädigung mit vollständiger Rückbildungstendenz von Sensibilitätsstörungen und ggf. leichten Paresen innerhalb weniger Tage handelt, finden sich bei der Axonotmesis und vor allem bei der Neurotmesis strukturelle Läsionen. Bei der Axonotmesis bleiben die bindegewebigen Nervenhüllstrukturen (Epi-, Peri-, Endoneurium) als Leitschiene für die Regeneration erhalten. Bei der Neurotmesis hingegen sind sämtliche Nervenanteile betroffen, so daß eine komplette Regeneration i.d.R. nicht möglich ist. Hierzu ist eine neurochirurgische Intervention mit Reanastomosierung der Nervenenden erforderlich.

B. Prävention und Therapie von Nervenschäden

Durch Vermeidung unphysiologischer Lagerungen, weiche Unterpolsterung von Auflagepunkten im Bereich nervenführender Knochenstrukturen und nicht strangulierende Fixation von Extremitäten lassen sich Nervenschäden in den allermeisten Fällen, zumindest bei Fehlen risikoerhöhender Faktoren, verhindern. Bei eingetretenem Nervenschaden ist eine fachneurologische Begutachtung zur exakten Diagnosestellung und Einleitung der entsprechenden therapeutischen Maßnahmen erforderlich. Bei kompletter Kontinuitätsunterbrechung eines Nervs ist immer eine neurochirurgisch-operative Behandlung anzustreben.

Lagerungsschäden

- angeboren (→ Plexus brachialis)
  - Hypertrophie des M. scalenus anterior und medius
  - Existenz einer Halsrippe
  - anomaler Ursprung des Plexus brachialis
- erworben
  - Mikrozirkulationsstörungen als Folge von:
  - Mikroangiopathien, Schock, Hypothermie, disseminierter intravasaler Koagulation etc.
  - Kachexie (Fehlen subkutaner Fettpolster)

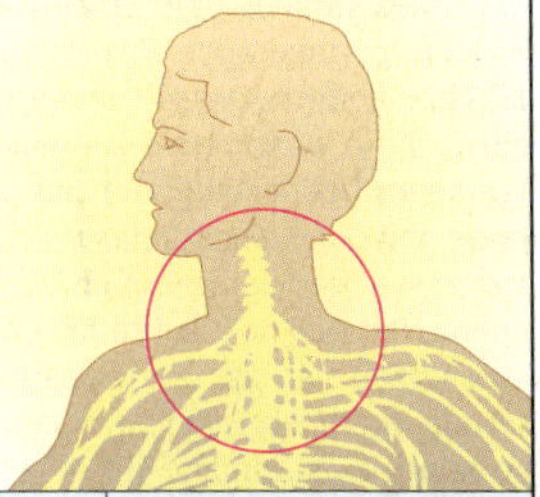

1. Prädispositionen

	Neurapraxie	Axonotmesis	Neurotmesis
Schädigungsform	Commotio nervi ohne Kontinuitätsunterbrechung	lokale Zerstörung von Axonen und Markscheiden	totale oder subtotale Nervendurchtrennung
Ursachen	Prellung, Druck, Ödem, Hämatom	Quetschung	Schnittverletzung, schwerste Quetschung
EMG	keine Denervierungszeichen	passagere Denervierung	nach 1-2 Wochen typische Denervierungspotentiale
NLG	leicht vermindert	erheblich vermindert oder Aufhebung der Nervenleitung	keine Nervenleitung
Therapie	konservativ	konservativ	operativ (Nervennaht)
Regeneration	rasch und vollständig	protrahiert, aber i.d.R. vollständig	ohne Operation unvollständig

EMG = Elektromyogramm; NLG = Nervenleitungsgeschwindigkeit

2. Seddon-Klassifikation

A. Nervenschäden

- Vermeidung unphysiologischer Lagen
- weiche Unterpolsterung von Nervenauflagepunkten
- Fixation von Extremitäten

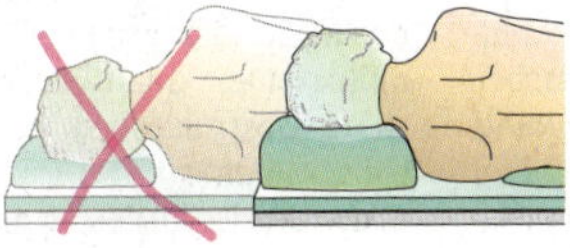

1. Prävention

- konservativ
  - gezielte Krankengymnastik
  - Reizstromtherapie
  - → Durchlutungsförderung, Verhinderung von Muskelatrophien, -kontrakturen und Gelenkversteifungen
- operativ
  - Nervenreanastomierung bei kompletter Kontinuitätsunterbrechung

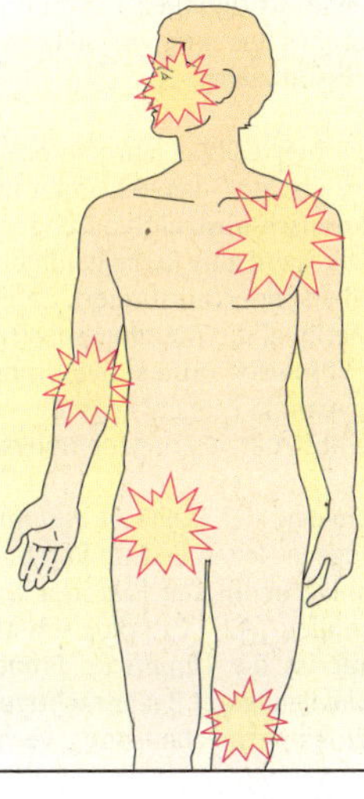

2. Therapie

B. Prävention und Therapie von Nervenschäden

11 Operationslagerung

Neben den kardiovaskulären sind es vor allem die präexistenten pulmonalen Erkrankungen, die das perioperative Risiko ganz wesentlich erhöhen können. Das gilt sowohl für **restriktive** als auch für **obstruktive** Lungenerkrankungen, vor allem bei begleitender **pulmonaler Hypertonie** mit Rechtsherzbelastung und/oder -insuffizienz. Sie bedürfen einer sorgfältigen präoperativen Diagnostik, um Art und Ausprägung abschätzen und ggf. gezielte funktionsverbessernde therapeutische Maßnahmen einleiten zu können. Zumindest für verschiebbare Eingriffe soll der bestmögliche Zustand des Patienten erreicht werden. Respiratorische Komplikationen betreffen, abgesehen von der Narkoseein- und -ausleitung, weniger die intra- als vielmehr die postoperative Phase.

A. Nosologie

Lungenerkrankungen werden nach atmungsmechanischen Gesichtspunkten in restriktive und obstruktive Störungen eingeteilt. Das Ergebnis *restriktiver* Veränderungen ist eine durch intra- oder extrapulmonale Ursachen *(A1)* reduzierte belüftete (ventilierte) und durchblutete (perfundierte) Lungenoberfläche („Gasaustauschfläche"); im Vordergrund *obstruktiver* Erkrankungen stehen erhöhte Strömungswiderstände in den Atemwegen. Restriktion und Obstruktion können gemeinsam auftreten. *Verteilungsstörungen* bilden in beiden Fällen die pathophysiologische Grundlage für Beeinträchtigungen des pulmonalen Gasaustausches bis hin zur akuten respiratorischen Insuffizienz.

COPD. Unter COPD („chronic obstructive pulmonary disease") versteht man im Deutschen die **chronisch-obstruktive Lungenerkrankung**. Hierunter wird eine Reihe häufiger chronischer Krankheitsbilder subsumiert, deren gemeinsames Merkmal die Atemwegsobstruktion ist:

1. die chronisch-obstruktive Bronchitis,
2. das Asthma bronchiale und
3. das obstruktive Lungenemphysem.

Die Ätiologie der COPD ist *multifaktoriell*, wobei exogene Noxen erst im Verein mit endogenen, anlagebedingten Faktoren wirksam werden können *(A2)*. Pathologisch-anatomisches Substrat ist die *chronische Bronchialschleimhautschädigung* mit Beeinträchtigung des ziliaren Reinigungsmechanismus, vermehrter Produktion zähen Bronchialsekretes (Hyper- und Dyskrinie) und entzündlichem Schleimhautödem. Mit der Zeit entstehen Umbauvorgänge am Lungenparenchym mit Erschlaffung und Rarefizierung des Lungengerüstes, die zur Entwicklung eines destruktiven *Emphysems* führen. Durch die begleitende Reduktion des kapillären Stromgebietes sowie infolge hypoxischer pulmonaler Vasokonstriktion („Euler-Liljestrand-Mechanismus") entsteht im Verlauf eine zunehmende Erhöhung der rechtsventrikulären Nachlast mit Ausbildung eines *Cor pulmonale chronicum*.

Die klinische Symptomatik wird durch chronischen *Husten* und *Auswurf* bestimmt („**chronische Bronchitis**"). Die Atemarbeit ist durch die als Folge der Atemwegsobstruktion *erhöhten Strömungswiderstände* (Resistance) deutlich vermehrt. Die Gasaustauschstörung betrifft die O_2-Aufnahme (Oxygenierung) und die CO_2-Abgabe (Ventilation im engeren Sinne), wobei die CO_2-Abgabe besser aufrechterhalten werden kann als die O_2-Aufnahme. Bei fortgeschrittener Erkrankung sind allerdings $PaCO_2$-Werte von 60 mmHg in Ruhe keine Seltenheit. Im Laufe der Zeit adaptiert die *zentrale Atmungsregulation* an die chronische Hyperkapnie. Diese Patienten regulieren ihre Atmung vornehmlich über den PaO_2 bzw. die arterielle Hypoxie! Extremformen der COPD manifestieren sich als sog. „pink-puffer"- oder „blue-bloater"-Typ *(A3)*. Im klinischen Alltag begegnen einem aber zumeist Mischtypen.

Asthma bronchiale. Das Asthma bronchiale ist besonders durch eine *Hyperreagibilität des Bronchialsystems* gekennzeichnet. Verschiedenartige, allergische und nichtallergische Stimuli können anfallsweise reversible, generalisierte Obstruktionen der Atemwege („Bronchospasmen") mit Dyspnoe und *exspiratorischem* Stridor auslösen, die durch Spasmen der Bronchialmuskulatur, vermehrte Produktion von zähem Bronchialsekret und ödematöse Schleimhautschwellung charakterisiert sind. Im Extremfall manifestiert sich ein **Status asthmaticus** mit z. T. über Tage persistierender schwerster Obstruktion und respiratorischer Globalinsuffizienz. Während im Anfangsstadium die Lungenfunktion im anfallsfreien Intervall noch unbeeinträchtigt ist, können sich mit zunehmender Krankheitsdauer irreversible Lungenschäden im Sinne eines *Emphysems* ausbilden. Bei exogener Auslösung spricht man

Lunge I

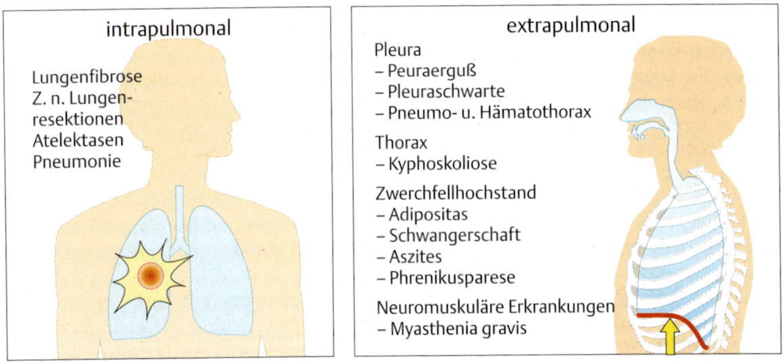

1. Ursachen restriktiver Lungenveränderungen

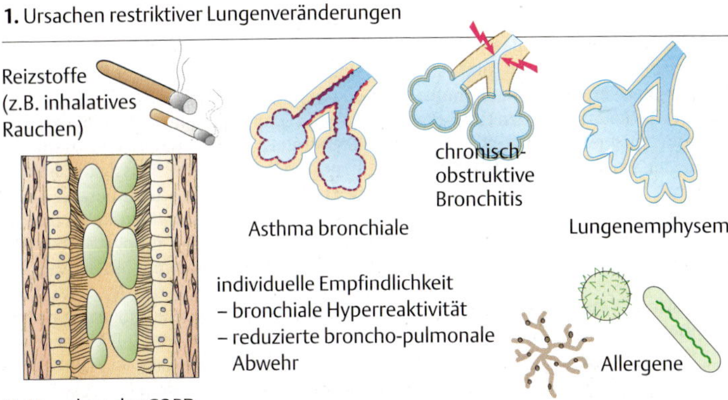

2. Ursachen der COPD

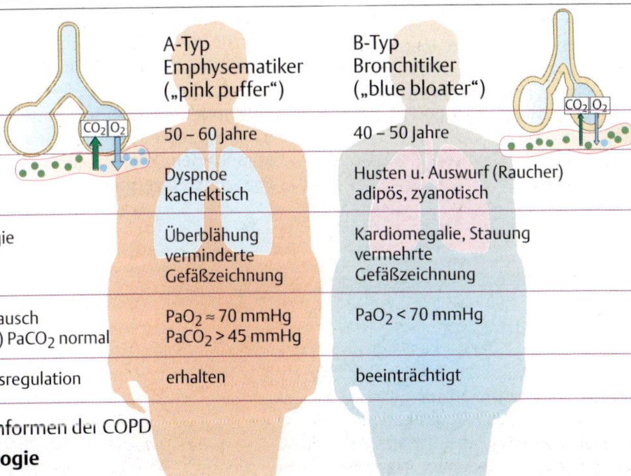

	A-Typ Emphysematiker („pink puffer“)	B-Typ Bronchitiker („blue bloater“)
Alter	50 – 60 Jahre	40 – 50 Jahre
Klinik	Dyspnoe kachektisch	Husten u. Auswurf (Raucher) adipös, zyanotisch
Radiologie	Überblähung verminderte Gefäßzeichnung	Kardiomegalie, Stauung vermehrte Gefäßzeichnung
Gasaustausch (in Ruhe) $PaCO_2$ normal	$PaO_2 \approx 70$ mmHg $PaCO_2 > 45$ mmHg	$PaO_2 < 70$ mmHg
Atmungsregulation	erhalten	beeinträchtigt

3. Extremformen der COPD

A. Nosologie

auch vom *extrinsischen* Asthma, bei endogener vom *intrinsischen.*

Lungenemphysem. Die morphologische Grundlage des Lungenemphysems ist eine *irreversible* Erweiterung der Lufträume distal der Bronchioli terminales infolge Destruktion der Bronchialwände. Der aus dem Verlust des die Oberflächenspannung reduzierenden „Surfactant" resultierende *Elastizitätsverlust* führt zur Instabilität der Bronchiolen, die dann in der Exspiration kollabieren, noch bevor die normale Ausatmung beendet ist. Dadurch wird vermehrt Luft in den Alveolen zurückgehalten („air trapping") und die Residualkapazität erhöht („Aufblähung"). Da der O_2-Anteil dieser „trapped air" im Vergleich zur Inspirationsluft reduziert ist, kommt es zur verminderten Oxygenierung des vorbeiströmenden Blutes, so daß die venöse Beimischung zu- und die O_2-Konzentration im arteriellen Blut abnimmt. Im fortgeschrittenen Stadium werden diese Areale durch Umbauvorgänge an den Gefäßen vollständig von der Perfusion abgekoppelt („Gefäßrarifizierung"), und es resultiert eine Zunahme des funktionellen Totraumes, der die CO_2-Elimination behindert.

B. Präoperative Diagnostik und Behandlung

Die Diagnostik fußt auf Anamnese und klinischer Untersuchung, die bei Auffälligkeiten durch weiterführende Maßnahmen wie radiologische Untersuchungen und die pulmonale Funktionsdiagnostik ergänzt werden müssen (*B1–3*; Grundlagen s. Kap. 2.2). Restriktive und obstruktive Lungenerkrankungen können spirometrisch differenziert werden:

	VC	FEV_1 (absolut)	FEV_1/ VC*
Restriktion	↓	↓	normal
Obstruktion	± 0/ ↓	↓	

VC =Vitalkapazität; FEV_1 = forciertes Exspirationsvolumen; *: = FEV_1 relativ

Die beste Aussagekraft zur pulmonalen *Belastungsreserve* und damit zu möglichen postoperativen pulmonalen Komplikationen bis hin zur respiratorischen Insuffizienz soll der unter Belastungsbedingungen (Ergometrie) durchgeführten arteriellen Blutgasanalyse (BGA) und der sog. Ein-Sekunden-Kapazität nach *Tiffeneau* (FEV_1) zukommen. Für Erwachsene bedeutet

- eine FEV_1 > 2 l kein erhöhtes Risiko,
- eine FEV_1 = 0,8–2 l ein erhöhtes Risiko,
- eine FEV_1 < 0,8 l ein sehr hohes Risiko

einer postoperativen Ateminsuffizienz. Bei bereits fortgeschrittenen Lungenerkrankungen mit Verdacht auf Entwicklung einer pulmonalen Hypertonie und konsekutiver Rechtsherzbelastung müssen zur Verifizierung und Abschätzung der kardialen Beteiligung eine Echokardiographie und ggf. auch eine Rechtsherzkatheteruntersuchung vorgenommen werden.

Während restriktive Lungenveränderungen durch *konservative, vor allem pharmakotherapeutische* Maßnahmen nicht oder nur in den seltensten Fällen gebessert werden können, sind diese die Domäne in der Behandlung der chronisch-obstruktiven Bronchitis und des Asthma bronchiale. Im Mittelpunkt stehen hierbei die Verbesserung der Sekretmobilisation durch vermehrte Flüssigkeitsaufnahme (> 3 l/d), physikalische Atemtherapie und Expektoranzien bzw. Sekretolytika (z. B. Ambroxol, Acetylcystein), die antiobstruktive Therapie mit Bronchodilatatoren (inhalative β_2-Sympathikomimetika als Mittel der 1. Wahl, Theophyllin), die antibiotische Sanierung bakterieller broncho-pulmonaler Infektionen sowie evtl. die längerfristige Gabe von Glukokortikoiden (inhalativ, ggf. peroral) zur Unterbrechung der abakteriellen chronisch-entzündlichen Abläufe. Eine *Nikotinabstinenz* verbessert die pulmonale Situation nur nachhaltig, wenn sie mindestens 4 Wochen präoperativ begonnen und durchgehalten werden kann. Ein bereits eingetretener emphysematöser Lungenumbau ist nicht reversibel, präventiv-therapeutische Maßnahmen können allenfalls ein weiteres Fortschreiten verhindern.

Lunge II

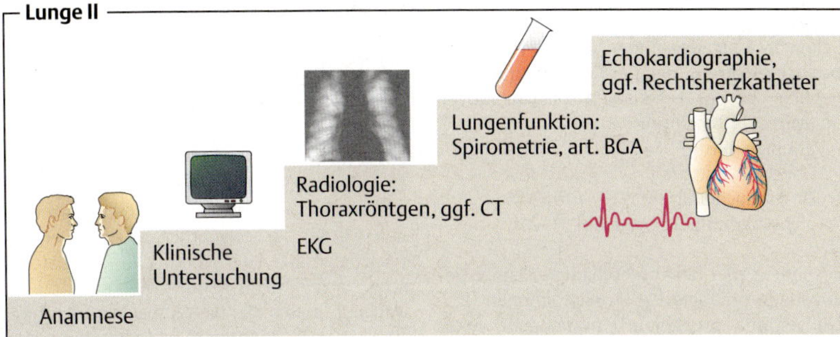

1. Diagnostik

- Perkussion: hypersonorer Klopfschall
  Auskultation: abgeschwächtes Atemgeräusch
  – Obstruktion: Giemen und Brummen
  – Bronchitis: grobblasige Rasselgeräusche
  – Spastik: exspiratorisches Pfeifen und verlängertes Exspirium
- Radiologie: erhöhte Strahlentransparenz und evtl. Bullae bei Lungenemphysem, Bronchialwandverdickung bei Peribronchitis
- Blutgase: $PaO_2 \downarrow$, $PaCO_2 \uparrow$
- Spirometrie: VC ↓, FRC ↑, FEV1 ↓ (abs. u. rel.)
- Blutbild: Polyglobulie
- ggf. Zeichen der Rechtsherzbelastung bis zur -insuffizienz

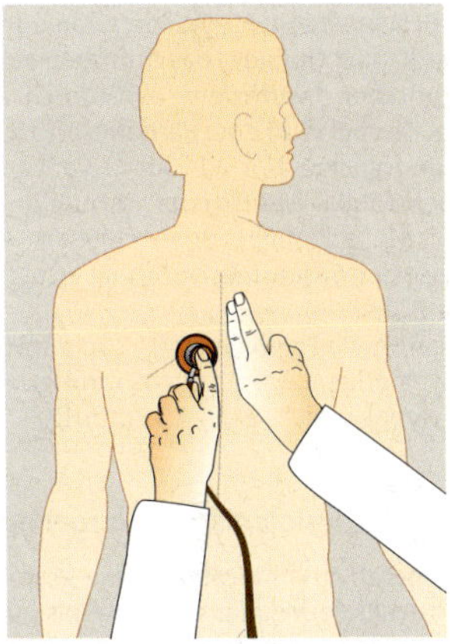

2. Diagnose der COPD

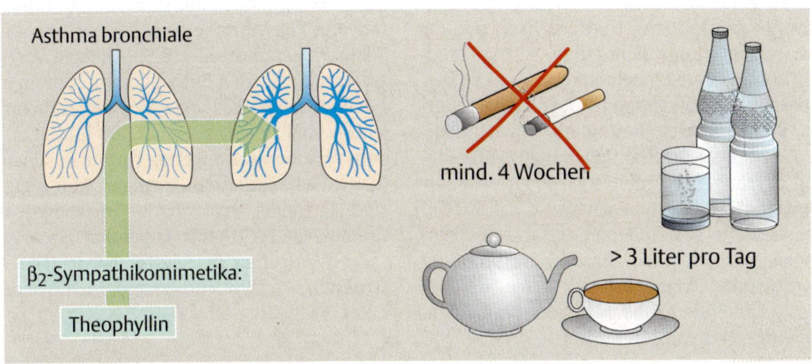

3. Therapiemaßnahmen

B. Präoperative Diagnostik und Behandlung

C. Perioperative Komplikationen

Schon bei Lungengesunden wird die Häufigkeit perioperativer pulmonaler Komplikationen erheblich von der Lokalisation des operativen Eingriffes mitbestimmt:

- Thoraxeingriffe 40–80%
- Oberbaucheingriffe 20–40%
- Unterbaucheingriffe 10–20%
- nichtabdominelle Eingriffe 1–2%.

Besonders aber bei vorgeschädigter Lunge begünstigen präoperative Streßsituationen (z. B. bei Asthma bronchiale), maschinelle Beatmung (Abnahme der funktionellen Residualkapazität [FRC] und der Compliance) und postoperative Störungen der Atmungsmechanik (z. B. Schmerzen, Atemdepression durch Anästhetika und Opioide) das Auftreten einer **respiratorischen Insuffizienz**, z. B. durch Atelektasen. Hierbei wird eine Partialinsuffizienz (arterielle Hypoxie, Normo- oder Hypokapnie) von einer Global-insuffizienz (arterielle Hypoxie und Hyperkapnie) unterschieden. Die Diagnose der *Gasaustauschstörung* erfolgt anhand der BGA:

- arterielle Hypoxie: $PaO_2 < 70$ mmHg,
- Hyperkapnie: $PaCO_2 > 45$ mmHg,
- Hypokapnie: $PaCO_2 < 35$ mmHg.

D. Anästhesiologisches Vorgehen

Präoperative Vorbereitung. Die gewohnte antiobstruktive Medikation sollte bis zur Operation weiter verabreicht werden. Glukokortikoide müssen bei chronischer Anwendung in einer Dosierung oberhalb der sog. Cushing-Schwelle (> ca. 30 mg Hydrocortison pro Tag bzw. einem Äquivalent von 7,5 mg Predniso(lo)n; weitere Einzelheiten s. Kap. 12.5) perioperativ vorübergehend höher dosiert werden. Präoperativ ist besonders bei Asthmatikern eine gute Streßabschirmung (Verhinderung psychogener Anfallsauslösung) erforderlich, wobei jedoch zu beachten ist, daß bei bereits in Ruhe vorhandenen Gasaustauschstörungen, vor allem bei bereits eingetretener CO_2-Retention (Hyperkapnie), keine atemdepressiv wirkenden Substanzen zur Prämedikation eingesetzt werden dürfen.

Anästhesieführung. Regionale Anästhesieverfahren sollten bei peripheren Eingriffen bevorzugt werden. Allgemeinanästhesien bei Patienten mit hyperreagiblem Bronchialsystem erfordern eine besondere Vorgehensweise *(D)*. Bei der Medikamentenwahl sind Substanzen, die *systemisch* Histamin freisetzen (z. B. Barbiturate, Succinylcholin, m.E. Atracurium) und damit den Bronchialmotorentonus erhöhen können, möglichst zu vermeiden. Obwohl Opioide über einen parasympathikomimetischen Effekt ebenfalls den Tonus steigern können, werden sie – eigentlich paradox – erfolgreich eingesetzt. Hier scheint aber die analgetische, streßabschirmende Wirkung diesen Nachteil mehr als wettzumachen. Beachtet werden muß allerdings, und dies besonders bei Emphysematikern, die mögliche Auslösung einer Thoraxrigidität bei zu schneller i. v. Gabe höherer Opioiddosen. Vorteilhaft sind volatile Anästhetika, da sie bronchodilatatorisch wirken. Dies gilt in noch stärkerem Maße für Ketamin, das deshalb auch als Ultima-ratio-Mittel für die Therapie des Status asthmaticus gilt, dann jedoch in deutlich höherer Dosierung als zur Anästhesie erforderlich. Die Intubation muß vor allem bei Asthmatikern *in tiefer Narkose* erfolgen, ebenso, wenn möglich, die Extubation. Bei der kontrollierten Beatmung sollen hohe Spitzendrücke wegen der Gefahr eines Barotraumas und eine Behinderung der Exspiration infolge zu kurz gewählter Exspirationszeiten vermieden werden. Cholinesterasehemmstoffe zur Antagonisierung von Relaxansüberhängen sollen bei bronchialer Hyperreaktivität wegen ihrer parasympathikomimetischen, bronchokonstriktorischen Wirkung möglichst nicht verwendet werden. Eine Bronchialtoilette vor Extubation sollte nur bei Bedarf und dann auch nur in adäquater Narkosetiefe durchgeführt werden. Zur postoperativen Schmerztherapie soll auf Substanzen verzichtet werden, die den Bronchialmotorentonus erhöhen können. Prostaglandinsynthesehemmer sind deshalb nicht geeignet. Sie führen zu einem relativen Ansteigen der bronchokonstriktorisch wirkenden Leukotriene. Gut geeignet sind hingegen Metamizol (Novalgin®) und Opioide wie Piritramid (Dipidolor®).

Zum Vorgehen bei **akuter bronchialer Obstruktion** (Bronchospasmus/Asthmaanfall) s. Kap. 13.2.

Lunge III

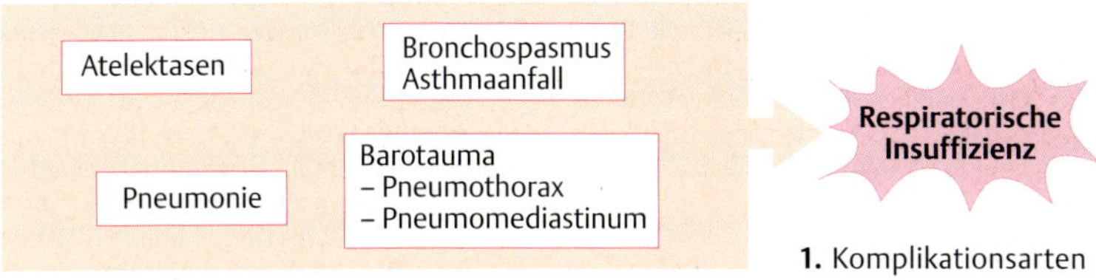

1. Komplikationsarten

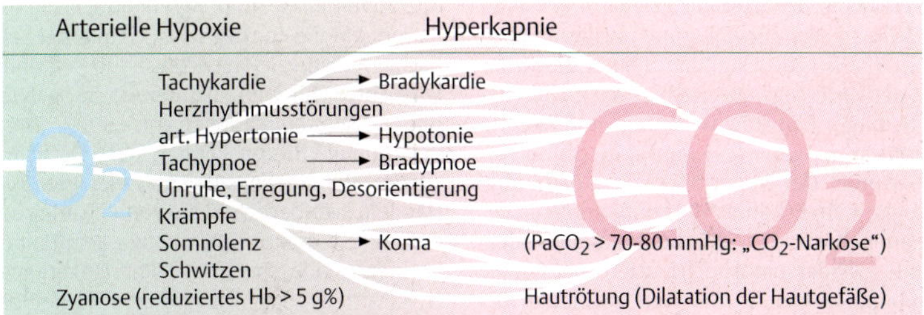

2. Klinische Zeichen der Ateminsuffizienz

C. Perioperative Komplikationen

1. Endotracheale Intubation
   - in *tiefer* Narkose
2. Medikamente
   - möglichst keine Verwendung histaminfreisetzender oder sulfithaltiger Substanzen
   - ggf. „Prophylaxe" mit H_1- u. H_2-Antihistaminika
   - empfohlene Substanzen: Etomidat, Propofol, volatile Anästhetika, alle „Narkose"-Opioide, cis-Atracurium
3. Besonderheiten bei der Beatmung
   - Normokapnie, außer bei chronischer respiratorischer Alkalose
   - PEEP niedrig bis max. 5 mbar (zur Verhinderung von „air trapping")
   - genügend Zeit für die Exspiration
   - Beatmungsfilter (zum Anfeuchten + Erwärmen!)
4. Extubation
   - in *tiefer* Narkose (nur wenn keine Kontraindikationen!, wie z.B. fehlende Nüchternheit)
   - restriktive Bronchialtoilette
   - nach Möglichkeit keine Antagonisierung mit Cholinesterasehemmstoffen (Prostigmin etc.)
   - ggf. großzügige Nachbeatmung
5. Postoperative Schmerztherapie
   gut: Piritramid, Metamizol

Cave: Acetylsalicylsäure und verwandte Substanzen (NSAID)

Anästhesie bei hyperreagiblem Bronchialsystem

D. Anästhesiologisches Vorgehen

Während sich respiratorische Komplikationen häufiger postoperativ ereignen, betreffen hämodynamische eher die intraoperative Phase. Kardiovaskuläre Vorerkrankungen wie **Hypertonus**, **KHK**, **Herzinsuffizienz** und **Arrhythmien** erhöhen dabei das Komplikationsrisiko, abhängig vom Schweregrad, deutlich.

A. Arterielle Hypertonie

Die Prävalenz der arteriellen Hypertonie ist mit 15–20% in der Bevölkerung ausgesprochen hoch. Zur Diagnosestellung dienen die Kriterien der WHO *(A1)*. Hiernach gelten nicht reaktiv bedingte Blutdruckwerte von > 160 mmHg systolisch und/oder > 95 mmHg diastolisch als Hypertonus. Der Hypertonie liegen pathophysiologisch ein erhöhtes Herzzeitvolumen („Volumenhochdruck"), ein erhöhter Gefäßwiderstand („Widerstandshochdruck") oder eine Kombination beider Faktoren zugrunde. Bei länger bestehender Hypertonie kommt es *sekundär* zu Veränderungen des arteriellen Gefäßsystems („Arterio-/Arteriolosklerose"), die sich vorwiegend an Herz, Gehirn und Nieren manifestieren *(A2)*, zur Fixation des Hypertonus beitragen und das perioperative Risiko erheblich steigern.

Einteilung der Hypertonieformen. Man unterscheidet die *essentielle* Hypertonie (primär, idiopathisch; ca. 95% aller Hypertonien), bei der es sich wahrscheinlich um eine multifaktorielle Störung der Blutdruckregulation handelt, von den *sekundären* Hypertonien (ca. 5% aller Hypertonien) mit bekannter Ätiologie (s. Tab. 8 im Anhang).

Perioperative Besonderheiten. Der *unbehandelte* Hypertoniker ist perioperativ stärkeren Blutdruckschwankungen (nicht nur vermehrt Blutanstiege, sondern auch -abfälle!) ausgesetzt als der gut medikamentös eingestellte oder der Nichthypertoniker. Während hypertensive Phasen durch die Erhöhung des myokardialen O_2-Verbrauchs bedrohlich werden können, liegt die Gefahr von hypotensiven Episoden in einer möglicherweise kritischen Verminderung der Organperfusion. Die perioperative Blutdrucklabilität kann durch eine antihypertensive Pharmakotherapie reduziert werden. Ob allerdings hierdurch die perioperative Morbidität und Letalität gesenkt werden, ist statistisch nicht belegt. Eine bereits bestehende Medikation sollte jedoch auf jeden Fall perioperativ fortgeführt werden, um überschießende Blutdruckentgleisungen (z. B. hypertensive Krise nach abruptem Absetzen) zu verhindern.

Hypertensive Krise. Unter hypertensiven Krisen versteht man anfallsartig auftretende erhebliche Steigerungen des arteriellen Druckes (systolisch > 220 mmHg und diastolisch > 120 mmHg). Häufigste Auslöser in der perioperativen Phase sind die endotracheale Intubation und die chirurgische Stimulation bei zu flacher Anästhesie. Hypertensive Krisen sind als lebensbedrohlich einzustufen, da sie zu deletären Organkomplikationen mit akuter „Organgefährdung" führen können *(A3)*. Deshalb ist ein umgehendes konsequentes therapeutisches Handeln erforderlich. Neben einer Narkosevertiefung (z. B. volatile Anästhetika, Remifentanil) ist hierzu eine spezifische Pharmakotherapie (z. B. Nitroglycerin – Nitro-lingual®, Nifedipin – Adalat®, Urapidil – Ebrantil®, Dihydralazin – Nepresol®, Clonidin – Catapresan®) unverzichtbar.

B. Koronare Herzkrankheit (KHK)

Die KHK entsteht zumeist auf dem Boden einer *Koronararteriensklerose*. Sie führt zur Koronarinsuffizienz, d. h. zu einem Mißverhältnis zwischen myokardialem O_2-Angebot und O_2-Bedarf („Myokardischämie/-hypoxie"). Bei hochgradiger, kritischer Koronarstenosierung (i.d.R. mehr als 75%ige Lumeneinengung) manifestiert sich die KHK klinisch als
- Angina pectoris (stabil, instabil, Präinfarktsyndrom),
- Myokardinfarkt,
- Myokardinsuffizienz,
- Herzrhythmusstörungen,
- plötzlicher Herztod.

Während sich die *stabile* Angina pectoris nur in definierten Belastungssituationen zeigt, ist die *instabile* Form auch durch Ruheattacken gekennzeichnet. Hier spielen neben der morphologisch fixierten Gefäßeinengung auch dynamische Faktoren, wie z. B. Vasospasmen, die die Obstruktion akut verstärken, eine wesentliche Rolle. Als Extremform einer Ruheangina präsentiert sich die sog. Prinzmetal-Angina.

Herz und Kreislauf I

Normotonie (mmHg)	Grenzwerthypertonie* (mmHg)	Hypertonie (mmHg)
< 140/90	140/90 bis 160/95	> 160/95

1. WHO-Definition

* "borderline hypertension"

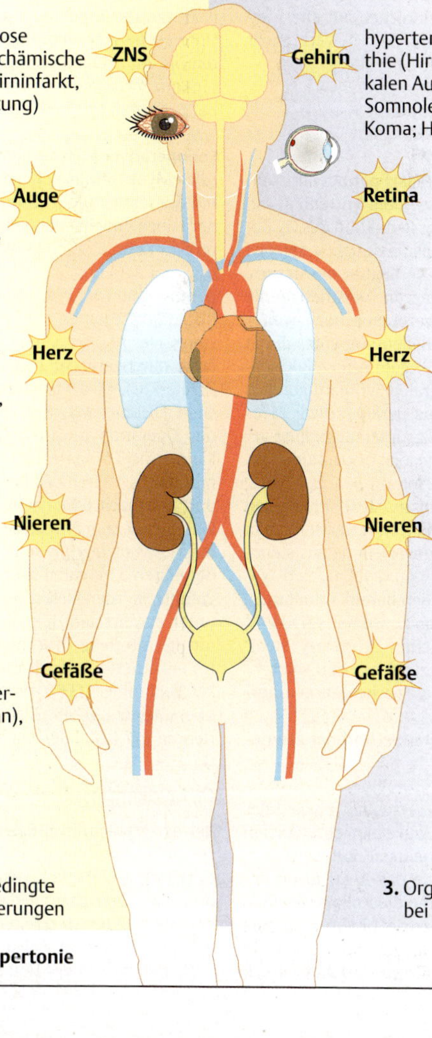

2. Hypertoniebedingte Organveränderungen

3. Organmanifestationen bei hypertensiver Krise

A. Arterielle Hypertonie

Perioperative Besonderheiten. Patienten mit KHK sind in der perioperativen Phase besonders gefährdet, **Myokardischämien** bis hin zu **Myokardinfarkten** zu erleiden. Kardiovaskuläre Reaktionen wie *Blutdruckabfälle* oder *-anstiege* und *Tachy-* oder *Bradykardien* sowie weitere Faktoren *(B1)* können über eine Beeinträchtigung des myokardialen O_2-Gleichgewichtes als Auslöser fungieren. Wichtig sind daher in der präoperativen Vorbereitung eine ausreichende anxiolytische Prämedikation sowie die Weiterführung der antianginösen Dauertherapie, die im wesentlichen auf eine Verminderung des myokardialen O_2-Verbrauchs durch Senkung

- der Herzfrequenz,
- der Myokardkontraktilität,
- der Nachlast („afterload") und
- der Vorlast („preload")

ausgerichtet ist *(B2)*. Sie darf perioperativ keinesfalls unterbrochen werden. Vorteilhaft bei Narkosen sind neben der Reduktion des O_2-Bedarfs des Gesamtorganismus auch – solange keine Herzinsuffizienz vorliegt – die negativ inotropen Eigenschaften von Anästhetika, die den myokardialen O_2-Verbrauch noch weiter absenken können. Die Bedeutung eines durch präventive Gabe von α_2-Agonisten (z. B. Clonidin) verminderten zentralen Sympathikotonus hinsichtlich der Inzidenz perioperativer Myokardischämien wird z. Zt. untersucht. Eine gewisse Vorsicht scheint jedoch bei **Isofluran** angebracht. Höhere Konzentrationen (> 1 MAC) sollen ein sog. „coronary-steal"-Phänomen hervorrufen können. Hierunter versteht man eine myokardiale Blutumverteilung aus stenosierten zu nichtstenosierten Gefäßarealen, wodurch die Perfusion in den bereits minderperfundierten Regionen noch weiter verringert wird. Zur Auslösung eines „coronary steal" müssen zwei Voraussetzungen erfüllt sein:

1. eine spezielle pathologische Koronarmorphologie und
2. die Wirkung eines starken koronar-arteriolären Dilatators.

Bei dem kompletten Verschluß eines oder mehrerer Koronaräste und einer zusätzlichen *proximalen* Stenose derjenigen Koronararterie, die den Kollateralfluß in das Areal distal des Verschlusses steuert, sind die Kollateralgefäße infolge der Gewebehypoxie bereits maximal erweitert. Das bedeutet, daß der kollaterale Blutfluß ausschließlich vom Perfusionsdruck abhängig ist. In dieser Situation führt eine Dilatation der Arteriolen *distal* der stenosierten, aber nicht komplett verschlossenen Koronararterie zu einer Reduktion des Perfusionsdrukkes und damit also auch der Kollateraldurchblutung. Die Rate „steal"-fähiger Koronargefäßsysteme wird bei KHK-Patienten mit ungefähr 10–20 % angegeben. Während bei den bekannten sehr starken Koronardilatatoren Adenosin und Dipyridamol das Auftreten von „steal"-Phänomenen unstrittig ist, sprechen beim deutlich schwächer vasodilatierenden Isofluran die Ergebnisse aus experimentellen Untersuchungen eher dagegen. Dennoch sollten bis zur endgültigen Beurteilbarkeit Isoflurankonzentrationen von mehr als einem MAC bei Patienten mit KHK vermieden werden.

Perioperativer Myokardinfarkt. Beim *transmuralen* Myokardinfarkt handelt es sich nicht nur um die schwerwiegendste Form der KHK, sondern auch um eine der bedrohlichsten perioperativen Komplikationen. Während weniger als 0,5 % der Patienten *ohne* (bekannte) KHK perioperativ einen Infarkt erleiden, beträgt dieses Risiko für Patienten *mit* KHK ca. 5 %. Am höchsten ist es bei Patienten, die bereits einen Infarkt durchgemacht haben. Das Risiko eines Reinfarktes wird vor allem durch den zeitlichen Abstand zwischen früherem Infarkt und der Operation bestimmt. Ist dieses Intervall kleiner als 3 Monate, beträgt die Reinfarktrate bis zu 40 %, zwischen 3 und 6 Monaten ca. 10 %, und erst nach 6 Monaten wird mit 5–7 % ein Plateau auf dem Niveau der KHK-Patienten erreicht. *Wahleingriffe* sollten deshalb nicht in der ersten 3 Monaten nach dem Infarkt durchgeführt werden, *lebenswichtige* Eingriffe nur unter erweitertem hämodynamischem Monitoring (arterielle Druckmessung; Pulmonalarterienkatheter oder transösophageale Echokardiographie (TEE); postoperative Intensivüberwachung für 48–72 h). Gleiches gilt für Patienten mit instabiler Angina pectoris.

C. Myokardinsuffizienz

Bei der Myokardinsuffizienz liegt eine eingeschränkte Pumpfunktion des Herzens vor, die durch die Unfähigkeit gekennzeichnet ist, ein dem metabolischen Bedarf des Organismus entsprechendes Herzzeitvolumen aufrechtzuerhalten *(Symptome Abb. C1)*.

Hauptursachen der Herzinsuffizienz sind:

Herz und Kreislauf II

Risikofaktor	Pathomechanismen MVO_2	MDO_2
Tachykardie	↑	
Hypertension	↑	
Bradykardie		↓
Anämie		↓
Arterielle Hypoxie		↓
HZV-Abnahme/Hypotension		↓
Anstieg des LVEDP	↑*	↓*

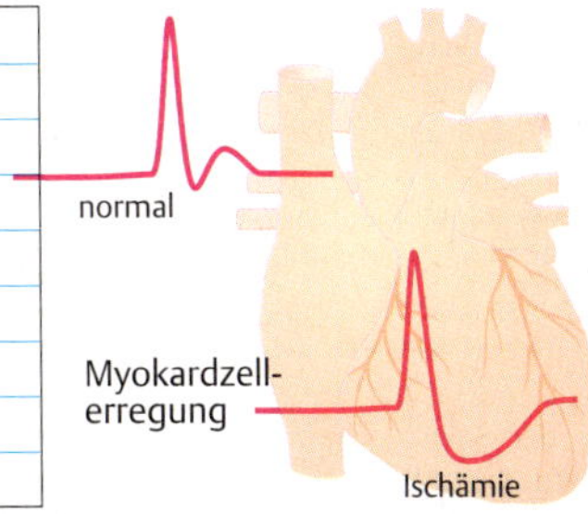

MVO_2 = myokardialer O_2-Verbrauch
MDO_2 = myokardiales O_2-Angebot
LVEDP = linksventrikulär enddiastolischer Druck
HZV = Herzzeitvolumen
↑ = Anstieg, ↓ = Reduktion
* durch erhöhte Wandspannung

1. Risikofaktoren einer (intraoperativen) Myokardischämie

	Herzfrequenz	Kontraktilität	Nachlast	Vorlast	Koronarspasmus
Nitrate	ø/↑	ø	↓	↓↓	ø
β-Rezeptorenblocker	↓	↓	ø/(↑)	ø	↑
Calciumantagonisten					
Nifedipintyp	ø/↑	↓↓	↓↓	(↓)	↓↓
Verapamiltyp	↓	↓	↓	(↓)	↓

2. Pharmakawirkungen bei KHK

B. Koronare Herzkrankheit

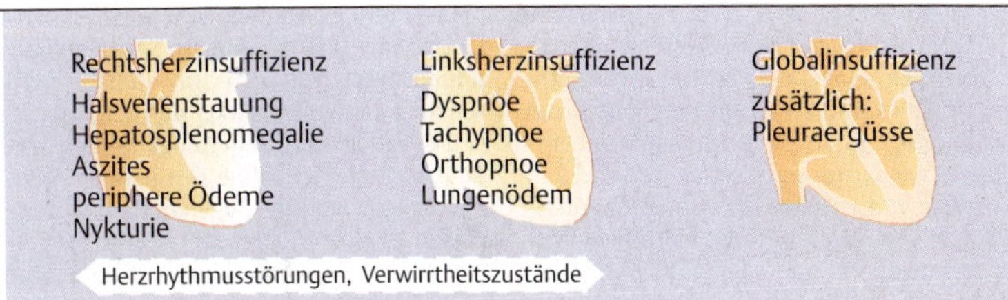

1. Klinische Symptome der Herzinsuffizienz

NYHA I	keine Einschränkung der Belastbarkeit (nur außergewöhnliche Belastungen können zu Beschwerden führen)
NYHA II	leichte Einschränkung der Belastbarkeit, Beschwerden nur bei größeren Belastungen
NYHA III	deutliche Einschränkung der Belastbarkeit, Beschwerden schon bei leichteren Belastungen
NYHA IV	keine Belastungen möglich, Beschwerden auch in Ruhe; Prognose auch bei Behandlung zweifelhaft

2. NYHA-Klassifikation der Herzerkrankungen

C. Myokardinsuffizienz

- arterielle/pulmonale Hypertonie,
- KHK,
- Herzklappenfehler,
- Myokarditis,
- Herzrhythmusstörungen.

Die Herzinsuffizienz kann nach *Schweregraden* entsprechend der Klassifikation der New York Heart Association (NYHA) eingeteilt werden *(C2)*. Die NYHA-Klassifikation wird darüber hinaus auch allgemein zur groben Abschätzung der Belastungsreserven bei Herzerkrankungen angewendet.

Perioperative Besonderheiten. Patienten mit Herzinsuffizienz zeigen eine deutlich geringere Kompensationsbreite gegenüber den negativ inotropen Wirkungen von Anästhetika, Blutdruckschwankungen, Hyper- oder Hypovolämie und Hypoxämie. Unter dem Einfluß von Operation und Anästhesie besteht die Gefahr, daß vormals kompensierte Zustände akut dekompensieren. Die medikamentöse Therapie soll deshalb auch perioperativ nicht unterbrochen werden. Nur Digitalispräparate und Diuretika sollen nicht mehr am Operationstag zugeführt werden, um keine akuten Interferenzen mit dem Elektrolyt- und Flüssigkeitshaushalt zu provozieren (bes. Hypokaliämie und Hypovolämie zur Anästhesieeinleitung). Bei Vorliegen einer *manifesten* Herzinsuffizienz dürfen keine elektiven oder planbaren Eingriffe vorgenommen werden und lebenswichtige wiederum nur unter erweitertem Monitoring (s. o.). Hierbei sollen volatile Anästhetika wegen ihrer negativ inotropen Wirkung vermieden werden. Ebensowenig sollen rückenmarknahe Regionalanästhesien wegen möglicher stärkerer Blutdruck- und Herzfrequenzabfälle infolge ausgeprägter Sympathikolyse durchgeführt werden (Ausnahme s. Abschn. F).

Therapieprinzipien. Reversible kardiale Funktionsstörungen können und müssen präoperativ behandelt werden. Das Ziel liegt in der Beseitigung von Stauungszeichen und in der Erhöhung des linksventrikulären Schlagvolumens. Hierzu gibt es drei *pharmakologische* Ansatzpunkte:

1. Steigerung der *Myokardkontraktilität:* Klassische Substanzen für eine Dauertherapie zur Kontraktilitätssteigerung sind die Herzglykoside. Durch die zunehmende Bedeutung der Vasodilatanzien, besonders aber der ACE-Hemmer in der Therapie der Herzinsuffizienz, ist ihre Verwendung jedoch deutlich rückläufig.
2. Senkung der *Nachlast:* Vasodilatanzien bewirken über die Abnahme des peripheren Widerstandes eine Nachlastsenkung mit nachfolgender Zunahme des Schlagvolumens.
3. Senkung der *Vorlast: Nitrate* führen durch eine Erweiterung venöser Gefäße („Kapazitätsgefäße") zur Reduzierung der Vorlast und können deshalb nur bei erhöhten ventrikulären Füllungsdrücken das Schlagvolumen steigern.

Ferner werden Substanzen mit kombiniertem Wirkungsansatz eingesetzt. *ACE-Hemmer* und *AT_1-Rezeptorantagonisten* vermindern sowohl die Nach- als auch die Vorlast und werden mittlerweile bereits in frühen Stadien der Herzinsuffizienz verwendet. Sie verbessern nachgewiesenermaßen nicht nur die Lebensqualität, sondern bewirken auch eine Lebensverlängerung. *Phosphodiesterasehemmer* erhöhen die Kontraktilität des Herzens bei gleichzeitiger Nachlastsenkung. *Diuretika* dienen in erster Linie der Reduzierung des Blutvolumens, um die Stauungssymptomatik (z. B. bei Lungenödem) zu beseitigen; *Schleifendiuretika* führen zusätzlich auch zur mäßigen Vorlastsenkung, indem sie den Tonus der Kapazitätsgefäße reduzieren. Neuerdings werden auch *β-Rezeptorenblocker* (ohne intrinsische Aktivität und negativ inotrope Eigenwirkung, z. B. Metoprolol – Beloc®, Lopresor®) in niedriger Dosis zur Verbesserung der Stimulierbarkeit kardialer β-Rezeptoren („up"-Regulation) adjuvant bei kompensierter Herzinsuffizienz angewendet.

D. Herzrhythmusstörungen

Vorbestehende Herzrhythmusstörungen sollen das perioperative Risiko erhöhen, obwohl hierzu nur wenige gesicherte Erkenntnisse aus klinischen Untersuchungen vorliegen. Ob planbare Eingriffe für eine präoperative medikamentös-antiarrhythmische Behandlung oder Anlage eines künstlichen Herzschrittmachers *(D)* verschoben werden sollen, hängt neben eingriffsspezifischen Faktoren, wie Ort und Umfang, vor allem von der Art und dem Schweregrad der Rhythmussstörung sowie den

Herz und Kreislauf III

- AV-Block III°; AV-Block II° Typ Mobitz
- bifaszikulärer Block + AV-Block I°
- „sick-sinus"-Syndrom, höhergradige SA-Blockierung
- Karotissinus-Syndrom
- medikamentös therapieresistente Bradyarrhythmia absoluta (< 50/min); bradykarde Herzinsuff.
- Digitalisüberdosierung

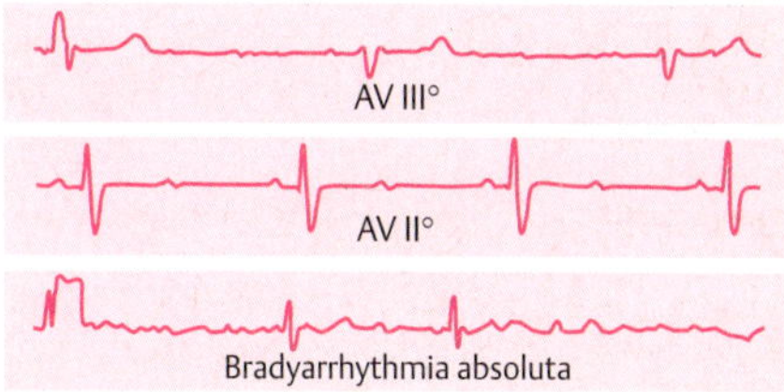

D. Herzrhythmusstörungen (Indikationen für perioperative Schrittmacheranlage)

Methode	Wertigkeit
Anamnese 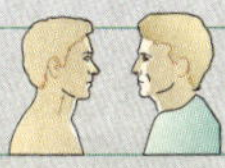	Auffälligkeiten und grobe Belastbarkeit im Alltag, Medikamente etc.
Klinische Untersuchung 	Zeichen der Herzinsuffizienz, Rhythmusstörungen, Herz- und Strömungsgeräusche
Ruhe-EKG (12-Kanal) 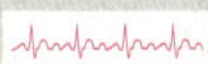	ST-Streckenveränderungen, abgelaufener Herzinfarkt, Art der Rhythmusstörung
Thorax-röntgen 	Herzmorphe (Form + Größe), pulmonaler Flüssigkeitsgehalt (→Lungenödem)
Belastungs-EKG 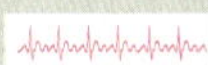	Objektivierung von Belastungsreserve, Belastungsangina, ST-Streckenveränderungen unter definierter Belastung; erfaßt Koronarstenosen ab ca. 75%iger Lumeneinengung
Echokardiographie 	Myokardkontraktilität (z.B. LVEF*), Kontraktionsanomalien (hypo-, akinetische oder dyskinetische Areale), Form und Größe der Herzvorhöfe und -kammern, Form und Funktion der Herzklappen
Streß-Echokardiographie 	Objektivierung der Belastungsreserve (höhere Sensitivität und Spezifität als Belastungs-EKG, besonders bei 1- und 2-Gefäßerkrankungen; auch bessere regionale Zuordnung möglich); erfaßt Koronarstenosen ab ca. *70%*iger Lumeneinengung
Herz-katheter: Koronar-angiographie 	Morphologie der einzelnen Koronararterien (Stenosen ab ca. *40%*iger Lumeneinengung)
Herz-katheter: Ventrikulo-graphie	Form und Größe der Herzvorhöfe und -kammern, Funktion der Herzklappen, intrakavitäre Drücke (besonders LVEDP**) und Druck-gradienten bei Herzvitien
Elektronenstrahl-CT (EBCT) 	geeignet zur Frühdiagnose der KHK; erfaßt Veränderungen der Gefäßwand, Plaques, Koronarstenosen ab ca. *20%*iger Lumeneinengung; ein negatives EBCT schließt deshalb eine KHK mit *95%*iger Wahrscheinlichkeit aus!

* LVEF = linksventrikuläre Ejektionsfraktion   ** LVEDP = linksventrikulärer enddiastolischer Druck

E. Präoperative Diagnostik und ihre Wertigkeit

zugrundeliegenden Ursachen ab. Aus internistischer Sicht wird eine Indikation zur chronischen Pharmakotherapie erst bei Arrhythmien ab Schweregrad IV nach *Lown* gesehen (s. Tab. 9 im Anhang). Auf die einzelnen Arrhythmieformen kann an dieser Stelle nicht näher eingegangen werden. Es wird deshalb auf die einschlägigen Lehrbücher, z. B. „Taschenatlas der Inneren Medizin", verwiesen. Zur Akuttherapie von Herzrhythmusstörungen s. Kap. 13.3.

Perioperative Besonderheiten. Die antiarrhythmische Behandlung soll, abgesehen von Herzglykosiden, bis zum Operationstag fortgeführt werden. Hierbei müssen mögliche Interaktionen der Antiarrhythmika und Anästhetika beachtet werden (negative Ino-, Chrono- und Dromotropie). Eine durch volatile Anästhetika ausgelöste Sensibilisierung des Myokards gegenüber Katecholaminen mit entsprechend stärkerer Neigung zu Arrhythmien ist nur unter Halothan klinisch relevant, unter Isofluran oder Sevofluran deutlich geringer ausgeprägt.

E. Präoperative Diagnostik und ihre Wertigkeit

Unter anästhesiologischen Aspekten dient eine präoperative kardiologische Diagnostik neben der Erfassung der spezifischen Risikofaktoren auch als Grundlage für die Einleitung therapeutischer Maßnahmen zur kurzfristigen Verbesserung der Ausgangssituation. Vorrangiges Ziel sind die Abschätzung und Verbesserung der perioperativen *Belastungsreserve* des Patienten. Hierzu ist ein abgestuftes Vorgehen erforderlich. Die höchste Aussagekraft zur funktionellen kardialen Reserve haben ergometrische Verfahren. Hierbei werden Belastungssituationen entweder durch körperliche Anstrengung provoziert oder – besonders bei Patienten mit eingeschränkter Beweglichkeit – durch Gabe kardial stimulierender Pharmaka simuliert. Klassisches Verfahren ist das Belastungs-EKG; unter Belastungsbedingungen ist aber auch eine transthorakale Echokardiographie möglich („Streß-Echokardiographie").

F. Grundsätze der Anästhesieführung bei kardiovaskulären Risikopatienten

Allgemein gilt es, die präoperative Homöostase zu erhalten, d. h. die Anästhesieführung soll immer auf die individuelle, kompensierte Ausgangssituation des Patienten ausgerichtet sein. **Regionalanästhesien** sollen für periphere Eingriffe bevorzugt werden, wenn verfahrensbedingte Blutdruckabfälle ausgeschlossen werden können (z. B. Plexusanästhesien). Bei Anwendung *rückenmarknaher* Anästhesien (Spinal-, Epiduralanästhesie) muß die Situation differenzierter betrachtet werden. Während sie bei Hypertonikern zumeist vorteilhaft das Blutdruckniveau stabilisieren, können sie bei Patienten mit KHK oder Herzinsuffizienz zu folgeschweren Blutdruckabfällen mit Provokation myokardialer Ischämien oder Dekompensationen führen. Deshalb sollen zumindest *keine* rückenmarknahen Regionalanästhesien

- bei instabiler Angina pectoris,
- in den ersten Monaten nach Herzinfarkt und
- bei manifester Herzinsuffizienz

durchgeführt werden (Ausnahme in Einzelfällen: spinale/epidurale Katheterverfahren mit „Titrationstechnik"). Bei diesen Patienten ist – außer der Plexusanästhesie – die **Allgemeinanästhesie** das Verfahren der Wahl. Hierbei muß einerseits für eine ausreichende Reizabschirmung gesorgt, andererseits aber eine zu starke kardiovaskuläre Suppression vermieden werden. Dies gelingt i.d.R. am besten mit einer *balancierten* Anästhesie, wobei Opioide neben Stickoxydul in erster Linie der Basisanalgesie dienen und mit volatilen Anästhetika entsprechend der aktuellen intraoperativen Reizkonstellation supplementiert werden. Volatile Anästhetika haben den Vorteil der besseren Steuerbarkeit und können von daher besonders gut zur Regulierung des Blutdruckes unter rasch wechselnden Stimulationsbedingungen eingesetzt werden. Während KHK-Patienten von den negativ inotropen Eigenschaften durch Reduktion des myokardialen O_2-Verbrauchs profitieren, ist dies bei manifester Herzinsuffizienz nicht der Fall. Hier sollen keine Substanzen verwendet werden, die die Myokardkontraktilität noch zusätzlich beeinträchtigen. Bei diesen Patienten wird deshalb eine rein *intravenöse* Anästhesie mit Hypnotika wie Etomidat oder Midazolam sowie Opioiden durchgeführt (Einzelheiten s. Kap. 4.3 u. 4.4).

Herz und Kreislauf IV

Tage

OP

Fortführung der medikamentösen Behandlung bis zum OP-Tag (außer Digitalis und Diuretika)

präoperative Evaluation des Ausgangszustandes und möglicher Verbesserbarkeit

„stärkere“ anxiolytisch-sedierende Prämedikation (außer bei manifester Herzinsuffizienz)

1. Vorbereitung

Opioide in ausreichender Dosis zur „sympathischen“ Abschirmung unter Intubation

ausreichende Volumenzufuhr vor und während der Einleitung: 500 – 1.000 ml Kristalloide (außer bei manifester Herzinsuffizienz)

Applikation der Anästhetika langsam nach Wirkung

2. Narkoseeinleitung

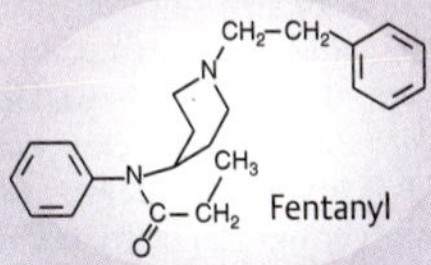

Fentanyl

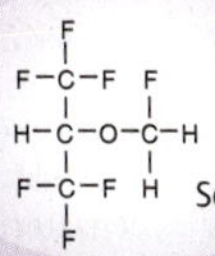

Sevofluran

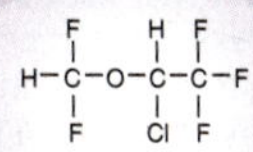

Isofluran

Basisanalgesie mit Opioiden u. N_2O (kein N_2O bei manifester Herzinsuffzienz)

volatile Anästhetika zur Blutdrucksteuerung* (außer bei manifester Herzinsuffizienz)

Isofluran besonders gut bei Hypertonus (stärkster vasodilatierender Effekt) Sevofluran bei KHK

3. Narkoseerhaltung

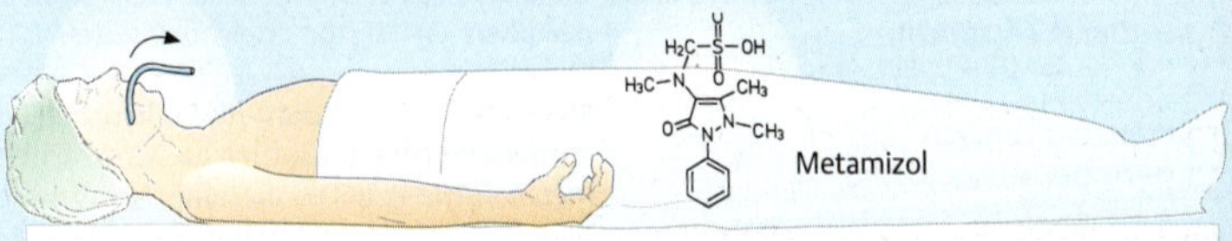

Metamizol

„streßfreie“ Extubation

prophylaktische Analgesie (z.B. Metamizol ca. 15 min vor OP-Ende)

4. Narkoseausleitung

*RR- und HF-Zielbereich: mittleres individuelles Ausgangsniveau ± 20 %

F. Grundsätze der Narkoseführung bei kardiovaskulären Risikopatienten

Die chronische Niereninsuffizienz kann infolge vielfältiger Auswirkungen auf andere Organe das Risiko perioperativer Komplikationen erhöhen. *Wahleingriffe* sollten deshalb grundsätzlich erst nach optimaler Vorbereitung, d. h. nach Beseitigung aller reversiblen Funktionsstörungen wie

- Hypervolämie,
- Hyperkaliämie und
- metabolische Azidose

durchgeführt werden. Diese Störungen können den Patienten akut gefährden, sind aber durch präoperative Dialyse gut behandelbar.

A. Ursachen und Einteilung

Siehe auch Tab. 10 im Anhang.

Verschiedene Erkrankungen können zu einer stadienhaft verlaufenden Schädigung des Nierenparenchyms mit Beeinträchtigung der *ex- und inkretorischen* Funktion führen *(A)*. Morphologisches Substrat ist ein fortschreitender Untergang der Nephrone, was sich in einer progredienten *Abnahme des Glomerulusfiltrates* dokumentiert. Unter klinischen Bedingungen läßt sich die glomeruläre Filtrationsrate (GFR) als Maß für die *exkretorische* Nierenfunktion am besten mit der Kreatinin-Clearance erfassen, die bereits Einschränkungen anzeigt, bevor das Kreatinin im Serum ansteigt. Die Kreatinin-Clearance sollte bei Erwachsenen größer als 90 ml/min sein. Sie ist abhängig von der Menge des endogen produzierten Kreatinins und somit von der Muskelmasse des Patienten. Der im Labor ermittelte Wert muß deshalb auf die individuelle Körperoberfläche umgerechnet werden (s. Formel im Anhang). Ein meßbarer Anstieg der Retentionswerte (Harnstoff, Kreatinin) im Serum findet sich erst bei Untergang von mehr als 50 % des funktionstüchtigen Nierengewebes, was einer GFR von weniger als 60 ml pro Minute entspricht.

B. Organauswirkungen und perioperatives Risiko

Kardiopulmonales System. Dem häufig zu beobachtenden *Hypertonus* liegt initial eine vermehrte Wasser- und Natriumretention (Hypervolämie) zugrunde, die durch eine verminderte exkretorische Funktion der Nieren und Aktivierung des Renin-Angiotensin-Aldosteron-Systems hervorgerufen wird. In der Folge kommt es über sklerotische Gefäßwandveränderungen zur „Fixation" des Hypertonus mit chronischer Linksherzbelastung und -hypertrophie. Eine sich hieraus entwickelnde *Herzinsuffizienz* begünstigt das Auftreten eines Lungenödems („fluid lung") mit nachfolgender respiratorischer Insuffizienz. Oftmals findet man bei chronisch niereninsuffizienten Patienten auch eine *KHK*. Affektionen der Herzklappen, Perikarditis und Pleuritis gehören ebenfalls zum urämischen Formenkreis, sind aber deutlich seltener. Eine begleitende autonome Neuropathie führt neben der Maskierung von KHK-Symptomen (→ „stumme Myokardischämien") zu eingeschränkten Kompensationsmechanismen von seiten des sympathischen Nervensystems, so daß urämische Patienten auch schon bei geringen Volumenverlusten *Blutdruckabfälle* entwickeln können. Dies gilt vor allem für die Phase unmittelbar nach Dialyse.

Hämatologie. Hauptursache der fast regelhaft vorliegenden normochromen *Anämie* ist die verminderte Bildung des renalen erythropoetischen Faktors (REF). Patienten mit fortgeschrittener Niereninsuffizienz sind meist an Hämoglobinwerte von 6–8 mg% adaptiert und bedürfen außer bei zusätzlichen intraoperativen Blutverlusten i.d.R. keiner Bluttransfusion. Das bedeutet aber auch, daß die kardiovaskuläre Belastungsreserve dann deutlich eingeschränkt ist, so daß Abfälle des bereits kompensatorisch gesteigerten Herzzeitvolumens, z. B. durch die negativ inotrope Wirkung von Anästhetika, im allgemeinen nicht gut toleriert werden und deshalb vermieden werden müssen (z. B. Dosisanpassung!). Zur Kompensation ist bei chronischer Anämie außerdem die O_2-Dissoziationskurve infolge einer Zunahme des intraerythrozytären 2,3-Diphosphoglycerat-Gehaltes nach rechts verschoben, wodurch die periphere O_2-Abgabe erleichtert wird.

Elektrolyt- und Säure-/Basenhaushalt. Die chronische Niereninsuffizienz verursacht eine *metabolische Azidose*, die eine kompensatorische Steigerung der Atmung, in schweren Fällen Kußmaul-Atmung, bewirkt. Eine azidotische Stoffwechsellage und die fehlende Elimination von Kalium bei fortschreitender Niereninsuffizienz begünstigen das Auftreten einer relativen und absoluten *Hyperkaliämie* mit der Gefahr bedrohlicher Herzrhythmusstörungen. Die Serumkaliumwerte müssen dementspre-

Chronische Niereninsuffizienz I

Stadium Nierenfunktion	Klinik/Labor	Anästhesiologische Besonderheiten

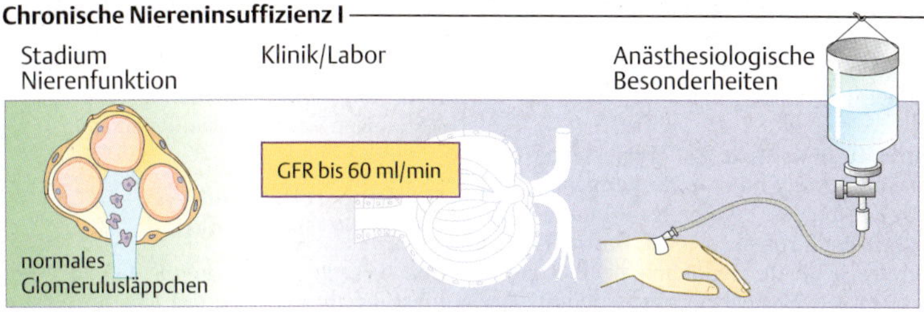

I (voll-)kompensiert	eingeschränkte Krea-Clearance, Retentionswerte noch normal, Verminderung der Urinkonzentrationsfähigkeit; Normurie	ausreichende Volumenzufuhr, Vermeidung nephrotoxischer Substanzen

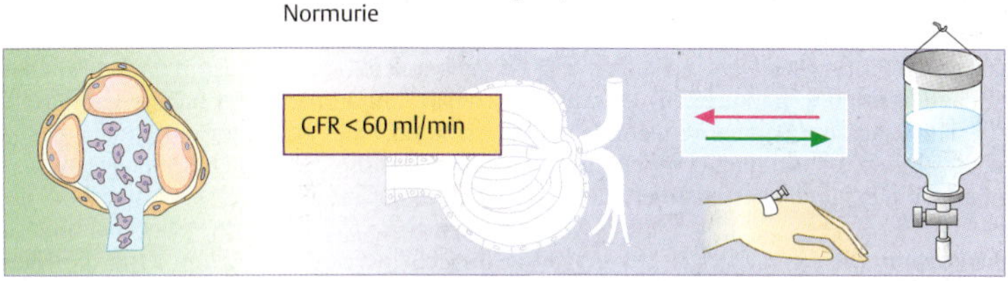

II kompensierte Retention	keine Urämiesymptomatik, erhöhte Retentionswerte: Krea 1,5 – 5 mg%, Hst bis 100 mg%; Polyurie	zusätzl. exakte Flüssigkeitsbilanzierung, Dosisanpassung überwiegend renal eliminierter Medikamente

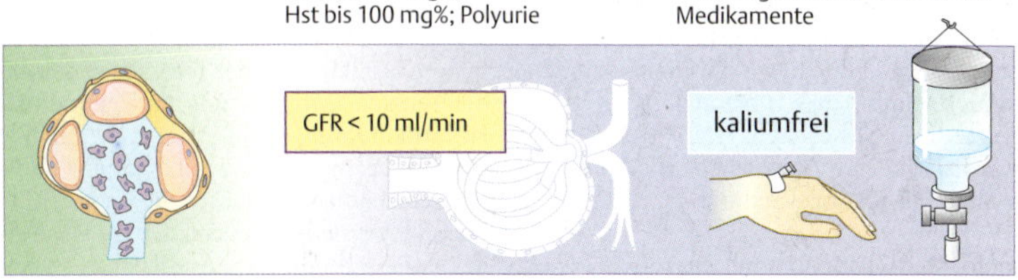

III teilkompensierte Retention	beginnende Urämiesymptome (Präurämie), Krea 5-15 mg%, Hst 100 – 300 mg%; Pseudonormurie, Isosthenurie	präoperative Dialyse erwägen, beginnende Volumenrestriktion, kaliumfreie Infusionslösungen

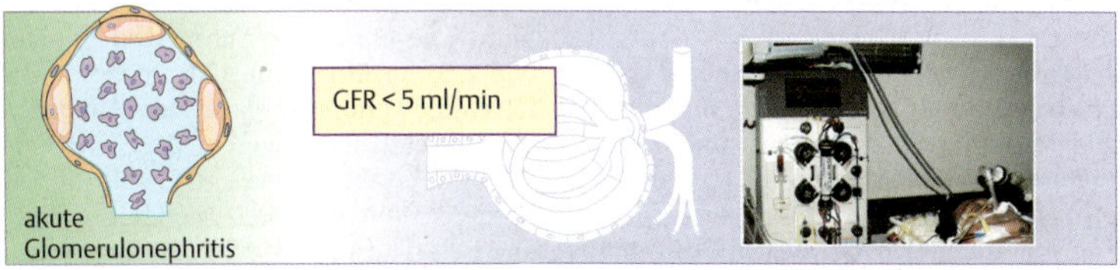

IV dekompensiert (terminale irreversible Niereninsuffizienz)	Urämie, Krea >15 mg%, Hst > 300 mg%; Oligo-Anurie	präoperative Dialyse notwendig, Volumenrestriktion (außer bei Nierentransplantation)

GFR = glomeruläre Filtrationrate; Krea = Kreatinin im Serum; Hst = Harnstoff im Serum

A. Stadien der chronischen Niereninsuffizienz

chend in der perioperativen Phase engmaschig kontrolliert werden. Werte von 5,5 bis maximal 6,0 mmol/l gelten als *oberste* Grenzwerte für die Durchführung operativer Eingriffe!

Gastro-Intestinal-Trakt. Bei progredienter Niereninsuffizienz finden sich vermehrt auch gastrointestinale Symptome: Inappetenz, Übelkeit und Erbrechen sowie Durchfälle und ulzerativ bedingte endoluminale Blutungen. Die *verzögerte Magenentleerung* wird mit einer Gastroparese infolge autonomer Neuropathie erklärt und geht mit erhöhter Aspirationsgefahr unter der Narkoseeinleitung einher.

Hämostase. Im Vordergrund stehen Störungen der *Thrombozytenfunktion* durch Urämietoxine (verlängerte Blutungszeit bei normalen plasmatischen Gerinnungsparametern), die chirurgische Blutungen verstärken können. Hieraus ergeben sich auch Kontraindikationen für rükkenmarknahe Regionalanästhesieverfahren.

Nervensystem. Die Auswirkungen auf das Nervensystem sind abhängig vom Schweregrad der Niereninsuffizienz und reichen von peripheren Neuropathien (inkl. autonomer Neuropathie; s. o.) über zerebrale Leistungsminderung bis hin zur Enzephalopathie und zum urämischen *Koma*. Komatöse Zustände können Ausdruck eines toxisch-metabolischen oder hypertensiven Geschehens sein, wobei eine Hyponatriämie mit Hypoosmolarität die Gefahr eines Hirnödems verstärkt.

Immunsystem. Patienten mit chronischer Niereninsuffizienz zeigen eine infolge verminderter immunologischer Funktionen vermehrte *Infektanfälligkeit*. Dialysepflichtige Patienten leiden zudem nicht selten an einer chronischen Hepatitis B oder C.

Besonderheiten der Pharmakokinetik/-dynamik. Die meisten Anästhetika und Muskelrelaxanzien bzw. ihre Metaboliten werden renal eliminiert, so daß bei chronischer Niereninsuffizienz mit verlängerten Wirkungen zu rechnen ist. Außerdem wird bei stark eiweißgebundenen Substanzen infolge verminderter Albuminkonzentration (besonders beim nephrotischen Syndrom) der Anteil des pharmakologisch aktiven, nicht proteingebundenen Anteils erhöht, weshalb die Aufsättigungs- oder Einmaldosis entsprechend reduziert werden muß. Zudem findet man bei fortgeschrittener Urämie nicht selten eine vermehrte Permeabilität der Blut-Hirn-Schranke, als deren Folge bei nicht angepaßter Dosierung zentralnervöse Wirkungen verstärkt werden können.

C. Perioperative Einflüsse auf die Nierenfunktion

Den wesentlichsten Einfluß auf die Nierenfunktion übt der *operative Eingriff* selbst aus, und zwar in Abhängigkeit von Lokalisation, Umfang und Dauer. Im Vordergrund stehen abdominelle Eingriffe, und hier besonders die Aortenchirurgie, Herzoperationen mit extrakorporaler Zirkulation und große traumatologische Eingriffe im Becken- oder Wirbelsäulenbereich. Ursächlich ist in diesen Fällen eine renale Minderperfusion infolge von Vasokonstriktion, die entweder aufgrund mechanischer Gefäßokklusion (z. B. Abklemmen) eintritt oder reflektorisch bzw. humoral durch vermehrt zirkulierende Katecholamine verursacht wird. Des weiteren kann die Nierenfunktion durch operative Komplikationen wie Nieren- oder Ureterenverletzungen bzw. Ureterenobstruktion beeinträchtigt werden. Daneben können auch nahezu alle *Anästhetika* sowie die *Überdruckbeatmung* (besonders mit höherem PEEP) zu einer reversiblen Abnahme der renalen Durchblutung und glomerulären Filtration führen, die in erster Linie durch eine Verminderung des Herzzeitvolumens und des renalen Perfusionsdruckes bedingt ist. Eine massive *Kreislaufdepression*, z. B. als Folge einer dekompensierten Herzinsuffizienz, Hypovolämie oder Hämorrhagie, bewirkt eine erhebliche renale Ischämie, und zwar durch eine Kombination aus vermindertem Herzzeitvolumen und renaler Vasokonstriktion. Als weitere mögliche Einflußfaktoren sind vor allem potentiell *nephrotoxische* Substanzen zu nennen, wie z. B. (nichtionische) Röntgenkontrastmittel, einige Antibiotika (besonders Aminoglykoside, in deutlich geringerem Maße auch Cephalosporine), Salicylate sowie Schleifendiuretika. Letztere können die Nierendurchblutung durch (zu) ausgeprägte Verminderung des intravasalen Volumens beeinträchtigen.

Hohe Streßpegel gehen allgemein mit vermehrter Katecholaminausschüttung und Stimulation des Renin-Angiotensin-Aldosteron-Systems einher und können durch Konstriktion sowohl der Vasa afferentia als auch efferentia

Chronische Niereninsuffizienz II

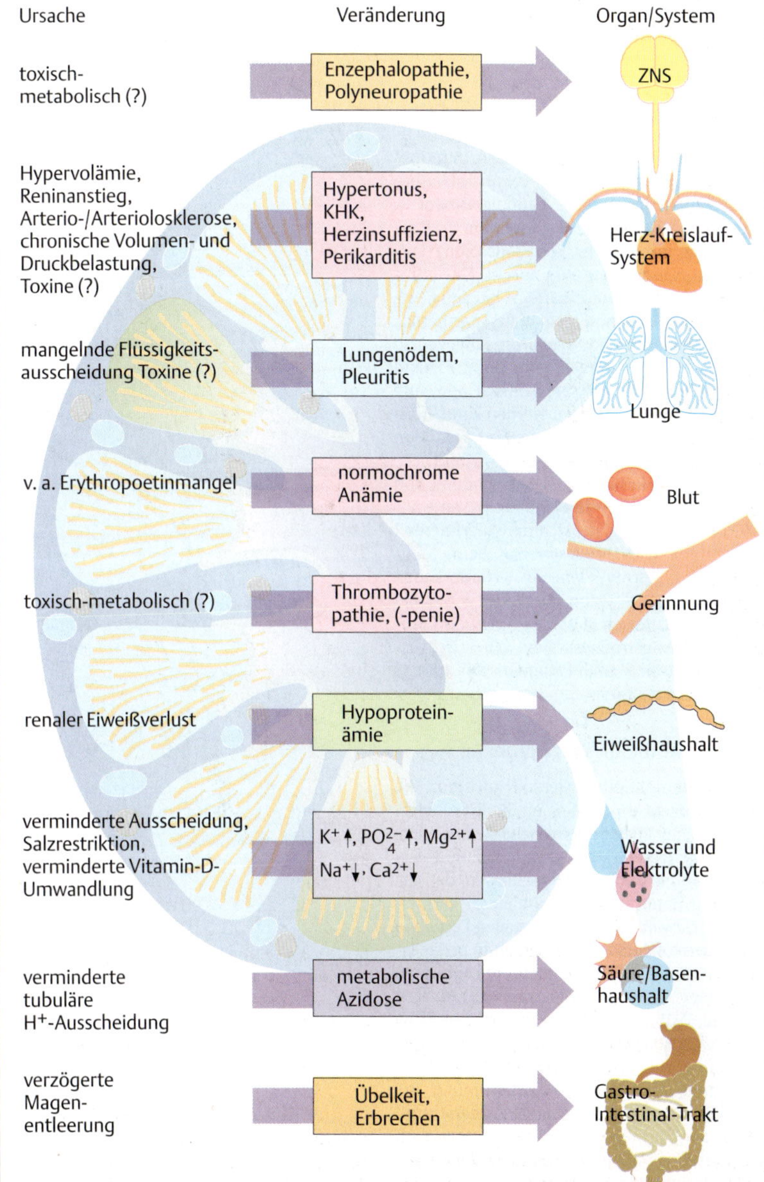

B. Organbezogene Veränderungen bei chronischer Niereninsuffizienz

zu glomerulären bzw. tubulären Ischämien führen. Zusätzlich kommt es hierbei noch zu einer gesteigerten ADH-Freisetzung mit daraus folgender weiterer Einschränkung der (Wasser-)Diurese.

Nierenschädigung durch Inhalationsanästhetika. Das früher verwendete volatile Anästhetikum Methoxyfluran war in der Lage, unter bestimmten Umständen ein irreversibles Nierenversagen auszulösen. Als hauptverantwortlicher pathogenetischer Faktor wurden im Rahmen einer intrarenalen Metabolisierung entstehende *Fluoridionen* ausgemacht. Die intrarenale Freisetzung von Fluorid ist bei den heutzutage gebräuchlichen Inhalationsanästhetika, auch bei *Enfluran* und *Sevofluran*, hingegen so gering, daß nach derzeitigem Kenntnisstand eine hierdurch verursachte klinisch relevante Nierenschädigung verneint werden kann. Ähnliches gilt für das durch chemische Interaktion mit trockenem Atemkalk aus CO_2-Absorbern (vor allem Bariumkalk) bei Verwendung von Sevofluran entstehende *Compound A*, eine Vinyletherverbindung, die sich tierexperimentell als nephrotoxisch erwiesen hat. Beim Menschen hingegen werden die erforderlichen Schwellendosen – wenn überhaupt – nur bei Niedrigflußnarkosen (Anreicherung von Compound A im Beatmungssystem bei Frischgasflüssen < 1 l/min) und Patienten mit bereits eingeschränkter Nierenfunktion erreicht.

D. Anästhesiologisches Vorgehen

Bei Patienten mit einer Niereninsuffizienz, die sich noch nicht im terminalen Stadium befindet, muß das anästhesiologische Regime darauf ausgerichtet sein, eine Funktionsverschlechterung und ein Fortschreiten der Erkrankung unter allen Umständen zu vermeiden. Zur Gewährleistung der renalen Perfusion und Sauerstoffversorgung müssen in erster Linie ein adäquates Herzzeitvolumen und ausreichender Perfusionsdruck aufrechterhalten werden. Während bei peripheren Eingriffen *Regionalanästhesien* bevorzugt werden sollten, gilt das für rückenmarknahe Verfahren nur in den Fällen einer intakten Blutgerinnung. Bei Durchführung einer *Allgemeinanästhesie* muß neben der Vermeidung von nephrotoxischen Substanzen vor allem auf eine Dosisanpassung renal eliminierter Medikamente geachtet werden, um keine Kumulationseffekte zu erzeugen. Wenn möglich, sollen nicht renal eliminierte Substanzen bevorzugt werden, zumindest bei fortgeschrittener Niereninsuffizienz. Patienten mit einer Gastroparese und entsprechender Anamnese (Übelkeit/Erbrechen) müssen als nicht nüchtern betrachtet werden. Bei ihnen wird demgemäß eine „Ileuseinleitung" vorgenommen.

Chronische Niereninsuffizienz III

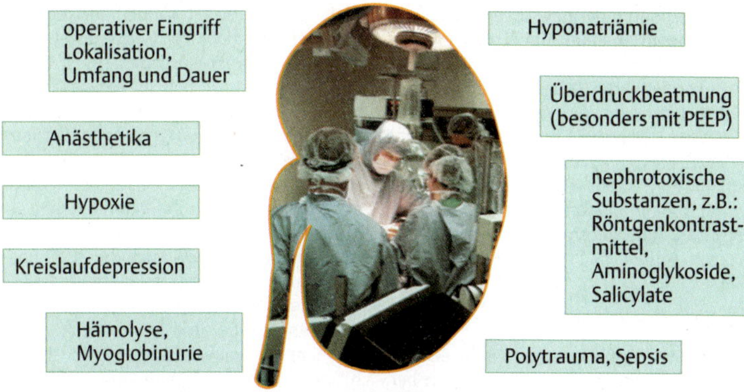

C. Perioperative Einflüsse auf die Nierenfunktion

1. Optimierung der renalen Perfusion und O_2-Versorgung

- Aufrechterhaltung von HZV und renalem Perfusionsdruck
  - → Optimierung des intravasalen Volumens u. damit des „preload“
  - → Vermeidung von Blutdruckabfällen
- ausreichendes O_2-Angebot (Vermeidung von arterieller Hypoxie)

2. Anästhesieverfahren

- Bevorzugung von Regionalanästhesien bei peripheren Eingriffen
- rückenmarknahe Verfahren nur in den Stadien I und II und bei intakter Blutgerinnung

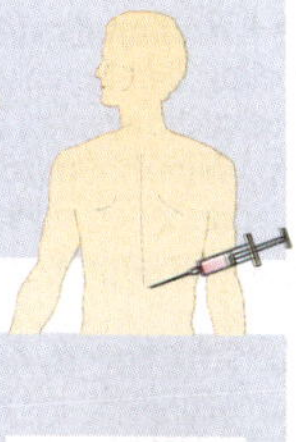

3. Anästhetika und Adjuvanzien

- keine Prämedikation mit Benzodiazepinen bei Enzephalopathie
- Dosisanpassung renal eliminierter Medikamente zur Vermeidung von Kumulationseffekten
  Bevorzugung nicht renal eliminierter Muskelrelaxanzien:
  → z. B. cis-Atracurium
- kein Succinylcholin bei Hyperkaliämie

4. Sonstiges

- strenge Asepsis
- keine Manipulationen am „Shuntarm“
- keine kaliumhaltigen Infusionen ab Stadium III
- bei Gastroparese „Ileuseinleitung“

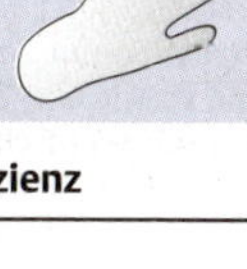

D. Prinzipien des anästhesiologischen Vorgehens bei Niereninsuffizienz

Lebererkrankungen sind je nach Schweregrad mit einem erhöhten perioperativen Risiko behaftet und bedürfen einer differenzierten präoperativen Abklärung. Kompensierte Zustände einer eingeschränkten Leberfunktion können sich unter Operation und Anästhesie bis hin zum *akuten Leberversagen* verschlechtern. Beim Leberversagen verbleiben außer der Transplantation kaum therapeutische Möglichkeiten, da ein apparativer Funktionsersatz im Gegensatz zum Nieren-, Lungen- oder Herzversagen technisch (noch) nicht möglich ist.

A. Präoperative Diagnostik

Der Stellenwert der Leber liegt in ihrer Bedeutung als *zentrales* Stoffwechselorgan *(A)*. Die bei klinischem Verdacht auf eine Lebererkrankung einzusetzende Diagnostik umfaßt zunächst erweiterte *Laboruntersuchungen* und dient
- der Einschätzung des Schädigungsgrades,
- der Abschätzung der Lebersyntheseleistung,
- der Abklärung von Hyperbilirubinämien,
- der Diagnose oder dem Ausschluß florider Hepatitiden,
- dem Erkennen einer Leberzirrhose.

Zur Bestimmung von Form, Größe und Durchblutung der Leber werden *apparative* Zusatzuntersuchungen (z. B. Sonographie) erforderlich. Weiterhin müssen die Auswirkungen von Leberveränderungen auf die Funktion anderer Organe erkannt werden.

Leberschädigung. Zur Abklärung einer Leberzellschädigung dienen Aktivitätsbestimmungen bestimmter im Serum vorkommender Enzyme (s. Tab. 11 im Anhang). Während LDH, GPT und GOT differentialdiagnostisch relevant auch in anderen Organen (z. B. Herzmuskelzellen) vorkommen, gilt die GLDH als leberspezifisches Enzym. Da die GPT nur im Zytosol der Hepatozyten, die GOT zusätzlich aber auch in den Mitochondrien vorhanden ist, ist bei einem Ansteigen der Serumwerte neben den Absolutwerten der GOT/GPT-Quotient ein wichtiger Hinweis auf das Ausmaß der Leberschädigung. Bleibt er unter „1", ist diese nur geringgradig, bei Werten darüber muß von einem ausgeprägteren Parenchymschaden mit Zerstörung von Zellorganellen und damit von Zellnekrosen ausgegangen werden. Als empfindlichster Indikator von Leberzellnekrosen gilt die GLDH.

Lebersyntheseleistung. Informationen über die Syntheseleistung können anhand von Bestimmungen globaler Gerinnungsparameter (partielle Thromboplastinzeit [PTT], Thromboplastinzeit nach *Quick*), der Aktivität der Plasmacholinesterase (PChE) sowie der Plasmaalbuminkonzentration gewonnen werden. Am besten geeignet sind wegen der relativ kurzen Halbwertszeiten (HWZ) einzelne, Vitamin-K-unabhängige *Gerinnungsfaktoren*, wie z. B. der Faktor V (HWZ ca. 12 h). Neben den Gerinnungsfaktoren werden auch die PChE und das Albumin in den Leberzellen synthetisiert, so daß eine Erniedrigung der Werte auf eine eingeschränkte Leberfunktion hinweist. Aufgrund der langen Halbwertszeiten der PChE (ca. 10 Tage) und des Albumins (ca. 21 Tage) sind diese Parameter allerdings nicht geeignet, um akute Funktionseinschränkungen aufzuzeigen, und dienen daher mehr der Verlaufsbeurteilung chronischer Lebererkrankungen (z. B. Leberzirrhose).

Hyperbilirubinämie. Eine Hyperbilirubinämie macht sich klinisch als *Ikterus* bemerkbar, wenn der Wert des *Gesamtbilirubins* (Norm: bis 1,1 mg/dl) auf über 3 mg/dl ansteigt. Sie kann Ausdruck einer eingeschränkten exkretorischen Leberfunktion sein. Das Gesamtbilirubin umfaßt das *direkte*, konjugierte und das *indirekte*, nichtkonjugierte Bilirubin. Direktes Bilirubin ist das Endprodukt des Bilirubinstoffwechsels, es entsteht durch Konjugation mit Glucuronsäure in der Leber und wird über die Gallenwege ausgeschieden. Von differentialdiagnostischer Bedeutung sind unterschiedlich ausgeprägte Erhöhungen der einzelnen Fraktionen (s. Tab. 12 im Anhang).

Hepatitiden. Hepatitiden gehen mit unterschiedlich ausgeprägter Leberschädigung einher. Da in floriden Enzündungsphasen durchgeführte Operationen die Leberfunktion zusätzlich beeinträchtigen können, sollen *elektive* Eingriffe bis zur kompletten Remission verschoben werden. Dies gilt bei
- akuter Virushepatitis (besonders B u. C),
- akuter alkoholtoxischer Hepatitis,
- akutem Schub einer chronischen Hepatitis.

Strenge Anforderungen an die Eingriffsindikation gelten ebenso bei der chronisch-aggressiven Hepatitis.

Leber I

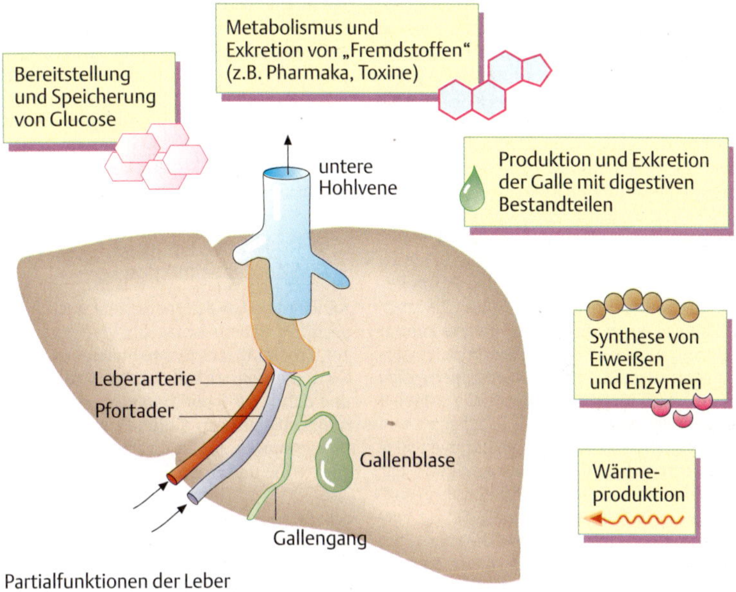

Partialfunktionen der Leber

A. Präoperative Diagnostik

	A	B	C
Albumin (g/l)	> 3,5	2,0-3,5	< 2,0
Bilirubin (mg/dl)	< 2,0	2,0-3,0	>3,0
Aszites	nein	mäßig	nicht kontrollierbar
Enzephalopathie	nein	minimal	Koma
Quick-Wert (%)	> 70	40-70	< 40
Prognose	günstig	ungünstig	sehr schlecht
Perioperatives Risiko	normal	erhöht	deutlich erhöht

1. Child-Klassifikation der Leberzirrhose

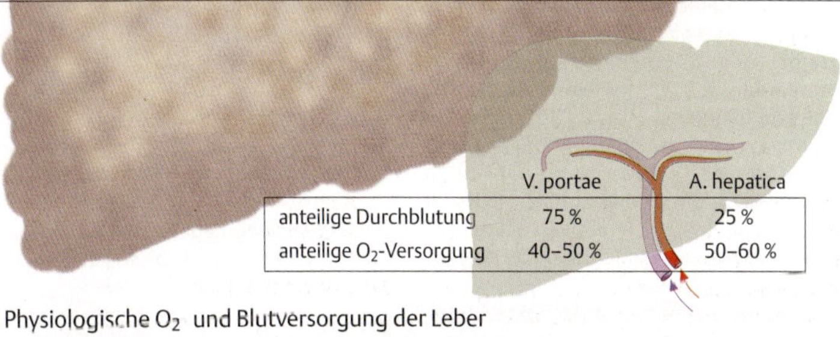

	V. portae	A. hepatica
anteilige Durchblutung	75 %	25 %
anteilige O_2-Versorgung	40–50 %	50–60 %

2. Physiologische O_2 und Blutversorgung der Leber

B. Leberzirrhose

B. Leberzirrhose

Eine Leberzirrhose führt zur Leberinsuffizienz und damit zu einer erheblichen Erhöhung des perioperativen Risikos. Zur Beurteilung von Risiko und Prognose kann die Klassifikation nach *Child* herangezogen werden *(B1)*. In den Stadien B und C gelten ähnlich restriktive Maßstäbe zur Durchführung operativer Eingriffe wie für eine akute Hepatitis.

Pathophysiologie und Organauswirkungen. Die Leberdurchblutung erfolgt physiologisch zum überwiegenden Teil über den Pfortaderkreislauf, zum geringeren über die A. hepatica *(B2)*. Infolge des zirrhotischen Umbaus kommt es zur intrahepatischen Behinderung des portalen Blutflusses, die zur *portalen Hypertension* und zur Ausbildung von Kollateralkreisläufen führt. Hierdurch entstehende *Ösophagus- und Kardiavarizen* bergen ein hohes Blutungsrisiko. Ferner tritt neben der Beeinträchtigung der plasmatischen *Gerinnung* (Synthesestörung) eine stauungsbedingte *Splenomegalie* mit Verminderung der zirkulierenden Thrombozyten und zusätzlich eine toxisch bedingte Störung der Thrombozytenfunktion auf. Die verminderte Pfortaderdurchblutung wird z.T. über eine Erhöhung des Herzzeitvolumens mit Verminderung des peripheren Gefäßwiderstandes (→ *arterielle Hypotonie*) und vermehrtem Blutfluß über die A. hepatica kompensiert.

Portale Hypertension und Hypalbuminämie fördern die Bildung von *Aszites*, der durch Wasser- und Natriumretention infolge eines sekundären Hyperaldosteronismus (u.a. aufgrund verminderter hepatischer Aldosteroninaktivierung) unterhalten wird. Es resultieren Störungen des Wasser-/Elektrolyt- und Säure-/Basenhaushaltes, die oftmals durch eine zusätzliche Nierenfunktionseinschränkung verstärkt werden (sog. *hepato-renales Syndrom*: toxische Tubulopathie ohne morphologische Läsionen). Die durch den Aszites ausgelöste Steigerung des intraabdominellen Druckes führt zur Beeinträchtigung der Lungenfunktion (verminderte funktionelle Residualkapazität durch Zwerchfellhochstand) und, ähnlich wie bei Adipositas, zur Refluxneigung und damit zur erhöhten Aspirationsgefahr unter der Narkoseeinleitung.

Die bei Leberzirrhose eingeschränkte Entgiftungsfunktion begünstigt das Entstehen einer *Enzephalopathie*, z.B. durch Fehlernährung mit zu hohem Eiweißanteil (bes. aromatische Aminosäuren). Außerdem können hepatisch eliminierte Pharmaka kumulieren, was bei der Anästhetikawahl und -dosierung zu berücksichtigen ist. Eine bei Leberinsuffizienz auftretende Beeinträchtigung der Glucoseverwertung äußert sich in einer Neigung zu Hyperglykämien. Hypoglykämien finden sich erst im Terminalstadium und sind Ausdruck eines mangelhaften Insulinabbaus in der Leber.

C. Perioperative Einflüsse auf die Leberfunktion

Ähnlich wie bei der Niere steht auch hier der *operative Eingriff* selbst im Vordergrund, der zur Erhöhung des Sympathikotonus und der Konzentration zirkulierender Katecholamine und damit zur Reduktion von Leberdurchblutung und -funktion führen kann. Die stärksten Auswirkungen haben diesbezüglich Oberbaucheingriffe und Eingriffe an der Leber selbst.

Leberschädigung durch Inhalationsanästhetika. Während *alle* Anästhetika, insbesondere aber volatile und Barbiturate, die Leberdurchblutung und -funktion *reversibel* durch Reduktion des Herzzeitvolumens vermindern können, sind nach Anwendung von **Halothan** in sehr seltenen Fällen (ca. 1:30.000) schwere Leberschäden bis hin zum fulminanten Leberversagen beschrieben worden („Halothanhepatitis"). Grundlage sollen allergisch-toxische oder autoimmunologische Mechanismen sein. Als begünstigende Faktoren gelten vor allem *wiederholte* Halothannarkosen und Adipositas. Kreuzreaktionen mit anderen volatilen Anästhetika sind sehr unwahrscheinlich, können aber grundsätzlich nicht ausgeschlossen werden, so daß entsprechende Vorsichtsmaßnahmen eingehalten werden sollen *(C2)*.

D. Anästhesiologisches Vorgehen

Vorbestehende Störungen sollen soweit wie möglich präoperativ korrigiert werden. Ansonsten gilt – analog zur Niereninsuffizienz – der Grundsatz, alle Faktoren, die zu einer Beeinträchtigung der hepatischen Sauerstoffbilanz führen, zu vermeiden bzw. auf ein Mindestmaß zu beschränken.

Leber II

Sympathikotonus ↑

Anästhetika

Reduktion des HZV

Leberdurchblutung ↓

1. Faktoren, die die Leberfunktion reduzieren können
- operativer Eingriff
- Polytrauma, Sepsis
- Anästhetika, Überdruckbeatmung (bes. mit höherem PEEP)
- Hypoxie, Kreislaufdepression

2. Vorsichtsmaßnahmen bei Anwendung volatiler Anästhetika
- grundsätzlich keine Halothannarkosen bei Erwachsenen
- bei Hinweisen auf frühere „Halothanhepatitis" auch keine anderen volatilen Anästhetika
- bei vorbestehender Leberschädigung anderer Ursache Isofluran oder Sevofluran, aber kein Halothan (direkte Konstriktion der A. hepatica!).
- Die ggf. auch wiederholte Anwendung von Halothan im Kindesalter ist wegen des nur sehr geringen Risikopotentiales z. Zt. noch möglich. Es sollten aber auch hier bevorzugt andere volatile Anästhetika wie Isofluran oder besonders Sevofluran eingesetzt werden.

C. Perioperative Einflüsse auf die Leberfunktion

1. Optimierung der hepatischen Perfusion und O_2-Versorgung
- Vermeidung von HZV- und Blutdruckabfällen
- Vermeidung von Hypoxie und Hypokapnie
- Vermeidung ausgeprägterer Anämie (Hb < 10 g%)
- zurückhaltender Einsatz einer PEEP-Beatmung

Cave: Hypovolämie!

2. Anästhesieverfahren
- Bevorzugung von Regionalanästhesien bei peripheren Eingriffen
- rückenmarknahe Verfahren nur bei intakter Blutgerinnung

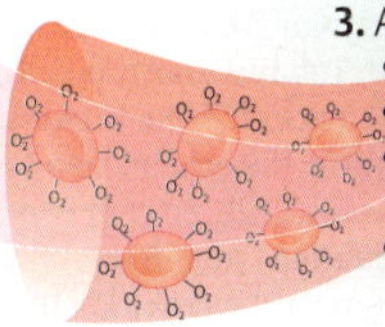

3. Anästhetika und Adjuvanzien
- keine Prämedikation mit Benzodiazepinen bei Enzephalopathie
- kein Halothan!
- Dosisanpassung hepatisch eliminierter Medikamente zur Vermeidung von Kumulationseffekten
- Bevorzugung nicht hepatisch bzw. PChE-eliminierter Muskelrelaxanzien: → cis-Atracurium

4. Sonstiges
- bei ausgepägtem Aszites, großem Lebertumor oder starker Leberschwellung „Ileuseinleitung"

D. Prinzipien des anästhesiologischen Vorgehens bei Lebererkrankungen

Unter den Stoffwechsel- bzw. endokrinologischen Erkrankungen sind die **Adipositas** und der **Diabetes mellitus** bei weitem am häufigsten und dementsprechend am bedeutendsten für die perioperative Phase.

A. Ernährungsstörungen

Adipositas. Eine Adipositas liegt vor, wenn das Körpergewicht das Normalgewicht um mehr als 30 % überschreitet. Bei mehr als 100 %iger Überschreitung spricht man von einer Adipositas permagna. Die in der Folge entstehenden *respiratorischen* und *kardiovaskulären* Störungen (Zwerchfellhochstand mit Verminderung der funktionellen Residualkapazität, Hypertonie, KHK, Linksherzinsuffizienz) sind abhängig von der Dauer und vom Ausmaß der Adipositas. Sie erniedrigen die kardiopulmonale Belastungsreserve und erhöhen das Risiko perioperativer Komplikationen. Im Vordergrund bei erheblicher Adipositas stehen respiratorische Komplikationen bis hin zur *respiratorischen Insuffizienz*, die sich häufig erst postoperativ entwickelt. Der gesteigerte intraabdominelle Druck kann zudem zur verzögerten Magenentleerung und zum Absinken des Verschlußdrukkes des unteren Ösophagussphinkters führen (nicht selten auch zu Hiatushernien mit Reflux), was die Gefahr der Regurgitation mit nachfolgender pulmonaler *Aspiration* in Narkose erhöht. Aus diesem Grund verbietet sich eine Maskenbeatmung bzw. Maskennarkose, die bei Adipösen außerdem erschwert und zuweilen nicht durchführbar ist (Obstruktion des Pharynx!). Beatmungsprobleme können auch beim intubierten Patienten auftreten. Wenn möglich, sollten deshalb *regionale* Anästhesieverfahren bevorzugt werden. Allgemeinanästhesien werden wie bei nicht nüchternen Patienten eingeleitet (s. Kap. 5.2), wobei sich Intubationsschwierigkeiten bei kurzem, dickem Hals ergeben können. Anästhetika können im Fettgewebe kumulieren, so daß bei Adipösen eher die Gefahr eines *Narkoseüberhanges* besteht. Patienten mit Adipositas permagna haben in 5–10 % der Fälle ein sog. *Schlaf-Apnoe-Syndrom*. Sie dürfen zur Prämedikation keine Sedativa erhalten und benötigen zumindest bis zum Morgen nach der Operation ein Apnoe-Monitoring und Nasen-CPAP.

Anorexie und Kachexie. Anorexia nervosa (Körpergewicht oft bis zu 40 % unterhalb des Normalgewichtes) und Kachexie gehen mit einer *schweren bis schwersten* Beeinträchtigung der Körperfunktionen einher. Es finden sich Störungen
- des Herz-Kreislauf-Systems (Bradykardie, Hypotonie, Kardiomyopathie),
- des Wasser-/Elektrolyt- und Säure-/Basenhaushalts (Hypokaliämie, -kalzämie, -magnesiämie, metabolische Azidose),
- des Stoffwechsels (Hypoglykämie, Hypoproteinämie mit „Hungerödemen") und
- der Thermoregulation (Hypothermie).

Wahleingriffe sollen erst nach Besserung des Ernährungs- und Allgemeinzustandes durchgeführt werden. *Notfallpatienten* bedürfen einer intensiven perioperativen Betreuung.

B. Diabetes mellitus

Eine diabetogene Stoffwechselstörung ist Folge einer *mangelhaften Insulinwirkung*, wobei
- eine verminderte Insulinsekretion,
- eine verminderte Rezeptoransprechbarkeit,
- ein Überwiegen kontrainsulinärer Hormone
- oder eine Kombination dieser Faktoren

ursächlich sein kann *(neue WHO-Klassifikation Abb. B1)*. Beim Diabetes mellitus handelt es sich um eine Systemerkrankung, die über eine Makro- und besonders *Mikroangiopathie* zu sekundären Organveränderungen führt *(B2)*, die in Abhängigkeit vom Schweregrad das perioperative Risiko z. T. deutlich ansteigen lassen.

Leitbefunde und Risiken. Der primäre Befund ist die *Hyperglykämie* (s. Tab. 13 im Anhang), die aus der Glucoseverwertungsstörung bzw. dem ausbleibenden Transport von Glucose in die Zellen insulinabhängiger Gewebe resultiert. Übersteigt die Plasmaglucosekonzentration die Nierenschwelle (ca. 180 mg%) und damit die Kapazität des tubulären Rücktransportmechanismus (prox. Tubulus: natriumabhängiges Carriersystem), entsteht eine Glukosurie mit *osmotischer Polyurie*. Die erheblichen Wasser- und Elektrolytverluste führen zum Bild der *hypertonen Dehydratation* mit *Hypovolämie*. Die erhöhte Serumosmolarität bewirkt Flüssigkeitsverschiebungen von intra- nach extrazellulär. Die nachfolgende intrazelluläre Dehydratation kann *zerebrale* Symptome bis hin zum Koma verursachen. Die mangelhafte Energiegewinnung aus dem Glucosestoffwechsel aktiviert kompensatorisch die Proteolyse und Lipo-

Stoffwechsel und Endokrinium I

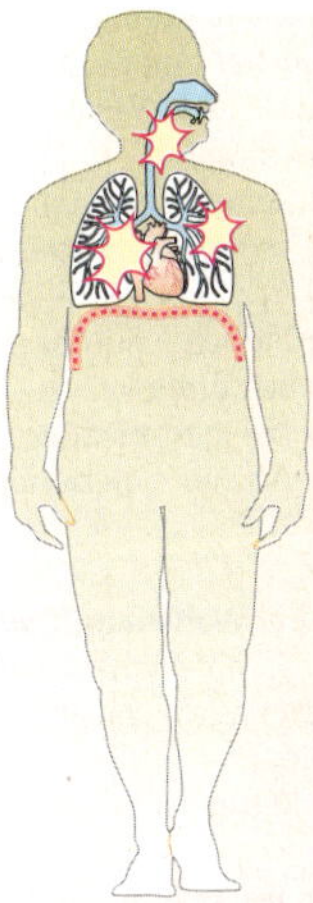

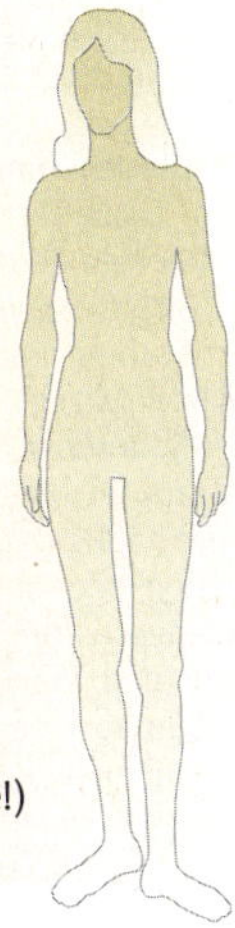

Anästhesiologisches Vorgehen bei Adipositas

Allgemeinanästhesie

- keine Maskenbeatmung
- Einleitung (in Oberkörperhochlagerung): Wachintubation erwägen, zumindest ab ca. 50 – 60 % über dem Normalgewicht, ansonsten „Ileuseinleitung" mit Succinylcholin
- Extubation erst, wenn:
  - der Patient vollständig wach ist
  - kein Relaxansüberhang besteht (Relaxometrie!)
- großzügige Indikation zur Nachbeatmung

A. Ernährungsstörungen

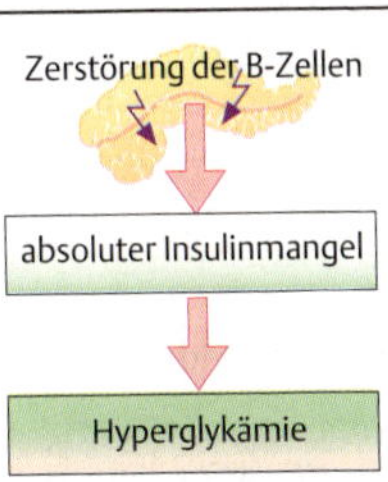

a. Typ I : B-Zellzerstörung mit absolutem Insulinmangel

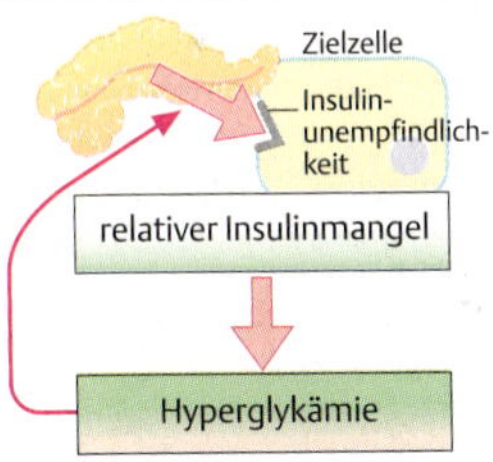

b. Typ II : Insulinresistenz mit relativem Insulinmangel

c. Sekundäre Formen: genetisch, exokrine Pankreaserkrankungen, Z. n. Pankreatektomie, Endokrinopathien, pharmakogen, Infektionen

d. Gestationsdiabetes

1. Neue WHO-Klassifikation des Diabetes mellitus

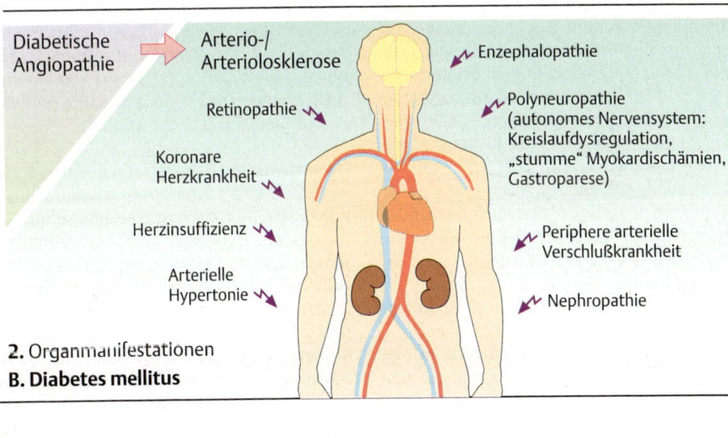

2. Organmanifestationen

B. Diabetes mellitus

lyse. Es kommt u. a. zur Anhäufung saurer Stoffwechselprodukte (α-Ketosäuren), die durch Verbrauch von Bicarbonat eine *metabolische Azidose* bewirken.

Anästhesieverfahren. Grundsätzlich können beim Diabetiker Allgemein- oder Regionalanästhesien durchgeführt werden. Die modernen Anästhesieverfahren selbst zeigen keinen spezifischen Einfluß auf den Glucosestoffwechsel. Dagegen sind Operation bzw. Trauma, Streßfaktoren wie Angst und Schmerzen oder bestimmte Medikamente (z. B. Glukokortikoide) häufig Ursache für die Entgleisung eines latenten oder medikamentös bzw. diätetisch gut eingestellten Diabetes. *Regionalanästhesien* sollen den Vorteil haben, die intraoperative Streßantwort des Organismus und die damit verbundenen katabolen Reaktionen im Vergleich zu Allgemeinanästhesien geringer zu unterdrücken. Zudem bleibt die Vigilanz des Patienten erhalten, so daß bei Verzicht auf eine stärkere Sedierung hyper- und vor allem hypoglykämische Warnzeichen überprüfbar bleiben.

Perioperatives Vorgehen. Ziel ist es, akute *Stoffwechselentgleisungen* wie Hyperglykämie, Ketoazidose und Hypoglykämie perioperativ zu verhindern. Neben der grundsätzlichen Einschätzung der Diabeteseinstellung (Tagesprofile, HbA1c) und ggf. bereits vorhandener Folgeerkrankungen sind daher engmaschige Blutzuckerkontrollen und evtl. weitere Laboranalysen erforderlich (z. B. Serumelektrolyte, Säure-/Basenstatus). Insbesondere der insulinpflichtige Diabetiker sollte zur Vermeidung von Streß und zu langer Nahrungskarenz planmäßig als erster operiert werden. Das perioperative Vorgehen muß den Diabetestyp und die vorbestehende Therapie berücksichtigen. Bei einer guten Stoffwechseleinstellung soll am Vortag der Operation möglichst keine Änderung der bisherigen Therapie (Diät, orale Antidiabetika, Insulin) vorgenommen werden. Darüber hinaus hat sich folgendes *Konzept* bewährt:

1. Unter engmaschigen Blutzuckerkontrollen müssen auch Diabetiker präoperativ die übliche Nahrungskarenz einhalten.
2. Orale Antidiabetika oder Insulin werden am Morgen des Operationstages nicht verabreicht.
3. Bei insulinpflichtigen Diabetikern erfolgt die perioperative Insulinzufuhr bedarfsabhängig *intravenös* mit einem Normalinsulinpräparat *(B4)*. Eine subkutane Applikation ist wegen möglicher Änderungen der Resorptionsverhältnisse (z. B. Vasokonstriktion im Schock) nicht sinnvoll.
4. Es werden Blutzuckerspiegel von 100–200 mg% angestrebt, wobei Blutzuckerkontrollen intraoperativ in etwa stündlich und postoperativ 2–4stündlich durchgeführt werden, bei Bedarf auch öfter.
5. Glucose wird außer bei bestehender oder drohender Hypoglykämie perioperativ nicht zugeführt.

Als **Kontraindikationen bei Wahleingriffen** gelten

- präoperative Blutzuckerwerte von < 60 mg% bzw. > 300 mg% sowie
- eine Glukosurie und Ketonurie.

In Akutsituationen bzw. im Rahmen von **Notfalloperationen** sind bei entgleistem Kohlenhydratstoffwechsel vorrangig die Blutzuckerspiegel auf unter 300 mg% zu senken. Möglichst vor Anästhesiebeginn muß auch damit begonnen werden, Flüssigkeits- und Elektrolytverluste (Kalium!) auszugleichen und eine metabolische Azidose zu korrigieren.

C. Erkrankungen der Schilddrüse

Bei Schilddrüsenerkrankungen müssen präoperativ die *Stoffwechselfunktion* (Eu-, Hyper- oder Hypothyreose) und die Organgröße abgeklärt werden. Für elektive Eingriffe ist grundsätzlich ein euthyreoter Stoffwechsel zu fordern. Bei einer *Schilddrüsenvergrößerung* (Struma) ist zu prüfen, ob eine Verdrängung und Kompression von Larynx und Trachea vorliegen (z. B. Tracheazielaufnahme/CT), wodurch die Intubation erschwert werden kann. Auch an eine Tracheomalazie sollte in diesem Zusammenhang gedacht werden.

Hyperthyreose. Hauptursachen einer Hyperthyreose sind autonome Schilddrüsenadenome, der Morbus Basedow und akute Thyreoiditiden, daneben kann sie jodinduziert sein (z. B. Kontrastmittelgabe, Amiodaron) und während oder nach einer Schwangerschaft auftreten. Bei Verdacht auf eine Hyperthyreose müssen zur Verhinderung einer perioperativ drohenden lebensbedrohlichen **thyreotoxischen Krise** eine präoperative Abklärung und

Stoffwechsel und Endokrinium II

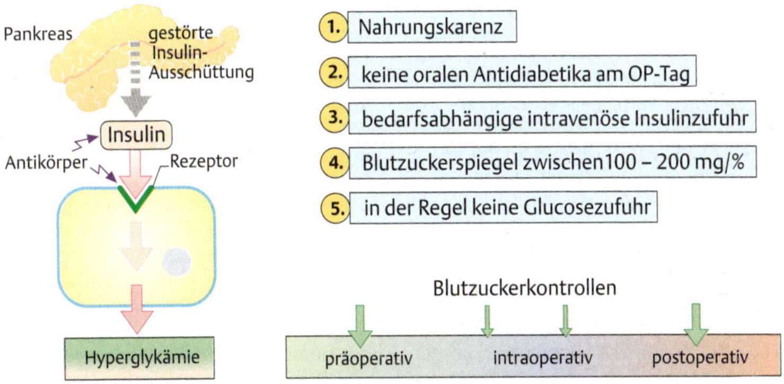

3. Gestörte Insulinausschüttung und perioperatives Vorgehen

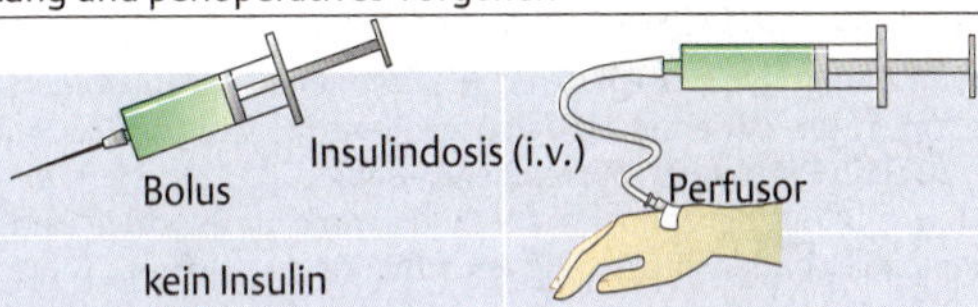

Blutzucker (mg%)	Insulindosis (i.v.) Bolus	Perfusor
< 200	kein Insulin	
200 – 300	8 E	
300 – 400	12 E	
400 – 500	12 E	+ 4 – 6 E/h
> 500	12 – 20 E	+ 4 – 6 E/h

4. Perioperative Insulinsubstitution

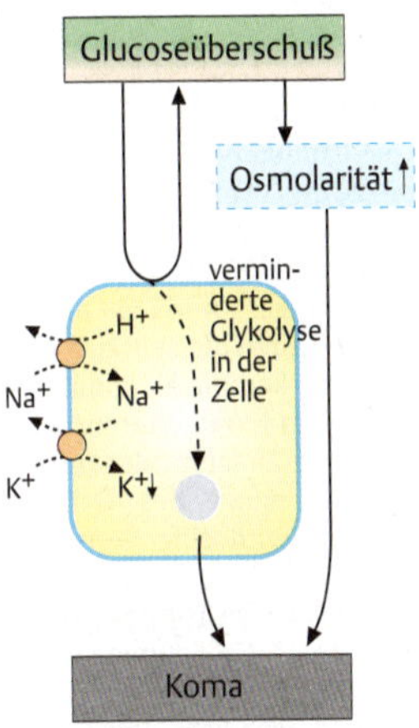

	Ketoazidotisches Koma	Hyperosmolares Koma
Vorkommen	besonders jüngere Patienten	besonders ältere Patienten
Hyperglykämie	BZ >400 mg%	BZ >600 mg%
Hyperosmolalität des Serums	bis 350 mosmol/l	> 350 mosmol/l
Metabolische Azidose	i.d.R. ausgeprägt (pH 7,0 – 7,2)	nein oder nur mäßig
Hypokaliämie	ja	ja
Hypovolämie bis zum Schock	ja	ja
Somnolenz bis zum Koma	ja	ja

5. Coma hyperglycaemicum

B. Diabetes mellitus

ggf. eine ausreichende medikamentöse Therapie erfolgen. Bis eine antihyperthyreote Medikation zur nachhaltigen Senkung der Schilddrüsenhormone im Plasma führt, dauert es ca. 2 Wochen, da zuvor die in Schilddrüse und Körpergeweben vorhandenen Hormone verbraucht werden müssen (HWZ von T_4 bis zu 14 Tagen). Die Basistherapie erfolgt mit schwefelhaltigen *Thyreostatika* (Thiamide), die neben der Hormonsynthese in der Schilddrüse auch die extrathyreoidale Umwandlung von T_4 (Thyroxin) zu T_3 (Trijodthyronin) hemmen (z. B. Methimazol – Favistan).

Ist eine Operation zwingend vor Erreichen einer euthyreoten Stoffwechsellage erforderlich oder beginnt die Hyperthyreose zu dekompensieren, so wird eine zusätzliche *β-Rezeptorenblockade* (z. B. hochdosiert Propranolol – Dociton; intraoperativ Esmolol – Brevibloc) zur Verminderung kardiovaskulärer Reaktionen angestrebt. Die Patienten sollten präoperativ zur Streßabschirmung ausreichend sediert werden, z. B. mit Benzodiazepinen, und, wenn Regionalanästhesien nicht möglich sind, eine *tiefe* Narkose erhalten. Ein Flüssigkeits- und Elektrolytdefizit muß zuvor konsequent ausgeglichen werden.

Hypothyreose. Eine Verminderung der Schilddrüsenfunktion tritt entweder sekundär im Gefolge einer Hypophysenvorderlappeninsuffizienz auf oder wird primär durch pathologische Prozesse innerhalb der Schilddrüse oder durch inadäquate Hormonsubstitution nach Thyreoidektomien ausgelöst. Hypothyreote Patienten können extrem empfindlich auf Anästhetika reagieren (Atem- und Herz-Kreislauf-Depression) und sind perioperativ durch die Entwicklung eines **Myxödem-Komas** gefährdet. Aus diesem Grund muß vor operativen Eingriffen eine ausreichende Hormonsubstitution erfolgen. Vor Notfalloperationen kann T_4 in Form von L-Thyroxin intravenös zugeführt werden.

Struma. Eine Struma ist am häufigsten Ausdruck eines endemischen Jodmangels (kompensatorische Hyperplasie), wobei die Funktion i.d.R. euthyreot ist. Im Rahmen von Strumektomien muß aber prinzipiell mit *Intubationsschwierigkeiten* gerechnet werden (s. Kap. 6.2)! Bei Verdacht auf intraoperative Schädigung eines oder beider Nn. recurrentes (am häufigsten nach Thyreoidektomien bei Karzinomen) empfiehlt es sich, die Extubation unter direkter Laryngoskopie zur Beurteilung der Stimmbandfunktion vorzunehmen. Eine einseitige *Rekurrensparese* verursacht einen inspiratorischen Stridor, eine beidseitige führt zur kompletten Stimmbandlähmung mit Verschluß der Glottis. In dieser Situation wird eine umgehende Reintubation mit anschließender Tracheotomie und Lateralfixation der Stimmbänder erforderlich. Eine seltene akzidentelle Entfernung aller Epithelkörperchen führt zum *Hypoparathyreoidismus* mit Hypokalzämie.

D. Erkrankungen der Nebennieren

Phäochromozytom. Phäochromozytome sind seltene, hormonproduzierende Tumoren der chromaffinen Zellen des peripheren sympathischen Nervensystems. Sie können exzessiv Katecholamine (*Noradrenalin* → Adrenalin) freisetzen. Zu 90% sind sie im Nebennierenmark lokalisiert; der Rest verteilt sich auf die sympathischen Paraganglien. Die Katecholaminfreisetzung führt in erster Linie zu anfallsweise auftretenden *kardiovaskulären* (Hypertonie, Tachykardie) und zentralnervösen Symptomen (Übererregbarkeit). Beweisend sind im Anfall erhöhte Konzentrationen von Noradrenalin im Blut und Urin. Im freien Intervall wird die Diagnose anhand der Konzentration des Katecholaminmetaboliten Vanillinmandelsäure im 24-Stunden-Urin gestellt.

Die *kurative* Therapie besteht in der operativen Entfernung des Tumors. Um hierbei krisenhafte Blutdrucksteigerungen zu vermeiden, müssen die Patienten ausreichend vorbehandelt werden. Im Vordergrund steht die *α-Rezeptorenblockade*, z. B. mit dem langwirksamen Phenoxybenzamin (Dibenzyran), das in steigenden Dosen für ca. 10–14 Tage präoperativ zugeführt wird. Durch die Senkung des arteriellen Gefäßtonus kommt es kompensatorisch zur Natrium- und Wasserretention (Gewichtszunahme!) mit Zunahme des intravasalen Volumens und damit des Gefäßquerschnittes. Hierdurch wird eine Verringerung der Gefäßreagibilität auf Noradrenalin und Adrenalin erreicht, was sich im Hinblick auf die intraoperativen Manipulationen am Tumor mit Freisetzung der entsprechenden Katecholamine als notwendige Voraussetzung erweist. Im Rahmen dieser Therapie können orthostatische Regulationsstörungen auftreten, vor allem bei zu schneller Dosiserhöhung.

Stoffwechsel und Endokrinium III

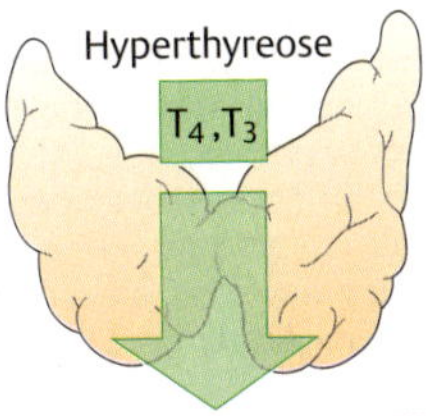

Dehydratation
Tachyarrhythmien
Steigerung des Atemantriebes
Herzinsuffizienz

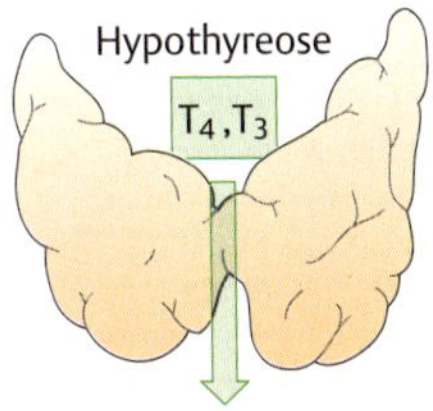

Hyperhydratation
Bradykardie
Minderung des Atemantriebes
Herzinsuffizienz

1. Störungen der Schilddrüsenfunktion

Auslöser
Operationen (bes. einer hyperthyreoten Struma), Traumata, Infektionen, psych. Streß, Jodexposition

Symptome
Tachyarrhythmie, art. Hypertonie, Zunahme von O_2-Verbrauch und CO_2-Produktion, Herzinsuffizienz, Hyperthermie (T > 40°C), Hypovolämie, Somnolenz bis zum Koma

Therapie
- Thyreostatika (z.B. Methimazol)
- ß-Rezeptorenblocker (cave: Herzinsuffizienz!)
- Jodgabe: hochdosiertes Jod hemmt die Hormonfreisetzung (cave: bei jodinduzierter Hyperthyreose!)
- Glukokortikoide (z.B. Hydrocortison 200 mg/24 h): Verhinderung einer sekundären NNR-Insuffizienz
- Sedierung, ggf. Narkose mit künstlicher Beatmung
- Ausgleich von Flüssigkeits- und Elektrolytdefiziten
- Temperatursenkung

Ultima ratio: Plasmapherese zur Eliminierung der eiweißgebundenen Hormonfraktion

Cave: therapierefraktäre Herz-Kreislauf-Insuffizienz!

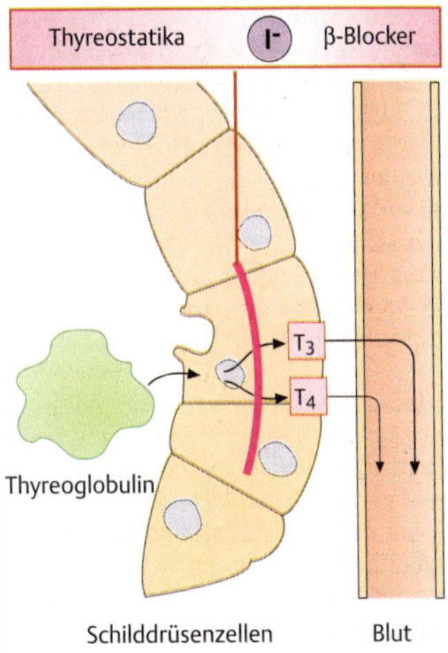

2. Thyreotoxische Krise

Symptome
Bradyarrhythmie, art. Hypotonie, Hypoventilation (→respiratorische Azidose), Hypothermie (T bis 32°C), Somnolenz bis zum Koma

Therapie
- Intubation und künstliche Beatmung
- Schilddrüsenhormonsubstitution: nur mit T_4 i.v. (zu schnelle Wirkung von T_3)
- Ausgleich von Flüssigkeits- und Elektrolytdefiziten
- langsames Wiederaufwärmen

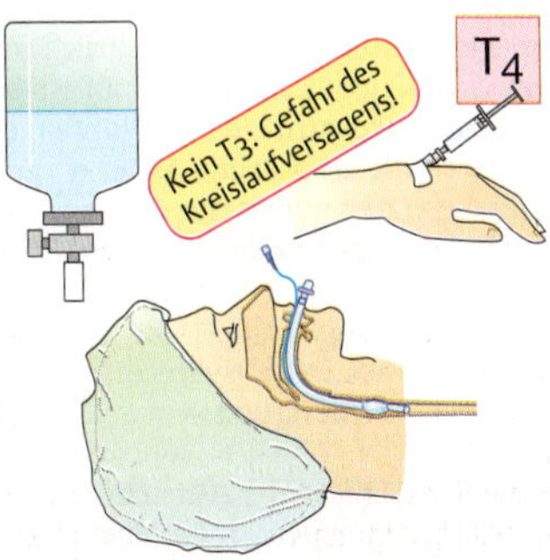

3. Myxödem-Koma

C. Erkrankungen der Schilddrüse

Tachykarde Rhythmusstörungen erfordern eine zusätzliche β-*Rezeptorenblockade*, da unter alleiniger α-Blockade die frequenzsteigernde Wirkung der Katecholamine am Herzen erhalten bleibt.

Cushing-Syndrom. Das Cushing-Syndrom wird durch eine *Überproduktion von Glukokortikoiden* vermittelt. Als Hauptursachen gelten ACTH-bildende Hypophysenadenome (Morbus Cushing) und hormonaktive Tumoren der Nebennierenrinde (NNR), die operativ entfernt werden müssen. Iatrogen kann das Syndrom auch im Rahmen einer hochdosierten chronischen Kortikoidtherapie ausgelöst werden (z. B. bei Asthma bronchiale). Die sog. Cushing-Schwelle, oberhalb derer die ACTH-Sekretion supprimiert wird, liegt bei ca. 30 mg Hydrocortison pro Tag (s. auch Kap. 3.3). Neben der Abklärung von Folgeerkrankungen (Arteriosklerose, KHK etc.) müssen präoperativ eine Hypertonie behandelt, der Blutzucker eingestellt sowie der Wasser- und Elektrolythaushalt normalisiert werden. Nach Beseitigung des Hyperkortizismus (Tumorentfernung) oder bei chronischer Kortikoidmedikation muß wegen der NNR-Suppression eine ausreichende *Kortikoidsubstitution* erfolgen.

Morbus Addison. Dem Morbus Addison liegt eine *primäre* NNR-Insuffizienz zugrunde. Ursächlich ist ein relativer oder absoluter *Mangel an Gluko- und Mineralokortikoiden* infolge Zerstörung der NNR durch autoimmunologische, entzündliche oder tumoröse Prozesse. Im Rahmen einer Sepsis kann es durch disseminierte intravasale Gerinnung zur hämorrhagischen NNR-Infarzierung kommen („Waterhouse-Friderichsen-Syndrom"). Eine Hypophysenvorderlappeninsuffizienz führt durch verminderte ACTH-Sekretion ebenso wie ein abruptes Absetzen einer chronischen Glukokortikoidmedikation (NNR-Suppression) nur zum isolierten Ausfall der Glukokortikoide und wird im engeren Sinne nicht als Morbus Addison verstanden. Perioperativ stehen die Beseitigung der Störungen im Wasser- und Elektrolythaushalt und einer eventuellen Hypoglykämie sowie die Substitutionstherapie mit erhöhter Dosis von Glukokortikoiden (z. B. Hydrocortison: 200–300 mg/d) im Vordergrund.

Addison-Krise. Hierunter versteht man eine akute NNR-Dekompensation, ein lebensbedrohliches Kreislauf- und Stoffwechselversagen durch absoluten oder relativen, streßbedingten (z. B. durch Operation, Trauma, Infektion) Cortisol- und Aldosteronmangel. Zusätzlich zu den o.g. therapeutischen Maßnahmen ist eine Korrektur der metabolischen Azidose, der Einsatz adrenerger Substanzen zur Kreislaufstabilisierung sowie ggf. auch eine Substitution von Mineralokortikoiden erforderlich.

Conn-Syndrom (primärer Hyperaldosteronismus). Das Krankheitsbild wird durch *exzessive Sekretion von Aldosteron*, am häufigsten durch NNR-Adenome, geprägt und bedarf im Rahmen der operativen Vorbereitung neben der Korrektur des Wasser- und Elektrolythaushaltes (ausgeprägte Hypokaliämie) der symptomatischen Therapie mit Aldosteronantagonisten (z. B. Spironolacton – Aldactone®). Zu beachten ist, daß die volle medikamentöse Wirkung erst einige Tage nach Therapiebeginn erreicht wird.

Akromegalie. Der Akromegalie liegt eine *Überproduktion von Wachstumshormon* (STH) durch ein Hypophysenadenom zugrunde. Bei diesen Patienten ist grundsätzlich mit einer erschwerten bis unmöglichen konventionellen Intubation und Maskenbeatmung aufgrund anatomischer Veränderungen (Makroglossie, großer Unterkiefer, veränderte Gesichtsproportionen) zu rechnen. Hier empfiehlt sich primär die fiberoptische Vorgehensweise am wachen Patienten (s. Kap. 6.2). Daneben finden sich oftmals weitere anästhesierelevante Störungen wie Hyperglykämie, Hypernatriämie, Hypokaliämie sowie Hypertonie, Herzrhythmusstörungen und Herzinsuffizienz.

Stoffwechsel und Endokrinium IV

	Symptome	Komplikationen
Herz-Kreislauf	paroxysmal: Hypertonie Tachykardie, Extrasystolie Angina pectoris	Herzinsuffizienz Lungenödem Herzinfarkt
ZNS	Nervosität, Kopfschmerzen Sehstörungen, Schwindel	intrakranielle Blutung Hirninfarkt
Niere	Polyurie	Hypovolämie, Elektrolyt-störungen

1. Phäochromozytom

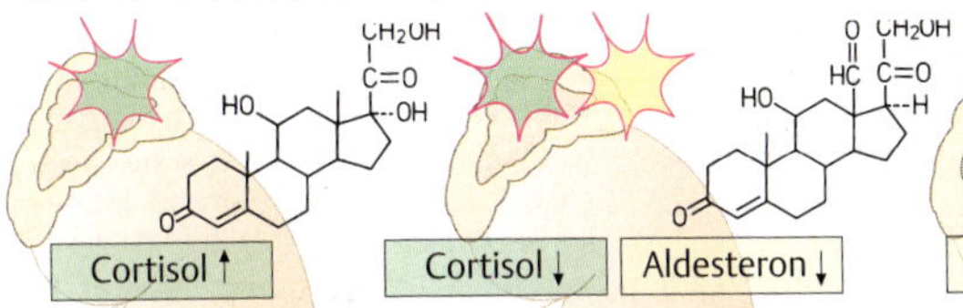

Cushing-Syndrom	Morbus Addison	Conn-Syndrom
Stammfettsucht Vollmondgesicht Adynamie Striae rubrae Stirnglatze Myopathie Osteoporose	Gewichtsverlust Adynamie Hyperpigmentation Myopathie	Gewichtszunahme Myopathie
Hypervolämie Hypertonie Hypernatriämie Hypokaliämie Hyperglykämie metabolische Alkalose Herzinsuffizienz	Hypovolämie Hypotonie Hyponatriämie Hyperkaliämie metabolische Azidose Herzinsuffizienz	Hypervolämie Hypertonie Hypernatriämie Hypokaliämie Hyperglykämie metabolische Alkalose Herzinsuffizienz
Hypertensive Krise	Addison-Krise → Herz-Kreislauf-Versagen	Hypertensive Krise

2. Erkrankungen der Nebennierenrinde

Symptome	Therapie	
• Tachykardie, arterielle Hypotonie • Erbrechen, Durchfall • Hypovolämie bis zum Schock • Hyperkaliämie, Hyponatriämie, Hypoglykämie • metabolische Azidose • Hyperthermie („Exsikkose-Fieber") • Somnolenz	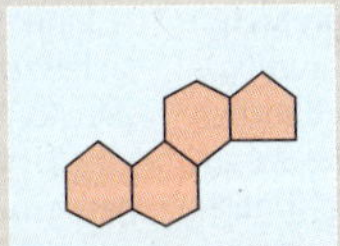 Substitution mit Gluko- u. ggf. Mineralokortikoiden	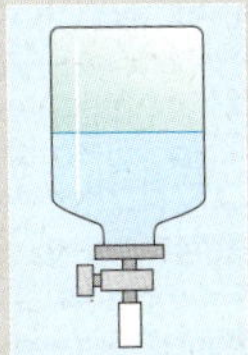 Ausgleich von Flüssigkeits-, Elektrolyt-, Basen- und Glucosedefiziten

3. Addison-Krise

D. Erkrankungen der Nebennieren

A. Zerebrovaskulärer Insult

Zerebrovaskuläre Insulte („Apoplexe", „Schlaganfälle") entstehen auf der Grundlage arterieller Durchblutungsstörungen des Gehirns vornehmlich im höheren Lebensalter. In über 85% der Fälle beruhen sie auf einer *Mangeldurchblutung* (ischämischer Insult bzw. Hirninfarkt), nur etwa 15% sind Folge einer *Massenblutung* (hämorraghischer Insult). Ursächlich ist zumeist eine Hirnarteriosklerose, wobei in über 50% der Fälle eine umschriebene Stenose der extra- oder intrakraniellen A. carotis interna ausgemacht werden kann. Eine hierdurch ausgelöste *zerebrovaskuläre Insuffizienz* beruht pathophysiologisch auf einem Mißverhältnis zwischen zerebralem O_2-Angebot und O_2-Bedarf.

Einteilung und Symptomatik. Zerebrovaskuläre Erkrankungen können nach dem Auftreten und Verlauf neurologischer Symptome in unterschiedliche Schweregrade eingeteilt werden *(A1)*. Erst bei hochgradiger Verengung des Gefäßquerschnittes um deutlich mehr als 75% ist eine aus der Ischämie resultierende klinische Symptomatik zu erwarten. Die Art der Symptomatik hängt dabei wesentlich von der Lokalisation des zugrundeliegenden Gefäßprozesses ab *(A2)*.

Präoperative Diagnostik. Da transitorisch-ischämische Attacken als typische Vorboten eines Hirninfarktes gelten, muß auf der Grundlage anamnestischer Hinweise eine gezielte Suche nach stenosierenden Veränderungen hirnversorgender Gefäße erfolgen. Vorrangig für die Einschätzung des perioperativen Risikos ist dabei die Frage, ob sog. *hämodynamisch relevante* Stenosen vorliegen. Hier führen Veränderungen der systemischen Hämodynamik (z.B. Blutdruckabfälle) zu einer zerebralen Minderperfusion mit entsprechender Symptomatik. In diesen Fällen ist das Risiko deutlich erhöht, so daß *elektive* Eingriffe nicht vorgenommen werden sollen. Als apparative Untersuchungsverfahren eignen sich die Dopplersonographie der Halsgefäße sowie die transkranielle Dopplersonographie (TCD), mittels derer auch die zerebrale *Durchblutungsreserve* unter artefizieller Induktion einer zerebralen Vasodilatation, z.B. durch Inhalation eines 5%igen CO_2-Gasgemisches oder i.v.-Gabe von Acetazolamid (Diamox®), bestimmbar ist. Zur morphologischen Diagnostik werden die herkömmliche Computer- und ggf. die Magnetresonanztomographie (MRT) eingesetzt, die bereits stattgefundene Hirninfarkte oder -blutungen nachweisen können. Zur exakten Lokalisierung von Stenosen, z.B. vor desobliterierenden Eingriffen, ist eine zerebrale Angiographie erforderlich. Neben der Einschränkung der zerebrovaskulären Belastungsreserve sind *Begleiterkrankungen* wie Hypertonie, KHK, Herzinsuffizienz, COPD, Diabetes mellitus und Adipositas häufige Faktoren, die das perioperative Risiko zusätzlich erheblich erhöhen.

Therapieprinzipien. Hämodynamisch relevante Stenosen sollen nach Möglichkeit *desobliteriert* werden. Hierzu bedient man sich anstelle operativer Verfahren zunehmend interventioneller Techniken, wie z.B. der PTCA (perkutane transluminale Karotisangioplastie). Vor allem für die Stadien II und III sind sie unter dem Nutzen-Risiko-Aspekt nachgewiesenermaßen am erfolgreichsten. Die Möglichkeiten konservativ-therapeutischer Maßnahmen sind begrenzt. Sie sollen in erster Linie eine Größenzunahme von Stenosen und zerebralen Embolien verhindern. Neben der Ausschaltung bzw. Behandlung von Risikofaktoren beschränken sie sich hauptsächlich auf den Einsatz von Thrombozytenaggregationshemmern, z.B. Acetylsalicylsäure (100 mg/d).

Anästhesiologisches Vorgehen. Als Grundprinzip gilt, die zerebrale O_2-Balance durch die anästhesiologischen Maßnahmen nicht zu beeinträchtigen, um keine zerebralen Ischämien bzw. Hypoxien mit potentiell deletären Folgen zu provozieren. Neben der Vermeidung stärkerer Blutdruckabfälle und arterieller Hypoxien muß bei Anwendung von Allgemeinanästhesien größter Wert auf die richtige Beatmungstechnik gelegt werden, um eine Normokapnie sicherzustellen. Eine Hyperventilation führt zur Abnahme der globalen Hirndurchblutung, eine Hypoventilation kann eine regionale Minderperfusion infolge einer Blutumverteilung aus ischämischen Arealen, in denen die Gefäße bereits maximal dilatiert sind, in gesunde Bezirke bewirken („steal"-Effekt).

B. Zerebrales Anfallsleiden

Im Rahmen der Anästhesie sind vor allem *„grand-mal"*-Epilepsien von Bedeutung, die

Nervensystem und Muskulatur I

Stadium	Symptomatik	Reversibilität
I	keine	
II	transitorisch-ischämische Attacke (TIA)	innerhalb von 24 h
III	prolongiertes reversibles ischämisches neurologisches Defizit (PRIND)	innerhalb von >24 h
IV	Hirninfarkt – progredient – komplett	nur partiell irreversibel

1. Klassifizierung zerebrovaskulärer Erkrankungen nach Schweregraden

Ursache	Symptomatik
Karotisstenose (> 50 % der TIAs)	monokulare Blindheit Sprachstörungen kontralaterale Hemiparese, -hypästhesie Bewußtseinsstörungen (selten)
Vertebro-basiläre Insuffizienz (Auftreten vor allem bei Lageänderungen)	„drop attacks" bilaterale Sehstörungen Sprach- und Schluckstörungen Tetraparese

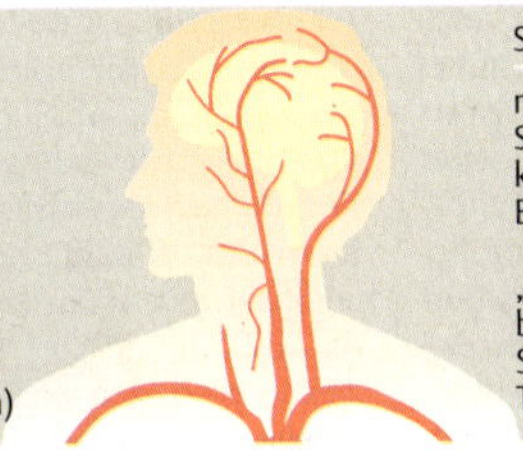

2. Neurologische Symptomatik

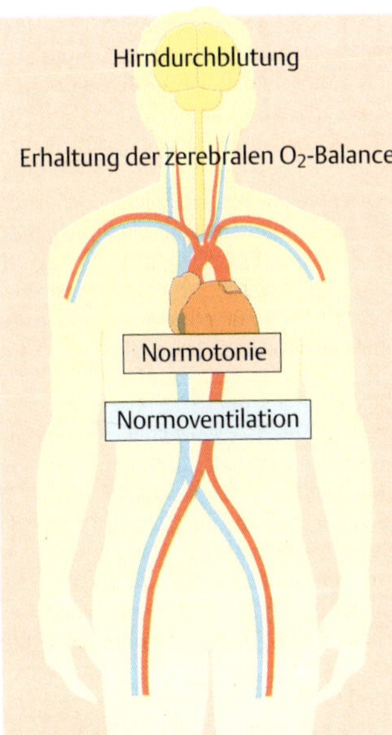

1. Optimierung der zerebralen Perfusion O_2-/Substratversorgung
   - Vermeidung von HZV-Abfällen u. Blutdruckschwankungen > ± 20 % (cave: Hypovolämie!)
   - Vermeidung von Hypoxie, Hyper- und Hypokapnie (s. Text)
   - Vermeidung ausgeprägterer Anämie (Hb <10 g%)
   - Vermeidung von Hypo- oder Hyperglykämie (BZ-Zielbereich: 100 – 150 mg%)
2. Anästhesieverfahren
   - Bevorzugung von Regionalanästhesien bei peripheren Eingriffen
   - rückenmarknahe Verfahren wegen der Gefahr von Blutdruckabfällen nur in Einzelfällen
3. Prämedikation
   - Fortführung einer kardiovaskulotropen Medikation
   - keine Sedativa bei Bewußtseinsstörungen
4. Anästhetika und Adjuvanzien
   - Senkung des zerebralen O_2-Verbrauchs durch geeignete Anästhetika wie:
     – Barbiturate*, Propofol*, Etomidat, Isofluran*, Sevofluran
   - kein N_2O (Steigerung des zerebralen O_2-Verbrauchs!)
   - kein Succinylcholin bei Patienten mit Paresen (Hyperkaliämiegefahr!)

3. Anästhesiologisches Vorgehen bei zerebrovaskulären Erkrankungen

A. Zerebrovaskulärer Insult

Folge synchroner Depolarisation größerer kortikaler Neuronenverbände sind. Da beim narkotisierten und relaxierten Patienten ein Krampfanfall klinisch stumm verläuft und nur mittels EEG-Monitoring erkennbar ist, es aber aufgrund des hierbei deutlich gesteigerten Hirnstoffwechsels und O_2-Bedarfs zur zerebralen Hypoxie kommen kann, muß durch geeignete Anästhesieverfahren und prophylaktische Maßnahmen Anfällen entgegengewirkt werden. Antikonvulsiva, deren Plasmaspiegel im therapeutischen Bereich liegen sollten, werden deshalb bis zum Morgen des Operationstages weiter verabreicht. Zur Prämedikation eignen sich besonders Benzodiazepine und ggf. auch Barbiturate, da sie die Krampfschwelle anheben. Sie sollten ausreichend hoch dosiert werden. *Regionalanästhesien* mit angemessener Sedierung des Patienten sollten nach Möglichkeit bevorzugt werden, da hierunter das Bewußtsein überprüfbar bleibt und Anfälle sofort erkannt und therapiert werden können. Bei *Allgemeinanästhesien* muß eine Hyperventilation wegen der Verminderung der zerebralen Durchblutung vermieden werden, ebenso wie die Gabe von Anästhetika, die die Krampfschwelle senken.

C. Morbus Parkinson

Dem eigentlichen M. Parkinson liegen degenerative Veränderungen der Basalganglien mit *Reduktion dopaminerger Neurone* zugrunde. Hierdurch kommt es zum Überwiegen zentralcholinerger Aktivität, was zum typischen extrapyramidal-motorischen Syndrom mit Akinesie, Rigor und Tremor führt. Die motorischen Funktionsstörungen können die Atemmechanik beeinträchtigen und postoperativ zu respiratorischen Komplikationen Anlaß geben. Ferner bestehen oft autonome Dysregulationen (Magen-, Darm- und Harnblasenatonie; Orthostasephänomene und arterielle Hypotonie). Vom Parkinson-Syndrom spricht man bei *exogener* Verursachung (z. B. Schädel-Hirn-Trauma, Intoxikationen, Dopaminantagonisten). Der „Parkinson" wird *symptomatisch* mit Pharmaka behandelt, die die dopaminerg-cholinerge Balance wiederherstellen (s. Tab. 14 im Anhang). Perioperativ sollte diese Therapie unbedingt beibehalten, hingegen der Einsatz dopaminantagonistischer Medikamente (z. B. Droperidol [DHBP]) oder von Cholinesterasehemmern vermieden werden. Sonst droht eine Verschlimmerung der Symptomatik bis hin zur sog. *akinetischen Krise* oder ein sog. *Malignes-Dopa-Entzugssyndrom*, das sich ähnlich einer MH-Krise präsentiert.

D. Myasthenia gravis

Die Myasthenia gravis wird den Autoimmunerkrankungen zugerechnet. Es lassen sich zirkulierende *Autoantikörper* (Typ IgG) nachweisen, die gegen die postsynaptischen Acetylcholinrezeptoren der neuromuskulären Endplatte gerichtet sind und einerseits zur Zerstörung, andererseits auch zur funktionellen Blockade dieser Rezeptoren führen. Leitsymptom ist eine im Tagesverlauf zunehmende *Schwäche der Skelettmuskulatur*. Zunächst sind zwar nur die durch die Hirnnerven innervierten Muskeln betroffen (Facies myasthenica, Ptosis), im weiteren Verlauf dehnt sich die Erkrankung aber auch auf andere Muskelgruppen und die Atemmuskulatur mit der Folge einer *Ateminsuffizienz* aus. Zu den wichtigsten **Behandlungsverfahren** gehören die Thymektomie, die Immunsuppression mit Glukokortikoiden (Hemmung der Autoantikörperbildung) sowie die Therapie mit Cholinesterasehemmstoffen (z. B. Pyridostigmin – Mestinon®). Letztere führen zur Zunahme von Acetylcholin an den neuromuskulären Synapsen und können so die Symptomatik verringern. Eine Überdosierung kann zur *cholinergen* Krise führen, die differentialdiagnostisch wegen des unterschiedlichen therapeutischen Vorgehens von der *myasthenischen* Krise abgegrenzt werden muß (s. Tab. 15 im Anhang). Bei letzterer sind oft eine vorübergehende künstliche Beatmung und zur Antikörperelimination eine Plasmapherese erforderlich.

Anästhesiologisches Vorgehen. Myastheniepatienten zeigen eine deutlich gesteigerte Empfindlichkeit auf nichtdepolarisierende Relaxanzien, die deshalb bei geplanter Intubationsnarkose möglichst nicht eingesetzt werden sollten. Es empfiehlt sich, die Intubation in *tiefer* Inhalationsanästhesie unter Verzicht auf sämtliche Relaxanzien vorzunehmen. Ferner ist zu beachten, daß zahlreiche Pharmaka die neuromuskuläre Funktion beeinträchtigen können. Postoperativ muß die Möglichkeit zur Nachbeatmung auf einer Intensivstation sichergestellt sein.

Nervensystem und Muskulatur II

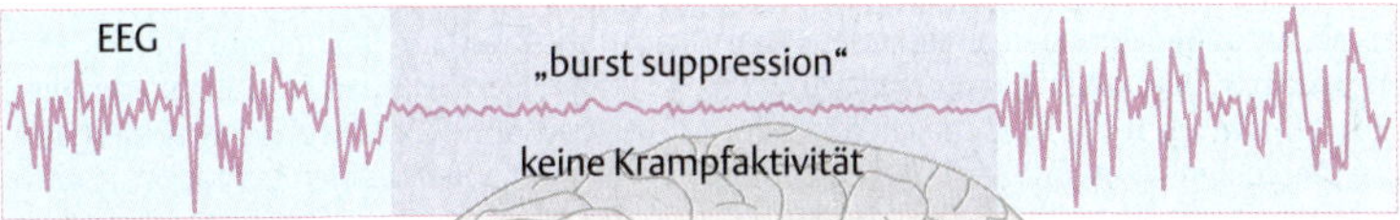

Vermeidung von Ketamin, Atracurium (Metabolit: Laudanosin), Hyperventilation

kontrovers:	Methohexital, Propofol, N_2O
sicher:	Thiopental, Benzodiazepine, Opioide, Isofluran, Sevofluran

ggf. perioperative Dauerinfusion von Phenytoin (Phenhydan®)

Beachtung von Interaktionen zwischen Antiepileptika und Anästhetika: z.B. Sedierung, negative Inotropie und Dromotropie, Enzyminduktion

B. Zerebrales Anfallsleiden

Fortführung der medikamentösen Therapie bis einschl. OP-Tag

keine Dopaminantagonisten (z.B. DHBP, Metoclopramid)

Allgemein- oder Regionalanästhesien möglich bei Relaxierung: Relaxometrie, möglichst keine Antagonisierung mit Cholinesterasehemmern

Anästhesiologisches Vorgehen

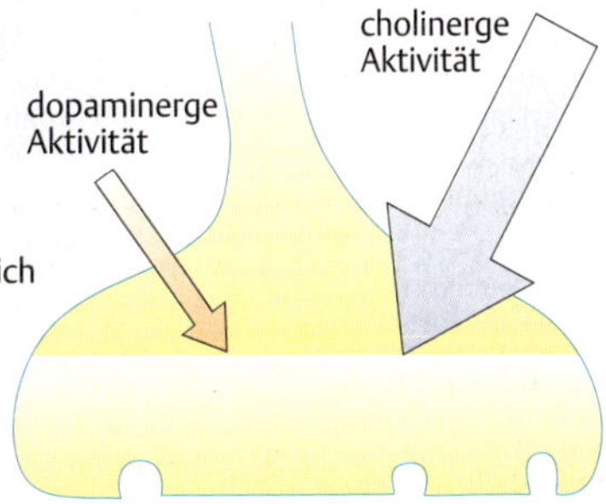

C. Morbus Parkinson

keine Prämedikation mit Benzodiazepinen (zentral muskelrelaxierender Effekt), statt dessen z.B. Promethazin (Atosil®)

Beachtung neuromuskulärer Interferenzen anderer Pharmaka: z.B. Aminoglykoside, Diuretika, Calciumantagonisten, Lokalanästhetika

bei Allgemeinanästhesie:
Weglassen der morgendlichen Dosis der Cholinesterasehemmer
Intubation möglichst ohne Relaxanzien, ggf. in tiefer Inhalationsanästhesie

postoperative Nachbeatmungsmöglichkeit

Anästhesiologisches Vorgehen

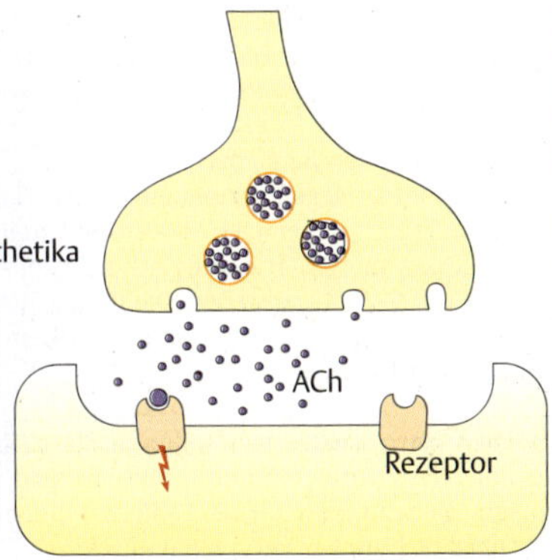

D. Myasthenia gravis

Das Spektrum anästhesiologischer Komplikationen reicht von geringfügigen, für den weiteren Verlauf unbedeutenden Ereignissen über therapeutisch reversible Beeinträchtigungen bis hin zu schweren bleibenden Schäden oder sogar tödlichem Ausgang. Zur Bezeichnung schwerwiegender Komplikationen werden Begriffe wie „Anästhesie- oder Narkosezwischenfall" oder „kritisches Anästhesie- bzw. Narkoseereignis" verwendet. Der **Anästhesiezwischenfall** charakterisiert die schwersten Fälle, nämlich den *Kreislaufstillstand* während oder kurz nach der Anästhesie oder aber die *schwere zerebrale Dysfunktion*, z. B. nach Reanimation. Eine Hirnschädigung kann jedoch auch ohne vorangehenden Herzstillstand im Rahmen einer prolongierten Hypoxie eintreten (z. B. bei Beatmung mit hypoxischen Gasgemischen). Vom Anästhesiezwischenfall wird per definitionem das **kritische Anästhesieereignis** abgegrenzt. Hiervon spricht man, wenn eine Komplikation Auswirkungen auf den postoperativen Verlauf hat (z. B. verlängerter Aufenthalt im Aufwachraum, Behandlung auf einer Intensivstation) und bei nicht rechtzeitiger, adäquater Therapie zum Tod des Patienten oder zu schweren dauerhaften Beeinträchtigungen geführt hätte. Das kritische Anästhesieereignis kann auch als Vorstufe des Anästhesiezwischenfalls verstanden werden.

Häufigkeiten. Exakte Angaben zu anästhesiebedingten Todesfällen sind schwierig, da eine Abgrenzung zur operations- oder erkrankungsbedingten Mortalität nicht immer möglich und insgesamt die perioperative Mortalität nur sehr gering ist. Der Anhaltswert zur *anästhesiebedingten Mortalität* beträgt im Durchschnitt ca. 1:30.000. In extremen Altersgruppen oder speziellen Bereichen sowie bei anästhesierelevanten Begleiterkrankungen ist die Mortalität jedoch um einiges höher. Der Anteil an der Gesamtmortalität chirurgischer Patienten wird mit 5–15 % angegeben. Die Rate kritischer Anästhesieereignisse soll in der Größenordnung von 1:100 liegen.

Ursachen. Nach Schätzungen sollen ca. 60–70 % der anästhesiebedingten Todesfälle vermeidbar sein. Neben menschlichen Fehlern bleiben aber noch technisches Versagen und schicksalhafte Verläufe infolge schwerster Vorerkrankungen oder seltener genetischer Defekte, die erst unter der Anästhesie symptomatisch werden. Als *häufigste* Ursachen der anästhesiebedingten Mortalität gelten:

- Herz-Kreislauf-Dekompensation (Herzinfarkt, Herzinsuffizienz, Lungenembolie),
- Hypoxämie (Fehlintubation, fehlerhafte Beatmung, pulmonale Aspiration, Gerätedefekte),
- Medikamentenüberdosierung/-verwechslung,
- anaphylaktische Reaktionen.

Am häufigsten ereignen sich Zwischenfälle während der *Unterhaltungsphase* einer Anästhesie und nicht, wie vielleicht zu erwarten wäre, in der Ein- oder Ausleitungsphase, wobei mangelnde Aufmerksamkeit des Anästhesisten mit eine Rolle spielen mag. Unter den durch fehlerhaftes Verhalten verursachten Anästhesiezwischenfällen werden ca. 30 % auf Fehler bei der endotrachealen Intubation, 20 % auf eine Gerätefehlbedienung und 10–15 % auf eine pulmonale Aspiration zurückgeführt, was die Bedeutung präventiver Maßnahmen im Hinblick auf Ausbildung und Einstellung, aber auch apparativer Ausstattung unterstreichen soll.

Allgemein- versus Regionalanästhesie. Retro- und neuere, prospektive Untersuchungen haben selbst mit großen Fallzahlen keine wesentlichen statistisch signifikanten Unterschiede zwischen Allgemein- und rückenmarknahen Anästhesien hinsichtlich der perioperativen Morbidität und Mortalität herausarbeiten können. Außer bei den eindeutig vorteilhaften peripheren Nervenblockaden (z. B. Plexusanästhesien) hat die Wahl des Anästhesieverfahrens keinen entscheidenden Einfluß auf den perioperativen Verlauf. Die Entscheidung, welches Verfahren einzusetzen ist, muß also individuell getroffen werden und ist mehr von der Erfahrung des Anästhesisten abhängig als von den Begleiterkrankungen des Patienten.

Qualitätssicherung. Bei noch so großer Sorgfalt kann es nicht und wird es womöglich nie gelingen, menschliche Irrtümer gänzlich auszuschalten. Deshalb bleibt als Maxime nur, *„aus den Fehlern anderer zu lernen und eigene nicht zu wiederholen"*.

Einführung und Überblick

Häufigkeit		Ursachen
• insgesamt:	1 : 50.000 – 1 : 100.000	• menschliches Versagen
• Neugeborene:	1 : 1.000	• technische Defekte
• Geriatrie:	1 : 100 – 1 : 1.000	• Begleiterkrankungen
• Sectio caesarea:	1 : 1.000 – 1 : 10.000 (mütterliche Mortalität)	• unbekannte genetische Defekte
• ambulant:	< 1 : 100.000	

1. Anästhesiebedingte Mortalität

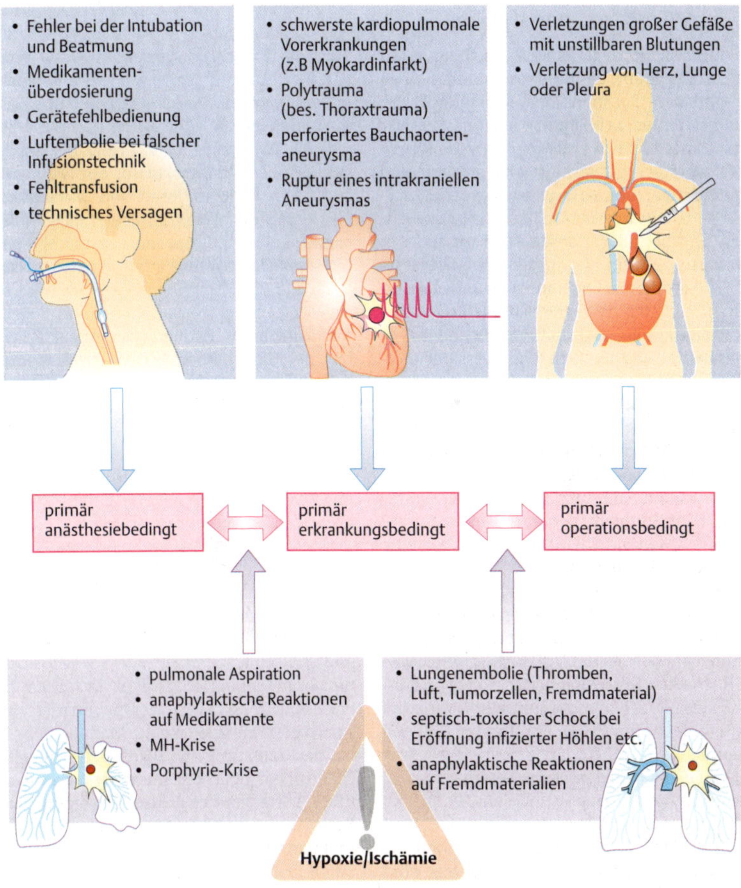

2. Ursachen perioperativer Mortalität

A. Einführung und Überblick

Respiratorische Komplikationen haben nach den kardiovaskulären den zweitgrößten Anteil an der perioperativen Mortalität. Grundlage hierfür ist die **respiratorische Insuffizienz**, die unbehandelt zum hypoxischen Herzversagen führen kann. Von den wichtigsten Komplikationen wurden einige bereits in anderen Kapiteln abgehandelt:

- Intubationskomplikationen: s. Kap. 6.2,
- pulmonale Aspiration: s. Kap. 5.2,
- Hypoventilation durch Anästhetika, Analgetika oder Muskelrelaxanzien: s. Kap. 4.

A. Laryngospasmus/Larynxödem

Beim *Laryngospasmus* handelt es sich um einen akuten Verschluß des Kehlkopfes durch einen anhaltenden Spasmus der supraglottischen quergestreiften Kehlkopfmuskulatur. Auslöser sind irritierende Stimuli in den Atemwegen *(A1)*. Der Laryngospasmus wird afferent und efferent über den N. laryngeus superior vermittelt. Er tritt meistens in flachen Narkosestadien und bei Inhalationsanästhesien auf. Am häufigsten sind Kinder in den ersten Lebensjahren betroffen, da bei ihnen die Reflexaktivität am stärksten ausgeprägt ist. Die Reflexaktivität nimmt allgemein mit zunehmendem Lebensalter ab. Davon abzugrenzen ist der *Glottisverschlußreflex*, der Folge einer laryngealen sensorischen Stimulation ist. Der Verschluß der Stimmritze kommt hier durch eine Kontraktion der Stimmbandmuskeln (Mm. vocales) zustande und hält im Gegensatz zum Laryngospasmus i.d.R. nur so lange an, bis der auslösende Stimulus wegfällt.

Beim *Larynxödem* handelt es sich um eine ödematöse Schwellung der Glottis und/oder der subglottischen Region. Neben entzündlichen und allergischen Ursachen spielen in der Anästhesie vor allem instrumentelle Manipulationen im Bereich des Larynx die größte Rolle (z. B. traumatische Intubation; s. dort). Während sich ein Laryngospasmus oder Glottisverschlußreflex unmittelbar im Anschluß an die zugrundeliegende Stimulation entwickelt, tritt ein Larynxödem erst mit einer gewissen Verzögerung in Erscheinung (z. T. bis zu 24 h!).

Symptomatik. Kennzeichnende Symptome aller Obstruktionen der *oberen* Atemwege sind bei partiellem Verschluß der inspiratorische *Stridor* und bei komplettem Verschluß die sog. *inverse* Atmung. Hierunter versteht man frustrane, ineffektive Atembewegungen mit ausgeprägten, ruckartigen inspiratorischen Einwärtsbewegungen im Bereich des Jugulums und der Interkostalräume und gleichzeitigen durch Kontraktion des Zwerchfelles bedingten Auswärtsbewegungen des Abdomens. Die inverse Atmung wird von schwerster Zyanose, Tachykardie und Blutdruckanstieg begleitet. Ihr folgen schnell das vollständige Sistieren der Atmung, Bradyarrhythmie und Blutdruckabfall. Ein Kreislaufstillstand kann sich unmittelbar auf der Grundlage eines vagalen Reflexgeschehens oder verzögert als Folge der Hypoxie entwickeln.

Therapie. Ein *Laryngospasmus* erfordert ein unverzügliches und folgerichtiges therapeutisches Eingreifen. Wenn sich unter den Basismaßnahmen *(A3)* keine umgehende Besserung einstellt, wird eine Relaxierung der quergestreiften Kehlkopfmuskulatur notwendig, wobei schon geringe Dosen von *Succinylcholin* (10–20 mg beim Erwachsenen) i.d.R. ausreichend sind, um den Spasmus zu durchbrechen. Ein *Larynxödem* kann zumeist durch Glukokortikoide (z. B. 250 mg Prednisolon [Solu-Decortin H®] i. v.) und Inhalation einer vernebelten Micro-nephrin®-Lösung (razemisches Adrenalin) therapiert werden. Erst in schweren Fällen, d. h. bei ausgeprägtem Ödem und erheblicher Dyspnoe etc., wird eine künstliche Atemwegssicherung erforderlich. Falls hierzu eine herkömmliche endotracheale Intubation mit einem dünnen Tubus (z. B. ID 6,0 mm) nicht möglich sein sollte, muß eine Konio- bzw. Tracheotomie vorgenommen werden.

B. Akute bronchiale Obstruktion

Die akute bronchiale Obstruktion kann Ausdruck eines *reflektorischen Bronchospasmus*, aber auch eines *Asthmaanfalles* sein. Eine Differenzierung gelingt i.d.R. nur ex juvantibus, d. h. nach Einleitung abgestufter, pragmatisch ausgerichteter therapeutischer Maßnahmen. Die basalen, unmittelbaren Schritte sind in beiden Fällen gleich: Sicherstellung des Gasaustausches, vorrangig der Oxygenierung (manuelle Beatmung mit 100% O_2), Narkosevertiefung und Reizminimierung (Unterbrechen der operativen oder anderweitiger Stimulation und damit möglicherweise des Auslösers). Bei Persistenz der Obstruktion, die auf einen Asthmaanfall hindeutet, erfolgt eine spezifische Phar-

Respiratorisches System I

- Sekrete, Blut oder Erbrochenes
- Intubationsversuche, Einführen pharyngealer Tuben oder einer Larynxmaske bei zu flacher Narkose
- schmerzhafte operative Stimulation bei mangelnder Narkosetiefe unter Maskenbeatmung
- Extubation während des Exzitationsstadiums

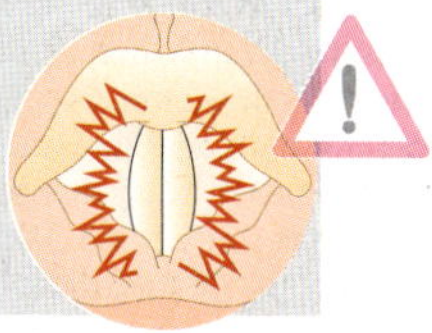

1. Auslöser eines Laryngospasmus

- traumatische Intubation, z.B.:
  - mehrere Intubationsversuche
  - zu großer Endotrachealtubus
- unsteriler Endotrachealtubus
- allergische Reaktion („Quincke-Ödem")
- infektiöse Laryngitis

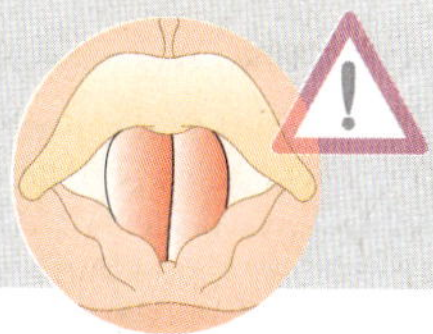

2. Auslöser eines Larynxödems

- rasche Beseitigung des auslösenden Stimulus, z.B.:
  - pharyngeales Absaugen, Entfernen pharyngealer Tuben
  - Unterbrechen schmerzhafter Stimuli
- i.v.-Narkosevertiefung
- Zufuhr von 100 % O_2 über dichtsitzende Maske (bei Ineffektivität → Muskelrelaxierung mit Succinylcholin!)

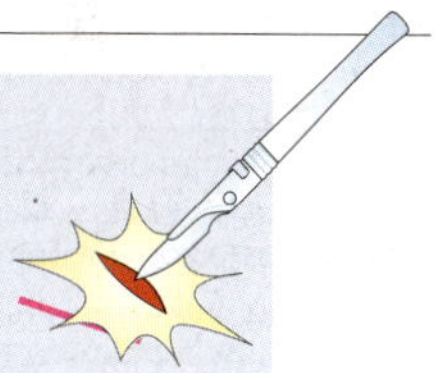

3. Basistherapie des Laryngospasmus

A. Laryngospasmus/Larynxödem

1. Diagnose
   - Erhöhung des Beatmungsdruckes
   - Bronchospastik: pfeifende Nebengeräusche + verlängertes Exspirium
   - O_2-Sättigungsabfall, Zyanose
   - initial: Tachykardie, Hypertonie
2. Basismaßnahmen
   - Beenden der chirurgischen Manipulation!
   - manuelle Beatmung mit 100 % O_2!
   - Narkosevertiefung (möglichst volatile, ggf. auch intravenöse Anästhetika)
3. Erweiterte Pharmakotherapie
   - β_2-Mimetika, z.B. Fenoterol-Spray (Berotec®), Terbutalin (Bricanyl®) i.v.
   - Theophyllin (Bronchoparat®) i.v.,
   - Glukokortikoide
     - kein Akuteffekt innerhalb der ersten 4 – 6 h!
     - max. 250 mg Prednisolon (Solu-Decortin H®) i.v.
4. Ultima ratio bei Therapieresistenz: Ketamin 5 mg/kg KG langsam i.v.

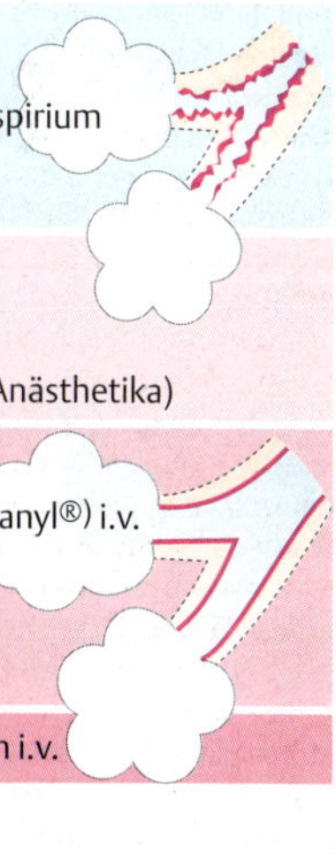

Diagnose und Therapie des intraoperativen Asthmaanfalls

B. Akute bronchiale Obstruktion

makotherapie mit β_2-Sympathikomimetika, Theophyllin und Glukokortikoiden. Wenn möglich, werden β_2-Sympathikomimetika zunächst bronchial instilliert (z. B. inhalativ). Bei schwerer bis schwerster Obstruktion mit entsprechend stark eingeschränktem pulmonalen Gasfluß ist eine Wirkung allerdings nicht zu erwarten, ebenso wie eine Narkosevertiefung mit volatilen Anästhetika dann nicht erfolgversprechend ist. Hier ist nur die umgehende intravenöse Gabe stark wirksamer Substanzen, wie z. B. von Ketamin, sinnvoll.

C. Atelektasen

Atelektasen werden durch komplette *Obstruktion* oder *Kompression* peripherer oder zentraler Atemwege verursacht. Obstruktionsatelektasen entstehen häufig durch Schleimpfröpfe, Blutkoagel oder Fremdkörper (z. B. Zähne), die das Bronchiallumen von innen her verschließen; Kompressionsatelektasen sind Folge eines äußeren Druckes, z. B. bei verdrängenden Pleuraergüssen, Pneumothoraces, Bronchialtumoren oder intraoperativer Manipulation an der Lunge. Da die Luft distal der Verschlüsse resorbiert wird, kommt es zu einem Volumenverlust der Lunge. Eine Sonderform sind sog. *Resorptionsatelektasen* bei Anwendung hoher inspiratorischer Sauerstoffkonzentrationen über längere Zeit oder bei einseitiger Beatmung nach fehlerhafter einseitiger, zumeist rechtsendobronchialer Intubation. Bei Beatmung mit 100%igem Sauerstoff fehlt der nach Resorption des Sauerstoffs zur Stabilisierung der Alveolenwand notwendige Stickstoff, so daß Alveolen leichter kollabieren können. Die nur einseitige Belüftung hat eine Totalatelektase der kontralateralen Lunge mit schwerer Störung der Oxygenierung zur Folge. Auch ein forciertes endotracheales Absaugmanöver mit einem den Tubus weitgehend okkludierenden Saugkatheter kann über den entstehenden Unterdruck zur Atelektase führen. Nach dem Ausmaß des intrapulmonalen Volumenverlustes unterscheidet man *Makro-* von *Mikroatelektasen*. Nur Makroatelektasen sind röntgenologisch diagnostizierbar. Von den eigentlichen Atelektasen müssen noch die *Dystelektasen* abgegrenzt werden, die nur morphologisch unterscheidbar sind. Hierbei handelt es sich um nur partielle Verschlüsse, so daß in diesen Bezirken noch eine Restbelüftung stattfinden kann. Atelektasen führen durch Vergrößerung des intrapulmonalen Rechts-Links-Shunts zum Abfall des PaO_2. Der $PaCO_2$ bleibt so lange unbeeinträchtigt, wie das CO_2 über andere hyperventilierte Alveolarbezirke kompensatorisch abgeatmet werden kann.

Therapie. Bei *Obstruktionsatelektasen* muß die Bronchiallumenverlegung beseitigt werden (z. B. endotracheale Absaugung von Schleimpfröpfen, bronchoskopische Entfernung von Fremdkörpern). *Kompressionsatelektasen* erfordern ebenfalls eine Therapie der auslösenden Ursachen, z. B. Entlastung eines Peuraergusses oder Hämato-/Pneumothorax.

D. Pneumothorax

Der Pneumothorax bezeichnet eine pathologische Luftansammlung im Pleuraraum. Folgende Formen werden unterschieden:

- offener Pneumothorax (nach innen oder außen),
- geschlossener Pneumothorax,
- Spannungspneumothorax.

Der *offene* Pneumothorax entsteht am häufigsten durch penetrierende Verletzungen und ist durch sog. *Mediastinalpendeln* gekennzeichnet. Bei jeder Inspiration dringt Luft in den eröffneten Pleuraspalt ein und führt zu einer Verschiebung des Mediastinums zur kontralateralen Seite mit entsprechender Gegenbewegung bei der Exspiration. Beim *geschlossenen* Pneumothorax hingegen besteht keine Verbindung zwischen dem Pleuraraum und der Außenluft, d. h. die Pleura parietalis ist intakt. Der geschlossene Pneumothorax bildet sich im Gefolge von sich schnell wieder verschließenden pleuralen Mikroverletzungen. Beim *Spannungspneumothorax*, der akut lebensbedrohlichen und deshalb auch intraoperativ gefürchtetsten Form, wirkt das pleurale Leck gewissermaßen als Ventil, das inspiratorisch den Eintritt von Außenluft zuläßt, exspiratorisch den Austritt aber blockiert. Hieraus resultiert eine schnelle Druckerhöhung im Pleuraspalt mit Verdrängung der Mediastinalorgane nach kontralateral und konsekutiver Kompression der nichtkollabierten Lunge, des Herzens und der großen Gefäße. Aus einem Pneumothorax kann sich jederzeit ein Spannungspneumothorax entwickeln, insbesondere unter maschineller Beatmung! Die Diagnose eines Spannungspneumothorax muß wegen seiner ra-

Respiratorisches System II

- Plattenatelektase (Subsegmentatelektase)
- Segmentatelektase
- Lappenatelektase
- Totalatelektase einer Lunge

1. Makroatelektasen

Perkussion
- gedämpfter Klopfschall

Auskultation
- abgeschwächtes bis aufgehobenes Atemgeräusch

Radiologie
- geringere Strahlentransparenz des atelektatischen Lungenbezirkes
- Verziehung der benachbarten Strukturen zur Atelektase hin
- Überblähung benachbarter Areale

Blutgase
- $PaO_2 \downarrow$, $PaCO_2$ initial $\downarrow$, zuletzt $\uparrow$

2. Diagnose der Atelektase

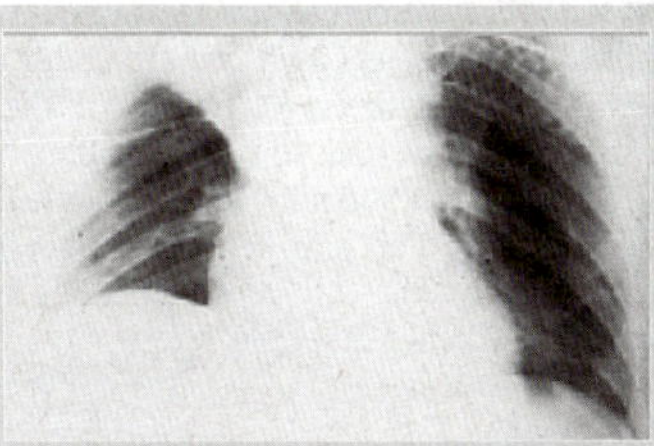

Oberlappenatelektase rechts: homogene Verschattung des rechten Oberlappens mit deutlicher Verziehung des kleinen Lappenspaltes nach kranial

3. Röntgenthorax „Atelektase"

C. Atelektasen

- instrumentelle Pleuraverletzungen, z.B.:
  - Punktion der V. subclavia oder V. jugularis interna
  - operativ
- Barotrauma unter maschineller Beatmung
- Spontanruptur einer subpleuralen Emphysemblase
- Asthmaanfall
- Perforation zerfallender pulmonaler Infiltrationsprozesse in die Pleurahöhle
- Thoraxtrauma mit Rippenfrakturen
- Tracheotomie

1. Ursachen des Pneumothorax

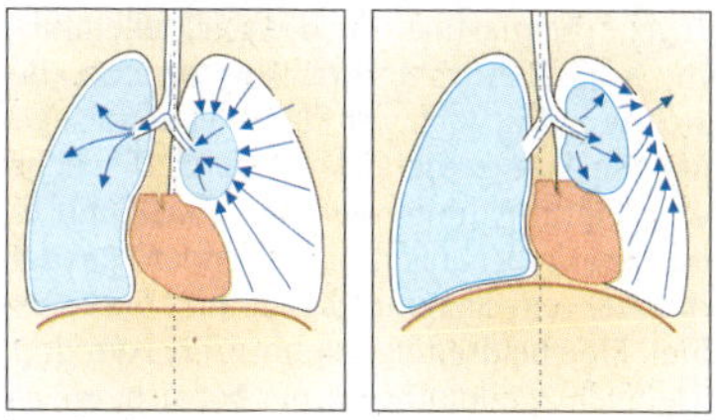

Inspiration Exspiration

2. Mediastinalpendeln

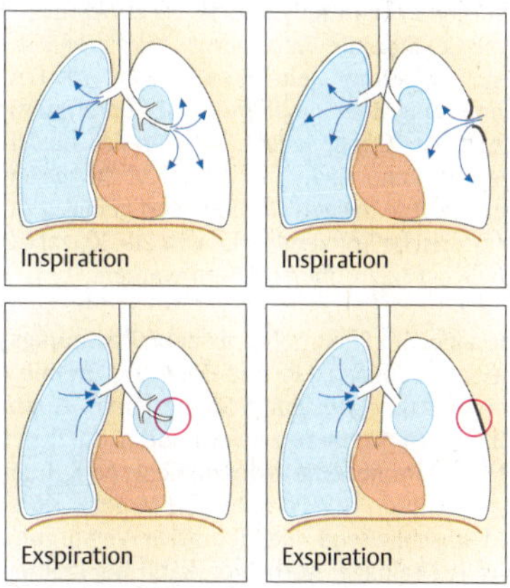

nach innen offen nach außen offen

3. „Ventilmechanismus" beim Spannungspneumothorax

D. Pneumothorax

schen Entwicklung oftmals klinisch gestellt werden. Dagegen wird ein „einfacher" Pneumothorax i.d.R. röntgenologisch diagnostiziert, zuweilen auch nur als Zufallsbefund (z. B. Mantelpneumothorax). Hierbei ist es schwierig, von der zweidimensionalen Projektion eines Pneumothorax im Röntgenbild auf die wahre dreidimensionale Größe zu schließen. Ein Pneumothorax von 10–15 % auf der p.a.-Aufnahme entspricht bereits einem Kollaps der betroffenen Lunge von 30–40 %.

Barotauma. Unter maschineller Beatmung mit zu hohen inspiratorischen Drücken kann es zum Zerreißen von Alveolen kommen. Bei *inkompletter* Ruptur bleibt die Pleura visceralis intakt und die Luft kann interstitiell entlang der interalveolären Septen bis in das Mediastinum und von dort in die Halsweichteile vordringen (Mediastinal- und Weichteilemphysem; s. u.). Bei *kompletter* Ruptur, d. h. bei Durchtrennung auch der Pleura visceralis, gelangt die Luft in den Pleuraraum. Die komplette Ruptur ist unter Beatmung i.d.R. mit einem Ventilmechanismus verbunden, so daß sich rasch ein Spannungspneumothorax ausbildet. Eine beidseitige Ruptur führt zum doppelseitigen Pneumothorax, der bei nicht umgehender Entlastung ein hypoxisches Kreislaufversagen nach sich zieht. Aus der Physiologie ist bekannt, daß „gesunde" Lungen von Erwachsenen Beatmungsdrücke bis zu 70 cmH_2O ohne Gefahr eines Barotraumas tolerieren können. Bei pulmonalen Erkrankungen mit Einschränkung der Compliance (z. B. Emphysem) liegt diese Grenze jedoch z. T. deutlich niedriger und kann nicht individuell vorhergesagt werden. Aus diesem Grund sollen generell inspiratorische Spitzendrücke von 20–30 cmH_2O möglichst nicht überschritten werden.

Therapie. Ein Pneumothorax beim Beatmungspatienten sollte i.d.R. mit Dauersog drainiert werden, um die Entwicklung eines Spannungspneumothorax zu verhindern. Letzterer erfordert immer eine unverzügliche, notfallmäßige Punktion (z. B. großlumige Venenkanüle) und anschließend die definitive Versorgung mittels Drainage. Ansonsten kann bei kleinen geschlossenen Pneumothoraces (z. B. Mantelpneumothorax) abgewartet werden, da es hierbei durch Resorption der eingedrungenen Luft meistens zur Spontanheilung kommt. Als Indikationen für eine *Pleuradrainage* gelten:

- Pneumothorax, der größer als 1/3 des halben Thoraxdurchmessers ist,
- Pneumothorax mit Dyspnoe,
- beidseitiger Pneumothorax,
- Spannungspneumothorax,
- Pneumothorax unter Beatmung.

E. Pleuraerguß

Pleuraergüsse entstehen bei abnormer Ansammlung von Flüssigkeiten im Pleuraraum. Hierbei kann es sich um Transsudat, Exsudat, Eiter, Blut oder Chylus (Lymphflüssigkeit) handeln.

Man unterscheidet folgende Formen:

- Hydrothorax (Syn.: Fluido-/Sero-/Infusionsthorax),
- Hämatothorax,
- Chylothorax,
- Pleuraempyem.

In der Anästhesie sind vor allem *traumatisch* bedingte Pleuraergüsse von Bedeutung. Haematothoraces entstehen nach kombinierter Verletzung von Gefäßen und Pleura parietalis, z. B. bei Thoraxtrauma oder fehlerhafter Punktion zentraler Venen. Sind lymphführender Ductus thoracicus und Pleura betroffen, entwickelt sich ein linksseitiger Chylothorax. Die zusätzliche Verletzung der Lunge nach Penetrierung der Pleura visceralis führt zum gleichzeitigen Auftreten eines Pneumothorax („Hydro-, Hämato- oder Chylopneumothorax").

Therapie. Ein Pleuraerguß muß punktiert und ggf. drainiert werden, wenn er entweder den pulmonalen Gasaustausch beeinträchtigt und/oder bakteriell infiziert ist oder wenn die Genese abgeklärt werden soll. Dabei sollten nicht mehr als 1.000–1.500 ml Flüssigkeit auf einmal abgelassen werden, um kein einseitiges Lungenödem *(e vacuo)* infolge zu schneller Reexpansion der Lunge zu provozieren.

Respiratorisches System III

Inspektion
- obere Einflußstauung

Perkussion
- hypersonorer, tympanitischer Klopfschall

Auskultation
- abgeschwächtes bis aufgehobenes Atemgeräusch

Radiologie
- feiner Strichschatten der Pleura visceralis parallel zur Thoraxwand
- strukturfreier, strahlentransparenzerhöhter Bezirk zwischen Thoraxwand und Lungenoberfläche
- komplett kollabierte Lungenareale

Blutgase
- PaO_2↓, $PaCO_2$ unter Spontanatmung initial↓, zuletzt↑

4. Diagnose des Spannungspneumothorax

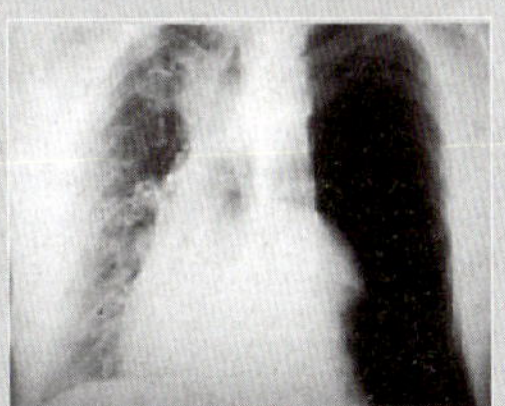

Spannungspneumothorax links:
Totalkollaps der linken Lunge mit massiver Verdrängung der Mediastinalorgane zur Gegenseite und entsprechender Kompression der kontralateralen Lunge

5. Röntgenthorax „Spannungspneumothorax"

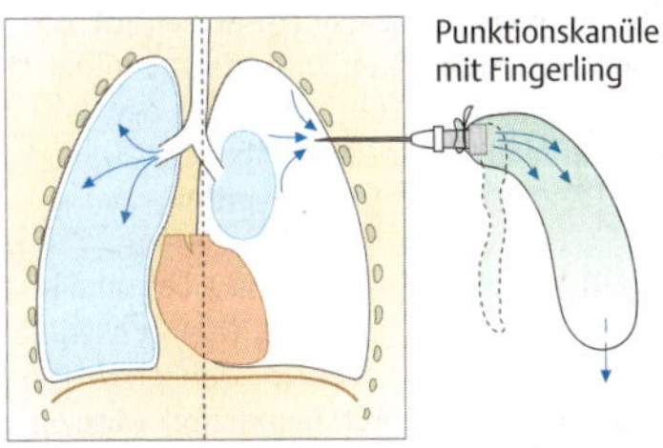

6. Punktion bei Spannungspneumothorax

D. Pneumothorax

- iatrogen-traumatisch
  - Arterien- und Pleuraläsion bei Punktion der V. subclavia
  - Infusion bei extravasaler Lage eines Kavakatheters
- Thoraxtrauma
- kardiale Dekompensation, Lungenembolie
- bakterielle Pneumonien
- subphrenischer Abszeß, akute Pankreatitis
- nephrotisches Syndrom, urämische Pleuritis
- Autoimmunerkrankungen
- Bronchial- oder Mammatumoren

1. Ursachen der Pleuraergüsse

Perkussion
- gedämpfter Klopfschall

Auskultation
- abgeschwächtes bis aufgehobenes Atemgeräusch

Radiologie
- homogene Trübung der betroffenen Thoraxhälfte mit nach kranial abnehmender Dichte
- bei großen Ergüssen Verdrängung des Mediastinums zur Gegenseite
- Nachweisgrenze bei Rückenlage im a.p.-Strahlengang erst ab ca. 0,5 l Flüssigkeit! sonographisch bereits ab 50 ml

Blutgase
- PaO_2↓, $PaCO_2$ unter Spontanatmung initial↓, zuletzt↑

2. Diagnose des Pleuraergusses

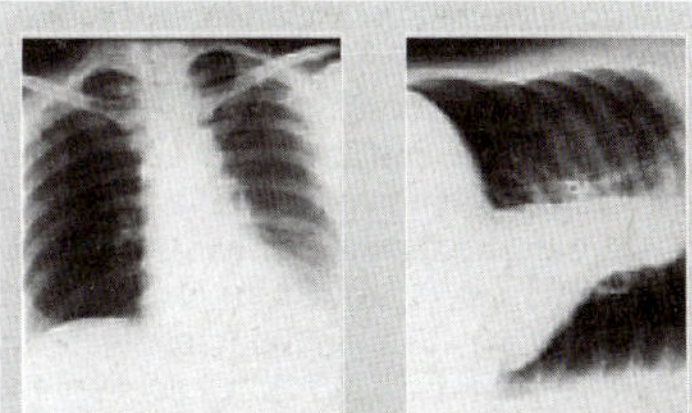

Pleuraerguß links: liegend a.-p. + seitl.
homogene sichelförmige Verschattung entlang der linken Thoraxwand auf der a.-p.-Aufnahme, die in linker Seitenlage nach kranial „frei ausläuft"

3. Röntgenthorax „Pleuraerguß"

E. Pleuraerguß

F. Pleurale Punktionen und Thoraxdrainagen

Als Zugangsweg für die Pleurapunktion beim *Pneumothorax* wird stets der *höchste* Punkt gewählt, z. B.
- 2./3. ICR: Medioklavikularlinie (nach *Monaldi*),
- 2./3. ICR: vordere Axillarlinie.

Als Punktionsort für einen Spannungspneumothorax wird oftmals der Zugang nach Monaldi benutzt, da er am schnellsten und einfachsten das Aufspüren des interpleuralen Raumes gewährleistet.

Als Zugangsweg zur Enlastung eines *Pleuraergusses* wird im Gegensatz zum Pneumothorax immer ein möglichst *tiefer* Punkt aufgesucht, z. B.
- 4./5. ICR: mittlere Axillarlinie (nach *Bülau*).

Die Punktion sollte hierbei nicht unterhalb der Mamillarlinie erfolgen (am besten unter sonographischer Kontrolle), um Verletzungen des Zwerchfelles und intraabdomineller Organe zu vermeiden! Weitere potentielle *Komplikationen* sind:
- ein Pneumothorax (durch Verletzung der viszeralen Pleura),
- ein Hämatothorax (durch Verletzung von Interkostalgefäßen) und
- eine Infektion.

Unter *„Thoraxdrainage"* versteht man das Einbringen eines großlumigen Drainageschlauches mit endständiger und mehreren seitlichen Öffnungen in eine Pleurahöhle. Die Indikationen umfassen jegliche Art von Pneumothoraces und Pleuraergüssen. Ziel ist dabei die dauerhafte Wiederentfaltung der kollabierten oder komprimierten Lungenanteile. Technisch geht man am besten so vor, daß nach einer queren Hautinzision das Gewebe bis zur Pleura stumpf mit einer Klemme freipräpariert wird. Anschließend wird mit der Spitze der Klemme die Pleura parietalis perforiert, woraufhin sich schwallartig Flüssigkeit, Blut und/oder Luft entleeren sollte. Mit Hilfe der Klemme wird dann der Drain in den Pleuraraum eingeführt. Die korrekte Lage des Drains kann durch atemsynchrones Beschlagen erkannt werden, bevor die Saugquelle angeschlossen wird, und sollte anschließend durch eine Röntgenkontrollaufnahme des Thorax dokumentiert werden. Die Alternativmethode zur Thoraxdrainage besteht in der Verwendung sog. Trokarkatheter und spitzer, direkter Punktion der Pleurahöhle. Ihre Verwendung ist aber mit einem erhöhten Verletzungsrisiko für die Lunge und andere intrathorakale Organe assoziiert.

Pneumothoraxdrainage. Ein Pneumothorax beim Beatmungspatienten sollte in der Regel mit Dauersog drainiert werden, da sich – wie erwähnt – unter Beatmung schnell aus einem Pneumothorax ein Spannungspneumothorax entwickeln kann. Zur Drainage wird am besten eine *Zweiflaschenabsaugung* mit Wasserschloß verwendet. Die Spitze der langen Glasröhre der ersten Flasche, die mit ca. 200 ml Aqua dest. gefüllt ist, wird etwa 2 cm unter die Wasseroberfläche eingetaucht („Wasserschloß"). Das „Wasserschloß-Prinzip" bedeutet, daß bei einem Ansteigen des intrapleuralen Druckes auf über 2 cmH_2O (z. B. bei Hustenstößen des Patienten) Luft oder Flüssigkeit aus dem Pleuraraum in die Flasche entweichen kann. Umgekehrt kann aber – z. B. bei defekter Sogquelle oder zu gering eingestelltem Sog – während spontaner Inspiration des Patienten keine Luft von außen in den Pleuraraum gelangen. Die zweite Flasche dient dem Einstellen und Kontrollieren der Saugleistung. Durch einen Schlauch wird sie mit der Wasserschloßflasche verbunden, durch einen anderen mit der Sogquelle. Eine Glasröhre wird etwa 10–20 cm tief unter die Wasseroberfläche der zweiten Flasche eingetaucht; die Eintauchtiefe entspricht dabei dem Sog in „cmH_2O". Das Ausperlen von Luft in der ersten Flasche zeigt an, daß ein Leck in der Lunge oder im Bronchus vorhanden ist. Die Absaugung wird so lange fortgeführt, bis bei korrekt liegendem Drain keine Zeichen einer Leckage mehr vorhanden sind. Dann wird die Drainage für 12–24 h abgeklemmt und anhand von klinischen und röntgenologischen Kontrollen überprüft, ob die Lunge entfaltet ist und bleibt. Erst wenn das der Fall ist, kann der Pleuradrain entfernt werden.

Ergußdrainage. Zur Flüssigkeitsdrainage aus dem Pleuraraum kann ein *Dreiflaschen-Saugsystem* verwendet werden. Die erste Flasche dient dabei dem Auffangen und Messen der abgesaugten Flüssigkeit, die zweite und dritte – wie beschrieben – als Wasserschloß bzw. als Saugkontrolle.

Respiratorisches System IV

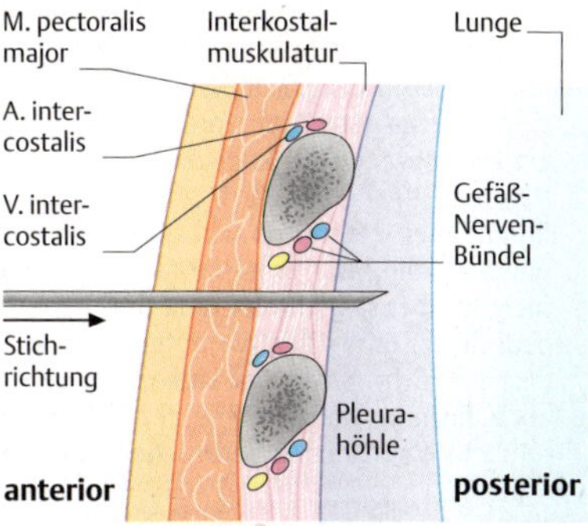

Punktion in der Mitte des Interkostalraumes, da bis einschließlich der vorderen Axillarlinie ein oberes Gefäß-Nerven- und ein unteres Gefäß-Bündel existieren

1. Vordere Pleurapunktion (Pneumothorax)

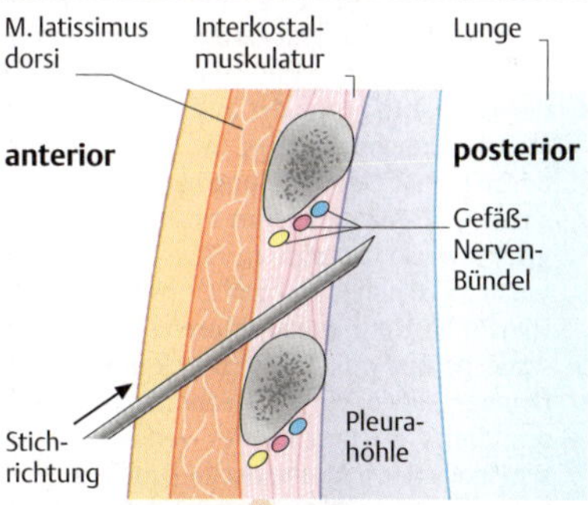

Punktion entlang der oberen Kante der Rippe, weil nur noch ein Gefäß-Nerven-Bündel im Bereich der Rippenunterkante verläuft

2. Hintere/seitliche Pleurapunktion (Erguß)

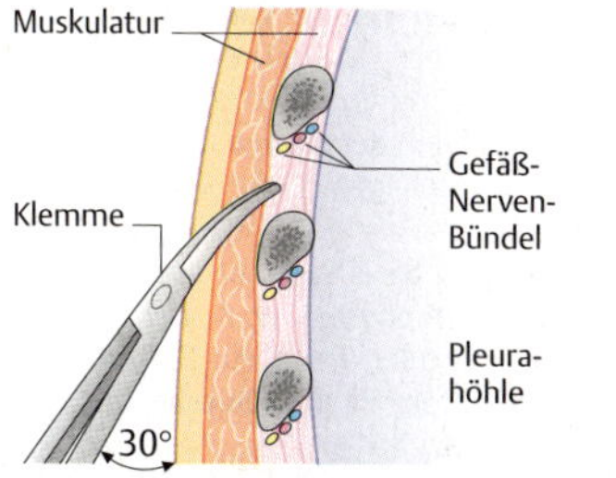

a) Subkutangewebe und Muskulatur werden stumpf auseinandergedrängt.

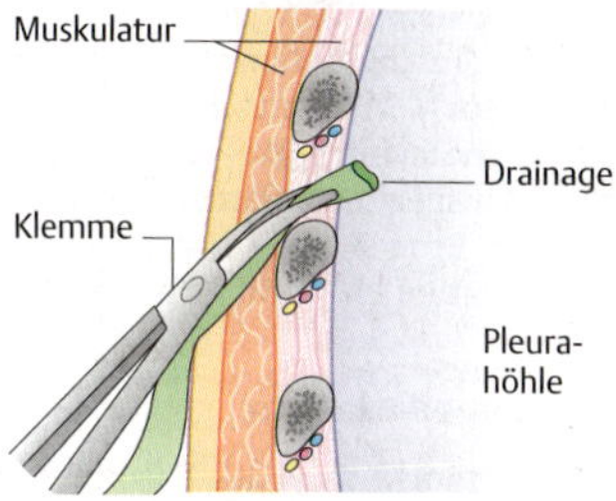

b) Die Drainage wird mit der Klemme in die Pleurahöhle vorgeschoben.

3. Anlage einer Thoraxdrainage

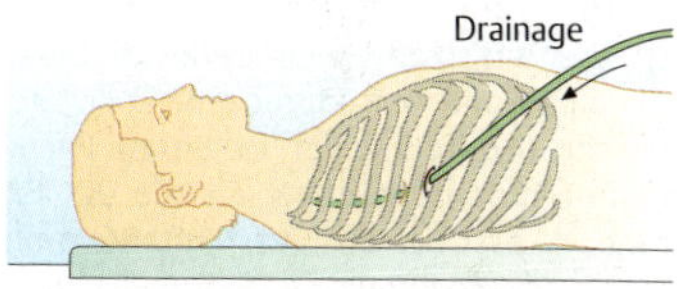

Die Thoraxdrainage wird nach hinten und oben vorgeschoben.

4. Drainagenanlage bei Erguß

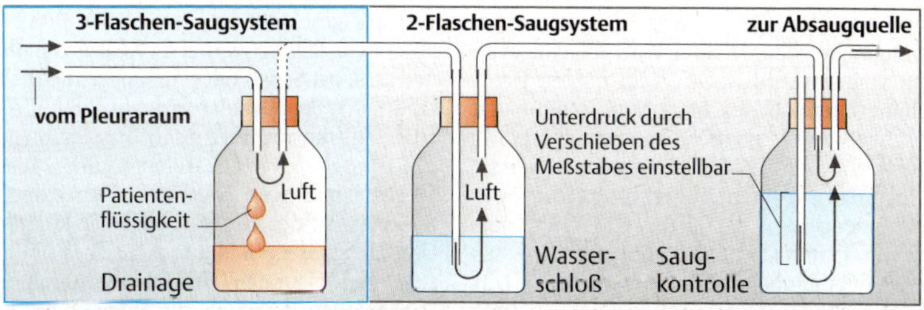

5. Absaugsysteme

F. Pleurale Punktionen und Thoraxdrainagen

Komplikationen. Bei den Komplikationen, die im Rahmen der Anlage von Thoraxdrainagen auftreten können, handelt es sich um:

- Blutungen (durch Punktion oder Arrosion),
- Verletzungen der Lunge und anderer intrathorakaler, ggf. auch intraabdomineller Organe,
- Dislokation des Drains nach extrapleural,
- Weichteilemphysem (z. B. bei zu großem Stichkanal oder wenn ein Loch des Drains außerhalb der Pleurahöhle liegt),
- Infektionen.

Ein persistierender Pneumothorax kann auf einer verstopften Drainage beruhen, aber auch auf eine ausgedehnte Lungenverletzung oder gar eine Bronchusruptur hinweisen („persistierendes Luftleck"). Während Luftlecks infolge größerer Parenchymdefekte i.d.R. durch zusätzliche Drainagen therapiert werden können, ist bei einer Bronchusruptur ein operatives Vorgehen erforderlich (→ Bronchusnaht).

G. Pneumomediastinum

Vom Pneumothorax muß das Pneumomediastinum, auch Mediastinalemphysem genannt, unterschieden werden, bei dem es sich um eine pathologische Luftansammlung im Mediastinum handelt. Der Pneumothorax kann zwar die Folge eines Pneumomediastinums sein, aber umgekehrt niemals dessen Ursache! Hier spielen andere Faktoren eine Rolle *(D)*. Die klinische Bedeutung des isolierten Pneumomediastinums ist geringer als die des Pneumothorax. Erst bei massiver Luftansammlung kann es druckbedingt zur Kompression intrathorakaler Venen (obere Einflußstauung) mit Reduktion des venösen Rückstromes zum Herzen und nachfolgender Kreislaufdepression kommen. Als therapeutische Maßnahme muß dann eine sog. *kollare Mediastinotomie* vorgenommen werden. Hierbei wird folgendermaßen vorgegangen: Nach einem queren Hautschnitt oberhalb des Manubrium sterni und anschließender scharfer Durchtrennung der oberflächlichen und mittleren Halsfaszie dringt man mit einem Finger stumpf in das lokkere Bindegewebe des vorderen Mediastinums vor, bis Luft nach außen entweicht. Die aus dem Pneumomediastinum entweichende Luft steht merkbar unter Spannung und ist i.d.R. mit schaumigem Blut vermischt. Eine erfolgreiche Entlastung führt zur raschen Besserung der Symptomatik. Zumeist entlastet sich ein Pneumomediastinum aber selbst, indem sich die Luft spontan ihren Weg bahnt und sich diffus in den Halsweichteilen verteilt. Dieses *Weichteilemphysem* kann fortschreiten und z. T. extreme Ausdehnung erlangen. So kann neben Hals und Kopf schließlich auch der gesamte Rumpfbereich betroffen sein. Ein Weichteilemphysem kann zwar groteske Ausmaße annehmen, ist aber selbstlimitierend und keinesfalls bedrohlich. Eine Therapie durch Punktion ist deshalb nicht nur nicht angezeigt, sondern auch unsinnig, da hierdurch der selbstlimitierende Mechanismus unterbrochen wird.

H. Lungenödem

Beim Lungenödem handelt es sich um eine vermehrte *interstitielle* und/oder *alveoläre* Flüssigkeitsansammlung. Pathophysiologische Voraussetzung für die Bildung eines Lungenödems ist, daß der Einstrom von Flüssigkeit in das Gewebe größer ist als der Abtransport über die Lymphgefäße. Die Lymphdrainage dient der Konstanthaltung der interstitiellen Flüssigkeit des Lungengewebes. Sie kann zur Verhinderung einer Ödembildung bis auf das Zehnfache des normalen Wertes ansteigen. Physiologischerweise besteht ein Flüssigkeitsgleichgewicht zwischen intra- und extravasalem Raum. Hierfür bestimmende Faktoren sind der hydrostatische und onkotische Druck in Plasma und Gewebe sowie die Permeabilität der Kapillaren. Steigt im Bereich des venösen Kapillarschenkels der hydrostatische Druck im Plasma (z. B. durch Herzinsuffizienz) oder sinkt der onkotische Druck infolge Hypalbuminämie, kommt es zu einem erhöhten Nettoausstrom von Flüssigkeit aus dem Gefäßraum, zunächst in das Interstitium und bei Überforderung der Lymphtransportkapazität auch in die Alveolen. Gleiches geschieht bei vermehrter Durchlässigkeit von kapillären und alveolären Membranen (z. B. bei Sepsis oder Anaphylaxie). Die Erniedrigung des Alveolardruckes erhöht gleichfalls den transmembranösen Druckgradienten in Richtung des extravasalen Raumes. Dieser Mechanismus wird relevant bei zu schneller Reexpansion der Lunge nach einer Kompressionsatelektase, z. B. durch zu rasches Drainieren einer pleuralen Flüssigkeitsansammlung (Lungenödem *e vacuo*). Zur Therapie des *kardiogenen* Lungenödems s. Kap. 13.3.

Respiratorisches System V

- Perforation der Trachea oder großer Bronchien
- inkomplette Ruptur einer peripheren Alveole (z.B. unter maschineller Beatmung)
- Perforation des Ösophagus
- Induktion eines artefiziellen Pneumo- oder Kapnoperitoneums zur Laparoskopie
- Infektion mit gasbildenden Erregern

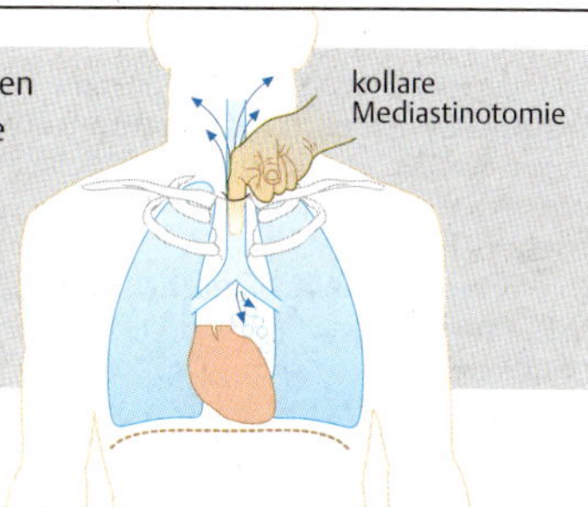

Ursachen eines Pneumomediastinums

G. Pneumomediastinum

Erhöhter hydrostatischer Druck in den Kapillaren
- Linksherzinsuffizienz
- Niereninsuffizienz
- Überwässerung
- Hirndrucksteigerung (neurogen)

Erhöhte alveoläre/kapilläre Permeabilität
- Hypoxie (akut)
- Hyperoxie (subakut)
- Toxine
- Hitzeeinwirkung

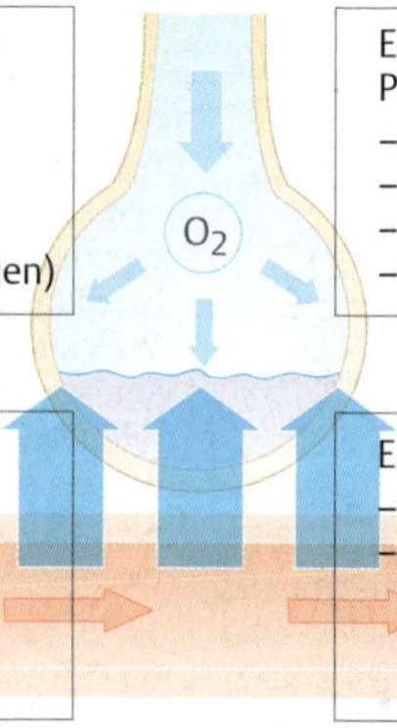

Erniedrigter onkotischer Druck im Plasma
- Hypoproteinämie

Erniedrigter Alveolardruck
- Aufenthalt in großer Höhe
- Reexpansion der Lunge nach großem Pneumothorax oder Pleuraerguß (Lungenödem e vacuo)

1. Ursachen des Lungenödems

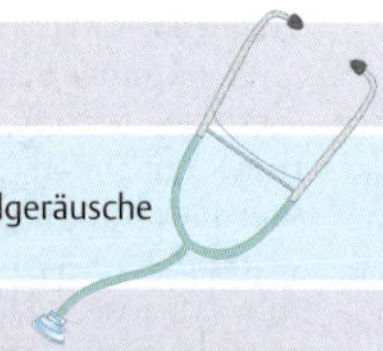

Perkussion
- unauffällig

Auskultation
- fein-/mittelblasige Rasselgeräusche (alveoläre Infiltration)

Radiologie (3 Stadien)

I. baso-apikale Umverteilung der Lungenperfusion
II. interstitielles Lungenödem, allgem. Strahlentransparenzminderung, unscharfe Gefäßkonturen, verdickte horizontale Interlobularsepten (Kerley-B-Linien)
III. alveoläres Lungenödem, kleinfleckige, teilweise konfluierende Herdschatten, bilateral-symmetrisch verteilt, positives Pneumobronchogramm, evtl. Pleuraergüsse
  - zusätzl. evtl. Zeichen der Herzvergrößerung

Blutgase
- PaO_2↓, $PaCO_2$ unter Spontanatmung initial↓, zuletzt↑

2. Diagnose des Lungenödems

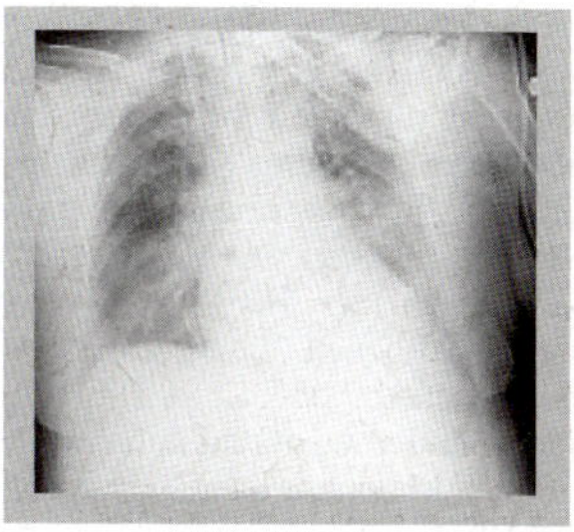

Alveoläres kardiogenes Lungenödem: Linksherzvergrößerung, verstrichene Herztaille, feinfleckige, z.T. konfluierende Herdschatten in beiden Lungen

3. Röntgenthorax „Lungenödem"

H. Lungenödem

A. Pathophysiologie

Störungen der Herz-Kreislauf-Funktion können pathophysiologisch auf vier Regelgrößen bezogen werden, die in enger Wechselbeziehung stehen:

1. elektrische Herzaktion,
2. mechanische Pumpfunktion des Herzens,
3. Gefäßtonus und
4. Blutvolumen.

Eine Trennung erfolgt deshalb an dieser Stelle nur aus didaktisch-pragmatischen Gründen. Die Endstrecke aller kardiovaskulären Störungen ist, unabhängig davon, welche der Regelgrößen vorrangig betroffen ist, die **Abnahme des Herzzeitvolumens** (HZV).

Elektrisches Pumpversagen. Störungen der Reizbildung und/oder -leitung führen zu Arrhythmien, wodurch der Ablauf aufeinander abgestimmter, geordneter Herzmuskelkontraktionen beeinträchtigt wird und ein mechanisches Pumpversagen entstehen kann.

Mechanisches Pumpversagen. Ein mechanisches Pumpversagen kann primär oder sekundär bedingt sein. Die Ursachen für ein *primäres* Pumpversagen liegen im Myokard selbst oder führen hier zu unmittelbaren Auswirkungen. In erster Linie handelt es sich um den Verlust an kontraktiler Muskelmasse beim Myokardinfarkt bzw. um die ischämiebedingte Funktionseinschränkung des Herzmuskels bei der koronaren Herzkrankheit (KHK). Weitaus seltener sind strukturelle Läsionen des Myokards infolge von Myokarditis oder Kardiomyopathien. Ursachen für eine *sekundäre* Beeinträchtigung der Pumpfunktion sind Druck- oder Volumenbelastungen des Herzens bei angeborenen oder erworbenen Vitien (Herzklappenfehler, Septumdefekte) oder vaskuläre Prozesse (s. u.). Eine Behinderung der diastolischen Füllung bei Perikardtamponade oder Lungenembolie führt ebenfalls zu einer Einschränkung des HZV und kann in ein mechanisches Herzversagen einmünden.

Inadäquates Blutvolumen. Eine kritische *Verminderung* des zirkulierenden Blutvolumens findet sich hauptsächlich beim hypovolämisch-hämorrhagischen Schock, eine *Hypervolämie* bei Herz- oder Niereninsuffizienz oder aber iatrogen bei übermäßiger parenteraler Flüssigkeitzufuhr.

Insuffiziente Gefäßregulation. Eine Widerstandserhöhung im peripheren Gefäßbett (z. B. bei hypertensiver Krise; s. Kap. 12.2) oder in der pulmonalen Strombahn (z. B. bei Lungenembolie, PEEP-Beatmung, Spannungspneumothorax) führt ebenso wie die Obstruktion der Ausflußbahn eines Ventrikels (z. B. Aortenstenose) zur Erhöhung der sog. kardialen *Nachlast* („afterload"). Auch eine Steigerung der Blutviskosität (z. B. bei Dehydratation) wird in diesem Sinne wirksam. Die Erhöhung der Nachlast bewirkt eine vermehrte Druckarbeit seitens des Herzens und geht mit einem entsprechend gesteigerten myokardialen O_2-Bedarf einher. Erhebliche akute Nachlaststeigerungen können ein kardiales Pumpversagen nach sich ziehen. Beim anaphylaktischen, septisch-toxischen und neurogenen Schock hingegen ist der Gefäßtonus im Systemkreislauf erniedrigt bis komplett aufgehoben (Vasoplegie). Hierdurch kommt es neben einer drastischen Verminderung der Nachlast auch zur Abnahme der sog. *Vorlast* des Herzens („preload"). Die mit der Vorlastsenkung verbundene Abnahme des venösen Rückstromes führt zur HZV-Erniedrigung, der aus der Nachlastsenkung resultierende Abfall des arteriellen Blutdruckes ggf. zu einer kritischen Beeinträchtigung der Koronarperfusion.

B. Myokardischämien/-infarkt

Siehe auch Kap. 12.2.

Dank moderner Anästhesieverfahren verlagert sich mittlerweile die Inzidenz von Ischämie- und Infarktereignissen zunehmend von der intra- in die postoperative Phase (bis zum 3. postoperativen Tag). Da unter einer Narkose die typische, richtungweisende pektanginöse Symptomatik fehlt, müssen andere Zeichen wie *Herzrhythmusstörungen* und *ST-Streckenveränderungen* genauestens beachtet werden und immer auch an eine koronare Ischämie denken lassen. Eine der schwerwiegendsten und bedrohlichsten perioperativen Komplikationen ist der akute *transmurale* Myokardinfarkt (AMI), der zu „malignen" Herzrhythmusstörungen, akuter Linksherzinsuffizienz mit arterieller Hypotension und Lungenödem, kardiogenem Schock oder dem sog. Sekundenherztod führen kann. Bei deutlich mehr als 50% der perioperativen Myokardischämien fehlen akute Änderungen von Herzfrequenz und/oder Blutdruck. Hier liegen andere Ursa-

Herz-Kreislauf-System I

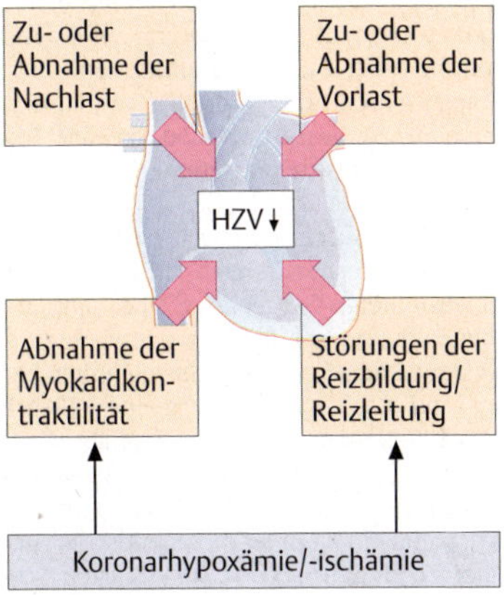

1. Abnahme des Herzzeitvolumens (HZV)

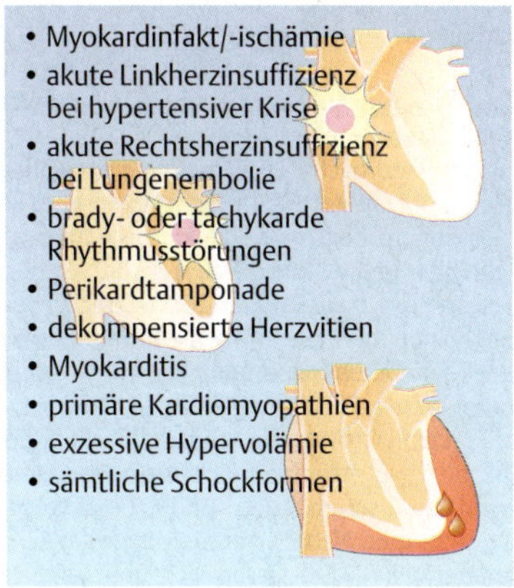

2. Ursachen des kardialen Pumpversagens

A. Pathophysiologie

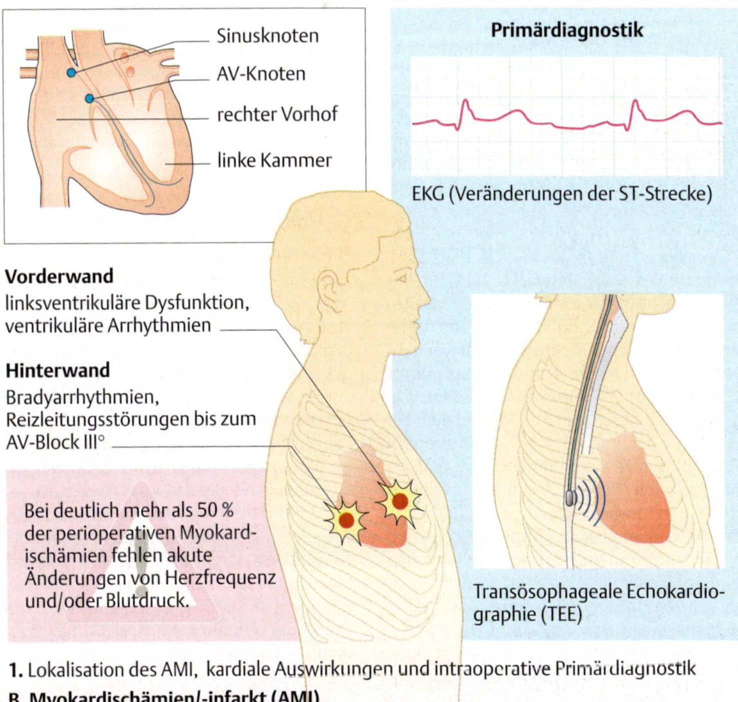

1. Lokalisation des AMI, kardiale Auswirkungen und intraoperative Primärdiagnostik

B. Myokardischämien/-infarkt (AMI)

chen wie Koronarthrombose oder -spasmus vor, die *regional* zur Einschränkung des myokardialen O_2-Angebotes führen.

Primärdiagnostik. Für die unmittelbare Verdachtsdiagnose einer Myokardischämie unter Narkose sind nach den *Arrhythmien* vor allem *Veränderungen der ST-Strecke* wegweisend. Per definitionem liegt eine Myokardischämie vor, wenn sich im EKG für mindestens 30 sec horizontale oder deszendierende ST-Streckensenkungen von mehr als 0,1 mV (= 1 mm) oder ST-Streckenhebungen von mehr 0,2 mV (= 2 mm) finden lassen. Die Aussagekraft ist jedoch u. a. bei Elektrolytstörungen, Schenkelblockbildern, Linksherzhypertrophie, Schrittmacherimpulsen, Digitalismedikation und Thorakotomie eingeschränkt. Mittels *transösophagealer Echokardiographie* (TEE) lassen sich neu aufgetretene segmentale Wandbewegungsstörungen, die als empfindlichster und früher Indikator einer regionalen koronaren Ischämie gelten, mit hoher Sensitivität nachweisen. Der primäre Einsatz dieser Methode wird allerdings durch den größeren technischen und personellen Aufwand und die höheren Kosten limitiert. Die intermittierende Erfassung des linksventrikulär enddiastolischen Druckes (LVEDP) anhand des pulmonalkapillären Verschlußdruckes (PCWP) erfordert die Anlage eines Pulmonaliskatheters und ist weder ausreichend sensitiv, noch sind LVEDP-Anstiege spezifisch für eine Myokardischämie.

„Herzenzyme" und Troponine. Zur Diagnosesicherung eines Myokardinfarkts und zur Verlaufsbeobachtung ist die Bestimmung von Troponinen im Serum erforderlich, die aber frühestens *4 h* nach dem Infarktgeschehen einen Anstieg zeigt. Durch die Troponin-Bestimmung ist die Kontrolle von Enzymen wie der unspezifischen Serumkreatinkinase (CK) und dem eingeschränkt herzmuskelspezifischen Isoenzym CK-MB in den Hintergrund getreten. Eine der Isoformen von *Troponin T* kommt ausschließlich im Herzmuskel vor und ist Bestandteil eines Proteinkomplexes (Troponin-Tropomyosin), der zur Regulation der myokardialen Kontraktionsabläufe dient. Sie wird bei Schädigungen von Herzmuskelzellen freigesetzt und ist erst dann quantitativ im Serum nachweisbar (qualitativ mittlerweile auch bettseitig durch „Streifentest"). Die Troponin-T-Methode läßt Myokardzellnekrosen mit hoher Sensitivität erkennen bzw. ausschließen und ist deshalb besonders auch in früher unklaren Fällen (z. B. grenzwertige CK-MB-Erhöhung) zur Diagnosestellung hilfreich. Die Spezifität kann bei Urämiepatienten durch Messung von kardialem *Troponin I* verbessert werden, da hier Troponin T falsch-positiv reagieren kann.

Therapie. Bei Zeichen, die für eine Myokardischämie sprechen können, müssen vorrangig die *Beatmung* (Oxygenation und Ventilation) überprüft und ggf. korrigiert sowie evtl. vorhandene *hämodynamische Instabilitäten* beseitigt und nach *operationsbedingten* Ursachen gesucht werden. Der myokardiale O_2-Verbrauch läßt sich durch Narkosevertiefung absenken. Bei Persistenz der Symptomatik werden, wenn ein kausaler therapeutischer Ansatz nicht zu finden ist, erst im nächsten Schritt spezifisch *antianginöse* Pharmaka eingesetzt und das HZV als wesentliche Regelgröße zur Aufrechterhaltung der Koronarperfusion optimiert. Ein akuter Myokardinfarkt kann in den ersten Stunden zwar spezifisch mit *Fibrinolytika* behandelt werden. Perioperativ ist dieses Vorgehen aber nur bei vertretbarem Blutungsrisiko gerechtfertigt und daher nicht generell anwendbar. In den anderen Fällen sollte ein interventionelles Verfahren wie die Dilatation mittels *Ballonkatheter* und Stenteinlage erwogen werden.

C. Linksherzdekompensation

Unter einer Linksherzdekompensation versteht man das akute Pumpversagen des linken Ventrikels. Hierbei kommt es zum kritischen HZV-Abfall mit *Hypotonie* im großen und *„Blutstauung"* im kleinen Kreislauf. In der Regel findet sich eine kompensatorische *Tachykardie*, es sei denn, daß die Ursache des Linksherzversagens in *bradykarden* Rhythmusstörungen liegt. In der Lunge tritt als Folge des erhöhten intravasalen hydrostatischen Druckes Flüssigkeit aus den Kapillaren zunächst in das Interstitium und schließlich auch in die Alveolen über (interstitielles und alveoläres *Lungenödem*). Steht nicht die pulmonalvenöse Stauung, sondern eine schwere arterielle Hypotonie (< 80 mmHg systolisch) im Vordergrund der Symptomatik, spricht man von einem *kardiogenen Schock*.

Herz-Kreislauf-System II

Frischer Vorderwandinfarkt (Stadium 0)

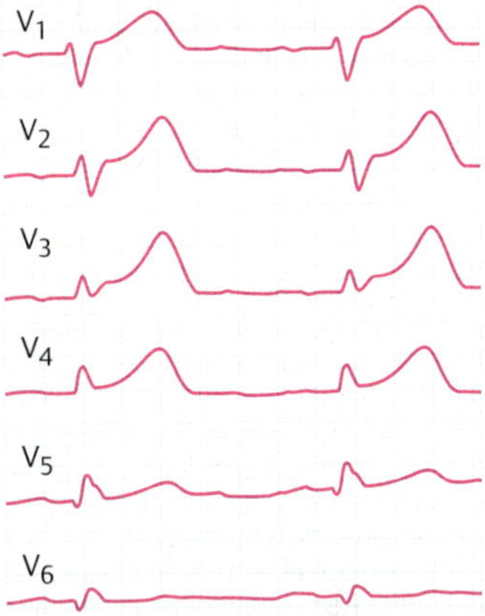

2. EKG bei AMI

- Analgosedierung
- Optimierung der Oxygenation und Ventilation
- Beseitigung hämodynamischer Instabilitäten wie:
  - Tachykardie/Bradykardie/Arrhythmie
  - arterielle Hypo-/Hypertension
- Abstellen bzw. Therapie operationsbedingter Ursachen
- spezifisch antianginöse Pharmakotherapie - Optimierung des HZV
- Fibrinolyse - Ballondilatation/Stent

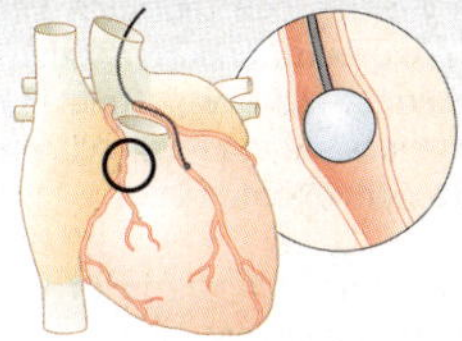

4. Stufentherapie bei perioperativem AMI

- Vorkommen im Herzmuskel und Skelettmuskel
- herzmuskelspezifische Isoformen von Troponin T u. Troponin I
  - quantitativ meßbar durch monoklonale Antikörper (ELISA)
  - Streifentest zum bettseitigen qualitativen Nachweis nur für Troponin T
- AMI-Diagnostik
  - Sensitivität bis zu 100 %!
  - Spezifität 60 – 70 %, da u.a. auch bei instabiler Angina pectoris u. florider Myokarditis positiv
  - ab 4 h bis ca. 3 Wochen postinfarziell im Serum nachweisbar
  - steiler initialer Anstieg durch im Zytosol gelösten Anteil (ca. 4 %)
  - lange Persistenz (Plateau) durch Freisetzung des an Tropomyosin gebundenen Anteils (ca. 96 %)

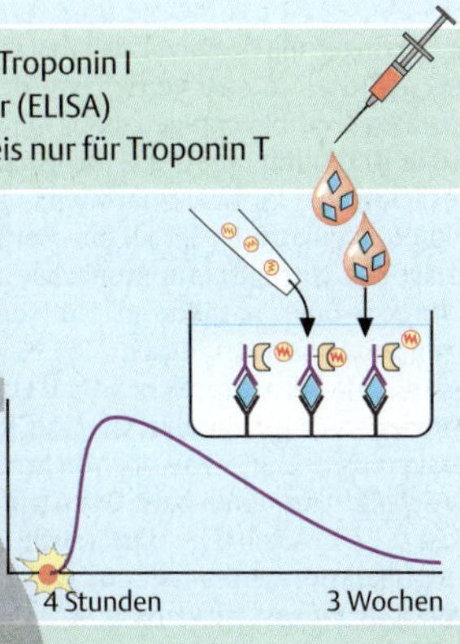

- Troponinnachweis bei instabiler Angina pectoris
  –„Mikroinfarkt", Risikoindikator für drohenden transmuralen Infarkt (DD zum AMI: EKG)
- falsch-positive Werte bei erhöhtem Serumkreatinin und bei Lungenembolie
- Besonderheiten bei Troponin I
  - keine Interferenz mit Serumkeatinin bei Urämie
  - nach AMI nur 5 – 6 Tage im Serum nachweisbar

3. Troponine

B. Myokardischämien/-infarkt (AMI)

Diagnose. Unter einer Narkose fehlen die typischen Zeichen des Asthma cardiale (Dyspnoe und Husten). Erste Symptome sind hier der *Abfall des arteriellen Blutdruckes*, ggf. eine *Tachykardie* und immer das Absinken der pulsoxymetrischen O_2-Sättigung bei vorheriger Normoxie. Eine ausgeprägte *arterielle Hypoxie* zeigt sich bei normalem Hämoglobingehalt des Blutes auch anhand einer (zentralen) Zyanose. Insgesamt sind die beschriebenen Symptome aber unspezifisch. Differentialdiagnostisch wichtig ist deshalb im nächsten Schritt die Auskultation der Lungen, die bei einem Ödem feuchte Rasselgeräusche erbringt. Spätere Zeichen sind ein Anstieg des zentralen Venendruckes (ZVD) und beim endotrachealen Absaugen ein schaumig-wäßriges, oftmals blutig tingiertes Sekret, das auf ein fortgeschrittenes alveoläres Lungenödem hinweist.

Therapie. Die Akutmaßnahmen beim kardiogenen *Lungenödem* umfassen:
- Oberkörperhochlagerung,
- Oxygenierung mit 100% O_2,
- Beatmung mit PEEP (bis ca. 10 cmH_2O).

Zur Verringerung des myokardialen O_2-Bedarfs muß ggf. die Narkose vertieft werden, wobei Substanzen zu bevorzugen sind, die die Myokardkontraktilität nicht bzw. nicht relevant beeinträchtigen (z. B. Midazolam, Etomidat, Opioide). Wichtig ist ferner die Senkung der Vorlast mit Nitroglycerin (zunächst als Spray: perlingual oder nasal) und Furosemid (20–40 mg i. v.) sowie durch PEEP-Beatmung (s. Kap. 7.5). Bei unzureichendem Erfolg wird Nitroglycerin i. v. zugeführt und zur Kontraktilitätsverbesserung – wie auch beim *kardiogenen Schock* – Dopamin bzw. Dobutamin verabreicht (s. Abschn. H). Zusätzlich können Phosphodiesterasehemmer zur weiteren HZV-Steigerung eingesetzt werden.

Besonderheiten. Im perioperativen Bereich dekompensiert eine vorbestehende Herzinsuffizienz nicht selten in der **Hypovolämie** statt in der Hypervolämie, so daß dann ein ausgeprägter Blutdruckabfall als Folge der HZV-Erniedrigung bei normalen oder nur leicht erhöhten Vorlasten vordergründig ist. Die Gründe hierfür sind in der präoperativen Flüssigkeitskarenz sowie in intraoperativen Volumenverlusten (Verdunstung über der Operationsfläche, Blutungen etc.) zu finden.

D. Lungenembolie

Eine Lungenarterienembolie, kurz Lungenembolie genannt, entsteht infolge akuter, mehr oder minder ausgeprägter Verlegung der pulmonalarteriellen Strombahn durch thrombotisches Material, Fett oder Luft bzw. Gas. Diagnostische Schwierigkeiten bereiten immer wieder vieldeutige, unspezifische Symptome – oftmals bei gleichzeitigem Bestehen anderer kardiopulmonaler Erkrankungen. Gerade bei schweren Embolien ist aber die zeitgerechte Diagnosestellung von höchster Bedeutung für die Einleitung wirksamer Therapiemaßnahmen (z. B. Fibrino- bzw. Thrombolyse). Um so wichtiger ist es also, bei jeder nicht erklärbaren perioperativen Kreislaufdepression auch an eine Lungenembolie zu denken. Gefahr und Häufigkeit einer Thromboembolie sind in den ersten Tagen nach einer Operation bzw. einem Trauma deutlich am größten, während intraoperativ – abgesehen von Thromboembolien bei Phlebotomien – andere embolieauslösende Faktoren dominieren (z. B. Luftembolie während intrakranieller Eingriffe in sitzender Position nach akzidenteller Eröffnung von Durasinus oder durch fehlerhafte Infusionstechnik, Gasembolie bei laparoskopischer Chirurgie, knochenzementinduzierte Embolie im Rahmen der Hüftendoprothetik).

Pathophysiologie. Primäres Kennzeichen einer Lungenembolie ist die akute Widerstandszunahme in der pulmonalarteriellen Strombahn. Da sich eine Lungenembolie genau an der Schnittstelle zwischen dem Kreislauforgan „Herz" und dem Atmungsorgan „Lunge" ereignet, betreffen die unmittelbaren Folgen sowohl das **kardiovaskuläre** System als auch in enger Wechselwirkung den **pulmonalen Gasaustausch** *(D2)*. Sie sind in ihrer Ausprägung von folgenden Faktoren abhängig:
- Größe und Lokalisation der Embolie,
- primäre Leistungsfähigkeit des linken und rechten Herzens sowie
- Zustand der Lunge und des Lungengefäßbettes.

Die Querschnittseinengung der Lungenstrombahn bewirkt eine *Nachlasterhöhung des rechten Ventrikels*. Zur Überwindung des erhöhten pulmonalarteriellen Widerstandes muß der rechte Ventrikel vermehrt Druckarbeit leisten. Infolgedessen kommt es zum Anstieg des pulmonalar-

Herz-Kreislauf-System III

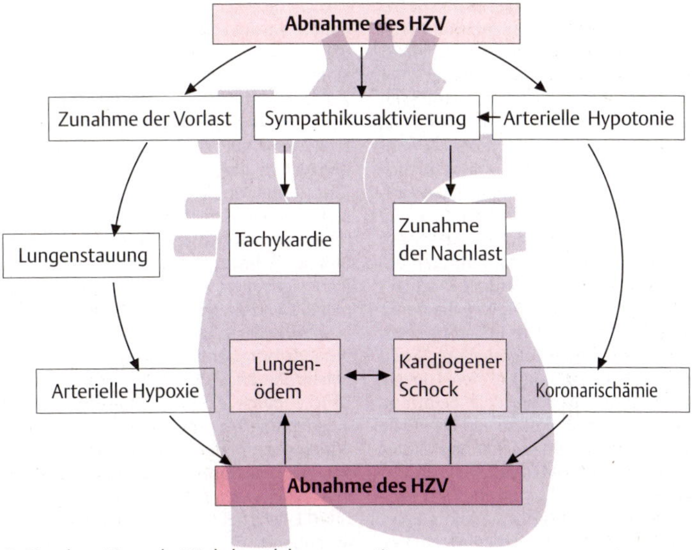

1. Circulus vitiosus bei Linksherzdekompensation

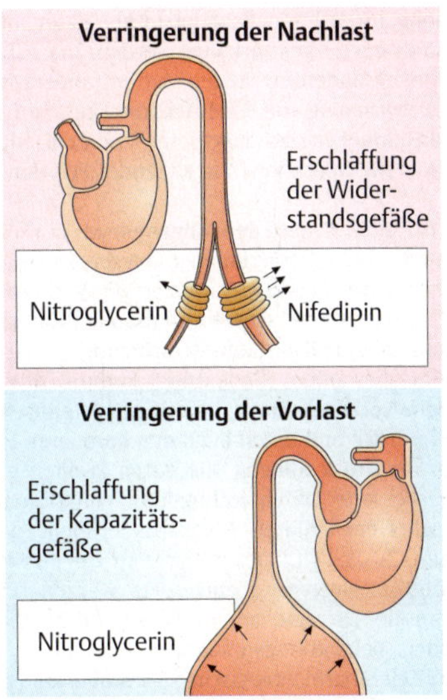

2. Pharmakawirkungen bei akuter Herzinsuffizienz

C. Linksherzdekompensation

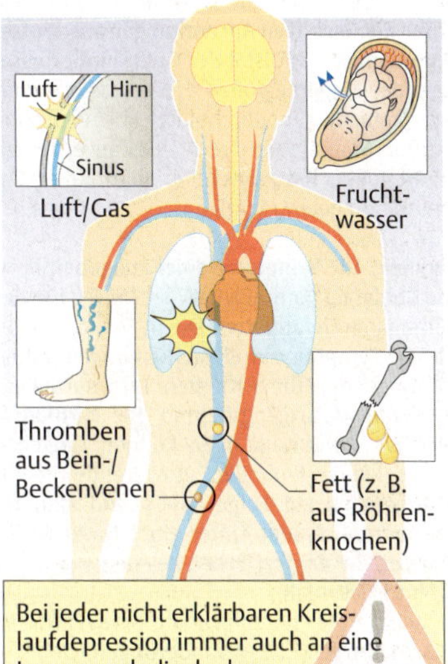

Bei jeder nicht erklärbaren Kreislaufdepression immer auch an eine Lungenembolie denken

1. Ursachen

D. Lungenembolie

teriellen Mitteldruckes („pulmonale Hypertonie"). Bei nicht vorgeschädigtem Myokard beträgt die Grenze der akuten Adaptationsfähigkeit ca. 40 mmHg. Höhere Drücke sprechen für eine präexistente Widerstandserhöhung („Cor pulmonale chronicum"). Eine Überlastung des rechten Ventrikels führt zur Überdehnung und Dekompensation. Die Abnahme des rechtsventrikulären Schlagvolumens beeinträchtigt auch die Füllung und den Auswurf des linken Herzens. Die hieraus resultierende *Verminderung der Koronarperfusion* macht sich wiederum am stärksten im Bereich des rechten Ventrikels bemerkbar. Hier wird das myokardiale O_2-Angebot bei gleichzeitig erhöhtem Bedarf abgesenkt und damit ein Circulus vitiosus in Gang gesetzt. Des weiteren kommt es als Folge der Embolie zu einer Perfusionsumverteilung in den Lungen. Dadurch werden Areale mit normaler Belüftung übermäßig stark durchblutet, so daß eine volle O_2-Aufsättigung des vorbeifließenden Blutes nicht mehr möglich ist. Das Resultat ist eine Zunahme der venösen Beimischung des arterialisierten Blutes, d. h. ein erhöhter funktioneller *Rechts-Links-Shunt*. Die shuntbedingte arterielle Hypoxämie führt zu zusätzlicher Verschlechterung der Herzfunktion und Akzentuierung der negativen Auswirkungen auf den Gesamtorganismus. Distal des Gefäßhindernisses liegende Lungenregionen werden vermindert bzw. gar nicht mehr durchblutet, aber weiterhin belüftet. Man spricht hier von einer erhöhten funktionellen *Totraumventilation*, die die CO_2-Elimination beeinträchtigt.

Diagnose. Die Symptome einer Lungenembolie sind abhängig vom Ausmaß der Verlegung des pulmonalen Gefäßbettes. Die in *Tab. D3* aufgeführten Symptome und Auswirkungen gelten allerdings nur für Patienten mit normalem Herz-Lungen-Ausgangsbefund. Bei kardiopulmonalen Vorerkrankungen können hingegen bereits kleine Embolien gravierende Beeinträchtigungen zur Folge haben und akut lebensbedrohlich sein. Unter einer Narkose dominieren die *unspezifischen* Zeichen wie

- Blutdruckabfall,
- Tachykardie (selten primäre Bradykardie),
- Arrhythmien/EKG-Veränderungen,
- arterielle Hypoxie, Zyanose,
- ZVD-Anstieg, obere Einflußstauung.

Die *Kapnometrie* zeigt bei unverändertem Atemminutenvolumen einen abrupten Abfall des endexspiratorischen CO_2-Partialdruckes ($PECO_2$) als Folge der mangelhaften CO_2-Elimination, wohingegen der arterielle CO_2-Partialdruck ($PaCO_2$) ansteigt. Aus der zunehmenden Differenz von $PaCO_2$ und $PECO_2$ läßt sich zwar auf das Ausmaß der HZV-Abnahme rückschließen, aber nicht die Ursache spezifizieren. Seltene Symptome sind die Hämoptoe als Ausdruck eines Lungeninfarktes oder ein vagal-reflektorischer Bronchospasmus. *Massive* Embolien, die zur Rechtsherzdekompensation führen, werden von einer oberen Einflußstauung und ggf. Schocksymptomatik begleitet, *fulminante* Embolien können sich auch in einem plötzlichen Herztod manifestieren.

Spezifische Befunde lassen sich nur mittels besonderer apparativ gestützter Verfahren erheben. Die Erfassung der pulmonalarteriellen Drücke durch einen **Pulmonaliskatheter** ermöglicht hierbei, die hämodynamischen Auswirkungen einer Embolie zu erkennen und gegenüber linkskardial bedingten Veränderungen abzugrenzen (Meßergebnisse in *Tab. D3*). Die **TEE** liefert ebenfalls vor allem indirekte Informationen über ein embolisches Geschehen wie Erweiterung einer Pulmonalarterie, des rechten Ventrikels und des Vorhofes. Eine Embolie im Pulmonalishauptstamm kann allerdings auch direkt erkannt werden. Die TEE ist von besonderem Nutzen zur intraoperativen Überwachung von Patienten, die einem erhöhten Embolierisiko ausgesetzt sind (z. B. intrakranielle Operationen in sitzender Position).

Therapie. Neben den allgemeinen Maßnahmen, wie Verbesserung der Oxygenierung, Reduzierung des myokardialen O_2-Verbrauchs etc., werden bei schweren Embolien Katecholamine zur Kreislaufunterstützung benötigt. Eine besondere Bedeutung kommt hierbei dem **Noradrenalin** zu, da es den systemischen Blutdruck und damit auch den koronaren Perfusionsdruck anhebt. Hierdurch können eine verbesserte Durchblutung und Funktion des rechtsventrikulären Myokards erreicht werden. Zusätzlich kann Dobutamin zur direkten Inotropiesteigerung eingesetzt werden. Eine kausale Therapie bei massiven, fulminanten oder behandlungsrefraktären Embolien ist mittels pharmakologischer **Thrombolyse** (z. B. 50–100 mg t-PA [„tissue plasminogen activator", Actilyse®]) oder operativer **Embolektomie** möglich, wobei Nutzen und Risiko im Einzelfall gegeneinander abgewogen werden müssen.

Herz-Kreislauf-System IV

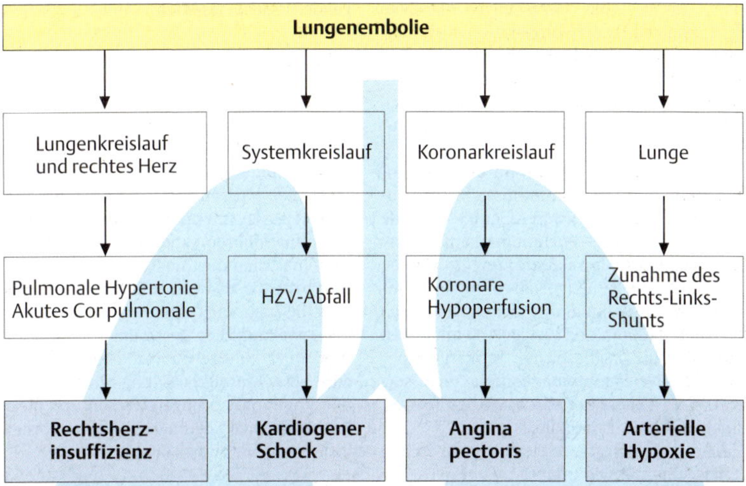

2. Mögliche Auswirkungen einer Lungenembolie

Grad	**Gefäß-verlegung**	**Pulmonal-arterieller Mitteldruck** PMAP (mmHg)	**Zentraler Venendruck** ZVD (mmHg)	**System-arterieller Mitteldruck** MAP (mmHg)	**Arterieller Sauerstoff-partialdruck** PaO_2 (mmHg)	**Arterieller Kohlensäure-partialdruck** $PaCO_2$ (mmHg)	**Klinik**
I	< 25 % periphere Äste	normal	normal	normal	normal	normal	Dyspnoe
II	25-50 % Segment-arterien	normal/ (↑)	normal/ (↑)	normal/ (↓)	normal/ (↓)	normal/ (↓)	Dyspnoe thorakaler Schmerz Tachykardie
III	> 50 % PA-Ast oder mehrere Lappen-arterien	25 – 30	10 – 20	↓	< 70	< 30	akutes Cor pulmonale schwere Dyspnoe Tachypnoe Tachykardie
IV	> 80 % PA-Ast und mehrere Lappen-artereien	> 30	> 20	↓↓	< 60 (50)	< 30 (25)	kardiogener Schock Herz-Kreisl.-Stillstand

3. Klassifizierung der Lungenembolie nach Schweregrad

D. Lungenembolie

Die pulmonale Embolektomie sollte möglichst unter Einsatz einer Herz-Lungen-Maschine (HLM) erfolgen, da die Notoperation nach *Trendelenburg* (ohne HLM) mit einer ausgesprochen hohen Letalität assoziiert ist.

E. Perikardtamponade

Eine Perikardtamponade kommt durch pathologische Ansammlung von Flüssigkeiten (zumeist Blut) oder Luft im Herzbeutel zustande (→ Hämatoperikard, Pneumoperikard; Ursachen in *Abb. E1*). Im akuten Ereignis können bereits Flüssigkeitsmengen ab ca. 100 ml zu einer kritischen Behinderung der diastolischen Herzfüllung führen und wenige 100 ml tödlich wirken. Für die Diagnose einer Perikardtamponade gilt der Symptomenkomplex der sog. *Beck-Trias* als charakteristisch. Sie besteht aus:
- dem sog. Pulsus paradoxus,
- einer sich inspiratorisch verstärkenden Halsvenenstauung und
- dem Leiserwerden der Herztöne.

Unter dem *Pulsus paradoxus* versteht man einen Abfall des systolischen arteriellen Blutdruckes von mehr als 10 mmHg während der Inspirationsphase unter Spontanatmung. Bereits physiologisch kommt es zu atemsynchronen Blutdruckschwankungen. Unter Spontanatmung ist der systolische Druck während der Inspiration geringfügig niedriger als in der Exspiration. Dies hängt damit zusammen, daß durch den inspiratorischen intrathorakalen Unterdruck der Druck in den pulmonalen Venen und damit der Blutstrom zum linken Herzen abnimmt. Hierdurch vermindert sich die linksventrikuläre diastolische Füllung und infolgedessen das Schlagvolumen und der Aortendruck. Bei einer Perikardtamponade werden diese atemzyklischen Blutdruckschwankungen verstärkt, was irreführend als Pulsus paradoxus bezeichnet wird. Neben der arteriellen Hypotension finden sich eine Tachykardie, im EKG eine Niedervoltage und ischämiebedingte ST-Streckenveränderungen sowie ein Anstieg des ZVD.

Therapie. Die Tamponade muß umgehend durch eine *Perikardpunktion* (Perikardiozentese) und ggf. -drainage, am besten unter sonographischer Kontrolle, entlastet werden. Sollte dies nicht den gewünschten Erfolg bringen, wird eine *Thorakotomie* erforderlich. Anschließend wird, wenn möglich, die zugrundeliegende Ursache beseitigt.

F. Herzrhythmusstörungen

Anästhesierelevant sind *tachy-* und *bradykarde* Rhythmusstörungen, die das HZV kritisch erniedrigen und/oder zu einem Kreislaufstillstand führen können. Plötzlich auftretende Arrhythmien müssen sofort nach deren Ursache suchen lassen, um möglichst eine kausale Therapie durchführen zu können. An erster Stelle steht hierbei immer die Beseitigung einer Hypoxie bzw. die Überprüfung der Beatmung! Es folgt die Frage nach einem operativen Stimulus und reflektorischer Auslösung auf der Grundlage einer zu flachen Narkose (Reflextachy- oder -bradykardien). Häufig sind intraoperative Rhythmusstörungen auch durch Elektrolytentgleisungen bedingt, und zwar vornehmlich durch eine Hypokaliämie.

Therapie. Bei *tachykarden* Rhythmusstörungen soll das *Serumkalium* in einen Bereich von 5,0 bis max. 5,5 mmol/l (*cave*: terminale Niereninsuffizienz!) gebracht bzw. gehalten werden, z. B. initial durch 10–20 ml Trophicard®(eine 10-ml-Amp. enthält ca. 3 mmol Kalium und ca. 3 mval Magnesium, dessen Serumspiegel oftmals gleichzeitig erniedrigt ist). Ein *akut* auftretendes tachykardes *Vorhofflimmern* läßt sich, wenn die Ursache nicht zu beseitigen ist, unter Narkose nach Normalisierung bzw. Erhöhung des Serumkaliumspiegels am besten durch Kardioversion behandeln. *Bradykarde* Rhythmusstörungen werden medikamentös mit Atropin und ggf. mit dem β-Sympathikomimetikum Orciprenalin (Alupent®) therapiert. Bei mangelndem Erfolg ist eine Schrittmacherstimulation erforderlich (über externe, thorakale Elektroden oder interne, transvenöse Vorhofsonde). Spezifische *Antiarrhythmika* dienen grundsätzlich nur zur symptomatischen Therapie bei nicht eruierbarer oder nicht behebbarer Ursache. Hier sollten wegen der möglichen Nebenwirkungen *(F3)* Substanzen mit kurzer oder ultrakurzer Halbwertszeit bevorzugt werden, wie z. B. Esmolol zur Blockade von β_1-Rezeptoren oder Adenosin zur Behandlung supraventrikulärer Tachyarrhythmien. Die Gabe von *Verapamil* kann bei einer fälschlich als supraventrikuläre Arrhythmie gedeuteten ventrikulären Rhythmusstörung aufgrund der peripheren Vasodilatation

Herz-Kreislauf-System V

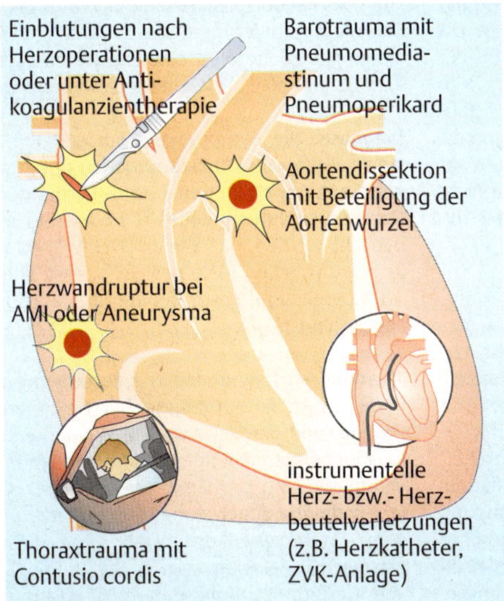

1. Ursachen einer akuten Tamponade

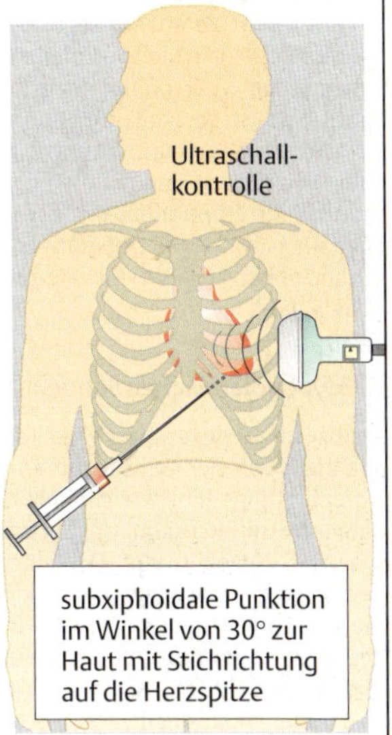

2. Perikardpunktion

E. Perikardtamponade

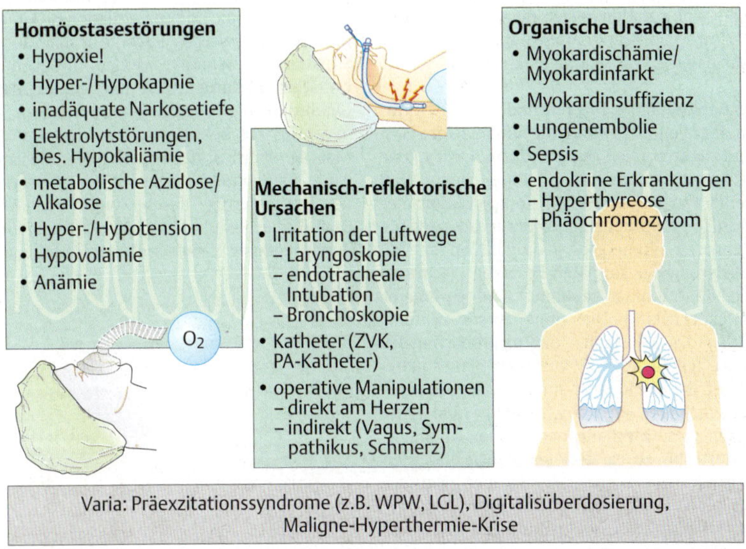

1. Auslösende Faktoren perioperativer Arrhythmien

F. Herzrhythmusstörungen

deletäre Folgen haben und zum Kreislaufstillstand führen! Verapamil sollte deshalb in der Akutsituation gänzlich vermieden werden. Die Anwendung von *Digitalispräparaten* in der Akutphase ist ebenfalls nicht angezeigt! Digitalis führt kaum zum unmittelbaren Erfolg, seine Wirkungen sind nicht steuerbar, und die individuelle Empfindlichkeit der Patienten auf Digitalis ist in der perioperativen Phase nicht vorhersehbar (z. B. AV-Blockierungen bei Hypokaliämie).

G. Hypovolämischer Schock

Kennzeichen eines Schockgeschehens ist, unabhängig von der Genese, eine ungenügende Durchblutung lebenswichtiger Organe mit daraus resultierendem Ungleichgewicht zwischen O_2-Angebot und O_2-Bedarf. Entscheidend sind die Störungen der Mikrozirkulation, die zur Gewebehypoxie mit Beeinträchtigung des Zellstoffwechsels und Anhäufung toxischer Metaboliten führen. Am Anfang stehen noch reversible, funktionelle Organveränderungen, am Ende im irreversiblen Schock das mit hoher Letalität behaftete Multiorganversagen. Der hypovolämische Schock ist die häufigste Schockform und hat seine Ursache in einer *Reduktion des zirkulierenden Blutvolumens* durch Verluste von Blut (hämorrhagischer Schock), Plasma oder Wasser und Elektrolyten.

Pathophysiologie. Die Verminderung des intravasalen Volumens führt zur Abnahme des HZV und zur arteriellen Hypotension *(„hypodyname Makrozirkulationsstörung")*. Dadurch wird eine Reihe von körpereigenen Kompensationsmechanismen initiiert. Im Vordergrund steht die sympatho-adrenerge Gegenregulation mit Mobilisierung der kardialen Reserven (Tachykardie, Kontraktilitätszunahme) und peripherer Vasokonstriktion. Dies führt zur sog. *Zentralisation* des Kreislaufes mit disproportionaler Umverteilung des HZV aus dem Splanchnikusgebiet, der Muskulatur und Haut zugunsten lebenswichtiger Organe wie Gehirn und Herz. Durch diese Mechanismen können Volumenverluste bis zu ca. 20% kompensiert werden (*kompensierter* Schock). Bei darüber hinausgehenden Verlusten kann auch die Durchblutung der lebenswichtigen Organe nicht mehr ausreichend sichergestellt werden (*dekompensierter* Schock). In den von der Zentralisation betroffenen Organen entstehen dann typische *Mikrozirkulationsstörungen* mit Verschlechterung der Fließeigenschaften des Blutes bis zur Stase und Aktivierung der intravaskulären Gerinnung, begleitet von einer schweren Lactatazidose als Folge anhaltender Gewebehypoxie.

Diagnose. Die Symptomatik spiegelt die gestörte *Makro- und Mikrozirkulation* mit gesteigertem Sympathikotonus und verminderter Organdurchblutung wider *(G1)*. Hierbei muß bedacht werden, daß die arterielle Hypotonie kein Frühzeichen für einen Schock ist. Dieser setzt bereits ein, bevor der Blutdruck kritisch abgefallen ist!

Therapie. Vorrangig sind die Beseitigung der Ursachen (z. B. Blutstillung bei Gefäßverletzungen) und parallel dazu die Wiederherstellung eines ausreichenden zirkulierenden Blutvolumens. Zum primären *Volumenersatz* sollten kolloidhaltige Lösungen eingesetzt werden, Erythrozytenkonzentrate und Frischplasma (FFP) erst an zweiter Stelle. Die Gabe von Gerinnungsinhibitoren (z. B. AT III) und Gerinnungsfaktoren erfolgt i.d.R. gezielt nach Gerinnungsanalyse. Der Einsatz von Vasokonstriktoren (z. B. Akrinor®, Noradrenalin) ist aus pathophysiologischen Gründen nicht sinnvoll, da hierdurch die Mikrozirkulationsstörungen noch verstärkt werden. Er sollte deshalb auf die Situationen beschränkt werden, in denen ein kritischer Blutdruckabfall mit unmittelbarer Gefährdung der zerebralen und koronaren Perfusion bis zur Beseitigung bzw. Therapie der Ursache überbrückt werden muß. Als adjuvante Maßnahmen stehen die Verbesserung der Oxygenierung durch Zufuhr von 100% O_2 und die Reduzierung des O_2-Verbrauchs durch adäquate Narkosetiefe zur Verfügung.

Herz-Kreislauf-System VI

Arrhythmie	Therapie
Supraventrikuläre Extrasystolen (SVES)	————
SV-Tachykardie/ -arrhythmie	Adenosin[1], ß-Blocker[2] bei Hypersympathikotonie, Kardioversion[3]
Akutes Vorhofflimmern	Kardioversion[3]
VES, Couplets, Salven	Lidocain, ß-Blocker[2] bei Hypersympathikotonie
Ventrikuläre Tachykardie	Kardioversion[3]
WPW-Tachykardie[4]	Ajmalin (Gilurytmal®), Amiodaron (Cordarex®)
Kammerflattern/ Kammerflimmern	Defibrillation
Bradykardie	Atropin, Orciprenalin, Schrittmacher

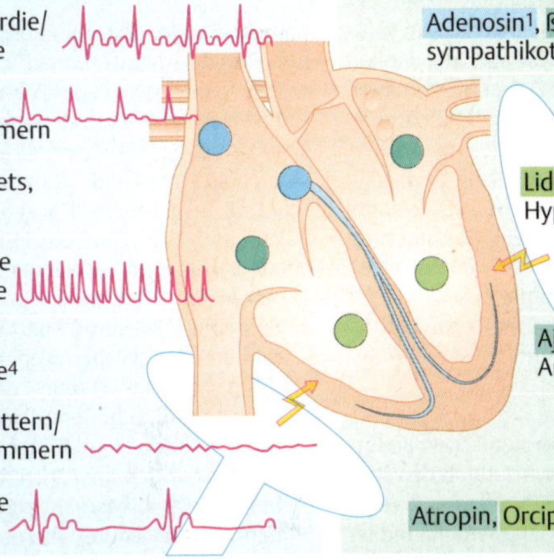

[1]Adrekar® 6 mg i.v. im Bolus (bei Erwachsenen), [2]Esmolol (Brevibloc®) 0,5 mg/kg KG i.v.
[3]R-Zacken-getriggerte Defibrillation mit steigenden Energien (50-200 Joule); Stromimpuls wird ca. 10-20 msec nach der R-Zacke ausgelöst, so daß er nicht in die vulnerable Kammerphase fällt
[4]kein Adenosin, Verapamil (Isoptin®) ß-Blocker oder Digitalis (paradoxe Wirkung möglich!)

2. Symptomatische Therapie perioperativer Arrhythmien

- negative Inotropie, Chronotropie, Dromotropie
- proarrhythmische Effekte, besonders bei:
  - „malignen" Arrhythmien
  - eingeschränkter linksventrikulärer Funktion
  - Z. n. Myokardinfarkt (in den ersten drei Monaten)
  - QT-Verlängerung

3. Kardiale Nebenwirkungen von Antiarrhythmika

F. Herzrhythmusstörungen

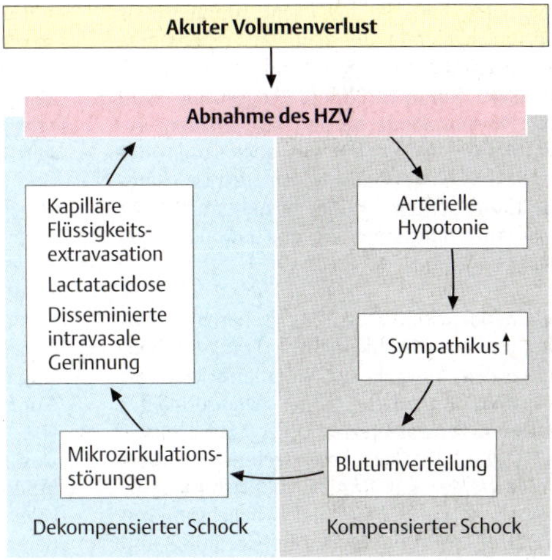

1. Circulus vitiosus beim hypovolämischen Schock

G. Hypovolämischer Schock

H. Hämodynamische Therapie

Die Therapie von Störungen der Herz-Kreislauf-Funktion ist grundsätzlich auf die eingangs genannten Regelgrößen mit dem Ziel der Wiederherstellung bzw. Erhaltung einer bedarfsgerechten Perfusion aller Organe, in kritischen Situationen zumindest aber der vitalen Organe Gehirn, Herz und Lunge ausgerichtet. Sie umfaßt, neben allgemeinen Maßnahmen wie O_2-Therapie zur Erhöhung des myokardialen O_2-Angebotes, Analgosedierung bzw. Narkosevertiefung zur Reduktion des O_2-Bedarfs und Lagerungsmaßnahmen zur Veränderung der Vorlast,

- die In-/Transfusionstherapie,
- herz- und vasoaktive Pharmaka sowie
- mechanische kreislaufunterstützende Systeme.

Die *Organperfusion* ist unter klinischen Bedingungen nicht meßbar. Sie wird durch den Perfusionsdruck und den Gefäßwiderstand geregelt *(H1)*. Bei konstantem Gefäßwiderstand ist der Perfusionsdruck direkt vom Herzschlagvolumen und damit vom **Herzzeitvolumen** abhängig. Das HZV ist deshalb die entscheidende *makrohämodynamische* Größe; es hat zentrale Bedeutung in der perioperativen Phase, in der zur Gewährleistung eines den Erfordernissen entsprechenden zellulären O_2-Angebotes normale bis leicht supranormale Werte angestrebt werden. Als unbedingte Voraussetzung hierfür gilt eine adäquate intravasale Volumenfüllung. Angestrebt wird eine *Normovolämie* bis hin zur leichten Hypervolämie, wenn letztere von seiten der Herz- und Nierenfunktion möglich ist. Katecholamine sollten – außer in Akutsituationen – zur Inotropiesteigerung erst *sekundär* verwendet werden.

Volumenbelastungstest. Zur groben Orientierung über die individuellen „Frank-Starling-Verhältnisse" kann ein Volumenbelastungstest, am besten unter „on-line"-Monitoring des mittleren zentralvenösen (ZVD) und arteriellen (MAP) Druckes, durchgeführt werden. Hierzu werden z. B. 100–250 ml Kristalloide innerhalb von ca. 10 min unter Beobachtung von ZVD und MAP infundiert. Die Ergebnisse und deren Interpretationsmöglichkeiten sind in *Abb. H2* zusammengestellt. *Alternativ* kann die Lagerung des Patienten durch Kippen des Operationstisches verändert werden. Eine leichte Kopftieflage von 10–20° führt zu einem erhöhten venösen Rückstrom aus der unteren Körperhälfte und damit zu einem ähnlichen Effekt wie o.g. Volumenbelastung.

Katecholamine. Katecholamine wirken *rezeptorabhängig* in unterschiedlicher Weise *(H4)*, so daß sie je nach Art der Beeinträchtigung der Herz-Kreislauf-Funktion eingesetzt werden. Voraussetzung für ihren differenzierten Einsatz ist ein entsprechend umfassendes Monitoring (z. B. invasive Blutdruckmessung, ZVD, ggf. PCWP und HZV). Im einzelnen werden folgende Substanzen verwendet:

1. **Adrenalin** (Suprarenin®): Adrenalin bzw. Epinephrin ist ein β- und α-rezeptorenstimulierendes körpereigenes Katecholamin, das positiv ino-, chrono-, dromo-, bathmo-, lusitrop und in höherer Dosis vasokonstriktorisch wirkt. Es ist Mittel der *ersten* Wahl bei der *kardiopulmonalen Reanimation* und beim *anaphylaktischen Schock*. Im kardiogenen Schock sollte allerdings Dobutamin (s. u.) vorgezogen werden. Adrenalin stimuliert in einer Dosierung von 1–2 µg/min vorwiegend β-Rezeptoren, in höherer Dosierung steht die Erregung von α-Rezeptoren im Vordergrund.
2. **Noradrenalin** (Arterenol®): Noradrenalin bzw. Norepinephrin ist ein Katecholamin mit überwiegend α-rezeptorenstimulierender Wirkung. Dadurch führt es zu einem Anstieg des peripheren Gefäßwiderstandes und einer Blutdruckerhöhung. Das HZV wird durch Noradrenalin i.d.R. nicht gesteigert, allerdings kommt es zu einer Zunahme der Koronar- und Hirndurchblutung. Die Herzfrequenz kann reflektorisch abnehmen (Barorezeptorenreflex). Noradrenalin ist indiziert, wenn der periphere Widerstand erniedrigt ist, wie z. B. im *septischen Schock*. Die Dosierung richtet sich nach der Wirkung.
3. **Dopamin:** Dopamin ist die Vorstufe von Noradrenalin und stimuliert dopaminerge (DA_1/ DA_2), β_1- und α-Rezeptoren. In einer Dosierung von 2–4 µg/kg/min, der sog. Nierendosis, nimmt durch DA_1-Stimulierung selektiv die Nierendurchblutung zu, bei höheren Dosierungen erfolgt dann eine β_1-Erregung, bei mehr als 10 µg/kg/min überwiegt schließlich die Wirkung auf α-Rezeptoren, die auch indirekt durch Freisetzung

Herz-Kreislauf-System VII

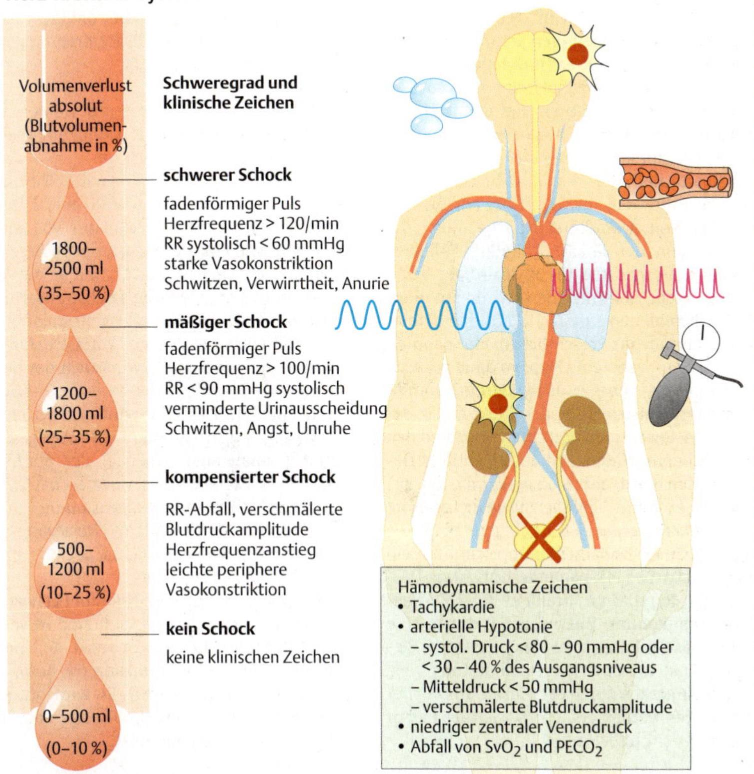

2. Beziehung zwischen Volumenverlusten und klinischer Symptomatik

G. Hypovolämischer Schock

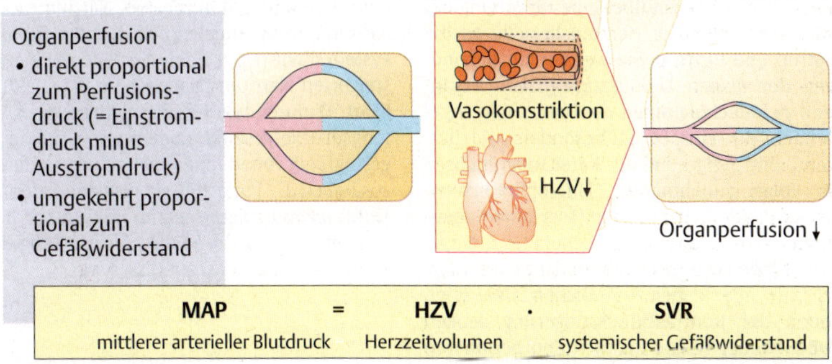

1. Organperfusion

H. Hämodynamische Therapie

von Noradrenalin zustande kommt. Meistens wird Dopamin in „Nierendosis" mit anderen Katecholaminen kombiniert.

4. **Dobutamin** (Dobutrex®): Dobutamin ist ein synthetisches Katecholamin, das vorwiegend auf β_1-Rezeptoren und damit positiv inotrop wirkt. Die schwächere Erregung von β_2-Rezeptoren führt zu einer peripheren Vasodilatation mit Nachlastabnahme, was dazu führt, daß im Gegensatz zur Anwendung von Noradrenalin, Dopamin oder Adrenalin der linksventrikuläre Füllungsdruck gesenkt und die myokardiale O_2-Bilanz nicht verschlechtert wird. Ein Blutdruckabfall und eine Tachykardie sind unter Dobutamin im wesentlichen nur dann zu erwarten, wenn eine Hypovolämie vorliegt. In höherer Dosis (> 10 µg/kg/min) kommt ein vasokonstringierender Effekt hinzu, der über α-Rezeptoren vermittelt wird und den peripheren Widerstand ansteigen läßt. Dobutamin wird mit 2–15 µg/kg/min dosiert und bei *akuter Linksherzinsuffizienz* sowie beim *kardiogenen Schock* eingesetzt.
5. **Dopexamin** (Dopacard®): Dopexamin ist ein synthetisches Dopaminderivat, das DA_1- und β_2-Rezeptoren stimuliert. Die HZV-Steigerung kommt überwiegend durch eine Nachlastsenkung (β_2-Effekt) zustande. Renale und mesenteriale Durchblutung werden zusätzlich durch den Ansatz an DA_1-Rezeptoren verbessert. Die Dosierung hierzu beträgt 1–2 µg/kg/min.

Phosphodiesterasehemmer. Hemmstoffe der Phosphodiesterase (PDE) wie Milrinon (Corotrop®), Enoximon (Perfan®) und Amrinon (Wincoram®) wirken über eine Hemmung des cAMP-Abbaus in der Herzmuskelzelle positiv inotrop und lusitrop. Sie werden zur Behandlung der *akuten Linksherzinsuffizienz* ergänzend zu Katecholaminen wie Dobutamin angewendet. Ihr Einsatz ist besonders nützlich, wenn eine Steigerung der Katecholamindosen als Folge zunehmender Unempfindlichkeit myokardialer β_1-Rezeptoren (sog. „down regulation" bei längerer Katecholamintherapie oder chronischer Herzinsuffizienz) erforderlich wird, aber keinen zusätzlichen Effekt zeigt. Neben der Kontraktilitätssteigerung senken PDE-Hemmer relativ deutlich den peripheren Widerstand und damit die linksventrikuläre Nachlast. Hierdurch kann bei Vorliegen einer Hypovolämie ein stärkerer Blutdruckabfall eintreten, der dann von einer kompensatorischen Tachykardie begleitet wird. Der direkte positiv chronotrope Effekt von PDE-Hemmern ist dagegen nur gering ausgeprägt.

Vasodilatatoren. Vasodilatatoren werden zur *Vorlast*- und/oder *Nachlastsenkung* eingesetzt. Im einzelnen handelt es sich um:

1. **Nitroglycerin** (z. B. Nitrolingual®): Nitroglycerin (Glyceroltrinitrat) wirkt erschlaffend auf die glatte Gefäßmuskulatur vor allem im venösen, weniger im arteriellen Bereich. Durch die Vasodilatation kommt es zur Verminderung des venösen Rückstromes und damit zum Abfall des linksventrikulär enddiastolischen Druckes (Vorlastsenkung). Nur in geringem Maße wird auch der periphere Gefäßwiderstand reduziert (Nachlastsenkung). Das HZV wird nur bei einer Senkung deutlich erhöhter Vorlasten gesteigert („abfallender Schenkel der Starling-Kurve"). Nitroglycerin ist indiziert bei *Linksherzinsuffizienz mit Lungenstauung* (z. B. kardiogenes Lungenödem; Dosierung 1–10 mg/min) und bei Angina pectoris bzw. *myokardialen Ischämien.*
2. **Nifedipin** (z. B. Adalat®): Nifedipin gehört zu den sog. Calciumantagonisten und ist vasodilatatorisch wirksam. Es senkt den peripheren Widerstand und kann die Koronardurchblutung verbessern. Es wird oftmals als Mittel der 1. Wahl zur Therapie der *hypertensiven Krise* eingesetzt.

Diuretika. Perioperativ werden nur die stark wirksamen sog. *Schleifendiuretika* verwendet, in erster Linie **Furosemid** (z. B. Lasix®), das über eine Hemmung der renalen Natriumrückresorption im proximalen und distalen Tubulussystem sowie in der Henle-Schleife zu einer gesteigerten Natrium- und Wasserausscheidung führt. Dadurch werden die ventrikulären Füllungsdrücke gesenkt. Zudem wirkt Furosemid geringfügig venodilatierend und vermindert so zusätzlich die Vorlast direkt. Es ist indiziert bei *Links- und/oder Rechtsherzinsuffizienz mit Stauungszeichen* (hydropische Herzinsuffizienz) oder bei iatrogener *Überwässerung.*

Herz-Kreislauf-System VIII

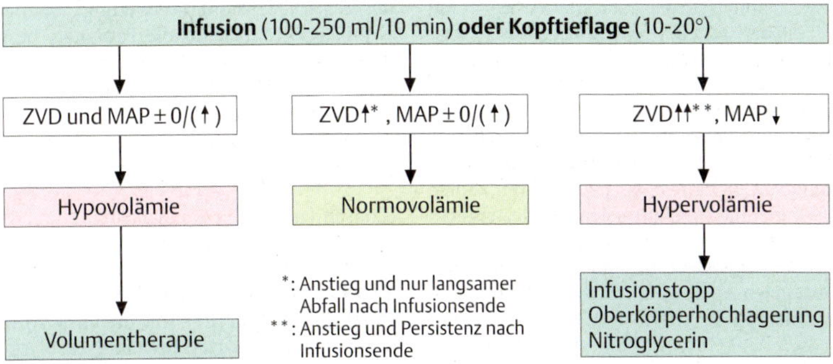

2. Algorithmus zum "Volumenbelastungstest"

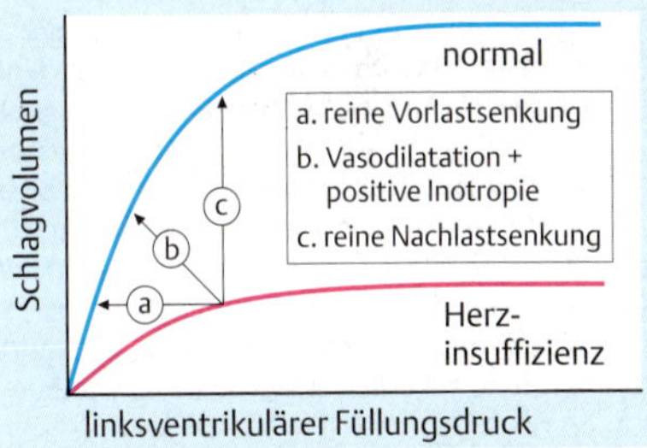

Substanzen, die isoliert nur die Inotropie, Vor- oder Nachlast beeinflussen, gibt es praktisch nicht. Es handelt sich vielmehr um „präferentielle Wirkungen“, wie z.B.:
Nitroglycerin → Vorlastsenkung
Nifedipin → Nachlastsenkung
Katecholamine → pos. Inotropie

3. Kardiovaskuläre Pharmakotherapie

Substanz	α	β_1	β_2	DA_1	DA_2
Noradrenalin	+++	+++	ø	ø	ø
Adrenalin	+++	+++	++	ø	ø
Dopamin	+++	+++	ø	+++	++
Dobutamin	+	+++	+	ø	ø
Dopexamin	ø	ø	+++	+++	++

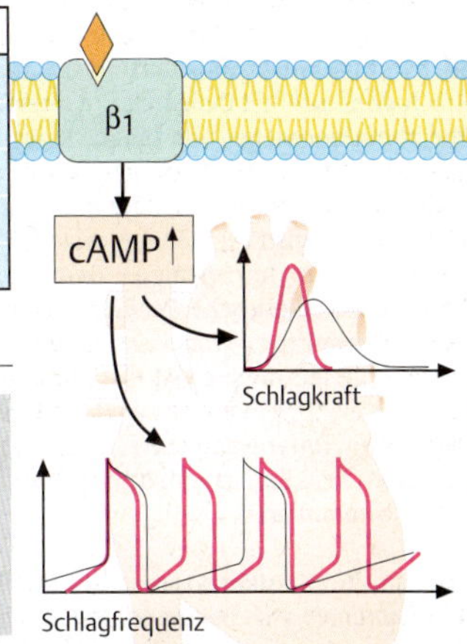

4. Rezeptoreffekte verschiedener Katecholamine

- massive Hypovolämie
- ausgeprägte Azidose (pH < 7,2)
- Hypothermie
- Cortisolmangel
- ionisierte Hypokalzämie
- „down“-Regulation kardialer β-Rezeptoren

5. Gründe für unzureichende Katecholaminwirkung

H. Hämodynamische Therapie

Die Häufigkeit intraoperativer anaphylaktoider bzw. anaphylaktischer Reaktionen wird mit 1:3.500 bis 1:20.000 angegeben, wobei anaphylaktische Reaktionen mit einem Anteil von 60–70% überwiegen sollen. Die Letalität liegt bei ca. 0,01%. Mit zunehmendem Lebensalter steigt der Schweregrad anaphylaktoid-anaphylaktischer Reaktionen, nicht aber deren Häufigkeit. In den vergangenen Jahren konnte eine generelle Zunahme solcher Unverträglichkeitsreaktionen verzeichnet werden, was u.a. auf die steigende Zahl potentiell auslösender Substanzen zurückgeführt wird (s. auch Tab. 16 im Anhang).

A. Mechanismen

Pathogenetisch können im wesentlichen folgende *Reaktionsmuster* unterschieden werden:

- unspezifische Histaminfreisetzung oder Komplementaktivierung („anaphylaktoid", allergoid, pseudoallergisch),
- spezifische, antikörpervermittelte (bes. IgE) allergische Reaktionen („anaphylaktisch").

Eine Vielzahl unterschiedlicher Pharmaka ist in der Lage, Histamin und weitere Mediatoren aus gewebsständigen Mastzellen oder im Blut zirkulierenden basophilen Granulozyten mit Antikörperbeteiligung oder allein durch rein chemische Interaktionen freizusetzen oder, wie z.B. die Steroidrelaxanzien (z.B. Vecuronium), die Histamin-N-Methyltransferase in der Leber und damit den Abbau von Histamin zu hemmen. Auch Substanzen, die mit dem Arachidonsäuremetabolismus interferieren und zum Überwiegen von Leukotrienen führen (z.B. Hemmung der Cyclooxygenase durch Acetylsalicylsäure oder andere nichtsteroidale Säureantiphlogistika), können anaphylaktoide Erscheinungen hervorrufen. Demgegenüber sind typisch allergische Reaktionen immunologisch vermittelt, wobei im perioperativen Bereich die IgE-mediierten histaminergen Reaktionen vom Soforttyp (Typ I) und die IgG-mediierten, unter Komplementbeteiligung ablaufenden Reaktionen vom Immunkomplextyp (Typ III) dominieren.

Prädisposition/Risikofaktoren. Als Prädisposition *immunologisch* bedingter, allergischer Reaktionen gelten präexistente Medikamentenallergien oder latente Kreuzsensibilisierungen, z.B. durch Nahrungsmittel oder synthetische Substanzen. Die durch Pharmaka ausgelöste *unspezifische* Histaminfreisetzung (Übersicht s. Anhang) etc. betrifft alle Patienten, besonders aber solche mit erhöhter Empfindlichkeit auf die entsprechenden Mediatoren (z.B. Atopiker und Asthmatiker).

B. Symptomatik

Klinisch lassen sich anaphylaktoide und anaphylaktische Reaktionen nicht voneinander abgrenzen. Beide Formen können sämtliche Schweregrade bis hin zum Herz-Kreislauf-Stillstand verursachen *(B1)*. Nur die unspezifische Degranulation von gewebsständigen Mastzellen, z.B. durch Atracurium, ist i.d.R. auf lokale Symptome (Erythem etc.) begrenzt. Eine Histaminfreisetzung aus basophilen Granulozyten oder eine Komplementaktivierung gehen hingegen immer mit einer mehr oder minder ausgeprägten systemischen Symptomatik einher. Hierbei sind unspezifische Reaktionen *selbstbegrenzend*, d.h. nur von der Menge des freigesetzten Histamins und dessen Halbwertszeit abhängig, während allergische Reaktionen über das Ingangsetzen von Mediatorkaskaden *selbsterhaltend* sind. Unter Allgemeinanästhesie verlaufen die Symptome generell abgemildert, während sie durch Streß verstärkt werden.

Histaminwirkungen. Die Wirkungen von Histamin als dem wichtigsten Mediator anaphylaktoider und anaphylaktischer Reaktionen werden über spezifische Rezeptoren, vornehmlich H_1- und H_2-Rezeptoren, vermittelt, wobei kardiovaskulär die H_1-Wirkungen denen der durch Stimulation α-adrenerger Rezeptoren hervorgerufenen und die H_2-Effekte einer β-adrenergen Erregung entsprechen (s. auch Tab. A5 in Kap. 3.2). Zusätzlich existieren H_3-Rezeptoren; sie dienen ähnlich wie die α_2-Rezeptoren der präsynaptischen Modulation des Sympathikotonus sowie der Hemmung histaminerger Neurone im zentralen Nervensystem. Die Plasmahalbwertszeit von Histamin beträgt ungefähr eine Minute.

Diagnose. Der Verdacht auf erhöhte und klinisch wirksame Histaminplasmaspiegel sollte durch einen plötzlichen, anders nicht erklärbaren

- Herzfrequenzanstieg von >20/min und einen
- Blutdruckabfall von >30 mmHg

Unverträglichkeitsreaktionen I

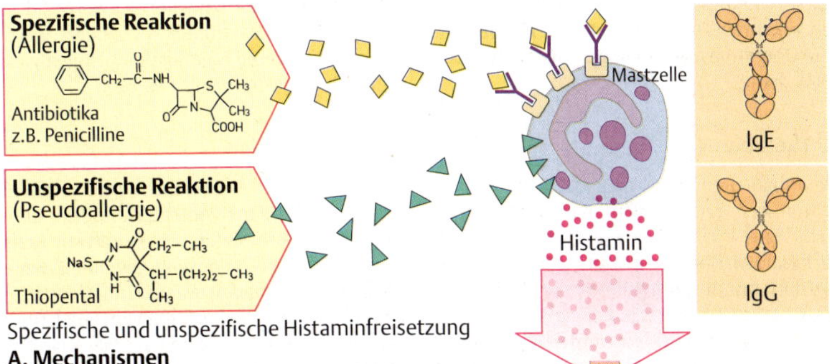

Spezifische und unspezifische Histaminfreisetzung

A. Mechanismen

kardial
- Tachykardie
- Erniedrigung der Flimmerschwelle
- Verzögerung der AV-Überleitung
- positiv inotrop

vaskulär
- Vasodilatation →art. Hypotension
- Erhöhung der Gefäßpermeabilität
- Anstieg des pulmonalarteriellen Druckes
- Koronarspasmen

respiratorisch
- Larynxödem
- Broncho-konstriktion
- Lungenödem

gastro-intestinal
- Übelkeit
- Erbrechen
- Durchfall
- Magen-/Darm-krämpfe

kutan
- Erythem
- Urtikaria (vor allem: Gesicht und Hals)

Sonstiges
- Veränderungen der Gerinnungsaktivität
- Freisetzung von Noradrenalin u. Adrenalin

1. Histamin-vermittelte Wirkungen

Stadium	Symptomatik	Therapie
I	Hautreaktionen („flush“, Erythem, Urtikaria, Ödem)	Unterbrechung weiterer Exposition des auslösenden Agens, ggf. Antihistaminika (H_1- + H_2-Antagonisten)
II	Tachykardie, arterielle Hypotonie	Antihistaminika + Glukokortikoide (z.B. 100 mg sulfitfreies Prednisolon [Solu-Decortin H®]), ggf. Vasopressoren (z.B. Akrinor®); O_2-Zufuhr
III	Schock, Bronchospastik	Adrenalin (fraktioniert 0,1 mg i.v.) + Glukokortikoide (z.B. 1.000 mg Prednisolon) + Volumenersatz (z.B. 1.000 ml HES), bei überwiegender Bronchospastik auch β_2-Sympathikomimetika und Theophyllin; ggf. Intubation und Beatmung mit 100 % O_2
IV	Atem- und Kreislaufstillstand	kardiopulmonale Reanimation

2. Schweregrad und Stufentherapie anaphylaktoid-anaphylaktischer Reaktionen

B. Symptomatik

geweckt werden. Um kutane Reaktionen, die sich am häufigsten im thorakalen Bereich zeigen, erkennen zu können, sollte der Patient auf dem Operationstisch niemals vollständig abgedeckt sein.

C. Therapie

Die einzuleitenden therapeutischen Schritte richten sich ausschließlich nach der Symptomatik. Eine kausale Therapie ist nicht möglich. Als basale Maßnahme ist stets jede weitere Exposition mit histaminliberierenden Substanzen zu vermeiden, zusätzlich sollten die Histaminreaktionen blockiert werden. Einige Autoren bevorzugen hierzu als H_1-Antagonisten das Dimetinden (Fenistil®), da es nur eine blockierende Wirkung, aber keine intrinsische Aktivität an H_1-Rezeptoren zeigt. Bronchospastik und Kreislaufdepression werden zunächst symptomatisch-pharmakologisch bekämpft. Dem **Adrenalin** (Suprarenin®) kommt hierbei eine besondere Bedeutung zu. Zu der kreislaufstabilisierenden und bronchospasmolytischen Wirkung gesellt sich als weitere wesentliche Komponente die Hemmung der Degranulation von Mastzellen bzw. basophilen Granulozyten, so daß hierdurch auch der zugrundeliegende Pathomechanismus gestoppt werden kann. Daneben wird durch eine gefäßabdichtende Wirkung die Ödementwicklung vermindert. Eine Fehldeutung des Symptoms „Tachykardie“ mit Behandlung durch β-Rezeptorenblocker kann fatale Folgen haben und zum Herzversagen führen, da die kardialen Wirkungen von Histamin (pos. Chronotropie und Inotropie) supprimiert werden. Das absolute und relative intravasale Volumendefizit muß durch zügige Infusion kolloidaler Volumenersatzmittel beseitigt werden. Hierzu werden entweder Lösungen von Hydroxyethylstärke (HES) oder Humanalbumin verwendet, da sie selbst nur eine sehr geringe anaphylaktoide Potenz haben. Zusätzlich muß für eine adäquate Oxygenierung gesorgt werden, wozu ggf. eine Intubation und Beatmung erforderlich sind.

D. Prophylaxe

Siehe auch Kap. 3.2.

An erster Stelle steht die Expositionsprophylaxe, d. h. z. B. bei disponierten Patienten alle potentiell histaminliberierenden Substanzen zu vermeiden. Darüber hinaus kann durch eine präventive Gabe von H_1- und H_2-Rezeptorantagonisten die Rate bzw. der Schweregrad anaphylaktoider Reaktionen vermindert werden. Alle verwendeten Medikamente sollen grundsätzlich langsam injiziert werden.

E. Latexallergien

Epidemiologische Untersuchungen zeigen eine steigende Inzidenz von Latexallergien, die gerade im anästhesiologisch-operativen Bereich zunehmend an Bedeutung gewinnen. Bei der Latexallergie handelt es sich um eine *IgE-vermittelte* allergische Reaktion vom Soforttyp auf antigen wirkende Proteine des Naturlatex. Naturlatex, das in zahlreichen medizinischen Produkten vorhanden ist, enthält ca. 250 Proteine, wovon ca. 60 allergen sind. Aufgrund nicht einheitlicher Fertigungsstandards besteht eine hohe Varianz des Allergengehaltes in industriellen Latexprodukten. Nicht selten bestehen *Kreuzunverträglichkeiten* auf bestimmte Lebensmittel, z. B. auf Bananen, Kiwis, Mangos, Avocados oder Eßkastanien. Der *Latexkontakt* im medizinischen Bereich kommt über Haut und Schleimhäute, seröse Häute (z. B. Peritoneal-, Pleuradrainagen), Injektionen bzw. Infusionen zustande, wobei die *aerogene* Exposition, z. B. über gepuderte Latexhandschuhe, als besonders gefährlich einzustufen ist. Die klinische *Symptomatik* reicht von der Kontakturtikaria und Rhinokonjunktivitis über das Asthma bronchiale bis hin zum Vollbild des anaphylaktischen Schocks, wobei im Gegensatz zu den durch intravenöse Medikamentengabe ausgelösten allergischen Reaktionen eher mit einem verzögerten Einsetzen der Symptomatik ca. 30–40 min nach Exposition zu rechnen ist. Als *Prädispositionen* gelten: Spina bifida (bis zu 70%!), urogenitale Fehlbildungen und die Atopie. Bei ersteren wird vermutet, daß eine Sensibilisierung durch häufige Blasenkatheterisierungen zustande kommt.

Bei Unverträglichkeitsreaktionen im Rahmen medizinischer Behandlungen (unklare Kreislaufdepression, Bronchospastik oder Hauterscheinungen) ist *immer* auch eine Latexallergie in Betracht zu ziehen und ggf. umgehend auf *latexfreie* Artikel umzustellen. Vor weiteren medizinischen Eingriffen sollte dann eine spezifische allergologische Abklärung erfolgen. Bei disponierten Patienten muß von vornherein eine „latexfreie Anästhesie“ durchgeführt werden.

Unverträglichkeitsreaktionen II

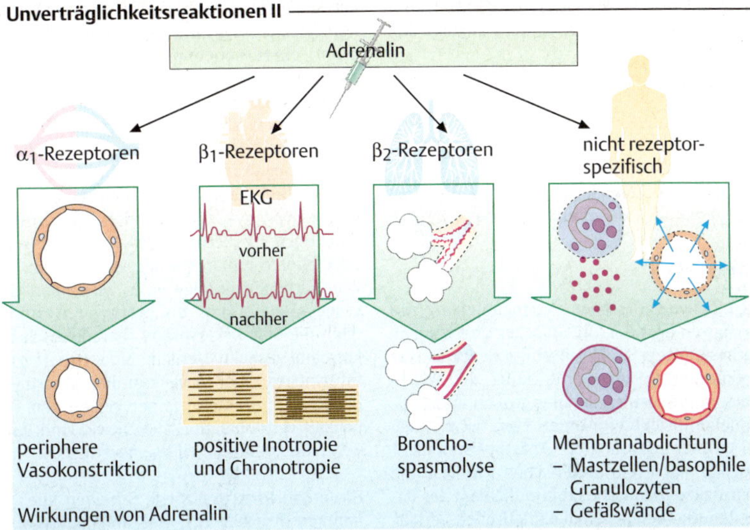

C. Therapie

- sorgfältige Anamneserhebung
- keine histaminliberierenden Medikamente
- Antihistaminika-Prophylaxe
- langsame Injektion von Medikamenten

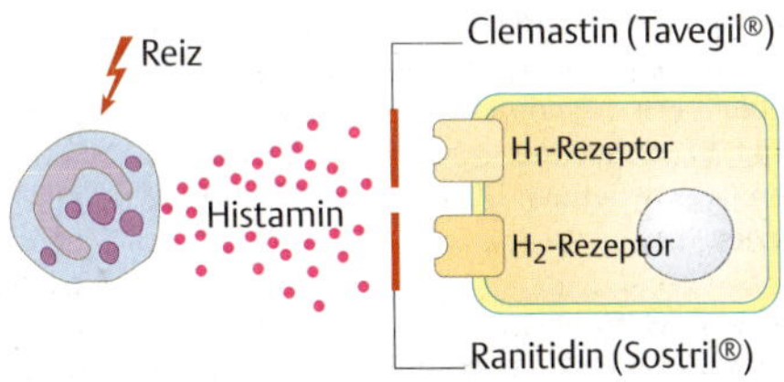

D. Prophylaxe anaphylaktoider Reaktionen

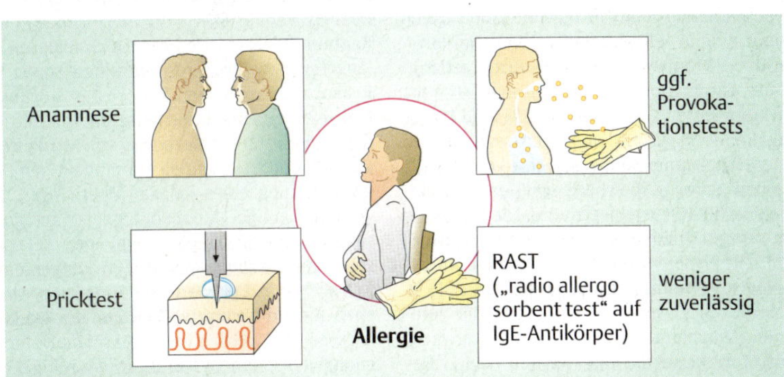

Diagnosestellung

E. Latexallergien

Während einige zentralnervöse Komplikationen bereits in anderen Kapiteln abgehandelt wurden,
- intraoperative Wachphänomene: s. Kap. 5.3,
- postoperative Erregungszustände: s. Kap. 14.3,
- epileptischer Anfall: s. Kap. 12.6,

soll an dieser Stelle das verzögerte Aufwachen nach einer Narkose erläutert werden.

A. Ursachen

Die möglichen Ursachen sind mannigfaltig. Am häufigsten liegt nur ein einfacher **Überhang an Narkosemitteln** infolge absoluter oder relativer Überdosierung vor. Da Wirkung und Wirkdauer von Anästhetika einer großen interindividuellen Streubreite unterliegen, ist es auch bei größter Erfahrung des Anästhesisten nicht möglich, nach rein empirischen Kriterien die pharmakodynamische Empfindlichkeit des Patienten und den pharmakokinetischen Verlauf immer richtig einzuschätzen. Hierzu tragen diverse Faktoren bei *(A1)*. Um eine abnorme Reaktion auf unterschiedliche zentral wirksame Pharmaka handelt es sich beim sog. *zentral-anticholinergen Syndrom* (ZAS; Einzelheiten s. Kap. 14.3). Ein nur scheinbares Nichterwachen liegt bei einem Überhang an *Muskelrelaxanzien* vor.

Homöostasestörungen. Auch Faktoren, die mit der Narkoseführung unmittelbar verknüpft sind, können den Aufwachzeitpunkt verzögern, wie z. B. eine fehlerhafte Beatmung. Eine *Hypoventilation* kann in diesem Sinne durch Hypoxie und Hyperkapnie („CO_2-Narkose", $PaCO_2$ > 70 mmHg), aber auch durch verlangsamte Elimination von Inhalationanästhetika wirksam werden. Eine ausgeprägte und länger anhaltende *Hyperventilation* führt nicht nur zu einer Hypokapnie, sondern auch zu einer „Entleerung" der CO_2-Speicher, so daß der Atemantrieb nachhaltig verringert wird. Die Hypokapnie bewirkt zudem, ebenso wie eine schwere arterielle *Hypotonie* (z. B. Schock) oder ein pathologisch erhöhter intrakranieller Druck (z. B. schweres SHT), eine Verminderung der zerebralen Durchblutung, wodurch das Aufwachverhalten beeinträchtigt werden kann. Des weiteren müssen Störungen des Elektrolythaushaltes und Glucosestoffwechsels in Betracht gezogen werden. Eine exzessive *Hyponatriämie* kann, vor allem bei rascher Entstehung (fehlerhafte Infusionstherapie, TUR-Syndrom), ein Hirnödem mit neurologischen Ausfällen, eine sich schnell entwickelnde *Hypernatriämie* und eine pontine Myelinolyse hervorrufen. *Hyperkalzämie* und *Hypermagnesiämie* wirken ebenfalls zentral dämpfend. Während eine *Hypoglykämie* den zerebralen Energiestoffwechsel vermindert, kann eine ausgeprägte *Hyperglykämie* besonders beim insulinpflichtigen Diabetiker ein ketoazidotisches oder hyperosmolares Koma verursachen. Um kein Hirnödem infolge eines zerebralen Glucosedysäquilibriums zu provozieren, dürfen dann die Blutzuckerspiegel therapeutisch nur langsam gesenkt werden. Eine *Hypothermie* führt neben einer Verlangsamung aller metabolischen Prozesse zu einer verstärkten Löslichkeit von Inhalationsanästhetika und unter 30 °C direkt zum Bewußtseinsverlust.

Hirnorganische Ursachen. Scheiden die genannten Ursachen aus, muß an eine hirnorganische Schädigung als Folge von Hypoxie, Ischämie oder intrakranieller Blutung gedacht werden *(A3)*.

B. Prophylaxe, Diagnose und Therapie

Zur Vermeidung von Narkoseüberhängen sind neben der sachgerechten Medikamentenauswahl Anästhesieverfahren wie TIVA/TCI oder bei Inhalationsanästhesien die Messung der Narkosegaskonzentrationen vorteilhaft. Ein elektrophysiologisches Monitoring der Narkosetiefe hat sich generell noch nicht etablieren können. Verfahren wie die Pulsoxymetrie und Kapnometrie, ergänzt durch Laboranalysen bei längeren bzw. größeren Eingriffen sowie bei Risikopatienten, lassen Homöostasestörungen frühzeitig erkennen. Die Relaxometrie hilft bei der zeitgerechten Anwendung von Muskelrelaxanzien und ist essentiell zur eindeutigen Diagnostizierung eines Relaxansüberhanges. Die Wirkung einiger Medikamente ist antagonisierbar (Benzodiazepine, Opioide, Relaxanzien). Physostigmin kann die Wirkungen eines ZAS aufheben. Erst wenn die „einfachen" Ursachen für ein Nichterwachen aus der Narkose ausscheiden, werden weiterführende Untersuchungen wie ein CCT und ein neurologisches Konsil zur Suche nach hirnorganischen Läsionen erforderlich.

Protrahiertes postnarkotisches Erwachen

- unterschiedliche Rezeptorempfindlichkeit (s. auch Definition der MAC_{50}-Wertes)
- erhöhte Durchlässigkeit der Blut-Hirn-Schranke bei bestimmten Erkrankungen
- Veränderungen der Eiweißbindung (Arzneimittelinterferenzen oder Hypo- bzw. Dysproteinämie)
- verzögerte Elimination durch Leber- und/oder Nierenfunktionsstörungen
- Um- und Rückverteilungsphänomene aus peripheren Kompartimenten in das Plasma (z.B. bei volatilen Anästhetika oder Opioiden)

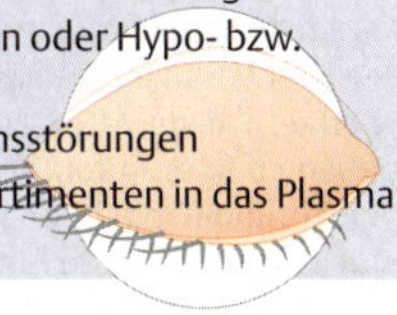

1. Ursachen für einen Narkoseüberhang

- Hypoxie, Hyper-/Hypokapnie
- arterielle Hypotonie
- Hyper-/Hyponatriämie
- Hyperkalzämie, -magnesiämie
- Hyper-/Hypoglykämie
- Hypothermie

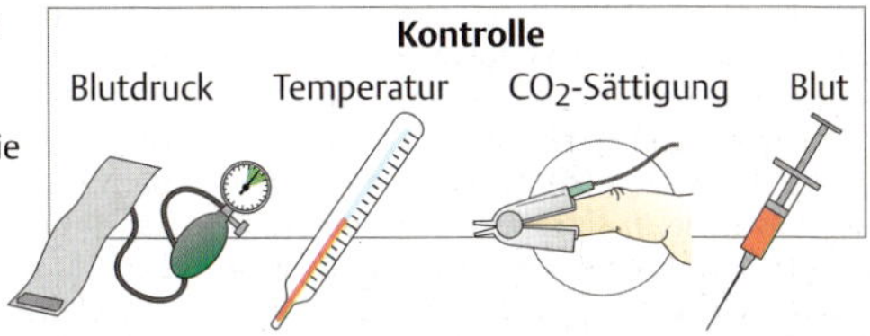

2. Homöostasestörungen

- hypoxisch-ischämische Hirnschädigung
- zerebrale Embolie
  - Thromboembolien (z.B. Herzklappenerkrankungen, Karotisthrombendarteriektomie)
  - Fettembolien (Trauma, Operationen an großen Röhrenknochen, Hüftendoprothetik)
  - paradoxe Luftembolie (bei latent offenem Foramen ovale bzw. Vorhofseptumdefekt)
- intrakranielle Blutung (z.B. hypertensive Krise)

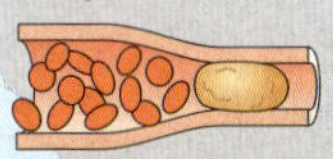

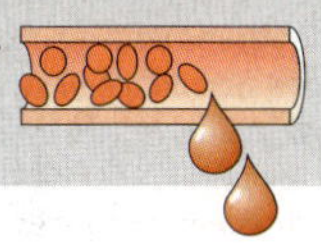

3. Hirnorganische Ursachen

A. Ursachen

Somnolenz	Verlangsamung, Benommenheit, Schläfrigkeit
Sopor	schlafähnlicher Zustand, aus dem der Patient erweckt werden kann
Koma	keine Erweckbarkeit, keine Spontanaktivität
- Grad 1	gezielte Abwehrreaktion auf Schmerzreize
- Grad 2	ungezielte Reaktion auf Schmerzreize
- Grad 3	keine Reaktion auf Schmerzreize
- Grad 4	zusätzlich aufgehobene Pupillenreaktionen u. Erlöschen der Hirnstammreflexe
- Grad 5	zusätzlich zentrale Atemlähmung und Kreislaufdysregulation

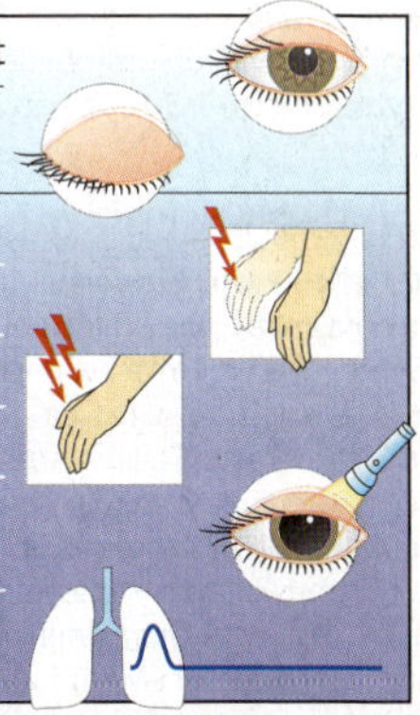

Gradeinteilung der Bewußtseinstrübung

B. Prophylaxe, Diagnose und Therapie

Die maligne Hyperthermie (MH) ist als Krankheitsbild erst im Zusammenhang mit der Allgemeinanästhesie in Erscheinung getreten und gilt deshalb als klassisches Beispiel einer *pharmakogenetischen* Erkrankung. Sie beruht auf einer seltenen anlagebedingten **subklinischen Myopathie**, d. h. die MH-Genträger sind im Alltagsleben i.d.R. symptomfrei. Erst der Kontakt mit bestimmten pharmakologischen Triggersubstanzen, unter denen Allgemeinanästhetika den größten Raum einnehmen, führt zu abrupten schweren bis schwersten biochemischen Veränderungen in der Skelettmuskulatur, was sich klinisch in einer lebensbedrohlichen Stoffwechselentgleisung manifestieren kann (sog. MH-Krise). Die MH-Krise ist die wahrscheinlich gefährlichste Komplikation einer Allgemeinanästhesie, da sie unbehandelt in 70–80% der Fälle den Tod des Patienten nach sich zieht. Gegenwärtig beträgt die Letalität unter 10%, wobei frühzeitige Diagnosestellung und Therapie sie gegen Null tendieren lassen sollten.

A. Epidemiologie

In der Verbreitung der MH gibt es keine ethnischen Unterschiede. Beide Geschlechter und sämtliche Altersstufen sind betroffen, wobei eine Prädominanz des *männlichen* Geschlechts und des *jugendlichen* Alters erkennbar ist. Die Gesamtinzidenz MH-disponierter Patienten ist nicht bekannt. Sie wird auf ca. 1:10.000 geschätzt. Nach retrospektiven Untersuchungen wird die Inzidenz schwerer MH-Krisen, bezogen auf die Durchführung von Allgemeinanästhesien, mit 1:250.000 bis 1:500.000 angegeben, während die Häufigkeit klinischer Verdachtsfälle ca. 1:30.000 betragen soll.

B. Pathophysiologie

Der MH liegt eine biochemische **Störung der myoplasmatischen Calciumhomöostase** zugrunde, deren Ursache noch nicht endgültig aufgeklärt ist. Es wird ein *latenter* Defekt im Bereich der die Calciumströme kontrollierenden Membransysteme (sarkoplasmatisches Retikulum, Mitochondrien, Sarkolemm) der Skelettmuskulatur angenommen. Verschiedene Triggermechanismen bewirken auf der Grundlage dieser Membrandysfunktion eine akut-progrediente Fehlregulation der intrazellulären Calciumströme mit daraus folgender Calciumüberflutung der Muskelzelle. Als typische **MH-Triggersubstanzen** gelten hierbei *volatile* Inhalationsanästhetika, wie z. B. Halothan, und *depolarisierende* Muskelrelaxanzien wie Succinylcholin. Der Anstieg der intrazellulären Calciumkonzentration bewirkt einerseits eine Kontraktur der Skelettmuskelfasern (Muskelrigidität) und andererseits durch Steigerung der aeroben und anaeroben Glykolyse eine exzessive Zunahme des O_2-Verbrauchs sowie der Produktion von CO_2, Lactat und Wärme (→ hyperkatabole Stoffwechselentgleisung). Als Folge der intrazellulären Lactatazidose und intramitochondrialen Calciumakkumulation kommt es zur Entkopplung der oxydativen Phosphorylierung, was den Zusammenbruch des Energiestoffwechsels bedeutet. Dies wiederum führt zum Verlust der Zellintegrität mit zunehmender Membranpermeabilität für Ionen, Moleküle, Enzyme etc. und mündet schließlich in den *irreversiblen* Zelluntergang („Rhabdomyolyse").

C. Symptomatik der MH-Krise

Die klinische Symptomatik der MH ist Ausdruck der dramatischen Stoffwechselsteigerung. Häufigstes *Frühzeichen* einer MH-Krise sind **tachykarde Rhythmusstörungen**, die wegen fehlender Spezifität zuweilen aber erst retrospektiv richtig eingeordnet werden. Ein wesentliches pathognomonisches Frühzeichen ist auch der rasche und massive kontinuierliche **Anstieg der endexspiratorischen CO_2-Konzentration** beim volumenkonstant beatmeten Patienten bzw. die Zunahme von Atemzugvolumen und Atemfrequenz beim spontan atmenden Patienten. Die Kapnometrie gilt deshalb als das sicherste Monitoring zur Frühdiagnose der MH-Krise. Sie liefert darüber hinaus wertvolle Hinweise zur Verlaufsbeurteilung des Behandlungserfolges. Weitere Symptome wie Hypoxämie, Zyanose, Blutdruckinstabilität, Muskelrigor (z. B. Opisthotonus, Masseterspasmus) und eine exzessive Temperatursteigerung – allerdings als *Spätsymptom* – prägen das klinische Bild der vollausgebildeten Krise. Die Hyperthermie hat der Krankheit zwar den Namen gegeben, ist aber keineswegs das erste Symptom! Die Geschwindigkeit des Temperaturanstieges gilt allerdings als prognostischer Indikator. Im weiteren Verlauf können Verbrauchskoagulopathie, Lungenödem, Nierenversagen und neurologische Störungen hinzutreten. Die Herzmuskulatur scheint nicht primär von der MH

Maligne Hyperthermie I

Manifestationsformen

Abortive MH	Moderate MH	Fulminante MH
Beschränkung auf ein oder wenige Symptome, wie Masseterspasmus (Trismus), CK-Erhöhung etc.	mehrere typische Symptome, jedoch ohne Ausbildung des krisenhaften Krankheitsgeschehens	Vollbild der MH-Krise

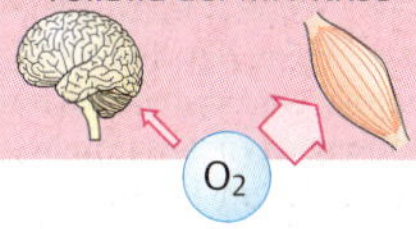

A. Epidemiologie

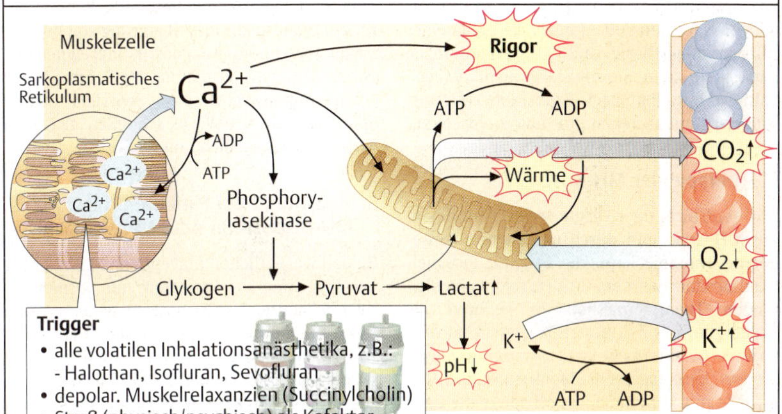

Trigger
- alle volatilen Inhalationsanästhetika, z.B.:
  - Halothan, Isofluran, Sevofluran
- depolar. Muskelrelaxanzien (Succinylcholin)
- Streß (physisch/psychisch) als Kofaktor

1. Triggermechanismen einer MH-Krise

- Barbiturate, Etomidat, Propofol, Benzodiazepine
- Opioide, Stickoxydul
- alle nicht depolarisierenden Muskelrelaxanzien
- alle Lokalanästhetika
- Ketamin (jedoch aus differentialdiagnostischen Gründen wegen sympathoadrenerger Stimulation und möglicher Auslösung eines Rigors problematisch)

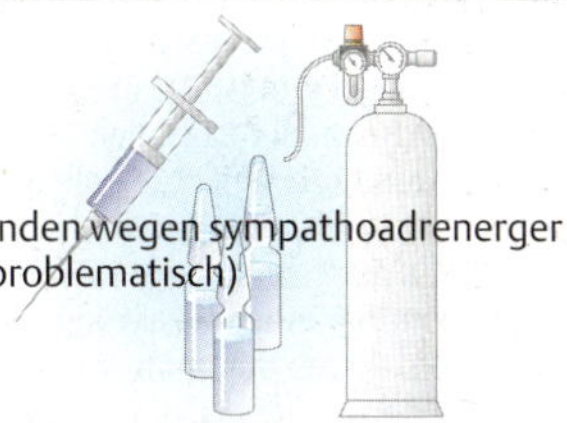

2. Medikamente ohne Triggerpotenz

B. Pathophysiologie

initial
- unklare Tachykardie/Tachyarrhythmie
- steiler Anstieg des $PECO_2$
- abnorme Erwärmung u. Verfärbung des CO_2-Absorbers
- Abfall der $pSaO_2$, Zyanose
- Rigor der Skelettmuskulatur
- komb. resp.-metabol. Azidose
- Blutdruckinstabilität

protrahiert
- exzessiver Anstieg der Körpertemperatur
- Myoglobinämie/-urie
- Enzymanstieg (auf mehrere 1.000 U/l): CK, GPT, GOT, LDH, HBDH
- Hyperkaliämie, -kalzämie
- Hyperglykämie (katecholaminbedingt)
- Verbrauchskoagulopathie
- akutes Nierenversagen
- Hirnödem, Pupillendilatation, Areflexie
- Kreislaufstillstand

C. Symptomatik der MH-Krise

betroffen zu sein, so daß der Tod in der Akutphase einer nicht oder nur unzureichend behandelten MH vor allem auf ein hypoxisch bedingtes Herzversagen zurückgeführt wird. Die Labordiagnostik zeigt i.d.R. eine kombinierte respiratorisch-metabolische Azidose und als Folge der Rhabdomyolyse eine Hyperkaliämie, eine Myoglobinämie/-urie sowie eine Erhöhung der Transaminasen und der Kreatinkinase (CK) im Serum. Bedacht werden muß, daß sich eine MH-Krise auch nach zuvor unauffälligen Narkosen und zu *jedem* Zeitpunkt einer Allgemeinanästhesie mit Triggersubstanzen entwickeln kann. Sie muß also nicht zwangsläufig unmittelbar nach Exposition auftreten, sondern kann auch erst protrahiert einsetzen.

D. Therapie der MH-Krise

Nur bei frühzeitiger Diagnose einer fulminanten MH-Krise und durch umgehende konsequente Therapie kann die Letalität entscheidend gesenkt werden. Zu den *sofort* einzuleitenden Therapiemaßnahmen gehören die Beendigung der Zufuhr von Triggersubstanzen, Verdrei- bis -vierfachung des Atemminutenvolumens (bedarfsgerechte Mehrventilation), Beatmung mit reinem Sauerstoff sowie die Gabe von **Dantrolen**. Nur die spezifische Therapie mit Dantrolen kann derzeit als kausal angesehen werden. Dantrolen hemmt wahrscheinlich die Calciumfreisetzung aus dem sarkoplasmatischen Retikulum und ist damit momentan als einzige Substanz in der Lage, den Triggerungsprozeß zu durchbrechen. Die mittlere Wirkdauer beträgt zwischen 4 und 6 h. Die Diagnose „MH-Krise" muß in Zweifel gezogen werden, wenn bei einer Dosierung von 10 mg Dantrolen pro kg KG innerhalb von 20–30 min keine Verbesserung des Zustandes des Patienten zu verzeichnen ist. Die üblichen *Calciumantagonisten* sind – ganz abgesehen von ihrer fehlenden therapeutischen Wirkung bei MH – wegen lebensbedrohlicher Interaktion mit Dantrolen (Auslösung einer hyperkaliämischen Krise) *absolut* kontraindiziert!

Eine bereits laufende Operation soll schnellstmöglich beendet werden. Falls eine MH-Krise bereits im Einleitungsraum beginnt, darf eine verschiebbare Operation nicht mehr durchgeführt werden.

Diagnostik nach MH-Krise. Bei Patienten mit Verdacht auf MH-Disposition wird die Diagnose *in vitro* mit dem **Halothan-Koffein-Kontrakturtest** (IVKT) am Skelettmuskelbiopsat gestellt. Der IVKT bietet z.Zt. die größte Sensitivität und Spezifität. Geringer invasive Tests (z. B. auf genetischer Grundlage) werden auch in absehbarer Zeit noch nicht verfügbar sein. Präoperative Bestimmungen des CK-Wertes im Serum können höchstens einen Hinweis auf eine Myopathie liefern, sind jedoch als Screening-Verfahren zur Identifizierung von Anlageträgern für die MH-Diagnostik ungeeignet. Angaben über eine Erhöhung der Serum-CK bei Anlageträgern schwanken zwischen 30 und 70 %. Normale CK-Werte schließen also eine MH-Veranlagung nicht aus!

E. Anästhesie bei Patienten mit MH-Disposition oder MH-Verdacht

Zu den wesentlichen präventiven Maßnahmen bei Eingriffen an Patienten mit vermuteter oder bekannter MH-Disposition gehören in erster Linie der Verzicht auf Narkosemittel und Pharmaka mit bekannter oder fraglicher Triggerpotenz, aber auch die Verwendung eines „dekontaminierten" Narkose- bzw. Beatmungsgerätes. Nach neueren Untersuchungen kann durch Auswechseln des CO_2-Absorbers und der Beatmungsschläuchen, durch Entfernen des Vapors und ca. zehnminütige Durchspülung des Gerätes mit O_2 oder Luft (10 l/min) die in einem kontaminierten Gerät befindliche Menge eines volatilen Anästhetikums suffizient eliminiert werden. Daneben ist durch ein geeignetes Monitoring die Möglichkeit einer sofortigen Erkennung der wichtigen Frühzeichen zu gewährleisten. Eine zusätzliche, prophylaktische, intravenöse Dantrolengabe (45 min vor Narkosebeginn 2,5 mg/kg über 20 min, Repetition nach 6 h bei längeren Eingriffen) wird bei entsprechend umfassendem Monitoring mehrheitlich für nicht notwendig erachtet. *Regionalanästhesien* mit angemessener Sedierung des Patienten sollten in Abhängigkeit von der Eingriffslokalisation bevorzugt werden.

Maligne Hyperthermie II

- Beendigung der Zufuhr von Triggersubstanzen
- Auswechseln der kontaminierten Beatmungsschläuche u. des Atemkalks, Entfernung des Vapors
- Steigerung des AMV auf das 3-4fache, Beatmung mit 100 % O_2 unter max. Flow (15 l/min)
- Narkosevertiefung mit triggerfreien Anästhetika
- Dantrolen i.v.: zunächst 2,5 mg/kg KG (b. Bed. Steigerung bis zur Gesamtdosis von 10 mg/kg KG)
- evtl. Natriumhydrogencarbonat zur Korrektur der metabol. Azidose: initial 1-2 mmol/kg KG
- ggf. symptomatische antiarrhythmische Therapie
- Kühlungsmaßnahmen

100 % O_2

„normale" Calciumantagonisten

1. Soforttherapie der MH-Krise

- Trockensubstanz in 20-mg-Flaschen, die mit je 60 ml Aqua dest. gelöst werden müssen. Die Lsg. enthält pro Fl. 3 g Mannit sowie NaOH (pH ca. 9,5!).
- Nebenwirkungen
  - Sedierung, negative Inotropie
  - periphere Atemdepression (durch Verminderung des Muskeltonus)

2. Dantrolen

- Temperaturmessung, Blasenkatheter
- ZVK, arterielle Kanüle

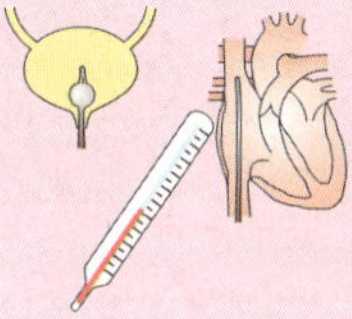

3. Erweitertes Monitoring

- forcierte Diurese (zur Verhinderung einer „crush"-Niere bei Rhabdomyolyse)
- Heparin zur Prophylaxe einer Verbrauchskoagulopathie: initial 50 IE/kg KG
- regelmäßige Laborbestimmungen (BGA, CK, Transaminasen, Myoglobin etc.)
- postop. Überwachung auf einer Intensivstation

4. Erweiterte Therapiemaßnahmen

- malignes neuroleptisches Syndrom
- malignes Dopa-Entzugssyndrom
- thyreotoxische Krise
- porphyrische Krise
- Phäochromozytom
- hyperdyname Phase d. sept. Schocks

5. Differentialdiagnose der MH-Krise

D. Therapie der MH-Krise

- Regionalanästhesien bei peripheren Eingriffen bevorzugen
- ausreichende Prämedikation zur Streßvermeidung
- absoluter Verzicht auf alle potentiellen MH-Triggersubstanzen
- Verwendung eines „dekontaminierten" Narkosegerätes:
  - frischer Atemkalk, neue Schlauchsysteme, Vapor entfernen
  - Durchspülen des Narkosegerätes mit 100 l O_2 oder Luft
- Bereitstellung von Dantrolen für den Notfall
- Minimal-Monitoring:
  - EKG, nicht invasive Blutdruckmessung
  - **Kapnometrie/-graphie!**, Pulsoxymetrie
  - Temperaturmessung
- postoperativ:
  - möglichst Intensivüberwachung für 24 Stunden
  - engmaschige Kontrolle von Temp., CK, BGA etc.

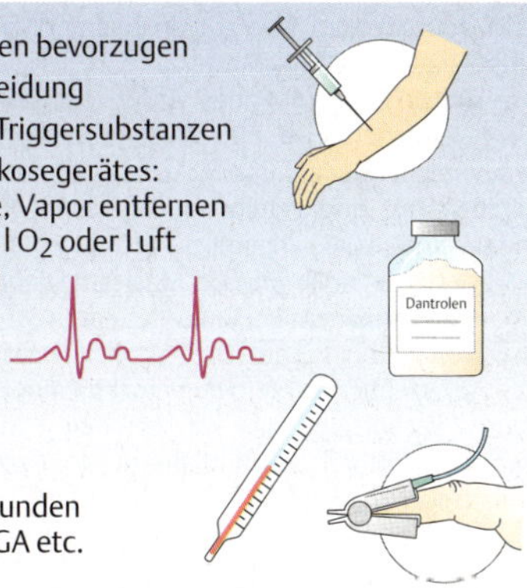

E. Anästhesie bei Patienten mit MH-Disposition oder MH-Verdacht

A. Funktion

Die unmittelbar postoperative Phase ist für den Patienten besonders kritisch, da i.d.R. die körpereigenen Regulations- und Kompensationsmechanismen infolge von operativem Trauma und anästhesiebedingten Nachwirkungen noch nicht vollständig wiederhergestellt sind. In dieser Phase ist eine sorgfältige und lückenlose Überwachung der Vitalfunktionen geboten, um Komplikationen zu vermeiden bzw. umgehend adäquat therapieren zu können. Dazu dient der „Aufwachraum", der in seiner heutigen Form die Überwachung und Therapie mit den Möglichkeiten der modernen Intensivmedizin gewährleisten soll.

B. Organisation

Der Aufwachraum sollte sich in unmittelbarer räumlicher Nähe zum Operationsbereich befinden bzw. am besten in diesen integriert sein. Damit ist der jederzeitige Kontakt mit dem Anästhesie- und Operationsteam garantiert und eine bei eintretenden Komplikationen erforderliche Rückführung des Patienten in den Operationsraum umgehend möglich. Der Aufwachraum ist als *Bindeglied* zwischen Operationsabteilung und allgemeinem Pflegebereich zu verstehen. Spätestens hier wird zu entscheiden sein, ob der Patient auf eine Allgemein- oder Intensivstation verlegt wird oder bei ambulanten Eingriffen nach Hause entlassen werden kann. Bis auf die Patienten, die postoperativ sofort einer Intensivstation zur Überwachung oder Therapie übergeben werden, sollten alle anderen zunächst in einer Aufwacheinheit betreut werden. Das gilt unabhängig von Art und Dauer der Anästhesie.

Die ärztliche Leitung des Aufwachraumes obliegt üblicherweise der Anästhesiologie. Eine ausreichende apparative Ausstattung und Besetzung mit erfahrenem Anästhesiepflegepersonal sind für die angemessene Versorgung Frischoperierter unabdingbar. Man geht dabei heutzutage von einem Personal-Patienten-Verhältnis von 1:2 bis 1:3 aus. Die Anzahl an benötigten Aufwachbetten ist in den einzelnen operativen Fachdisziplinen verschieden. Sie schwankt zwischen 1,5 und 3 Betten pro Operationstisch.

C. Allgemeine Maßnahmen

Zu Beginn des Aufenthaltes im Aufwachraum muß eine korrekte Übergabe des Patienten erfolgen, und zwar durch den zuvor betreuenden Anästhesisten an die Pflegekraft, die den Patienten von seiner Aufnahme bis zur Entlassung im Aufwachraum weiter versorgt. Hierbei sind folgende *Informationen* essentiell:

- Name und Alter des Patienten,
- durchgeführte Operation und Anästhesie,
- aufgetretene Komplikationen,
- Vorerkrankungen,
- Risiken (z. B. Nichtnüchternheit),
- Verordnungen zur Schmerztherapie,
- spezielle Anordnungen.

Nach der Übergabe ist für eine sachgerechte *Lagerung* des Patienten zu sorgen, die unter besonderer Berücksichtigung der Atmungs- und Herz-Kreislauf-Funktion erfolgt. Sie dient auch der Reduzierung von Schmerzen. Zumindest nach Allgemeinanästhesien ist eine *Sauerstoffinsufflation* wichtig, weil hiernach mit passageren Störungen des Gasaustausches zu rechnen ist (z. B. durch Mikroatelektasen). Patienten, die nicht sofort nach Beendigung der Operation extubiert werden können, müssen im Aufwachraum nachbeatmet werden. Jeder Patient muß hinsichtlich seiner *Vitalfunktionen* ausreichend überwacht werden (s. Kap. 14.2). Die Fortführung der *Infusionstherapie* mit kristalloiden Lösungen hat den Besonderheiten des postoperativen Flüssigkeitshaushaltes Rechnung zu tragen (s. Kap. 9.4). Sie ist bis auf kurzdauernde periphere Eingriffe unverzichtbar. *Medikamente* werden grundsätzlich intravenös verabreicht. Ihre Gabe erfolgt ebenso wie *Bluttransfusionen* entsprechend den ärztlichen Anordnungen. Eine Selbstverständlichkeit sind auch die Ableitung von Drainagen, Blasenkatheter und Magensonde sowie die *Bilanzierung* von Flüssigkeitsein- und -ausfuhr. Infolge intraoperativer Auskühlung ist besonders nach größeren und längerdauernden Eingriffen eine *Wärmeapplikation* notwendig, um den Sauerstoffverbrauch nicht durch Kältereaktionen (s. 14.3) gefährlich ansteigen zu lassen. Die einzelnen Maßnahmen werden für jeden Patienten auf einem speziellen Aufwachraumprotokoll dokumentiert.

Aufwachraum

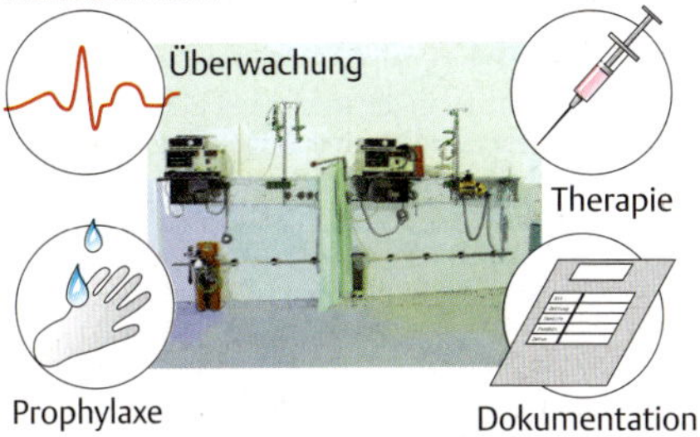

A. Funktionen des Aufwachraumes

- Name und Alter des Patienten
- durchgeführte Operation
- durchgeführte Anästhesie
- aufgetretene Komplikationen
- Vorerkrankungen und Risiken (z. B. Nichtnüchternheit)
- Verordnungen zur Schmerztherapie
- spezielle Anordnungen

Informationen bei Übergabe des Patienten

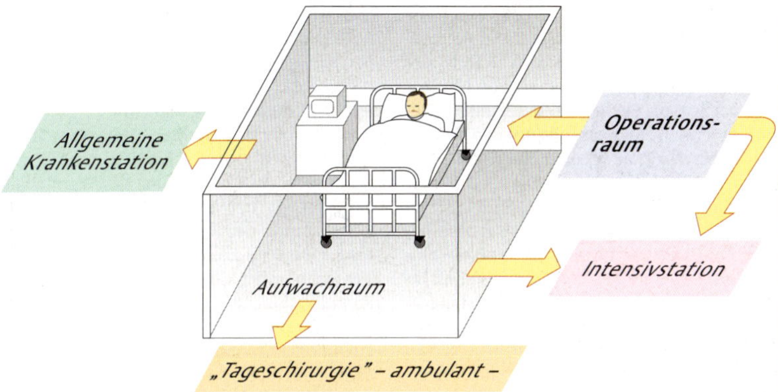

B. Organisation des Aufwachraumes

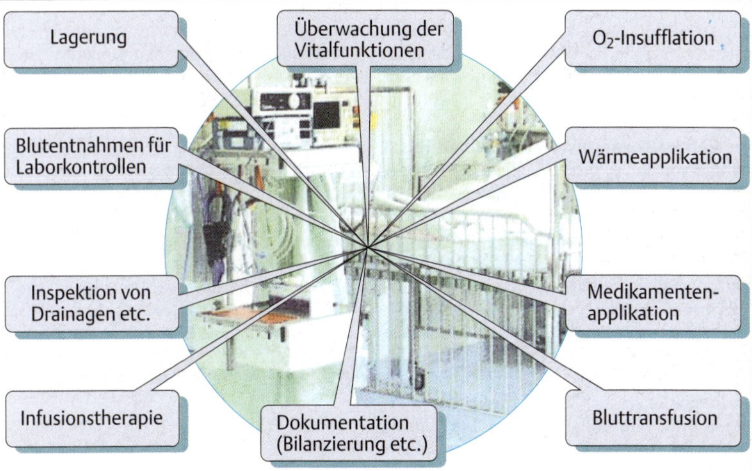

C. Allgemeine Maßnahmen im Aufwachraum

Siehe auch Kap. 9.

Vorrangig in der direkten postoperativen Phase ist eine lückenlose Überwachung der Vitalfunktionen. Das Ausmaß des Monitorings richtet sich dabei nach den Vorerkrankungen und dem Alter des Patienten, der Art und Dauer des operativen Eingriffes, dem anästhesiologischen Verfahren und etwaigen Komplikationen. Neben der klinischen Untersuchung stehen apparative und laborchemische Methoden zur Verfügung.

Klinische Überwachung. Die klinische Untersuchung bildet die Basis der Patientenüberwachung im Aufwachraum. Hierunter fallen die Überprüfung der *Bewußtseinslage*, der *Atemfrequenz und -tiefe* sowie die Auskultation der *Atemgeräusche*. Nach Anwendung von Muskelrelaxanzien muß die *grobe Muskelkraft* eingeschätzt werden. Eine Kontrolle des Pupillenstatus wird nach intrakraniellen Eingriffen erforderlich. Zur Beurteilung der peripheren Zirkulation dienen Hautfarbe und -temperatur sowie der Pulsbefund. Diese Parameter sind besonders wichtig nach gefäßchirurgischen Eingriffen und Operationen von Extremitätenfrakturen. Bei letzteren ist ebenso wie nach Eingriffen am zentralen Nervensystem zusätzlich die Kontrolle der Sensibilität und Motorik angezeigt, um neurologische Ausfälle frühzeitig erkennen zu können. Die Wiederkehr neurologischer Funktionen nach Regionalanästhesien ist ebenfalls zu überprüfen. Besonders nach rükkenmarknahen Anästhesien ist die Blasenfüllung zu kontrollieren. Verbände und Drainagen müssen intermittierend im Hinblick auf Blutungszeichen inspiziert werden.

Apparative Überwachung. Zur Standard-Kreislaufüberwachung gehören die fortlaufende *EKG*-Ableitung (Monitor) und die regelmäßige, nichtinvasive *Blutdruckmessung*. Bei manchen Patienten sind vor allem nach größeren Eingriffen zur Kontrolle des intravasalen Volumenhaushaltes die Messung des *zentralen Venendruckes* und bei instabiler Hämodynamik auch die *invasive Blutdruckmessung* über eine intraarterielle Kanüle unentbehrlich. Der Einsatz eines Pulmonaliskatheters bleibt speziellen Indikationen zur Messung des Herzzeitvolumens und zur differenzierten Beurteilung der Rechts- und Linksherzfunktion vorbehalten. Diese Notwendigkeit stellt sich im Aufwachraum aber i.d.R. nicht, da die betroffenen Patienten auf eine Intensivstation verlegt werden.

Die kontinuierliche Überwachung der *Atemfrequenz* ist in die modernen EKG-Monitore integriert, so daß eine Apnoe sofort erkennbar wird. Zusätzlich sollte eine orientierende Beurteilung des pulmonalen Gasaustausches für Sauerstoff – zumindest nach Allgemeinanästhesien – mit Hilfe der *Pulsoxymetrie* erfolgen. Die Messung der endexspiratorischen CO_2-Konzentration am nichtintubierten Patienten ist zwar prinzipiell auch über (halboffene) Gesichtsmasken oder O_2-Insufflationskatheter möglich, bietet aber nur eine eingeschränkte Meßgenauigkeit (Nebenluft). Sie kann dennoch bei Risikopatienten sinnvoll sein, um z. B. bei schwerer COPD die Sauerstofftherapie zu optimieren, ohne daß es hierbei zu einer weiteren CO_2-Retention kommt.

Nach größeren Eingriffen ist die Messung der *Körperkerntemperatur* (kontinuierlich/diskontinuierlich) zur Überprüfung des Wärmehaushaltes sowie der *Stundendiurese* zur groben Einschätzung der Nierenfunktion von Bedeutung. Eine *Röntgenaufnahme* des Thorax ist bei Verdacht auf pulmonale und/oder kardiale Komplikationen indiziert. Auf diese Weise können z. B. Atelektasen, Pneumothorax, Pleuraerguß oder Lungenödem objektiviert werden. Sie dient außerdem der Lagekontrolle eines zentralen Venenkatheters (ZVK) oder Pulmonaliskatheters. Sie ist verzichtbar, falls der ZVK mittels intraatrialer EKG-Ableitung korrekt plaziert wurde, es sei denn, es wurden die A. subclavia oder tiefe Halsvenen punktiert. Hierbei besteht die Gefahr einer Pleuraverletzung, so daß immer ein Pneumothorax ausgeschlossen werden muß.

Laborchemische Überwachung. Nicht selten werden unmittelbar postoperativ, zumal nach ausgedehnteren Eingriffen, Laboruntersuchungen erforderlich. In erster Linie handelt es sich hierbei um Hämoglobin-, Hämatokrit-, Blutzucker- und Elektrolytbestimmungen, um die Messung der zentral-venösen Sauerstoffsättigung sowie um Blutgas- und Gerinnungsanalysen. Die Untersuchung weiterer Parameter bleibt speziellen Indikationen vorbehalten.

Monitoring

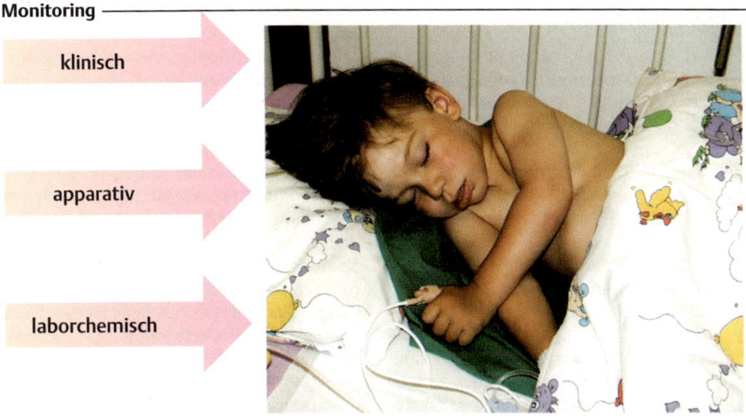

A. Monitoring im Aufwachraum

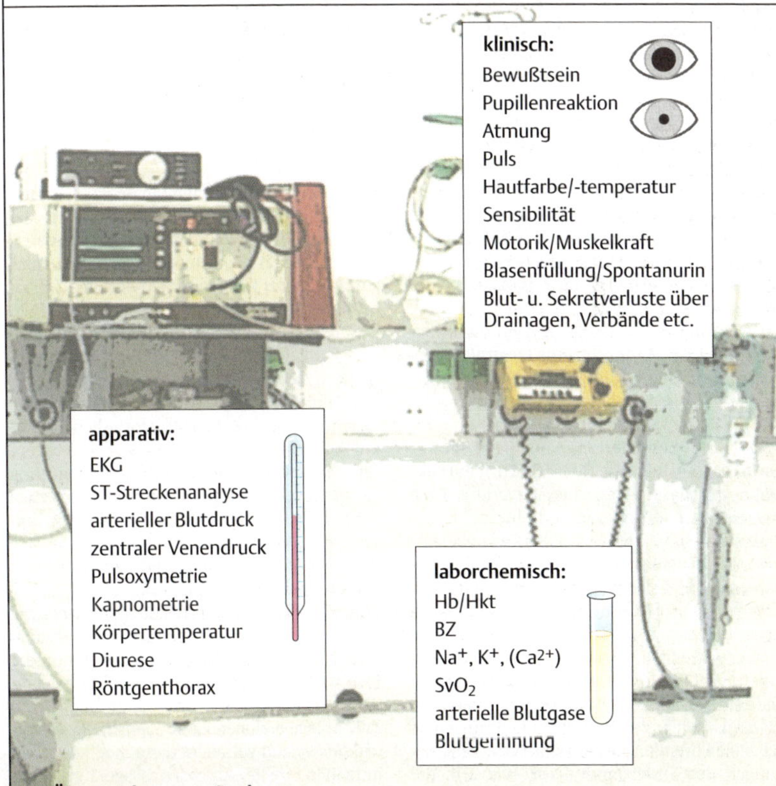

B. Überwachungsmaßnahmen

A. Respirationstrakt

Im Mittelpunkt des Spektrums postoperativer Komplikationen im Aufwachraum stehen die Störungen der Atmung, die unbehandelt rasch zu einer *respiratorischen Insuffizienz* führen können.

Zur *mechanischen Verlegung* der oberen Atemwege kommt es z. B. beim Zurückfallen der Zunge als Folge eines Narkoseüberhanges. Auch durch den chirurgischen Eingriff selbst kann eine Obstruktion von Larynx und Pharynx verursacht werden, so z. B. durch Ödem oder Blutung nach Karotis- und Halsoperationen oder durch eine Rekurrensparese nach Strumektomie. Ein *Laryngospasmus* kann durch Stimulation bzw. Irritation des Larynx, z. B. während der Narkoseausleitung, entstehen. Auslöser sind Manipulationen im Bereich der oberen Atemwege oder Sekret- bzw. Blutansammlungen. Ein Laryngospasmus tritt deutlich häufiger bei Säuglingen und Kleinkindern als bei Erwachsenen auf. Wenn er nicht durch alleinige Maskenbeatmung mit reinem Sauerstoff beherrscht werden kann, ist die zusätzliche Gabe kleiner Dosen von Succinylcholin erforderlich. Traumatische Intubationen und laryngeale Eingriffe führen nicht selten zum *Larynxödem*. Ein *Bronchospasmus* ereignet sich bei prädisponierten Patienten (z. B. Asthma bronchiale, starke Raucher mit chronischer Bronchitis) ebenfalls bevorzugt in der Narkoseausleitungsphase.

Ein Überhang an Narkotika kann direkt zur Hemmung des Atemzentrums (*zentrale Atemlähmung*) führen und so eine Hypoventilation bewirken. Neben Opioiden kommen auch volatile Inhalationsanästhetika als Ursache in Betracht. Die besondere Gefahr liegt hierbei darin, daß ansteigende Blut-CO_2-Partialdrücke keine adäquate Ventilationssteigerung nach sich ziehen. Dadurch wird verhindert, daß der Patient das subjektive Gefühl der Dyspnoe entwickelt. Mit steigendem arteriellem CO_2-Gehalt entwickelt sich schließlich eine „CO_2-Narkose" ($PaCO_2$ > 70 mmHg), die unbemerkt in Atemstillstand und „silent death" enden kann.

Nachwirkende Muskelrelaxanzien können durch fortbestehende neuromuskuläre Blockade eine *periphere Atemlähmung* verursachen. Komplikationen des operativen Eingriffes, wie z. B. eine Phrenikusparese, oder Systemerkrankungen der Skelettmuskulatur, wie z. B. die Myasthenia gravis, sind ebenfalls in der Lage, postoperativ die Atmungsfunktion erheblich zu behindern.

Thorax- und Oberbaucheingriffe, chronische Lungenerkrankungen oder erhebliches Übergewicht prädisponieren zur Bildung von *Mikroatelektasen* mit entsprechenden Gasaustauschstörungen. Eine pulmonale *Aspiration* von Mageninhalt kann sich nach Erbrechen in der Narkoseausleitungsphase bei noch nicht vollständig wiedererlangten Schutzreflexen ereignen (s. Kap. 5.2). Bei Thoraxoperationen, Strumektomien, Eingriffen am Zwerchfell, Nierenoperationen und Anlage zentralvenöser Katheter (ZVK) besteht die Gefahr einer Pleuraperforation mit Ausbildung eines *Pneumo- oder Hämatothorax*. Auch ein *Lungenödem* oder eine *Lungenembolie* können den pulmonalen Gasaustausch erheblich beeinträchtigen. Zur Steigerung des Sauerstoffbedarfs kommt es regelhaft bei Kältereaktionen, motorischer Unruhe oder Fieber. Die Sauerstoffversorgung einzelner Organe, vor allem von Herz und Gehirn, kann dadurch bei disponierten Patienten kritisch vermindert werden.

B. Herz-Kreislauf-System

Hypoxämie, Hyperkapnie, Schmerzen, Unterkühlung, Harnverhalt sowie Störungen des Blut- und Plasmavolumens bewirken eine erhöhte Aktivität des sympathischen Nervensystems. Hieraus können sich in der unmittelbar postoperativen Phase kardiovaskuläre Komplikationen wie arterielle *Hyper- und Hypotension*, kardiale *Arrhythmien* und ggf. *Herzinsuffizienz, Myokardinfarkt* und *Herz-Kreislauf-Stillstand* entwickeln. Am stärksten gefährdet sind Patienten mit kardiozirkulatorischen Vorerkrankungen. Bei ihnen ist neben der Prävention ein subtiles und erweitertes Monitoring dringend angezeigt, um bei eingetretenen Komplikationen unverzüglich und angemessen therapieren zu können.

Die *Lungenembolie* im Aufwachraum ist zwar ein eher seltenes Ereignis, darf aber bei foudroyanten Kreislaufdepressionen als mögliche Ursache in den differentialdiagnostischen Überlegungen nicht fehlen. Gleiches gilt für die *Perikardtamponade*, die sich nach Thorax- und Oberbaucheingriffen sowie selten auch nach ZVK-Anlage ereignen kann. *Septische Kreislaufreaktionen* sind vor allem dann möglich, wenn intraabdominelle Abszesse ausgeräumt und dabei Erreger bzw. Endotoxine in die Blutbahn

Komplikationen I

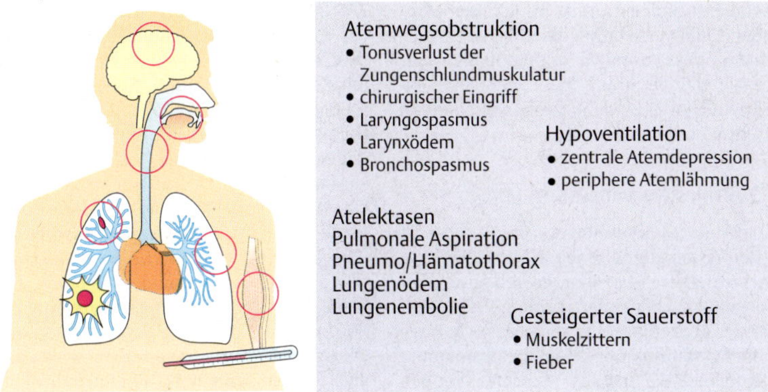

1. Respiratorische Komplikationen

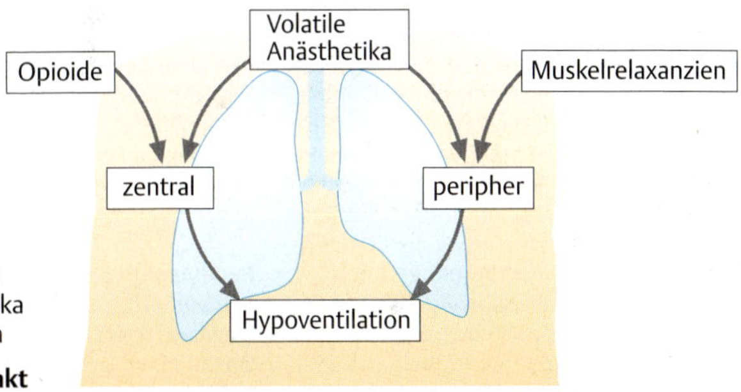

2. Hypoventilation durch Anästhetika und Relaxanzien

A. Respirationstrakt

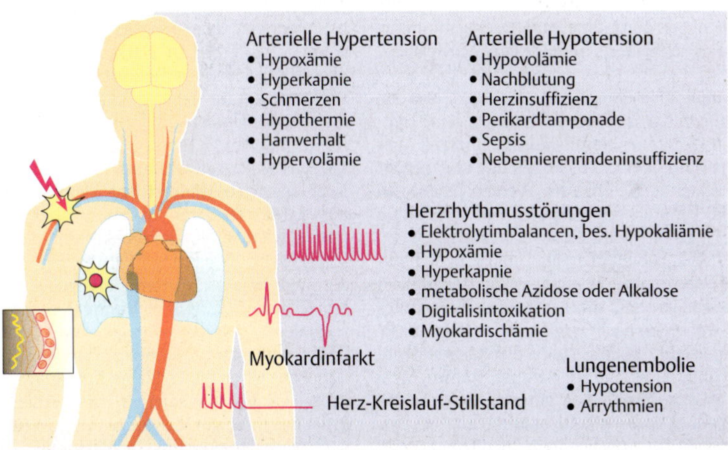

B. Herz-Kreislauf-Komplikationen

eingeschwemmt wurden. Bei Patienten mit Nebennierenrindenatrophie im Rahmen chronischer Glukokortikoidmedikation, aber auch nach Hypophysektomien, Nephrektomien oder Adrenalektomien muß bei Kreislaufbeeinträchtigungen an einen *akuten Cortisolmangel* gedacht werden.

C. Zentrales Nervensystem (ZNS)

Ein **verzögertes Erwachen** aus der Narkose ist am häufigsten durch einen *Narkoseüberhang* verursacht. Diese Patienten müssen postoperativ oftmals nachbeatmet werden. Wenn Opioide oder Benzodiazepine als Auslöser in Frage kommen, ist prinzipiell eine medikamentöse Antagonisierung möglich. Beachtet werden muß hierbei allerdings, daß es zu überschießenden Kreislaufreaktionen mit Tachykardie und Blutdruckanstieg kommen kann. Außerdem sind „rebound"-Phänomene möglich, wenn aufgrund unterschiedlicher Halbwertszeiten die Wirkung des Antagonisten früher nachläßt als die des Agonisten. Eine exzessive intraoperative *Hyperventilation* kann durch eine respiratorische Alkalose zur zerebralen Vasokonstriktion und Ischämie führen. Darüber hinaus kommt es zur Entleerung der CO_2-Speicher mit anschließender Verminderung bzw. Aufhebung des Atemantriebs. Die Hyperventilationsalkalose ist anhand einer endexspiratorischen CO_2-Messung oder Blutgasanalyse leicht erkennbar. Eine *Hypoglykämie* kann gleichfalls Ursache einer Vigilanzminderung sein und ist durch eine Blutzuckerbestimmung mittels Schnelltests unmittelbar nachweisbar.

Postoperative Erregungszustände. Sie werden häufig durch *Schmerzen* verursacht. Eine Hypoxämie darf in diesem Zusammenhang aber keinesfalls übersehen werden und muß immer als erstes ausgeschlossen werden. Ebenso in Frage kommt eine Blasenkatheterobstruktion oder bei nichtkatheterisierten Patienten ein Harnverhalt bei voller Blase. Eine Dehydratation nach unzureichendem intraoperativen Flüssigkeitsersatz führt insbesondere bei älteren Patienten nicht selten zu postoperativer Agitiertheit, ebenso wie eine ausgeprägte Hyponatriämie, die im Rahmen transurethraler Prostataresektionen autreten kann. Medikamenten- oder Alkoholentzug kann bei Abhängigen im Aufwachraum manifest werden und zu deliranter Symptomatik führen.

Zentral-anticholinerges Syndrom (ZAS). Das ZAS ist pharmakologisch bedingt und beruht auf einer Blockade cholinerger Rezeptoren bzw. einer Abnahme von Acetylcholin im Bereich zentraler Synapsen. Neben Atropin und Scopolamin sollen nahezu alle Anästhetika, Hypnotika und Opioide sowie Neuroleptika und Antihistaminika als Auslöser in Betracht kommen. Man unterscheidet entsprechend der klinischen Symptomatik eine *zentral-exzitatorische* von einer *zentral-depressorischen* Form *(C2)*. Zusätzlich finden sich in unterschiedlicher Ausprägung periphere Symptome durch Blockierung muskarinartiger Rezeptoren. Die Häufigkeit des ZAS nach Narkosen liegt bei 2–5%. Das Therapeutikum der Wahl ist *Physostigmin* (Anticholium®;*C3*). Es durchdringt die Blut-Hirn-Schranke (tertiäres Amin) und erhöht als Cholinesterasehemmstoff die Acetylcholinkonzentration im synaptischen Spalt.

Wenn die obengenannten Ursachen für postoperative Bewußtseinsstörungen ausgeschlossen werden können, müssen *hirnorganische* Schädigungen wie Hirnödem, -infarkt oder -blutung und *endokrine* Entgleisungen wie Addison- oder thyreotoxische Krise erwogen werden.

Hypo- und Hyperthermie. Störungen der Wärmehomöostase treten nahezu regelhaft nach langdauernden, thorakalen oder abdominellen Operationen auf. Wärmeverluste entstehen z. B. intraoperativ infolge Flüssigkeitsverdunstung über großen Wundflächen, besonders bei niedriger Umgebungstemperatur. Aggravierend wirkt die in Narkose aufgehobene Thermoregulation. Der konsekutive Abfall der Körpertemperatur bewirkt postoperativ deutliche *Hypothermiereaktionen* mit Muskelzittern („shivering"). Hierbei können Grundumsatz und Sauerstoffverbrauch bis auf das Vierfache ansteigen, wodurch vor allem Patienten mit kardiovaskulären Vorerkrankungen gefährdet werden. *Pethidin* (Dolantin®) ist in subanalgetischer Dosierung (12,5–25 mg i. v.) in der Lage, das Kältezittern zumindest abzuschwächen. Dieses gilt gleichermaßen für den zentralen α_2-Rezeptorantagonisten *Clonidin* (z. B. Catapresan®; fraktioniert 75–150 µg i. v.). Daneben sollten die Patienten mittels Wärmedecken von außen wiedererwärmt werden. Für Risikopatienten gilt, daß sie bis zum Erreichen der Normaltemperatur analgosediert und nachbeatmet werden müssen. Eine postopera-

Komplikationen II

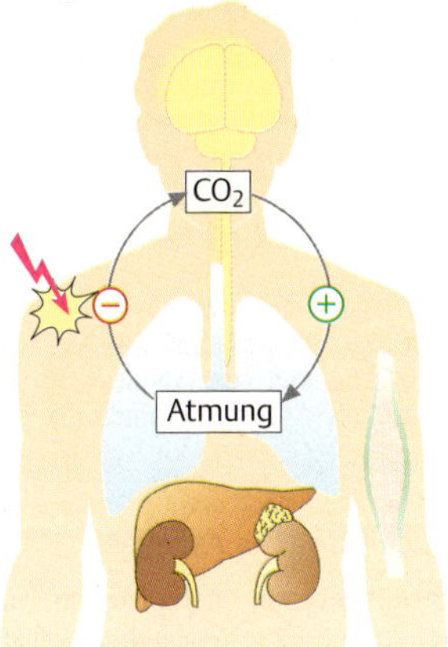

Agitiertheit
- Schmerzen
- Hypoxämie
- Hyperkapnie
- Harnverhalt
- Dehydration
- Hyponatriämie
- Delir
- thyreotoxische Krise

Verzögertes Erwachen
- Narkoseüberhang
- exzessive Hyperventilation
- Hypoglykämie
- Addison-Krise

Hirnorganische Schädigungen
Zentral-anticholinerges Syndrom (ZAS)

1. Zerebrale Komplikationen

---

peripher
- tachykarde Rhythmusstörungen
- Mydriasis
- Mundtrockenheit
- Hautrötung
- Harnretention

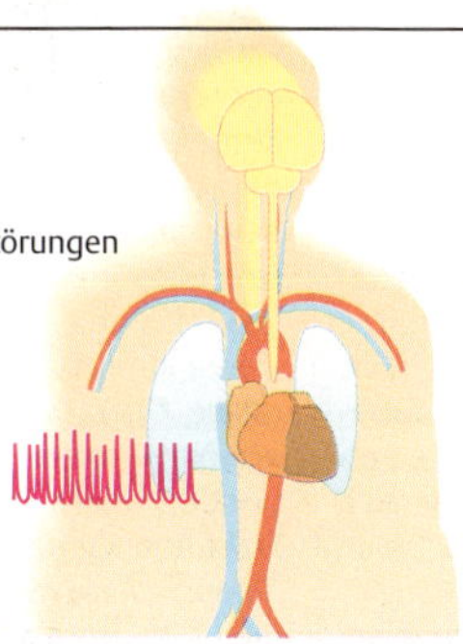

zentral
- Desorientiertheit
- Agitiertheit bis hin zum Delir
- Stupor, Somnolenz bis hin zum Koma
- Temperaturanstieg
- Atemdepression

2. Symptomatik des ZAS

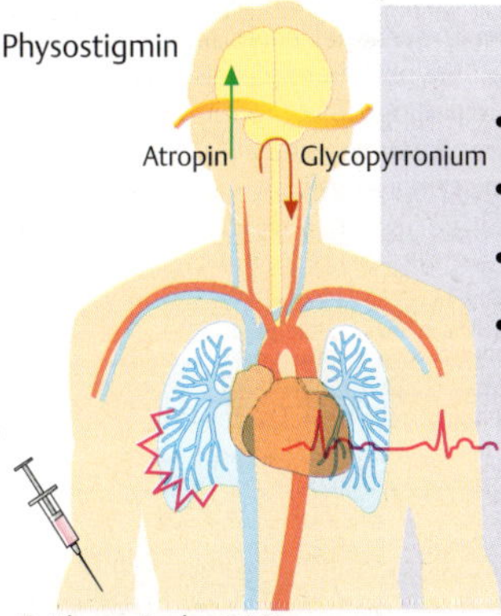

Physostigmin (Anticholium®)

- zentral gängiger Cholinesterase-hemmstoff (tertiäres Amin)
- Dosierung: 0,03-0,04 mg/kg KG langsam i. v.
- Wirkeintritt nach 2-5 min, Wirkdauer: ca. 30 min
- Nebenwirkungen (durch peripheres und zentrales Überangebot an Acetylcholin)
  - Bradykardie
  - Bronchokonstriktion
  - Übelkeit/Erbrechen
  - Schweißausbruch
  - Krämpfe
- Antidota
  - Atropin (antagonisiert periphere Symptome, aber auch die zentrale Hauptwirkung)
  - Glycopyrronium (Robinul®; beseitigt als quartäres Amin nur die peripheren Wirkungen)

3. Therapie des ZAS

C. Zentrales Nervensystem

tive *Hyperthermie* beruht meistens auf einer harmlosen Sollwertverstellung der Körpertemperatur durch Narkose und Operation, kann aber auch Ausdruck einer Septikämie oder in seltenen Fällen gar einer (abortiven) malignen Hyperthermie sein.

Muskelzittern. Postoperatives Muskelzittern kann, wie oben beschrieben, als Reaktion auf intraoperative Wärmeverluste auftreten. Es kann aber auch bei *normothermen* Patienten, und hier besonders nach Inhalationsanästhesien, beobachtet werden. Der genaue Entstehungsmechanismus ist hierfür z. Zt. noch nicht bekannt. Vorstellbar ist eine unterschiedlich schnelle Abflutung des Anästhetikums aus kortikalen und subkortikalen Regionen. In diesen Fällen kann ebenso die Anwendung von *Clonidin* oder *Pethidin* erfolgreich sein.

D. Übelkeit und Erbrechen

Postoperative Übelkeit und postoperatives Erbrechen (PONV = postoperative Nausea und Vomitus) entstehen nach Stimulierung des Brechzentrums in der Medulla oblongata und können z. B. bei noch mangelhaften Schutzreflexen zur pulmonalen Aspiration führen. Die Häufigkeit von PONV beträgt *im Durchschnitt* 20–30%. Ursächlich kommen neben (Inhalations-)Anästhetika und Opioiden (direkte Reizung chemosensibler Rezeptoren im Bereich der Area postrema) wahrscheinlich auch Schmerzen sowie der chirurgische Eingriff selbst in Frage. Nach neueren Untersuchungen soll der Eingriffslokalisation allerdings bis auf einige Ausnahmen (laparoskopische, Innenohr-, intrakranielle und Notfalloperationen; *D1*) eher eine untergeordnete Rolle zukommen. Blutdruckabfälle, z. B. unter rückenmarknahen Regionalanästhesien, können ebenfalls triggernd wirken. Zur Prophylaxe kann *Droperidol* (Dehydrobenzperidol® [DHBP]) in niedriger Dosierung zur Narkoseein- oder besser noch -ausleitung i. v. appliziert werden *(D2)*. Gute Erfahrungen bestehen auch mit der präventiven Gabe des H_1-Antihistaminikums *Dimenhydrinat* (Vomex A®). Die kombinierte Gabe von *H_1- und H_2-Rezeptorantagonisten*, z. B. kurz vor der Narkoseeinleitung, soll den stärksten präventiv-antiemetischen Effekt haben und die PONV-Rate auf durchschnittlich 5–6% absenken. Serotoninantagonisten wie Ondansetron werden eher zur Therapie als zur Prophylaxe eingesetzt, da die Präparate sehr teuer sind. Bei Hochrisikopatienten (z. B. Erbrechen nach früheren Narkosen) empfiehlt sich zusätzlich die intraoperative Verwendung von *Propofol* (z. B. Disoprivan®), entweder im Rahmen einer TIVA oder unter Hinzunahme von Stickoxydul als balancierte Anästhesie. Die Anwendung von Stickoxydul gilt allerdings als umstritten. Sicher ist jedoch, daß volatile Anästhetika nach Möglichkeit nicht eingesetzt werden sollten. Die intraoperative Ableitung des Magensaftes über eine Sonde wird unter prophylaktischen Aspekten kontrovers beurteilt.

Spezielle chirurgische Aspekte

Eine schwerwiegende Komplikation beim Frischoperierten ist die *Nachblutung*. Hierbei sind nicht nur die Menge und Geschwindigkeit des Blutverlustes wichtig, sondern auch die Lokalisation der Blutung. So können z. B. nach einer Strumaresektion schon eine geringe Nachblutung durch die mechanische Kompression der Trachea und die hieraus resultierende Hypoxie deletäre Folgen haben. Nachblutungen sind nicht immer am Blutfluß über die Drainagen erkennbar, da diese verstopfen oder dislozieren können. Oberbauch-, Nieren- oder thorakale Operationen bergen die Gefahr einer versehentlichen Pleuraverletzung mit Entwicklung eines *Spannungspneumothorax*. Nach Frakturversorgungen mit Gipsanlage können *Kompressionsphänome* bis hin zum Kompartment-Syndrom auftreten, die die Funktion peripherer Nerven bei nicht rechtzeitiger Intervention irreversibel beeinträchtigen. Wiederverschlüsse peripherer Gefäße nach desobliterierenden Eingriffen führen auf der venösen Seite zur *Stauungs*- und auf der arteriellen zur *Ischämiesymptomatik*.

Komplikationen III

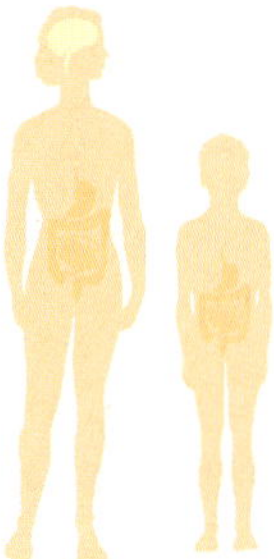

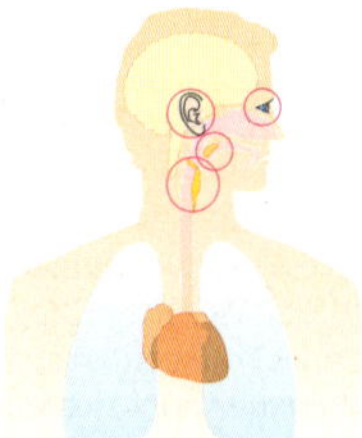

patientenbedingt

- häufiger bei Frauen, Kindern und Jugendlichen sowie Nichtrauchern
- Übelkeit/Erbrechen nach früheren Narkosen
- Neigung zu Reisekrankheit
- zu kurze oder zu lange präoperative Nüchternheit (< 6 h, > 14 – 16 h)
- psychogene Faktoren

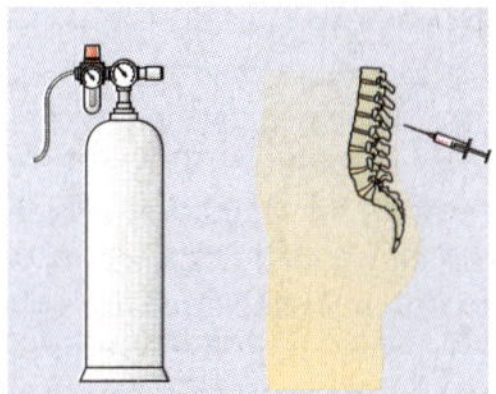

anästhesiebedingt

- volatile Anästhetika
- Opioide
- N_2O (?)
- rückenmarknahe Regionalanästhesien (Hypotension)

operationsbedingt

- laparoskopische Eingriffe (50 – 70 %)
- Eingriffe im Bereich des Innenohres (70 %)
- intrakranielle Operationen (hirnstammnah/Hirndrucksteigerung)
- Notfalleingriffe (fehlende Nüchternheit, Aufregung)

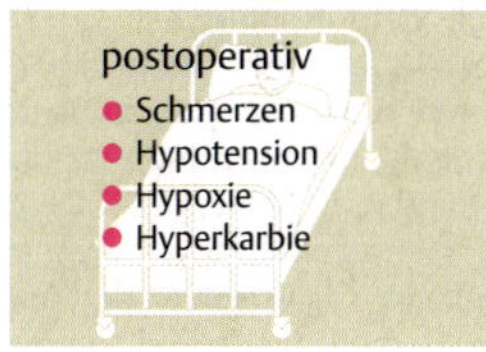

1. Risikofaktoren

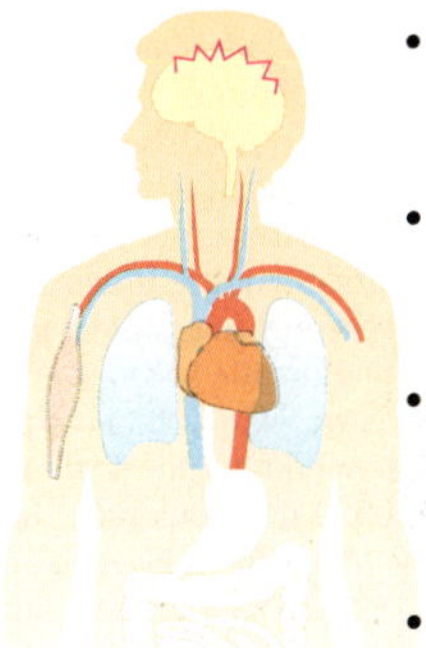

- ausreichend lange, aber nicht zu lange präoperative Nüchternheit
- Vermeidung von Angst und Schmerzen (→ anxiolytische Prämedikation)
- Magensonde bei Allgemeinanästhesien (umstritten)
- **pharmakologisch:**

H_1-Rezeptorantagonisten:
Dimenhydrinat (Vomex A®),

H_1-+H_2-Rezeptorantagonisten:
z.B. Clemastin (Tavegil®),
Ranitidin (Zantic®)

DA_2-Rezeptorantagonisten:
Droperidol (DHBP),
Metoclopramid (Paspertin®),

5-HT_3-Rezeptorantagonisten:
Odansetron (Zofran®)

Glukokortikoide:
Dexamethasan (Fortecortin®)

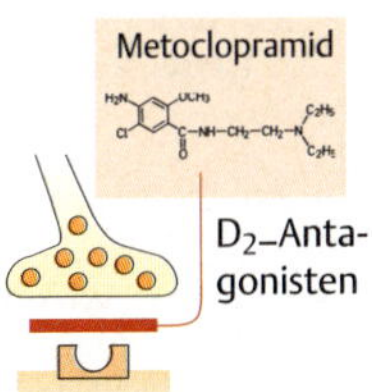

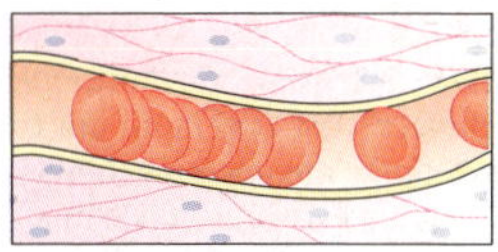

- Vermeidung von Hypotension, Hypoxie und Hyperkarbie

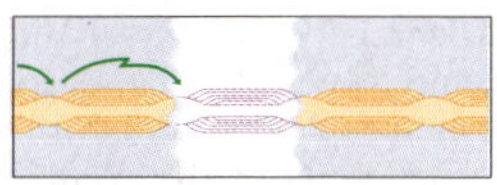

- wenn möglich: Regionalanästhesien bevorzugen
- **Narkosekonzept bei (Hoch-)Risikopatienten:**

2. Prophylaxe und Therapie

D. PONV

A. Postoperativer Wundschmerz

Schmerzen sind nur dann physiologisch sinnvoll, wenn sie auf eine bislang unerkannte Organschädigung bzw. -dysfunktion hinweisen. Diese Warnfunktion erfüllt der postoperative Wundschmerz gemeinhin nicht. Er ist allein Folge des chirurgischen Traumas und der dadurch ausgelösten Erregung von Schmerzrezeptoren im Operationsgebiet. Potentiell gefährlich für den Organismus werden Schmerzen durch *Stimulierung des sympathischen Nervensystems* und der damit einhergehenden Steigerung von Herzfrequenz sowie links- und rechtsventrikulärer Nachlast. Hieraus kann sich bei disponierten Patienten eine akute Links- und/oder Rechtsherzdekompensation entwickeln. Der Sauerstoffverbrauch des Gesamtorganismus nimmt zu, und zwar in einer Situation, in der er als Folge des sog. Postaggressionsstoffwechsels sowieso schon unphysiologisch gesteigert ist. Zusätzlich können Schmerzen zu einer Schonatmung, mangelhaftem Abhusten und infolgedessen zur Bildung von Atelektasen führen und damit den pulmonalen Gasaustausch im Sinne einer Hypoventilation beeinflussen.

Die **Intensität** des postoperativen Wundschmerzes ist allgemein um so größer, je ausgedehnter die *operative Gewebsverletzung* und damit die Erregung von Schmerzrezeptoren ist. Thorax- und Oberbaucheingriffe gehen mit besonders ausgeprägten Schmerzen einher. Psychische Faktoren modulieren das subjektive Schmerzerlebnis, indem sie die Schmerzempfindung entweder herauf- oder herabsetzen können. Aber auch das Anästhesieverfahren spielt eine Rolle. Nach Inhalationsanästhesien ist der postoperative Wundschmerz ausgeprägter als z. B. nach intravenösen Verfahren mit noch anhaltender Opioidwirkung. Die Schmerzintensität nimmt naturgemäß mit zunehmendem zeitlichen Abstand zur Operation ab.

B. Schmerztherapie

Die moderne „postoperative Schmerztherapie" beginnt sinnvollerweise bereits intraoperativ als **Schmerzprophylaxe.** Hier dient z. B. die Verwendung höherer Dosen von Opioiden dazu, bereits einen Teil der postoperativ erforderlich werdenden Analgesie vorwegzunehmen *(„präemptive Analgesie")*. Durch die damit erreichte „Basisanalgesie" läßt sich der postoperative Schmerzmittelbedarf deutlich reduzieren. Besonders erfolgreich ist in diesem Sinne auch die Anwendung regionalanästhesiologischer Verfahren, die z. B. sehr effektiv die Rate von Phantomschmerzen nach Amputationen verringern können. Aus schmerzphysiologischen Untersuchungen ist bekannt, daß sich Schmerzen durch eine positive Rückkopplung selbst verstärken können („wind-up"-Phänomen: reversible Hyperalgesie durch Hypersensibilisierung im Bereich der peripheren Nozizeptoren und auf spinaler Ebene), so daß es zweckmäßiger ist, Schmerzen durch eine ausreichende vorzeitige nozizeptive Blockade zu verhindern als sie zu behandeln. In diesem Sinne wirksam ist auch die präventive Gabe von Metamizol kurz vor der Narkoseausleitung, die allerdings wegen der möglichen schweren Nebenwirkungen (z. B. Agranulozytose) nicht routinemäßig und unkritisch praktiziert werden sollte.

Die Indikation zu einer suffizienten symptomatischen **Schmerztherapie** ergibt sich im Aufwachraum dann, wenn andere kausal zu behandelnde Schmerzursachen ausgeschlossen werden können. Die Analgesie erfolgt entweder *systemisch-intravenös* oder *regional* über noch liegende Spinal-, Epidural- oder Plexuskatheter.

Systemisch werden am häufigsten *Opioide* als die am stärksten wirksamen Analgetika eingesetzt. Sie vermindern auf zentraler Ebene die Schmerzwahrnehmung. In erster Linie finden rein agonistisch wirkende Substanzen mit mittellanger Wirkdauer, wie z. B. Piritramid (Dipidolor®; *B1*), Verwendung. Eine sedierende Komponente ist hierbei durchaus nicht unerwünscht. Auch sog. *periphere Analgetika* kommen zum Einsatz *(B2)*. Es handelt sich vor allem um:

- Acetylsalicylsäure (ASS; Aspisol®),
- ASS-Derivate (nichtsteroidale Säureantiphlogistika, NSAID),
- Paracetamol und
- Metamizol (Novalgin®).

Diese Substanzen haben andere Wirkmechanismen als Opioide (z. B. Reduzierung der Prostaglandinsynthese im Wundgebiet durch NSAID) und erzeugen keine Atemdepression. Sie sind besonders gut wirksam bei durch ausgedehnte Gewebetraumen verursachten Schmerzen und nach Knochenoperationen. Ihr Einsatz bietet sich deshalb besonders auch er-

Schmerztherapie und Patientenverlegung I

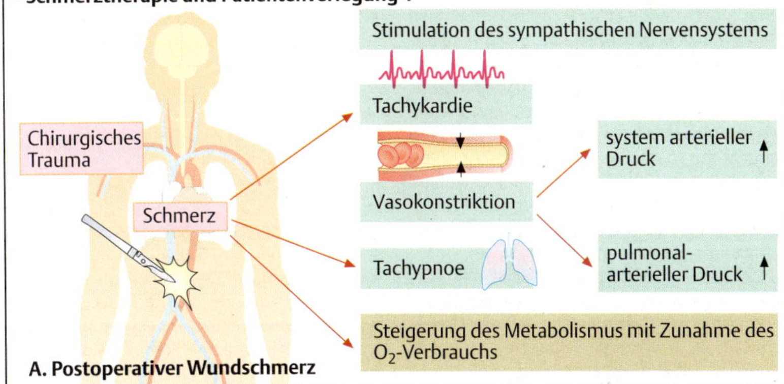

A. Postoperativer Wundschmerz

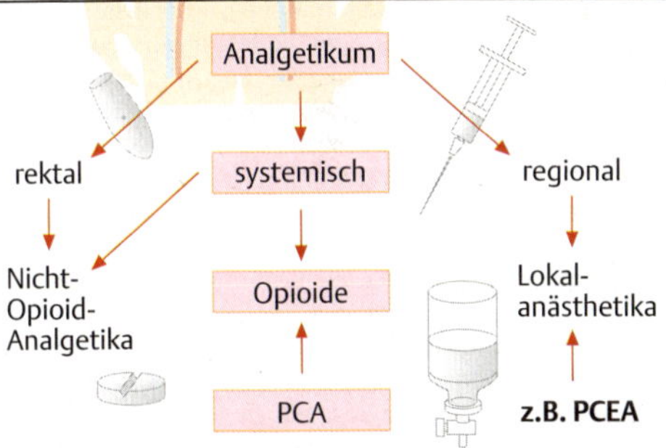

1. Überblick

Piritramid (Dipidolor®)

- µ-Agonist mit starker analgetischer Wirkung
- Dosierung: 0,1 mg/kg KG i.v.
- Wirkeintritt i.v. nach 5 min, max. Wirkung erst nach 15 – 20 min
- Nebenwirkungen
  - Atemdepression bei Überdosierung
  - leichte Sedierung

2. Opioide

Paracetamol
Anilinderivat mit schwacher Analgesie
zentrale Hemmung der Prostaglandinsynthese
Dosierung: 10 – 20 mg/kg KG rektal Tageshöchstdosen: – 60 mg/kg KG bei Erwachsenen – 100 mg/kg KG bei Kindern
– Vorteile – keine Atemdepression – keine Hemmung der Thrombozytenaggregation
Nachteile – keine antiphlogistische Wirkung – keine i.v.-Präparation verfügbar
Nebenwirkungen bei Überdosierung – Leberschädigung bis zur akuten Nekrose

Metamizol (Novalgin®)
Pyrazolderivat mit mittlerer bis starker analgetischer Wirkung
zentrale Wirkung, Mechanismus ungeklärt
Dosierung: 10 – 20 mg/kg KG i.v.
Vorteile – keine Atemdepression – keine Hemmung der Thrombozytenaggregation – zusätzliche spasmolytische Wirkkomponente
Nachteile – keine antiphlogistische Wirkung
Nebenwirkungen – Blutdruckabfall (*direkte* Vasodilatation) – Agranulozytose bei Überempfindlichkeit (Inzidenz ca. 5:1 Mio.)

3. Nicht-Opioid-Analgetika

B. Schmerztherapie

gänzend zu Opioiden an, wenn letztere allein keine hinreichende Schmerzfreiheit bewirken können *(„balancierte Analgesie")*, wie es häufiger bei knochenbedingten Schmerzen der Fall ist. Die Kombination sollte aber nach Möglichkeit frühzeitig und nicht erst nach dem Einsatz bereits größerer Mengen an Opioiden erwogen werden, um so eine opioidinduzierte Atemdepression vermeiden zu können. Im einzelnen werden folgende Indikationen für *Nicht-Opioid-Analgetika* gesehen:

- muskulo-skelettale Eingriffe,
- Eingriffe an der Körperoberfläche,
- laparoskopische Eingriffe (→ Metamizol),
- Eingriffe am Gastrointestinal- oder Urogenitaltrakt (kolikartige Schmerzen → Metamizol),
- ambulante Eingriffe (Vermeidung einer Atemdepression durch Opioide),
- geriatrische Patienten (Vigilanzerhaltung).

Wenn intraoperativ Regionalanästhesiekatheter zur Analgesie benutzt werden, sollten diese im Aufwachraum weiterhin mit *Lokalanästhetika* aufgespritzt werden. Zunehmend setzen sich in der postoperativen Schmerztherapie auch infusionspumpengesteuerte Regime durch, bei denen der Patient innerhalb vorgegebener Grenzen selbst bestimmen kann, wann und wieviel Analgetikum er benötigt (*„patientenkontrollierte Analgesie"* [PCA] oder *„patientenkontrollierte Epiduralanalgesie"* [PCEA]).

C. Patientenverlegung

Über die Verlegung des Patienten aus dem Aufwachraum entscheidet ausdrücklich der zuständige Anästhesist nach persönlicher Inaugenscheinnahme. Der frischoperierte Patient verbleibt postanästhetisch so lange im Aufwachraum, bis er wieder im Vollbesitz seiner Schutzreflexe ist und keine unmittelbaren Komplikationen von seiten der Atmung, des Kreislaufs und der Operation zu erwarten sind. Erst dann darf er auf eine allgemeine Krankenstation verlegt werden.

Für die **Verlegung auf eine Allgemeinstation** gelten im einzelnen die Kriterien

- suffiziente Spontanatmung (ohne Atemwegshilfen),
- stabiler Gasaustausch (ohne O_2-Insufflation),
- stabile Herz-Kreislauf-Funktion,
- klares Bewußtsein,
- vollständig wiederhergestellte Schutzreflexe,
- kein Kältezittern, möglichst Normothermie,
- abklingende bzw. abgeklungene Nervenblockade nach Regionalanästhesien (rükkenmarknah: sensible Blockade $< Th_{12}$),
- keine wesentlichen Nachblutungen oder sonstigen operativen Komplikationen.

Instabile Vitalfunktionen, erhebliche Begleiterkrankungen oder Verletzungen sowie ausgedehnte, langwierige Eingriffe machen eine Überwachung bzw. Therapie auf einer **Intensivstation** erforderlich *(C)*.

Die Entscheidung über die **Entlassung nach Hause** im Rahmen ambulanter Operationen wird gemeinsam von Operateur und Anästhesist getroffen. Als Kriterium gilt i.d.R. die Wiedererlangung der sog. Straßenfähigkeit, d. h. der Patient muß in der Lage sein, sich geistig-motorisch koordiniert mit einer Begleitperson nach Hause begeben zu können. Im einzelnen gelten *zusätzlich* zu den Verlegungskriterien für die Allgemeinstation:

- vollständige Orientiertheit (zu Person, Ort und Zeit),
- möglichst Wiedererlangung der Gehfähigkeit,
- keine oder nur minimale orthostatische Beschwerden (Schwindel),
- keine oder nur minimale Übelkeit,
- keine Nachblutungen,
- Schmerzfreiheit bzw. Schmerzen mit Nicht-Opioid-Analgetika (oral/rektal) kontrollierbar.

Fakultativ sind das Vertragen oraler Flüssigkeitsaufnahme und die Fähigkeit zum spontanen Wasserlassen. Dem Patienten werden schriftliche Verhaltensregeln für die folgenden 24 h sowie eine Telefonnummer für den Notfall mitgegeben.

Schmerztherapie und Patientenverlegung II

Nichtsteroidale Säureantiphlogistika (NSAID)

mittlere analgetische Wirkung
periphere (und zentrale) Hemmung der Prostaglandinsynthese

Dosierungen
- Aspisol®: 10 – 20 mg/kg KG i.v.
- Diclofenac (Voltaren®): 0,5 mg/kg KG

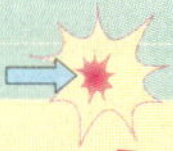

Tageshöchstdosis: Einzeldosen max. 3 – 4 x pro die

Vorteile
- keine Atemdepressionen, auch antiphlogistische Wirkung

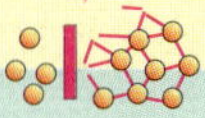

Nachteile
- Hemmung der Thrombozytenaggregation (irreversibel nur bei ASS!)
- bis auf Aspisol® kaum i.v.-Präparationen verfügbar bzw. zugelassen

Nebenwirkungen bei Überdosierung:
- Blutungen bzw. Blutungsverstärkung
- Magen- und Duodenalulzera
- Verminderung der Nierendurchblutung

Nebenwirkungen bei Überempfindlichkeit:
- Bronchokonstriktion (vor allem bei „intrinsischem“ Asthma bronchiale)
- Lyell-Syndrom
- akutes Leberversagen bei Kindern (Reye-Syndrom: ASS bei Varizellen-/Influenzainfekten)

3. Nicht-Opioid-Analgetika

B. Schmerztherapie

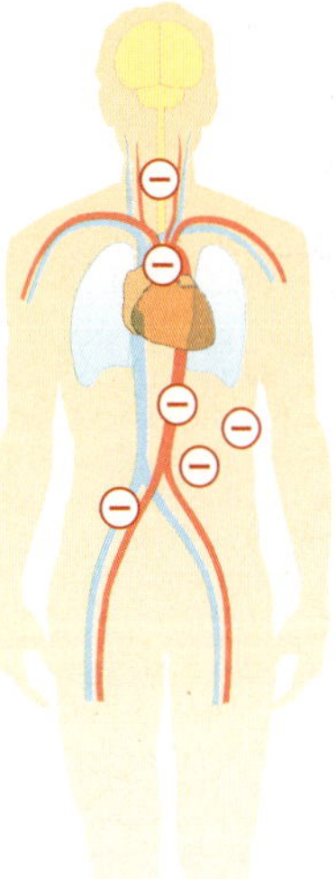

Verlegungskriterien für die Intensivstation

- instabile Atmung (z.B. Nachbeatmung, Thoraxtrauma)
- instabile Herz-Kreislauf-Funktion (z.B. Katecholaminpflichtigkeit)
- komatöser Zustand (z.B. bei Schädel-Hirn-Trauma)
- beeinträchtigte Schutzreflexe (z.B. nach Eingriffen am Hirnstamm)
- erhebliche Unterkühlung
- intraoperative Maligne-Hyperthermie-Krise
- Z. n. Massivtransfusionen
- ausgedehnte bzw. sehr langdauernde Eingriffe (z.B. Ösophagektomie, Whipple-OP, LTX)
- größere intrakranielle Eingriffe (z.B. Angiome, Aneurysmata, Tumoren)
- Polytrauma
- schwere Begleiterkrankungen (z.B. Herzinfarkt innerhalb von 6 Monaten präoperativ, instabile Angina pectoris, schwere COPD, instabiler Diabetes mellitus, Myasthenia gravis, Peritonitis)

C. Patientenverlegung

Tabelle **1**: Eigenschaften und physikalische Daten gebräuchlicher Inhalationsanästhetika

	Halothan	**Isofluran**	**Sevoflu-ran**	**Stickoxydul**
Geruch	Süßlich	Ätherisch	Mild	Geruchlos
Siedepunkt (°C)	50,0	48,5	58,5	−88,0
Dampfdruck bei 20 °C (mmHG)	244	240	160	50 bar
Verteilungskoeffizienten bei 37 °C				
Blut-Gas	2,40	1,40	0,65	0,47
Gehirn-Blut	1,9	1,6	1,7	1,1
Fett-Blut	51	45	47	2,3
MAC_{50} in 100 % O_2 (Vol.%)*	0,8	1,2	2,0	104**
MAC_{50} in 70 % N_2O (Vol.%)*	0,3	0,5	1,1	
Metabolisierungsrate (%)	10–20	<1	2–5	0
Explosibilität	Ø	Ø	Ø	Ø
Zerstörung der Ozonschicht	Ausgeprägt	Ja	Gering	Ja
Stabilität in Atemkalk	Nein	Bedingt	Nein	Ja

* Erwachsene, mittleres Lebensalter; ** theoretischer Wert

Tabelle **2**: Nebenwirkungen gebräuchlicher Inhalationsanästhetika

	Halothan	**Isofluran**	**Sevofluran**	**Stickoxydul**
Atmung und Atemwege				
Atemdepression	++	++	+	(+)
Bronchodilatation	+	+	+	∅
Schleimhautreizung	∅	Ja	∅	∅
→ Eignung zur Narkoseeinleitung	Ja	Wenig	Ja	Ja**
Herz und Kreislauf				
Myokardkontraktilität	↓↓	↓	↓	(↓)
Herzzeitvolumen	↓↓	↓	(↓)	± 0
Peripherer Gefäßwiderstand	± 0	↓↓	↓	(↑↑)*
Mittlerer arterieller Druck	↓↓	↓↓	↓	± 0
Herzfrequenz	↓	↑↑	↑	± 0
Arrhythmogenität	+	∅	∅	∅
Myokardialer O_2-Verbrauch	↓	↓	↓	± 0
Koronardilatation	∅	ja	ja	∅
Koronardurchblutung	↓↓	↓	↓	± 0
Organdurchblutung u. -toxizität				
Nierendurchblutung/-funktion	↓	± 0 ?	± 0 ?	∅
Nephrotoxizität	∅	∅	(+)***	∅
Leberdurchblutung/-funktion	↓	± 0 ?	0 ?	∅
Hepatotoxizität	++	∅	∅	∅
Hirndurchblutung/-druck	↑↑	Bis 1 MAC ± 0	Bis 1 MAC ± 0	≠
Varia				
Stickstoffinterferenz	∅	∅	∅	Ja
Knochenmarkdepression	∅	∅	∅	Bei Langzeiteinsatz möglich

* Durch geringe indirekte sympathikomimetische Wirkung; ** nur in Komb. mit volatilem A.; *** theoretisch möglich, in praxi nicht nachgewiesen; wichtigste NW fettgedruckt; ? wahrscheinlich ohne relevanten Einfluß

Anhang

Tabelle **3**: Pharmakologische Daten und Eigenschaften gebräuchlicher Injektionshypnotika

	Thiopental	**Methohexital**	**Propofol**	**Etomidat**	**Midazolam**	**S(+)-Ketamin**
Zubereitung	Trockensubstanz + Lösungsmittel	Trockensubstanz + Lösungsmittel	Sojaöl-Emulsion	Sojaöl-Emulsion	Hydrochlorid	Hydrochlorid
Einleitungsdosis	3–7 mg/kg	1–2 mg/kg	1,5–2,5 mg/kg	0,15–0,3 mg/kg	0,15–0,3 mg/kg	0,5–1 mg/kg
Erhaltungsdosis	–	2–6 mg/kg/h	–	0,05–0,15 mg/kg/h	1–3 mg/kg/h	(TIVA, TCI)
Wirkungseintritt	15–45 sec	15–45 sec	15–45 sec	15–45 sec	45–90 sec	45–90 sec
Dauer der *hypnotischen* Wirkung	5–15 min	5–10 min	5–10 min	5–10 min	15–30 min	10–15 min
Eliminations-HWZ	5–10 h	2–3 h	ca. 1 h	2–3 h	2–3 h	2–3 h
Wirküberhang	Deutlich	Deutlich	Gering, Euphorie mögl.	Minimal	Deutlich	Deutlich, Halluzinationen mögl.
Verwendbarkeit Narkoseeinleitung	Ja	Ja	Ja	Ja	Ja	Ja*
TIVA	∅	∅	ja	∅**	Möglich#	Möglich##
TCI	∅	∅	ja	∅	∅	∅
i. v.-Kurznarkose+ (<15 min)	Bedingt	Bedingt	Ja	Ja	Bedingt#	Bedingt*
Analgosedierung	Bedingt+	Bedingt+	Ja++	Nein	Ja++	Ja##

* Immer in Komb. mit Midazolam; ** *cave*: mögl. NNR-Suppression!; # in Komb. mit S(+)-Ketamin; ## in Komb. mit Midazolam oder Propofol; + in Komb. mit Opioid; ++ in Komb. mit Opioid oder S(+)-Ketamin

Tabelle **4**: Nebenwirkungen gebräuchlicher Injektionshypnotika

	Thiopental	Methohexital	Propofol	Etomidat	Midazolam	Ketamin
Atmung und Atemwege						
Atemdepression	++	++	++	+	(+)	(+)
Bronchodilatation	∅	∅	∅	∅	∅	+
Herz und Kreislauf						
Myokardkontraktilität	↓	↓	↓	± 0	± 0	↓
Herzzeitvolumen	↓	↓	(↓)	± 0	± 0/(↓)	↑
Venodilatation (→ „pooling")	++	+	++	± 0	+	± 0
Peripherer Gefäßwiderstand	Variabel	Variabel	↓↓	± 0	(↓)	↑
Mittlerer arterieller Druck	↓	↓	↓↓	± 0	(↓)	↑↑
Herzfrequenz	↑	↑↑	∅	± 0	(↓)	↑↑
Myokardialer O_2-Verbrauch	↑	↑	∅	± 0	± 0/(↓)	↑↑
Organdurchblutung/-funktion						
Niere	↓	↓	(↓)	± 0	± 0	± 0
Leber	↓	↓	(↓)	± 0	± 0	± 0
Hirndurchblutung/-druck	↓↓	↓↓	↓↓	↓↓	↓	↑
Varia						
Venenreizung	Ja	Ja	Gering	Gering	Nein	Nein
Gewebenekrosen nach Fehlinjektionen	Ja	Ja	Nein	Nein	Nein	Nein
Histaminfreisetzung	Ja	Ja	Nein	Nein	Nein	Nein
NNR-Suppression	(+)	(+)	(+)	+	(+)	Nein
Antikonvulsion	Ja	Nein ?	Wahrscheinlich	?	Ja	Wahrscheinlich
Antiemesis	Nein	Nein	Ja	Nein	Nein	Nein

Anhang

Tabelle **5**: Pharmakologische Daten und Eigenschaften gebräuchlicher Opioide

	Fentanyl	Sulfentanil	Alfentanil	Remifentanil
Zubereitung	Lösung	Lösung	Lösung	Trockensubstanz + Lösungsmittel
Bolusdosis*	1–4 µg/kg	0,2–0,5 µg/kg	10–20 µg/kg	1–2 µg/kg
Erhaltungsdosis (TIVA)		ca. 0,5 µg/kg/h	3–5 µg/kg/min	0,1–0,3 µg/kg/min
Anschlagzeit**	4–5 min	2–3 min	1–1,5 min	1–1,5 min
Dauer der *operativ-analgetischen* Wirkung	20–30 min	ca. 30 min	10–15 min	5–10 min
Dauer der Gesamtanalgesie++	1–2 h	ca. 2 h	30–60 min	ca. 20 min
Eliminations-HWZ	3–4 h	2–3 h	1,5 h	5–15 min
Kontextsensitive hWZ			3–4 min (konstant!)	
Kumulation/ Wirküberhang	Deutlich	Deutlich	Mäßig	Nein
Indikationen				
endotrach. Intubation	Ja	Ja	Ja	Ja
balancierte Anästhäsie	Ja	Ja	Ja	Nein#
TIVA	Nein	Nein	Ja	Ja
i. v.-Kurznarkose (< 15 min)#	Nein	Nein	Ja	Ja
Analgosedierung##	Ja	Ja	Ja	Bedingt (Kurzeingriffe)
Supplementierung von Regionalanästhesien	Ja	Nein	Nein	Nein
intrathekal/epidural	Möglich	Möglich	Nein	Nein§

* zur Unterdrückung der Intubationsreaktion (immer zusammen mit i. v.-Hypnotikum) oder zur Analgesie bei balancierten Anästhesien; ** = Zeit bis zur *maximalen* Wirkung; + entspricht der Dauer der *maximalen* Analgesie; ++ umfaßt die analgetische Maximal- und Restwirkung; ## in Komb. mit Sedativhypnotikum; # nur „on-top"-Gabe (s. Text); § enthält neurotoxisches Glycin als Hilfsstoff

Tabelle **6**: Nebenwirkungen der „Narkose-Opioide“

	Rezeptor-vermittelt	**Unspe-zifisch**	**Zentral**	**Peri-pher**	**Relevanz**
Sedierung	✓		✓		+
Atmung und Atemwege					
Atemdepression	✓		✓		++
Dämpfung des Hustenreizes	✓		✓		+
Thoraxrigidität	✓		✓		+
Bronchokonstriktion	✓		✓		(+)
Herz und Kreislauf					
Bradykardie	✓		✓		+
Blutdrucksenkung	✓		✓		+
Venodilatation	✓		✓		+
negative Inotropie		✓		✓	∅
Varia					
Übelkeit/Erbrechen	(✓)	✓	✓		+
Hemmung der Blasenentleerung	✓		✓		+
Obstipation	✓		✓	✓	∅
Suchtauslösung	✓		✓		∅
Pruritus	(✓)	✓		✓	(+)**
Miosis	✓		✓		

* nur bei ehemals Abhängigen; ** nur bei intrathekaler oder epiduraler Gabe

Anhang

Tabelle **7**: Pharmakologische Daten und Eigenschaften gebräuchlicher Muskelrelaxanzien

	Succinylcholin	**Mivacurium**	**Atracurium**	**cis-Atracurium**	**Vecuronium**	**Rocuronium**	**Pancuronium**
Zubereitung	Lösung	Lösung	Lösung	Lösung	Trockensubstanz + Lösungsmittel	Lösung	Lösung
ED_{95}		0,06–0,08 mg/kg	0,25–0,3 mg/kg	0,05 mg/kg	0,05 mg/kg	0,3 mg/kg	0,05 mg/kg
Intubationsdosis (2fache ED_{95})	1–1,5 mg/kg*	0,15–0,2 mg/kg	0,5–0,6 mg/kg	0,1 mg/kg	0,1 mg/kg	0,6 mg/kg	0,1 mg/kg
Repetitionsdosis		0,05 mg/kg	0,15 mg/kg	0,025 mg/kg	0,025 mg/kg	0,1 mg/kg	0,02 mg/kg
Anschlagzeit# bei 2mal ED_{95}	30–60 sec*	2,5–3,5 min	1,5–2,5 min	3–4 min	2–3 min	1–2 min	3–4 min
DUR_{25}^{+} bei ED_{95}		ca. 10 min	ca. 20 min	ca. 25 min	ca. 20 min	ca. 20 min	ca. 30 min
DUR_{25}^{+} bei 2mal ED_{95}	ca. 5 min*	15–20 min	30–40 min	40–50 min	30–40 min	35–45 min	90–100 min
Erholungsindex## bei 2mal ED_{95}	ca. 5 min*	ca. 10 min**	ca. 15 min**	ca. 15 min**	ca. 15 min	ca. 20 min	30–40 min
Elimination	PChE-Hydrolyse	PChE-Hydrolyse (70–80 %) geringe Esterhydrolyse	Hofmann-Reaktion Esterhydrolyse	Wie Atracurium	Leber (Niere)	Leber	Niere (Leber)
Kumulation		Nein	Nein	Nein	Mäßig	Mäßig	Deutlich
Indikationen							
endotrach. Intubation	Ja	Ja	Ja	Ja	Ja	Ja	Ja
„Blitzintubation“	*Ja*	Nein	Nein	Nein	Nein	*Bedingt*	Nein
operative Eingriffe	*Nein*	Ja	Ja	Ja	Ja	Ja	Ja
TIVA	Nein	*Ja*	*Bedingt*	Nein	Nein	Nein	Nein

* 4fache ED95; ** dosisunabhängig; + klinische Wirkdauer; # gute Intubationsverhältnisse, *ohne* „priming“; ## entspricht dem Repetitionsintervall.
Die angegebenen Dosen und Zeiten beziehen sich auf i. v.-Applikation und wurden ohne Anwesenheit wirkungsverstärkender bzw. -verlängernder volatiler Anästhetika ermittelt.

Tabelle **8**: Sekundäre Hypertonien

Kardiovaskulär (bis auf Isthmusstenose nur *systolische* Hypertonie)	Ateriosklerose der großen Gefäße Aortenklappeninsuffizienz AV-Block III° Aterio-venöse Fistel Hyperkinetisches Herzsyndrom Aortenisthmusstenose (RR-Erhöhung nur in der *oberen* Körperhälfte)
Renal	Renovaskuläre Erkrankungen Glomeruläre Erkrankungen Diabetische Glomerulosklerose (Kimmelstiel-Wilson)
Endokrin	Hyperthyreose Phäochromozytom Cushing-Syndrom Conn-Syndrom Adrenogenitales Syndrom EPH-Gestose
Pharmakogen	Ovulationshemmer Monoaminoxydasehemmstoffe
Neurogen	Störungen der zentralen Kreislaufregulation (z. B. bei Hirndrucksteigerung)

Tabelle **9**: Einteilung der ventrikulären Herzrhythmusstörungen (nach *Lown*)

Stadium	Ventrikuläre Extrasystolen (VES)
0	Keine
I	Isolierte monotope VES < 30/h oder < 1/min
II	Isolierte monotope VES > 30/h oder > 1/min
IIIa	Polytope VES
IIIb	Bigeminus
IVa	Gekoppelte VES (Couplets)
IVb	Ventrikuläre Tachykardien (Salven)
V	Vorzeitig einfallende VES (R-auf-T-Phänomen)

Tabelle **10**: Häufige Ursachen der chronischen Niereninsuffizienz

Ursache	Häufigkeit
Glomerulonephritis	ca. 30 %
Pyelonephritis	ca. 20 %
Systemerkrankungen, z. B. Hypertonus, Diabetes mellitus	ca. 10 %
Zystennieren	ca. 10 %
Renovaskuläre Erkrankungen	ca. 8 %
Arzneimittel	< 4 %

Tabelle **11**: Enzymveränderungen bei Leberschädigung

	Normalwert im Serum (U/l)	HWZ (h)	Vorkommen	Ursache erhöhter Serumwerte	Relevanz
LDH	Bis 240	ca. 50	Zytosol	Zellmembranschädigung	Leichter Leberparenchymschaden
GPT	Bis 22	ca. 50	Zytosol	Zellmembranschädigung	Leichter Leberparenchymschaden
GOT	Bis 18	ca. 20	Zytosol + Zellorganellen	Membranschädigung	Leichter oder schwerer Leberparenchymschaden *oder* Zellnekrose
GLDH	Bis 4	ca. 20	Zellorganellen	Zellnekrose (leberspezifisch)	Schwerer Leberparenchymschaden
γ-GT	Bis 28	ca. 85	Gallengangsepithelien	Schädigung der Epithelzellen	Cholestase

HWZ = Halbwertszeit

Tabelle **12**: Differentialdiagnose der Hyperbilirubinämie

	Prähepatischer Ikterus	Intrahepatischer Ikterus	Posthepatischer Ikterus
Ursachen	Hämolyse (hämolytische Anämien, Transfusionsreaktionen, Hämatomresorption) Verbrennungen, Infektionen	Leberparenchymschaden (infektiös/toxisch), Virushepatitis, Bilirubinstoffwechselstörung	Mechanischer Verschluß der Gallenwege (Steinokklusion, Pankreaskopftumor)
Diagnose			
Indirektes Bilirubin	++	+	(+)
Direktes Bilirubin	(+)	+	+

++ Serumkonzentration erhöht.

Anhang

Tabelle **13**: Grenzwerte der Plasmaglucose (PG)

	Nüchtern-PG (mg/dl)	**PG2 h nach OGTT (mg/dl)**
Normalbefund	< 110	< 140
patholog. Glucosetoleranz	110–125	40–199
Diabetes	≥ 126*§	200*

früher 140; § entspricht im Vollblut 110; OGTT oraler Glucose-Toleranz-Test
Die Messung der Serumglucose ist obsolet, da „Serum-Blutproben" keinen Zusatz enthalten, der die Glykolyse in den Erythrozyten hemmt, so daß infolgedessen falsch-niedrige Werte bestimmt werden.

Tabelle **14**: Pharmakotherapie bei Morbus Parkinson

Medikamente	**Wirkungsmechanismus**
L-Dopa +	Liquorgängige Vorstufe des Dopamins
Periphere Decarboxylasehemmer	Verhinderung der peripheren Umwandlung von Dopa zu Dopamin und typischer kardiovaskulärer Nebenwirkungen
Bromocriptin (Pravidel®)	Dopaminagonist
Amantadin (PK-Merz®)	Steigerung der Synthese und Sekretion von Dopamin, postsynaptisch dopaminagonistisch
MAO-B-Hemmer z. B. L-Deprenyl (Movergan®)	Hemmung des Dopaminabbaus
COMT-Hemmer z. B. Tolcapon (Tasmar®)	Hemmung des Dopaminabbaus
Anticholinergika z. B. Biperiden (Akineton®)	Hemmung cholinerger Neurone

Tabelle **15**: Komplikationen bei Therapie mit Cholinesterasehemmern

Bei Unterdosierung → myasthenische Krise	*Symptome:* muskuläre Ateminsuffizienz mangelhaftes Abhusten Schluckstörungen *Therapie:* Cholinesterasehemmer (Dosiserhöhung)
Bei Überdosierung → cholinerge Krise	Ausgeprägte Hemmung des Acetylcholinabbaus: 1. *nikotinartige* Wirkung: anhaltende Depolarisation der neuromuskulären Endplatte *Symptome:* Muskelschwäche (→ muskuläre Ateminsuffizienz) Antidot: Keines! 2. *muskarinartige* Wirkung *Symptome:* Bradykardie, Hypotonie, Nausea, Vomitus, Diarrhoe, Hypersalivation, Miosis, Schwitzen *Antidot:* Atropin!

Tabelle **16**: Substanzen mit anaphylaktoider oder anaphylaktischer Potenz

Substanz	**Mechanismus** *Unspezifisch*	*Spezifisch-allergisch*	**Besonderheit**
Muskelrelaxanzien			
Succinylcholin	+	++	
Vecuronium	(+)	+	Hemmung der Histamin-N-Methyltransferase
Atracurium, Mivacurium	++	i.d.R. nur lokale Symptome	
Intravenöse Hypnotika			
Thiopental	++	+	
Methohexital	+	+	
Propofol		(+)	
Midazolam		(+)	
Ketamin	(+)		
volatile Anästhetika	(+)		
Analgetika			
ASS, NSAID	++		Durch den Wirkmechanismus bedingt
Lokalanästhetika	+	+	Unspezifische Reaktion durch Konservierungsstoffe oder Lösungsvermittler bedingt
Kolloidale Volumenersatzmittel			
Dextrane		++	Präformierte IgG-Antikörper
HES	(+)		Sehr selten
Humanalbumin	(+)		Extrem selten
Konservenblut	(+)	(+)	s. Kap. 9.6
Röntgenkontrastmittel	++	+	
Heparin		(+)	
Protamin	+++		

Tabelle **16**: (Fortsetzung)

Substanz	**Mechanismus** *Unspezifisch*	*Spezifisch-allergisch*	**Besonderheit**
Antibiotika			
Penicilline		+++	In 5–10% Kreuzreaktionen mit Cephalosporinen
Glukokortikoide	(+)	(+)	Durch Konservierungsstoffe oder Lösungsvermittler
Latex		++	Präformierte IgE-Antikörper
Ethylenoxid		(+)	Gas zur Sterilisation; „Haptenmechanismus“
Knochenzement	++		Besonders in der Hüftendoprothetik
Natriumdisulfit	+		Lösungsvermittler, auch in Adrenalinlösungen; bes. bei Asthmatikern u. Patienten mit ASS-Intoleranz
Methylparaben		+	Konservierungsstoff, z. B. in Lokalanästhetikalösungen

Formel zur Umrechnung der Kreatinin-Clearance (Cl) auf die Körperoberfläche (KOF)

$$Cl_{korr} = Cl_{Lab} \times 1{,}73\ m^2/KOF$$

Generikum	Präparat (z. B.)	Indikation(en)
ACE-Hemmer		
Enalapril	Xanef®	Herzinsuffizienz, Hypertonie
Antiarrhythmika		
Adenosin	Adrekar®	Paroxysmale supraventrikuläre Tachykardien
Ajmalin	Gilurytmal®	Reentry-Tachykardien oder Vorhofflimmern bei Präexzitationssyndromen (WPW, LGL etc.)
Amiodaron	Cordarex®	Supraventrikuläre u. ventrikuläre tachykarde Rhythmusstörungen, Reentry-Tachykardien oder Vorhofflimmern bei Präexzitationssyndromen
Flecainid	Tambocor®	Supraventrikuläre Tachyarrhythmien, Reentry-Tachykardien oder Vorhofflimmern bei Präexzitationssyndromen
Lidocain	Xylocain®	Kammerflattern/-flimmern, ventrikuläre Extrasystolie
Antidote		
Biperiden	Akineton®	Extrapyramidale Symptome bei Neuroleptikaüberdosierung, M. Parkinson
Dantrolen		Maligne-Hyperthermie-Krise
Flumazenil	Anexate®	Benzodiazepinüberdosierung
Naloxon	Narcanti®	postoperativer Opioidüberhang, Opioid- u. Heroinintoxikation
Neostigmin	Prostigmin®	Wirküberhang nichtdepol. Muskelrelaxanzien, Atropinintoxikation

Hauptwirkung(en)	Nebenwirkung(en)
Hemmung des „angiotensin-converting-enzyme": arterielle u. venöse Vasodilatation durch Verminderung von Angiotensin II u. Vermehrung von Bradykinin, Natriurese (Hemmung der Aldosteronsynthese)	Hyperkaliämie, Verminderung der Nierendurchblutung, Leukopenie, Exanthem; *Kontraindikationen*: hereditäres angioneurotisches Ödem, Nierenarterienstenose (beidseitig oder bei Einzelniere), Z. n. NTX, Niereninsuffizienz (Clearance < 30 ml/min)
Verzögerung der AV-Überleitung, ultrakurze Eigenwirkung (5–20 sec)	Kurze Bradyarrhythmie möglich, geringe Bronchokonstriktion; *Kontraindikationen*: AV-Block II°/III°, Asthma bronchiale
Depolarisationsverzögerung durch Hemmung des schnellen Na^+-Einstromes, zusätzlich Repolarisationsverlängerung – Klasse-IA-Antiarrhythmikum	Negative Inotropie, proarrhythmische Wirkungen bei QT-Verlängerung
Repolarisationsverlängerung durch Hemmung des K^+-Ausstromes – Klasse-III-Antiarrhythmikum	Geringe positive Inotropie, proarrhythmische Wirkungen bei QT-Verlängerung; Photodermatose, bei längerer Anwendung: korneale Mikroablagerungen, Hyper-/Hypothyreose, Lungenfibrose, Polyneuropathie; *notabene*: HWZ 14–28 d!
Depolarisationsverzögerung durch Hemmung des schnellen Na^+-Einstromes, zusätzlich Repolarisationsverkürzung – Klasse-IC-Antiarrhythmikum	Negative Inotropie, proarrhythmische Wirkungen (*cave*: Z. n. Herzinfarkt [i. d. ersten 3 Monaten], Linksherzinsuffizienz [EF < 35 %]!)
Depolarisationsverzögerung durch Hemmung des schnellen Na^+-Einstromes – Lokalanästhetikum/Klasse-IB-Antiarrhythmikum	Negative Inotropie, zentralnervöse Störungen (Exzitation mit Krämpfen →Koma)
Hemmung cholinerger Neurone durch atropinartigen Effekt	Tachykardie, Extrasystolie, Mundtrockenheit
Hemmung der Calciumfreisetzung aus dem sarkoplasmatischen Retikulum	Sedierung, periphere Atemdepression, negative Inotropie
Benzodiazepinantagonist	Übelkeit u. Erbrechen, Krampfanfall
Opioidantagonist	Akutes Opioidentzugssyndrom (u. a. Tachykardie, Blutdruckanstieg)
Periphere Hemmung der Acetylcholinesterase (quartäres Amin)	Bradykardie, Bronchokonstriktion, Hypersalivation

Generikum	Präparat (z. B.)	Indikation(en)
Physostigmin	Anticholium®	Zentral-anticholinerges Syndrom (ZAS), akute u. chronische Vergiftung mit Atropin, Phenothiazinen, tri- oder tetrazyklischen Antidepressiva
Protamin	Protaminchlorid	Blutungen unter Heparintherapie, Heparinüberdosierung
Vitamin K_1	Konakion®	Blutungen unter Kumarintherapie
Antiemetika		
Droperidol	Dehydrobenzperidol® (DHBP)	Übelkeit u. Erbrechen, früher auch zur Sedierung im Rahmen einer Neuroleptanalgesie
Metoclopramid	Paspertin®	Übelkeit u. Erbrechen
Ondansetron	Zofran®	Übelkeit u. Erbrechen
Tropisetron	Navoban®	
Antiepileptika		
Phenobarbital	Luminal®	Generalisierte Krampfanfälle, Prämedikation
Phenytoin	Phenhydan®	Generalisierte Krampfanfälle, Krampfprophylaxe; (digitalisinduzierte Arrhythmien)
Antifibrinolytika		
Aprotinin	Trasylol®, Antagosan®	Blutungen bei *primärer* Hyperfibrinolyse
Tranexamsäure	Cyclokapron®, Ugurol®	Blutungen bei *primärer* Hyperfibrinolyse
Antihistaminika		
Clemastin	Tavegil®	Anaphylaktoid-anaphylaktische Reaktionen, Übelkeit u. Erbrechen
Dimenhydrinat	Vomex A®	
Dimetinden	Fenistil®	
Promethazin	Atosil®	Prämedikation bei Kontraindikationen für Benzodiazepine (z. B. Myasthenia gravis)

Hauptwirkung(en)	Nebenwirkung(en)
Zentrale u. periphere Hemmung der Acetylcholinesterase (tertiäres Amin)	Bradykardie, Bronchokonstriktion, Hypersalivation, Krampfanfall
Chemische Antagonisierung der Heparinwirkung (Komplexbildung)	Antikoagulation durch Hemmung der Fibrinpolymerisation (*cave*: Überdosierung!)
Förderung der hepatischen Synthese von Faktor II, VII, IX u. X	Thrombosierungen, bei i. v.-Injektion anaphylaktischer Schock
Neuroleptikum (Butyrophenon), Antiemese (DA_2-Rezeptorantagonismus) in Kombination mit Opioiden verwendet	Extrapyramidale Bewegungsstörungen, Blutdruckabfall möglich durch α-Rezeptorenblockade
Zentral antiemet. Wirkung (DA_2-Rezeptorantagonismus), Förderung der Magenentleerung	Extrapyramidale Bewegungsstörungen
zentrale Serotoninantagonisten ($5\text{-}HT_3$-Antagonisten)	
Barbiturat, generalisierte zerebrale Dämpfung, Antikonvulsion	Zentrale Atemdepression, Enzyminduktion, exfoliative Dermatitis; *Kontraindikation*: akute intermittierende Porphyrie
Antikonvulsion durch Membranstabilisierung; (Klasse-1B-Antiarrhythmikum)	Blutdruckabfall (neg. Inotropie u. periphere Vasodilatation), psychische Beeinträchtigung, Enzyminduktion, Exanthem
Direkte Hemmung von Plasminwirkung u. Hemmung der Kontaktaktivierung	Intravasale Thrombenbildung, Verstärkung einer Verbrauchskoagulopathie bei sekundärer Hyperfibrinolyse
Hemmung der Umwandlung von Plasminogen zu Plasmin	Wie Aprotinin
H_1-Rezeptorantagonisten der 1. Generation	Sedierung
H_1-Rezeptorantagonist mit neuroleptisch-sedierender Wirkung	Extrapyramidale Bewegungsstörungen

Generikum	Präparat (z. B.)	Indikation(en)
Ranitidin	Zantic®, Sostril®, Ranitic®	„Aspirationsprophylaxe", Magen-Darm-Ulzera, anaphylaktoid-anaphylaktische Reaktionen
Antihypotonika		
Cafedrin + Theodrenalin	Akrinor®	Normfrequente arterielle Hypotonie
Etilefrin	Effortil®	Bradykarde Hypotonie
Antikoagulanzien		
Heparin	Liquemin®, Thrombophob®	(Perioperative) Thromboseprophylaxe, komplette Antikoagulation
Danaparoid	Orgaran®	Antikoagulation bei Heparinunverträglichkeit (z. B. heparininduzierte Thrombozytopenie)
Lepirudin	Refludan®	Antikoagulation bei Heparinunverträglichkeit (z. B. heparininduzierte Thrombozytopenie)
Phenprocoumon	Marcumar®	Langfristige Antikoagulation
AT_1-Rezeptorantagonisten		
Losartan	Lorzaar®	Herzinsuffizienz/Hypertonie bei Nebenwirkungen oder Kontraindikationen von bzw. für ACE-Hemmer
Benzodiazepine		
Midazolam	Dormicum®	Prämedikation, Narkoseeinleitung u. -supplementierung, generalisierte Krampfanfälle
Flunitrazepam	Rohypnol®	Prämedikation, Narkoseeinleitung u. -supplementierung, generalisierte Krampfanfälle
Temazepam	Remestan®	Prämedikation
Bronchodilatatoren		
Fenoterol	Berotec®-Dosieraerosol	Asthma bronchiale, Bronchospasmus
	Partusisten®	Tokolyse bei Geburtskomplikationen

Hauptwirkung(en)	Nebenwirkung(en)
H_2-Rezeptorantagonist	Bei zügiger i. v.-Injektion Blutdruckabfall u. Herzrhythmusstörungen
Stimulation von β_1-, β_2- u. α-Rezeptoren: geringe positive Inotropie, Gefäßtonisierung	Tachykardie, reflektorische Bradykardie
Stimulation von α- u. β_1-Rezeptoren	Tachykardie, Extrasystolie
Katalyse der AT-III-Reaktionen (u. a. Hemmung von Thrombin u. Faktor Xa)	Blutungen bzw. Blutungsverstärkungen, heparininduzierte Thrombozytopenie
Heparinoid, vor allem Hemmung von Faktor Xa, deutlich geringer von Thrombin	Blutungen bzw. Blutungsverstärkungen, selten Kreuzreaktivität mit heparininduzierten Antikörpern (2–3 %)
Rekombinantes Hirudin, direkte Thrombinhemmung	Blutungen bzw. Blutungsverstärkungen
Lang wirksames Kumarinderivat, Vitamin-K-Antagonismus mit Hemmung der hepatischen Synthese von Faktor II, VII, IX u. X	Blutungen bzw. Blutungsverstärkungen
Direkte Blockade der Typ-1-Rezeptoren für Angiotensin II: arterielle u. venöse Vasodilatation, Natriurese	Hyperkaliämie, Verminderung der Nierendurchblutung; *Kontraindikationen*: Nierenarterienstenose (bds. oder bei Einzelniere), Z. n. NTX, fortgeschrittene Niereninsuffizienz
Kurz wirksames Benzodiazepin: Verstärkung gabaerger Wirkungen → Anxiolyse, Sedierung, Amnesie, Antikonvulsion, zentrale Muskelrelaxierung (Hemmung polysynaptischer Reflexe)	Periphere Atemdepression, bei zügiger i. v.-Injektion Blutdruckabfall
Mittellang bis lang wirksames Benzodiazepin (s. o.)	Periphere Atemdepression, bei zügiger i. v.-Injektion Blutdruckabfall
Mittellang wirksames Benzodiazepin (s.o)	Periphere Atemdepression
β-Sympathikomimetikum ($\beta_2 > \beta_1$)	Tachykardie, Extrasystolie
	Tachykardie, Extrasystolie, Lungenödem

Generikum	Präparat (z. B.)	Indikation(en)
Terbutalin	Bricanyl®	Asthma bronchiale, Bronchospasmus
Theophyllin	Euphyllin®, Solosin®, Bronchoparat®	Asthma bronchiale, Bronchospasmus
Calciumantagonisten		
Nifedipin	Adalat®	Hypertensive Krise, stabile Angina pectoris
Verapamil	Isoptin®	Supraventrikuläre Tachykardien, Tachyarrhythmia absoluta
Digitalisglykoside		
Digoxin	Novodigal®	Chronische Herzinsuffizienz, Tachyarrhythmia absoluta
Methyldigoxin	Lanitop®	
Digitoxin	Digimerck®	
Diuretika		
Acetazolamid	Diamox®	Akute Senkung des Augeninnendruckes bei Glaukom
Furosemid	Lasix®	Hyperhydratation, Herzinsuffizienz, Lungenödem, Hyperkalzämie
Spironolacton, Kaliumcanrenoat	Aldactone®, Osyrol®	Primärer u. sekundärer Hyperaldosteronismus, Kombination mit Thiazid-Diuretika
Elektrolyte		
Calcium	Calciumgluconat, Calciumchlorid	Hypokalzämie, Hyperkaliämie, elektromechanische Entkopplung bei Reanimation, Allergien
Kalium	Kaliumchlorid, Kaliumaspartat	Hypokaliämie, tachykarde Rhythmusstörungen
Magnesium	Magnesiumsulfat	Hypomagnesiämie, tachykarde Arrhythmien, Magnesiumaspartat

Hauptwirkung(en)	Nebenwirkung(en)
β-Sympathikomimetikum ($\beta_2 > \beta_1$)	Tachykardie, Extrasystolie
Xanthinderivat (Antagonismus am Adenosinrezeptor), geringere Bronchodilatation als obige β-Sympathikomimetika	Tachykardie, Extrasystolie, Krampfanfall, Übelkeit u. Erbrechen
Arterielle Vasodilatation, Senkung des koronaren Gefäßwiderstandes, geringe negative Inotropie	Blutdruckabfall, Tachykardie, Flush; *Kontraindikationen*: instabile Ang. pect., Z. n. Herzinfarkt (in den ersten 4 Wochen)
Verzögerung der AV-Überleitung durch Hemmung des langsamen Ca^{2+}-Einstromes – Klasse-IV-Antiarrhythmikum	AV-Block II°/III°, negative Inotropie; *Kontraindikation*: Präexzitationssyndrome (Kammerflimmern möglich!)
Hemmung der Na^+/K^+-ATPase: positive Inotropie u. Bathmotropie; Verzögerung der AV-Überleitung	Bradykardie/AV-Block II°/III°/Extrasystolie (*cave*: Hypokaliämie!), *Kontraindikation:* Präexzitationssyndrome (Kammerflimmern möglich!)
Hemmung der Carboanhydrase: Reduktion der Kammerwasserproduktion, Diuresesteigerung	Durch Hemmung der proximal-tubulären Carboanhydrase: Hypokaliämie, metabolische Azidose, Dehydratation
„Schleifendiuretikum": Hemmung der aktiven Na^+-Rückresorption im aufsteigenden Teil der Henle-Schleife u. distalen Tubulus; geringe venöse u. arterielle Vasodilatation	Hypovolämie, Hypokaliämie, Hypomagnesiämie, Hypokalzämie, metabolische Alkalose
Natriuretischer Effekt durch kompetitiven Aldosteronantagonismus im distalen Tubulus	Hyperkaliämie, metabolische Azidose, Dehydratation
Positive Inotropie u. Lusitropie, Steigerung des peripheren Gefäßtonus	Herzmuskelkontraktur bei Überdosierung („stone heart"), *cave*: digitalisierte Patienten!
Verzögerung der AV-Überleitung, Suppression ektoper Foki	Bei Überdosierung: Muskelschwäche mit Atemstörungen, diastolischer Herzstillstand; *Kontraindikation*: AV-Block II°/III°
Aktivierung der Na^+/K^+-ATPase, Krampfprophylaxe u. -therapie bei EPH-Gestose	Bei Überdosierung: Muskelrelaxierung, „Ca^{2+}-Antagonismus", „Magnesiumnarkose"

Generikum	Präparat (z. B.)	Indikation(en)
Fibrinolytika		
Alteplase	Actilyse®	Thrombolyse bei Herzinfarkt, Lungenembolie u. thromboembolischen Gefäßverschlüssen
Glukokortikoide		
Cortisol	Hydrocortison	Substitutionstherapie bei NNR-Insuffizienz
Fortecortin	Dexamethason®	Allergien, anaphylaktischer Schock, septisch-toxischer Schock, Status asthmaticus, tumorbedingtes Hirnödem
Methylprednisolon	Urbason®	Allergien, anaphylaktischer Schock, septisch-toxischer Schock, Status asthmaticus
Prednisolon	Solu-Decortin H®	Allergien, anaphylaktischer Schock, septisch-toxischer Schock, Status asthmaticus
Inhalationsanästhetika		
Stickoxydul (Lachgas, N_2O)		Analgetische Supplementierung einer Allgemeinanästhesie
Xenon		Analgetische Supplementierung einer Allgemeinanästhesie
Halothan	Fluothane®	Narkoseeinleitung u. -aufrechterhaltung bei Säuglingen u. Kleinkindern
Isofluran	Forene®	Narkoseaufrechterhaltung
Sevofluran	Sevorane®	Narkoseeinleitung bei Säuglingen u. Kleinkindern, Narkoseaufrechterhaltung
Intravenöse Anästhetika		
Etomidat	Etomidat-Lipuro®	Narkoseeinleitung
Propofol	Disoprivan®	Narkoseeinleitung, TIVA in Kombination mit Opioiden (z. B. Remifentanil)

Hauptwirkung(en)	Nebenwirkung(en)
Rekombinanter Gewebe-Plasminogen-Aktivator (r-tPA)	Blutungen bzw. Blutungsverstärkungen
Hemmung der Antigen-/Antikörperreaktion u. Mediatorenfreisetzung, Gefäßabdichtung, Stabilisierung von Zellmembranen, „β-permissiver" Effekt	Hyperglykämie, Magen-Darm-Ulzera, ACTH-Suppression bei längerer Anwendung
Wie Fortecortin	Hyperglykämie, Magen-Darm-Ulzera, ACTH-Suppression bei längerer Anwendung
Wie Fortecortin	Hyperglykämie, Natrium- u. Wasserretention, Magen-Darm-Ulzera, ACTH-Suppression bei längerer Anwendung
Gasförmiges Anästhetikum	Stickstoffinterferenz, Diffusionshypoxie, Knochenmarkdepression
Gasförmiges Anästhetikum (chemisch inertes Edelgas)	Geringe zentrale Atemdepression
Volatiles Anästhetikum	Zentrale Atemdepression, negative Inotropie, akute Lebernekrose; *Kontraindikationen*: maligne Hyperthermie, erhöhter Hirndruck, Schockzustände
Volatiles Anästhetikum	Zentrale Atemdepression, negative Inotropie, periphere Vasodilatation, Atemwegsreizung; *Kontraindikationen*: maligne Hyperthermie, erhöhter Hirndruck, Schockzustände
Volatiles Anästhetikum	Zentrale Atemdepression; *Kontraindikationen*: maligne Hyperthermie, erhöhter Hirndruck, Schockzustände
Kurzhypnotikum ohne analgetische Wirkung, Hirndrucksenkung	Zentrale Atemdepression, Myokloni, NNR-Suppression
Hypnotikum ohne analgetische Eigenschaften, Hirndrucksenkung, Antiemese	Zentrale Atemdepression, negative Inotropie, periphere Vasodilatation

Generikum	Präparat (z. B.)	Indikation(en)
Methohexital	Brevimytal®	Narkoseeinleitung
Thiopental	Trapanal®	Narkoseeinleitung, generalisierte Krampfanfälle, Status epilepticus
Ketamin	Ketanest®	Analgesie bei Notfallpatienten, Narkoseeinleitung im Schock oder bei Asthma bronchiale, Status asthmaticus
Katecholamine		
Adrenalin	Suprarenin®	Anaphylaktischer Schock, kardiogener Schock, Herz-Kreislauf-Stillstand
Dobutamin	Dobutrex®	Kardiogener Schock, akute Herzinsuffizienz
Dopamin		Prophylaxe des akuten Nierenversagens (fragl.), Herz-Kreislauf-Insuffizienz
Dopexamin	Dopacard®	Prophylaxe des akuten Nierenversagens (fragl.) Herz-Kreislauf-Insuffizienz
Noradrenalin	Arterenol®	Schock bei Versagen der Gefäßregulation: septischer u. spinaler Schock, akuter Querschnitt; Lungenembolie
Orciprenalin	Alupent®	Bradykardie/-arrhythmie, AV-Blockierung
Lokalanästhetika (LA)		
Mepivacain	Meaverin®	Spinal-/Epiduralanästhesie, periphere Nervenblockaden (PNB), Infiltrationsanästhesie
Prilocain	Xylonest®	Periphere Nervenblockaden
Bupivacain	Carbostesin®	Spinal-/Epiduralanästhesie, PNB

Hauptwirkung(en)	Nebenwirkung(en)
Barbiturat, zerebrale Dämpfung, Hirndrucksenkung	Zentrale Atemdepression → Atemstillstand, negative Inotropie, Venenreizung, Enzyminduktion; *Kontraindikation*: akute intermittierende Porphyrie
Barbiturat, generalisierte zerebrale Dämpfung, Hirndrucksenkung, Antikonvulsion	Zentrale Atemdepression → Atemstillstand, negative Inotropie, Venenreizung, Enzyminduktion; *Kontraindikation*: akute intermittierende Porphyrie
Analgetikum, dissoziierte Anästhesie, Bronchodilatation	Tachykardie, Blutdruckanstieg, Hypersalivation; *Kontraindikation*: Schädel-Hirn-Trauma ohne Beatmung
Dosisabhängige Stimulation von β_2-, β_1- u. α-Rezeptoren: positive Inotropie, Chronotropie, Dromotropie u. Bathmotropie, Tonisierung peripherer Gefäße; Steigerung des diastolischen Aortendruckes (→ Zunahme der Koronarperfusion)	Tachykardie, Extrasystolie, Kammerflimmern, Anstieg des myokardialen O_2-Verbrauchs mit relativer Koronarischämie, Gangrän, Down-Regulation der β-Rezeptoren
β-Sympathikomimetikum ($\beta_1 > \beta_2$): positive Inotropie, geringe Nachlastsenkung	Tachykardie, Extrasystolie, Kammerflimmern, Down-Regulation der β-Rezeptoren
Dosisabhängige Stimulation von dopaminergen, β- u. α-Rezeptoren, Verbesserung der renalen Durchblutung, Diuresesteigerung	Tachykardie, Extrasystolie, Kammerflimmern, Down-Regulation der β-Rezeptoren, Tachyphylaxie der α-Wirkung
Erregung von dopaminergen u. β_2-Rezeptoren, HZV-Zunahme durch Nachlastsenkung, Verbesserung der renalen Durchblutung, Diuresesteigerung	(Reflektorische) Tachykardie
Erregung von α- u. β_1-Rezeptoren: Gefäßtonisierung mit Blutdrucksteigerung, Steigerung der zerebralen u. koronaren Perfusion	Reflektorische Bradykardie, Gangrän
β-Sympathikomimetikum ($\beta_1 \approx \beta_2$)	Tachykardie, Extrasystolie, Down-Regulation der β-Rezeptoren
Mittellang wirksames LA: Hemmung der Bildung u. Fortleitung von Aktionspotentialen durch reversible Blockade von Na^+-Kanälen	Zentralnervöse Reaktionen (Exzitation mit Krämpfen _ Koma), Bradykardie, negative Inotropie, periphere Vasodilatation, allergische Reaktionen
Mittellang wirksames LA (s. o.)	Wie Mepivacain, zusätzl. Methämoglobinämie durch reversible Blockade von Na^+-Kanälen
Lang wirksames LA (s. o.)	Wie Mepivacain

Generikum	Präparat (z. B.)	Indikation(en)
Ropivacain	Naropin®	Epiduralanästhesie, PNB
Muskelrelaxanzien (MR)		
Succinylcholin = Suxamethonium	Pantolax®, Lysthenon®	Muskelrelaxation zur Intubation u. für Kurzeingriffe, „Ileuseinleitung", Laryngospasmus
Atracurium	Tracrium®	Muskelrelaxation zur Intubation u. für operative Eingriffe
cis-Atracurium	Nimbex®	Muskelrelaxation zur Intubation u. für operative Eingriffe
Mivacurium	Mivacron®	Muskelrelaxation zur Intubation u. für kurze operative Eingriffe
Pancuronium		Muskelrelaxation zur Intubation u. für lange operative Eingriffe
Rocuronium	Esmeron®	Muskelrelaxation zur Intubation u. für operative Eingriffe, „Ileuseinleitung"
Vecuronium	Norcuron®	Muskelrelaxation zur Intubation u. für operative Eingriffe
Nicht-Opioid-Analgetika		
Acetylsalicylsäure	Aspisol® (Lysinsalz zur i. v.-Injektion)	Leichte bis mittlere Schmerzzustände, Fieber, Entzündungen
Diclofenac	Voltaren®	Leichte bis mittlere Schmerzzustände, Fieber, Entzündungen
Metamizol	Novalgin®	Postoperative u. posttraumatische Schmerzen, Koliken, hohes Fieber
Paracetamol	ben-u-ron®	Leichte bis mittlere Schmerzzustände, Fieber

Hauptwirkung(en)	Nebenwirkung(en)
Lang wirksames LA (s. o.)	Wie Mepivacain
Depolarisierendes, kurz wirkendes MR mit dem schnellsten Wirkeintritt	Periphere Atemlähmung, Kaliumfreisetzung, Bradykardie, Herzrhythmusstörungen, Wirkungsverlängerung bei atypischer Plasmacholinesterase (PChE) oder PChE-Mangel; *Kontraindikationen*: maligne Hyperthermie, Lähmungen, Muskeldystrophien/-atrophien
Nichtdepol., mittellang wirkendes MR ohne Kumulation (wg. Hofmann-Elimination)	Periphere Atemlähmung, bei schneller Injektion Flush durch lokale Histaminfreisetzung möglich, selten Blutdruckabfall
Nichtdepol., mittellang wirkendes MR ohne Kumulation (wg. Hofmann-Elimination)	Wie Atracurium, aber keine Histaminfreisetzung
Nichtdepol., kurz bis mittellang wirkendes MR	Periphere Atemlähmung, bei schneller Injektion Blutdruckabfall durch Histaminfreisetzung möglich, Wirkungsverlängerung bei atypischer PChE oder PChE-Mangel
Nichtdepol., lang wirkendes MR	Periphere Atemlähmung, Tachykardie durch atropinartige Wirkung, Kumulation bei Leber- und/oder Niereninsuffizienz
Nichtdepol., mittellang bis lang wirkendes MR, Wirkeintritt fast so schnell wie bei Succinylcholin	Periphere Atemlähmung, Kumulation bei Leber- und/oder Niereninsuffizienz
Nichtdepol., mittellang wirkendes MR	Periphere Atemlähmung, Kumulation bei Leber- und/oder Niereninsuffizienz
Nichtsteroidales Säureantiphlogistikum: Prostaglandinsynthesehemmung durch *irreversible* Hemmung der Cyclooxygenase	Blutungen wg. Thrombozytenaggregationshemmung, Bronchokonstriktion bei Asthmatikern; chronisch: Magen-Darm-Ulzera, Verschlechterung der Nierenfunktion; Reye-Syndrom bei Kindern
Nichtsteroidales Säureantiphlogistikum: Prostaglandinsynthesehemmung durch *reversible* Hemmung der Cyclooxygenase	Grundsätzlich wie Acetylsalicylsäure
Pyrazolderivat: Analgesie, Antipyrese, Erschlaffung glatter Muskulatur	Blutdruckabfall (direkte Gefäßerweiterung), anaphylaktischer Schock, Agranulozytose
Anilinderivat: Analgesie, Antipyrese	In therapeutischen Dosen: keine; bei akuter Intoxikation: Leberzerfall

Generikum	Präparat (z. B.)	Indikation(en)
Opioide		
Alfentanil	Rapifen®	Analgesie bei Allgemeinanästhesien, Analgosedierung (z. B. zusammen mit Midazolam)
Fentanyl		Analgesie bei Allgemeinanästhesien, Analgosedierung (z. B. zusammen mit Midazolam)
Remifentanil	Ultiva®	Analgesie bei Kurznarkosen u. bei TIVA
Sufentanil	Sufenta®, Sufenta® epidural	Analgesie bei Allgemeinanästhesien, Epiduralanästhesie (zusammen mit Lokalanästhetikum)
Pethidin	Dolantin®	Postop. Analgesie, postop. Shivering
Piritramid	Dipidolor®	Postop. Analgesie bes. in der Abdominalchirurgie
Parasympathikolytika		
Atropin		Bradykardie/-arrhythmie, Antisalivation, Alkylphosphat-Intoxikation
Glycopyrronium	Robinul®	Antisalivation, Physostigminüberdosierung
PDE-Hemmer		
Amrinon	Wincoram®	Akute Herzinsuffizienz (oftmals additiv zu Katecholaminen)
Enoximon	Perfan®	
Milrinon	Corotrop®	
Puffersubstanzen		
Natriumcitrat		„Aspirationsprophylaxe"
Natriumhydrogencarbonat		Metabolische Azidose
Tris-Puffer		Metabolische Azidose bei Hypernatriämie

Hauptwirkung(en)	Nebenwirkung(en)
Zentrale Analgesie (vor allem über μ-Rezeptoragonismus), Sedierung	Zentrale Atemdepression, Bradykardie, Blutdruckabfall, Thoraxrigidität, antitussive Wirk., Übelkeit u. Erbrechen, Harnverhalt, Miosis
Wie Alfentanil	Wie Alfentanil
Wie Alfentanil	Wie Alfentanil
Wie Alfentanil	Wie Alfentanil
Wie Alfentanil	Zentrale Atemdepression, Übelkeit/Erbrechen
Wie Alfentanil	Zentrale Atemdepression, Übelkeit/Erbrechen
Reduzierung des Parasympathikotonus durch kompetitive Blockade muskarinerger Acetylcholinrezeptoren	Tachykardie, trockene Schleimhäute, Harnverhalt, Temperaturerhöhung bei Kindern; bei Intoxikation: Krampfanfall → Koma
Nur periphere atropinartige Wirkung (quartäres Amin)	Tachykardie, trockene Schleimhäute Harnverhalt, Temperaturerhöhung bei Kindern
Hemmung der Phosphodiesterase III: positive Inotropie u. Lusitropie, geringe positive Chronotropie, arterielle Vasodilatation; Up-Regulation der β-Rezeptoren	Blutdruckabfall, Tachykardie, Arrhythmien, Thrombozytopenie
Rasch einsetzende chemische Neutralisierung der Magensäure	
Pufferung von H^+-Ionen durch HCO_3^-	Hypokaliämie, Hypernatriämie, metabolische Alkalose bei Überdosierung, Azidoseverstärkung bei mangelhafter CO_2-Abatmung
Bindung von H^+-Ionen u. Bereitstellung von HCO_3^-	Atemdepression, Gewebenekrosen bei versehentlicher paravasaler Zufuhr, Kumulation bei Niereninsuffizienz

Anhang

Generikum	Präparat (z. B.)	Indikation(en)
Sympathikolytika		
Clonidin	Catapresan®, Paracefan®	Hypertonie, Zustände gesteigerter sympath. Aktivität (Narkosesupplementierung, postop. Shivering, Opioid- u. Alkoholentzug), adjuvante Prämedikation bei Alkoholikern, KHK
Metoprolol	Beloc®, Lopresor®	Tachykarde Hypertonie, supraventrikuläre Tachyarrhythmien, thyreotoxische Krise
Propranolol	Dociton®	
Esmolol	Brevibloc®	
Phenoxybenzamin	Dibenzyran®	Phäochromozytom (präoperative Vorbereitung)
Urapidil	Ebrantil®	normfrequente Hypertonie, hypertensive Krise
Vasodilatatoren		
Dihydralazin	Nepresol®	Hypertonie (besonders bei EPH-Gestose)
Nitroglycerin = Glyceroltrinitrat	Nitrolingual®, Trinitrosan®	Angina pectoris, kardiogenes Lungenödem, hypertensive Krise
Nitroprussid-Natrium	Nipruss®	hypertensive Krise, kontrollierte Hypotension, Linksherzinsuffizienz mit „low-output"-Syndrom
Varia		
Desmopressin (DDAVP)	Minirin®	Zentraler Diabetes insipidus, Hämophilie A, Willebrand-Jürgens-Syndrom
Glibenclamid	Euglucon®	Diabetes mellitus Typ II
Hydroxyethylstärke (HES)		Hypovolämischer Schock, Hämodilution

Hauptwirkung(en)	Nebenwirkung(en)
Reduktion des Sympathikotonus durch *Stimulation zentraler Imidazolin- u. α_2-Rezeptoren*, zusätzlich periphere α-Rezeptorenstimulation	Bradykardie, Blutdruckabfall (bei i. v.-Gabe initialer Blutdruckanstieg durch periphere α-Rezeptorenstimulation möglich), negative Inotropie, Sedierung
β-Rezeptorantagonisten, Up-Regulation der β-Rezeptoren kurz wirksamer β_1-Antagonist (HWZ ≈ min)	Bradykardie, Blutdruckabfall (*cave*: Hypovolämie!), neg. Inotropie, Bronchokonstriktion
Peripherer α_1- u. α_2-Rezeptorantagonist	Überschießende Blutdrucksenkung, reflektorische Tachykardie
Peripherer α_1-Rezeptorantagonist, zentraler Serotoninagonist (5-HT_{1A}-Agonist)	
Erweiterung der Arteriolen	Überschießende Blutdrucksenkung, Tachykardie
Venöse u. arterielle Vasodilatation, vor allem Vorlastsenkung	Blutdruckabfall, Tachykardie
Erweiterung der Arteriolen, weniger der Venolen	Überschießende Blutdrucksenkung, Tachykardie; Zyanidintoxikation
Antidiuretische Wirkung wie Vasopressin, Steigerung der Faktor-VIII-Aktivität	In höherer, gerinnungsaktiver Dosis: hyponatriämische Hyperhydratation
Orales Antidiabetikum zur Förderung der endogenen Insulinfreisetzung	Protrahierte Hypoglykämien (hohe Eiweißbindung)
Künstliches kolloidales Plasmaersatzmittel, Verbesserung der Mikrozirkulation	Anaphylaktoid-anaphylaktische Reaktionen, Thrombozytenaggregationshemmung bei Überdosierung, Nierenfunktionsstörung, Juckreiz

Sachverzeichnis

I

N

O

P

Q

R

S

T

W

X

Z

Gehen Sie auf Nummer ains:
ains Anästhesiologie · Intensivmedizin
Notfallmedizin · Schmerztherapie
2001
Thieme
FACHZEITSCHRIFTEN
• Mini-Symposien: Alle Facetten eines Themas
• Kontroverse Themen in der Diskussion
• Rechtsfragen
• Schwerpunkt Fortbildung:
– Rubrik: Facharztausbildung nach den Empfehlungen der DGAI und der ÖGARI
– der interessante Fall
• Neu: Internet-News; Mailbox: der schnelle Draht zur Redaktion
ains: Die Zeitschrift für Anästhesie, Intensivmedizin, Notfallmedizin und Schmerztherapie!
Jetzt im Internet: www.thieme-connect.de
Informieren Sie sich:
Georg Thieme Verlag,
PF 30 11 20, 70451 Stuttgart
07 11/89 31-333
Thieme